Wulf Alex · Gerhard Bernör

UNIX, C und Internet

Springer

*Berlin
Heidelberg
New York
Barcelona
Hongkong
London
Mailand
Paris
Singapur
Tokio*

Wulf Alex · Gerhard Bernör

UNIX, C und Internet

Moderne Datenverarbeitung in Wissenschaft und Technik

Unter Mitarbeit von B. Alex und O. Koglin

Zweite, überarbeitete Auflage

Mit 25 Abbildungen

Springer

Dr.-Ing. Wulf Alex
Gerhard Bernör
Universität Karlsruhe
Institut für Mechanische Verfahrenstechnik und Mechanik
76128 Karlsruhe
e-mail: wulf.alex@ciw.uni-karlsruhe.de

Die Deutsche Bibliothek - CIP-Einheitsaufnahme
Alex, Wulf:
UNIX, C und Internet: moderne Datenverarbeitung in Wisschenschaft und Technik
Wulf Alex; Gerhard Bernör
2., überarb. Aufl.
Berlin; Heidelberg; NewYork; Barcelona, Hongkong; London; Mailand; Paris; Singapur; Tokio:
Springer 1999
    ISBN-13: 978-3-540-65429-2   e-ISBN: 978-3-642-60078-4
    DOI: 10.1007/978-3-642-60078-4

ISBN-13: 978-3-540-65429-2 .Aufl. Springer-Verlag Berlin Heidelberg New York

Einband-Entwurf: Künkel & Lopka, Heidelberg
Satz: Reproduktionsfertige Vorlage der Autoren
SPIN: 10694071 62/3020 - 5 4 3 2 1 0 Gedruckt auf säurefreiem Papier

There is an old system called UNIX,
suspected by many to do nix,
but in fact it does more
than all systems before,
and comprises astonishing uniques.

Vorwort

Unser Buch wendet sich an Leser mit wenigen Vorkenntnissen in der Elektronischen Datenverarbeitung (EDV); es soll – wie FRITZ REUTERS *Urgeschicht von Meckelnborg* – ok för Schaulkinner tau bruken sin. Für die wissenschaftliche Welt zitieren wir aus dem Vorwort zu einem Buch des Mathematikers RICHARD COURANT: "Das Buch wendet sich an einen weiten Kreis: an Schüler und Lehrer, an Anfänger und Gelehrte, an Philosophen und Ingenieure.", wobei wir ergänzen, daß uns dieser Satz eine noch nicht erfüllte Verpflichtung ist und vermutlich bleiben wird. Das Nahziel ist eine Vertrautheit mit dem Betriebssystem UNIX, der Programmiersprache C/C++ und dem internationalen Computernetz Internet, die so weit reicht, daß der Leser selbständig weiterarbeiten kann. Ausgelernt hat man nie.

Der Text besteht aus sieben Teilen. Nach ersten Schritten zur Eingewöhnung in den Umgang mit dem Computer beschreibt der zweite Teil kurz die Hardware, der dritte das Betriebssystem UNIX, der vierte die Programmiersprache C/C++, der fünfte das Internet mit seinen Diensten und der sechste Rechtsfragen im Zusammenhang mit der EDV. Ein Anhang enthält Fakten, die man immer wieder braucht. Für die zweite Auflage wurden dem Internet ein eigenes Kapitel gewidmet und die objektorientierten Erweiterungen von C berücksichtigt. Bei der Stoffauswahl haben wir uns von unserer Arbeit als Benutzer und Verwalter international vernetzter UNIX-Systeme sowie als Programmierer vorzugsweise in C/C++ und FORTRAN leiten lassen.

Hinsichtlich vieler Einzelheiten wird auf die Referenz-Handbücher zu den Rechenanlagen und Programmiersprachen verwiesen. Wir wollen nicht den Text durch Dinge aufblähen, die man besser dort nachschlägt. Der Umfang ist ein Kompromiss aus Breite und Tiefe. *Alles über UNIX, C und das Internet* ist kein Buch, sondern ein Bücherschrank.

UNIX ist das erste und einzige Betriebssystem, das auf einer Vielzahl von Computertypen läuft. Wir versuchen, möglichst unabhängig von einer bestimmten Anlage zu schreiben. Über örtliche Besonderheiten müssen Sie sich daher aus weiteren Quellen unterrichten. In der Universität Karlsruhe kommt dafür das *UNIX-Handbuch* des Rechenzentrums (`www.uni-karlsruhe.de/~RZ-Handbuch/`) in Frage. Eng mit UNIX zusammen hängt das X Window System (X11), ein netzfähiges grafisches Fenstersystem, das heute fast überall die Kommandozeile als Benutzerschnittstelle ergänzt.

Die Programmiersprache C mit ihrer Erweiterung C++ ist – im Vergleich zu BASIC etwa – ziemlich einheitlich. Wir haben die Programmbeispiele unter mehreren Compilern getestet. Ob C/C++ besser ist als FORTRAN oder PASCAL oder sonst irgendeine neuere Programmiersprache, darüber läßt sich end- und fruchtlos streiten, aber nicht mit uns.

Das Internet ist das größte internationale Computernetz, eigentlich ein Zusammenschluß vieler regionaler Netze. Vor allem Universitäten und Behörden sind eingebunden, zum Teil auch die Industrie. Es ist nicht nur eine Daten-Autobahn, sondern eine ganze Landschaft. Wir gehen etwas optimistisch davon aus, daß jeder Leser einen Zugang zum Netz hat. Bei der gegenwärtigen raschen Entwicklung ist der Netzzugang tatsächlich nur noch eine Zeitfrage. Diesem Buch liegt daher keine Diskette oder Compact Disk bei, die Programme und ergänzende Texte stehen im Netz zur Verfügung. UNIX, C/C++ und das Internet könnten unabhängig voneinander betrachtet werden, in der Praxis jedoch sind sie miteinander verflochten.

An einigen Stellen gehen wir außer auf das Wie auch auf das Warum ein. Von Zeit zu Zeit sollte man den Blick weg von den Bäumen auf den Wald richten, sonst häuft man nur kurzlebiges Wissen an.

Man kann den Gebrauch eines Betriebssystems, einer Programmiersprache oder der Netzdienste nicht ohne Praxis erlernen – das ist wie beim Klavierspielen oder Kuchenbacken. Die Beispiele und Übungen wurden auf einer Hewlett-Packard 9000/712 unter HP-UX 10.2 und einem PC der Marke Weingartener Katzenberg Auslese unter Microsoft DOS 6.2 sowie unter LINUX entwickelt. Als Shell wurde die Korn-Shell bevorzugt, als Compiler wurden neben den zu den jeweiligen Betriebssystemen gehörenden Produkten der GNU gcc 2.6.3 und der Watcom 10.6 verwendet.

Dem Text liegen eigene Erfahrungen aus vier Jahrzehnten Umgang mit elektronischen Rechenanlagen und aus Kursen über BASIC, FORTRAN, C/C++ und UNIX für Auszubildende und Studenten zugrunde. Wir haben auch fremde Hilfe beansprucht und danken Kollegen in den Universitäten Karlsruhe und Lyon sowie Mitarbeitern der Firmen IBM und Hewlett-Packard für schriftliche Unterlagen und mündliche Hilfe sowie zahlreichen Studenten für Anregungen und Diskussionen. DR. IUR. ELKE L. BARNSTEDT, ihrerzeit Universität Karlsruhe, hat freundlicherweise die erste Fassung des Kapitels *Computerrecht* beigesteuert. OLAF KOGLIN, Bonn hat es für die zweite Auflage bearbeitet. Darüber hinaus haben wir nach Kräften das Internet angezapft und viele dort umlaufende Guides, Primers, Tutorials und Sammlungen von Frequently Asked Questions (FAQs) verwendet. Dem Springer-Verlag danken wir dafür, daß er uns geholfen hat, aus einem lockeren Skriptum ein ernsthaftes Buch zu machen.

So eine Arbeit wird eigentlich nie fertig, man muß sie für fertig erklären, wenn man nach Zeit und Umständen das Möglichste getan hat, um es mit JOHANN WOLFGANG VON GOETHE zu sagen (Italienische Reise; Caserta, den 16. März 1787). Wir erklären unsere Arbeit für unfertig und bitten, uns die Mängel nachzusehen.

Weingarten (Baden), 2. Januar 1999   Wulf Alex

Übersicht

Zum Gebrauch

- Hervorhebungen im Text werden *kursiv* dargestellt.

- Zitate und Titel von Veröffentlichungen oder Abschnitten werden im Text *kursiv* markiert.

- In Aussagen über Wörter werden diese *kursiv* abgesetzt.

- Stichwörter für einen Vortrag oder eine Vorlesung erscheinen in **fetterer** Schrift.

- Namen von Personen werden in KAPITÄLCHEN geschrieben.

- Eingaben von der Tastatur und Ausgaben auf den Bildschirm werden in `Schreibmaschinenschrift` wiedergegeben.

- Hinsichtlich der deutschen Rechtschreibung befinden wir uns in einem Übergangsstadium. Wir bemühen uns um einen Kompromiss, der von Schleswig-Holstein bis zur Alpenrepublik verstanden wird.

- Hinter UNIX-Kommandos folgt oft in Klammern die Nummer der betroffenen Sektion des Referenz-Handbuches. Diese Nummer samt Klammern ist beim Aufruf des Kommandos nicht einzugeben.

- Suchen Sie die englische oder französische Übersetzung eines deutschen Fachwortes, so finden Sie diese bei der erstmaligen Erläuterung des deutschen Wortes.

- Suchen Sie die deutsche Übersetzung eines englischen oder französischen Fachwortes, so finden Sie einen Verweis im Sach- und Namensverzeichnis.

- UNIX verstehen wir immer im weiteren Sinne als die Familie der aus dem bei AT&T um 1970 entwickelten Unix abgeleiteten Betriebssysteme, nicht als geschützten Namen eines bestimmten Produktes.

- Wir geben möglichst genaue Hinweise auf weiterführende Dokumente im Netz. Der Leser sollte sich aber bewußt sein, daß sich sowohl Inhalte wie Adressen (URLs) ändern.

- Unter *Benutzer*, *Programmierer*, *System-Manager* usw. verstehen wir sowohl die männlichen als auch die weiblichen Erscheinungsformen.

- Wir reden den Benutzer mit *Sie* an, obwohl unter Studenten und im Netz die Anrede mit *Du* üblich ist. Gegenwärtig erscheint uns diese Wahl passender.

Inhaltsverzeichnis

Abbildungen

Programme

Rien n'est simple.
Sempé

1 Über den Umgang mit Computern

1.1 Was macht ein Computer?

Eine elektronische Datenverarbeitungsanlage, ein **Computer**, ist ein Werkzeug, mit dessen Hilfe man **Informationen**

- speichert (Änderung der zeitlichen Verfügbarkeit),

- übermittelt (Änderung der örtlichen Verfügbarkeit),

- erzeugt oder verändert (Änderung des Inhalts).

Für Informationen sagt man auch **Nachrichten** oder **Daten**[1]. Sie lassen sich durch gesprochene oder geschriebene Wörter, Zahlen, Bilder oder im Computer durch elektrische oder magnetische Zustände darstellen. **Speichern** heißt, die Information so zu erfassen und aufzubewahren, daß sie am selben Ort zu einem späteren Zeitpunkt unverändert zur Verfügung steht. **Übermitteln** heißt, eine Information unverändert einem anderen – in der Regel, aber nicht notwendigerweise an einem anderen Ort – verfügbar zu machen, was wegen der endlichen Geschwindigkeit aller irdischen Vorgänge Zeit kostet. Da sich elektrische Transporte jedoch mit Lichtgeschwindigkeit (nahezu 300 000 km/s) fortbewegen, spielt der Zeitbedarf nur in seltenen Fällen eine Rolle. Die Juristen denken beim Übermitteln weniger an die Ortsänderung als an die Änderung der Verfügungsgewalt. Zum Speichern oder Übermitteln muß die physikalische Form der Information meist mehrmals verändert werden, was sich auf den Inhalt auswirken kann, aber nicht soll. **Verändern** heißt inhaltlich verändern: suchen, auswählen, verknüpfen, sortieren, prüfen, sperren oder löschen. Tätigkeiten, die mit Listen, Karteien, Rechenschemata zu tun haben oder die mit geringen Abweichungen häufig wiederholt werden, sind mit Computerhilfe schneller und sicherer zu bewältigen. Computer finden sich nicht nur in Form grauer Kästen auf oder neben Schreibtischen, sondern auch versteckt in Fotoapparaten, Waschmaschinen, Heizungsregelungen, Autos und Telefonen.

Das Wort *Computer* stammt aus dem Englischen, wo es vor hundert Jahren eine Person bezeichnete, die berufsmäßig rechnete, zu deutsch ein Rechenknecht. Heute versteht man nur noch die Maschinen darunter. Das englische Wort wiederum geht auf lateinisch *computare* zurück, was berechnen, veranschlagen, erwägen,

---

[1]Schon geht es los mit den Fußnoten: Bei genauem Hinsehen gibt es Unterschiede zwischen Information, Nachricht und Daten, siehe Abschnitt 3.16 *Exkurs über Informationen* auf Seite 274.

überlegen bedeutet. Die Franzosen sprechen vom *ordinateur*, die Spanier vom *ordenador*, dessen lateinischer Ursprung *ordo* Reihe, Ordnung bedeutet. Die Portugiesen – um sich von den Spaniern abzuheben – gebrauchen das Wort *computador*. Die Schweden nennen die Maschine *dator*, analog zu *Motor*, die Finnen *tietokone*, was *Wissensmaschine* heißt. Hierzulande sprach man eine Zeit lang von *Elektronengehirnen*, etwas weniger respektvoll von *Blechbregen*. Wir ziehen das englische Wort *Computer* dem deutschen Wort *Rechner* vor, weil uns Rechnen zu eng mit dem Begriff der Zahl verbunden ist.

Die Wissenschaft von der Informationsverarbeitung ist die **Informatik**, englisch *Computer Science*, französisch *Informatique*. Ihre Wurzeln sind die **Mathematik** und die **Elektrotechnik**; kleinere Wurzelausläufer reichen auch in Wissenschaften wie Physiologie und Linguistik. Sie zählt zu den Ingenieurwissenschaften. Der Begriff Informatik[2] ist rund vierzig Jahre alt, Computer gibt es seit fünfzig Jahren, Überlegungen dazu stellten CHARLES BABBAGE vor rund zweihundert und GOTTFRIED WILHELM LEIBNIZ vor vierhundert Jahren an, ohne Erfolg bei der praktischen Verwirklichung ihrer Gedanken zu haben. Die Bedeutung der Information war dagegen schon im Altertum bekannt. Der Läufer von Marathon setzte 490 vor Christus sein Leben daran, eine Information so schnell wie möglich in die Heimat zu übermitteln. Neu in unserer Zeit ist die Möglichkeit, Informationen maschinell zu verarbeiten.

Informationsverarbeitung ist nicht an Computer gebunden. Insofern könnte man Informatik ohne Computer betreiben und hat das – unter anderen Namen – auch getan. Die Informatik beschränkt sich insbesondere *nicht* auf das Herstellen von Computerprogrammen. Der Computer hat jedoch die Aufgaben und die Möglichkeiten der Informatik ausgeweitet. Unter **Technischer Informatik** – gelegentlich Lötkolben-Informatik geheißen – versteht man den elektrotechnischen Teil. Den Gegenpol bildet die **Theoretische Informatik** – nicht zu verwechseln mit der Informationstheorie – die sich mit formalen Sprachen, Grammatiken, Semantik, Automaten, Entscheidbarkeit, Vollständigkeit und Komplexität von Problemen beschäftigt. Computer und Programme sind in der **Angewandten Informatik** zu Hause. Die Grenzen innerhalb der Informatik sowie zu den Nachbarwissenschaften sind jedoch unscharf und durchlässig.

Computer sind **Automaten**, Maschinen, die auf bestimmte Eingaben mit bestimmten Tätigkeiten und Ausgaben antworten. Dieselbe Eingabe führt immer zu derselben Ausgabe; darauf verlassen wir uns. Deshalb ist es im Grundsatz unmöglich, mit Computern Zufallszahlen zu erzeugen (zu würfeln). Zwischen einem Briefmarkenautomaten (Postwertzeichengeber) und einem Computer besteht jedoch ein wesentlicher Unterschied. Ein Briefmarkenautomat nimmt nur Münzen entgegen und gibt nur Briefmarken aus, mehr nicht. Es hat auch mechanische Rechenautomaten gegeben, die für spezielle Aufgaben wie die Berechnung von Geschoßbahnen oder Gezeiten eingerichtet waren. Das Verhalten von mechanischen Automaten ist durch ihre Mechanik unveränderlich vorgegeben.

---

[2]Die früheste uns bekannte Erwähnung des Begriffes findet sich in der Firmenzeitschrift SEG-Nachrichten (Technische Mitteilungen der Standard Elektrik Gruppe) 1957 Nr. 4, S. 171: KARL STEINBUCH, Informatik: Automatische Informationsverarbeitung.

Bei einem Computer hingegen wird das Verhalten durch ein **Programm** bestimmt, das im Gerät gespeichert ist und leicht ausgewechselt werden kann. Derselbe Computer kann sich wie eine Schreibmaschine, eine Rechenmaschine, eine Zeichenmaschine, ein Telefon-Anrufbeantworter, ein Schachspieler oder wie ein Lexikon verhalten, je nach Programm. Er ist ein Universal-Automat. Der Verwandlungskunst sind natürlich Grenzen gesetzt, Kaffee kocht er vorläufig nicht. Das Wort *Programm* ist lateinisch-griechischen Ursprungs und bezeichnet ein öffentliches Schriftstück wie ein Theater- oder Parteiprogramm. Im Zusammenhang mit Computern ist an ein Arbeitsprogramm zu denken. Die englische Schreibweise ist *programme*, Computer ziehen jedoch das amerikanische *program* vor. Die Gallier reden häufiger von einem *logiciel*[3] als von einem *programme*, wobei *logiciel* das gesamte zu einer Anwendung gehörende Programmpaket meint – bestehend aus mehreren Programmen samt Dokumentation.

Ebenso wie man die Größe von Massen, Kräften oder Längen mißt, werden auch **Informationsmengen** gemessen. Nun liegen Informationen in unterschiedlicher Form vor. Sie lassen sich jedoch alle auf Folgen von zwei Zeichen zurückführen, die mit 0 und 1 oder H (high) und L (low) bezeichnet werden. Sie dürfen auch Anna und Otto dazu sagen, es müssen nur zwei verschiedene Zeichen sein. Diese einfache Darstellung wird **binär** genannt, zu lateinisch *bini* = je zwei. Die **Binärdarstellung** beliebiger Informationen durch zwei Zeichen darf nicht verwechselt werden mit der **Dualdarstellung** von Zahlen, bei der die Zahlen auf Summen von Potenzen zur Basis 2 zurückgeführt werden. Eine Dualdarstellung ist immer auch binär, das Umgekehrte gilt nicht.

Warum bevorzugen Computer binäre Darstellungen von Informationen? Als die Rechenmaschinen noch mechanisch arbeiteten, verwendeten sie das Dezimalsystem, denn es ist einfach, Zahnräder mit 20 oder 100 Zähnen herzustellen. Viele elektronische Bauelemente hingegen kennen – von Wackelkontakten abgesehen – nur zwei Zustände wie ein Schalter, der entweder offen oder geschlossen ist. Mit binären Informationen hat es die Elektronik leichter. In der Anfangszeit hat man aber auch dezimal arbeitende elektronische Computer gebaut.

Eine 0 oder 1 stellt eine Binärziffer dar, englisch binary digit, abgekürzt Bit. Ein **Bit** ist das Datenatom. Hingegen ist 1 bit (kleingeschrieben) die Maßeinheit für die Entscheidung zwischen 0 und 1 im Sinne der Informationstheorie von CLAUDE ELWOOD SHANNON. Kombinationen von acht Bits spielen eine große Rolle, sie werden daher zu einem **Byte** oder **Oktett** zusammengefaßt. Auf dem Papier wird ein Byte oft durch ein Paar hexadezimaler Ziffern – ein **Hexpärchen** – wiedergegeben. Das **Hexadezimalsystem** – das Zahlensystem zur Basis 16 – wird uns häufig begegnen, in UNIX auch das **Oktalsystem** zur Basis 8. Durch ein Byte lassen sich $2^8 = 256$ unterschiedliche Zeichen darstellen. Das reicht für unsere europäischen Buchstaben, Ziffern und Satzzeichen. Ebenso wird mit einem Byte eine Farbe aus 256 unterschiedlichen Farben ausgewählt. 1024 Byte ergeben 1 Kilobyte, 1024 Kilobyte sind 1 Megabyte, 1024 Megabyte sind 1 Gigabyte, 1024 Gigabyte machen 1 Terabyte. Die nächste Stufen heißen Petabyte und Exabyte, aber das dauert noch.

---

[3]Reden Sie in Gallien nie öffentlich von Software, das ist bei Strafe verboten.

Der Computer verarbeitet die Informationen in Einheiten eines **Maschinenwortes**, das je nach der Breite der Datenregister des Prozessors ein bis 16 Bytes umfaßt. Der durchschnittliche Benutzer kommt mit dieser Einheit selten in Berührung; für den Assembler-Programmierer sind die Datentypen am einfachsten, die sich gerade in einem Maschinenwort darstellen lassen.

1.2 Woraus besteht ein Computer?

Der Benutzer sieht von einem Computer vor allem den **Bildschirm**[4] (screen, écran) und die **Tastatur** (keyboard, clavier), auch Hackbrett genannt. Diese beiden Geräte werden zusammen als **Terminal** (terminal, terminal) bezeichnet und stellen die Verbindung zwischen Benutzer und Computer dar. Mittels der Tastatur spricht der Benutzer zum Computer, auf dem Bildschirm erscheint die Antwort.

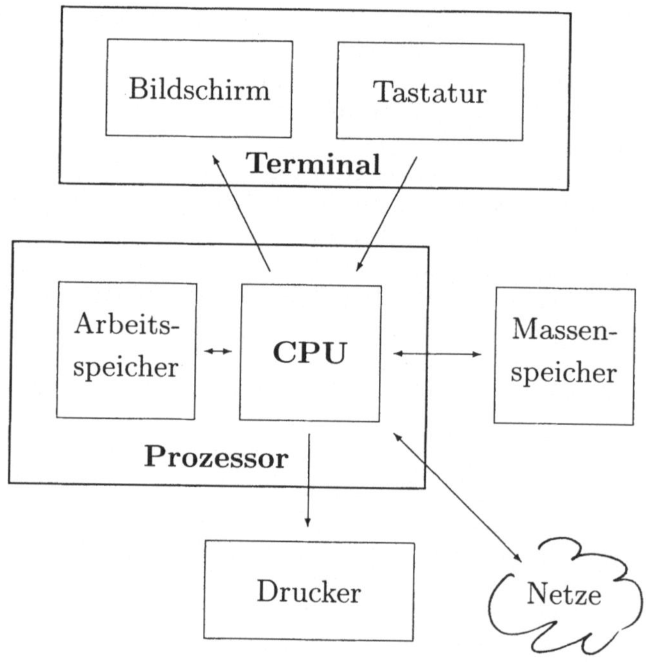

Abb. 1.1: Aufbau eines Computers

Der eigentliche Computer, die **Prozessoreinheit** (Zentraleinheit, central unit, unité centrale) ist in die Tastatur eingebaut wie beim Schneider CPC 464 oder Commodore C64, in das Bildschirmgehäuse wie beim ersten Apple Macintosh oder in ein eigenes Gehäuse. Seine wichtigsten Teile sind der **Zentralprozessor** (CPU,

---

[4]Aus der Fernsehtechnik kommend wird der Bildschirm oft Monitor genannt. Da dieses Wort hier nicht ganz trifft und auch ein Programm bezeichnet, vermeiden wir es.

central processing unit, processeur central) und der **Arbeitsspeicher** (memory, mémoire centrale, mémoire vive, mémoire secondaire).

Um recht in Freuden arbeiten zu können, braucht man noch einen **Massenspeicher** (mass storage, mémoire de masse), der seinen Inhalt nicht vergißt, wenn der Computer ausgeschaltet wird. Nach dem heutigen Stand der Technik arbeiten die meisten Massenspeicher mit magnetischen Datenträgern ähnlich wie Ton- oder Videobandgeräte. Tatsächlich verwendeten die ersten Personal Computer Tonbandkassetten. Weit verbreitet sind scheibenförmige magnetische Datenträger in Form von **Disketten** (floppy disk, disquette) und **Festplatten** (hard disk, disque dur).

Disketten, auch Schlappscheiben genannt, werden nach Gebrauch aus dem **Laufwerk** (drive, dérouleur) des Computers herausgenommen und im Schreibtisch vergraben oder mit der Post verschickt. Festplatten verbleiben in ihrem Laufwerk.

Da man gelegentlich etwas schwarz auf weiß besitzen möchte, gehört zu den meisten Computern ein **Drucker** (printer, imprimante). Ferner ist ein Computer, der etwas auf sich hält, heutzutage durch ein **Netz** (network, reseau) mit anderen Computern rund um die Welt verbunden. Damit ist die Anlage vollständig.

Was um den eigentlichen Computer (Prozessoreinheit) herumsteht, wird als **Peripherie** bezeichnet. Die peripheren Geräte sind über **Schnittstellen** (Datensteckdosen, interface) angeschlossen.

In Abb. 1.1 auf Seite 4 sehen wir das Ganze schematisch dargestellt. In der Mitte die CPU, untrennbar damit verbunden der Arbeitsspeicher. Um dieses Paar herum die Peripherie, bestehend aus Terminal, Massenspeicher, Drucker und Netzanschluß. Sie können aber immer noch nichts damit anfangen, allenfalls heizen. Es fehlt noch die Intelligenz in Form eines **Betriebssystems** (operating system, système d'exploitation) wie UNIX.

1.3 Was muß man wissen?

Ihre ersten Gedanken werden darum kreisen, wie man dem Computer vernünftige Reaktionen entlockt. Sie brauchen keine Angst zu haben: durch Tastatureingaben (außer Kaffee und ähnlichen Programming Fluids) ist ein Computer nicht zu zerstören. Zum Arbeiten mit einem Computer muß man drei Dinge lernen:

- den Umgang mit der **Hardware**[5]

- den Umgang mit dem **Betriebssystem**,

- den Umgang mit einem **Anwendungsprogramm** (application program, logiciel d'application), zum Beispiel einer Textverarbeitung.

---

[5]Wir wissen, daß wir ein deutsch-englisches Kauderwelsch gebrauchen, aber wir haben schon so viele schlechte Übersetzungen der amerikanischen Fachwörter gelesen, daß wir der Deutlichkeit halber teilweise die amerikanischen Wörter vorziehen. Oft sind auch die deutschen Wörter mit unerwünschten Assoziationen befrachtet. Wenn die Mediziner lateinische Fachausdrücke verwenden, die Musiker italienische und die Gastronomen französische, warum sollten dann die Informatiker nicht auch ihre termini technici aus einer anderen Sprache übernehmen dürfen?

Darüber hinaus sind **Englischkenntnisse** und Übung im **Maschinenschreiben** nützlich. Das Lernen besteht zunächst darin, sich einige hundert Begriffe anzueignen. Das ist in jedem Wissensgebiet so. Man kann nicht über Primzahlen, Wahrscheinlichkeitsamplituden, Sonette oder Sonaten nachdenken oder reden, ohne sich vorher über die Begriffe klargeworden zu sein.

Die **Hardware** (hardware, matériel) umschließt alles, was aus Kupfer, Eisen, Kunststoffen, Glas und dergleichen besteht, was man anfassen kann. Dichterfürst FRIEDRICH VON SCHILLER hat den Begriff Hardware trefflich gekennzeichnet:

> Leicht beieinander wohnen die Gedanken,
> doch hart im Raume stoßen sich die Sachen.

Die Verse stehen in *Wallensteins Tod* im 2. Aufzug, 2. Auftritt. WALLENSTEIN spricht sie zu MAX PICCOLOMINI. Was sich hart im Raume stößt, gehört zur Hardware, was leicht beieinander wohnt, die Gedanken, ist **Software** (software, logiciel). Die Gedanken stecken in den Programmen und den Daten. Mit Worten von RENÉ DESCARTES ("cogito ergo sum") könnte man die Software als res cogitans, die Hardware als res extensa ansehen, wobei keine ohne die andere etwas bewirken kann. Er verstand unter der res cogitans allerdings nicht nur das Denken, sondern auch das Bewußtsein und die Seele und hätte jede Beziehung zwischen einer Maschine und seiner res cogitans abgelehnt.

Die reine Hardware – ohne Betriebssystem – tut nichts anderes als elektrische Energie in Wärme zu verwandeln. Sie ist ein Ofen, mehr nicht. Das **Betriebssystem** ist ein Programm, das diesen Ofen befähigt, Daten einzulesen und in bestimmter Weise zu antworten. Hardware plus Betriebssystem machen den Computer aus. Wir bezeichnen diese Kombination als **System**. Andere sagen auch Plattform dazu. Eine bestimmte Hardware kann mit verschiedenen Betriebssystemen laufen, umgekehrt kann dasselbe Betriebssystem auch auf unterschiedlicher Hardware laufen (gerade das ist eine Stärke von UNIX).

Bekannte Betriebssysteme sind MS-DOS und Windows 98 bzw. NT von Microsoft sowie IBM OS/2 für IBM-PCs und ihre Verwandtschaft, VMS für die VAXen der Digital Equipment Corporation (DEC) sowie die UNIX-Familie für eine ganze Reihe von mittleren Computern verschiedener Hersteller.

Um eine bestimmte Aufgabe zu erledigen – um einen Text zu schreiben oder ein Gleichungssystem zu lösen – braucht man noch ein **Anwendungsprogramm**. Dieses kauft man fertig, zum Beispiel ein Programm zur Textverarbeitung oder zur Tabellenkalkulation, oder schreibt es selbst. In diesem Fall muß man eine **Programmiersprache** (programming language, langage de programmation) beherrschen. Die bekanntesten Sprachen sind BASIC, COBOL, FORTRAN, PASCAL und C/C++. Es gibt mehr als tausend[6].

Das nötige Wissen kann man auf mehreren Wegen erwerben und auf dem laufenden halten:

- Kurse, Vorlesungen

- Lehrbücher, Skripten

---

[6]Zum Vergleich: es gibt etwa 6000 lebende natürliche Sprachen. Die Bibel – oder Teile von ihr – ist in rund 2000 Sprachen übersetzt.

- Zeitschriften

- Electronic Information

- Lernprogramme

- Videobänder

Gute **Kurse** oder **Vorlesungen** verbinden Theorie und Praxis, das heißt Unterricht und Übungen am Computer. Zudem kann man Fragen stellen und bekommt Antworten. Nachteilig ist der feste Zeitplan. Die schwierigen Fragen tauchen immer erst nach Kursende auf. Viele Kurse sind auch teuer.

Bei den Büchern muß man zwischen **Lehrbüchern** (Einführungen, Tutorials, Primers, Guides) und **Nachschlagewerken** (Referenz-Handbücher, Reference Manuals) unterscheiden. Lehrbücher führen durch das Wissensgebiet, treffen eine Auswahl, werten oder diskutieren und verzichten auf Einzelheiten. Nachschlagewerke sind nach Stichwörtern geordnet, beschreiben alle Einzelheiten und helfen bei allgemeinen Schwierigkeiten gar nicht. Will man wissen, welche Werkzeuge UNIX zur Textverarbeitung bereit hält, braucht man ein Lehrbuch. Will man hingegen wissen, wie man den Editor vi(1) veranlaßt, nach einer Zeichenfolge zu suchen, so schlägt man im Referenz-Handbuch nach. Auf UNIX-Systemen ist das Referenz-Handbuch online verfügbar, siehe man(1).

Die Einträge im Referenz-Handbuch sind knapp gehalten. Bei einfachen Kommandos wie pwd(1) oder who(1) sind sie dennoch auf den ersten Blick verständlich. Zu Kommandos wie vi(1), sh(1) oder xdb(1), die umfangreiche Aufgaben erledigen, gehören schwer verständliche Einträge, die voraussetzen, daß man die wesentlichen Züge des Kommandos bereits kennt. Diese Kenntnis vermitteln **Einzelwerke**, die es zu einer Reihe von UNIX-Kommandos gibt, siehe Anhang Q *Zum Weiterlesen* ab Seite 600.

Ohne Computer bleibt das Bücherwissen trocken und abstrakt. Man sollte daher die Bücher in der Nähe eines Terminals lesen, so daß man sein Wissen sofort ausprobieren kann[7]. Das Durcharbeiten der Übungen gehört dazu, auch wegen der Erfolgserlebnisse.

Zeitschriften berichten über Neuigkeiten. Manchmal bringen sie auch Kurse in Fortsetzungsform. Ein Lehrbuch oder Referenz-Handbuch ersetzen sie nicht. Sie eignen sich zur Ergänzung und Weiterbildung, sobald man über ein Grundwissen verfügt. Von einer guten Computerzeitschrift darf man heute verlangen, daß sie über Email erreichbar ist und ihre Informationen im Netz verfügbar macht.

Electronic Information besteht aus Mitteilungen in den Computernetzen. Das sind Bulletin Boards (Schwarze Bretter), Computerkonferenzen, Electronic Mail, Netnews, Veröffentlichungen, die per Anonymous FTP kopiert werden, und ähnliche Dinge. Sie sind aktueller als Zeitschriften, die Diskussionsmöglichkeiten

---

[7]Es heißt, daß von der Information, die man durch Hören aufnimmt, nur 30 % im Gedächtnis haften bleiben. Beim Sehen sollen es 50 % sein, bei Sehen und Hören zusammen 70 %. Vollzieht man etwas eigenhändig nach – begreift man es im wörtlichen Sinne – ist der Anteil noch höher. Hingegen hat das maschinelle Kopieren von Informationen keine Wirkungen auf das Gedächtnis und kann daher nicht als Ersatz für die klassischen Wege des Lernens gelten.

gehen weiter. Neben viel nutzlosem Zeug stehen hochwertige Beiträge von Fachleuten aus Universitäten und Computerfirmen. Ein guter Tip sind die FAQ-Listen (Frequently Asked Questions; Foire Aux Questions; Fragen, Antworten, Quellen der Erleuchtung) in den Netnews. Hauptproblem ist das Filtern der Informationsflut. Im Internet erscheinen täglich (!) mehrere 10.000 Beiträge.

Das Zusammenwirken von Büchern oder Zeitschriften mit Electronic Information schaut vielversprechend aus. Manchen Computerbüchern liegt eine Diskette oder eine CD-ROM bei. Das sind statische Informationen. Wir betreiben einen Anonymous-FTP-Server `ftp.ciw.uni-karlsruhe.de`, auf dem ergänzende Informationen verfügbar sind. Auf der WWW-Seite `http://www.ciw.uni-karlsruhe.de/technik.html` haben wir – vor allem für unseren eigenen Gebrauch – Verweise (Hyperlinks, URLs) zu den Themen dieses Buchs gesammelt, die zur weitergehenden Information verwendet werden können. Unsere Email-Anschrift steht im Impressum des Buches. Das vorliegende Buch ist recht betrachtet Teil eines Systems aus Papier und Elektronik.

Es gibt **Lernprogramme** zu Hardware, Betriebssystemen und Anwendungsprogrammen. Man könnte meinen, daß sich gerade der Umgang mit dem Computer mit Hilfe des Computers lernen läßt. Moderne Computer mit **Hypertext**[8], bewegter farbiger Grafik, Dialogfähigkeit und Tonausgabe bieten tatsächlich Möglichkeiten, die dem Buch verwehrt sind. Der Aufwand für ein Lernprogramm, das diese Möglichkeiten ausnutzt, ist allerdings beträchtlich, und deshalb sind manche Lernprogramme nicht gerade ermunternd. Es gibt zwar Programme – sogenannte Autorensysteme – die das Schreiben von Lernsoftware erleichtern, aber Arbeit bleibt es trotzdem. Auch gibt es vorläufig keinen befriedigenden Ersatz für Unterstreichungen und Randbemerkungen, mit denen einige Leser ihren Büchern eine persönliche Note geben. Erst recht ersetzt ein Programm nicht die Ausstrahlung eines guten Pädagogen.

Über den modernen Wegen der Wissensvermittlung hätten wir beinahe einen jahrzehntausendealten, aber immer noch aktuellen Weg vergessen: **Fragen**. Wenn Sie etwas wissen wollen oder nicht verstanden haben, fragen Sie, notfalls per Email. Die meisten UNIX-**Wizards** (*wizard*: person who effects seeming impossibilities; man skilled in occult arts; person who is permitted to do things forbidden to ordinary people) sind nette Menschen und freuen sich über Ihren Wissensdurst. Möglicherweise bekommen Sie verschiedene Antworten – es gibt in der Informatik auch Glaubensfragen – doch nur so kommen Sie voran.

Weiß auch Ihr Wizard nicht weiter, können Sie sich an die Öffentlichkeit wenden, das heißt an die schätzungsweise zehn Millionen Usenet-Teilnehmer. Den Weg dazu finden Sie unter dem Stichwort *Netnews*. Sie sollten allerdings vorher Ihre Handbücher gelesen haben und diesen Weg nicht bloß aus Bequemlichkeit wählen. Sonst erhalten Sie *RTFM*[9] als Antwort.

---

[8]Hypertext ist ein Text, bei dem Sie erklärungsbedürftige Wörter mit der Maus anklicken und dann die Erklärung auf den Bildschirm bekommen. In Hypertext wäre diese Fußnote eine solche Erklärung. Der Begriff wurde Anfang der 60er Jahre von TED NELSON in den USA geprägt. Siehe Abschnitt 3.7.10 *Hypertext* auf Seite 177.

[9]Anhang J *Slang im Netz*, Seite 564: Read The Fantastic Manual

1.4   Wie läuft eine Sitzung ab?

Die Arbeit mit dem Computer vollzieht sich meist im Sitzen vor einem Terminal und wird daher **Sitzung** (session) genannt. Mittels der Tastatur teilt man dem Computer seine Wünsche mit, auf dem Bildschirm antwortet er. Diese Arbeitsweise wird **interaktiv** genannt und als (Bildschirm-)**Dialog** bezeichnet, zu deutsch Zwiegespräch. Die Tastatur sieht ähnlich aus wie eine Schreibmaschinentastatur (weshalb Fähigkeiten im Maschinenschreiben nützlich sind), hat aber ein paar Tasten mehr. Oft gehört auch eine Maus dazu. Der Bildschirm ist ein naher Verwandter des Fernsehers.

Falls Sie mit einem Personal Computer arbeiten, müssen Sie ihn als erstes einschalten. Bei größeren Anlagen, an denen mehrere Leute gleichzeitig arbeiten, hat dies ein wichtiger und vielgeplagter Mensch für Sie erledigt, der Systemverwalter oder **System-Manager**. Sie sollten seine Freundschaft suchen[10].

Nach dem Einschalten lädt der Computer sein Betriebssystem, er bootet, wie man so sagt. **Booten** heißt eigentlich Bootstrappen und das hinwiederum, sich an den eigenen Stiefelbändern oder Schnürsenkeln (bootstraps) aus dem Sumpf der Unwissenheit herausziehen wie weiland der Lügenbaron KARL FRIEDRICH HIERONYMUS FREIHERR VON MÜNCHHAUSEN an seinem Zopf[11]. Zu Beginn kann der Computer nämlich noch nicht lesen, muß aber sein Betriebssystem vom Massenspeicher lesen, um lesen zu können.

Ist dieser heikle Vorgang erfolgreich abgeschlossen, gibt der Computer einen **Prompt** auf dem Bildschirm aus. Der Prompt ist ein Zeichen oder eine kurze Zeichengruppe – beispielsweise ein Pfeil, ein Dollarzeichen oder C geteilt durch größer als – die besagt, daß der Computer auf Ihre Eingaben wartet. Der Prompt wird auch Systemanfrage, Bereitzeichen oder Eingabeaufforderung genannt. Können Sie nachempfinden, warum wir Prompt sagen?

Nun dürfen Sie in die Tasten greifen. Bei einem Mehrbenutzersystem erwartet der Computer als erstes Ihre **Anmeldung**, das heißt die Eingabe des Namens, unter dem Sie der System-Manager eingetragen hat. Auf vielen Anlagen gibt es den Benutzer `gast` oder `guest`. Außer bei Gästen wird als nächstes die Eingabe eines Passwortes verlangt. Das **Passwort** (password, mot de passe) ist der Schlüssel zum Computer. Es wird auf dem Bildschirm nicht wiedergegeben. Bei der Eingabe von Namen und Passwort sind keine Korrekturen zugelassen, Groß- und Kleinschreibung wird unterschieden. War Ihre Anmeldung in Ordnung, heißt der Computer Sie herzlich willkommen und promptet wieder. Die Arbeit beginnt. Auf einem PC geben Sie beispielsweise `dir` ein, auf einer UNIX-Anlage `ls`. Jede Eingabe wird mit der **Return-Taste** (auch mit Enter, CR oder einem geknickten Pfeil nach links bezeichnet) abgeschlossen[12].

---

[10]Laden Sie ihn gelegentlich zu Kaffee und Kuchen oder einem Viertele Wein ein.

[11]Siehe GOTTFRIED AUGUST BÜRGER, Wunderbare Reisen zu Wasser und zu Lande, Feldzüge und lustige Abenteuer des Freiherrn von Münchhausen, wie er dieselben bei der Flasche im Zirkel seiner Freunde selbst zu erzählen pflegt. Insel Taschenbuch 207, Insel Verlag Frankfurt (Main) (1976), im 4. Kapitel

[12]Manche Systeme unterscheiden zwischen Return- und Enter-Taste, rien n'est simple. Auf Tastaturen für den kirchlichen Gebrauch trägt die Taste die Bezeichnung Amen.

Zum Eingewöhnen führen wir eine kleine Sitzung durch. Suchen Sie sich ein freies UNIX-Terminal. Betätigen Sie ein paar Mal die Return- oder Enter-Taste. Auf die Aufforderung zur Anmeldung (`login`) geben Sie den Namen **gast** oder **guest** ein, Return-Taste nicht vergessen. Ein Passwort ist für diesen Benutzernamen nicht vonnöten. Es könnte allerdings sein, daß auf dem System kein Gast-Konto eingerichtet ist, dann müssen Sie den System-Manager fragen. Nach dem Willkommensgruß des Systems geben wir folgende UNIX-Kommandos ein (Return-Taste!) und versuchen, ihre Bedeutung mithilfe des UNIX-Referenz-Handbuchs, Sektion (1) näherungsweise zu verstehen:

```
who
man who
date
man date
pwd
man pwd
ls
ls -l /bin
man ls
exit
```

Falls auf dem Bildschirm links unten das Wort `more` erscheint, betätigen Sie die Zwischenraum-Taste (space bar). `more(1)` ist ein Pager, ein Programm, das einen Text seiten- oder bildschirmweise ausgibt.

Die Grundform eines **UNIX-Kommandos** ist ähnlich wie bei MS-DOS:

```
Kommando -Optionen Argumente
```

Statt **Option** findet man auch die Bezeichnung Parameter, Flag oder Schalter. Eine Option modifiziert die Wirkungsweise des Kommandos, beispielsweise wird die Ausgabe des Kommandos `ls` ausführlicher, wenn wir die Option `-l` (long) dazuschreiben. **Argumente** sind Filenamen oder andere Informationen, die das Kommando benötigt, oben der Verzeichnisname `/bin`. Bei den Namen der UNIX-Kommandos haben sich ihre Schöpfer etwas gedacht, nur was, bleibt hin und wieder im Dunkeln. Hinter manchen Namen steckt auch eine ganze Geschichte, wie man sie in der Newsgruppe `comp.society.folklore` im Netz erfährt. Das Kommando `exit` beendet die Sitzung. Es ist ein internes Shell-Kommando und im Handbuch unter der Beschreibung der Shell `sh(1)` zu finden.

Jede Sitzung muß ordnungsgemäß beendet werden. Es reicht nicht, sich einfach vom Stuhl zu erheben. Laufende Programme - zum Beispiel ein Editor - müssen zu Ende gebracht werden, auf einer Mehrbenutzeranlage meldet man sich mit einem Kommando ab, das `exit`, `quit`, `logoff`, `logout`, `stop`, `bye` oder `end` lautet. Arbeiten Sie mit Fenstern, so findet sich irgendwo am Rand das Bild eines Knopfes (button) namens `exit`. Einen PC dürfen Sie selbst ausschalten, ansonsten erledigt das wieder der System-Manager. Das Ausschalten des Terminals einer Mehrbenutzeranlage hat für den Computer keine Bedeutung, die Sitzung läuft weiter!

Merke: Für UNIX und C/C++ sind große und kleine Buchstaben verschiedene Zeichen. Ferner sind die Ziffer 0 und der Buchstabe O auseinanderzuhalten.

1.5 Wo schlägt man nach?

Wenn es um Einzelheiten geht, ist das zu jedem UNIX-System gehörende und
einheitlich aufgebaute **Referenz-Handbuch** – auf Papier oder Bildschirm – die
wichtigste Hilfe[13]. Es gliedert sich in folgende **Sektionen**:

- 1   Kommandos und Anwendungsprogramme
- 1M   Kommandos zur Systemverwaltung (maintenance)
- 2   Systemaufrufe
- 3C   Subroutinen der Standard-C-Bibliothek
- 3M   Mathematische Bibliothek
- 3S   Subroutinen der Standard-I/O-Bibliothek
- 3X   Besondere Bibliotheken
- 4   Fileformate
- 5   Vermischtes (z. B. Filehierarchie, Zeichensätze)
- 6   Spiele
- 7   Gerätefiles
- 8   Systemverwaltung
- 9   Glossar

Subroutinen sind in diesem Zusammenhang vorgefertigte Funktionen für eigene
Programme, Standardfunktionen oder Unterprogramme mit anderen Worten. Die
erste Seite jeder Sektion ist mit `intro` betitelt und führt in den Inhalt der Sektion
ein. Beim Erwähnen eines Kommandos wird die Sektion des Handbuchs in Klammern angegeben, da das gleiche Stichwort in mehreren Sektionen mit unterschiedlicher Bedeutung vorkommen kann, beispielsweise `cpio(1)` und `cpio(4)`. Die Einordnung eines Stichwortes in eine Sektion variiert etwas zwischen verschiedenen
UNIX-Abfüllungen. Die Eintragungen zu den Kommandos oder Stichwörtern sind
wieder gleich aufgebaut:

- Name (Name des Kommandos, Zweck)
- Synopsis, Syntax (Gebrauch des Kommandos)
- Remarks (Anmerkungen)
- Description (Beschreibung des Kommandos)
- Return Value (Rückgabewert nach Programmende)
- Examples (Beispiele)
- Hardware Dependencies (hardwareabhängige Eigenheiten)
- Author (Urheber des Kommandos)
- Files (vom Kommando betroffene Files)

---

[13]Real programmers don't read manuals, sagt das Netz.

- See Also (ähnliche oder verwandte Kommandos)

- Diagnostics (Fehlermeldungen)

- Bugs (Mängel, soweit bekannt)

- Caveats, Warnings (Warnungen)

- International Support (Unterstützung europäischer Absonderlichkeiten)

Bei vielen Kommandos finden sich nur Name, Synopsis und Description. Der Zweck des Kommandos wird verheimlicht; deshalb versuchen wir, diesen Punkt zu erhellen. Was hilft die Beschreibung eines Schweißbrenners, wenn Sie nicht wissen, was und warum man schweißt? Am Fuß jeder Handbuch-Seite steht das Datum der Veröffentlichung. Schlagen Sie unter `pwd(1)` und `time(2)` nach.

Einige Kommandos oder Standardfunktionen haben keinen eigenen Eintrag, sondern sind mit anderen zusammengefaßt. So findet man das Kommando `mv(1)` unter der Eintragung für das Kommando `cp(1)` oder die Standardfunktion `gmtime(3)` bei der Standardfunktion `ctime(3)`. In solchen Fällen muß man das Sachregister, den Index des Handbuchs befragen.

Mittels des Kommandos `man(1)` holt man die Einträge aus dem gespeicherten Referenz-Handbuch (On-line-Manual, man-pages) auf den Bildschirm oder Drucker. Das On-line-Manual sollte zu den auf dem System vorhandenen Kommandos passen, während das papierne Handbuch älter sein kann. Versuchen Sie folgende Eingaben:

```
man time
man 2 time
man man
man man | col -b | lp
```

Die Zahlenangabe bei der zweiten Eingabe bezieht sich auf die Sektion. Die letzte Eingabezeile druckt die Handbuchseiten zum Kommando `man(1)` auf dem Default-Drucker aus (fragen Sie Ihren Arzt oder Apotheker oder besser noch Ihren System-Manager, für das Drucken gibt es viele Wege). Drucken Sie aber nicht das ganze Handbuch aus, die meisten Seiten braucht man nie.

1.6   Warum verwendet man Computer (nicht)?

Philosophische Interessen sind bei Ingenieuren häufig eine Alterserscheinung, meint der Wiener Computerpionier Heinz Zemanek. Wir glauben, das nötige Alter zu haben, um dann und wann das Wort *warum* in den Mund nehmen oder in die Tastatur hacken zu dürfen. Junge Informatiker äußern diese Frage auch gern. Bei der Umstellung einer hergebrachten Tätigkeit auf Computer steht oft die **Zeitersparnis** (= Kostenersparnis) im Vordergrund. Zumindest wird sie als Begründung für die Umstellung herangezogen. Das ist weitgehend falsch. Während der Umstellung muß doppelgleisig gearbeitet werden, und hernach erfordert das Computersystem eine ständige Pflege. Einige Arbeiten gehen mit Computerhilfe schneller von der Hand, dafür verursacht der Computer selbst Arbeit. Auf Dauer sollte ein Gewinn herauskommen, aber die Erwartungen sind oft überzogen.

Nach drei bis zehn Jahren Betrieb ist ein Computersystem veraltet. Die weitere Benutzung ist unwirtschaftlich, das heißt man könnte mit dem bisherigen Aufwand an Zeit und Geld eine leistungsfähigere Anlage betreiben oder mit einer neuen Anlage den Aufwand verringern. Dann stellt sich die Frage, wie die alten Daten weiterhin verfügbar gehalten werden können. Denken Sie an die Lochkartenstapel verflossener Jahrzehnte, die heute nicht mehr lesbar sind, weil es die Maschinen nicht länger gibt. Oft muß man auch mit der Anlage die Programme wechseln. Der Übergang zu einem neuen System ist von Zeit zu Zeit unausweichlich, wird aber von Technikern und Kaufleuten gleichermaßen gefürchtet. Auch dieser Aufwand ist zu berücksichtigen. Mit Papier und Tinte war das einfacher; einen Brief unserer Urgroßeltern können wir heute noch lesen.

Deutlicher als der Zeitgewinn ist der **Qualitätsgewinn** der Arbeitsergebnisse. In einer Buchhaltung sind dank der Unterstützung durch Computer die Auswertungen aktueller und differenzierter als früher. Informationen – zum Beispiel aus Einkauf und Verkauf – lassen sich schneller, sicherer und einfacher miteinander verknüpfen als auf dem Papierweg. Manuskripte lassen sich bequemer ändern und besser formatieren als zu Zeiten der mechanischen Schreibmaschine. Von technischen Zeichnungen lassen sich mit minimalem Aufwand Varianten herstellen. Mit Simulationsprogrammen können Entwürfe getestet werden, ehe man an echte und kostspielige Versuche geht. Literaturrecherchen decken heute eine weit größere Menge von Veröffentlichungen ab als vor dreißig Jahren. Große Datenmengen waren früher gar nicht oder nur mit Einschränkungen zu bewältigen. Solche Aufgaben kommen beim Suchen oder Sortieren sowie bei der numerischen Behandlung von Problemen aus der Wettervorhersage, der Strömungslehre, der Berechnung von Flugbahnen oder Verbrennungsvorgängen vor. Das Durchsuchen umfangreicher Datensammlungen ist eine Lieblingsbeschäftigung der Computer.

Noch eine Warnung. Die Arbeit wird durch Computer nur selten einfacher. Mit einem Bleistift können die meisten umgehen. Die Benutzung eines Texteditors erfordert eine **Einarbeitung**, die Ausnutzung aller Möglichkeiten eines leistungsfähigen Textsystems eine lange Vorbereitung und ständige **Weiterbildung**. Ein Schriftstück wie das vorliegende wäre vor vierzig Jahren nicht am Schreibtisch herzustellen gewesen; heute ist das mit Computerhilfe kein Hexenwerk, setzt aber eine eingehende Beschäftigung mit mehreren Programmen voraus.

Man darf nicht vergessen, daß der Computer ein Werkzeug ist. Er bereitet Daten auf, interpretiert sie aber nicht. Er übernimmt keine **Verantwortung** und handelt nicht nach ethischen Grundsätzen. Er rechnet, aber wertet nicht. Das ist keine technische Unvollkommenheit, sondern eine grundsätzliche Eigenschaft. Die Fähigkeit zur Verantwortung setzt die **Willensfreiheit** voraus und diese beinhaltet den eigenen Willen. Ein Computer, der anfängt, einen eigenen Willen zu entwickeln, ist ein Fall für die Werkstatt.

Der Computer soll den Menschen ebensowenig ersetzen wie ein Hammer die Hand ersetzt, sondern ihn ergänzen. Das hört sich banal an, aber manchmal ist die Aufgabenverteilung zwischen Mensch und Computer schwierig zu erkennen. Es ist bequem, die Entscheidung samt der Verantwortung der Maschine zuzuschieben. Es gibt auch Aufgaben, bei denen der Computer einen Menschen ersetzen kann – wenn nicht heute, dann künftig – aber dennoch nicht soll. Nehmen wir zwei

Extremfälle. Rufe ich die Telefonnummer 0721/19429 an, so antwortet ein Automat und teilt mir den Pegelstand des Rheins bei Karlsruhe mit. Das ist ok, denn ich will nur die Information bekommen. Ruft man dagegen die Telefonseelsorge an, erwartet man, daß ein Mensch zuhört, wobei das Zuhören wichtiger ist als das Übermitteln einer Information. So klar liegen die Verhältnisse nicht immer. Wie sieht es mit dem Computer als Lehrer aus? Darf ein Computer Studenten prüfen? Soll ein Arzt eine Diagnose vom Computer stellen lassen? Ist ein Computer zuverlässiger als ein Mensch? Ist die Künstliche Intelligenz in allen Fällen der Natürlichen Dummheit überlegen? Soll man die Entscheidung über Krieg und Frieden dem Präsidenten der USA überlassen oder besser seinem Computer? Und wenn der Präsident zwar entscheidet, sich aber auf die Auskünfte seines Computers verlassen muß? Wer ist dann wichtiger, der Präsident oder sein Computer?

Je besser die Computer funktionieren, desto mehr neigen wir dazu, die Datenwelt für maßgebend zu halten und Abweichungen der realen Welt von der Datenwelt für Störungen. Hört sich übertrieben an, ist es auch, aber wie lange noch? Fachliteratur, die nicht in einer Datenbank gespeichert ist, zählt praktisch nicht mehr. Texte, die sich nicht per Computer in andere Sprachen übersetzen lassen, gelten als stilistisch mangelhaft. Bei Meinungsverschiedenheiten über personenbezogene Daten hat zunächst einmal der Computer recht, und wenn er Briefe an Herrn Marianne Meier schreibt. Das läßt sich klären, aber wie sieht es mit dem **Weltbild** aus, das die Computerspiele unseren Kindern vermitteln? Welche Welt ist wirklich? Kann man von Spielgeld leben? Haben die Mitmenschen ein so einfaches Gemüt wie die virtuellen Helden? War *Der längste Tag* nur ein Bildschirmspektakel? Brauchten wir 1945 nur neu zu booten?

Unbehagen bereitet auch manchmal die zunehmende **Abhängigkeit** vom Computer, die bei Störfällen unmittelbar zu spüren ist – sei es, daß der Computer streikt oder daß der Strom ausfällt. Da gibt es Augenblicke, in denen sich die System-Manager fragen, warum sie nicht Minnesänger oder Leuchtturmwärter (oder beides, wie OTTO) geworden sind. Nun, der Mensch war immer abhängig. In der Steinzeit davon, daß es genügend viele nicht zu starke Bären gab, später davon, daß das Wetter die Ernte begünstigte, und heute sind wir auf die Computer angewiesen. Im Unterschied zu früher – als der erfahrene Bärenjäger die Bärenlage überblickte – hat heute der Einzelne nur ein unbestimmtes Gefühl der Abhängigkeit von Dingen, die er nicht kennt und nicht beeinflussen kann.

Mit den Computern wird es uns vermutlich ähnlich ergehen wie mit der Elektrizität: wir werden uns daran gewöhnen. Wie man für Stromausfälle eine Petroleumlampe und einen Campingkocher bereithält, sollte man für Computerausfälle etwas Papier, einen Bleistift und ein gutes, zum Umblättern geeignetes Buch zurücklegen.

2 Hardware

In diesem Kapitel werden die einzelnen Geräte einer Computeranlage so weit
erläutert, wie man es als Anwender braucht. Einzelheiten sind in den Handbüchern
zu den Geräten oder im Netz nachzulesen.

2.1 Systembus

In einem Computer arbeiten mehrere Baugruppen zusammen: mindestens ein Pro-
zessor, verschiedene Speicher, Schnittstellen zur Außenwelt, eine Uhr usw. Diese
Baugruppen schicken ihre Daten auf eine gemeinsame Leitung, den **Systembus**.
Von dort empfängt die jeweils angesprochene Baugruppe ihre Daten. Der System-
bus ist sozusagen ein großer Datenmarkt. Es leuchtet ein, daß die Leistung eines
Computers von den Fähigkeiten dieses Marktes noch mehr abhängt als von der
Leistung einer einzelnen Baugruppe, und sei es der Prozessor.

Ein Bus ist elektrisch gesprochen eine Parallelschaltung. Alle Teilnehmer empfangen gleichzeitig alle Signale. Damit nur ein bestimmter Teilnehmer das jeweilige
Signal auswertet, muß man diesen Teilnehmer auswählen können. Hierfür gibt es
zwei Wege. Entweder geht dem Signal selbst ein Auswahlsignal (Header) voran,
das den Namen oder die Adresse des auszuwählenden Teilnehmers enthält. Dies ist
beim Ethernet über Koaxkabel der Fall. Oder der Teilnehmer wird über besondere
Adressleitungen aktiviert, wie es beim SCSI-Bus der Fall und bei Systembussen
die Regel ist.

Der Systembus besteht aus mehreren Leitungen für Daten, Adressen und weitere Signale. Die Anzahl der Leitungen bestimmt den Datendurchsatz ebenso wie der
Bustakt. Es ist wie auf der Autobahn: viele Fahrspuren und hohe Fahrgeschwin-
digkeit ergeben einen hohen Durchsatz. Es darf allerdings nicht zu Kollisionen
kommen, auch wie auf der Autobahn.

Der stärkste Datenverkehr herrscht zwischen Prozessor und Arbeitsspeicher.
Um ihn nicht durch den Verkehr langsamer Baugruppen wie Platten oder serieller
Schnittstellen zu bremsen, werden diese meist über ein **Subsystem zur Ein-
und Ausgabe** angeschlossen, das als Vorzimmer zum Systembus arbeitet und den
langsamen Datenverkehr filtert und puffert. Sehr schnelle Rechenanlagen benutzen
sogar vollständige kleine Computer zum Verkehr mit der Außenwelt, weil jedes
Warten auf langsame Peripheriegeräte zu teuer käme.

Im klassischen PC nach IBM-Bauart mit ISA-Bus war der Systembus nicht
zugänglich. Das Subsystem zur Ein- und Ausgabe war seinerseits wieder ein Bus,
nämlich der mit 8 MHz getaktete ISA-Bus – ursprünglich also ungefähr mit demselben Takt wie der Zentralprozessor – dessen Anschlüsse die bekannten vier bis
acht schwarzen Slots waren. Nachdem der Prozessortakt beim Zehnfachen ange-

kommen war, wurde es Zeit, auch den Ein- und Ausgabebus zu beschleunigen, was zum PCI-Bus geführt hat.

2.2 Prozessoren

2.2.1 Grundbegriffe

Das Wort *Prozessor* wird in einer engen und einer weiten Bedeutung gebraucht. Es bezeichnet einmal einen Halbleiterbaustein und zum anderen eine Karte oder ein Gerät, das den Baustein enthält. Hier ist der Baustein (CPU) gemeint. Im Speicher lagern die Daten, der Prozessor verschiebt und verändert sie. Die Intelligenz steckt im Prozessor, aber ein gutes Gedächtnis ist genau so notwendig. Der Prozessor bestimmt den Computertyp. Man kann sich fragen, ob diese Aufteilung so sein muß. Sie könnte ja durch unsere heutigen technischen Möglichkeiten bedingt sein.

Prozessoren verarbeiten Daten und Speicheradressen. Die Daten kommen und gehen zu mehreren Bits gleichzeitig auf parallelen Leitungen. Ein einfacher Prozessor wie der Intel 8088 im PC/XT hatte acht Datenleitungen, sein **Datenbus** war acht Bits breit. Mit einem Takt wurde ein Byte (= 8 Bit) übertragen. Bessere Prozessoren haben Datenbusbreiten bis zu 128 Bit und sind dadurch schneller.

Für den **Adressbus** gilt Gleiches. Der Intel 8088 hatte einen 20 bit breiten Adressbus und unterschied daher $2^{20} = 1.048.576$ Speicheradressen. Das ist genau 1 MByte. Bessere Prozessoren haben größere Adressbusbreiten und adressieren daher größere Arbeitsspeicher. Ihr logischer **Adressraum** ist umfangreicher. Was physikalisch an Speicher eingebaut ist, ist eine andere Frage, vor allem eine des Geldes.

Die Prozessoren unterscheiden sich ferner durch ihre **Taktfrequenz**. Der Intel 8088 im IBM PC/XT arbeitete mit 4,77 MHz. Schnelle Prozessoren haben heute Taktfrequenzen bis 300 MHz. Das entspricht einer elektromagnetischen Wellenlänge von 1 m, liegt also im UKW-Bereich. Störungen von Radio und Fernsehen durch Computer und umgekehrt sind daher erklärlich. Für die nächsten Jahre wird mit einer Verbesserung der Halbleitertechnologie und daraus folgend einer Steigerung der Taktfreqenzen bis 600 MHz gerechnet.

Die Gesamtgeschwindigkeit eines Prozessors hängt außer von Taktfrequenz und Busbreiten noch von seinem logischen Aufbau, seiner **Architektur** ab. Ein schneller Prozessor vergeudet wenig Zeit mit Warten und erledigt alle häufiger vorkommenden Befehle innerhalb weniger Taktzyklen. Die Entwicklung geht dahin, innerhalb eines Zyklus mehrere Befehle auszuführen. Wie schnell eine vollständige Aufgabe erledigt wird, hängt außer vom Prozessor auch noch von den weiteren Bestandteilen der Anlage ab und nicht zuletzt vom Programm. Will man einen stärkeren Prozessor entwickeln, so stehen drei Wege offen:

- Steigerung der Taktfrequenz,

- Ersatz von Software durch Hardware,

- Optimierung des Befehlssatzes des Prozessors.

Die Steigerung der Taktfrequenz setzt vielfältige technologische Fortschritte voraus, angefangen beim Halbleitermaterial. Eine Verdoppelung der Taktfrequenz bringt einen Faktor zwei in der Prozessorleistung.

Da in Hardware verwirklichte – in Silizium gegossene – Befehle schneller verarbeitet werden als aus Software zusammengesetzte, hat man mehr und mehr (Maschinen-)Befehle direkt durch Hardware dargestellt. Das führte zum Complex Instruction Set Computer oder **CISC**-Prozessor mit bis zu 300 Befehlen. Der Weg hat Grenzen. Der Prozessorchip wird immer komplexer, teurer und schwieriger zu programmieren.

Die Entwickler dachten über einen dritten Weg nach und untersuchten die Häufigkeit des Aufrufs der Prozessorbefehle. Dann gossen sie die am häufigsten benutzten Befehle in Silizium und sorgten dafür, daß sie möglichst schnell verarbeitet wurden. Die weniger häufigen wurden durch Software ersetzt. So kam man zum Prozessor mit reduziertem Befehlssatz, sprich **RISC** (Reduced Instruction Set Computer)[1], mit etwa 50 Maschinenbefehlen. Ein zweiter Schritt war noch nötig. Die Compiler wurden so umgearbeitet, daß sie die schnellen Hardware-Befehle bevorzugten. Unter dem Strich ergab das stärkere Prozessoren zu geringeren Kosten. Dem Anwender kann die Prozessorphilosophie gleichgültig sein, ihn interessieren nur Leistung und Kosten.

Nach ihrem Zweck werden die Prozessoren noch in Zentral- und Koprozessoren (Numerik, Grafik, Akustik, Signalverarbeitung) unterschieden.

2.2.2 Zentralprozessoren

2.2.2.1 Einzelprozessoren

Jeder Computer hat mindestens einen **Zentralprozessor**, englisch Central Processing Unit oder CPU. Dieser ist das Mädchen für alles. Damit es nicht zu Eifersüchteleien kommt, haben die meisten Computer auch nur einen davon.

Wenn Sie von Hand eine numerische Aufgabe lösen wollen – beispielsweise die statistische Auswertung einer Versuchsreihe – brauchen Sie dazu folgende Dinge:

- eine Rechenvorschrift,

- ein Blatt Papier und einen Bleistift,

- Ihren Kopf.

Ihren Kopf verwenden Sie zum Lesen der Rechenvorschrift und zum Durchführen der logischen und mathematischen Operationen. Genauso arbeitet der Computer. Er braucht folgende Dinge:

- ein Programm mit der Rechenvorschrift,

- einen Speicher für Formeln und Zahlen,

- einen Zentralprozessor.

---

[1]Nach anderen Quellen auch: Relegate Important Stuff to Compiler.

Der Zentralprozessor arbeitet das Programm schrittweise ab und führt die logischen und mathematischen Operationen durch.

Im wesentlichen besteht der Zentralprozessor aus einem **Rechenwerk**, das die Rechenoperationen durchführt, einigen **Registern** (Speichern), die die Operanden und das Ergebnis aufnehmen, einem **Steuerwerk**, das den jeweils anstehenden Befehl enthält und einem **Befehlszähler**, der die Adresse des Befehls im Steuerwerk enthält. Aber das sind Einzelheiten, die Sie als Benutzer nicht zu wissen brauchen.

2.2.2.2 Parallelprozessoren

Wenn die Arbeit nicht mehr von einem Prozessor allein bewältigt werden kann, liegt es nahe, mehrere Prozessoren gleichzeitig arbeiten zu lassen. Das Eifersuchtsproblem läßt sich durch eine entsprechende Bürokratie lösen. Wir müssen aber bei Computern mit mehreren Zentralprozessoren zwei Typen unterscheiden.

Zum einen können mehrere selbständige Prozessoren in einem Kasten zusammengefaßt sein und sich den Arbeitsspeicher sowie die Peripherie teilen. Das war beispielsweise bei der Hewlett-Packard 9000/500 der Fall. Der Vorteil liegt in der echt gleichzeitigen Bearbeitung mehrerer Aufgaben. Die Bearbeitung einer einzelnen Aufgabe wird durch diese Prozessorkombination nicht beschleunigt.

Zum anderen können mehrere parallele Prozessoren gemeinsam an einer Aufgabe knabbern, falls diese dafür geeignet ist. Ein Beispiel ist die Vektoraddition. Wenn für jede Vektorkomponente ein Prozessor vorhanden ist, wird die gesamte Addition in einem Zyklus erledigt, während ein einzelner Prozessor für jede Komponente einen Zyklus benötigt.

Nicht alle Aufgaben lassen sich durch Parallelisieren beschleunigen. Kartoffelschälen beispielsweise läßt sich parallelisieren, sofern man mehr als eine Kartoffel hat. Beim Kochen und Braten hingegen gewinnt man durch den parallelen Einsatz vieler Töpfe und Pfannen kaum Zeit. Eher ist das Gegenteil der Fall, berücksichtigt man den Aufwand für Füllen und Spülen.

2.2.3 Koprozessoren

2.2.3.1 Arithmetikprozessoren, Gleitkommadarstellung

Einfache Zentralprozessoren kennen nur ganzzahlige Datentypen und die zugehörige Arithmetik. Für Gleitkommarechnungen wandelt der Compiler Gleitkommazahlen in Kombinationen aus ganzen Zahlen um und stellt die arithmetischen Funktionen bereit. Diese kosten Zeit. Wenn ein Computer mit reellen Zahlen rechnet, läßt er sich durch Einsatz eines Spezialprozessors für Gleitkommaarithmetik zusätzlich zur CPU beschleunigen. Der **Arithmetikprozessor** erledigt die Rechnungen schneller (Faktor 10), außerdem wendet sich die CPU schon wieder neuen Aufgaben zu, während der Rechenknecht noch schwitzt. Da Grafik von Winkelfunktionen Gebrauch macht, ist ein solcher Koprozessor auch hier nützlich. Heutzutage ist der Arithmetikprozessor meist in den Zentralprozessor integriert.

Der Umgang mit **Gleitkommazahlen** ist in **IEEE 754 Standard for Binary Floating Point Arithmetic (1985)** vereinheitlicht worden. An diesen

Standard halten sich viele Arithmetikprozessoren. Er empfiehlt eine prozessorin-

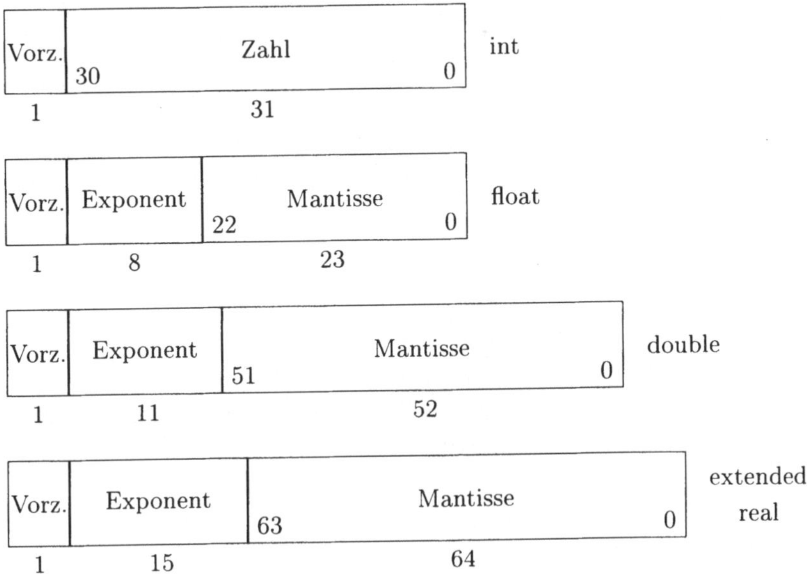

Abb. 2.1: Darstellung von Gleitkommazahlen einfacher und doppelter Genauigkeit durch den Hewlett-Packard C-Compiler und nach IEEE 754

terne Zahlendarstellung aus 64 Bit für die Mantisse (mantissa, significand) und 15 Bit für den Exponenten (exponent) plus einem Bit für das Vorzeichen der Gleitkommazahl, siehe Abb. 2.1 auf Seite 19. Dieser Zahlentyp wird als extended real bezeichnet und im Arithmetikprozessor für *alle* Gleitkommazahlen verwendet. Rechnet man vier Dualstellen auf eine Dezimalstelle, so entsprechen die 64 Bit der Mantisse 16 signifikanten dezimalen Stellen, die die Genauigkeit bestimmen. Beim Exponenten geht eine Stelle für sein Vorzeichen drauf, bleiben 14 duale Stellen. Der größte Wert liegt also bei 2^{14} gleich rund 16.000. Da der Exponent zur Basis 2 ausgewertet wird, liegt die größte Gleitkommazahl in der Gegend von 2^{16000} oder 10^{4000}. Der genaue Wert beträgt 10^{4932}. Wieweit der Compiler diesen Bereich ausnutzt, ist eine zweite Frage. In Abb. 2.1 sind auch die Zahlentypen float und double des HP-UX C-Compilers dargestellt. Für den HP-UX FORTRAN-Compiler gelten die gleichen Werte. Die Gleitkommazahl doppelter Länge (2 Maschinenwörter) besteht aus 52 Bits für die Mantisse, 11 Bits für den Exponenten und 1 Bit für das Vorzeichen der Mantisse. An dritter Stelle kann ein Anwendungsprogramm mit eigenen Datentypen und eigener Arithmetik die Grenzen erweitern. Letzten Endes sind alle Zahlen Bytes; wie diese aufzufassen sind, ist Sache des Programmes.

An einem Beispiel wollen wir uns die Umrechnung einer Dezimalzahl in eine Gleitkommazahl einfacher Genauigkeit (float) verdeutlichen. Die Dezimalzahl sei 1, 25, im englischen Sprachbereich mit Dezimalpunkt statt Komma. Folgende Schreibweisen sind gleichbedeutend, auch beim Rechnen von Hand:

- $1,25$
- $0,125 * 10^1$
- $0,125E1$
- $125000 * 10^{-5}$
- $125000E - 5$

Wir bringen die Zahl auf folgende Form nach IEEE 754:

$$z = (-1)^s * (1,m)_2 * 2^{k+127} \tag{2.1}$$

$(-1)^s$ ist das Vorzeichen, für positive Zahlen ist $s = 0$, für negative ist $s = 1$. Der Ausdruck $(1,m)_2$ ist die Mantisse, auch Signifikant genannt, die Zahl auf die Basis 2 umgerechnet und das Komma so verschoben, daß an vorderster Stelle eine 1 steht. Diese 1 wird in der Gleitkommadarstellung weggelassen, da sie immer vorkommt. Der letzte Term $k + 127$ ist der um 127 erhöhte Exponent der Zahl 2, auch wieder als Dualzahl. Mittels der Addition von 127 erreicht man, daß bei einem Wertebereich $-127 \leq k \leq 128$ der Exponent in der Gleitkommadarstellung im Bereich von 0 bis 255 liegt und somit ohne Vorzeichen dargestellt werden kann. Wir formen um:

$$\begin{aligned} z &= 1,25 = (-1)^0 * \frac{5}{4} \tag{2.2} \\ &= (-1)^0 * 5 * 2^{-2} \tag{2.3} \\ &= (-1)^0 * 101_2 * 2^{-2} \tag{2.4} \\ &= (-1)^0 * 1,01_2 * 2^0 \tag{2.5} \end{aligned}$$

Damit werden:

$$\begin{aligned} s &= 0 \tag{2.6} \\ m &= 0100\ldots0_2 \tag{2.7} \\ k &= 0 + 127 = 127 = 01111111_2 \tag{2.8} \end{aligned}$$

und die Gleitkommadarstellung nach IEEE 785:

$$z = 0011111110100\ldots0_{\text{IEEE 785}} \tag{2.9}$$

Die Umformung geht nicht immer so glatt von statten. Viele Dezimalzahlen lassen sich nicht ohne Rundungsfehler umformen. Selbst wenn wir genaue Dezimalzahlen eingäben, würden schon durch die Umrechnung auf duale Datentypen Ungenauigkeiten entstehen. Kommt es bei Berechnungen auf höchste Genauigkeit an, so stehen nur drei Wege offen:

- Wir beschränken uns auf Ganzzahlen.

- Wir verwenden Software, die echt dezimal rechnet (BCD-System, Binary Coded Decimal System), selten anzutreffen.

- Wir rechnen mit Zahlintervallen anstelle von Zahlen. Damit erhöht sich zwar nicht die Genauigkeit, aber wir kennen die Fehlergrenzen. Nicht gerade trivial.

Weiteres findet sich außer in der Norm in den Büchern von WOLFRAM SCHIFFMANN und ROBERT SCHMITZ oder von GERHARD GOOS, siehe Anhang Q *Zum Weiterlesen* ab Seite 600.

2.2.3.2 Grafikprozessoren, Signalprozessoren

Man kann die Spezialisierung weiter treiben und für die Grafikfunktionen sowie die Ein- und Ausgabe mittels grafikfähiger Geräte **Grafikprozessoren** verwenden. Weil die Grafikausgabe viel Speicher benötigt, stellt eine Grafikkarte praktisch einen Computer im Computer dar, was sich auch im Preis niederschlägt. Da grafische Daten dem Menschen entgegenkommen (ausgenommen Blinde), entwickelt sich dieser Bereich lebhaft.

Zur Verarbeitung von digitalisierten Bildern, Klängen oder Meßwerten, wobei bestimmte Rechenverfahren vorkommen, werden **Signalprozessoren** eingesetzt, die diese Aufgaben schnell (in Echtzeit) bewältigen, aber für nichts anderes zu gebrauchen sind. Mit dem Zunehmen der multimedialen Aufgaben der Computer werden weitere Spezialprozessoren an Bedeutung gewinnen.

2.3 Speicher

2.3.1 Grundbegriffe

So wie der Mensch ein gutes Gedächtnis oder ein Blatt Papier für längere Rechnungen braucht, benötigt ein Prozessor Speicher um sich herum. Zudem möchte man seine Daten auch längerfristig aufbewahren und nicht jedesmal zu Beginn einer Sitzung neu eintippen.

Das Fassungsvermögen eines Speichers, seine **Kapazität** wird in Byte, Kilobyte, Megabyte oder Gigabyte angegeben. Daneben spielt die mittlere **Zugriffszeit** eine Rolle. Schnelle Speicher sind teuer und daher kleiner als langsame.

Magnetbänder können nur **sequentiell** gelesen und beschrieben werden, das heißt der Reihe nach. Andere Speichermedien – wie Disketten – erlauben den sofortigen Zugriff auf beliebige Speicherplätze. Dieser Zugriff wird **wahlfreier** Zugriff oder Random Access genannt.

Ferner unterscheidet man **flüchtige** Speicher, die ihren Inhalt nur so lange behalten, wie sie mit Strom versorgt werden, und dauerhafte oder **permanente** Speicher. Einige Speicherarten sind **fest eingebaut**, andere lassen sich aus dem Computer **entfernen** und verschicken oder in einem Tresor lagern (removable medium im Gegensatz zu fixed medium). Diese werden auch als **Datenträger** bezeichnet.

Die verschiedenen Speichertypen bilden eine Hierarchie von kleinen, schnellen, flüchtigen Speichern nahe dem Zentralprozessor bis zu großen, langsamen, permanenten und transportierbaren Speichern in der Peripherie:

- Register auf dem Prozessorchip

- Arbeitsspeicher (Hauptspeicher, Primärspeicher)

- fest eingebaute Massenspeicher (Hintergrundspeicher, Sekundärspeicher) wie Platten

- transportierbare Speicher (Tertiärspeicher, removable media) wie Disketten, Bänder

Zwischen den einzelnen Speicherebenen sind oft noch Puffer oder Caches eingefügt, um den Datenverkehr zu beschleunigen, zum Teil sogar mehrstufige Caches.

Im Grunde ist die Speichervielfalt eine Folge technischer Beschränkungen. Es gibt heute noch kein Speichermedium, das schnell ist, ein großes Fassungsvermögen hat, nicht auf ständige Energiezufuhr angewiesen und dazu noch bezahlbar ist. Andererseits ist auch das menschliche Gedächtnis hierarchisch strukturiert, die Computer befinden sich also in guter Gesellschaft.

2.3.2 Arbeitsspeicher

2.3.2.1 ROM und RAM

Prozessoren sind schnell. In ihrer unmittelbaren Nachbarschaft finden wir daher den schnellsten Speicher, der aus Kostengründen nur ein geringes Fassungsvermögen hat. Dieser **Arbeitsspeicher** (memory, mémoire centrale, mémoire vive) muß den Zugriff auf beliebige Adressen gestatten und wird deshalb auch **Random Access Memory** (RAM) genannt. Die Zugriffszeiten liegen bei 5 bis 100 ns (Nanosekunden). Zum Vergleich: in 1 ns legt das Licht eine Strecke von 30 cm zurück. Dieser Speicher ist aus Halbleitern aufgebaut und flüchtig.

Ein Teil des Arbeitsspeichers enthält unveränderliche Programme und Daten, die zum Computer gehören. Dieser Bereich kann nur gelesen werden und heißt **Read Only Memory** (ROM).

Wieviel Arbeitsspeicher braucht man? Die Softwareentwicklung nimmt immer weniger Rücksicht auf den Speicherbedarf. Für das UNIX-Betriebssystem rechnet man 8 MByte, für jeden Dialog und jedes Hintergrundprogramm etwa 1 MByte. Ab 16 MByte läßt sich ein bescheidener Mehrbenutzerbetrieb durchführen. Tendenz steigend, das Vierfache ist noch nicht Verschwendung.

2.3.2.2 Puffer und Caches

In schnellen Computern treten immer wieder Wartezeiten bei Zugriffen auf langsame Speicher auf. Man versucht, diese Zeiten zu verringern, indem man die Daten in größeren Blöcken in schnelle **Pufferspeicher** einliest und hofft, daß die nächste Anforderung aus dem Puffer bedient wird. Die Hoffnung erfüllt sich nicht immer.

Das Schreiben via Puffer wirft ein besonderes Problem auf. Der Benutzer schreibt bespielsweise einen geänderten Text zurück und wähnt, die Arbeit sei auf der Platte in Sicherheit. In Wirklichkeit steht der Text erst in einem Puffer. Jetzt fällt der Strom aus, oder das System bleibt hängen und muß neu gestartet werden. Fort ist der Text.

UNIX-Systeme verwenden zwecks Verbesserung der Leistung viele Puffer. Deshalb darf man UNIX-Systeme nicht auschalten, ohne zuvor alle Puffer ordnungsgemäß zu leeren. Man muß die Anlage mittels eines bestimmten Kommandos herunterfahren.

Ein **Cache** ist ein kleiner Puffer zwischen Prozessor und Arbeitsspeicher oder zwischen Arbeitsspeicher und Laufwerken, oft in Form eigener Hardware. Im Französischen und Englischen ist ein Cache ein Versteck für Schätze. Da das gecachete Schreiben ein Risiko bei Stromausfällen oder Systemabstürzen darstellt, wird bei kritischen Anwendungen der Cache nur zum Lesen eingesetzt (Write-through-Cache).

2.3.3 Massenspeicher

2.3.3.1 Lochstreifen, Lochkarten

Massenspeicher haben ein großes Fassungsvermögen, sind langsam und permanent (nicht flüchtig). Aus Pietät wollen wir eine Gedenkminute für die Massenspeicher einlegen, mit denen die Computerei begann. Anno Domini 1890 fand in den USA eine Volkszählung statt, und jedermann ging, daß er sich schätzen ließe. Auch diese Volkszählung zeitigte Folgen.

Zur Beschleunigung der Auswertung hatte der amerikanische Ingenieur HER-MANN HOLLERITH eine elektromechanische Maschine entwickelt, die Löcher in Karten zählen konnte. Diese Maschine fand große Beachtung, und so gründete er 1896 in New York die Tabulating Machine Company. Heute heißt sie IBM oder einfach Big Blue, weil Blau ihre Lieblingsfarbe ist.

Zu den Lochkarten kamen aus der Fernschreibtechnik die Lochstreifen mit fünf oder acht Löchern nebeneinander. Bis in die siebziger Jahre hinein waren diese beiden Datenträger neben Magnetbändern die wichtigsten Medien zur permanten Speicherung maschinenlesbarer Daten. Erst mit dem Auftauchen der Diskette von IBM im Jahre 1971 – anfangs mit 8 Zoll Durchmesser und 250 kByte Kapazität – traten sie von der Bühne ab.

2.3.3.2 Disketten

Zu der Zeit, als die Schiffe noch aus Holz und die Seeleute aus Eisen waren, erfand der dänische Ingenieur VALDEMAR POULSEN ein Verfahren zur Aufzeichnung von Tönen auf einem ferromagnetischen Datenträger. Sein *Telegraphon* war der erste Anrufbeantworter und ist der Urahne aller heutigen auf Magnetismus beruhenden, analogen oder digitalen Datenträger.

Magnetbänder haben den Nachteil, daß sie nur sequentiell gelesen und be-schrieben werden können, also ist man bald auf Scheiben übergegangen. Die Tech-nik der Diktiergeräte gab Anregungen. Die Scheibe kann dünn, leicht und biegsam sein, dann wird sie als **Diskette**, Floppy Disk oder Schlappscheibe bezeichnet. Die Diskette hat sich als leicht zu transportierendes Speichermedium für Datenmen-gen bis 2 MByte durchgesetzt. Die Verbreitung der IBM PCs, die vom Modell XT des Jahres 1983 an Disketten verwendeten, hat ihr dabei geholfen.

Die Diskette besteht aus einer beidseits mit Eisenoxid und Bindemittel be-schichteten, dünnen, biegsamen Kunststoffscheibe, die von einer festen Kunststoff-hülle (jacket) geschützt wird und daraus nicht ohne Gewalt entnommen werden kann. Zur Verminderung der Reibung und der elektrostatischen Aufladung sowie zur Reinigung ist die Hülle innen mit einem Vlies ausgekleidet. Die Drehzahl der Disketten beträgt 300 oder 360/min, die mittleren **Zugriffszeiten** liegen bei 300 ms. Der Schreib-/Lesekopf berührt die Oberfläche, was einen Verschleiß von Kopf und Diskette bewirkt.

Diskettentypen Die technische Entwicklung hat zu einer Vielzahl von Diskettentypen geführt, die nicht miteinander verträglich sind. Der äußere **Durchmesser** der Disketten beträgt 8, 5,25, 3,5, 3 oder weniger Zoll. 8-Zoll-Disketten sind kaum noch in Gebrauch. 5,25-Zoll-Disketten haben ihren Höhepunkt auch schon hinter sich. 3,5 Zoll ist weit verbreitet und angenehm in der Handhabung, allerdings für die heute üblichen Datenmengen bereits etwas zu klein. 3-Zoll-Disketten sind exotisch und waren bei den CPC-Computern der Firma Schneider anzutreffen. Diskettenähnliche Datenträger mit Kapazitäten um 100 MByte sind im Handel, nur hat sich der Markt noch nicht für einen Standard entschieden.

Eine Scheibe hat zwei **Oberflächen**. Es gibt aber Disketten, die nur auf einer Seite verwendbar sind. Das Laufwerk wird dadurch billiger. Die Regel sind zweiseitige Disketten. Ein wichtiger Unterschied, der sich auch im Preis niederschlägt, ist die **Schreibdichte**. Es gibt einfache, doppelte, hohe und extrem hohe Dichte.

Nicht genug mit diesen äußerlichen Unterschieden. Wie die Daten auf der Diskette abgelegt sind – das **logische Format** – schwankt von Computer zu Computer. Im Zweifelsfall sei man pessimistisch und vertraue nicht darauf, daß eine fremde Diskette im eigenen Computer gelesen werden kann.

Nach unserer Erfahrung treten auch bei Disketten, die nach ihrem physikalischen und logischen Format in einem Laufwerk lesbar sein sollten, manchmal Schwierigkeiten auf, vor allem in PCs. Unsere einzige Erklärung ist, daß irgendwelche Werte von Diskette und Laufwerk am Rand der Toleranzen liegen.

Die neueren Diskettentypen haben eine Einrichtung, um hardwaremäßig das Schreiben zu verhüten. Bei Disketten mit 5 1/4 Zoll Durchmesser klebt man einen Ausschnitt am Rand der Hülle zu, bei 3 1/2 Zoll ist ein Schieber angebracht.

Formatieren Die fabrikneue Diskette hat eine magnetisch homogene Oberfläche. Vor Gebrauch muß sie im Laufwerk des Computers formatiert oder initialisert werden. Dabei werden konzentrische Datenspuren angelegt und diese in Sektoren eingeteilt. Unter Umständen wird auch noch ein File-System beim Formatieren eingerichtet. Erst dann können Dateien auf die Diskette überspielt werden.

Das Formatieren einer bereits benutzten Diskette löscht sämtliche Daten unwiderruflich. Das Umformatieren einer benutzten Diskette auf ein anderes Format kann Umstände bereiten. Man muß dann erst durch ein starkes Magnetfeld eine magnetisch homogene Oberfläche wiederherstellen. Heute ist es billiger, eine neue Diskette zu nehmen.

Behandlung Disketten sind empfindlich gegen Knicken, Schmutz und Fingerabdrücke, Magnetfelder (Lautsprecher, Bildschirme, Motoren, Trafos) und Wärme. Scheren, Schraubenzieher, Taschenmesser sind häufig im Laufe ihres Lebens magnetisch geworden.

2.3.3.3 Magnetische Platten

Plattentypen Platten oder Harddisks sind stabile Leichtmetallscheiben mit einer Oberfläche ähnlich wie bei Disketten, die sich in einem Gehäuse mit 3000/min bis 10000/min drehen. Der Schreib-Lesekopf gleitet dabei auf einem Luftpolster von einem tausendstel Millimeter Dicke. Ein Staubteilchen wäre eine Katastrophe. Die Gehäuse sind daher völlig dicht, man bekommt die Scheiben nicht zu sehen. Die Platten sind fest in den Computer eingebaut (**Festplatten**) oder auswechselbar (**Wechselplatten**). Festplatten sind weit verbreitet, Wechselplatten weniger.

Die Platten unterscheiden sich im **Fassungsvermögen** (von 20 bis 40000 MByte = 40 GByte), in der mittleren **Zugriffszeit** (7 bis 70 msec), in der Schnittstelle zum Computer (ST 506, ESDI, SCSI, CS80 und andere) und im logischen Format. Da man selten in die Verlegenheit kommt, eine Platte zu einem anderen Computer zu tragen, wiegen Unterschiede der physikalischen und logischen Formate nicht so schwer wie bei den Disketten.

Die Zuverlässigkeit und Lebensdauer einer Platte wird von den Herstellern durch die **Mean Time Between Failure** (MTBF) gekennzeichnet, also durch die mittlere Zeit zwischen zwei Ausfällen. In der genauen Definition dieser Größe sind sich die Hersteller nicht einig, außerdem sagt der Mittelwert nichts über den Einzelfall. Üblich sind Werte von 200 000 Stunden, das sind 23 Jahre.

Wieviel Plattenspeicher braucht man? Für das UNIX-Betriebssystem einschließlich Swapping Area darf man 400 MByte ansetzen, für einen durchschnittlichen Benutzer 200 MByte. Große Anwendungen wie LaTeX belegen etwa 200 MByte. Mit einer Platte von 1 GByte läßt sich anfangen, Tendenz ebenfalls steigend.

SCSI-Schnittstelle   In Workstations und besseren PCs wird vielfach die SCSI-Schnittstelle eingesetzt (siehe Abschnitt 2.4.5 *Small Computer Systems Interface* auf Seite 30). Der SCSI-Adapter (die Steckkarte) ist üblicherweise auf Adresse 7 gelegt, die Systemplatte, von der aus gebootet wird, muß meist die Adresse 0 haben (bei Hewlett-Packard 6). Daneben ist es gebräuchlich, aber nicht zwingend, ein Bandgerät auf 3 und das erste CD-ROM-Laufwerk auf 4 zu legen.

Die Forderungen nach größerem Fassungsvermögen, schnellerem Zugriff und höherer Zuverlässigkeit haben zur RAID-Technologie geführt, entwickelt an der University of California at Berkeley. Statt eine große, schnelle und entsprechend teure Platte einzubauen, die bei einem Defekt alle Daten mit ins Jenseits nimmt, entscheidet man sich für ein **Redundant Array of Inexpensive/Independent Disks** (RAID), also für eine Gruppe von preiswerten, nicht synchronisierten Platten, und überläßt dem RAID-SCSI-Adapter, daraus eine einzige logische Platte zu machen. Da diese Adapter nicht billig sind, lohnt sich ein Plattenarray nur für Fileserver, die viele Arbeitsplätze versorgen.

Es gibt mehrere RAID-Level für unterschiedliche Ansprüche. RAID 0 verteilt die Daten blockweise auf mindestens 2 Platten und erhöht so die Zugriffsgeschwindigkeit, nicht aber die Zuverlässigkeit. Die Kapazität des Arrays ist die Summe der Einzelkapazitäten. Die Technik wird als *Data striping* bezeichnet.

RAID 1 schreibt die Daten gleichzeitig doppelt auf eine Platte und eine Spiegelplatte (*Disk Mirroring*). Eine der beiden Platten darf ausfallen, ohne daß Daten verloren gehen. Der Lesezugriff wird schneller, das Schreiben braucht etwas mehr Zeit. Die Kapazität des Arrays ist gleich der einer einzelnen Platte.

RAID 2 verwendet ein Plattenpaar mit Data striping auf Bitebene und Spiegelung. Es spielt heute keine Rolle mehr. Dasselbe gilt für RAID 3, das Data striping auf Byteebene und eine zusätzliche Platte für die Parity Bits benutzt.

Bei RAID 4 wird Data striping auf Blockebene wie bei RAID 0 samt einer zusätzlichen Platte für die Parity Bits wie bei RAID 3 verwendet. Man verliert nur die Kapazität der Parity-Platte. Die Zugriffe erfolgen schnell, eine Platte darf ausfallen, ohne daß Daten verloren gehen. Nachteilig ist, daß bei vielen kurzen Zugriffen die Parity-Platte hoch belastet wird.

Deshalb werden unter RAID 5 auch die Parity Bits über alle Platten verteilt. Man gewinnt schnellen Zugriff, Sicherheit gegen Datenverlust infolge Ausfalls einer Platte und zahlt dafür nur mit einem Verlust an Kapazität von etwa 20 % der Gesamtkapazität. Dieser Level ist für durchschnittliche Aufgaben (viele Zugriffe mit kleinen Datenmengen) der zweckmäßigste.

RAID 6 entspricht RAID 5 mit einer zusätzlichen Fehlerkorrektur, die ein weiteres Laufwerk erfordert. Fast nicht eingesetzt. RAID 7 kommt auch vor, aber nicht als Standard des RAID Advisory Boards, sondern als Warenzeichen einer proprietären Lösung. Die Kombination der Level 0 (Data striping) und 1 (Mirroring) führt auf RAID 0/1 oder 10 mit den schnellsten Zugriffen bei zugleich höchster Sicherheit unter Verlust der Hälfte der Gesamtkapazität.

Im Zusammenhang mit Plattenarrays ist gelegentlich davon die Rede, daß die Platten *hot swappable* seien. Sie sind dann im Betrieb auswechselbar, was normalerweise zu einer Katastrophe führt. Es gibt auch Arrays, in denen eine Reserveplatte ständig mitläuft und bei Ausfall einer anderen Platte automatisch aktiviert wird.

Behandlung   Es gilt dasselbe wie für Disketten, außerdem sind Platten im Betrieb gegen Erschütterungen empfindlich. Ein Stoß kann dazu führen, daß der Kopf das dünne Luftpolster durchschlägt und auf der Magnetschicht kratzt. Dieser **Headcrash** bedeutet das Ende vieler Daten oder der ganzen Platte.

Anfahren und Anhalten der Platte sind kritische Zustände, die die Lebensdauer beeinträchtigen. Man soll daher Platten nicht unnötig oft ein- und ausschalten. Starke Temperaturschwankungen oder hohe Temperaturen sind auch ungesund.

2.3.3.4   Magnetbänder

Bänder sind Speicher für große Datenmengen, auf die selten zugegriffen wird. Bandgeräte arbeiten fileweise im **Start-Stop-Betrieb** oder als **Streamer**, die die Bits in einem stetigen Strom lesen bzw. schreiben, ohne irgendeine Struktur zu beachten.

Die Bänder sind – wie Tonbänder – auf **Spulen** oder in **Kassetten** verfügbar. Leider gibt es wie bei den Disketten mehrere miteinander unverträgliche Formate. Bänder auf Spulen unterscheiden sich in ihrer Schreibdichte: 800, 1600 oder 6250 Bits per inch. Daneben muß man die logische Struktur kennen, um aus den Bits wieder sinnvolle Daten zu machen.

Auch bei den Bandkassetten gibt es mehrere Formate. Verbreitet sind Bänder mit einer Breite von einem viertel Zoll (Quarter Inch Cartridge, QIC). Die **QIC-**

80-Kassetten nehmen je nach Bandlänge und Datenkompression bis zu 250 MB auf. Die **QIC-150-Kassetten** speichern bis zu 500 MB.

Moderne Entwicklungen aus der Videotechnik und der digitalen Tonaufzeichnung (**Digital Audio Tape** (DAT)) haben höhere Aufzeichnungsdichten ermöglicht, so daß heute auf einer DAT-Kassette bis zu 12 Gigabyte untergebracht werden. Es gibt automatische Kassettenwechsler (Stacker und Jukeboxen). DAT-Laufwerke finden zum Sichern großer Platten Verwendung, haben aber durch schreibende CD-ROM-Laufwerke Konkurrenz bekommen.

2.3.3.5 Optische Platten

Optische Platten sind permanente Massenspeicher großer Kapazität, die optische Effekte der Plattenoberfläche ausnutzen. Es gibt verschiedene Techniken. Die **CD-ROM** gleicht der Musik-Compact-Disk, kann also nur einmal bei der Herstellung beschrieben und beliebig oft gelesen werden. Schreibende CD-ROM-Laufwerke sind inzwischen so preiswert geworden, daß sie auch für den Endanwender interessant sind. Das Einsatzgebiet der CD sind Nachschlagewerke wie Lexika, Wörterbücher, Telefonverzeichnisse, Kursbücher, Bildersammlungen, Referenz-Handbücher und dergleichen sowie Sicherungskopien in größeren Zeitabständen. Da die Platte ein Laufwerk belegt, hat man automatische **Plattenwechsler** (jukebox) gebaut. Kapazität 600 MB, Zugriffszeiten wie Diskette.

Die **WORM**-Technik (write once, read many times) erlaubt einmaliges Schreiben durch den Benutzer und beliebig häufiges Lesen. Diese Platten werden zur Archivierung von Korrespondenz und Zeichnungen eingesetzt. Die WORM-Technik kommt etwas langsam auf die Beine und ist daher teuer oder umgekehrt. Vermutlich stirbt sie infolge des Aufkommens preiswerter schreibender CD-Laufwerke.

Eine dritte, magnetooptische Technik (**MO-Disk**) ermöglicht beliebiges Schreiben und Lesen durch den Benutzer und konkurriert mit der magnetischen Festplatte. Bei großem Speichervermögen (128 bis 2000 MB) und längerer Zugriffszeit (50 ms) eignet sie sich vor allem zum Speichern von Daten, auf die nicht ständig zugegriffen wird. Die MO-Cartridges sind ähnlich wie Disketten aufgebaut und auswechselbar.

Da diese Techniken häufig zur Archivierung eingesetzt werden, stellt sich die Frage nach der Haltbarkeit oder **Lebensdauer** der Daten. Für Papier und Pergament liegen jahrtausendealte Erfahrungen vor, für Fotos und magnetische Datenträger jahrzehntealte, für die neuen optischen Medien ist man auf Extrapolationen angewiesen. Die Hersteller billigen der MO-Disk 10 Jahre zu, der WORM-Disk 25 und der CD 50 Jahre. Damit dürften die Daten haltbarer sein, als der Computer, der sie liest[2]. Für kritische Daten auf magnetischen Medien wird ein Umkopieren zur Auffrischung nach jeweils drei Jahren empfohlen.

---

[2]Die Frage ist weder akademisch noch trivial: Wie stellt man bei einem Systemwechsel sicher, daß die alten Datenträger auch künftig noch gelesen werden können? Denken Sie an Personaldaten, die 30 Jahre lang aufbewahrt werden müssen. Wer kann heute noch die Lochkarten von 1965 lesen?

2.3.3.6 Flash-Speicher

Die bisher genannten Massenspeicher arbeiten allesamt mit mechanisch bewegten
Datenträgern. In einem ansonsten elektronischen Gerät mutet das anachronistisch
an. In unserem Kopf dreht sich keine Scheibe, also müssen Daten auch anders gespeichert werden können. Die heutige Technik ist sicher nicht der Weisheit letzter
Schluß.

Eine Entwicklung in dieser Richtung könnten die **Flash-Speicher** werden,
Halbleiterspeicher mit einem im Ruhezustand extrem niedrigen Strombedarf. Dieser Speichertyp läßt sich lesen, löschen und wiederholt beschreiben. Die Kapazität
handelsüblicher Flash-Karten geht zur Zeit bis 40 MB, die Preise liegen etwa beim
Dreifachen von Festplatten gleicher Größe, die Zugriffszeiten beim Lesen entsprechen denen anderer Halbleiterspeicher. Löschen und Schreiben dauern länger.

2.3.3.7 Speicherkarten

PCMCIA bedeutet Personal Computer Memory Card International Assosciation.
Dieser Verein hat Ende der achtziger Jahre eine **Schnittstelle** festgelegt, die vor
allem bei tragbaren PCs den Anschluß externer Massenspeicher in Form kleiner
Karten (Kreditkartenformat) ermöglicht. Die Definition umfaßt die geometrischen
Abmessungen der Karte, die elektrischen Eigenschaften und die Anforderungen an
die Software. Diese Schnittstelle hat sich als sehr flexibel erwiesen. Es gibt außer
Speicherkarten mit Halbleiterspeichern auch Karten mit Festplatten, als Faxmo-
dem, Ethernet- und ISDN-Adapter, Videokamera sowie mit Kombinationen davon. Die allgemeine Bezeichnung lautet heute **PC-Card**. Bei der Winzigbauweise
sind natürlich Abstriche an der Robustheit zu machen. Bei ortsgebundenen Computern sind sie auch wegen des Preises nicht verbreitet.

Es gibt inzwischen noch kleinere Karten mit allerdings herstellerspezifischen
Werten, insbesondere für den Einsatz in digitalen Kameras.

2.4   Schnittstellen

2.4.1   Grundbegriffe

Über eine Schnittstelle (Datensteckdose) werden Daten zwischen der Prozessoreinheit und den Peripheriegeräten oder auch zwischen zwei Computern ausgetauscht.
Schnittstellen befinden sich innerhalb des Computers, beispielsweise zum Anschluß
von Massenspeichern, und auf der Außenseite des Computers, beispielsweise zum
Anschluß an ein Netz. Eine Schnittstelle umfaßt immer Hard- und Software.

Es gibt **unidirektionale** Schnittstellen, auf denen die Daten nur in einer Richtung fließen (Simplexverfahren), und **bidirektionale** Schnittstellen mit Datenverkehr in beiden Richtungen. In letzterem Fall unterscheiden wir noch, ob zu einem
Zeitpunkt nur eine Richtung (Halbduplexverfahren) oder beide Richtungen (Vollduplexverfahren) möglich sind. Der Vergleich mit dem Straßenverkehr liegt nahe.

Die Daten bestehen aus Bytes und diese aus Bits. Werden die Bits auf einer
Leitungsader nacheinander übertragen – die Bytes dann natürlich auch – spricht

man von einer **seriellen** oder genauer von einer bitseriellen Übertragung. Hat man wenigstens neun Leitungsadern zur Verfügung, lassen sich die Bits eines Bytes gleichzeitig versenden, und wir haben eine **parallele**, genauer eine bitparallele-byteserielle Übertragung.

Werden die Bits und Bytes durch einen Taktgeber im Sender zeitlich ausgerichtet oder synchronisiert, so haben wir eine **synchrone** Verbindung. Der Empfänger benötigt dann auch einen Taktgeber, der sich mit dem des Senders abgleichen muß. Haben Sender und Empfänger keinen gemeinsamen Zeittakt, müssen Anfang und Ende von Bitgruppen (Bytes) durch bestimmte Bits (Start und Stopbits) markiert werden. Wir sprechen in diesem Fall von **asynchronen** Schnittstellen.

Außer den unbedingt erforderlichen Datenleitungen enthalten die Verbindungskabel oft auch noch Statusleitungen zur Übermittlung von Betriebszuständen sowie Stromversorgungsleitungen. Die minimale Adernzahl für eine serielle Simplexverbindung ist zwei, nämlich Signal (Senden) und Bezugsmasse, für eine serielle Vollduplexverbindung drei, nämlich Senden, Empfangen und Bezugsmasse. Die SCSI-Schnittstelle ist inzwischen bei 80-poligen Steckern angelangt. Die Pinbelegungen der zahlreichen Stecker- und Buchsentypen können wir hier unmöglich wiedergeben, wir empfehlen einen Blick auf die WWW-Seite `http://www.ciw.uni-karlsruhe.de/technik.html`.

2.4.2 Serielle Schnittstellen V.24/RS 232, RS 422, RS 485

Die weit verbreitete serielle, asynchrone Schnittstelle nach der europäischen Norm V.24 oder der amerikanischen Norm RS 232, die sich nur geringfügig unterscheidet, dient der Verbindung von Datenendgeräten (DTE, Data Terminal Equipment) und Daten-Übertragungseinrichtungen (DCE, Data Communication Equipment) über kurze Entfernungen (20 m) mit nach heutigen Maßstäben mäßigen Geschwindigkeiten (100 kbit/s). Typischerweise werden über diese Schnittstelle Terminals, Mäuse oder Trackballs, Modems, Drucker oder Plotter angeschlossen. Am PC werden 9- oder 25-polige D-Sub-Steckdosen (Stifte am PC, Buchsen am Kabel) für diese Schnittstelle verwendet.

Die Schnittstellen nach RS 422 und RS 485 verwenden je ein massefreies Adernpaar für jede Richtung und erlauben dadurch Entfernungen bis zu etwa 1000 m bei etwas höheren Geschwindigkeiten. Diese Schnittstellen finden sich in industriellen Umgebungen.

2.4.3 Parallele Schnittstelle (Centronics, IEEE 1284)

Die parallele Schnittstelle SPP (Standard Parallel Port) wurde als schnellere Alternative zu RS 232 zum Anschluß von Druckern an PCs entwickelt und wird oft nach dem Druckerhersteller Centronics benannt. Sie heißt parallel, weil die acht Bits eines Bytes gleichzeitig über acht Adern übertragen werden (bitparallel und byteseriell). Die maximale Kabellänge liegt bei einigen Metern, abhängig von der Kabelqualität. Außer Druckern werden auch Scanner und transportierbare Massenspeicher angeschlossen.

Aus der urpsrünglich unidirektionalen Schnittstelle sind zwei bidirektionale

Schnittstellen namens EPP (Enhanced Parallel Port) und ECP (Extended Capabilities Port) entstanden, um beliebige Peripheriegeräte mit eigener Intelligenz anzuschließen. SPP, EPP und ECP werden zusammen mit zwei weiteren Betriebsweisen in der Norm IEEE 1284 von 1994 beschrieben.

An PCs wird für die parallele Schnittstelle eine 25-polige D-Sub-Steckdose (Buchsen am PC, Stifte am Kabel) verwendet, an Druckern oft der sogenannte Centronics-Stecker mit 36 Polen.

2.4.4   20 mA Current Loop

Die serielle Current-Loop-Schnittstelle besteht aus einer Leiterschleife, in der ein Strom von 20 mA die logische 1 bedeutet, kein Strom die 0. Zu einem Zeitpunkt darf nur ein Sender in der Schleife aktiv sein, das heißt Strom einspeisen. Die maximale Kabellänge liegt bei etwa 1000 m, die Geschwindigkeiten sind niedrig. Diese Schnittstelle ist niemals gründlich genormt worden und spielt nur noch eine unbedeutende Rolle.

2.4.5   Small Computer Systems Interface (SCSI)

2.4.5.1   Was ist SCSI?

Das Small Computer Systems Interface (SCSI, gesprochen *skasi*) wurde bei einem Plattenhersteller entwickelt, um auf einfache Weise mehrere Platten oder ähnliche Geräte bei hoher Übertragungsgeschwindigkeit intern oder extern an einen PC anzuschließen. Außer Massenspeichern verfügen oft Scanner über diese Schnittstelle. Die SCSI-Schnittstelle hat sich im Lauf der Jahre weiter entwickelt, so daß heute mehrere, miteinander nicht immer verträgliche Arten existieren. Insbesondere findet sich auf dem Markt eine mitunter lästige Vielfalt von Kabeln und Steckern. Die SCSI-Schnittstelle ist ein Bus. Wir haben eine Leitung, die an bei-

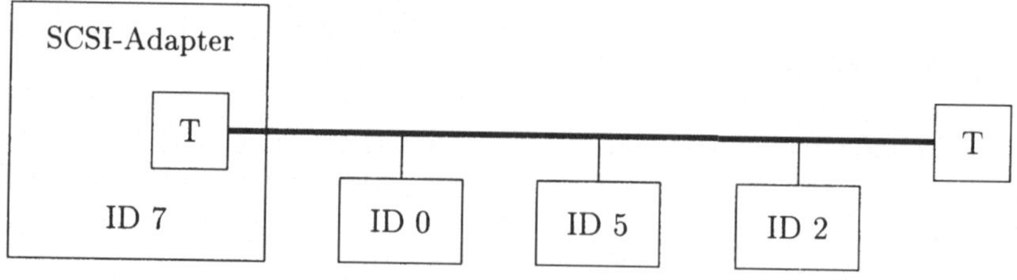

Abb. 2.2: SCSI-Bus mit Adapter (ID 7), Geräten und Terminatoren (T)

den Enden mit einem passenden Abschlußwiderstand (Terminator) abgeschlossen sein muß. Achtung: Die Enden der Leitung müssen abgeschlossen sein, nicht das letzte Gerät. Wenn das letzte Gerät am Ende der Leitung angeschlossen ist, befindet sich der Abschlußwiderstand in diesem Gerät. Die Geräte sind entweder unmittelbar oder über kurze Stichleitungen an die Busleitung angeschlossen. Die Abschlußwiderstände können getrennte, eigene Kästchen sein oder in die Geräte eingebaut. In diesem Fall sind sie per Jumper oder Software ein- und ausschaltbar.

Bei einer passiven Terminierung wird die Terminator-Power-Leitung über einen passiven Spannungsteiler (Widerstände) auf etwa 3 V gehalten. Eine aktive Terminierung hält die Leitung mittels integrierter Spannungsregler auf genau 2,85 V. Bei den schnelleren SCSI-Formen ist aktive Terminierung wegen größerer Störfestigkeit unbedingt vorzuziehen. Die Firma IBM kennt noch den Abschluß mittels Forced Perfect Terminator, eine Sonderform der aktiven Terminierung.

Die Signale liegen gleichzeitig an allen Geräten an. Das jeweils gewünschte Gerät wird über eine SCSI-Adresse ausgewählt. Jede Adresse darf auf einem Bus nur einmal vergeben werden. Die Reihenfolge der Adressen ist beliebig und hat nichts mit der Reihenfolge der Geräte an der Busleitung zu tun. Die Reihe der Adressen darf Lücken aufweisen. Üblicherweise hat der SCSI-Adapter die Adresse 7 und ist als Ausgangspunkt des Buskabels terminiert, bootfähige Platten haben meist die Adresse 0 oder 6 (bei HP). DAT-Streamer haben oft die Adresse 3, CD-ROM-Laufwerke 4, aber das ist nicht zwingend.

2.4.5.2 SCSI-1

Der älteste Standard heißt SCSI-1 und stammt aus dem Jahr 1986. Die Übertragungsgeschwindigkeit betrug 5 MByte/s, die SCSI-Adressen gingen von 0 bis 7, so daß außer dem Adapter noch sieben Geräte angeschlossen werden konnten. Als Kabel wurden 50-polige Flachbandkabel und 25-polige Rundkabel verwendet. Die maximale Buskabellänge betrug 6 m. Spielt keine Rolle mehr.

2.4.5.3 SCSI-2, Fast SCSI

SCSI-2 ist eine Verbesserung von SCSI-1 mittels eines erweiterten Befehlssatzes. Wird zugleich die Daten-Übertragungsgeschwindigkeit auf 10 MByte/s erhöht, spricht man auch von Fast-SCSI. Maximale Kabellänge unverändert 6 m.

2.4.5.4 Wide-SCSI

Verdoppelt man die acht Datenleitungen von SCSI-2 auf sechzehn, so verdoppeln sich auch die Übertragungsgeschwindigkeit auf 20 MByte/s und der Adressraum auf sechzehn Adressen. Die maximale Kablellänge bleibt unverändert bei 6 m. Wide-SCSI erfordert 68- oder 80-polige Stecker und entsprechende Kabel, ist also schon aus diesem Grund nicht veträglich mit SCSI-2. Die Adapterkarten haben jedoch meist beide Anschlüsse, so daß man in einem PC Wide-SCSI-Festplatten neben SCSI-CD-ROM-Laufwerken betreiben kann. Nach einer Untersuchung der Zeitschrift c't lohnt sich der Einsatz von Wide-SCSI-Platten erst, wenn mehrere Platten im PC laufen.

2.4.5.5 Ultra-SCSI, Fast-20

Hier wird die Daten-Taktrate verdoppelt, so daß sich Übertragungsgeschwindigkeiten von 20 bzw. bei Wide von 40 MByte/s ergeben. Die maximale Buslänge verkürzt sich auf 1,5 m. Praktisch ist es nicht mehr möglich, auf dieser Länge die theoretisch erlaubten 15 Geräte unterzubringen.

2.4.5.6 Differential SCSI

Während bei den bisherigen, single-ended SCSI-Typen die Signale gegen Masse gemessen wurden, sind beim Differential SCSI die Signale massefrei. Der höhere Aufwand führt zu einer besseren Störsicherheit und dadurch zu größeren Maximallängen der Kabel, nämlich 12,5 m anstelle von 6 m. Diese SCSI-Variante ist nur bei großen Computern anzutreffen.

2.4.5.7 Ultra2-SCSI

Die Taktrate ist nochmals verdoppelt, was bei Wide-SCSI auf 80 MByte/s führt. Da sich gleichzeitig die maximale Kabellänge weiter verringern würde, gibt es diese Form nur als Low-Voltage-Differential-SCSI (LVD-SCSI) mit einer maximalen Kabellänge von 12 m. Praktische Bedeutung hat nur die Wide-Ausführung mit 16 Adressen. Ultra3-SCSI mit 160 MByte/s ist in Vorbereitung.

2.4.5.8 SCSI-3

Neben Verbesserungen bei den Definitionen wie klarere Trennung von physikalischem Interface, Protokollebene und Kommandoebene werden weitere, insbesondere auch serielle Schnittstellen wie Fiber Channel oder SSA einbezogen. Der Standard ist noch in Entwicklung (1998). Die Bezeichnung von Ultra-SCSI als SCSI-3 ist irreführend.

2.4.5.9 Synchroner und asynchroner Datentransfer

Beim asynchronen Datentransfer wird jedes Byte für sich gesendet und bestätigt, was zu einem deutlichen Overhead und entsprechend geringerer Nutzdatenrate führt. Den asynchronen Modus beherrschen alle SCSI-Geräte. Geräte, die auch den synchronen Modus kennen, senden Datenblöcke. Sie stellen vor einer Übertragung fest, ob der Partner ebenfalls den synchronen Modus kennt, und verwenden nach Möglichkeit diesen.

Die Vielfalt der SCSI-Standards schreckt ab. Trotzdem überwiegen die Vorteile des einfachen Hinzufügens von Geräten bis zur maximalen Anzahl von 7 bzw. 15 und der hohen Übertragungsgeschwindigkeit. Wenn man die Probleme mit Stecker- und Kabeltypen hinter sich gebracht hat, kann man nur noch zwei Fehler machen: mehrfache Vergabe einer SCSI-Adresse oder falsche Terminierung.

2.4.6 Universal Serial Bus (USB)

Der **Universal Serial Bus** ist eine Entwicklung mit dem Ziel, den Anschluß von Peripheriegeräten an PCs zu vereinfachen. Es können bis zu 127 Geräte beliebiger Art – vom Monitor bis zum Telefon oder Laptop – bei einer Übertragungsgeschwindigkeit von bis zu 12 Mbit/s angeschlossen werden, und zwar auch während des Betriebes. Der PC erkennt automatisch Typ und Erfordernisse der Geräte. Auf der Softwareseite sind wie immer die entsprechenden Treiber erforderlich, aber deren Verfügbarkeit wird mit zunehmender Verbreitung des USB besser.

2.4.7   High Performance Serial Bus IEEE 1394, Firewire

Der **High Performance Serial Bus** nach der Norm IEEE 1394 – kurz **Firewire** genannt – ist ebenfalls eine jüngere Entwicklung und deckt sich in seinen Zielen teilweise mit dem Universal Serial Bus. Der Schwerpunkt liegt allerdings auf Videodaten und den zugehörigen Geräten, die eine sehr hohe Übertragungsgeschwindigkeit erfordern, bis zu 400 Mbit/s. Es werden maximal 63 Geräte an einem Bus unterstützt, die im Betrieb zu- und abgeschaltet werden dürfen und sich selbst konfigurieren. Auf Grund der hohen Geschwindigkeit sind die Kosten dieses Busses höher als die des USB. Hinter den beiden neuen Bussen stehen unterschiedliche Firmengruppen.

2.5   Terminals

2.5.1   Grundbegriffe

Terminals bilden die Schnittstelle Benutzer – Computer. Der Benutzer gibt seine Mitteilungen per **Tastatur** in den Computer ein. Der Computer seinerseits schreibt auf Papier (Druckerterminals, selten geworden. UNIX stammt aus der Zeit der Druckerterminals, weshalb das Ausgabekommando oft `print` lautet.) oder einen **Bildschirm**. Ein Terminal besteht also immer aus zwei Teilen. Zunehmend verbreiten sich auch in der UNIX-Welt **Mäuse** oder andere Zeigegeräte (pointing device), die der Tastatur zugeordnet sind. Bei Bedarf wird die Tastatur durch ein **Mikrofon**, der Bildschirm durch einen oder zwei **Lautsprecher** ergänzt, weil sich manche Daten akustisch besser darstellen lassen.

Bei Anlagen mit mehreren Terminals wird das erste, unbedingt notwendige Terminal, das auf einer bestimmten Adresse liegen muß, als **Konsole** bezeichnet. Beim Systemstart nimmt der Computer zuerst mit der Konsole Kontakt auf. Dorthin schickt er auch allfällige Hilferufe. Die Konsole ist der Arbeitsplatz des System-Managers.

2.5.2   Bildschirme

Bildschirme gruppieren sich augenfällig in monochrome und farbige sowie nach ihrer Größe von 9 bis über 20 Zoll **Bildschirmdiagonale**. Die Standardgröße[3] ist 14 Zoll. Darunter sollte man nicht gehen, darüber wird es zur Zeit noch teuer. Die monochromen Bildschirme sind schwarz-weiß, grün oder bernsteinfarben (amber). Nach unserer Erfahrung ist die Farbe nicht so wichtig. Man unterscheidet ferner **alphanumerische Bildschirme**, die nur bestimmte Zeichen auf bestimmten Positionen ausgeben und billiger sind, sowie **grafische Bildschirme**, die jeden Punkt (Pixel) des Bildfeldes einzeln ansteuern. Der Unterschied liegt nicht in der Bildröhre, sondern in der Elektronik dahinter.

---

[3]Um einem verbreiteten Fehler entgegenzutreten: Standard schreibt sich hinten mit d und bedeutet im Deutschen wie Englischen und Französischen Normalausführung, Richtlinie. Eine Standarte ist ein Banner oder Feldzeichen, allenfalls noch der Schwanz eines Fuchses.

Auf dem Bildschirm zeigt eine bewegliche Marke (**Cursor**) an, wohin die nächste Eingabe gelangt oder wo eine Eingabe erwartet wird. Gelegentlich werden auch mehrere unterschiedliche Marken gleichzeitig verwendet. Aussehen und Position des Cursors lassen sich vom Programm steuern und abfragen.

Außer den auf dem Bildschirm sichtbaren Zeichen empfängt der Bildschirm noch eine Vielzahl von **Steuerbefehlen**, beispielsweise zur Positionierung des Cursors und zum Setzen von Attributen (invers, blinkend, unterstrichen). Die Steuersprache ist nicht einheitlich (wäre zu schön). Auf unserem System sind ASCII-, ANSI- und Hewlett-Packard-Steuersequenzen vertreten. UNIX kommt damit klar, indem es für jeden Terminaltyp eine ausführliche Beschreibung im Verzeichnis `/usr/lib/terminfo(4)` (früher `/etc/termcap`) gespeichert hat.

Dem Bildschirm ist ein **Bildschirmspeicher** zugeordnet, in dem die Daten abgelegt sind, die fünfzig- bis hundertmal in der Sekunde auf den Bildschirm geschrieben werden. Der Speicher kann größer sein als ein Bildschirm, dann ist der Bildschirm sozusagen ein Fenster in den Speicher, das sich auf- und abwärts verschieben läßt (scrolling = screen rolling). Ein Ausdruck des Bildschirms oder des ganzen Speichers auf Papier wird **Hardcopy** genannt.

Bildröhren verschleißen im Betrieb. Die Glühkathode verbraucht sich, der Phosphor ebenfalls an Stellen, die lange einer intensiven Bestrahlung ausgesetzt sind. Daher hat man Programme entwickelt, die bei Datenstille den Bildschirm nach einigen Minuten dunkel schalten (Bildschirm-Schoner, Screen saver). Bei Betätigen einer beliebigen Taste -- vorzugsweise der Shift-Taste, die weiter nichts bewirkt -- erscheint das Bild wieder.

Ein Bildschirm soll so aufgestellt sein, daß die **Blickrichtung** des Benutzers parallel zur Fensterfront verläuft. Weder vor noch hinter dem Bildschirm sollen sich starke Lichtquellen oder andere Objekte mit starken Kontrasten befinden. Die Höhe von Tastatur und Bildschirm soll so eingestellt sein, daß die Unterarme ungefähr waagrecht gehalten werden und die Blickrichtung leicht nach unten gerichtet ist. In der Nähe des Bildschirms sollen keine Transformatoren arbeiten, sonst wird das Bild infolge des Magnetfeldes unruhig und verzerrt.

Ganz wichtig: die Luftschlitze des Bildschirm-Gehäuses dürfen auf keinen Fall zugedeckt werden. Alle Benutzer neigen dazu, Notizen, Handbücher und dergleichen auf dem Gehäuse abzulegen. Solange dadurch keine Luftschlitze abgedeckt werden, ok. Andernfalls hat man keine dauerhafte Freude an seinem Bildschirm, vielleicht bricht auch ein Feuerchen aus.

Bildschirme erzeugen wie jeder Fernseher elektrische und magnetische **Felder** sowie eine weiche **Röntgenstrahlung**. Inwieweit diese schwachen Felder und Strahlen das menschliche Wohlbefinden beeinflussen, ist noch nicht geklärt[4]. Sie so schwach wie möglich zu halten, ist kein Fehler. Inzwischen gibt es genügend Bildschirme, die die schwedische Spezifikation **MPR II** erfüllen und kaum teurer sind als Bildschirme alter Technik. Die Verringerung des elektrischen Feldes vermindert auch die Staubablagerung auf dem Bildschirm. Außerdem können Bildschirme im Ultraschallbereich pfeifen, was Tiere stört. Die Gesundheit anbelangend gibt es

---

[4]Wir beziehen uns auf die Broschüre *Elektrosmog* des GSF-Forschungszentrums für Umwelt und Gesundheit, Oberschleißheim, vom Juni 1993 und auf eine Übersicht von H. LEMME in der Funkschau Nr. 2/1994.

Einflüsse, deren Schädlichkeit sicherer nachgewiesen ist: Rauchen, Trinken, Essen, Fernsehen, Motorradfahren, Sonnenbaden .....

Bei Personen, die zu Epilepsie neigen, sollen das Flimmern des Bildschirms und rasche Bildwechsel, wie sie bei Computerspielen vorkommen, auslösend wirken. In Frankreich sollen daher Computerspiele mit einem Warnhinweis versehen sein. Wir haben noch keine klaren Angaben gefunden, verfolgen aber die Netnews-Gruppe `comp.risks` sowie Fachzeitschriften.

2.5.2.1 Alphanumerische Bildschirme

Die Bildfläche alphanumerischer Bildschirme wird in Zeilen und Spalten eingeteilt. Üblich sind 24 **Zeilen** und 80 **Spalten**, macht zusammen 1920 Positionen. Oft kommen noch ein oder zwei Statuszeilen am oberen oder unteren Bildschirmrand hinzu. Auf diesen 1920 Positionen können die Zeichen des in der Elektronik gespeicherten **Zeichensatzes** dargestellt werden, weiter nichts. Der Computer schickt an den Bildschirm nur die Nummer des Zeichens. Ein solcher Bildschirm reicht aus für Textverarbeitung oder zur Programmentwicklung, nicht jedoch für die grafischen Fenster des X-Window-Systems.

Der Zeichensatz alphanumerischer Bildschirme umfaßt oft auch Zeichen wie waagrechte und senkrechte Linien, Kreuze, Punkte und Winkel zum Erzeugen von Rahmen oder Tabellen. Diese Zeichen werden **Halbgrafik** genannt und sind in keiner Weise standardisiert.

2.5.2.2 Grafische Bildschirme

Grafische Bildschirme sind ebenfalls in Zeilen und Spalten eingeteilt, allerdings wesentlich feiner. Üblich sind Werte in der Gegend von 400 Zeilen mal 800 Spalten und mehr (das geht ins Geld). Jeder dieser 320.000 **Pixel** (Bildpunkte[5]) wird einzeln, unter Umständen mit unterschiedlicher Helligkeit und Farbe, angesteuert. Damit lassen sich beliebige Figuren an jeder Stelle des Bildschirms zeichnen.

Bei 10 Zoll Bildbreite (14 Zoll Bildschirmdiagonale) und 800 Spalten beträgt die horizontale Auflösung 80 Punkte pro Zoll. Das menschliche Auge hat ein Punktauflösungsvermögen von etwa einer Bogenminute[6], was grob gerechnet auf 300 Punkte pro Zoll in normalem Sehabstand führt. Die Bildschirme können also noch erheblich besser werden. Die meisten Laserdrucker verwenden heute 600 Punkte pro Zoll, Fotosatzbelichter das Vierfache.

2.5.2.3 Farb-Bildschirme

Bei einem Farb-Bildschirm muß die Bildröhre für Farbe geeignet sein und die Elektronik dahinter. Schließlich muß auch die Software von der Farbe Gebrauch machen. Der Aufwand ist beträchtlich höher als bei monochromer Arbeitsweise. Die Bildschärfe erreicht nicht die von Schwarzweiß-Bildschirmen, da ein weißer Punkt

---

[5]Nach der Diskussion mit einem Kollegen, der tief in der geometrischen Optik verwurzelt ist, haben wir uns für Pixel anstelle von Bildpunkt entschieden.

[6]H. Rein, M. Schneider: Physiologie des Menschen, bei Springer, Berlin 1971; Mörike, Betz, Mergenthaler: Biologie des Menschen, bei Quelle & Meyer, Heidelberg 1991.

bei näherem Hinsehen aus drei farbigen Punkten besteht. Der Bildpunktabstand
(Pitch) sollte kleiner sein als 0,30 mm.

Im Minimum gibt ein Farbsystem 16 Farbtöne wieder, im Maximum heute
16 Millionen. Diese Zahl errechnet sich aus der Anzahl von Bits, die jedem Pixel
zugeordnet sind. Das menschliche Auge unterscheidet im Spektrum des sichtbaren
Lichtes etwa 300 Farben. Nimmt man Helligkeit und Farbsättigung hinzu, werden
es 1 bis 2 Millionen Farbtöne[7]. Die 16 Millionen Farbtöne dürften also auch für
anspruchsvolle Aufgaben reichen und rechtfertigen die Bezeichnung True Color.

2.5.2.4 Flachbildschirme

Die üblichen Bildschirme nehmen auf Grund der Konstruktion der Bildröhre eine
beträchtliche Tiefe auf dem Schreibtisch ein, insbesondere die größeren Formate.
Der Wunsch nach flachen Bildschirmen besteht schon lange, ist jedoch bis heute
nur mit Einschränkungen erfüllt. Es werden verschiedene Prinzipien verwirklicht,
aber keines erreicht die Qualität der klassischen Bildröhre. Die Verwendung von
Flachbildschirmen beschränkt sich daher vorläufig auf tragbare Computer. In den
nächsten Jahren wird sich das ändern, das Problem ist zu brennend, die Gewinn-
aussichten sind zu groß.

2.5.2.5 Projektoren

Will man einen Bildschirm-Dialog vor einem größeren Publikum zeigen, braucht
man einen Riesen-Bildschirm, den es nicht gibt, oder eine Projektionseinrichtung.
Zwei Arten stehen zur Auswahl:

- Projektoren mit besonderen Bildröhren (bei Farbe drei), die sehr hell zeichnen, aber nicht die Helligkeit eines Diaprojektors erreichen,

- Bildschirme für Overhead-Projektoren, die anstelle der Zeichenfolie aufge-
  legt werden und nach einem ähnlichen Prinzip wie Flachbildschirme arbeiten.

Unabhängig von der Technik ist zu beachten, daß Linienstärke und Schriftgröße
größer sein müssen als bei direkter Betrachtung. Wie bei Dias gilt, daß auf einem
Bild etwa 12 Textzeilen untergebracht werden können, anderfalls ist die Schrift aus
den hinteren Reihen nicht mehr zu lesen. Es gibt Programme, die die Textausgabe
vergößern, in erster Linie für Sehgeschädigte gedacht, aber auch hier einzusetzen.
LaTeX enthält eine Dokumentenklasse für Folien (foils).

2.5.3 Tastaturen

Computertastaturen entsprechen im Kern einer Schreibmaschinentastatur mit
Buchstaben, Ziffern, Satzzeichen und Zwischenraum (Space, Leertaste). Der Space
ist für den Computer ein Zeichen wie jedes andere, anders als auf der Schreibmaschine. Unter den Zeichen finden sich einige, die auf Schreibmaschinen selten
anzutreffen sind, wie Tilde, Stern, Doppelkreuz, rückwärts geneigter Schrägstrich

---

[7]locis citatis

(Backslash), eckige und geschweifte Klammern sowie ein senkrechter Strich. Dazu kommen die von der Schreibmaschine bekannten Tasten zum Umschalten auf Großbuchstaben (shift), Rückschritt (Backspace) und für die Zeilenschaltung (return, enter, CR oder ein abgewinkelter Pfeil nach links), eventuell noch Tabulatortasten. Bei vielen Tastaturen findet sich rechts ein abgesetzter Ziffernblock wie auf einer Addiermaschine zur bequemeren Eingabe numerischer Daten.

Diese Kerntastatur wird für EDV-Zwecke erweitert um Tasten zur **Cursorsteuerung** (aufwärts, abwärts, links, rechts, Home = linke obere Bildschirmecke), acht bis vierundzwanzig Funktionstasten, Editiertasten (insert, delete), Escape, Break, Control, gegebenenfalls Alternate und weitere Spezialitäten[8]. Die **Funktionstasten** haben keine feste Belegung, daher läßt sich nicht allgemein angeben, was sie bedeuten. Die Wirkungen von Escape und Break werden durch die Software bestimmt. Die Tasten Shift, Control und Alternate werden nur gleichzeitig mit einer Zeichentaste verwendet, stellen also kein eigenes Zeichen dar. Solche Kombinationen gleichzeitig zu drckender Tasten werde als Keycords analog zum Akkord auf dem Klavier bezeichnet. Zeichen wie Escape oder die Control-Kombinationen sind nicht druckbar, sondern bewirken ein bestimmtes Verhalten des Druckers oder des empfangenden Programmes.

Mit **Whitespace** werden die Zeichen benannt, die beim Drucken einen weißen Zwischenraum hinterlassen, also Space, Tabulator (Tab) und Zeilenwechsel. Sie dienen auch als Trennzeichen zwischen den Teilen eines Kommandos oder zwischen zwei Kommandos. Federfuchser verstehen unter **Space** nur das ASCII-Zeichen Nr. 32 und unter **Blank** besagtes ASCII-Zeichen oder den horizontalen Tab Nr. 9. Der Zeilenwechsel wird in der UNIX-Welt vorsichtig mit **newline** bezeichnet, weil sich dahinter je nach System verschiedene Zeichen verbergen können, oft das Line-Feed-Zeichen mit der ASCII-Nr. 10. Eine Newline-Taste oder ein ASCII-Zeichen namens Newline gibt es nicht.

Bei Tastaturen tritt eine Problematik auf, die wir im Abschnitt 3.7.1.1 *Zeichensätze oder die Umlaut-Frage* auf Seite 147 näher kennenlernen. Es gibt amerikanische, deutsche, französische usw. Ausführungen. Die Tasten (z. B. y und z) liegen an unterschiedlicher Stelle, manche Zeichen (Umlaute, geschweifte Klammern) gibt es nicht auf allen Tastaturen. Die **Zeichensätze** variieren. Wir verwenden deutsche Tastaturen im Sekretariatsbereich, wo hauptsächlich deutsche Texte geschrieben werden, ansonsten US-ASCII-Tastaturen. Arbeitet man in internationalen Netzen, ist eine US-ASCII-Tastatur vorzuziehen.

2.5.4 Mäuse und Bälle

Zur Bewegung des Cursors über längere Strecken sind die Cursortasten schlecht geeignet. Man hat daher nach einem Gerät gesucht, mit dem man einfach auf die gewünschte Cursorposition zeigen kann, nach einem **pointing device**. Von den verschiedenen Lösungen – berührungsempfindlicher Bildschirm, Lichtgriffel, Ball, Maus – haben sich Maus und Ball durchgesetzt.

---

[8]Der *any key*, den zu drücken manche Programme verlangen, ist keine besondere, sondern eine beliebige Taste. Falls Sie sich nicht entscheiden können, nehmen Sie die Umschalttaste (Shift).

Die **Maus** (mouse, souris) ist ein Eingabegerät, das vor allem in Verbindung mit Grafikprogrammen und grafischen Benutzeroberflächen unentbehrlich ist. Der Cursor auf dem Bildschirm folgt den Bewegungen der Maus auf der Unterlage. Auf Tastendruck liest der Computer die augenblickliche Cursorposition und reagiert darauf mit der Ausführung eines Kommandos. Die meisten Mäuse verwenden eine mechanisch durch Reibung bewegte Kugel, die zum Verschmutzen neigt. Es gibt aber auch rein optisch arbeitende Mäuse, die eine besondere Unterlage erfordern. Das mitunter lästige Kabel von der Maus zur Tastatur oder zum Computer läßt sich durch eine Infrarot- oder Funk-Verbindung ersetzen. Legt man die Maus auf den Rücken und bewegt die Kugel mit den Fingern, so hat man eine ortsfeste **Rollkugel** (trackball, boule de pointage), die weniger Platz braucht als die Maus und auch nicht von den Reibungsverhältnissen zwischen Kugel und Unterlage abhängt. Gewohnheitssache.

Es gibt Ansätze zu dreidimensionalen Zeigegeräten, mit denen man den Cursor in einem perspektivisch dargestellten Raum auf dem Bildschirm bewegen kann. Diese 3-D- oder 6-D-**Steuerkugeln** (HP Spaceball) und **Steuerhandschuhe** (data gloves) sind aber nicht verbreitet. Die Frage nach der zweckmäßigsten Verbindung zwischen Mensch und Computer ist noch offen.

2.5.5 Mikrofon, Lautsprecher

Mikrofon und **Lautsprecher** sind ebenfalls zwei Geräte, über die sich Benutzer und Computer verständigen können; sie bilden ein akustisches Terminal. Einige Arbeitsplatzcomputer (Macintosh, NeXT) bringen in ihrer Grundausstattung bereits ein Mikrofon und einen Lautsprecher als Bestandteile des Terminals mit. Sie werden als Ergänzung von Tastatur und Bildschirm verwendet, nur in Ausnahmefällen (blinde Benutzer, abgedunkelte Labors) als Ersatz. Mit dieser Ausrüstung kann man Email in gesprochener Form (Voice-Mail) versenden oder bei Vokabeltrainern die Aussprache üben.

2.5.6 X-Terminals

Die in der UNIX-Welt verbreiteten **X-Terminals** sind kleine, spezialisierte Computer mit grafikfähigem Bildschirm, Tastatur und Maus, auf denen ein einziges Programm läuft, nämlich der **X-Server**. Dieser besorgt den Dialog für ein oder mehrere X-Clienten, das sind Programme auf anderen Computern, die mit dem X-Terminal über ein Netz verbunden sind. Vom Aufwand und Preis her entsprechen sie gehobenen PCs. Voraussichtlich wird sich die Terminal-Welt auf zwei Schwerpunkte hin entwickeln: einfache, preiswerte alphanumerische Terminals einerseits und X-Terminals für anspruchsvolle Aufgaben andererseits.

Eine Alternative sind PCs, auf denen ein X-Server als Programm läuft, oder Workstations unter UNIX, auf denen neben anderen Programmen auch X-Clienten und ein X-Server laufen. Weiteres in Abschnitt 3.6.2 *X-Window-System* auf Seite 140.

2.6 Drucker

2.6.1 Grundbegriffe

Drucker bannen die Ausgabe des Computers auf Papier, damit man sie getrost zu
den Akten nehmen kann. Manche Arbeiten lassen sich auch besser auf dem Papier
als auf dem Bildschirm durchführen, obwohl dabei vieles Gewohnheit ist.

Die Drucker unterscheiden sich nach ihrem Arbeitsprinzip, der Papierbreite
und der Geschwindigkeit. Einige Modelle ermöglichen farbige Drucke.

Drucker, die die Zeichen auf dem Papier durch mechanischen Anschlag erzeugen, werden **Impact-Drucker** genannt. Im Gegensatz dazu stehen Tintenstrahl-
und Laserdrucker. Werden die Zeichen aus feinen Punkten zusammengesetzt,
spricht man von einem **Matrixdrucker** im Gegensatz zu einem **Typendrucker**,
der wie eine Schreibmaschine nur die vorgegebenen Typen als Ganzes aufs Papier
bringt.

Beim **Papiertransport** unterscheidet man die Zuführung von Endlospa-
pier per Traktor mittels Reibung oder Stachelwalzen und den Einzug von Ein-
zelblättern. Beide Prinzipien haben Tücken, weshalb man Drucker nie ohne Auf-
sicht laufen lassen sollte.

Drucker empfangen genau wie Bildschirme außer den druckbaren Zeichen eine
Reihe von Steuerkommandos, beispielsweise zum Wechsel der Schriftart oder des
Zeichensatzes. Erwartungsgemäß finden wir auch hier mehrere Standards. Ver-
breitet ist die **Steuersprache** EscP von Epson. Hewlett-Packard verwendet die
HP Printer Control Language (PCL). Laserdrucker der gehobenen Preisklassen
machen von der Seitenbeschreibungssprache Postscript Gebrauch.

Ferner haben die Drucker verschiedene Schnittstellen (parallel, seriell, Netz)
und verstehen, falls sie am Netz arbeiten, verschiedene Protokolle (TCP/IP, Appletalk, DLC).

2.6.2 Nadeldrucker

Die Zeichen werden dadurch erzeugt, daß 9 bis 48 Nadeln mithilfe eines Farbban-
des ein Punktmuster auf das Papier bringen. Die **Nadeldrucker** gehören also zu
den **Matrixdruckern**. Eingebaute Zeichensätze geben die Muster für die üblichen Zeichen vor. Durch die Ansteuerung einzelner Nadeln lassen sich im Rahmen
der Auflösung beliebige Figuren drucken, der Drucker ist grafikfähig.

Mit 9 Nadeln läßt sich in einem Durchgang nur ein grobes Schriftbild erzeugen, das für Probedrucke, Programmlistings zum Eigengebrauch und Ähnliches
ausreicht. Mittels eines doppelten Durchgangs mit leicht versetztem Druckkopf
wird ein Kopf mit 18 Nadeln simuliert. Diese **Near-Letter-Quality** (NLQ) entspricht etwa einer Schreibmaschine mit Gewebe-Farbband und ist gut lesbar. Die
Druckgeschwindigkeit geht dabei auf ein Viertel herunter. Mit 24 Nadeln erreicht
man bei halbierter Geschwindigkeit ein gutes Schriftbild, das als **Letter Quality**
(LQ) bezeichnet wird.

Die Geschwindigkeit liegt bei 100 bis 800 Zeichen/s. Arbeiten kann man ab
200 Zeichen/s. Je schneller, desto teurer.

Die Farbbänder bestehen entweder aus Gewebe oder aus Folie. Gewebebänder laufen vor und zurück, während die Folienbänder nur einmal durchlaufen. Die Lebensdauer der Gewebebänder ist daher nicht genau bestimmt, aber man soll sie nicht zu lange gebrauchen, da sie durch die mechanische Belastung rauh werden und die Fusseln den Druckkopf verschmutzen. Dann klemmen oder brechen die Nadeln. Es gibt Farbbänder mit mehreren Farbzonen für entsprechend eingerichtete Nadeldrucker so wie früher schwarz-rote Farbbänder für Schreibmaschinen. Um in der Buchhaltung rote Zahlen schreiben zu können, reicht es.

2.6.3   Tintendrucker

Tintendrucker spritzen winzige Tintentropfen auf das Papier. Die Geräuschentwicklung ist minimal, allerdings braucht man für erstklassige Ausdrucke Spezialpapier. Die Probleme mit dem Eintrocknen der Tinte im Druckkopf sind gelöst. Die Schwärzung ist hervorragend. Die Auflösung erreicht fast die von Laserdruckern.

Mit Tintendruckern lassen sich im Gegensatz zu Nadeldruckern keine Durchschläge schreiben. Preiswerte **Farbdrucker** arbeiten mit dieser Technik und benutzen Tintenköpfe mit den Farben schwarz, gelb, rot (magenta) und blau (cyan). Wichtig ist, daß für schwarz ein eigener Tintenvorrat vorhanden ist, diese Farbe also nicht aus anderen zusammengesetzt wird.

2.6.4   Laserdrucker

Laserdrucker arbeiten nach demselben Prinzip wie Trockenkopierer. Das Bild wird jedoch nicht durch eine analoge, optische Abbildung einer Vorlage erzeugt, sondern durch vom Computer gesteuerte Belichtung. Die Auflösung beträgt üblicherweise 300 bis 1200 Punkte/Zoll in beiden Richtungen. Das reicht für hochwertige Ausdrucke, allerdings nicht für den professionellen Fotosatz. Die Geschwindigkeit der gebräuchlichen Laserdrucker beträgt 4 bis 16 Seiten/min.

Die Arbeitsweise ist folgende: Im Speicher des Druckers wird ein Bild der zu druckenden Seite aus einzelnen Punkten (Pixeln) aufgebaut. Deshalb erfordern große Bilder mit vielen Graustufen einen großen Speicher (einige MByte). Weiterhin rotiert im Drucker eine Bildtrommel, deren Oberfläche zunächst negativ geladen ist. Auf die Trommel überträgt ein feiner Laserstrahl das Bild aus dem Speicher. Überall wo ein schwarzer Punkt geschrieben werden soll, entlädt der Laserstrahl durch Belichtung die Trommeloberfläche. Dann wird der ebenfalls negativ geladene Toner (Druckfarbe in Pulverform) auf die Trommel gebracht. Da sich gleiche elektrische Ladungen abstoßen, bleiben die Tonerpartikel nur auf den belichteten und daher entladenen Teilen der Trommeloberfläche haften. Anschließend wird das Bild von der Trommel auf das positiv aufgeladene Papier übertragen und dort mittels Wärme und Druck fixiert. Hört sich kompliziert an, ist es auch, wird aber heute so gut beherrscht, daß es schon Laserdrucker für den Heimgebrauch mit Preisen von knapp 1000 DM gibt.

Die meisten Laserdrucker verstehen entweder die Hewlett-Packard Printer Control Language PCL (wie der HP Laserjet) oder Postscript (wie der Apple Laserwriter), manche auch beides. Verstehen sie als dritte Sprache dann noch

HPGL, so kann man auch plotten. In der Version 5 von PCL ist HPGL enthalten. Bessere Laserdrucker erkennen die Sprache automatisch.

Wie es Farbkopierer gibt, kann man auch Laserdrucker für Farbe einrichten. Sie sind jedoch noch ökonomisch exklusiv und daher in kostenempfindlichen UNIX-Umgebungen selten anzutreffen.

2.7 Grafische Geräte

2.7.1 Plotter

Plotter dienen zum Zeichnen von Liniengrafiken. In begrenztem Umfang lassen sich auch Zeichen und Flächen darstellen. Bei der Ausgabe von Text ist ein Drucker wesentlich schneller.

Beim Plotten geht es darum, einen Zeichenstift in zwei Koordinaten relativ zur Papierfläche zu bewegen. Eine Lösung ist, das Papier flach auf einer festen Unterlage aufzuspannen und den Stift mit zwei gekreuzten Schienen zu führen. Das sind die **Flachbettplotter**.

Bei einer anderen Lösung wird der Stift mit einer Schiene in einer Koordinate bewegt und das Papier über eine Trommel in der zweiten. Das sind die **Trommelplotter**.

Die Plotter unterscheiden sich im Papierformat (von DIN A4 aufwärts), in der Anzahl der Stifte (Linienbreiten, Farben), in der Zeichengeschwindigkeit und in der Kommandosprache, obwohl sich hier die Hewlett-Packard Graphics Language (**HPGL**) weit durchgesetzt hat.

Laserdrucker lassen sich auch zur Ausgabe von Plots verwenden, sofern sie HPGL verstehen. Sie sind jedoch auf das Papierformat DIN A4 bis A3 und eine Farbe (schwarz) beschränkt, so daß sie einen Plotter nicht ganz ersetzen. Tintendrucker drucken auch farbig; moderne Plotter bevorzugen sogar die Tintenstrahltechnik.

2.7.2 Digitalisiertabletts

Digitalisiertabletts dienen zum halbautomatischen Digitalisieren von Zeichnungen. Die Zeichnung wird auf das Tablett gelegt, das entsprechend groß ist. Die zu digitalisierenden Linien werden mit einem Fadenkreuz oder Stift abgefahren, wobei die Koordinaten der die Linien kennzeichnenden Punkte automatisch oder auf Kommando in den Computer übernommen werden.

2.7.3 Scanner

Scanner sind das Gegenstück eines Laserdruckers. Sie tasten eine Vorlage optisch ab, zerlegen sie in ein Punktraster und erzeugen den Punkten entsprechende digitale Signale. Auch Halbtonvorlagen und farbige Vorlagen lassen sich scannen. Einfache Scanner werden von Hand über die Vorlage geführt und erfassen ein Bild von etwa Postkartengröße mit einer Auflösung von maximal 400 Punkten pro Zoll.

Bei aufwendigeren Geräten wird die Vorlage ähnlich wie in einen Kopierer eingelegt und automatisch mit maximal 1200 Punkten pro Zoll abgetastet.

Scanner betrachten die Vorlagen grundsätzlich als Grafik. Scannt man Text ein,
so ist das Ergebnis nicht etwa ein Text mit ASCII-Zeichen, den man mit einem
Editor weiterverarbeiten könnte, sondern ein Punktmuster wie bei einer Zeich-
nung[9]. Mittels entsprechender Software werden standardisierte Schriften (OCR-
Schriften) erkannt und in Zeichen umgewandelt. Bis zur sicheren Erkennung von
Handschrift ist noch ein langer Weg zurückzulegen.

2.7.4 Digitale Kameras

Der herkömmliche Weg, um Fotos in den Computer zu bekommen, führt über Pa-
pierabzüge oder Dias, die gescannt werden. Kameras, die gleich bei der Aufnahme
die Daten in digitaler Form auf ein Speichermedium schreiben, sind in letzter
Zeit erschwinglich geworden. Damit erübrigen sich eine Reihe von Schritten, die
Zeit und Qualität kosten. Gegenwärtig hat die digitale Fotografie im Vergleich zur
analogen jedoch noch einige Nachteile:

- Das Auflösungsvermögen ist gering, etwa wie bei Bildschirmen,

- das Speichervermögen ebenfalls, bei hoher Auflösung nur wenige Bilder pro
  Datenträger,

- ohne reichlich Batterien läuft gar nichts.

Seine alte Leica, Retina oder Rolleiflex wegzuwerfen, wäre verfrüht, aber die Entwicklung geht in die digitale Richtung. Braucht man Bilder fürs WWW oder für
digitale Druckvorlagen, so hat man es schon heute mit einer digitalen Kamera
leichter.

2.8 Akustische Geräte

Die Verarbeitung akustischer Daten spielt noch eine untergeordnete Rolle, nimmt
aber im Zuge der Multimedia-Welle zur Unterstützung der Vermittlung der Daten auf optischem Wege zu. Daneben gibt es echt akustische Aufgaben wie die
Identifizierung von Personen anhand ihrer Stimme oder in der Musik.

Einige Arbeitsplatzcomputer weisen außer Mikrofon und Lautsprecher auch
Schnittstellen zu weiteren elektroakustischen Geräten auf, beispielsweise zu elektronischen Musikinstrumenten (**MIDI-Interface**).

2.9 Sensoren – Aktoren

Ein **Sensor** ist ein elektronisches Sinnesorgan, das irgendeine physikalische Größe
wie Temperatur, Druck, Kraft oder pH-Wert mißt und als elektrisches Signal an

---

[9]Deshalb ist ein Fax-Dokument stets Grafik und kann nicht ohne vorherige Umwandlung in Text mit Text-Werkzeugen bearbeitet werden.

den Computer weitergibt. Das Signal wird im Sensor oder im Computer digitalisiert (Analog-digital-Wandlung) und dann gemäß den Anweisungen eines Programmes verarbeitet.

Ein **Aktor** ist ein elektronischer Muskel, der vom Computer gesteuert, irgendeine Tätigkeit verrichtet, beispielsweise einen Hebel umlegt oder eine Schraube eindreht. Wie an der Bewegung der menschlichen Hand mehrere Muskeln beteiligt sind, können mehrere Aktoren zu einem Roboter zusammengesetzt werden, der zu komplexen Handlungen fähig ist.

Die Verbindung von Sensoren, Computer und Aktoren erlaubt eine Rückkoppelung der Information, so daß das System seine eigene Arbeit überwacht und sich an wechselnde Einflüsse von außen anpaßt. Elektrotechniker erkennen sofort, daß ein solches System schwingfähig ist, ein digitaler Oszillator, wenn man nicht acht gibt.

2.10   Datenübertragung

2.10.1   Grundbegriffe

Computer können Daten untereinander austauschen. Der älteste Weg ist der Transport von Datenträgern wie Lochstreifen oder -karten, Magnetbändern und Disketten. Von den Schwierigkeiten mit den unterschiedlichen Formaten abgesehen ist das ein einfacher und sicherer Weg. Man hat etwas in der Hand.

Heute verbindet man zwei Computer auch direkt über elektrische Leitungen, Funkstrecken oder Lichtwellenleiter (Glasfaserkabel). Damit lassen sich vielfältigere Dinge bewerkstelligen als mit dem Diskettentransport.

Jede Verbindung zwischen zwei Computern benötigt Hard- und Software. Die Hardware besteht aus der Schnittstellenelektronik – beispielsweise einer Karte für eine serielle Schnittstelle V.24 oder für einen Ethernet-Anschluß – und dem Übertragungsmedium wie Telefonleitung, Koaxkabel oder Lichtwellenleiter[10]. Der Übertragungskanal kann weitere Elektronik enthalten.

Eine ständige Verbindung zweier Computer wird **Standleitung** genannt, eine wie in der Telefontechnik über Vermittlungsanlagen laufende und daher von Mal zu Mal wechselnde **Wahlleitung**. Da bei diesen beiden Verbindungsarten für die Dauer der Verbindung eine Leitung ausschließlich und ununterbrochen zur Verfügung steht, spricht man von einer **leitungsvermittelten** Verbindung. Bei großen Pausen im Datenverkehr ist die Leitung schlecht ausgenutzt. Man packt deshalb die Daten in Pakete, versieht sie mit einer Anschrift und schickt sie zusammen mit anderen Datenpaketen über die Leitungen, vergleichbar der Briefpost. Aufgrund der hohen Geschwindigkeit der Übermittlung entsteht beim Benutzer der Eindruck eines stetigen Datenflusses. Diese Art der Verbindung wird **paket-**

---

[10]Eine Telefonleitung besteht aus zwei oder vier isolierten und miteinander verdrillten Kupferdrähten. Ein Koaxkabel besteht aus einem isolierten Kupferdraht, umgeben von einem metallischen Leiter (Geflecht oder Folie), der als Masseleitung und Abschirmung wirkt. Ein Lichtwellenleiter ist eine dünne Glasfaser mit Kunststoff-Mantel zum mechanischen Schutz.

vermittelt genannt. Werden die Daten nur in einer Richtung übertragen, handelt es sich um ein **Simplexverfahren**. Können die Daten in beide Richtungen übertragen werden, jedoch nicht gleichzeitig, haben wir ein **Halbduplexverfahren**. Die beidseitige, gleichzeitige Übertragung heißt **Vollduplexverfahren** und ist die Regel zwischen Terminal und Computer.

Die **Geschwindigkeit** der Datenübertragung wird in bit pro Sekunde (b/s) gemessen und daher auch **Bitrate** genannt. Daneben findet man häufig die aus der Fernschreibtechnik stammende Einheit **baud**. In baud wird die Anzahl der Zustandswechsel eines Übertragungskanals pro Sekunde angegeben, zu Ehren des französischen Ingenieurs EMILE BAUDOT. Ein Zustandswechsel ist eine Änderung der elektrischen Spannung, der Frequenz oder des Phasenwinkels, hat also zunächst nichts mit Bits zu tun.

Je nach Art der Umsetzung der Bits in Zustandsänderungen – der **Modulation** – kann eine Zustandsänderung weniger als, genau ein oder mehr als ein Bit übertragen. Bit pro Sekunde und baud sind *nicht* dasselbe, obwohl sie oft synonym gebraucht werden (und baud pro Sekunde ist falsch, sofern man nicht eine Beschleunigung messen will). Beispielsweise arbeiten 300/1200-b/s-Modems mit 300 baud und übertragen aufgrund unterschiedlicher Modulationstechniken 1 oder 4 bit je Zustandswechsel.

Den Endverbraucher interessieren noch mehr die pro Sekunde übertragenen Zeichen (characters per second). Da ein Zeichen bei asynchroner Übertragung durch 10 Bits dargestellt wird, beträgt die Zeichenübertragungsgeschwindigkeit in diesem Fall ein Zehntel der Bitrate. Bei gesicherten Übertragungsprotokollen kommen zu den Nutzdaten noch Daten zwecks Fehlererkennung und -korrektur, sodaß die **Nutzzeichenrate** weiter sinkt. Andererseits lassen sich die Nutzdaten komprimieren und damit die Nutzraten steigern.

2.10.2   Direkte Verbindung (Nullmodem)

Über eine Schnittstelle - vorzugsweise eine serielle - lassen sich zwei Computer direkt miteinander verbinden. Was über die Leitungen ausgetauscht wird, ist eine Frage der Software. Ein Computer kann sich wie ein Terminal des zweiten verhalten, so daß man einen Dialog führen kann. Es lassen sich aber auch Files austauschen oder Drucker gemeinsam nutzen.

Das Verbindungskabel wird **Nullmodem** genannt und verbindet jeweils den Datenausgang eines Computers mit dem Dateneingang des anderen. Dazu kommen gegebenenfalls noch einige Leitungen zur Steuerung des Datenflusses. Abbildung 2.3 auf Seite 45 zeigt die Verdrahtung eines Nullmodem-Kabels für IBM-PCs. Wichtig ist, daß der Datenausgang (2) des einen Computers mit dem Dateneingang (3) des anderen verbunden wird, und umgekehrt. Die Masseleitung (7) ist durchverbunden, die weiteren Leitungen führen Steuersignale (Hardware-Handshake), die nicht in jedem Fall benötigt werden.

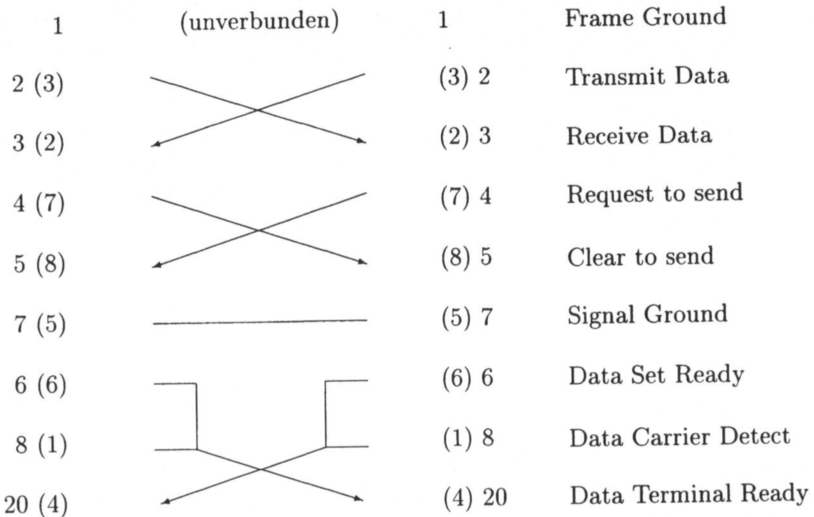

Abb. 2.3: Verdrahtung eines Nullmodems für PCs, 25poliger Stecker, in Klammern Stiftnummmern für 9poligen Stecker

2.10.3 Akustikkoppler

Will man den Telefonapparat zur Verbindung zweier Computer ausnutzen, so muß der Computer so tun, als wäre er ein menschlicher Sprecher. Ein **Akustikkoppler** wandelt die aus der Schnittstelle des Computers kommenden binären Signale in hörbare Töne um und umgekehrt. Der Hörer (Handapparat) eines üblichen Telefons wird in den Akustikkoppler eingelegt und überträgt die Töne analog wie Sprache zur Gegenstelle. Auf der Gegenseite wandelt ein zweiter Akustikkoppler oder ein Modem die analogen Signale wieder in binäre zurück. Der Koppler braucht eine BZT-Zulassung. Nachteilig ist die Störanfälligkeit der Übertragung sowie die Notwendigkeit, von Hand wählen zu müssen. Die Bitrate der Akustikkoppler liegt zwischen 300 und 2400 b/s.

2.10.4 Modems

Das **Modem** ist der Telefonapparat des Computers. Der Umweg über die Akustik erübrigt sich, da das Modem galvanisch (per Draht) mit dem Telefonnetz verbunden ist. Infolgedessen übernimmt das Modem auch das Wählen der Gegenstelle. Ist das Netz öffentlich oder mit dem öffentlichen Netz verbunden (Nebenstellenanlage), muß das Modem vom BZT (früher ZZF, noch früher FTZ) zugelassen sein, sagt das BAPT und droht jedem mit Strafe, der ein nicht zugelassenes Modem betreibt. Am Computer werden Modems üblicherweise an eine serielle Schnittstelle angeschlossen. Es sind also zwei Übertragungswege einzurichten: PC – Modem, Modem – Gegenstelle.

Die **Bitrate** von Modems beginnt bei 300 b/s, der Standard liegt heute bei

28800 b/s und die obere Grenze bei 56 kbit/s. Die Nutzdatenübertragungsrate kann dank ausgefeilter Kompressionsverfahren (MNP 5, V.42bis) darüber liegen. Die zur Übertragung verwendeten Frequenzen liegen im hörbaren Bereich (etwa 1 bis 3 kHz) und hängen von der Norm (Bell, CCITT) ab.

Modems werden mittels AT- oder **Hayes-Kommandos** gesteuert. Einen Grundvorrat dieser Kommandos hat einmal die Firma Hayes definiert. Dazu kommen herstellerspezifische Erweiterungen, die man jedoch nur für wenige Aufgaben braucht. Die Kommandos beginnen mit der Zeichenfolge *at* (= attention), daher der Name.

Das Wort Modem ist eine Zusammenziehung aus Modulator und Demodulator. Daher wird es gelegentlich als Maskulinum angesehen - der Modem. Häufiger wird es jedoch als Neutrum gebraucht.

2.10.5 ISDN

ISDN – Integrated Services Digital Network – ist digitales Telefon. Da es den Leitungen und der Elektronik völlig schnuppe ist, ob die Bits Sprache, Bilder oder Computerdaten darstellen, können Computer selbstverständlich auch über ISDN verkehren. Man spart sogar das Modem dabei, da die Daten von Anfang bis Ende digital vorliegen. Die ISDN-Karte oder -box paßt nur die Computerschnittstelle an die Telefonschnittstelle an. Passive Karten sind preiswert, verlangen aber die Mitarbeit des Zentralprozessors, während aktive Karten einen eigenen Prozessor mitbringen.

Der Vorteil von ISDN liegt in der hohen Geschwindigkeit. Bei einem einfachen ISDN-Anschluß stehen dem Anwender zwei Kanäle mit je 64 kbit/s zur Verfügung, die entweder für zwei Verbindungen oder bei entsprechend intelligenter ISDN-Karte und Software für eine Verbindung mit 128 kbit/s genutzt werden können. Das ist zwar noch nicht Ethernet, aber mehr, als manche Strecke im Internet hat.

Ein zweiter Vorteil von ISDN ist der schnelle Verbindungsaufbau. Man kann nicht mehr mitzählen wie bei der Pulswahl des analogen Telefons, sondern hat den Partner innerhalb weniger Sekunden. Im Zusammenhang mit dem kürzeren Zeittakt der Telekom ist es daher unter Umständen zweckmäßig, in Übertragungspausen die Verbindung abzubrechen und bei Bedarf neu aufzubauen.

Die Tage der analogen Telefontechnik und damit der Modems sind gezählt. Bei neuen Anlagen sollte man auf ISDN setzen und sich einen Internet-Provider aussuchen, der ISDN anbietet.

2.11 Netze

In Netzen werden Daten übertragen, insofern könnte dieser Abschnitt unter den vorhergehenden gehören. Aber mit dem Übergang von zwei Computern auf viele kommen neue Gesichtspunkte hinzu, die einen eigenen Abschnitt rechtfertigen, vor allem die Adressierung und die Netzdienste, die im Abschnitt 5.7 *Netzdienste im Überblick* auf Seite 449 näher besprochen werden. Hier geht es um die Hardware.

Der Begriff *Netz* wird in dreierlei Bedeutung gebraucht; man muß daher aufpassen, wenn man das Wort hört:

- Der Elektriker versteht darunter das **Stromversorgungs-Netz** mit 230 oder 400 V Wechsel- bzw. Drehstrom. Eine Verwechselung mit den anderen beiden Netzen kann tödlich sein.

- Der Computerfreund denkt an ein **Computernetz** wie das Internet, in dem Daten herumsausen.

- Der theoretisch angehauchte Informatiker stellt sich ein **mathematisches Modell** aus Knoten und Kanten vor.

Wenn wir von *dem* Netz reden, meinen wir das Internet, ein weltweites Computernetz, in dem mitzuarbeiten wir die Ehre haben.

Unter **Computernetzen** im engeren Sinn werden Netze von selbständigen Computern verstanden, also weder Terminalnetze noch verteilte Computer. Der Benutzer arbeitet stets auf einem bestimmten Computer und loggt sich durch eine Kommandofolge auf einem anderen Computer des Netzes ein und aus.

Der hard- und softwaremäßige Aufbau eines solchen Netzes ist von der ISO in sieben Schichten gegliedert worden. Dieses **ISO-Modell** ist weder das einzig noch beste denkbare, aber verbreitet. Eine Aufgabe des Modelles ist, eine übersichtliche Struktur in das ziemlich komplexe Gebiet der Netze hineinzubringen. Die Hardware ist in der untersten Schicht, der **Bitübertragungsschicht** (physical layer), zu finden.

Als Verbindungen kommen Kupferleitungen, Lichtwellenleiter (Glasfasern) und Funkstrecken in Betracht. Auch Brieftauben[11] oder Radfahrer (*Daten auf Rädern*) sind als Übertragungsmedium möglich und in manchen Punkten der Hochtechnologie überlegen. Folgende Leitungen sind gebräuchlich:

- unabgeschirmte, verdrillte Kupferadernpaare (unshielded twisted pair, UTP) mit 100 Ω Wellenwiderstand[12] nach Art von Telefonleitungen für Arcnet, Ethernet, Token Ring, FDDI und ISDN; Western-Telefonstecker RJ 45, 8polig, für Ethernet 10Base-T mit 2 Aderpaaren Vorsicht: deutsche und amerikanische Telefonleitungen sind unterschiedlich verdrillt. Nicht alles, was auf amerikanischen Leitungen funktioniert, muß auch hierzulande gehen.

- abgeschirmte, verdrillte Kupferadernpaare (shielded twisted pair, STP) mit 150 Ω Wellenwiderstand für Appletalk, Arcnet, Ethernet, Token Ring und FDDI; Western-Telefonstecker RJ 45, 8polig, für Ethernet

- Koaxialkabel RG11 mit 50 Ω Wellenwiderstand, fingerdick, für Ethernet-Backbones nach 10Base5; N-Stecker

- Koaxialkabel RG58 mit 50 Ω Wellenwiderstand, knapp bleistiftdick, für Thin Ethernet (Thinwire: zweifach geschirmt, Cheapernet: einfach geschirmt) nach 10Base2; BNC-Stecker

---

[11]Lesen Sie den RFC 1149: A Standard for the Transmission of IP Datagrams on Avian Carriers

[12]Der Wellenwiderstand einer elektrischen Leitung hat nichts mit dem bekannten elektrischen (ohmschen) Widerstand zu tun, der mit der Länge der Leitung zunimmt, sondern kennzeichnet ihren Aufbau, etwa wie der Durchmesser oder das Material. Verwenden Sie Leitungen oder Stecker mit einem nicht passenden Wellenwiderstand, gibt es mit hochfrequenten Signalen Ärger.

- Koaxialkabel RG59 mit 75 Ω Wellenwiderstand für Video, RGB-Bildschirme; BNC-Stecker

- Koaxialkabel RG62 mit 93 Ω Wellenwiderstand für IBM-SNA und Arcnet; BNC-Stecker

Eine Verbindung mit Klingeldraht, Bananensteckern und Krokodilklemmen kann funktionieren; zuverlässige Verbindungen setzen jedoch die Einhaltung der Spezifikationen und damit des Kabel- und Steckertyps voraus.

Bei den Kabeln für das Ethernet (10Base5 usw.) bezeichnet die erste Zahl die Übertragungsgeschwindigkeit in Mbit/s, also meist 10 Mbit/s, künftig auch 100 und 1000 Mbit/s. Base besagt, daß die Bits im Basisband übertragen werden, also nicht auf eine Trägerfrequenz aufmoduliert (das wäre Broadband). Die abschließende Zahl gibt die maximale Kabellänge in 100 m an, die vom Kabeltyp abhängt. Ein T an dieser Stelle bedeutet Twisted Pair, also zwei, künftig auch vier Adernpaare. F ist die Abkürzung für die Abkürzung FOIRL, eine Lichtleiter-Verbindung, unterteilt in FL = Fiber Link und FB = Fiber Backbone. Was aus dem Stern bei 100Base* wird, ist noch offen.

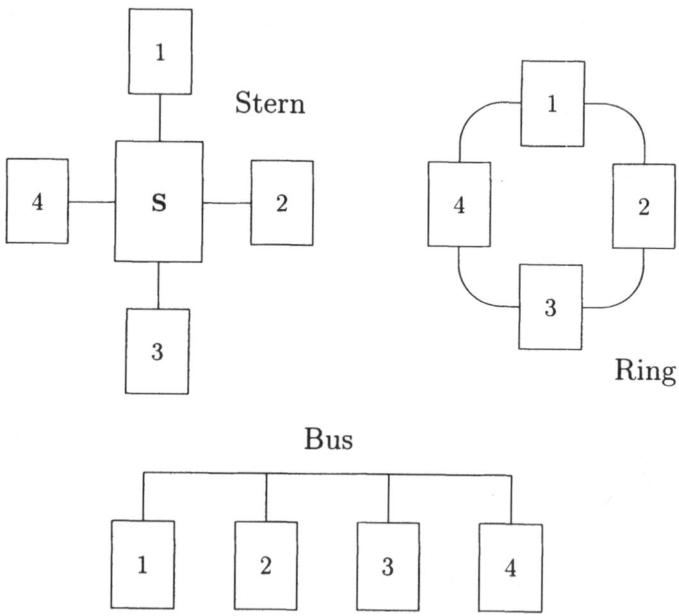

Abb. 2.4: Netz-Topologien: Stern, Ring, Bus

Nach ihrer **Topologie** werden die Netze in Maschen-, Stern-, Bus- und Ringnetze eingeteilt (Abb. 2.4 auf Seite 48), wobei auch Mischformen vorkommen (Gestrüpp). **Maschennetze** (jeder mit jedem) sind nur mit wenigen Teilnehmern zu verwirklichen. In einem **Sternnetz** laufen die Verbindungen der Computer sternförmig auf den zentralen Netzserver zu, der Netzdienste und Peripherie zur Verfügung stellt. Die Teilnehmer werden über ihre Portadresse (Nummer der Steckdose) angesprochen. Das Zentrum kann zu einem passiven Knoten ohne eigene Intelligenz schrumpfen.

Bei einem **Busnetz** hängen die einzelnen Computer parallel an einer Sammelleitung. Jede Nachricht auf dem Bus geht an alle Teilnehmer. Durch eine der Nachricht beigefügte Adresse erkennt der Empfänger die für ihn bestimmten Nachrichten. Die anderen werden ignoriert. Läßt man auf der Busleitung die Abstände zwischen den Anschlüssen gegen Null gehen, so nimmt der Bus äußerlich die Form eines Sterns (allerdings ohne einen Server im Zentrum) an, bleibt aber aufgrund der Adressierungsweise ein Bus. Alle Geräte am Bus sind zunächst gleichberechtigt. Ein Beispiel für ein Busnetz ist das Ethernet mit Koaxkabel.

Bei einem Stern oder Bus kommen keine geschlossenen Wege (Schleifen) vor. Im Gegensatz dazu ist ein **Ringnetz** immer geschlossen. Die mit einer Adresse versehenen Nachrichten kreisen in definiertem Drehsinn im Ring. Jede Station empfängt verschiedene Nachrichten, nimmt die für sich bestimmten heraus und reicht die anderen weiter zum Nachbarn. Ein Beispiel für ein Ringnetz ist der IBM Token Ring.

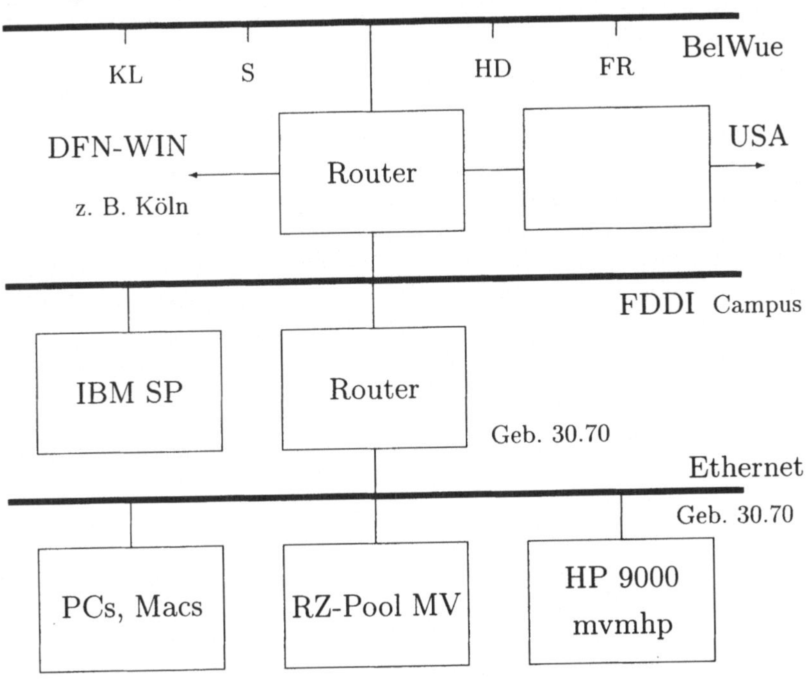

Abb. 2.5: Campus-Netz KLICK der Universität Karlsruhe, vereinfacht

Große Netze sind hierarchisch aufgebaut. So können beispielsweise mehrere PCs einer Abteilung sternförmig per Twisted Pair an einen Ethernet-Transceiver angeschlossen sein. Mehrere Transceiver sind durch ein lokales Ethernet (Bus-Topologie) verbunden, das wiederum an einen überörtlichen Glasfaserring gekop-

pelt ist, wie es beim Karlsruher Universitätsnetz KLICK (Abb. 2.5 auf Seite 49)
der Fall ist. Die Hierarchie-Ebenen sind durch Router verbunden, deren Aufgabe unter anderem die zielgerichtete Weiterleitung der Datenpakete ist. Bei vielen
Computern in wenigen Hierarchiestufen spricht man von einem flachen Netz, bei
vielen Hierarchiestufen mit jeweils wenigen Computern in den letzten Verästelun-
gen von einem tiefen. Die Adressierung der Computer richtet sich danach.

Man unterscheidet zwischen der **baulichen Topologie** (der Verkabelung), der
elektrischen und der **logischen** Topologie. Ein Netz kann baulich ein Stern sein,
alle Kabel treffen in einem Mittelpunkt zusammen. Elektrisch kann es ein Bus sein,
da die Teilnehmer parallel geschaltet sind und alle Signale gleichzeitig empfangen.
Logisch kann dieses Netz dagegen ein Ring sein, wenn die Sendeberechtigung in
fester Reihenfolge von Teilnehmer zu Teilnehmer weitergereicht wird. Ein Arcnet-
Stern ist ein solches Netz.

Das Netz besteht aus den Verbindungen (Übertragungsmedien), den Teilnehmern (Computern) und einer Vielfalt weiterer Helfer. Ein **Knoten** (node, host)
im Netz ist ein Computer oder ein Peripheriegerät mit eigener Intelligenz und
Adresse, also alles, was als Datenquelle oder -senke wirkt.

Ein **Transceiver** (transmitter-receiver) ist das Verbindungsglied zwischen der
Controllerkarte im Computer und dem Netzmedium, zum Beispiel einem Koaxi-
alkabel. Er kann in andere Baugruppen (Controller) integriert sein. Kommt in
Ethernets vor.

Ein **Hub** – passiv oder aktiv – ist ein Verbindungspunkt in einem Sternnetz,
in dem mehrere Strahlen zusammentreffen. Hub heißt Nabe, die Strahlen werden
daher auch als Speichen (spoke) bezeichnet. Kommt in Arcnets vor.

Ein **Repeater** ist ein schlichter Verstärker, der es ermöglicht, ein Netz zu ver-
größern. Er schert sich keinen Deut um den Inhalt der Daten, die er weiterreicht.
Der Benutzer merkt nichts von ihm. Repeater verbinden auch unterschiedliche
Medien (Koaxkabel, Lichtwellenleiter) desselben Netzes.

Eine **Bridge** verbindet zwei gleichartige Netze und ist für den Benutzer ebenfalls völlig transparent. Sie gibt jedoch nur die Daten weiter, die tatsächlich für
die andere Seite bestimmt sind, beschränkt also den lokalen Verkehr auf das lokale Netzsegment. Dazu muß sie wissen, welche Adressen in welchem Segment
beheimatet sind, und die Adressen der Datenpakete auswerten. Das kostet Zeit.

Ein **Router** hingegen verbindet zwei gleiche oder verschiedenartige Netze
(unterschiedliche Topologie, unterschiedliche Medien, gleiche Software, beispielsweise TCP/IP über Ethernet und Token Ring). Die Verschiedenartigkeit der Netze
bedingt eine teilweise Protokoll-Umwandlung, die noch mehr Zeit kostet. Außerdem grenzt er Adressbereiche (Subdomains) gegeneinander ab.

Ein **Gateway** ist ein Computer, der Netze unterschiedlicher Protokolle miteinander verbindet, beispielsweise das Internet mit dem Bitnet. Seine Aufgaben gehen
über die Protokoll-Umwandlung hinaus. Ein Gateway speichert Daten vorübergehend, sucht Wege zum Empfänger und transformiert Adressen. Die Begriffe Gateway, Router und Bridge werden nicht ganz einheitlich gebraucht, die Unterschiede
lassen sich genau nur am ISO-Modell erklären.

Ein **Server** ist ein Computer im Netz, der bestimmte Dienste leistet, beispielsweise die Speicherung von Daten oder die Verwaltung von Electronic Mail.

Ein Computer kann mehrere Dienste gleichzeitig zur Verfügung stellen. In kleinen Netzen wird der Server daneben noch als normaler Computer für die Arbeit eingesetzt (nichtdedizierter Server).

Die Verständigung der Netzteilnehmer untereinander wird durch einen Satz von Vereinbarungen oder Normen geregelt, die als **Protokoll**[13] bezeichnet werden. Ein Protokoll kann Hard- und Software betreffen, also vom Steckertyp bis zum Datenformat reichen. Gebräuchliche Netzprotokolle (Hardware und Teil der Software) sind:

- Appletalk, als Localtalk mit 100 Kbit/s über verdrillte Paare, als Ethertalk mit 10 Mbit/s über Ethernet,

- Arcnet mit 2,5 Mbit/s,

- Token Ring (IBM) mit 4 oder 16 Mbit/s,

- Ethernet 10Base* mit 10 Mbit/s (als Full Duplex Ethernet 20 Mbit/s),

- Ethernet 100Base* mit 100 Mbit/s,

- Gigabit-Ethernet 1000Base* mit 1 Gbit/s,

- Fiber Distributed Data Interface (FDDI) mit 100 Mbit/s,

- Asynchronous Transfer Mode (ATM) mit 155 oder 622 Mbit/s

Zum Vergleich: Unsere Sinnesorgane zusammen speisen in das menschliche Bordnetz die Daten mit einer Rate von bis zu 10^9 bit/s ein. Den Löwenanteil liefern die Augen. Unser Bewußtsein verarbeitet die Daten mit etwa 100 bit/s, so daß im menschlichen Bordnetz die Daten gewaltig reduziert werden müssen[14].

Ein in der UNIX-Welt weit verbreitetes Software-Netzprotokoll ist **TCP/IP** über Ethernet oder FDDI. Eine Alternative dazu ist das seit Jahren im Werden begriffene **ISO/OSI**-Protokoll.

Ein **Local Area Network** (LAN) zeichnet sich durch folgende Eigenschaften aus:

- Räumliche Ausdehnung beschränkt auf ein Grundstück,

- Weitgehend einheitliche Technik (schön wär's)

- Hohe Übertragungsgeschwindigkeit

- Einheitliche Verwaltung, ein Besitzer

- Begrenzter Kreis von Benutzern

Das Campusnetz einer Universität oder das Netz einer Firma mit einem Standort ist ein LAN. Abbildung 2.5 auf Seite 49 zeigt – stark vereinfacht – das Campusnetz der Universität Karlsruhe (**Klicknetz**). Das Rückgrat bildet ein campusumspannender FDDI-Ring, an dem die in den Gebäuden verlegten Ethernets hängen.

---

[13]Als Protokolle werden auch Files bezeichnet, in denen über die laufenden Aktivitäten eines Systems (Anmeldungen, Druckaufträge, Datenübertragungen usw.) Buch geführt wird.

[14]Mörike, Betz, Mergenthaler: Biologie des Menschen, bei Quelle & Meyer, Heidelberg 1991 oder Vester: Denken, Lernen, Vergessen, dtv Nr. 30003, 1996.

Im Rechenzentrum steht ein Übergang (Router) ins baden-württembergische Forschungsnetz **BelWue** sowie ein Übergang (über XLink) in das nordamerikanische Internet.

Demgegenüber ist ein **Wide Area Network** (WAN) durch folgende Punkte gekennzeichnet:

- Räumlich im Prinzip unbegrenzt

- Verschiedenste Techniken

- vorläufig aus technischen Gründen niedrige Geschwindigkeit (eine Kette ist nicht schneller als ihr langsamstes Glied)

- Unterschiedliche Verwaltungen in den Teilbereichen, viele Besitzer

- Unbegrenzter Kreis von Benutzern

Das **Internet**, das weltweit vor allem Universitäten und Forschungsinstitute verbindet, ist ein WAN.

Treten in Ihrem Netz gelegentlich unerklärliche Erscheinungen auf, so sind Sie mit einem **Galactic Area Network** (GAN) verbunden, in dem auch außerirdische Lebensformen auf vorläufig für uns rätselhafte Weise mitwirken.

Bei der Planung der Hardware – vor allem der Kabelschächte und Anschlüsse – gehe man großzügig vor. Die Erfahrung zeigt, daß Möglichkeiten, die in der Planungsphase als Luxus angesehen werden, nach wenigen Jahren von den Benutzern als Selbstverständlichkeit gefordert werden. Unser Institutsgebäude wurde 1962 bezogen, unser Eigenheim 1975. Beide Gebäude waren technisch modern ausgestattet. Die Schwachstrominstallation bestand im wesentlichen aus Türklingel und Telefon, nach Kabelmetern gerechnet überwog die Versorgung mit elektrischer Energie. Heute umfaßt die Datentechnik folgende Einrichtungen (ohne die beiden Gebäude zu unterscheiden):

- Türklingel (gegebnenfalls mit Video)

- Kabelfernsehen und -radio

- analoges Telefon mit Modem und Fax

- digitales Telefon (ISDN) mit Computeranschluß

- Computernetze (Ethernet, FDDI)

- Heizungsregelung mit Innen- und Außensensoren

- Feuermelde-, Fernwirk- und Alarmeinrichtungen

- Amateurfunk mit Packet Radio

- Betriebsfunk

- CB-Funk

Die computerunterstützte Klospülung ist heute noch kein dringendes Bedürfnis, aber ein Energiemanagement zum Zweck des Absenkens von Spitzenlasten ist bereits in der Diskussion (Home Bus System). Unsere Phantasie reicht nicht aus, um die Entwicklung von zwanzig Jahren vorherzusehen. Sicher ist nur, daß man auch in Zukunft Kabel samt Schächten braucht. Vermutlich wird die Verkabelung auf kleinem Raum (Stockwerk, Eigenheim) sternförmig mit verdrillten Aderpaaren erfolgen, wobei man mit vier Paaren pro Anschluß rechnen sollte. Über lange Strecken läßt sich nichts sagen, Glasfaser hat viel für sich, aber auch Kupfer ist noch nicht am Ende.

2.12 Stromversorgung und Kühlung

Computer brauchen Strom. Den Strom wandeln sie in Wärme um. Die Wärme muß mithilfe eines Gebläses abgeführt werden. Das Gebläse erzeugt Lärm. Mit diesen Worten werden einige Fragen angeschnitten, die man sich beim Erwerb eines Computers nebenbei einhandelt. Als **Stromquellen** kommen in Betracht:

- Starkstromnetz (Einphasen-Wechselstrom 230 V 50 Hz bei uns, 60 Hz in den USA; Dreiphasen-Drehstrom 400 V, 50 Hz für große Anlagen)[15],

- Bordnetze von Fahrzeugen (12 oder 24 V Gleichspannung),

- Batterien oder Akkumulatoren (6 bis 24 V Gleichspannung).

Eisenbahnen und Schiffe verwenden noch andere Werte. Aus diesen Spannungen erzeugt das Stromversorgungsteil des Computers die benötigten Gleichspannungen, beispielsweise ± 5 und ± 12 V mit hoher Stabilität. Das ist aber nicht die einzige Aufgabe der Stromversorgung.

In Stromversorgungs-Netzen treten **Störspannungen** auf, die von Schaltern, anderen elektronischen Geräten oder Blitzeinschlägen herrühren. Im harmlosesten Fall kippen die Störungen nur ein Bit um, im schlimmsten Fall raucht der Computer ab. Das Stromversorgungsteil filtert solche Störungen aus. Das hat Grenzen, deshalb werden dem Computer in stark gestörten Netzen besondere Filter vorgeschaltet. Ähnliches gilt auch für Datenleitungen.

Der Computer selbst erzeugt hochfrequente Störungen, die empfindliche Funkanlagen beeinträchtigen. Das Stromversorgungsteil soll die Ausbreitung der vom Computer erzeugten Störungen über die Stromversorgung unterbinden. Leider gibt es weitere Ausbreitungsmöglichkeiten.

Schließlich kann die Stromversorgung die Aufgabe haben, einen **Stromausfall** kurzzeitig zu überbrücken, so daß die Daten gerettet werden können. In kritischen Anlagen hält eine Notstromversorgung den Betrieb auch über Stunden oder Tage aufrecht. Unterbrechungsfreie Stromversorgungen (USV, UPS) werden vor allem bei zentralen Computern in Netzen eingesetzt.

Die elektrische **Leistung** von Computern liegt bei folgenden Werten:

- Laptop (Toshiba T 1000 SE) 10 Watt (1991)

- PC (IBM-kompatibel) mit S/W-Bildschirm 70 W (1991)

- Farbbildschirm NEC 4FG 200 Watt (1991)

- Farbbildschirm NEC 6FGp 400 Watt, in Ruhe 130 Watt (1994)

---

[15]Die Nennspannung betrug in Europa bis 1987 220 V $\pm$ 10 %, beträgt zur Zeit 230 V -10 +6 % und soll ab dem Jahr 2003 bei 230 V $\pm$ 10 % liegen.

- Hewlett-Packard 9000/840 Zentraleinheit 1,4 kW (1986)

- Hewlett-Packard Festplatte 7933 400 MB 1,3 kW (1986), genannt *die Waschmaschine*, die Platte für den Winter,

- Hewlett-Packard Festplatte C2490A 2,1 GB nackt 40 W (1994)

- ASCII-Terminal Televideo 905 25 W (1986)

- Epson LQ 850 Nadeldrucker 120 W (1990)

- Hewlett-Packard Laserdrucker IIISi in Bereitschaft 250 W, beim Druck 1100 W (1991)

- Hewlett-Packard Plotter 7550 100 W (1986)

Je nach Umfang der Anlage kommen auf engem Raum mehrere Kilowatt an elektrischer Leistung zusammen, die praktisch vollständig in Wärme umgesetzt werden. Die Wärme muß abtransportiert werden. Hewlett-Packard gibt in den Umgebungsbedingungen für eine Platte von 1994 folgende Grenzen an:

- Umgebungstemperatur in Betrieb 5 bis 50 °C

- Änderung der Umgebungstemperatur kleiner als 20 °C/h

- relative Feuchte in Betrieb 8 bis 80 %, nichtkondensierend

Dazu kommen umfangreiche Angaben über Staub, elektrische Störungen, Erschütterungen usw. Wenn man – wie in Karlsruhe – mit Außentemperaturen bis zu 40 °C rechnen muß, ist eine **Kälteanlage** unerläßlich. Zweckmäßig kombiniert man eine Belüftung, die an kalten Tagen ausreicht, mit einer Kältemaschine für hohe Außentemperaturen. Kältemaschinen erfordern eine wenigstens jährliche Wartung. Sie sind pflegebedürftig.

Arbeitsplatzcomputer haben ein eigenes Gebläse. Deren Geräusch ist in ruhiger Umgebung deutlich hörbar und lästig. In dieser Hinsicht gibt es große Unterschiede. Am leisesten sind temperaturgeregelte **Lüfter** mit optimierter Schaufelform, wie sie von der Firma Papst und anderen hergestellt werden. Bei normalen Raumtemperaturen laufen diese Lüfter mit halber Höchstdrehzahl, erzeugen ein Geräusch von etwa 12 db(A) und sind in einem Büro nicht zu hören (dafür hört man die Festplatte). Selbst bei Höchstdrehzahl, die bei einer Fühlertemperatur von 50 °C erreicht wird, beträgt der Geräuschpegel erst 30 db(A). Nach eigener Messung liegt die Lufttemperatur in einem PC mit geregeltem Lüfter etwa 10 bis 15 °C über der Raumtemperatur.

Wo Luft hindurchströmt, kommt auch Staub mit. Dieser setzt allmählich die Strömungswege zu und verursacht eine Überhitzung der Elektronik. PCs sollte man jährlich öffnen und ausblasen. Wärmetauscher von Kälteanlagen sind monatlich zu überprüfen. Filter müssen vorschriftsmäßig gewechselt werden. Tabakrauch besteht aus extrem feinen Teilchen, die kein Filter abscheidet. Sie setzen sich als Film auf Kontakten, Schreib-/Leseköpfen und Bildschirmen ab, weshalb wir das Rauchen in Computerräumen untersagen.

2.13 Erdung

Elektrische Geräte werden aus zwei Gründen geerdet:

- zum Schutz der Benutzer vor elektrischen Schlägen (**Schutzerde**, frame, protective earth/ground)

- zum Herstellen eines einheitlichen Bezugspotentials (**Betriebserde**, signal earth/ground), d. h. zum Festlegen eines elektrischen Leiters, der gemäß Vereinbarung die Spannung 0 V führt und auf den alle weiteren Spannungen bezogen werden.

Unter Erden versteht man das Herstellen einer elektrisch leitenden Verbindung vom Gerät zu einem Leiter, der seinerseits guten elektrischen Kontakt zum Erdreich hat. Das kann ein in der Erde verlegtes metallisches Rohrnetz sein, aber auch ein besonderer Erder.

Die Betriebserde ist ein Leiter, der verabredungsgemäß in einem System elektrisch miteinander verbundener Geräte die Spannung 0 V haben soll, englisch mit signal ground bezeichnet. Unvollkommenheiten oder Fehler bei der Betriebserdung führen zu Störungen im Betrieb, beispielsweise zu Unruhe oder Unsinn auf dem Bildschirm. Erdleitungen sollen große Querschnitte haben, nicht weil große Ströme fließen, sondern weil schon kleine Spannungen zwischen verschiedenen Erdpunkten Ärger verursachen.

Jede elektrische Verbindung besteht aus mindestens zwei Leitungen – im Gegensatz zu optischen. Ist eine dieser Leitungen geerdet, so liegt eine einseitig geerdete oder **erdunsymmetrische Verbindung** vor. Das ist der häufigste Fall. Ist keine Leitung geerdet, so haben wir eine **erdfreie** Verbindung wie zwischen Batterie und Birnchen einer Taschenlampe. Drittens gibt es **erdsymmetrische** Verbindungen, die aus drei Leitungen bestehen, nämlich Erde und zwei Leitungen mit entgegengesetzten Spannungen gegenüber Erde.

Die Leitungen zum Erden der Geräte haben einen elektrischen Widerstand größer null. Daher kann sich über einer solchen Erdleitung eine störende Spannung aufbauen, verursacht durch kapazitiven oder induktiven Einfluß benachbarter Leitungen oder durch Fehlströme fremder Geräte, die die Erdleitung mitbenutzen. Das ist bei ausgedehnten Anlagen unausweichlich.

Die Folge ist, daß verschiedene Geräte unserer Computeranlage nicht mehr ein einheitliches Bezugspotential von 0 V haben, sondern Bezugspotentiale, die sich um die Störspannungen unterscheiden. Anders ausgedrückt: die Störspannungen addieren sich zu den Signalspannungen. Bei entsprechender Höhe gibt es Ärger. Das Schöne dabei ist, daß die Störungen meist unregelmäßig auftreten und die Störquellen nicht unmittelbar benachbart zu sein brauchen. So haben wir einmal bei Störungen eines Terminals die Kaffeemaschine im Nachbarzimmer als Sündenbock entlarvt, mit Hilfe der Zeitabhängigkeit des Ärgernisses.

Bei nahe benachbarten Geräten einer Computeranlage läßt sich ein einheitliches Bezugspotential durch sorgfältige, unter Umständen von anderen Verbrauchern getrennte Erdung verwirklichen, nicht aber bei einer räumlich ausgedehnten Anlage. Es gibt drei Auswege. Der einfachste ist oft die elektrische Trennung der Signalverbindung durch ein optisches Zwischenglied, das sich auch nachträglich installieren läßt. Der zweite Weg besteht im Ausweichen auf erdsymmetrische Verbindungen, was entsprechende Ein- und Ausgänge der Geräte erfordert. Drittens kann man – falls die Störspannung über den Schutzerdleiter kommt – diesen unterbrechen und das Gerät über einen Trenntransformator anschließen.

Störsignale kommen auch über andere Wege als die Erdleitungen, aber das ist eine neue Geschichte.

2.14   Computerarten

2.14.1   Heim-Computer

Bei der heutigen Vielfalt der Computer ist eine Einteilung in Klassen angebracht, wobei jedoch die Grenzen fließend und mit der Zeit veränderlich sind. Was heute ein Computer fürs Kinderzimmer ist, war vor zwanzig Jahren der Stolz eines Rechenzentrums.

Ein **Heim-Computer** ist ein Computer für das traute Heim. Er zeichnet sich durch niedrigen Preis aus, vergleichbar einem Fernseher, und durch einfache Handhabung. Seine technische Leistungsfähigkeit ist kaum geringer als die der nächsten Klasse, an die Zuverlässigkeit und Lebensdauer werden keine so hohen Anforderungen gestellt. Die Eignung für Computerspiele ist wesentlich (Farbbildschirm, Joystick), weshalb sich die teureren auch Playstations nennen.

Der klassische Heim-Computer war der Commodore C 64. Inzwischen hat die Preisentwicklung dazu geführt, daß Computer nach Art des IBM PC oder des Macintosh auch daheim eingesetzt werden.

2.14.2   Personal Computer (PCs)

Unter einem **Personal Computer** (PC) werden drei Computertypen verstanden. Im weitesten Sinn ist ein PC ein Computer, der ausschließlich einer Person an ihrem Arbeitsplatz zur Verfügung steht, im Gegensatz zu Mehrbenutzersystemen. Daher wird dieser Typ auch **Arbeitsplatz-Computer** genannt. In der Anfangszeit war jeder Computer ein PC in diesem Sinne. Heutige Vertreter sind die IBM PCs und die Macs von Apple.

In eingeschränkterem Sinn ist ein PC ein Computer aus der IBM-PC-Reihe (PC, XT, AT, AT 368 usw.) samt den Nachbauten anderer Firmen. Diese Klasse stellt alle übrigen Computer stückzahlmäßig in den Schatten. Der große Vorteil dieser Reihe ist die Verträglichkeit der Hardware und der Software untereinander, so daß der Aufstieg zum nächsthöheren Modell nicht den Rauswurf aller Komponenten und Programme bedeutet.

Im engsten Sinn ist ein PC der älteste Vertreter der IBM-PC-Reihe, an den sich heute kaum noch jemand erinnert, obwohl die Markteinführung erst achtzehn Jahre zurückliegt. Seine Leistungen würden heute nicht einmal mehr einen aufgeweckten Grundschüler vom Hocker reißen. Requiescat in pace.

Hat der PC einen Henkel, wird er **Laptop** oder **Portable** genannt. Laptop heißt sinngemäß etwa Schoßhund. Die Masse eines Laptops liegt zwischen 0,5 und 10 kg. Ein Schweizer Bergführer-Aspirant trägt 80 kg, hat also auch über längere

Strecken keine Schwierigkeiten. Ein **Notebook** ist noch kleiner und leichter. Ein **Palmtop** schließlich ist so klein, daß man ihn bequem in einer Hand halten kann. Hewlett-Packard hat 1993 den **Super-Portabel** erfunden. Packen Sie den in den Rucksack, wird dieser 1,3 kg leichter.

Ein eigener PC hat den Vorzug, daß man mit ihm experimentieren kann. Experimente auf Mehrbenutzeranlagen sind unbeliebt; die System-Manager sind froh, wenn alles läuft. Und falls Ihnen PC zu sehr nach einem gewissen Örtchen riecht, ernennen Sie Ihren Liebling zum **Personal Digital Assistant**. Können Sie mit dem PC auch fernsehen, handelt es sich um ein Personal Activity Center.

Im Zusammenhang mit PCs taucht oft der Begriff **kompatibel** auf. Im mittelalterlichen Latein bedeutet *compati* mit-leiden. Kompatible Hard- oder Software ist solche, die unter denselben Mängeln leidet wie ihre Vorbilder. Gemeint ist, daß sich die Hard- oder Software mit anderer Hard- oder Software verträgt, insbesondere mit den Erzeugnissen von IBM und Microsoft. In Wirklichkeit reicht die Skala von hundertprozentig bis unter günstigen Umständen verträglich. Hardware-kompatibel besagt, daß sich die Hardware so verhält wie die Hardware des Vorbilds. Software-kompatibel heißt, daß sich die Hardware erst zusammen mit einer bestimmten Software (das BIOS des PCs) dem Vorbild gleicht. Das reicht für Programme, die nicht unmittelbar die Hardware ansprechen, sondern BIOS-Aufrufe verwenden. UNIX-Systeme für PCs machen vom BIOS keinen Gebrauch, erfordern also Hardware-Kompatibilität.

Von übersetzten (kompilierten) Programmen sagt man, sie seien binär-kompatibel, wenn sie in ihrer übersetzten Form – ohne erneute Übersetzung des Quellcodes – auf verschiedenen Systemen laufen. Davon träumen manche Programmierer. Dieser Begriff hat wenig mit PCs, aber viel mit UNIX zu tun.

2.14.3   Workstations

Eine **Workstation**, zu deutsch ebenfalls **Arbeitsplatz-Computer**, ist ein System gehobener Leistung für einen Benutzer, das sich vor allem durch eine schnelle Gleitkomma-Arithmetik, Grafik- und Netzfähigkeit auszeichnet. Die Ausstattung mit Massenspeichern und weiterer Peripherie ist eher zurückhaltend, weil diese durch das Netz zur Verfügung gestellt werden. Ferner gehören zu einer Workstation wenigstens 32 Bit breite Adress- und Datenbusse und ein multitaskingfähiges Betriebssystem wie UNIX.

Vor einigen Jahren galten noch drei Ms als Bedingung: 1 MByte Arbeitsspeicher, 1 MIPS (Millionen Instruktionen pro Sekunde) Prozessorgeschwindigkeit, 1 Million Pixel auf dem Bildschirm. Diese Werte werden inzwischen von PCs erreicht. Man liest auch, daß ein Einbenutzersystem unter UNIX immer eine Workstation sei. Viele Workstations verwenden RISC-Prozessoren.

Für MS-DOS/Windows gibt es zur Zeit weit mehr Software als für UNIX, wobei unter UNIX erschwerend hinzukommt, daß es leider doch nicht ein einziges Betriebssystem ist. Die Software für UNIX ist auf Grund der geringeren Auflage zudem teurer. Auch richtet sich der Preis der Software nach dem Preis der zugehörigen Hardware. Das bedeutet, daß UNIX-Software etwa zehnmal so viel kostet wie MS-Software. Aber das kann sich ändern. Es gibt auch kostenlose leistungsfähige UNIX-Software – siehe das GNU-Projekt und LINUX.

2.14.4   Mehrbenutzer-Systeme und Mainframes

Ein **Mehrbenutzer-System** ist ein Computer, an dem mehrere Benutzer gleichzeitig arbeiten. Er bildet das Zentrum eines Terminalnetzes. In erster Linie ist die Mehrbenutzerfähigkeit eine Frage des Betriebssystemes. Ein besserer IBM PC ist unter MS-DOS ein Einbenutzersystem, unter UNIX ein Mehrbenutzersystem. In zweiter Linie zeichnet sich die Hardware typischer Mehrbenutzersysteme gegenüber Workstations durch ein leistungsfähiges Eingabe-Ausgabe-System aus, in der Rechenleistung kann ein PC hingegen überlegen sein. Je nach Größe werden diese Computer auch als **Minis** oder **Micros** bezeichnet.

Die Frage, ob ein Mehrbenutzersystem oder mehrere Einbenutzersysteme im Netz besser sind, ist ebenso schwierig zu entscheiden wie die Frage, ob der Föderalismus oder der Zentralismus das bessere politische System ist. Hat man mehrere Mehrbenutzersysteme, ist man dieser Entscheidung enthoben, muß aber bei der Systemverwaltung mehr nachdenken. Ein Netz aus UNIX-Workstations stellt ein solches Gebilde dar.

Die großen Computer in Rechenzentren mit einer Vielzahl von Terminals werden als **Mainframe** bezeichnet, zu deutsch Hauptgestell. Außer durch ihre Kosten zeichnen sie sich durch benutzerfeindliche Betriebssysteme aus. Der Benutzerdialog ist allerdings auch nicht ihre wichtigste Aufgabe. In Netzen findet man sie als Server und Gateways.

In den letzten Jahren wurde das Aussterben der Mainframes vorhergesagt. Verteilte Client-Server-Systeme (wieder so ein Schlagwort) sollten ihre Aufgaben zu geringeren Kosten übernehmen. Abgesehen davon, daß hundert VW-Golf keinen Sattelschlepper ersetzen, ist das mit den Kosten zum Teil nur eine Umverlagerung. Und ein Elefant ist leichter zu pflegen als ein Sack Flöhe. Es gibt zentrale und dezentrale Aufgaben, die zentrale bzw. dezentrale Lösungen erfordern.

2.14.5   Echtzeit-Systeme

Computer werden auch zur Steuerung von Produktionsanlagen eingesetzt. Die Eingänge dieser **Prozessrechner** sind mit einer Vielzahl von Meßgeräten (Sensoren) verbunden, die Ausgänge mit Stellgliedern (Aktoren). Bei einer Prozesssteuerung darf es nicht – wie unter UNIX üblich – dem System freistehen, in welcher Reihenfolge und zu welcher Zeit es auf die eingehenden Signale reagiert. Auf bestimmte, kritische Signale muß es innerhalb einer kurzen, im Programm festgelegten Zeit reagieren. Ein Feueralarm muß sofort beantwortet werden, während das Feierabendsignal auch mal ein paar Millisekunden warten kann. Kurze Reaktionszeiten und eine völlige Vorhersagbarkeit des Verhaltens sind wesentlich.

Solche Computer werden **Echtzeit-Systeme** (real time system) genannt. Das Echtzeitverhalten beruht auf der Kombination von Hardware und Betriebssystem. Der Programmierer hat das System vergleichsweise fest im Griff, muß sich aber auch mit vielen Einzelheiten herumschlagen, die in einem Zahlenknacker oder Textsystem das Betriebssystem stillschweigend erledigt.

2.14.6 Parallelcomputer

Wenn ein Mann für eine Arbeit acht Tage braucht, beansprucht sie bei Einsatz von vier Männern zwei Tage. Nach diesem Rezept sollte ein Computer schneller werden, wenn man mehrere Zentralprozessoren parallel arbeiten läßt. Die übrige Hardware und das Betriebssystem müssen das unterstützen, dann stimmt die Überlegung auch bei einer ganzen Reihe von Aufgaben.

Bei einer Vektoraddition könnten zum Beispiel alle Elemente gleichzeitig addiert werden. Auch in der Matrizenrechnung kommen solche Rechenschritte vor, bei Grafikanwendungen sind sie denkbar. Für Aufgaben, bei denen jeder Schritt die Ergebnisse des vohergehenden benötigt, gilt die Überlegung nicht.

Solche Parallel- oder Vektorcomputer gestatten die Vervielfachung der Rechenleistung unter Beibehaltung der Technik. Es ist einfacher, die Anzahl der Prozessoren zu vervielfachen als die Taktfrequenz.

2.14.7 Verteilte Computer

Das Netz ist der Computer. Wenn mehrere Computer miteinander vernetzt sind und das Netz-Betriebssystem die Anforderungen der Benutzer selbständig auf die gesamte Hardware – die Ressourcen – verteilt, so daß der Benutzer gar nicht mehr weiß, auf welchem Prozessor des Netzes seine Anwendung gerade läuft, dann liegt obiger Spruch nahe. Man spricht auch von verteilter Intelligenz.

Technisch ist ein solches Netz machbar, aber die Anforderungen an die Sicherheit und Zuverlässigkeit von Hard- und Software sind hoch. Deshalb werden Maßnahmen zur Erhöhung der Fehlertoleranz vorgesehen. Der System-Manager sollte Nerven wie breite Nudeln haben.

2.14.8 Analogrechner

Weil wir nun schon einmal zu einem Rundumschlag ausgeholt haben, auch ein Wort über **Analogrechner**. Sie sind etwas völlig anderes als Digitalrechner oder Computer im üblichen Sinne. Viele unterschiedliche Vorgänge werden durch Gleichungen beschrieben, die mathematisch identisch sind. Denken Sie an die Berechnung der Geschwindigkeit einer gleichförmigen Bewegung aus Strecke und Zeit:

$$v = s/t \qquad (2.10)$$

und die Berechnung des elektrischen Widerstandes aus Spannung und Strom:

$$R = U/I \qquad (2.11)$$

In der Praxis dreht es sich meist um Differentialgleichungen. Die mechanische Aufgabe sei im Experiment schwierig zu lösen, die elektrische hingegen einfach. Nach der Festlegung von Maßstabsfaktoren zwischen den mechanischen und den elektrischen Größen läßt sich das Meßergebnis des elektrischen Experimentes als Lösung der mechanischen Aufgabe verwenden. Der Analogrechner wäre hier der elektrische Versuchsaufbau. Die Genauigkeit des Ergebnisses hängt von der Stabilität der Eingaben und der Genauigkeit der Meßinstrumente ab.

Solche Analogien sind seit alter Zeit in Gebrauch, in der Astronomie zum Beispiel. Ein jüngerer, inzwischen aber auch fast ausgestorbener Vertreter sind die logarithmisch geteilten Rechenstäbe – erfunden um 1600 von dem Schotten JOHN NAPIER – die die Multiplikation von Zahlen auf die Addition von Strecken zurückführen. Vielleicht befindet sich noch ein Rechenholz in Ihrem Familienbesitz, heben Sie es gut auf. Umweltfreundlich, man braucht nur Licht zum Betrieb.

2.15 Geschwindigkeit

Die Geschwindigkeit eines Computers wird auf verschiedene Arten gemessen und angegeben. Sie kostet Geld und entscheidet über die Einsatzmöglichkeiten. Manche, für einen Menschen einfache Aufgaben wie die Erkennung einer Stimme, das Lesen einer Handschrift oder die Übersetzung anspruchsloser Texte von einer Sprache in eine andere erfordern Computerleistung, die heute noch nicht verfügbar oder bezahlbar ist. Außerdem möchte jeder den schnellsten Computer im Dorf besitzen.

Das einfachste Maß ist die Taktfrequenz der CPU. Sie liegt heute zwischen 10 und 500 MHz. Eine CPU mit 200 MHz erledigt ihre Arbeit doppelt so schnell wie eine mit 100 MHz, klarer Fall. An der Erledigung einer konkreten Aufgabe ist jedoch nicht nur die CPU beteiligt. Ebenso wichtig sind Arbeitsspeicher (RAM) und Systembus. In der PC-Welt berücksichtigt der anschauliche Landmark-Test auch diesen. Koprozessoren vervielfachen bei bestimmten Aufgaben die Rechengeschwindigkeit. Dafür gibt es wieder andere Tests. Schließlich verbraucht die Ein-/Ausgabe (I/O) auf Bildschirm und Massenspeicher erheblich Zeit. Will man das Ergebnis auf Papier, spielt die Druckgeschwindigkeit eine Rolle. Je nach Aufgabe hängt die Leistung (Arbeit pro Zeit) von folgenden Faktoren ab:

- Taktfrequenz und Registerbreite der CPU

- Größe und Geschwindigkeit des Arbeitsspeichers

- Geschwindigkeit und Breite des Systembusses

- Benutzung von Koprozessoren und Pufferspeichern (Caches)

- Geschwindigkeit der Massenspeicher

- Geschwindigkeit des Grafik- und des I/O-Subsystems

- Leistung des Betriebssystems

- Qualität des Compilers und der Anwendungsprogramme

Die meisten der genannten Faktoren sind ihrerseits wieder aus mehreren Größen zusammengesetzt. Bei einer ausgewogenen Konfiguration passen die Werte der einzelnen Faktoren zusammen und zur Aufgabe, bei einer unausgewogenen ist ein Wert (beispielsweise die werbewirksame Taktfrequenz) hoch und der Rest schwach (um den Preis zu drücken).

Kurzum, Norton-Faktoren, Landmarkwerte, Mipse, Möpse, nasse und trockene Steine sind nicht direkt geschwindelt, berücksichtigen aber stets nur bestimmte Seiten der ganzen Anlage. Ein Porsche ist auch nicht unter allen Umständen schneller als ein Traktor.

3 UNIX

Dieses Kapitel erläutert das Betriebssystem UNIX samt seinen Familienangehörigen (AIX, HP-UX, LINUX, SINIX, Solaris, ULTRIX usw.). Das zugehörige Referenz-Handbuch oder Online-Manual ist eine unerläßliche Begleitlektüre.

3.1 Grundbegriffe

3.1.1 Braucht man ein Betriebssystem?

In der frühen Kindheit der Computer – schätzungsweise vor 1950 – hatten die Maschinen kein Betriebssystem. Die damaligen Computer waren jedoch trotz ihrer gewaltigen räumlichen Abmessungen logisch sehr übersichtlich, die wenigen Benutzer kannten sozusagen jedes Bit persönlich. Beim Programmieren mußte man sich auch um jedes Bit einzeln kümmern. Wollte man etwas auf der Fernschreibmaschine (so hieß das I/O-Subsystem damals) ausgeben, so schob man Bit für Bit über die Treiberstufen zu den Elektromagneten. In heutiger Sprechweise enthielt jedes Anwendungsprogramm sein eigenes Betriebssystem.

Die Programmierer waren damals schon so arbeitsscheu (effektivitätsbewußt) wie heute und bemerkten bald, daß dieses Vorgehen nicht zweckmäßig war. Viele Programmteile wiederholten sich in jeder Anwendung. Man faßte diese Teile auf einem besonderen Lochkartenstapel oder Lochstreifen zusammen, der als **Vorspann** zu jeder Anwendung eingelesen wurde. Der nächste Schritt war, den Vorspanns nur noch nach dem Einschalten der Maschine einzulesen und im Speicher zu belassen. Damit war das Betriebssystem geboren und die Trennung von den Anwendungen vollzogen.

Heutige Computer sind räumlich nicht mehr so eindrucksvoll, aber logisch um Größenordnungen komplexer. Man faßt viele Einzelheiten zu übergeordneten Objekten zusammen, man abstrahiert in mehreren Stufen. Der Benutzer sieht nur die oberste Schicht der Software, die ihrerseits mit darunterliegenden Software-Schichten verkehrt. Zuunterst liegt die Hardware. Ein solches **Schichtenmodell** finden wir bei den Netzen wieder. In Wirklichkeit sind die Schichten nicht sauber getrennt, sondern verzahnt, teils aus historischen Gründen, teils wegen Effektivität, teils aus Schlamperei. Neben dem Schichtenmodell werden **objektorientierte Ansätze** verfolgt, in denen alle harten und weichen Einheiten abgekapselte Objekte sind, die über Nachrichten miteinander verkehren. Aber auch hier bildet sich eine Hierarchie aus.

Was muß ein Betriebssystem als Minimum enthalten? Nach obigem das, was alle Anwendungen gleichermaßen benötigen. Das sind die Verbindungen zur Hardware (CPU, Speicher, I/O) und die Verwaltung von Prozessen und Daten. Es gibt jedoch Bestrebungen, auch diese Aufgaben in Anwendungsprogramme zu verlagern und dem Betriebssystem nur noch koordinierende und kontrollierende Tätigkeiten zu überlassen. Vorteile eines solchen **Mikro-Kerns** sind Übersichtlichkeit und Anpassungsfähigkeit.

Wenn ein UNIX-Programmierer heute Daten nach stdout schreibt, setzt er mehrere Megabyte System-Software in Bewegung, die andere für ihn erstellt haben. Als Programmierer dürfte man nur noch im pluralis modestatis reden.

3.1.2   Verwaltung der Betriebsmittel

Ein Betriebssystem vermittelt zwischen der Hardware und den Benutzern. Aus Benutzersicht verdeckt es den mühsamen und schwierigen unmittelbaren Verkehr mit der Hardware. Der Benutzer braucht sich nicht darum zu sorgen, daß zu bestimmten Zeiten bestimmte elektrische Impulse auf bestimmten Leitungen ankommen, er gibt vielmehr nur das Kommando zum Lesen aus einem File namens xyz. Für den Benutzer stellen Hardware plus Betriebssystem eine **virtuelle Maschine** mit einem im Handbuch beschriebenen Verhalten dar. Was auf der Hardware wirklich abläuft, interessiert nur den Entwicklungsingenieur. Daraus folgt, daß dieselbe Hardware mit einem anderen Betriebssystem eine andere virtuelle Maschine bildet. Ein PC mit MS-DOS ist ein MS-DOS-Rechner, derselbe PC mit LINUX ist ein UNIX-Rechner mit deutlich anderen Eigenschaften. Im Schichtenmodell stellt jede Schicht eine virtuelle Maschine für ihren oberen Nachbarn dar, die oberste Schicht die virtuelle Maschine für den Benutzer.

Aus der Sicht der Hardware sorgt das Betriebssystem dafür, daß die einzelnen **Betriebsmittel** (Prozessor, Speicher, Ports für Ein- und Ausgabe) den Benutzern bzw. deren Programmen in einer geordneten Weise zur Verfügung gestellt werden, so daß sie sich nicht stören. Die Programme dürfen also nicht selbst auf die Hardware zugreifen, sondern haben ihre Wünsche dem Betriebssystem mitzuteilen, das sie möglichst sicher und zweckmäßig weiterleitet[1]

Neben den harten, körperlich vorhandenen Betriebsmitteln kann man auch Software als Betriebsmittel ansehen. Für den Benutzer macht es unter UNIX keinen Unterschied, ob er einen Text auf einen Massenspeicher schreibt oder dem Electronic Mail System übergibt, das aus ein paar Drähten und viel Software besteht. Schließlich gibt es virtuelle Betriebsmittel, die für den Benutzer oder seinen Prozess scheinbar vorhanden sind, in Wirklichkeit aber durch Hard- und Software vorgegaukelt werden. Beispielsweise wird unter UNIX der immer zu kleine Arbeitsspeicher scheinbar vergrößert, indem man Massenspeicher zu Hilfe nimmt. Dazu gleich mehr. Auch zwischen harten und virtuellen Druckern sind vielfältige Beziehungen herstellbar. Der Zweck dieser Scheinwelt[2] ist, den Benutzer von den Beschränkungen der harten Welt zu befreien. Die Kosten dafür sind eine erhöhte

---

[1]Ein Nachteil von MS-DOS ist, daß ein Programmierer direkt die Hardware ansprechen kann und sich so um das Betriebssystem herummogelt.

[2]In UNIX kann ein Benutzer, den es nicht gibt, (ein Dämon) ein File, das es nicht gibt, (eine Oracle-View) auf einem Drucker, den es nicht gibt, (ein logischer Drucker) ausgeben, und es kommt am Ende ein reales Blatt Papier mit Text heraus.

Komplexität des Betriebssystems und Zeit. Reichlich reale Betriebsmittel sind immer noch das Beste.

An fast allen Aktivitäten des Computers ist der zentrale Prozessor beteiligt. Ein Prozessor erledigt zu einem Zeitpunkt immer nur einen Auftrag. Der Verteilung der **Prozessorzeit** kommt daher eine besondere Bedeutung zu. Wenn in einem leistungsfähigen Betriebssystem wie UNIX mehrere Programme (genauer: Prozesse) gleichzeitig Prozessorzeit verlangen, teilt das Betriebssystem jedem nacheinander eine kurze Zeitspanne zu, die nicht immer ausreicht, den jeweiligen Prozess zu Ende zu bringen. Ist die Zeitspanne (im Millisekundenbereich) abgelaufen, beendet das Betriebssystem den Prozess vorläufig und reiht ihn wieder in die Warteschlange ein. Nach Bedienung aller anstehenden Prozesse beginnt das Betriebssystem wieder beim ersten, so daß bei den Benutzern der Eindruck mehrerer gleichzeitig laufender Prozesse entsteht. Dieser Vorgang läßt sich durch eine gleichmäßig rotierende **Zeitscheibe** veranschaulichen, von der jeder Prozess einen Sektor bekommt. Die Sektoren brauchen nicht gleich groß zu sein. Diese Form der Auftragsabwicklung wird **präemptives** oder **verdrängendes Multi-Tasking** genannt (lat. *praeemere* = durch Vorkaufsrecht erwerben). Das Betriebssystem hat sozusagen ein Vorkaufsrecht auf die Prozessorzeit und verdrängt andere Prozesse nach Erreichen eines Zeitlimits.

Einfachere Betriebssysteme (Apple System 7, MS-Windows) verwalten zwar auch eine Warteschlange von Prozessen, vollenden aber einen Auftrag, ehe der nächste an die Reihe kommt. Die Prozesse können sich **kooperativ** zeigen und ihren Platz an der Sonne freiwillig räumen, um ihren Mitbewerbern eine Chance zu geben; das Betriebssystem erzwingt dies jedoch nicht. Versucht ein nichtkooperativer Prozess, die größte Primzahl zu berechnen, warten die Mitbenutzer lange. Noch einfachere Betriebssysteme (MS-DOS) richten nicht einmal eine Warteschlange ein.

Den Algorithmus zur Verteilung der Prozessorzeit (scheduling algorithm) kann man verfeinern. So gibt es Prozesse, die wenig Zeit beanspruchen, diese aber sofort haben möchten (Terminaldialog), andere brauchen mehr Zeit, aber nicht sofort (Hintergrundprozesse). Ein Prozess, das auf andere Aktionen warten muß, zum Beispiel auf die Eingabe von Daten, sollte vorübergehend aus der Verteilung ausscheiden. Man muß sich vor Augen halten, daß die Prozessoren heute mit hundert Millionen Takten und mehr pro Sekunde arbeiten. Mit einem einzelnen Bildschirmdialog langweilt sich schon ein Prozessor für zwo fuffzich.

Das Programm, das der Prozessor gerade abarbeitet, muß sich im Arbeitsspeicher befinden. Wenn der Prozessor mehrere Programme gleichzeitig in Arbeit hat, sollten sie auch gleichzeitig im Arbeitsspeicher liegen, denn ein ständiges Ein- und Auslagern vom bzw. zum Massenspeicher kostet Zeit. Nun sind die Arbeitsspeicher selten so groß, daß sie bei starkem Andrang alle Programme fassen, also kommt man um das Auslagern doch nicht ganz herum. Das Auslagern des momentan am wenigsten dringend benötigten Programms als Ganzes wird als **Swapping** oder Speicheraustauschverfahren bezeichnet. Programm samt momentanen Daten kommen auf die Swapping Area (Swap-File) des Massenspeichers (Platte). Dieser sollte möglichst schnell sein, Swappen auf Band ist der allerletzte Ausweg. Bei Bedarf werden Programm und Daten in den Arbeitsspeicher zurückgeholt. Ein einzelnes Programm mit seinen Daten darf nicht größer sein als der verfügbare Arbeitsspeicher.

Bei einer anderen Technik werden Programme und Daten in Seiten (pages) unterteilt und nur die augenblicklich benötigten Seiten im Arbeitsspeicher gehalten. Die übrigen Seiten liegen auf dem Massenspeicher auf Abruf. Hier darf eine Seite nicht größer sein als der verfügbare Arbeitsspeicher. Da ein Programm aus vielen Seiten bestehen kann, darf seine Größe die des Arbeitsspeichers erheblich übersteigen. Dieses **Paging** oder Seitensteuerungsverfahren hat also Vorteile gegenüber dem Swapping.

Bei starkem Andrang kommt es vor, daß der Prozessor mehr mit Aus- und Einlagern beschäftigt ist als mit nutzbringender Arbeit. Dieses sogenannte **Seitenflattern** (trashing) muß durch eine zweckmäßige Konfiguration (Verlängerung der einem Prozess minimal zur Verfügung stehenden Zeit) oder eine Vergrößerung des Arbeitsspeichers verhindert werden. Auch ein Swapping oder Paging übers Netz ist durch ausreichend Arbeitsspeicher oder lokalen Massenspeicher zu vermeiden, da es viel Zeit kostet und das Netz belastet.

3.1.3 Verwaltung der Daten

Die Verwaltung der Daten des Systems und der Benutzer in einem **File-System** ist die zweite Aufgabe des Betriebssystems. Auch hier schirmt das Betriebssystem den Benutzer vor dem unmittelbaren Verkehr mit der Hardware ab. Wie die Daten physikalisch auf den Massenspeichern abgelegt sind, interessiert ihn nicht, sondern nur die logische Organisation, beispielsweise in einem Baum von Verzeichnissen. Für den Benutzer ist ein File eine zusammengehörige Menge von Daten, die er über den Filenamen anspricht. Daß die Daten eines Files physikalisch über mehrere, nicht zusammenhängende Bereiche auf der Festplatte verstreut sein können, geht nur das Betriebssystem etwas an. Ein File kann sogar über mehrere Platten, unter Umständen auf mehrere Computer verteilt sein. Im schlimmsten Fall existiert das File, mit dem der Benutzer zu arbeiten wähnt, überhaupt nicht, sondern wird aus Teilen verschiedener Files bei Bedarf zusammengesetzt. Beim Arbeiten mit Datenbanken kommt das vor. Zum Benutzer hin sehen alle UNIX-File-Systeme gleich aus, zur Hardware hin gibt es jedoch Unterschiede. Einzelheiten siehe im Referenz-Handbuch unter `fs(4)`.

3.1.4 Einteilung der Betriebssysteme

Nach ihrem Zeitverhalten werden Betriebssysteme eingeteilt in:

- Batch-Systeme

- Dialog-Systeme

- Echtzeit-Systeme

wobei gemischte Formen die Regel sind.

In einem **Batch-System** werden die Aufträge (Jobs) in eine externe Warteschlange eingereiht und unter Beachtung von Prioritäten und weiteren, der Effizienz und Gerechtigkeit dienenden Gesichtspunkten abgearbeitet, ein Auftrag nach

dem anderen. Einige Tage später holt der Benutzer seine Ergebnisse ab. Diese
Arbeitsweise war früher – vor UNIX – die einzige und ist heute noch auf Groß-
rechenanlagen verbreitet. Zur Programmentwicklung mit wiederholten Testläufen
und Fehlerkorrekturen ist sie praktisch nicht zu gebrauchen.

Bei einem **Dialog-System** arbeitet der Benutzer an einem Terminal in un-
mittelbarem Kontakt mit der Maschine. Die Reaktionen auf Tastatur-Eingaben
erfolgen nach menschlichen Maßstäben sofort, nur bei Überlastung der Anlage
kommen sie zäher. Alle in die Maschine eingegebenen Aufträge sind sofort aktiv und konkurrieren um Prozessorzeit und die weiteren Betriebsmittel, die nach
ausgeklügelten Gesichtspunkten zugewiesen werden. Es gibt keine externe Warteschlange für die Aufträge. UNIX ist in erster Linie ein Dialogsystem.

In einem **Echtzeit-System** bestimmt der Programmierer oder System-
Manager das Zeitverhalten völlig. Für kritische Programmteile wird eine maximale
Ausführungsdauer garantiert. Das Zeitverhalten ist unter allen Umständen vorher-
sagbar. UNIX ist infolge der Pufferung der Datenströme zunächst kein Echtzeit-
System. Es gibt aber Erweiterungen, die UNIX für Echtzeit-Aufgaben geeignet
machen, siehe Abschnitt 3.13 *Echtzeit-Erweiterungen* auf Seite 259.

Nach der Anzahl der scheinbar gleichzeitig bearbeiteten Aufträge – wir haben
darüber schon gesprochen – unterscheidet man:

- Single-Tasking-Systeme

- Multi-Tasking-Systeme

  - kooperative Multi-Tasking-Systeme

  - präemptive Multi-Tasking-Systeme

Nach der Anzahl der gleichzeitig angemeldeten Benutzer findet man eine Einteilung in:

- Single-User-Systeme

- Multi-User-Systeme

Ein Multi-User-System ist praktisch immer zugleich ein Multi-Tasking-System,
andernfalls könnten sich die Benutzer nur gemeinsam derselben Aufgabe widmen.
Das ist denkbar, uns aber noch nie über den Weg gelaufen. Ein Multi-User-System
enthält vor allem Vorrichtungen, die verhindern, daß sich die Benutzer in die Quere
kommen (Benutzerkonten, Zugriffsrechte an Files).

Schließlich gibt es, bedingt durch den Wunsch nach immer mehr Rechenleistung, die Vernetzung und die Entwicklung von Computern mit mehreren Zentralprozessoren, seit einigen Jahren:

- Einprozessor-Systeme

- Mehrprozessor-Systeme

Ein Sonderfall der Mehrprozessor-Systeme sind **Netz-Betriebssysteme**, die
mehrere über ein Netz verteilte Prozessoren wie einen einzigen Computer verwalten, im Gegensatz zu Netzen aus selbständigen Computern mit jeweils einer
eigenen Kopie eines Betriebssystems, das Netzfunktionen unterstützt.

Stellt man die Einteilungen in einem vierdimensionalen Koordinatensystem dar, so besetzen die wirklichen Systeme längst nicht jeden Schnittpunkt, außerdem gibt es Übergangsformen. MS-DOS ist ein Dialogsystem mit Single-Tasking-Fähigkeiten für einen einzelnen Prozessor und einen einzelnen Benutzer. IBM-OS/2 ist ein Dialogsystem mit Multi-Tasking-Fähigkeiten, ebenfalls für einen einzelnen Prozessor und einen einzelnen Benutzer. UNIX ist ein Dialogsystem mit Multi-Tasking-Fähigkeiten für mehrere Benutzer und verschiedene Prozessorentypen, in jüngerer Zeit erweitert um Echtzeit-Funktionen und Unterstützung mehrerer paralleler Prozessoren. Das Betriebssystem Hewlett-Packard RTE VI/VM für die Maschinen der HP 1000-Reihe war ein echtes Echtzeit-System mit einer einfachen Batch-Verwaltung. Die IBM 3090 lief unter dem Betriebssystem MVS mit Dialog- und Batch-Betrieb (TSO bzw. Job Control Language). Novell NetWare ist ein Netz-Betriebssystem, das auf vernetzten PCs anstelle von MS-DOS oder OS/2 läuft, wohingegen das Internet aus selbständigen Computern unter verschiedenen Betriebssystemen besteht.

Um einen Brief zu schreiben oder die Primzahlen bis 100000 auszurechnen, reicht MS-DOS. Soll daneben ein Fax-Programm sende- und empfangsbereit sein und vielleicht noch die Mitgliederliste eines Vereins sortiert werden, braucht man IBM OS/2 oder MS Windows NT. Wollen mehrere Benutzer gleichzeitig auf dem System arbeiten, muß es UNIX sein. Arbeitet man in internationalen Netzen, ist UNIX der Standard. UNIX läuft zur Not auf einem einfachen PC mit Disketten, aber für das, was man heute von UNIX verlangt, ist ein PC mit einem Intel 80386, 8 MB Arbeitsspeicher und einer 200-MB-Festplatte die untere Grenze.

3.1.5 Laden des Betriebssystems

Ein Betriebssystem wie MS-DOS oder UNIX wird auf Bändern, CD-ROMs, Disketten oder über das Netz geliefert. Die Installation auf den Massenspeicher gehört zu den Aufgaben des System-Managers und wird im Abschnitt 3.12 *Systemverwaltung* auf Seite 231 beschrieben. Es ist mehr als ein einfacher Kopiervorgang.

Uns beschäftigt hier die Frage, wie beim Starten des Systems die Hardware, die zunächst noch gar nichts kann, das Betriebssystem vom Massenspeicher in den Arbeitsspeicher lädt. Als kaltes **Booten** oder **Kaltstart** bezeichnet man einen Start vom Einschalten des Starkstroms an, als warmes Booten oder **Warmstart** einen erneuten Startvorgang einer bereits laufenden und daher warmen Maschine. Beim Warmstart entfallen einige der ersten Schritte (Tests).

Nach dem Einschalten wird ein einfaches Leseprogramm entweder Bit für Bit über eine besondere Tastatur eingegeben oder von einem permanenten Speicher (Boot-ROM) im System geholt. Mittels dieses Leseprogramms wird anschließend das Betriebssystem vom Massenspeicher gelesen, und dann kann es losgehen.

Beim Booten wird das Betriebssystem zunächst auf einem entfernbaren Datenträger (Band, CD-ROM, Diskette) gesucht, dann auf der Festplatte. Auf diese Weise läßt sich in einem bestehenden System auch einmal ein anderes Betriebssystem laden, zum Beispiel LINUX statt MS-DOS, oder bei Beschädigung des Betriebssystems auf der Platte der Start von einer Diskette oder einem Band durchführen.

3.2   Das Besondere an UNIX

3.2.1   Die präunicische Zeit

Der Gedanke, Rechenvorgänge durch mechanische Systeme darzustellen, ist alt. Daß wir heute elektronische Systeme bevorzugen – und vielleicht in Zukunft optische Systeme – ist ein technologischer Fortschritt, kein grundsätzlicher. Umgekehrt hat man Zahlen schon immer dazu benutzt, Gegebenheiten aus der Welt der Dinge zu vertreten.

Wenn in der Jungsteinzeit ein Hirte – sein Name sei ÖTZI – sichergehen wollte, daß er abends genau so viel Stück Vieh heimbrachte, wie er morgens auf die Weide getrieben hatte, stand ihm nicht einmal ein Zahlensystem zur Verfügung, das nennenswert über die Zahl zwei hinausging. Da er nicht dumm war, wußte er sich zu helfen und bildete die Menge seines Viehs umkehrbar eindeutig auf eine Menge kleiner Steinchen ab, die er in einem Beutel bei sich trug. Blieb abends ein Steinchen übrig, fehlte ein Stück Vieh. Die Erkenntnis, daß Mengen andere Mengen in Bezug auf eine bestimmte Eigenschaft (hier die Anzahl) vertreten können, war ein gewaltiger Sprung und der Beginn der Angewandten Mathematik.

Mit **Zahlensystemen** taten sich die Menschen früher schwer. Die Griechen – denen die Mathematik viel verdankt – hatten zwei zum Rechnen gleichermaßen ungeeignete Zahlensysteme. Das milesische System bildete die Zahlen 1 bis 9, 10 bis 90, 100 bis 900 auf das Alphabet ab, die Zahl 222 schrieb sich also $\sigma\kappa\beta$. Das attische oder akrophonische System verwendete die Anfangsbuchstaben der Zahlwörter, die Zehn (deka) wurde als Δ geschrieben. Einen Algorithmus wie das Sieb des ERATHOSTENES konnte nur ein Grieche ersinnen, dessen Zahlensystem vom Rechnen abschreckte.

Die Römer, deren Zahlenschreibweise wir heute noch allgemein kennen und für bestimmte Zwecke verwenden – siehe die Seitennumerierung zu Anfang des Buches oder das Verkehrszeichen Nr. E.5.3 der BinSchStrO – hatten auch nur bessere Strichlisten. Über ihre Rechenweise ist wenig bekannt. Sicher ist, daß sie wie ÖTZI Steinchen (calculi) gebrauchten.

Erst mit dem **Stellenwertsystem** der Araber und Inder wurde das Rechnen einfacher. Mit dem Einspluseins, dem Einmaleins und ein paar Regeln löst heute ein Kind arithmetische Aufgaben, deren Bewältigung im Altertum Bewunderung erregt oder im Mittelalter zu einer thermischen Entsorgung geführt hätte. Versuchen Sie einmal, römische Zahlen zu multiplizieren. Dann lernen Sie das Stellenwertsystem zu schätzen.

Seither sind Fortschritte erzielt worden, die recht praktisch sind, aber am Wesen des Umgangs mit Zahlen nichts ändern. Wir schieben keine Steinchen mehr über Rechentafeln, sondern Bits durch Register. Macht das einen Unterschied?

3.2.2   Entstehung

A long time ago in a galaxy far, far away ... so entstand UNIX nicht. Seine Entstehungsgeschichte ist dennoch ungewöhnlich. Ende der sechziger Jahre schrieben sich zwei Mitarbeiter der Bell-Labs des AT&T-Konzerns, KEN THOMPSON und

DENNIS RITCHIE, ein Betriebssystem zu ihrem eigenen Gebrauch[3]. Vorläufer reichen bis in den Anfang der sechziger Jahre zurück. Ihre Rechenanlage war eine ausgediente DEC PDP 7. Im Jahr 1970 prägte ein dritter Mitarbeiter, BRIAN KERNIGHAN, den Namen UNIX (Plural: UNICES oder deutsch auch UNIXe) für das Betriebssystem, außerdem wurde die PDP 7 durch eine PDP 11/20[4] ersetzt, um ein firmeninternes Textprojekt durchzuführen.

Der Name UNIX geht auf die indoeuropäische Wurzel *oinos* zurück, karlsruherisch *oins*, neuhochdeutsch *eins*, mit Verwandten in allen indoeuropäischen Sprachen, die außer der baren Zahl *einzigartig, außerordentlich* bedeuten. UNIX hatte einen Vorgänger namens MULTICS (Multiplexed Information and Computing Service), der bereits viele Ideen vorwegnahm, aber für die damaligen Hardware- und Programmiermöglichkeiten wohl etwas zu komplex war und erfolglos blieb. KEN THOMPSON magerte MULTICS ab, bis es zuverlässig im Ein-Benutzer-Betrieb lief, daher UNIX. Inzwischen hat UNIX wieder zugenommen und ist – im Widerspruch zu seinem Namen – *das* Mehr-Benutzer-System.

DENNIS RITCHIE entwickelte auch eine neue Programmiersprache, die C getauft wurde (ein Vorgänger hieß B). Das UNIX-System wurde 1973 weitgehend auf diese Sprache umgeschrieben, um es besser erweitern und auf neue Computer übertragen zu können.

1975 wurde UNIX erstmals – gegen eine Schutzgebühr – an andere abgegeben, hauptsächlich an Universitäten. Vor allem die University of California in Berkeley beschäftigte sich mit UNIX und erweiterte es. Die Berkeley-Versionen – mit der Abkürzung **BSD** (Berkeley Software Distribution) versehen – leiten sich von der Version 7 von AT&T aus dem Jahr 1979 her.

Seit 1983 wird UNIX von AT&T als **System V** vermarktet. Die lange Entwicklungszeit ohne den Einfluß kaufmännischer Interessen ist UNIX gut bekommen. AT&T vergab Lizenzen für die Nutzung der Programme, nicht für den Namen. Deshalb mußte jeder Nutzer sein UNIX anders nennen: Hewlett-Packard wählte HP-UX, Siemens SINIX, DEC ULTRIX, Sun SunOS und Solaris, Apple A/UX, sogar IBM nahm das ungeliebte, weil fremde Kind unter dem Namen AIX auf. Von den NeXT-Rechnern ist NeXTstep übriggeblieben, das auf unterschiedlicher Hardware läuft, unter anderem auf den HP 9000/7*. Eine der Portierungen auf PCs hieß XENIX und machte vor einigen Jahren die Hälfte aller UNIX-Installationen aus. UNIX ist heute also zum einen ein geschützter Name, ursprünglich dem AT&T-Konzern gehörend, und zum anderen ein Gattungsname für miteinander verwandte Betriebssysteme von AIX bis XINU.

Die UNIX-Abfüllung von Hewlett-Packard – **HP-UX** – entstand 1982 und wurzelt in UNIX System III und Berkeley 4.1 BSD. Hewlett-Packard hat eigene Beiträge zur Grafik, Kommunikation, Datenverwaltung und zu Echtzeitfunktionen geleistet. In Europa gilt Siemens-Nixdorf mit **SINIX** als führender UNIX-Hersteller.

---

[3]Eine authentische Zusammenfassung findet sich in The Bell System Technical Journal, Vol. 57, July-August 1978, Nr.6, Part 2, p. 1897 - 2312

[4]Die PDP 11 hatte einen Adressraum von 64 KByte. Ein heutiger PC/AT hat einen Adressraum von wenigstens 16 MByte. Wenn UNIX allmählich zu einem Speicherfresser wird, liegt das nicht am Konzept, sondern daran, daß immer mehr hineingepackt wird.

Im Jahr 1991 hat AT&T die UNIX-Geschäfte in eine Tochtergesellschaft namens Unix System Laboratories (USL) ausgelagert, mit der der amerikanische Netzhersteller Novell 1992 ein gemeinsames Unternehmen Univel gegründet hat. Anfang 1993 schließlich hat Novell USL übernommen. Ende 1993 hat Novell den Namen UNIX der Open Software Foundation (OSF) vermacht.

Die Väter von UNIX in den Bell Labs von AT&T – vor allem ROB PIKE und KEN THOMPSON – haben sich nicht auf ihren Lorbeeren ausgeruht und ein neues experimentelles Betriebssystem namens **Plan9** entwickelt, das in bewährter Weise seit Herbst 1992 an Universitäten weitergegeben wird. Es behält die Vorteile von UNIX wie das Klarkommen mit heterogener Hardware bei, läuft auf vernetzten Prozessoren (verteiltes Betriebssystem), kennt 16-bit-Zeichensätze und versucht, den Aufwand an Software zu minimieren, was angesichts der Entwicklung des alten UNIX und des X Window Systems als besonderer Vorzug zu werten ist. Ein ähnliches Ziel schwebt auch **HAX** vor, das mit einem einfachen Basissystem anfängt[5] und sich durch Skalierbarkeit auszeichnet. Skalierbar heißt ausbaufähig, an die Bedürfnisse anpaßbar.

Seit 1985 läuft an der Carnegie-Mellon-Universität in Pittsburgh ein Projekt mit dem Ziel, einen von Grund auf neuen UNIX-Kernel unter Berücksichtigung moderner Erkenntnisse und Anforderungen zu entwickeln. Das System namens **Mach** läuft bereits auf einigen Anlagen (zum Beispiel unter dem Namen NeXT-step). Ob es einen eigenen Zweig begründen wird wie seinerzeit das Berkeley-System und ob dieser im Lauf der Jahre wieder in die Linie von AT&T einmünden wird, weiß niemand zu sagen.

Die **Open Software Foundation** (OSF) arbeitet ebenfalls an einer neuen, von AT&T unabhängigen Verwirklichung eines UNIX-Systems unter dem Namen **OSF/1**. Dieses System wird von den Mitgliedern der OSF (IBM, Hewlett-Packard, DEC, Bull, Siemens u. a.) angeboten werden.

Das amerikanische Institute of Electrical and Electronics Engineers (IEEE) hat seit 1986 eine Sammlung von Standards namens **POSIX** (Portable Operating System Interface for Computer Environments) geschaffen, die die grundsätzlichen Anforderungen an UNIX-Systeme beschreibt. POSIX wird von der US-Regierung und der europäischen x/OPEN-Gruppe unterstützt und soll dazu führen, daß Software ohne Änderungen auf allen POSIX-konformen Systemen läuft. POSIX selbst ist also kein Betriebssystem.

Neben diesen kommerziellen UNIXen gibt es mehr oder weniger freie Abkömmlinge. An mehreren Universitäten sind UNIX-Systeme ohne Verwendung des ursprünglichen UNIX von AT&T entstanden, um sie uneingeschränkt im Unterricht oder für Experimente einsetzen zu können. Die bekanntesten sind MINIX, LINUX, FreeBSD und NetBSD. Das **GNU-Projekt** der Free Software Foundation Inc., einer Stiftung, verfolgt das Ziel, der UNIX-Welt Software im Quellcode ohne Kosten zur Verfügung zu stellen. Treibende Kraft ist RICHARD MATTHEW STALLMAN, the *Last of the True Hackers*. Der Gedanke hinter dem Projekt ist, daß jeder UNIX-Programmierer Software schreibt und braucht und unter dem Strich besser fährt, wenn er sich als Geber und Nehmer an GNU beteiligt. Einige

---

[5]To be honest: Es fängt mit einer Zeile Kommentar an.

große Programme (C-Compiler, Gnuplot, Ghostscript) sind bereits veröffentlicht, siehe Abschnitt 3.14 *GNU is not UNIX* auf Seite 260. Der erste Betriebssystem-Kernel namens **Hurd** kam 1996 heraus. Viel aus dem GNU-Projekt findet sich auch bei LINUX wieder.

Schließlich gehört heute zu einem UNIX-System die grafische, netzfähige Benutzeroberfläche **X Window System**, die zwar vom Kern her gesehen nur eine Anwendung und daher nicht notwendig ist, für den Benutzer jedoch das Erscheinungsbild von UNIX bestimmt.

Weiteres zur UNIX-Familie findet man im World Wide Web (WWW) unter folgenden Uniform Resource Locators (URLs):

- `http://www.pasc.org/abstracts/posix.htm`

- `http://www.freebsd.org/`

- `http://wwww.netbsd.org/`

- `http://www.openbsd.org/`

- `http://www.linux.org/`

- `http://plan9.bell-labs.com/plan9/`

- `http://www.cs.cmu.edu/afs/cs.cmu.edu/`
  `project/mach/public/www/mach.html`

- `http://www.cs.utah.edu/projects/flexmach/`
  `mach4/html/Mach4-proj.html`

- `http://www.gnu.org/` (Free Software Foundation)

- `http://www.camb.opengroup.org/` (OSF, X Window System)

sowie auf den Seiten der kommerziellen Hersteller.

Alle diese UNIX-Systeme sind in den wesentlichen Zügen gleich. Sie bauen aber auf verschiedenen Versionen von UNIX auf – vor allem unterscheiden sich der AT&T-Zweig und der Berkeley-Zweig – und weichen daher in Einzelheiten voneinander ab. Dennoch sind die Unterschiede gering im Vergleich zu den Unterschieden zwischen grundsätzlich fremden Systemen. Weltweit laufen zur Zeit etwa ein bis zwei Millionen Installationen.

Bei aller Verwandschaft der UNIXe ist trotzdem Vorsicht geboten, wenn es heißt, irgendeine Hard- oder Software sei für UNIX verfügbar. Das ist bestenfalls die halbe Wahrheit. Bei Hardware kann die Verbindung zum UNIX-System schon an mechanischen Problemen scheitern. Eine Modemkarte für einen IBM-PC paßt weder mechanisch noch elektrisch in eine HP 9000/712. Ausführbare Programme sind für einen bestimmten Prozessor kompiliert und nicht übertragbar, sie sind nicht binärkompatibel. Nur der Quellcode von Programmen, die für UNIX-Systeme geschrieben worden sind, läßt sich zwischen UNIX-Systemen austauschen, unter Umständen mit leichten Anpassungen.

3.2.3 Vor- und Nachteile

Niemand behauptet, UNIX sei das beste aller Betriebssysteme. Im Gegenteil, manche Computerhersteller halten ihre eigenen (proprietären) Betriebssysteme für besser[6]. Aber: ein IBM-Betriebssystem läuft nicht auf einem HP-Rechner und umgekehrt. UNIX hingegen stammt von einer Firma, die nicht als Computerhersteller aufgefallen ist, und läuft auf den Maschinen vieler Hersteller. Man braucht also nicht jedesmal umzulernen, wenn man den Computer wechselt. Bei Autos ist man längst so weit.

Diese gute **Portierbarkeit** rührt daher, daß UNIX mit Ausnahme der Treiberprogramme in einer höheren Programmiersprache – nämlich C – geschrieben ist. Zur Portierung auf eine neue Maschine braucht man also nur einige Treiber und einen C-Compiler in der maschinennahen und unbequemen Assemblersprache zu schreiben. Der Rest wird fast unverändert übernommen.

Eng mit dem Gesagten hängt zusammen, daß UNIX die Verbindung von Hardware unterschiedlicher Hersteller unterstützt. Man kann unter UNIX an einen Rechner von Hewlett-Packard Terminals von Wyse und Drucker von NEC anschließen. Das ist revolutionär. Eine Folge dieser Flexibilität ist, daß die Eigenschaften der gesamten Anlage in vielen **Konfigurations-Files** beschrieben sind, die Speicherplatz und Prozessorzeit verbrauchen. Stimmen die Eintragungen in diesen Files nicht, gibt es Störungen. Und meist ist an einer Störung ein File mehr beteiligt, als man denkt. Die Konfigurations-Files sind Klartext und lassen sich mit jedem Editor bearbeiten; sie enthalten auch erklärenden Kommentar. Die System-Manager hüten sie wie ihre Augäpfel, es steckt viel Arbeit darin.

Zweitens enthält UNIX einige Gedanken, die wegweisend waren. Es war von Anbeginn ein System für mehrere Benutzer (**Multiuser-System**). Andere Punkte sind die File-Hierarchie, die Umlenkung von Ein- und Ausgabe, Pipes, der Kommando-Interpreter, das Ansprechen der Peripherie als Files, leistungs- und erweiterungsfähige Werkzeuge und Dienstprogramme (Programme zum Erledigen häufig vorkommender Aufgaben). Diese frühe Anlage wesentlicher Eigenschaften trägt zur Stabiltät heutiger UNIX-Systeme bei. Man muß den Weitblick der Väter von UNIX bewundern.

Die Stärken von UNIX liegen in der Programmierumgebung, in der Kommunikation und in der inzwischen etwas zurückgebliebenen Textverarbeitung. Schwächen von UNIX sind das Fehlen von Grafik- und Datenbankfunktionen sowie eine nur mittlere Sicherheit. Manchen ist die **Benutzeroberfläche** zu spartanisch[7]. Wenn UNIX nichts sagt, geht es ihm gut, oder es ist mausetot. Wer viel am Bildschirm arbeitet, ist für die Schweigsamkeit jedoch dankbar. Es gibt auch technische Gründe für die Zurückhaltung: wohin sollten die Meldungen eines Kommandos in einer Pipe oder bei einem Hintergrundprozess gehen, ohne andere Prozesse zu stören? Die Vielzahl und der Einfallsreichtum der Programmierer, die an UNIX mitgearbeitet haben und noch weiterarbeiten, haben stellenweise zu einer etwas unübersichtlichen und den Anfänger verwirrenden Fülle von Werkzeugen geführt. Statt *einer* Shell gibt es gleich ein Dutzend Geschmacksrichtungen. Nach

---

[6]Real programmers use IBM OS/370.

[7]Gegen eine kleinen Aufpreis hilft das X Window System diesem Mangel ab.

heutiger Erkenntnis hat UNIX auch Schwächen theoretischer Art, siehe ANDREW
S. TANENBAUM.

UNIX gilt als schwierig im Vergleich zu MS-DOS. In dieser Allgemeinheit
teilen wir die Meinung nicht. Für den Benutzer ist UNIX eher einfacher, weil
es mehr kann, zuverlässiger ist und viele Dinge selbsttätig erledigt. Auch für den
Anwendungsprogrammierer ist UNIX einfacher, insbesondere was die Speicherverwaltung angeht (für UNIX steht der Speicher zusammenhängend zur Verfügung,
und wenn er nicht reicht, wird geschwoppt). Das System-Management hingegen ist
schwieriger. An einer Aufgabe wie Electronic Mail oder Druckerausgabe sind ein
Dutzend Files beteiligt, die zusammenarbeiten müssen. Aber komplexe Aufgaben
lösen andere Betriebssysteme auch nicht einfacher als UNIX.

UNIX ist sicherer als MS-DOS oder ähnliche Betriebssysteme. Den Reset-
Knopf brauchen wir vielleicht einmal im Vierteljahr, und das meist im Zusammenhang mit Systemumstellungen, die heikel sein können. Anwendungsprogramme
eines gewöhnlichen Benutzers haben gar keine Möglichkeit, das System abstürzen
zu lassen (sagen wir vorsichtshalber fast keine). Nicht ohne Grund arbeiten viele
Server im Internet mit UNIX.

3.2.4   UNIX-Philosophie

Unter UNIX stehen einige hundert **Dienstprogramme** (utility, utilitaire) zur
Verfügung. Dienstprogramme werden mit dem Betriebssystem geliefert, gehören
aber nicht zum Kern, sondern haben den Rang von Anwendungen. Sie erledigen
immer wieder und überall vorkommende Arbeiten wie Anzeige von Fileverzeichnis-
sen, Kopieren, Löschen, Editieren von Texten, Sortieren und Suchen. Die Dienstprogramme von UNIX erfüllen jeweils *eine* überschaubare Funktion. Komplizierte
Aufgaben werden durch Kombinationen von Dienstprogrammen gemeistert. Eier-
legende Wollmilchsäue widersprechen der reinen UNIX-Lehre, kommen aber vor,
siehe (`emacs(1)`).

Der Benutzer wird mit unnötigen Informationen verschont. No news are good
news. Rückfragen, ob man ein Kommando wirklich ernst gemeint hat, gibt es
nicht. UNIX rechnet mit dem mündigen Benutzer. Ein gewisser Gegensatz zu
anderen Welten ist zu erkennen.

UNIX geht davon aus, daß alle Benutzer guten Willens sind und fördert ihre Zusammenarbeit. Es gibt aber Hilfsmittel zur Überwachung. Schwarze Schafe
entdeckt ein gewissenhafter System-Manager und sperrt sie ein.

Der US-amerikanische Autor HARLEY HAHN schreibt *Unix is the name of a
culture*. Sicher übertrieben, aber ein eigener Stil im Umgang mit Benutzern und
Daten ist in der UNIX-Welt und dem von ihr geprägten Internet zu erkennen.

3.2.5   Aufbau

Man kann sich ein UNIX-System als ein Gebäude mit mehreren Stockwerken vorstellen (Abb. 3.1 auf Seite 73). Im Keller steht die **Hardware**. Darüber sitzt
im Erdgeschoß der **UNIX-Kern** (kernel, noyau), der mit der Hardware über die
Treiberprogramme (driver, pilote) und mit den höheren Etagen über die System-

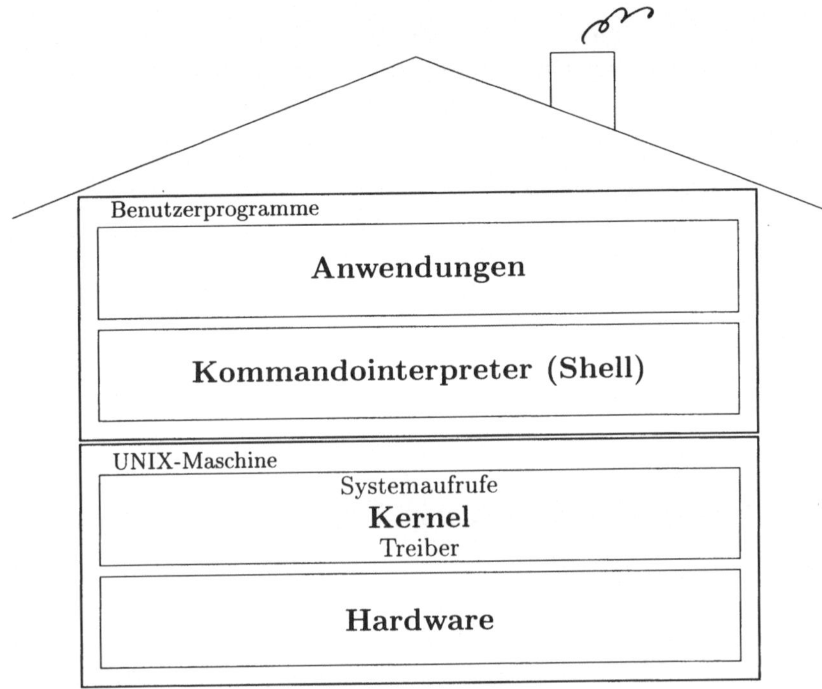

Abb. 3.1: Schematischer Aufbau von UNIX

aufrufe (system call, fonction système) verkehrt. Außerdem enthält der Kern die
Prozessverwaltung und das File-System. Der betriebsfähige Kern ist ein einziges
Programm, das im File-System finden ist (`hpux`, `vmux`, `vmlinuz`). Hardware und
UNIX-Kern bilden die UNIX-Maschine. Die Grenze des Kerns nach oben (die
Systemaufrufe) ist in der **UNIX System V Interface Definition** (SVID) be-
schrieben. Was aus den oberen Stockwerken kommt, sind für den UNIX-Kern
Benutzer- oder **Anwendungsprogramme**, auch falls sie zum Lieferumfang
von UNIX gehören. Die Anwendungsprogramme sind austauschbar, veränderbar,
ergänzbar. Für den Benutzer im Dachgeschoß ist die Sicht etwas anders. Er verkehrt mit der Maschine über einen Kommandointerpreter, die **Shell**. Sie nimmt
seine Wünsche entgegen und sorgt für die Ausführung. UNIX ist für ihn in erster
Linie die Shell. Allerdings könnte sich ein Benutzer eine eigene Shell schreiben oder
Programme, die ohne Shell auskommen. Dieses Doppelgesicht des Kommandointerpreters spiegelt seine Mittlerrolle zwischen Benutzer und Betriebssystem-Kern
wider.

Die Verteilung der Aufgaben zwischen Kern und Anwendungen ist in manchen
Punkten willkürlich. Eigentlich sollte ein Kern nur die unbedingt notwendigen
Funktionen enthalten. Ein Monolith von Kern, der alles macht, ist bei den heutigen
Anforderungen kaum noch zu organisieren. In MINIX und OS/2 beispielsweise
ist das File-System eine Anwendung, also nicht Bestandteil des Kerns. Auch die

Arbeitsspeicherverwaltung – das Memory Management – läßt sich auslagern, so
daß nur noch Steuerungs- und Sicherheitsfunktionen im Kern verbleiben.

Wer tiefer in den Aufbau von UNIX oder verwandten Betriebssystemen eindringen möchte, sollte mit den im Anhang Q *Zum Weiterlesen* auf Seite 600 genannten Büchern von ANDREW S. TANENBAUM beginnen. Der Quellcode zu dem
dort beschriebenen Betriebssystem MINIX ist ebenso wie für LINUX auf Papier,
Disketten und im Netz verfügbar, einschließlich Treibern und Systemaufrufen.
Weiter ist in der Universität Karlsruhe, Institut für Betriebs- und Dialogsysteme
ein Betriebssystem KBS für einen Kleinrechner (Atari) entwickelt worden, das in
der Zeitschrift c't Nr. 2, 3 und 4/1993 beschrieben ist und zu dem ausführliche
Unterlagen erhältlich sind. Dieses System ist zwar kein UNIX, sondern etwas kleiner und daher überschaubarer, aber die meisten Aufgaben und einige Lösungen
sind UNIX-ähnlich.

3.3   Daten in Bewegung: Prozesse

3.3.1   Was ist ein Prozess?

Wir müssen – zumindest vorübergehend – unterscheiden zwischen einem Programm und einem Prozess, auch Auftrag oder Task genannt. Ein Programm *läuft*
nicht, sondern ruht als File im File-System. Beim Aufruf wird es in den Arbeitsspeicher kopiert, mit Daten ergänzt und bildet dann einen **Prozess** (process,
processus), der Prozessorzeit anfordert und seine Tätigkeit entfaltet. Man kann
den Prozess als die grundlegende, unteilbare Einheit ansehen, in der Programme ausgeführt werden. Inzwischen unterteilt man jedoch in bestimmten Zusammenhängen Prozesse noch feiner (threads), wie auch das Atom heute nicht mehr
unteilbar ist. Ein Prozess ist eine kleine, abgeschlossene Welt für sich, die mit der
Außenwelt nur über wenige, genau kontrollierte Wege Verbindung hält.

Ein UNIX-Prozess besteht im Arbeitsspeicher aus drei Teilen: einem **Code-
Segment** (auch Text-Segment genannt, obwohl aus unlesbarem Maschinenco-
de bestehend), einem **Benutzerdaten-Segment** und einem **Systemdaten-
Segment**. Er bekommt eine eindeutige Nummer, die **Prozess-ID** (PID). Das
Code-Segment wird bei der Erzeugung des Prozesses beschrieben und ist dann vor
weiteren schreibenden Zugriffen geschützt. Das Benutzerdaten-Segment wird vom
Prozess beschrieben und gelesen, das Systemdaten-Segment darf vom Prozess gele-
sen und vom Betriebssystem beschrieben und gelesen werden. Im Benutzerdaten-
Segment finden sich unter anderem die dem Prozess zugeordneten Puffer. Unter
die Systemdaten fallen Statusinformationen über die Hardware und über offene
Files. Durch die Verteilung der Rechte wird verhindert, daß ein wildgewordener
Prozess das ganze System lahmlegt[8]. Ein Booten wegen eines Systemabsturzes ist
unter UNIX äußerst selten vonnöten.

---

[8]In einfacheren Betriebssystemen ist es möglich, daß ein Programm während der
Ausführung seinen im Arbeitsspeicher stehenden Code verändert. Man könnte ein Programm schreiben, daß sich selbst auffrißt.

Die gerade im System aktiven Prozesse listet man mit dem Kommando `ps(1)` mit der Option `-ef` auf. Die Ausgabe sieht ungefähr so aus:

```
    UID   PID  PPID    STIME TTY       TIME COMMAND
   root     0     0   Jan 22 ?         0:04 swapper
   root     1     0   Jan 22 ?         1:13 init
   root     2     0   Jan 22 ?         0:00 pagedaemon
   root     3     0   Jan 22 ?         0:00 statdaemon
   root    31     1   Jan 22 ?         0:18 /etc/cron
   root    46     1   Jan 22 console   0:00 sleep
   root    48     1   Jan 22 console   0:00 sleep
   root    59     1   Jan 22 ?         0:00 /etc/delog
wualex1  1279     1   Feb  4 console   0:00 -ksh [ksh]
   root  1820     1 00:48:00 tty0p2    0:00 /etc/getty
     lp  1879     1 00:51:17 ?         0:00 lpsched
   root  2476     1 13:02:40 tty1p0    0:00 /etc/getty
   root  2497     1 13:04:31 tty0p1    0:00 /etc/getty
   root  2589     1 13:31:34 tty1p1    0:00 /etc/getty
wualex1  2595  1279 13:32:39 console   0:00 -ksh [ksh]
wualex1  2596  2595 13:32:40 console   0:00 ps -ef
wualex1  2597  2595 13:32:40 console   0:00  [sort]
```

Die Spalten bedeuten folgendes:

- UID User-ID, Besitzer des Prozesses

- PID Prozess-ID, Prozessnummer

- PPID Parent Process ID, Nummer des Elternprozesses

- STIME Start Time des Prozesses

- TTY Kontroll-Terminal des Prozesses

- TIME Dauer der Ausführung des Prozesses

- COMMAND zugehöriger Programmaufruf

Im obigen Beispiel ist der jüngste Prozess `sort` mit der Nr. 2597; er ist zusammen mit `ps -ef` Teil einer Pipe, um die Ausgabe nach der PID sortiert auf den Bildschirm zu bekommen. Beide sind Kinder einer Shell `ksh` mit der Nr. 2595. Die eckigen Klammern um den Namen weisen darauf hin, daß der Prozess bei seiner Erzeugung möglicherweise einen anderen Namen hatte, was meist unwichtig ist. Die Shell ihrerseits ist Kind der Login-Shell mit der Nr. 1279, die aus einem `getty`-Prozess mit derselben Nummer entstanden ist. Elternprozess aller `getty`-Prozesse ist der Dämon `init` mit der PID 1, der Urahne der meisten Prozesse auf dem System. Dieser und noch wenige andere Dämonen wurden vom `swapper` mit der PID 0 erzeugt, der den Verkehr zwischen Arbeits- und Massenspeicher regelt. Man bemerkt ferner die Dämonen `cron(1M)` und `lpsched(1M)` sowie zwei schlafende Prozesse (Nr. 46 und 48), die die Druckerports offen halten. Eine Erklärung der hier vorkommenden Begriffe folgt auf den nächsten Seiten.

Alle Prozesse, die von einem gemeinsamen Vorfahren abstammen, gehören
zu einer **Prozessgruppe**. Sie verkehren mit der Außenwelt über dasselbe **Kontrollterminal** und empfangen bestimmte **Signale** als Gruppe. Der gemeinsame
Vorfahre ist der **Prozessgruppenleiter**. Über den Systemaufruf `setpgrp(2)` er-
nennt sich ein Prozess zum Leiter einer neuen Gruppe. Ohne diese Möglichkeit
gäbe es im System nur eine Prozessgruppe, da alle Prozesse auf `init` zurückgehen.

3.3.2 Prozesserzeugung (exec, fork)

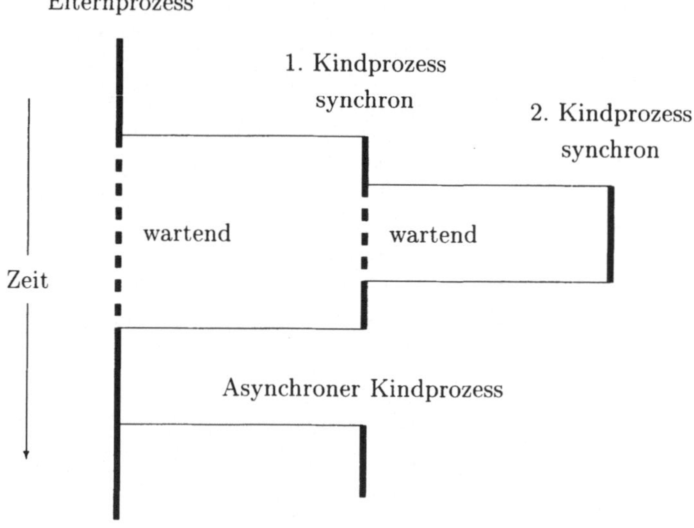

Abb. 3.2: Synchrone und asynchrone Prozesse

Nehmen wir an, wir hätten bereits einen Prozess. Dieser kopiert sich, dann haben wir zwei gleiche Prozesse, einen **Elternprozess** und einen **Kindprozess**. Das
Codesegment des Kindprozesses wird nun mit dem Code des neuen Kommandos
oder Programmes überlagert. Dann wird der Kindprozess ausgeführt, während
der Elternprozess wartet. Ist der Kindprozess fertig, wird er im Speicher gelöscht
und sein Ende dem Elternprozess mitgeteilt, der nun weitermacht. Der Kindprozess kann seinerseits – solange er lebt – wieder Kinder bekommen, so daß einem
lebhaften Familienleben nichts im Wege steht (Abb. 3.2 auf Seite 76). Durch das
Kopieren erbt der Kindprozess beide Datensegmente des Elternprozesses und kann
damit arbeiten. Eine Rückvererbung von den Kindern auf die Eltern gibt es im
Gegensatz zum bürgerlichen Recht (BGB, 5. Buch) nicht, die Vererbung ist eher
biologisch aufzufassen. Programmiertechnisch bedeutet die Prozesserzeugung den
Aufruf eines selbständigen Programmes (Hauptprogrammes) mittels der Systemaufrufe `exec(2)` und `fork(2)` aus einem anderen Programm heraus.

Wie gelangen wir nun zu dem ersten Prozess im System, der zwangsläufig
als Vollwaise auf die Welt kommen muß? Beim Einschalten des Computers läuft

ein besonderer Vorgang ab, der den Prozess Nr. 0 mit Namen `swapper` erzeugt. Der ruft sogleich einige zum Betrieb erforderliche Prozesse ins Leben, darunter der `init`-**Prozess** mit der Nr. 1. `init` erzeugt für jedes Terminal einen `getty`-Prozess, ist also unter Umständen Elternteil einer zahlreichen Nachkommenschaft. Die `getty`-Prozesse nehmen die Anmeldungen der Benutzer entgegen und ersetzen sich ohne Erzeugung eines Kindprozesses durch den `login`-Prozess, der die Anmeldung prüft. Bei Erfolg ersetzt sich der `login`-Prozess durch den Kommandointerpreter, die Shell. Der Elternprozess dieser ersten Shell ist also `init`, ihre Prozess-ID und ihre Startzeit ist die des zugehörigen `getty`-Prozesses. Alle weiteren Prozesse der Sitzung sind Kinder, Enkel, Urenkel usw. der Sitzungsshell. Am Ende einer Sitzung stirbt die Sitzungsshell ersatzlos. Der `init`-Prozess – der Urahne – erfährt dies und erzeugt aufgrund eines `respawn`-Eintrages in `/etc/inittab(4)` wieder einen neuen `getty`-Prozess.

Wenn der Eltern-Prozess mit seiner Arbeit wartet, bis sein Abkömmling fertig ist, spricht man beim Kind von einem **synchronen** oder **Vordergrund-Prozess**. Das ist der Regelfall. Man kann aber auch als letztes Zeichen der Kommandozeile das et-Zeichen **&** geben, dann ist der Elternprozess sofort zu neuen Taten bereit:

```
myprogram &
```

Der Kind-Prozess läuft **asynchron** oder im **Hintergrund**. Sinnvoll ist das nur, falls der Elternprozess nicht die Ergebnisse seines Kindes benötigt. Ein im Vordergrund gestarteter Prozess läßt sich auf einigen UNIX-Systemen – abhängig von Kernel und Shell – mit der Tastenkombination `control-z` unterbrechen und dann mit dem Kommando `bg pid` in den Hintergrund schicken. Umgekehrt holt ihn `fg pid` wieder in den Vordergrund.

Der Benutzer, der einen Prozess aus seiner Sitzung gestartet hat, ist der Besitzer des Prozesses und verfügt über ihn, insbesondere darf er ihn gewaltsam beenden. Das Terminal, von dem der Prozess aus gestartet wurde, ist sein **Kontroll-Terminal** `/dev/tty`, über das er seinen Dialog abwickelt.

Das System führt eine **Prozesstabelle**, in der für jeden Prozess alle zugehörigen Informationen von der Prozess-ID bis zu den Zeigern auf die Speichersegmente liegen. Das Kommando `ps(1)` greift auf diese Tabelle zu.

3.3.3 Selbständige Prozesse (nohup)

Stirbt ein Elternprozess, so sterben automatisch alle etwa noch lebenden Kindprozesse; traurig, aber wahr. Mit dem Ende einer Sitzungsshell ist auch das Ende aller in der Sitzung erzeugten Prozesse gekommen. Man möchte gelegentlich jedoch Rechenprogramme zum Beispiel über Nacht laufen lassen, ohne die Sitzung während der ganzen Zeit fortzusetzen.

Mit dem Vorkommando `nohup(1)` (no hang up) vor dem Programmaufruf erreicht man, daß das Programm bei Beendigung der Sitzung weiterläuft, es ist von der Sitzung abgekoppelt. Gleichzeitig muß man es natürlich im Hintergrund (`&`) laufen lassen, sonst läßt sich die Sitzung nicht vom Terminal aus beenden. Tatsächlich bewirkt das Vorkommando `nohup(1)`, daß das Signal Nr. 1 (SIGHUP, hangup) ignoriert wird. Der Aufruf sieht so aus:

```
nohup program &
```

Für **program** ist der Name des Programmes einzusetzen, das von der Sitzung abgekoppelt werden soll. Will man **nohup** auf Kommandofolgen oder Pipes anwenden,
sind sie in ein Shellscript zu verpacken. Die Ausgabe eines nogehuppten Programmes geht automatisch in ein File namens **nohup.out**, falls sie nicht umgelenkt
wird.

Starten wir das Shellscript **traptest** mit **nohup traptest &** und beenden
unsere Sitzung (zweimal **exit** geben), so können wir in einer neuen Sitzung mit
ps -ef feststellen, daß **traptest** in Form einer Shell und eines **sleep**-Prozesses
weiterlebt. Besitzer und ursprüngliches Kontrollterminal werden angezeigt. Wir
sollten die Shell möglichst bald mit **kill(1)** beenden.

3.3.4 Priorität (nice)

Ein Dialog-Prozess sollte unverzüglich antworten, sonst nervt er. Bei einem Re-
chenprozess, der nächtelang im Hintergrund läuft, kommt es dagegen auf eine
Stunde mehr oder weniger nicht an. Deshalb werden den Prozessen unterschiedliche **Prioritäten** eingeräumt. In der Schlange der auf Prozessorzeit wartenden
Prozesse kommt ein Prozess hoher Priorität vor einem Prozess niedriger Priorität, das heißt er kommt früher an die Reihe. Es bedeutet nicht, daß ihm mehr
Prozessorzeit zugeteilt wird.

Die Priorität eines Prozesses, die man sich mit **ps -elf** oder **ps -al** anzeigen
läßt, setzt sich aus zwei Teilen zusammen. Der Benutzer kann einem Prozess beim
Aufruf einen **nice**-Faktor mitgeben. Ein hoher Wert des Faktors führt zu einer
niedrigen Priorität. Den zweiten Teil berechnet das System unter dem Gesichts-
punkt möglichst hoher Systemeffizienz. In einem Echtzeit-System wäre eine solche
eigenmächtige Veränderung der Priorität untragbar.

Die **nice**-Faktoren haben Werte von 0 bis 39. Der Standardwert eines Vorder-
grundprozesses ist 20. Mit dem Aufruf:

```
nice myprocess
```

setzt man den **nice**-Faktor des Prozesses **myprocess** auf 30 herauf, seine Priorität
im System wird schlechter. Mittels:

```
nice -19 myprocess
```

bekommt der **nice**-Faktor den schlechtesten Wert (39). Größere Zahlen werden
als 19 interpretiert. Negative Werte verbessern den **nice**-Faktor über den Standardwert hinaus und sind dem System-Manager für Notfälle vorbehalten. Der
nice-Faktor kann nur beim Prozessstart verändert werden, die Priorität eines bereits laufenden Prozesses läßt sich nicht mehr beeinflussen. In Verbindung mit
nohup ist **nice** gebräuchlich:

```
nohup nice program &
nohup time nice program &
nohup nice time program &
```

Im letzten Fall wird auch die Priorität des `time`-Oberprogrammes herabgesetzt, was aber nicht viel bringt, da es ohnehin die meiste Zeit schläft.

Im GNU-Projekt findet sich ein Kommando `renice(1)`, das die Priorität eines laufenden Prozesses zu ändern ermöglicht. Weitere Überlegungen zur Priorität stehen im Abschnitt 3.13 *Echtzeit-Erweiterungen* auf Seite 259.

3.3.5 Dämonen

3.3.5.1 Was ist ein Dämon?

Das griechische Wort $\delta\alpha\iota\mu\omega\nu$ (daimon) bezeichnet alles zwischen Gott und Teufel, Holde wie Unholde; die UNIX-**Dämonen** sind in der Mitte angesiedelt, nicht immer zu durchschauen und vorwiegend nützlich. Es sind Prozesse, die nicht an einen Benutzer und ein Kontrollterminal gebunden sind. Das System erzeugt sie auf Veranlassung des System-Managers, meist beim Starten des Systems. Wie Heinzelmännchen erledigen sie im stillen Verwaltungsaufgaben und stellen Dienstleistungen zur Verfügung. Beispiele sind der Druckerspooler `lpsched(1M)`, Netzdienste wie `inetd(1M)` oder `sendmail(1M)` und der Zeitdämon `cron(1M)`. Dämonen, die beim Systemstart von dem Shellscript `/etc/rc` ins Leben gerufen worden sind, weisen in der Prozessliste als Kontrollterminal ein Fragezeichen auf. Mittlerweile ist der Start der Dämonen beim Booten etwas komplizierter geworden und auf eine Kette von Shellscripts in den Verzeichnissen `/etc` und `/sbin` verteilt.

3.3.5.2 Dämon mit Uhr (cron)

Im System waltet ein Dämon namens `cron(1M)`. Der schaut jede Minute[9] in `/var/spool/cron/crontabs` und `/var/spool/cron/atjobs` nach, ob zu dem jeweiligen Zeitpunkt etwas für ihn zu tun ist. Die Files in den beiden Verzeichnissen sind den Benutzern zugeordnet. In den `crontabs` stehen periodisch wiederkehrende Aufgaben, in den `atjobs` einmalige.

In die periodische Tabelle trägt man Aufräumungsarbeiten oder Datenübertragungen ein, die regelmäßig wiederkehrend vorgenommen werden sollen. In unserer Anlage werden beispielsweise jede Nacht zwischen 4 und 5 Uhr sämtliche Sitzungen abgebrochen, Files mit dem Namen `core` gelöscht, die `tmp`-Verzeichnisse geputzt und der Druckerspooler neu installiert. Das dient zum Sparen von Plattenplatz und dazu, daß morgens auch bei Abwesenheit der System-Manager die Anlage möglichst störungsfrei arbeitet. Für das Ziehen von Backup-Kopien wichtiger Files auf eine zweite Platte ist die Tabelle ebenfalls gut.

Jeder Benutzer, dem der System-Manager dies erlaubt hat, kann sich eine solche Tabelle anlegen, Einzelheiten siehe im Handbuch unter `crontab(1)`. Die Eintragungen haben folgende Form:

```
50 0 * * * exec /usr/bin/calendar
```

Das bedeutet: um 0 Uhr 50 an jedem Tag in jedem Monat an jedem Wochentag führe das Kommando `exec /usr/bin/calendar` aus. Für den Benutzer wichtiger

---

[9]Die UNIX-Uhr zählt Sekunden seit dem 1. Januar 1970, 00:00 Uhr UTC und läuft bis 2038.

ist die Tabelle der einmaligen Tätigkeiten. Mit dem Kommando `at(1)`, wieder die Erlaubnis des System-Managers vorausgesetzt, startet man ein Programm zu einem beliebigen späteren Zeitpunkt durch den Dämon `cron(1M)`. Der Aufruf (mehrzeilig!) sieht so aus:

```
at 2215 Aug 29
$HOME/program
control-d
```

In diesem Fall wird am 29. August um 22 Uhr 15 Systemzeit (also mitteleuropäische Sommerzeit) das Programm `program` aus dem Homeverzeichnis gestartet. Weitere Zeitformate sind möglich, siehe Handbuch unter `at(1)`. Mittels `at -l` erhält man Auskunft über seine at-Jobs.

Weiterhin kann man dem `cron` seinen **Terminkalender** anvertrauen. Jeden Morgen beim Anmelden erfährt man dann die Termine des laufenden und des kommenden Tages, wobei das Wochenende berücksichtigt wird. Um die Eingabe der Termine kommt man allerdings nicht herum, *de nihilo nihil* oder *Input ist aller Output Anfang*. Einzelheiten im Handbuch unter `calendar(1)`. Ein solcher **Reminder Service** kann im Netz zur Koordination von Terminen mehrerer Benutzer eingesetzt werden, `calendar(1)` ist jedoch zu schlicht dafür.

Das Kommando `leave(1)` ist ein **Wecker**. Mit `leave hh:mm` kann man sich 5 Minuten vor hh:mm Uhr aus seiner Bildschirmarbeit reißen lassen.

3.3.5.3   Line Printer Scheduler (lpsched)

Der Line-Printer-Scheduler-Dämon oder Druckerspooler `lpsched(1M)` verwaltet die Druckerwarteschlangen im System. Er nimmt Druckaufträge (request) entgegen, ordnet sie in die jeweilige Warteschlange ein und schickt sie zur rechten Zeit an die Drucker. Ohne seine ordnende Hand käme aus den Druckern viel Makulatur heraus. Es darf immer nur ein Druckerspooler laufen; zeigt die Prozessliste mehrere an, ist etwas schiefgegangen. Weiteres im Abschnitt 3.7.14 *Druckerausgabe* auf Seite 184. Netzfähige Drucker, die eine eigene IP-Adresse haben, sind nicht auf den `lpsched(1M)` angewiesen. Stattdessen laufen andere Dämonen wie die des HP Distributed Printing Systems (HPDPS) zur Verwaltung der Drucker und Warteschlangen.

3.3.5.4   Internet-Dämon (inetd)

Der Internet-Dämon `inetd(1M)` ist ein Türsteher, der ständig am Netz lauscht. Kommt von außerhalb eine Anfrage mittels `ftp(1)`, `lpr(1)`, `telnet(1)`, `rlogin(1)` oder ein Remote Procedure Call, wird er aktiv und ruft einen auf den jeweiligen Netzdienst zugeschnittenen Unterdämon auf, der die Anfrage bedient. Es darf immer nur ein Internet-Dämon laufen. Weiteres siehe Abschnitt 5.7 *Netzdienste im Überblick* auf Seite 449.

3.3.5.5   Mail-Dämon (sendmail)

Email ist ein wichtiger Netzdienst. Ständig kommt Post herein oder wird verschickt. Die Verbindung des lokalen Mailsystems zum Netz stellt der `sendmail(1M)`-Dämon (Mail Transfer Agent) her, der wegen seiner Bedeutung unabhängig vom `inetd(1M)`-Dämon läuft. `sendmail(1M)` ist für seine nicht ganz triviale Konfiguration berüchtigt, die vor allem daher rührt, daß die Email-Welt sehr bunt ist. Es gibt eben nicht nur das Internet mit seinen einheitlichen Protokollen. Obwohl ein Benutzer unmittelbar mit `sendmail(1M)` arbeiten könnte, ist fast immer ein Dienstprogramm wie `mail(1)` oder `elm(1)` (Mail User Agent) vorgeschaltet.

3.3.6 Interprozess-Kommunikation (IPC)

3.3.6.1 IPC mittels Files

Mehrere Prozesse können auf dasselbe File auf dem Massenspeicher lesend und schreibend zugreifen, wobei es am Benutzer liegt, das Durcheinander in Grenzen zu halten. Dabei wird oft von sogenannten **Lock-Files** (engl. to lock = zuschließen, versperren) Gebrauch gemacht. Beipielsweise darf nur ein `elm(1)`-Prozess zum Verarbeiten der Email pro Benutzer existieren. Also schaut `elm(1)` beim Aufruf nach, ob ein Lock-File `/tmp/mbox.username` existiert. Falls nein, legt `elm(1)` ein solches File an und macht weiter. Falls ja, muß bereits ein `elm(1)`-Prozess laufen, und die weiteren Startversuche enden mit einer Fehlermeldung. Bei Beendigung des Prozesses wird das Lock-File gelöscht. Wird der Prozess gewaltsam abgebrochen, bleibt das Lock-File erhalten und täuscht einen `elm(1)`-Prozess vor. Das Lock-File ist dann von Hand zu löschen.

Die Kommunikation über Files erfordert Zugriffe auf den Massenspeicher und ist daher langsam. In obigem Fall spielt das keine Rolle, aber wenn laufend Daten ausgetauscht werden sollen, sind andere Mechanismen vorzuziehen.

3.3.6.2 Pipes

Man kann `stdout` eines Prozesses mit `stdin` eines weiteren Prozesses verbinden und das sogar mehrmals hintereinander. Eine solche Konstruktion wird **Pipe**[10], Pipeline oder Fließband genannt und durch den senkrechten Strich (ASCII-Nr. 124) bezeichnet:

```
cat filename | more
```

`cat(1)` schreibt das File `filename` in einem Stück nach `stdout`, `more(1)` sorgt dafür, daß die Ausgabe nach jeweils einem Bildschirm angehalten wird. `more(1)` könnte auf `cat(1)` verzichten und selbst das File einlesen (anders als in MS-DOS):

```
more filename
```

aber in Verbindung mit anderen Kommandos wie `ls(1)` ist die Pipe mit `more(1)` als letztem Glied zweckmäßig. Physikalisch ist eine Pipe ein Pufferspeicher im System, in den das erste Programm schreibt und aus dem das folgende Programm liest. Die Pipe ist eine Einbahnstraße. Das Piping in einer Sitzung wird von der

---

[10]Auf Vektorrechnern gibt es ebenfalls eine Pipe, die mit der hier beschriebenen Pipe nichts zu tun hat.

Shell geleistet; will man es aus einem eigenen Programm heraus erzeugen, braucht man den Systemaufruf `pipe(2)`.

3.3.6.3 Named Pipe (FIFO)

Während die eben beschriebene Pipe keinen Namen hat und mit den beteiligten Prozessen lebt und stirbt, ist die **Named Pipe** eine selbständige Einrichtung. Ihr zweiter Name FIFO bedeutet *First In First Out* und kennzeichnet einen Speichertyp, bei dem die zuerst einglagerten Daten auch als erste wieder herauskommen (im Gegensatz zum Stack, Stapel oder Keller, bei dem die zuletzt eingelagerten Daten als erste wieder herauskommen). Wir erzeugen im aktuellen Verzeichnis eine Named Pipe:

```
mknod mypipe p
```

(`mknod(1M)` liegt in `/bin`, `/sbin` oder `/etc`) und überzeugen uns mit `ls -l` von ihrer Existenz. Dann können wir mit:

```
who > mypipe &
cat < mypipe &
```

unsere Pipe zum Datentransport vom ersten zum zweiten Prozess einsetzen. Die Reihenfolge der Daten ist durch die Eingabe festgelegt, beim Auslesen verschwinden die Daten aus der Pipe (kein Kopieren). Die Pipe existiert vor und nach den beiden Prozessen und ist beliebig weiter verwendbar. Man wird sie mit `rm mypipe` wieder los.

3.3.6.4 Signale (kill, trap)

Ein Prozess kann niemals von außen beendet werden außer durch Abschalten der Stromversorgung. Er verkehrt mit seiner Umwelt einzig über rund dreißig **Signale**. Ihre Bedeutung ist im Anhang H *UNIX-Signale* auf Seite 555 nachzulesen oder im Handbuch unter `signal(2)`. Ein Prozess reagiert in dreierlei Weise auf ein Signal:

- er beendet sich (Default[11]) oder

- ignoriert das Signal oder

- verzweigt zu einem anderen Prozess.

Mit dem Kommando `kill(1)` (unglücklich gewählter Name) wird ein Signal an einen Prozess gesendet. Jedes der Kommandos

```
kill -s 15 4711
kill -s SIGTERM 4711
```

---

[11]Für viele Größen im System sind Werte vorgegeben, die solange gelten, wie man nichts anderes eingibt. Auch in Anwenderprogrammen werden solche Vorgaben verwendet. Sie heißen Defaultwerte, wörtlich Werte, die für eine fehlende Eingabe einspringen.

schickt das Signal Nr. 15 (SIGTERM) an den Prozess Nr. 4711 und fordert ihn damit höflich auf, seine Arbeit zu beenden und aufzuräumen. Das Signal Nr. 9 (SIGKILL) führt zum sofortigen Selbstmord des jeweiligen Prozesses. Mit der Prozess-ID 0 erreicht man alle Prozesse der Sitzung. Die Eingabe

```
kill -s 9 0
```

ist also eine etwas brutale Art, sich abzumelden. Mit `kill -l` erhält man eine Übersicht über die Signale mit Nummern und Namen, jedoch ohne Erklärungen.

Wie ein Programm bzw. Shellscript (was das ist, folgt in Abschnitt 3.5.2 *Shellscripts* auf Seite 120) auf ein Signal reagiert, legt man in Shellscripts mit dem internen Shell-Kommando `trap` und in Programmen mit dem Systemaufruf `signal(2)` fest. Einige wichtige Signale wie Nr. 9 können nicht ignoriert oder umfunktioniert werden. Das `trap`-Kommando hat die Form

```
trap "Kommandoliste" Signalnummer
```

Empfängt die das Script ausführende Shell das Signal mit der jeweiligen Nummer, wird die Kommandoliste ausgeführt. Das `exit`-Kommando der Shell wird als Signal Nr. 0 angesehen, so daß man mit

```
trap "echo Arrivederci; exit" 0
```

im File `/etc/profile` die Sitzungsshell zu einem freundlichen Abschied veranlassen kann. Das nackte `trap`-Kommando zeigt die gesetzten Traps an. Ein Beispiel für den Gebrauch von Signalen in einem Shellscript namens `traptest`:

```
trap "print Abbruch durch Signal; exit" 15
trap "print Lass den Unfug!" 16
while :
do
sleep 1
done
```

Programm 3.1 : Shellscript traptest mit Signalbehandlung

Setzen Sie die Zugriffsrechte mit `chmod 750 traptest`. Wenn Sie das Shellscript mit `traptest` im Vordergrund starten, verschwindet der Prompt der Sitzungsshell, und Sie können nichts mehr eingeben, weil `traptest` unbegrenzt läuft und die Sitzungsshell auf das Ende von `traptest` wartet. Allein mit der Break-Taste (Signal 2) werden Sie `traptest` wieder los. Starten wir das Shellscript mit `traptest &` im Hintergrund, kommt der Prompt der Sitzungsshell sofort wieder, außerdem erfahren wir die PID der Shell, die `traptest` abarbeitet, die PID merken! Mit `ps -f` sehen wir uns unsere Prozesse an und finden den `sleep`-Prozess aus dem Shellscript. Schicken wir nun mit `kill -16 PID` das Signal Nr. 16 an die zweite Shell, antwortet sie mit der Ausführung von `print Lass den Unfug!`. Da das Shellscript im Hintergrund läuft, kommt möglicherweise vorher schon der Prompt der Sitzungsshell wieder. Schicken wir mit `kill -15 PID` das Signal Nr. 15, führt die zweite Shell die Kommandos `print Abbruch durch Signal; exit` aus, das heißt sie verabschiedet sich. Auch hier kann der Sitzungsprompt schneller sein.

Wenn ein Prozess gestorben ist, seine Leiche aber noch in der Prozesstabelle herumliegt, wird er **Zombie** genannt. Zombies sollen nicht auf Dauer in der Prozesstabelle auftauchen. Notfalls booten.

Die weiteren Mittel zur Kommunikation zwischen Prozessen gehören in die Systemprogrammierung und gehen über den Rahmen dieses Buches hinaus. Wir erwähnen sie kurz, um Ihnen Stichwörter für die Suche in der Literatur an die Hand zu geben.

3.3.6.5   Nachrichtenschlangen

Nachrichtenschlangen (message queue) sind keine erdgebundene Konkurrenz der Brieftauben, sondern im Systemkern gehaltene verkettete Listen mit jeweils einem Identifier, deren Elemente kurze Nachrichten sind, die durch Typ, Länge und Inhalt gekennzeichnet sind. Auf die Listenelemente kann außer der Reihe zugegriffen werden.

3.3.6.6   Semaphore

Semaphore sind Zählvariablen im System, die entweder nur die Werte 0 und 1 oder Werte von 0 bis zu einem systemabhängigen n annehmen. Mit ihrer Hilfe lassen sich Prozesse synchronisieren. Beispielsweise kann man Schreib- und Lesezugriffe auf dasselbe File mit Hilfe eines Semaphores in eine geordnete Abfolge bringen (wenn ein Prozess schreibt, darf kein anderer lesen oder schreiben).

3.3.6.7   Gemeinsamer Speicher

Verwenden mehrere Prozesse denselben Bereich des Arbeitsspeichers zur Ablage ihrer gemeinsamen Daten, so ist das der schnellste Weg zur Kommunikation, da jeder Kopiervorgang entfällt. Natürlich muß auch hierbei für Ordnung gesorgt werden.

Shared Memory ist nicht auf allen UNIX-Systemen verfügbar. Man probiere folgende Eingabe, die die Manualseite zu dem Kommando `ipcs(1)` (Interprocess Communication Status) erzeugt:

```
man ipcs
```

Bei Erfolg dürften Nachrichtenschlangen, Semaphore und Shared Memory eingerichtet sein.

3.3.6.8   Sockets

Sockets sind ein Mechanismus zur Kommunikation zwischen zwei Prozessen auf derselben oder auf vernetzten Maschinen in beiden Richtungen. Die Socket-Schnittstelle besteht aus einer Handvoll Systemaufrufe, die von Benutzerprozessen in einheitlicher Weise verwendet werden. Darunter liegen die Protokollstapel, das heißt die Programmmodule, die die Daten entsprechend den Schichten eines Netzprotokolls aufbereiten, und schließlich die Gerätetreiber für die Netzkarten oder sonstige Verbindungen.

3.3.6.9 Streams

Ein **Stream** ist eine Verbindung zwischen einem Prozess und einem Gerätetreiber
zum Austausch von Daten in beiden Richtungen (vollduplex). Der Gerätetreiber
braucht nicht zu einem physikalischen Gerät (Hardware) zu führen, sondern kann
auch ein Pseudotreiber sein, der nur bestimmte Funktionen zur Verfügung stellt. In
den Stream lassen sich nach Bedarf dynamisch Programmmodule zur Bearbeitung
der Daten einfügen, beispielsweise um sie einem Netzprotokoll anzupassen (was
bei Sockets nicht möglich ist). Das Streams-Konzept erhöht die Flexibilität der
Gerätetreiber und erlaubt die mehrfache Verwendung einzelner Module auf Grund
genau spezifizierter Schnittstellen.

Die Terminalein- und -ausgabe wird in neueren UNIXen mittels Streams verwirklicht. Auch Sockets können durch Streams nachgebildet (emuliert) werden
ebenso wie die Kommunikation zwischen Prozessen auf derselben Maschine oder
auf Maschinen im Netz.

3.3.7 Memo Prozesse

- Ein Prozess ist die Form, in der ein Programm ausgeführt wird. Er liegt im
  Arbeitsspeicher und verlangt Prozessorzeit.

- Ein Prozess wird erzeugt durch den manuellen oder automatischen Aufruf
  eines Programmes (Ausnahme Prozess Nr. 0).

- Ein Prozess endet entweder auf eigenen Wunsch (wenn seine Arbeit fertig
  ist) oder infolge eines von außen kommenden Signals.

- Prozesse können untereinander Daten austauschen. Der einfachste Weg ist
  eine Pipe (Einbahnstraße).

- Das Kommando ps(1) mit verschiedenen Optionen zeigt die Prozessliste an.

- Mit dem Kommando kill wird ein Signal an einen Prozess geschickt. Das
  braucht nicht unbedingt zur Beendigung des Prozesses zu führen.

3.3.8 Übung Prozesse

Suchen Sie sich ein freies Terminal. Melden Sie sich als **gast** oder **guest** an.
Ein Passwort sollte dazu nicht erforderlich sein. Falls Sie schon als Benutzer auf
der Anlage eingetragen sind, verwenden Sie besser Ihren Benutzernamen samt
Passwort. Passwörter dürfen nicht zu einfach sein, eine Kombination aus sechs
Buchstaben und zwei Ziffern oder Satzzeichen ist gut. Bei Schwierigkeiten wenden
Sie sich an den System-Manager.

Groß- und Kleinbuchstaben sind in UNIX verschiedene Zeichen. Auch die Leertaste (space) ist ein Zeichen. Bei rechtzeitig (vor dem Tippen von RETURN oder
ENTER) bemerkten Tippfehlern geht man mit der Taste BS oder BACKSPACE
zurück – nur nicht beim Anmelden, da muß alles stimmen.

Nach der Eingabe eines Kommandos ist immer die RETURN- oder ENTER-
Taste zu betätigen. Hierauf wird im folgenden nicht mehr hingewiesen. Erst mit
dieser Taste wird das Kommando wirksam. Man kann allerdings Programme so

schreiben, daß sie auf die Eingabe *eines* Zeichens ohne RETURN antworten (siehe curses(3)).

Lesen Sie während der Sitzung im Referenz-Handbuch die Bedeutung der Kommandos nach. Wenn der Prompt (das Dollarzeichen) kommt, ist der Computer bereit zum Empfangen neuer Kommandos. Geben Sie nacheinander folgende Kommandos ein, warten Sie die Antwort des Systems ab:

`who`	(wer arbeitet zur Zeit?)
`who -H`	(wer arbeitet zur Zeit?)
`who -a`	(wer arbeitet zur Zeit?)
`who -x`	(falsche Option)
`id`	(wer bin ich?)
`whoami`	(wer bin ich?)
`date`	(Datum und Uhrzeit?)
`zeit`	(lokales Kommando)
`leave hhmm`	(hhmm 10 min nach jetzt eingeben)
`cal`	(Kalender)
`cal 12 2000`	(die letzten Tage des Jahrtausends)
`cal 9 1752`	(Geschichte sollte man können)
`tty`	(mein Terminal?)
`pwd`	(Arbeitsverzeichnis?)
`ls`	(Inhalt des Arbeitsverzeichnisses?)
`man ls`	(Handbucheintrag zu ls)
`ps -ef`	(verfolgen Sie die Ahnenreihe vom Prozess Nr.1 – `init` – bis zu Ihrem neuesten Prozess `ps -ef`)
`ps -elf`	(noch mehr Informationen)
`sh`	
`sh`	
`ps -f`	(wieviele Shells haben Sie nun?)
`date`	
`ps`	
`exec date`	
`ps`	
`exec date`	
`ps`	
`exec date`	(Damit ist Ihre erste Shell weg, warum?)
wieder anmelden	
`ps`	(PID Ihrer Shell merken)
`kill PID`	(Das reicht nicht)
`kill -9 PID`	(Shell wieder weg)

```
erneut anmelden
sh
PS1="XXX "                (neuer Prompt)
set
exec date
set                       (Erbfolge beachten)
nice -19 date             (falls Betrieb herrscht,
                          warten Sie lange auf die Zeit)
ls -l &                   (Prompt kommt sofort wieder,
                          samt PID von ls)
exit                      (abmelden)
```

3.4 Daten in Ruhe: Files

3.4.1 Filearten

Eine **Datei** (file, fichier) ist eine Menge zusammengehöriger Daten, auf die mittels eines Filenamens zugegriffen wird. Wir bevorzugen das Wort **File**, weil das Wort Datei – das auch nicht urdeutsch ist – mit nicht immer zutreffenden Assoziationen wie Daten und Kartei behaftet ist. Das englische Wort geht auf lateinisch *filum* = Draht zurück und bezeichnete früher eine auf einem Draht aufgereihte Sammlung von Schriftstücken. Man kann ein File als einen Datentyp höherer Ordnung auffassen. Die Struktur ist in dem File enthalten oder wird durch das schreibende bzw. lesende Programm einem an sich strukturlosen **Zeichenstrom** (byte stream) aufgeprägt. In UNIX ist das letztere der Fall.

In einem UNIX-File-System kommen im wesentlichen drei Arten von Files vor: gewöhnliche Files (normales File, regular file, fichier regulair), Verzeichnisse (Katalog, directory, data set, folder, répertoire) und Gerätefiles (special device file, fichier spécial). **Gewöhnliche Files** enthalten Meßdaten, Texte, Programme. **Verzeichnisse** sind Listen von Files, die wiederum allen drei Gruppen angehören können. **Gerätefiles** sind eine Besonderheit von UNIX, das periphere Geräte (Laufwerke, Terminals, Drucker) formal als Files ansieht. Die gesamte Datenein- und -ausgabe erfolgt über einheitliche Schnittstellen. Alle Gerätefiles finden sich im Geräteverzeichnis `/dev`, das insofern eine Sonderstellung einnimmt (*device* = Gerät).

Darüber hinaus unterscheidet man bei gewöhnlichen Files noch zwischen **lesbaren** und **binären** Files. Lesbare Files (text file) enthalten nur lesbare ASCII-Zeichen und können auf Bildschirm oder Drucker ausgegeben werden. Binäre Files (binary) enthalten ausführbaren (kompilierten) Programmcode, Grafiken oder gepackte Daten und sind nicht lesbar. Der Versuch, sie auf dem Bildschirm darzustellen oder sie auszudrucken, führt zu sinnlosen Ergebnissen und oft zu einem Blockieren des Terminals oder erheblichem Papierverbrauch. Intelligente Lese-

oder Druckprogramme unterscheiden beide Arten und weigern sich, binäre Files
zu verarbeiten. Auch bei Übertragungen im Netz wird zwischen ASCII-Files und
binären Files unterschieden, siehe Abschnitt 5.9 *File-Transfer* auf Seite 451.

3.4.2   File-System – Sicht von unten

Alle Daten sind auf dem Massenspeicher in einem **File-System** abgelegt, wobei
auf einer Platte ein oder mehrere File-Systeme eingerichtet sind. In modernen
Anlagen kann ein File-System auch über mehrere Platten gehen (spanning). Jedes
UNIX-File-System besteht aus einem Boot-Block am Beginn der Platte (Block 0),
einem Super-Block, einer Inode-Liste und dann einer Vielzahl von Datenblöcken,
siehe Abb. 3.3 auf Seite 88. Der **Boot-Block** enthält Software zum Booten des

<table>
<tr><td>Boot-
block</td><td>Super-
block</td><td>Inode-Liste</td><td>Datenblöcke</td></tr>
</table>

Abb. 3.3: UNIX-File-System, untere Ebene

Systems und muß der erste Block im File-System sein. Er wird nur im `root`-System
gebraucht – also einmal auf der ganzen Anlage – ist aber in jedem File-System
vorhanden. Er wird beim Einrichten des File-Systems mittels der Kommandos
`mkfs(1M)` oder `newfs(1M)` angelegt.

Der **Super-Block** wird ebenfalls bei der Einrichtung des File-Systems ge-
schrieben und enthält Informationen zu dem File-System als Ganzem wie die
Anzahl der Datenblöcke, die Anzahl der freien Datenblöcke und die Anzahl der
Inodes.

Die **Inode-Liste** enthält alle Informationen zu den einzelnen Files außer den
File-Namen. Zu jedem File gehört eine Inode mit einer eindeutigen **Nummer**.
Einzelheiten siehe Abschnitt 3.4.7 *Inodes und Links* auf Seite 99. Die Files selbst
bestehen nur aus den Daten.

Der **Daten-Block** ist die kleinste Einheit, in der blockorientierte Geräte –
vor allem Platten – Daten schreiben oder lesen. In den Daten-Blöcken sind die
Files einschließlich der Verzeichnisse untergebracht. Die Blockgröße beträgt 512
Bytes oder ein Vielfaches davon. Große Blöcke erhöhen die Schreib- und Lesege-
schwindigkeit, verschwenden aber bei kleinen Files Speicherplatz, weil jedem File
mindestens ein Block zugeordnet wird.

Ein MS-DOS-Filesystem beginnt mit dem Boot-Sektor, gefolgt von mehreren
Sektoren mit der File Allocation Table (FAT), dem Root-Verzeichnis und schließ-
lich den Sektoren mit den Files, also ähnlich, wenn auch wegen des fehlenden
Inode-Konzeptes nicht gleich. Es gibt weitere File-Systeme, wobei mit größer wer-

denden Massenspeichern die Zugriffsgeschwindigkeit eine immer wichtigere Rolle spielt.

3.4.3 File-System – Sicht von oben

Selbst auf einer kleinen Anlage kommt man leicht auf zehntausend Files. Da muß man Ordnung halten. Unter UNIX werden zum Benutzer hin alle Files in einer File-Hierarchie, einer Baumstruktur angeordnet, siehe Abb. 3.4 auf Seite 90. An der Spitze steht ein Verzeichnis namens root[12], das nur mit einem Schrägstrich bezeichnet wird. Dieses Verzeichnis enthält einige gewöhnliche Files und vor allem weitere Verzeichnisse. Die Hierarchie kann viele Stufen enthalten, der Benutzer verliert die Übersicht eher als der Computer. In der Wurzel des Filebaumes, dem root-Verzeichnis, finden sich folgende Unterverzeichnisse:

- `bin` (UNIX-Kommandos und -Programme)
- `dev` (Gerätefiles)
- `etc` (Konfigurationsfiles, Kommandos zur Systemverwaltung)
- `homes` (Home-Verzeichnisse der Benutzer)
- `lib` (Bibliotheken)
- `lost+found` (Fundbüro)
- `mnt` (Mounting Point)
- `opt` (optionale Software, Compiler, Editoren)
- `sbin` (Kommandos zur Systemverwaltung)
- `tmp` (temporäre Files)
- `usr` (Fortsetzung von `bin`)
- `var` (Verschiedenes)

und noch einige spezielle Verzeichnisse und Files für die Systemverwaltung. Diese Gliederung ist auf allen UNIX-Systemen anzutreffen. Mit den wachsenden Anforderungen an UNIX (X11, Netze) ändert sich von Zeit zu Zeit die Einteilung etwas. Das Verzeichnis mit den Homes der Benutzer, hier `homes`, heißt woanders `home`, `user`, `users` oder auch `mnt`, ist aber auf jeden Fall vorhanden. Ein **Mounting Point** ist ein leeres Verzeichnis, in das die Wurzel eines weiteren Filesystems eingehängt werden kann. Auf diese Weise läßt sich der ursprüngliche Filebaum nahezu unbegrenzt erweitern. Das Verzeichnis `/usr` enthält einige wichtige Unterverzeichnisse:

- `adm` (Systemverwaltung, Accounting)

---

[12]`root` ist der Name des obersten Verzeichnisses und zugleich der Name des System-Managers. Das Verzeichnis `root` ist genau genommen gar nicht vorhanden, sondern bezeichnet eine bestimmte Adresse auf dem Massenspeicher, auf der der Filebaum beginnt. Für den Benutzer scheint es aber wie die anderen Verzeichnisse zu existieren. Während alle anderen Verzeichnisse in ein jeweils übergeordnetes Verzeichnis eingebettet sind, ist `root` durch eine Schleife sich selbst übergeordnet.

- `bin` (UNIX-Kommandos und -Programme)
- `contrib` (Beiträge des Computerherstellers)
- `lib` (Bibliotheken und Kommandos)
- `local` (lokale Kommandos)
- `mail` (Mailsystem)
- `man` (Referenz-Handbuch)
- `news` (News, Nachrichten an alle)
- `tmp` (weitere temporäre Files)
- `spool` (Drucker-Spoolsystem, `cron`-Files)

und weitere Unterverzeichnisse für spezielle Zwecke.

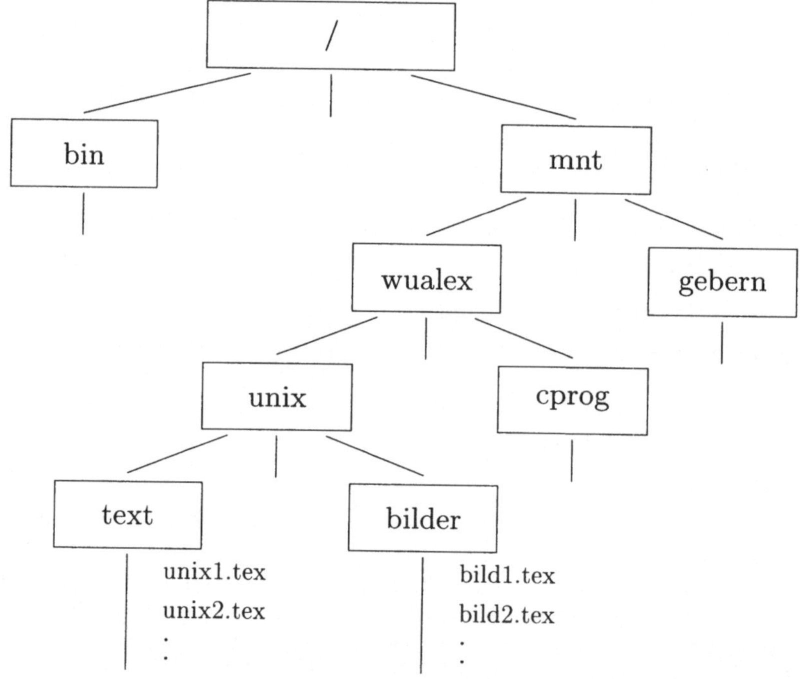

Abb. 3.4: UNIX-Filehierarchie

Die Eintragungen im Geräte-Verzeichnis `/dev` weichen von denen in anderen Verzeichnissen ab. Sie enthalten zusätzlich Angaben über den Treiber und den I/O-Port, an den das jeweilige Gerät angeschlossen ist. Dasselbe Gerät kann am selben Port mit anderem Treiber unter einem anderen Namen erscheinen. Insbesondere erscheinen Massenspeicher einmal als blockorientiertes und einmal als zeichenorientiertes Gerät. Blockorientierte Geräte übertragen nicht einzelne Zeichen, sondern Blöcke von 512 oder mehr Zeichen. Die Namen sind zwar beliebig, es haben sich aber gewisse Regeln eingebürgert:

- `console` Konsol-Terminal des Systems

- `ct` Cartridge Tape als Block Device

- `dsk` Platte als Block Device (blockorientiert)

- `lan` Netz-Interface

- `lp` Drucker (line printer)

- `mt` Magnetband als Block Device

- `null` Papierkorb (bit bucket)

- `pty` Pseudo-Terminal

- `rct` Cartridge Tape als Character Device

- `rdsk` Platte als Character Device (raw, zeichenorientiert)

- `rmt` Magnetband als Character Device

- `tty` Kontrollterminal eines Prozesses

- `tty1p2` Terminal an Multiplexer 1, Port 2

Bei umfangreicher Peripherie ist das `/dev`-Verzeichnis in Unterverzeichnisse gegliedert. Beim Schreiben nach `/dev/null` verschwinden die Daten unwiederbringlich in einem Schwarzen Loch im Informationsraum, das Lesen aus `/dev/null` liefert ein EOF-Zeichen (end of file).

Nach der Anmeldung landet der Benutzer in seinem **Home-Verzeichnis** (home directory, répertoire principal). Dort darf er nach Herzenslust Files und Unterverzeichnisse anlegen und löschen. Das Kommando `ls(1)` listet ein Verzeichnis auf und ist das UNIX-Kommando mit den meisten Optionen[13]. Die Form `ll(1)` ist gleichwertig `ls -l`. Sollte sie auf Ihrem System nicht verfügbar sein, läßt sie sich durch ein Alias oder ein Shellscript verwirklichen, ebenso andere Varianten von `ls(1)`.

Das Home-Verzeichnis ist zu Beginn das **Arbeits-Verzeichnis** oder aktuelle Verzeichnis (working directory, répertoire courant, répertoire de travail), dessen Files unmittelbar über ihren Namen ohne die bei `root` beginnende Verzeichniskette verfügbar sind. Man kann jedes Unterverzeichnis seines Home-Verzeichnisses vorübergehend zum Arbeits-Verzeichnis machen, auch andere Verzeichnisse, sofern man dazu berechtigt ist. Mit `cd(1)` wechselt man in ein anderes Arbeits-Verzeichnis. Nach einer Faustregel soll man ein Verzeichnis weiter unterteilen, wenn es mehr als 100 Eintragungen enthält. Das Kommando `pwd(1)` nennt das Arbeits-Verzeichnis, falls man die Orientierung verloren hat.

Der **Name** eines Files wird entweder **absolut** angegeben, ausgehend von `root`. Dann beginnt er mit dem Schrägstrich und wird auch **Pfad** (path, chemin d'accès) genannt. Oder er wird **relativ** zum augenblicklichen Arbeits-Verzeichnis nur mit seinem letzten Namensteil (basename) angegeben:

---

[13]Im X Window System gibt es Kommandos mit Hunderten von Optionen. Das wird dann anders gehandhabt (X-Resources).

```
/mnt/wualex/buch/unix/einleitung/vorwort.tex
vorwort.tex
```

Das Kommando `basename(1)` verkürzt einen absoluten Namen auf seinen letzten Namensteil und wird in Shellscripts gebraucht. Umgekehrt zieht das Kommando `dirname(1)` aus einem absoluten Filenamen alle Vorderglieder (= Namen von Verzeichnissen) heraus.

Filenamen dürfen 14 Zeichen[14] lang sein und sollen nur Buchstaben (keine Umlaute), Ziffern sowie die Zeichen Unterstrich, Bindestrich oder Punkt enthalten. Es ist üblich, Kleinbuchstaben zu verwenden, Großbuchstaben nur für Namen, die auffallen sollen (`README`). Die Verwendung von TAB, Backspace, Space, Stern, ESC und dergleichen ist nicht verboten, führt aber zu lustigen Effekten. Verboten sind nur der Schrägstrich, der als Trennzeichen in der Pfadangabe dient, und das Zeichen ASCII-Nr. 0, das einen String abschließt. Filenamen sollten mindestens vier Zeichen lang sein, um die Gefahr einer Verwechslung mit UNIX-Kommandos zu verringern. Innerhalb eines Verzeichnisses darf ein Name nur einmal vorkommen (wie in Familien); der gleiche Name in verschiedenen Verzeichnissen benennt verschiedene Files, zum Beispiel `/bin/passwd(1)` und `/etc/passwd(4)`. Bei Shellkommandos, die Filenamen als Argument benötigen, kann man in den Filenamen **Jokerzeichen** verwenden, siehe Abschnitt 3.5.1.1 *Kommandointerpreter* auf Seite 110.

Die Verwendung von **Namenserweiterungen** (`file.config`, `file.dat`, `file.bak`) oder **Kennungen** (extension) ist erlaubt, aber nicht so verbreitet wie unter MS-DOS. Programme im Quellcode bekommen eine Erweiterung (.c für C-Quellen, .f für FORTRAN-Quellen, .p für PASCAL-Quellen), ebenso im Objektcode (.o). Der Formatierer LaTeX verwendet auch Erweiterungen. Es dürfen Kennungen mit mehr als drei Zeichen oder eine Kette von Kennungen verwendet werden wie `myprogram.c.backup.old`. Sammlungen gebräuchlicher Kennungen finden sich im Netz und im Anhang.

Das jeweilige Arbeits-Verzeichnis wird mit einem Punkt bezeichnet, das unmittelbar übergeordnete Verzeichnis mit zwei Punkten (wie in MS-DOS). Das Kommando `cd ..` führt also immer eine Stufe höher in der Filehierarchie. Mit `cd ../..` kommt man zwei Stufen höher. Will man erzwingen, daß ein Kommando aus dem Arbeitsverzeichnis ausgeführt wird und nicht ein gleichnamiges aus `/bin`, so stellt man Punkt und Schrägstrich voran wie bei `./cmd`.

Beim Arbeiten im Netz ist zu bedenken, daß die Beschränkungen der Filenamen von System zu System unterschiedlich sind. MS-DOS gestattet beispielsweise nur acht Zeichen, dann einen Punkt und nochmals drei Zeichen (8.3). Ferner unterscheidet es nicht zwischen Groß- und Kleinschreibung. In der Macintosh-Welt sind Filenamen aus mehreren Wörtern gebräuchlich. Will man sicher gehen, so paßt man die Filenamen von Hand an, ehe man sich auf irgendwelche Automatismen der Übertragungsprogramme verläßt.

In den Home-Verzeichnissen werden einige Files vom System erzeugt und verwaltet. Diese interessieren den Benutzer selten. Ihr Name beginnt mit einem Punkt

---

[14]Heutige UNIX-Systeme erlauben 255 Zeichen. Wird bei der Einrichtung des Filesystems festgelegt.

(dot), zum Beispiel `.profile`, daher werden sie von `ls(1)` nicht angezeigt. Gibt man `ls(1)` mit der Option `-a`, so erscheinen auch sie. Solche Files (dotfile) werden als **verborgen** (hidden) bezeichnet, sind aber in keiner Weise geheim.

Ein Verzeichnis wird mit dem Kommando `mkdir(1)` erzeugt, mit `rmdir(1)` löscht man ein leeres Verzeichnis, mit `rm -r` (r = rekursiv) ein volles samt Unterverzeichnissen. Frage: Was passiert, wenn Sie gleich nach der Anmeldung `rm -r *` eingeben? Die Antwort nicht experimentell ermitteln!

Ein Arbeiten mit Laufwerken wie unter MS-DOS ist unter UNIX nicht vorgesehen. Man hat es stets nur mit einer einzigen File-Hierarchie zu tun. Weitere File-Hierarchien – zum Beispiel auf Disketten oder Platten, lokal oder im Netz – können vorübergehend in die File-Hierarchie des Systems eingehängt werden. Dabei wird das Wurzel-Verzeichnis des einzuhängenden File-Systems auf ein Verzeichnis, einen Mounting Point des root-File-Systems abgebildet. Dieses Verzeichnis muß bereits vorhanden sein, darf nicht in Gebrauch und soll leer sein. Falls es nicht leer ist, sind die dort enthaltenen Files und Unterverzeichnisse so lange nicht verfügbar, wie ein File-System eingehängt ist. Man nennt das **mounten**, Kommando `mount(1M)`. Mountet man das File-System eines entfernbaren Datenträgers (Diskette) und entfernt diesen, ohne ihn vorher mittels `umount(1M)` unzumounten (zu unmounten?), gibt es Ärger. Beim Mounten treten Probleme mit den Zugriffsrechten auf. Deshalb gestatten die System-Manager dem Benutzer diese Möglichkeit nur auf besonderen Wunsch. File-Systeme können auch über das Netz gemountet werden, siehe Network File System (NFS). Wir mounten beispielsweise sowohl lokale File-Systeme von weiteren Platten und CD-Laufwerken wie auch Verzeichnisse von Servern aus unserem Rechenzentrum in die root-Verzeichnisse unserer Workstations. Das Weitermounten über das Netz gemounteter Verzeichnisse ist üblicherweise nicht gestattet. Auch werden Superuser-Rechte meist nicht über das Netz weitergereicht. Man sollte sich bewußt sein, daß die Daten von über das Netz gemounteten Filesystemen unverschlüsselt durch die Kabel gehen und mitgelesen werden können.

Auf einen entfernbaren Datenträger – ob Diskette oder Band ist unerheblich – kann auf zwei Arten zugegriffen werden. Ist auf dem Datenträger mittels `newfs(1M)` oder `mkfs(1M)` ein Filesystem eingerichtet, muß dieses in das beim Systemstart geöffnete `root`-Filesystem an irgendeiner Stelle mit dem Kommando `mount(1M)` in ein vorhandenes Verzeichnis gemountet werden und wird damit vorübergehend ein Zweig von diesem. Ist der Datenträger dagegen nur formatiert (Kommando `mediainit(1)`), d. h. zum Lesen und Schreiben eingerichtet, ohne daß ein Filesystem angelegt wurde, so kann man mit den Kommandos `cpio(1)` oder `tar(1)` darauf zugreifen. Kommandos wie `cd(1)` oder `ls(1)` machen dann keinen Sinn, es gibt auch keine Inodes. Der Datenträger ist über den Namen des Gerätefiles anzusprechen, beispielsweise `/dev/rfd.0` oder `/dev/rmt/0m`, mehr weiß das System nicht von ihm. Wer sowohl unter MS-DOS wie unter UNIX arbeitet, mache sich den Unterschied zwischen einem Wechsel des Laufwerks (A, B, C ...) unter MS-DOS und dem Mounten eines File-Systems sorgfältig klar.

3.4.4 Zugriffsrechte

Auf einem Mehrbenutzersystem ist es untragbar, daß jeder Benutzer mit allen
Files alles machen darf. Jedes File einschließlich der Verzeichnisse wird daher in
UNIX durch einen Satz von neun **Zugriffsrechten** (permission, droit d'accès)
geschützt.

Die Benutzer werden eingeteilt in den **Besitzer** (owner, propriétaire), seine
Gruppe (group, groupe) und die **Menge der sonstigen Benutzer** (others,
ohne den Besitzer und seine Gruppe), auch Rest der Welt genannt. Die Rechte
werden ferner nach **Lesen** (read), **Schreiben** (write) und **Suchen/Ausführen**
(search/execute) unterschieden. Bei einem gewöhnlichen File bedeutet execute
Ausführen (was nur bei Programmen Sinn macht), bei einem Verzeichnis Durchsuchen. Jedes Zugriffsrecht kann nur vom Besitzer erteilt und wieder entzogen
werden. Und wie immer vom System-Manager.

Der Besitzer eines Files ist zunächst derjenige, der es erzeugt hat. Mit dem
Kommando `chown(1)` läßt sich jedoch der Besitz an einen anderen Benutzer übertragen (ohne daß dieser zuzustimmen braucht). Entsprechend ändert `chgrp(1)`
die zugehörige Gruppe. Will man ein File für andere lesbar machen, so reicht es
nicht, dem File die entsprechende Leseerlaubnis zuzuordnen oder den Besitzer zu
wechseln. Vielmehr müssen alle übergeordneten Verzeichnisse von / an lückenlos
das Suchen gestatten. Das wird oft vergessen.

Die Zugriffsrechte lassen sich in Form einer dreistelligen Oktalzahl angeben,
und zwar hat

- die read-Erlaubnis den Wert 4,

- die write-Erlaubnis den Wert 2,

- die execute/search-Erlaubnis den Wert 1

Die drei Stellen der Oktalzahl sind in folgender Weise den Benutzern zugeordnet:

- links der Besitzer (owner),

- in der Mitte seine Gruppe (group), ohne Besitzer

- rechts der Rest der Welt (others), ohne Besitzer und Gruppe

Eine sinnvolle Kombination ist, dem Besitzer alles zu gestatten, seiner Gruppe
das Lesen und Suchen/Ausführen und dem Rest der Welt nichts. Die Oktalzahl
750 bezeichnet diese Empfehlung. Oft wird auch von den Gruppenrechten kein
Gebrauch gemacht, man setzt sie gleich den Rechten für den Rest der Welt, also
die Oktalzahl auf 700. Das Kommando zum Setzen der Zugriffsrechte lautet:

```
chmod 750 filename
```

Setzt man die Zugriffsrechte auf 007, so dürfen der Besitzer und seine Gruppe
gar nichts machen. Alle übrigen (Welt minus Besitzer minus Gruppe) dürfen das
File lesen, ändern und ausführen. Der Besitzer kann nur noch die Rechte auf
einen vernünftigeren Wert setzen. Mit der Option `-R` werden die Kommandos
`chmod(1)`, `chown(1)` und `chgrp(1)` rekursiv und beeinflussen ein Verzeichnis samt
allem, was darunter liegt. Bei `chmod(1)` ist jedoch aufzupassen: meist sind die

Zugriffsrechte für Verzeichnisse anders zu setzen als für gewöhnliche Files. Es gibt noch weitere Formen des chmod(1)-Kommandos. Aus Sicherheitsgründen soll man die Zugriffsrechte möglichst einschränken. Will ein Benutzer auf ein File zugreifen und darf das nicht, wird er sich schon rühren. Mittels des Kommandos:

```
ls -l filename
```

erfährt man die Zugriffsrechte eines Files. Die Ausgabe sieht so aus:

```
-rw-r----- 1 wualex1 users 59209 May 15 unix.tex
```

Die Zugriffsrechte heißen hier also *read* und *write* für den Besitzer wualex1, *read* für seine Gruppe users und für den Rest der Welt nichts. Die Zahl 1 ist der Wert des Link-Zählers, siehe Abschnitt 3.4.7 *Inodes und Links* auf Seite 99. Dann folgen Besitzer und Gruppe sowie die Größe des Files in Bytes. Das Datum gibt die Zeit des letzten schreibenden (verändernden) Zugriffs an. Schließlich der Name. Ist das Argument des Kommandos ls(1) der Name eines Verzeichnisses, werden die Files des Verzeichnisses in alphabetischer Folge aufgelistet.

Beim **Kopieren** muß man Zugang zum Original (Sucherlaubnis für alle übergeordneten Verzeichnisse) haben und dieses lesen dürfen. Besitzer der Kopie wird der Veranlasser des Kopiervorgangs. Er kann anschließend die Zugriffsrechte der Kopie ändern, die Kopie gehört ihm. Leserecht und Kopierrecht lassen sich nicht trennen. Das Kommando zum Kopieren lautet:

```
cp originalfile copyfile
```

Falls das File copyfile schon vorhanden ist, wird es ohne Warnung überschrieben. Ist das Ziel ein Verzeichnis, wird die Kopie dort eingehängt. Der Versuch, ein File auf sich selbst zu kopieren – was bei der Verwendung von Jokerzeichen oder Links vorkommt – führt zu einer Fehlermeldung.

Die Default-Rechte werden mittels des Kommandos umask(1) im File /etc/profile oder $HOME/.profile gesetzt. Das Kommando braucht als Argument die Ergänzung der Rechte auf 7. Beispielsweise setzt

```
umask 077
```

die Default-Rechte auf 700, ein gängiger Wert. Ohne Argument aufgerufen zeigt das Kommando den aktuellen Wert an.

Gelegentlich möchte man einzelnen Benutzern Rechte erteilen, nicht gleich einer ganzen Gruppe. Während so etwas unter Windows NT vorgesehen ist, gehört es nicht zum Standard von UNIX. Unter HP-UX läßt sich jedoch einem File eine **Access Control List** zuordnen, in die Sonderrechte eingetragen werden, Näheres mittels man 5 acl.

Für das System ist ein Benutzer im Grunde ein Bündel von Rechten. Ob dahinter eine natürliche oder juristische Person, eine Gruppe von Personen oder ein Dämon steht, ist unwesentlich. Es gibt Betriebssysteme wie Windows NT oder Datenbanken wie Oracle, die stärker differenzieren – sowohl nach der Art der Rechte wie nach der Einteilung der Benutzer - aber mit diesem Satz von neun Rechten kommt man schon weit. Die stärkere Differenzierung ist schwieriger zu überschauen und birgt die Gefahr, Sicherheitslücken zu übersehen. In Netzen sind die Zugangswege und damit die Überlegungen zur Sicherheit komplexer. Der **Superuser** oder **Privileged User** mit der User-ID 0 – der System-Manager oder Administrator üblicherweise – ist an die Zugriffsrechte nicht gebunden. Wollen Sie Ihre höchst private Mail vor seinen Augen schützen, müssen Sie sie verschlüsseln.

Merke: Damit jemand auf ein File zugreifen kann, müssen zwei Bedingungen erfüllt sein:

- Er muß einen durchgehenden Suchpfad vom Root-Verzeichnis (/) bis zu dem File haben, und

- er muß die entsprechenden Rechte an dem File haben.

3.4.5 Set-User-ID-Bit

Vor den drei Oktalziffern der Zugriffsrechte steht eine weitere Oktalziffer, die man ebenfalls mit dem Kommando chmod(1) setzt. Der Wert 1 ist das **Sticky Bit** (klebrige Bit), das bei Programmen, die gleichzeitig von mehreren Benutzern benutzt werden (sharable programs), dazu führt, daß die Programme ständig im Arbeitsspeicher verbleiben und somit sofort verfügbar sind. Wir haben das Sticky Bit eine Zeitlang beim Editor vi(1) verwendet. Bei einem Verzeichnis führt das Sticky Bit dazu, daß nur noch der Besitzer eines darin eingeordneten Files dieses löschen oder umbenennen kann, auch wenn die übrigen Zugriffsrechte des Verzeichnisses diese Operationen für andere erlauben, Beispiel /tmp. Das Sticky Bit kann nur der Superuser vergeben.

Der Wert 2 ist das **Set-Group-ID-Bit**, der Wert 4 das **Set-User-ID-Bit**, auch Setuid-Bit oder Magic Bit genannt. Sind diese gesetzt, so hat das Programm die Zugriffsrechte des Besitzers (owner), die von den Zugriffsrechten dessen, der das Programm aufruft, abweichen können. Ein häufiger Fall ist, daß ein Programm ausführbar für alle ist, der root gehört und bei gesetztem suid-Bit auf Files zugreifen darf, die der root vorbehalten sind. Wohlgemerkt, nur das Programm bekommt die erweiterten Rechte, nicht der Aufrufende. Man sagt, der aus dem Programm hervorgegangene Prozess laufe effektiv mit der Benutzer-ID des Programmbesitzers, nicht wie üblich mit der des Aufrufenden.

Das UNIX-Kommando /bin/passwd(1) gehört der root, ist für alle ausführbar, sein suid-Bit ist gesetzt:

```
-r-sr-xr-x   1 root   bin   112640 Nov 22   /bin/passwd
```

Damit ist es möglich, daß jeder Benutzer sein Passwort in dem File /etc/passwd(4) ändern darf, ohne die Schreiberlaubnis für dieses File zu besitzen:

```
---r--r--r   1 root   other   3107 Dec 2   /etc/passwd
```

Da durch das Programm der Umfang der Änderungen begrenzt wird (nämlich auf die Änderung des eigenen Passwortes), erhält der Benutzer nicht die vollen Rechte des Superusers. Für das sgid-Bit gilt Entsprechendes. Beide können nur für ausführbare (kompilierte) Programme vergeben werden, nicht für Shellscripts, aus Sicherheitsgründen. Das Setzen dieser beiden Bits für Verzeichnisse führt auf unseren Anlagen zu Problemen, die Verzeichnisse sind nicht mehr verfügbar. Wer aufgepaßt hat, könnte auf folgende Gedanken kommen:

- Ich kopiere mir den Editor `vi(1)`. Besitzer der Kopie werde ich.

- Dann setze ich mittels `chmod 4555 vi` das suid-Bit. Das ist erlaubt.

- Anschließend schenke ich mittels `chown root vi` meinen `vi` dem Superuser, warum nicht. Das ist ebenfalls erlaubt.

Nun habe ich einen von allen ausführbaren Editor, der Superuser-Rechte hat, also beispielsweise das File `/etc/passwd(4)` unbeschränkt verändern darf. Der Gedankengang ist zu naheliegend, als daß nicht die Väter von UNIX auch schon darauf gekommen wären. Probieren Sie es aus.

Falls Sie schon Kapitel 4 *Programmieren in C/C++* ab Seite 279 verinnerlicht haben, könnten Sie weiterdenken und sich ein eigenes Kommando `mychown` schreiben wollen. Dazu brauchen Sie den Systemaufruf `chown(2)`; die Inode-Liste, die den Namen des File-Besitzers enthält, ist nicht direkt mittels eines Editors beschreibbar. Leider steht im Referenz-Handbuch, daß der Systemaufruf bei gewöhnlichen Files das suid-Bit löscht. Sie geben nicht auf und wollen sich einen eigenen Systemaufruf `chmod(2)` schreiben: Das bedeutet, sich einen eigenen UNIX-Kern zu schreiben. Im Prinzip möglich, aber dann ist unser Buch unter Ihrem Niveau. Dieses Leck ist also dicht, aber Programme mit suid-Bit – zumal wenn sie der `root` gehören – sind immer ein bißchen verdächtig. Ein gewissenhafter System-Manager beauftragt daher den Dämon `cron(1M)` mit ihrer regelmäßigen Überwachung. Da das suid-Bit selten vergeben wird, könnte der System-Manager auch ein eingeschränktes `chmod`-Kommando schreiben und die Ausführungsrechte des ursprünglichen Kommandos eingrenzen.

Sticky Bit, suid-Bit und sgid-Bit werden beim Kommando `ls -l` durch Modifikationen der Anzeige der Zugriffsrechte kenntlich gemacht. Das Sticky-Bit ist an einem t bei dem execute-Recht für alle zu erkennen, suid-Bit und sgid-Bit an einem s bei den execute-Rechten für Besitzer beziehungsweise Gruppe.

3.4.6 Zeitstempel

Zu jedem UNIX-File gehören drei Zeitangaben, die Zeitstempel genannt und automatisch verwaltet werden:

- die Zeit des jüngsten lesenden Zugriffs (access time),

- die Zeit der jüngsten schreibenden Zugriff (modification time),

- die Zeit der jüngsten Änderung des Filestatus (status change time).

Der Filestatus umfaßt den Fileinhalt, die Zugriffsrechte und den Linkzähler. Ein Schreibzugriff ändert also zwei Zeitstempel. Bei Verzeichnissen gilt das Durchsuchen nicht als lesender Zugriff, Löschen oder Hinzufügen von Files gilt als schreibender Zugriff.

Das Kommando `ls -l` zeigt das Datum des jüngsten schreibenden Zugriffs an, mit `ls -lu` erfährt man das Datum des jüngsten lesenden Zugriffs, mit `ls -lc`

das Datum der jüngsten Änderung des Status. Das folgende C-Programm gibt
zu einem Filenamen alle drei Zeitstempel aus, falls DEBUG definiert ist, auch in
Rohform als Sekunden seit UNIX Geburt:

```c
/* Information ueber die Zeitstempel einer Datei */

/* #define DEBUG */

#include <stdio.h>
#include <sys/types.h>
#include <sys/stat.h>
#include <time.h>

int main(int argc, char *argv[])

{
struct stat buffer;
struct tm *p;

if (argc < 2) {
    puts("Dateiname fehlt"); return (-1);
}

if (!access(argv[1], 0)) {
if (!(stat(argv[1], &buffer))) {

#ifdef DEBUG
        puts(argv[1]);
        printf("atime = %ld\n", buffer.st_atime);
        printf("mtime = %ld\n", buffer.st_mtime);
        printf("ctime = %ld\n\n", buffer.st_ctime);
#endif

    p = localtime(&(buffer.st_atime));
    printf("Gelesen:          %d. %d. %d  %2d:%02d:%02d\n",
      p->tm_mday, p->tm_mon + 1, p->tm_year, p->tm_hour,
                                p->tm_min, p->tm_sec);

    p = localtime(&(buffer.st_mtime));
    printf("Geschrieben:      %d. %d. %d  %2d:%02d:%02d\n",
      p->tm_mday, p->tm_mon + 1, p->tm_year, p->tm_hour,
                                p->tm_min, p->tm_sec);

    p = localtime(&(buffer.st_ctime));
    printf("Status geaendert: %d. %d. %d  %2d:%02d:%02d\n",
      p->tm_mday, p->tm_mon + 1, p->tm_year, p->tm_hour,
                                p->tm_min, p->tm_sec);

}
else {
    puts("Kein Zugriff auf Inode (stat)"); return (-1);
}
}
```

```
else {
    puts("File existiert nicht (access)"); return (-1);
}
return 0;
}
```

Programm 3.2 : C-Programm zur Anzeige der Zeitstempel eines Files

Der Zeitpunkt der Erschaffung eines Files wird *nicht* festgehalten und ist auch aus technischer Sicht uninteressant[15]. Änderungen an den Daten hingegen sind für Werkzeuge wie `make(1)` und für Datenbanken wichtig, um entscheiden zu können, ob ein File aktuell ist.

3.4.7 Inodes und Links

Die Verzeichnisse enthalten nur die Zuordnung File-Name zu einer File-Nummer, die als **Inode-Nummer** (Index-Node) bezeichnet wird. In der **Inode-Liste**, die vom System verwaltet wird, stehen zu jeder Inode-Nummer alle weiteren Informationen über ein File einschließlich der Startadresse und der Größe des Datenbereiches. Insbesondere sind dort die Zugriffsrechte und die Zeitstempel vermerkt. Einzelheiten sind im Handbuch unter `inode(5)` und `fs(5)` zu finden. Das Kommando `ls -i` zeigt die Inode-Nummern an. Wie die Informationen der Inode in eigenen Programmen abgefragt werden, steht in Abschnitt 3.11.3 *Beispiel File-Informationen* auf Seite 226.

Diese Zweiteilung in Verzeichnisse und Inode-Liste erlaubt eine nützliche Konstruktion, die in MS-DOS oder IBM-OS/2 bei aller sonstigen Ähnlichkeit nicht möglich ist. Man kann einem File sprich einer Inode-Nummer nämlich mehrere Filenamen, unter Umständen in verschiedenen Verzeichnissen, zuordnen. Das nennt man **linken**[16]. Das File, auf das mehrere Filenamen gelinkt sind, existiert nur einmal (deshalb macht es keinen Sinn, von einem Original zu reden), aber es gibt mehrere Zugangswege, siehe Abb. 3.5 auf Seite 100. Zwangsläufig gehören zu gelinkten Filenamen dieselben Zeitstempel und Zugriffsrechte, da den Namen nur eine einzige Inode zugrunde liegt. Das Kommando zum Linken zweier Filenamen lautet `ln(1)`:

```
ln oldname newname
```

Auf diese Weise spart man Speicher und braucht beim Aktualisieren nur ein einziges File zu berücksichtigen. Die Kopie eines Files mittels `cp(1)` hingegen ist ein eigenes File mit eigener Inode-Nr., dessen weiterer Lebenslauf unabhängig vom Original ist. Beim Linken eines Files wird sein **Linkzähler** um eins erhöht. Beim Löschen eines Links wird der Zähler herabgesetzt; ist er auf Null angekommen,

---

[15]Die Frage nach den drei Zeitstempeln wird in Prüfungen immer wieder falsch beantwortet. Ich wiederhole: Der Zeitpunkt der Erschaffung eines Files wird *nicht* in einem Zeitstempel gespeichert. Auch an keiner anderen Stelle. Sprechen Sie langsam und deutlich nach: *Ein File hat keinen Geburtstag.*

[16]Das Wort linken hat eine zweite Bedeutung im Zusammenhang mit dem Kompilieren von Programmen.

wird der vom File belegte Speicherplatz freigegeben. Bei einem Verzeichnis hat

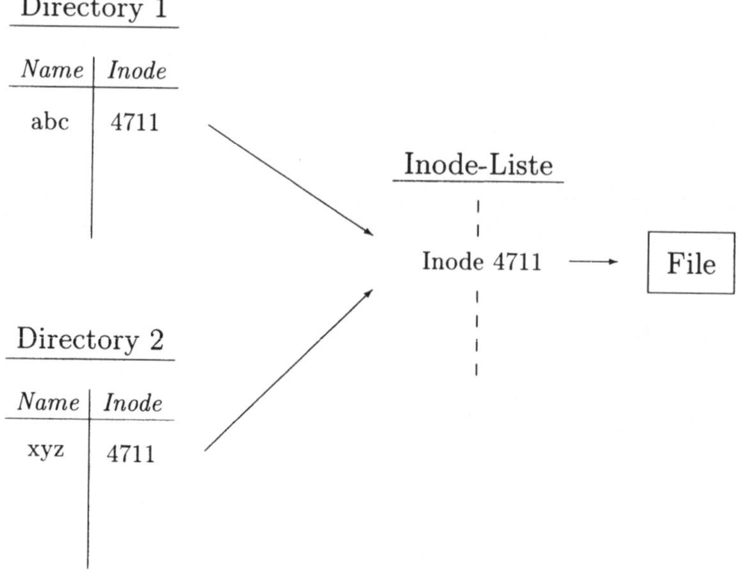

Abb. 3.5: Harter Link

der Linkzähler immer den Wert 2, da jedes Verzeichnis einen Link auf sich selbst
enthält, dargestellt durch den Punkt beim Auflisten. So ist die wichtigste Information über ein Verzeichnis – seine Inode-Nummer – doppelt gespeichert, nämlich
im übergeordneten Verzeichnis und im Verzeichnis selbst. Ebenso ist in jedem
Verzeichnis an zweiter Stelle die Inode-Nummer des übergeordneten Verzeichnisses abgelegt. Jedes Verzeichnis weiß selbst, wie es heißt und wohin es gehört. Das
ermöglicht Reparaturen des Filesystems bei Unfällen. Als Benutzer kann man
Verzeichnisse weder kopieren noch linken, sondern nur die in einem Verzeichnis
versammelten Files. Old Root kann natürlich wieder mehr, siehe `link(1M)` und
`link(2)`.

Dieser sogenannte **harte Link** kann sich nicht über die Grenze eines File-
Systems erstrecken, auch falls es gemountet sein sollte. Der Grund ist einfach:
jedes File-System verwaltet seine eigenen Inode-Nummern und hat seinen eigenen
Lebenslauf. Es kann heute hier und morgen dort gemountet werden. Ein Link über
die Grenze könnte dem Lebenslauf nicht folgen.

Im Gegensatz zu den eben erläuterten harten Links dürfen sich **symbolische
Links** oder **weiche Links** über die Grenze eines File-Systems erstrecken und
sind auch bei Verzeichnissen erlaubt und beliebt. Sie werden mit dem Kommando
`ln(1)` mit der Option `-s` erzeugt. Ein weicher Link ist ein File mit eigener Inode-
Nummer, das einen Verweis auf einen weiteren absoluten oder relativen Filenamen
enthält, siehe Abb. 3.6 auf Seite 101. Das Kommando `ls -l` zeigt weiche Links
folgendermaßen an:

```
lrwx------  1 wualex1  manager  4 Jun 2  scriptum -> unix
```

Das Verzeichnis `scriptum` ist ein weicher Link auf das Verzeichnis `unix`. Zugriffsrechte eines weichen Links werden vom System nicht beachtet, das Kommando
`chmod(1)` wirkt auf das zugrunde liegende File, `rm(1)` glücklicherweise nur auf den
Link. Weiteres siehe `ln(1)` unter `cp(1)`, `symlink(2)` und `symlink(4)`.   Links

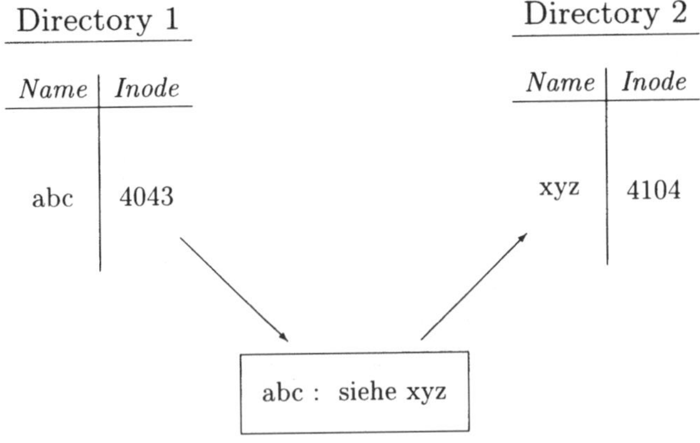

Abb. 3.6: Weicher, Symbolischer oder Soft Link

dürfen geschachtelt werden. Im Falle des harten Links ist es ohnehin gleich, von
welchem Namen der Inode man ausgeht, es gibt ja kein Original, sondern nur ein
einziges File. Bei weichen Links wird auch eine Kette von Verweisen richtig verarbeitet. Insbesondere erkennt das Kopierkommando `cp(1)` die Links und verweigert
ein Kopieren eines Files auf seinen Link. Mit den Systemaufrufen `lstat(2)` und
`readlink(2)` wird auf einen weichen Link direkt zugegriffen, während die Systemaufrufe `stat(2)` und `read(2)` auf das dem Link zugrunde liegende File zielen.
Wird einem weichen Link sein File weggenommen, besteht er weiter, Zugriffe über
den Link auf das File sind erfolglos. Hat man die Wahl zwischen einem harten
und einem weichen Link, so dürfte der harte geringfügig schneller im Zugriff sein.

Eine ähnliche Aufgabe erfüllt die `alias`-Funktion der Kornshell. Ein `alias`
lebt und stirbt jedoch mit der Shell, während ein Link im File-System verankert
ist und für alle Benutzer gilt.

Merke: Nach einem Kopiervorgang hat man zwei voneinander unabhängige
Files, das Original und die Kopie. Nach einem Linkvorgang hat man zwei Namen
für dasselbe File.

3.4.8   stdin, stdout, stderr

Drei Files sind für jede Sitzung automatisch geöffnet: `stdin` (in der Regel die
Tastatur), `stdout` (in der Regel der Bildschirm) und `stderr` (in der Regel ebenfalls
der Bildschirm). Wir erinnern uns, Geräte werden von UNIX formal als Files
angesprochen. Andere Systeme kennen noch `stdaux` (Standard Auxiliary Device)
und `stdprn` (Standard Printer Device).

Zu den File-Pointern `stdin`, `stdout` und `stderr` gehören die File-Deskriptoren 0, 1 und 2. **File-Pointer** sind Namen (genauer Namen von Pointern auf eine C-Struktur vom Typ FILE), **File-Deskriptoren** fortlaufende Nummern der für ein Programm geöffneten Files. Microsoft bezeichnet die Deskriptoren als **Handles**. In Programmen wird durch einen `open`-Aufruf einem Filenamen ein File-Pointer oder ein File-Deskriptor zugeordnet, mit dem dann die weiteren Anweisungen arbeiten. Die UNIX-Systemaufrufe (2) verwenden File-Deskriptoren, die C-Standardfunktionen (3) File-Pointer. Beispiele finden sich im C-Programm 3.40 *File-Informationen* auf Seite 230.

Werkzeuge soll man möglichst so schreiben, daß sie von `stdin` lesen, ihre Ausgabe nach `stdout` und ihre Fehlermeldungen nach `stderr` schreiben. Dann sind sie allgemein verwendbar und passen zu den übrigen Werkzeugen. Solche Programme werden als **Filter** bezeichnet.

Ein leeres File wird mit der Umlenkung `> filename`, mit `cat(1)` oder `touch(1)` angelegt. Zum Leeren eines Files kopiert man `/dev/null` dorthin.

Das Kommando `tee(1)` liest von `stdin`, schreibt nach `stdout` und gleichzeitig eine Kopie der Ausgabe in ein File, wie ein T-Stück sozusagen:

```
who | tee whofile
```

Über das Verbinden von `stdout` eines Prozesses mit `stdin` eines zweiten Prozesses mittels einer Pipe wurde bereits in Abschnitt 3.3.6.2 *Pipes* auf Seite 81 gesprochen.

Als **Kontroll-Terminal** `/dev/tty` eines Prozesses werden der Bildschirm und die Tastatur bezeichnet, von denen der Prozess gestartet worden ist. Über sein Kontroll-Terminal wickelt der Prozess seine Ein- und Ausgabe ab, falls nichts anderes vereinbart wird. Das ist fast dasselbe wie die File-Pointer `stdin` usw., aber nur fast. Während `/dev/tty` ein Gerät oder ein Special Device File ist, sind die drei File-Pointer zunächst einmal nur logische Quellen und Ziele. Manche Programme machen da einen Unterschied. Die Ein- und Ausgabe ist auf allen Systemen ein Gebiet voller Fallstricke.

3.4.9   Schreiben und Lesen von Files

Files werden mit einem Editor, z. B. dem `vi(1)`, geschrieben (siehe Abschnitt 3.7.3 *Editoren* auf Seite 155), von Compilern oder anderen Programmen erzeugt oder laufen einem über das Netz zu. Zum Lesen von Files auf dem Bildschirm stehen die Kommandos `cat(1)`, `more(1)`, `pg(1)`, `view(1)` und `vis(1)` zur Verfügung. `cat(1)` liest von `stdin` und schreibt nach `stdout`. Lenkt man die Eingabe mit `cat < filename` um, bekommt man das File `filename` auf den Bildschirm. Die Pager `more(1)` und `pg(1)` arbeiten ähnlich, halten aber nach jeweils einer Bildschirmseite an. `view(1)` ist der Editor `vi(1)` im Lesemodus, `vis(1)` wandelt etwaige nicht sichtbare Zeichen in ASCII-Nummern um. Der Versuch, Files zu lesen, die etwas anderes als in Zeilen gegliederten Text enthalten, führt in manchen Fällen zu einem Blockieren des Terminals.

Will man sich den Inhalt eines beliebigen Files genau ansehen, so schreibt man mit `od(1)`, gegebenenfalls mit der Option `-c`, einen Dump nach `stdout`, bei

Schwierigkeiten nützlich. Ein **Dump** (cliché) ist eine zeichengetreue Wiedergabe des Speicher- oder Fileinhalts ohne jede Bearbeitung. Begnügt man sich mit dem Anfang oder Ende eines Files, leisten die Kommandos `head(1)` und `tail(1)` gute Dienste.

3.4.10 Archivierer (tar, gtar)

Files werden oft mit drei Werkzeugen behandelt, die nichts miteinander zu tun haben, aber häufig kombiniert werden. Diese sind:

- Archivierer wie `tar(1)`,

- Packer (Komprimierer) wie `compress(1)` oder `gzip(1)`,

- Verschlüsseler wie `crypt(1)`.

Um Archivierer geht es in diesem Abschnitt, um Packer im folgenden. Verschlüsselt werden in erster Linie Textfiles, daher kommen wir im Abschnitt 3.7 *Writer's Workbench* auf Seite 147 zu diesem Thema. Mit der Verschlüsselung hängen weitere Fragen zusammen, die in Netzen eine Rolle spielen; im Abschnitt 5.11 *Electronic Mail* auf Seite 455 wird der Punkt nochmals aufgerollt.

Zum Aufbewahren oder Verschicken von ganzen Filegruppen ist es oft zweckmäßig, sie in ein einziges File zu verpacken. Diesem Zweck dient das Kommando `tar(1)`. Der Aufruf

```
tar -cvf name.tar name*
```

stopft alle Files des Arbeits-Verzeichnisses, auf die das Namensmuster (Jokerzeichen!) zutrifft, in ein File `name.tar`, das als Archiv bezeichnet wird. Die Option c bedeutet *create*, mit der Option v wird `tar(1)` geschwätzig (verbose), und f weist den Archivierer an, das nächste Argument als Ziel der Packerei aufzufassen. Das zweite Argument darf auch ein Verzeichnis sein. Eine Kompression oder Verschlüsselung ist damit nicht verbunden. Bei der Wahl der Argumente ist etwas Nachdenken angebracht. Das frisch erzeugte Archiv darf nicht zum Kreis der zu archivierenden Files gehören, sonst beißt sich `tar(1)` unter Umständen in den Schwanz. Ferner hält sich `tar(1)` genau an die Namensvorgaben, absolute oder relative Namen werden auch als solche verpackt:

```
tar -cvf unix.tar *.tex            # (in /buch/unix)
tar -cvf unix.tar ./*.tex          # (in /buch/unix)
tar -cvf unix.tar unix/*.tex       # (in /buch)
tar -cvf unix.tar /buch/unix/*.tex # (beliebig)
```

archivieren zwar dieselben Files, aber unter verschiedenen Namen, was beim Auspacken zu verschiedenen Ergebnissen führt. Die erste und zweite Form lassen sich in einem beliebigen Verzeichnis auspacken. Die dritte Form kann an beliebiger Stelle entpackt werden und erzeugt dort ein Unterverzeichnis namens `unix`. Die vierte Form ist unflexibel und führt zu demselben absoluten Pfad wie beim Packen. Zum Auspacken dient das Kommando (x = extract):

```
tar -xvf name.tar
```

Zweckmäßig kopiert man das auszupackende Archiv in ein eigenes Verzeichnis, weil hinterher unter Umständen ein umfangreicher Verzeichnisbaum an Stelle des Archivs grünt. Manchmal legt das Archiv beim Auspacken dieses Verzeichnis selbst an, am besten in einem temporären Verzeichnis ausprobieren. Ein `tar`-Archivfile kann mit einem beliebigen Packer verdichtet werden (erst archivieren, dann packen). Das ist im Netz üblich, um den Übertragungsaufwand zu verringern. Das GNU-Kommando `gtar(1)` archiviert und komprimiert bei entsprechender Option in einem Arbeitsgang:

```
gtar -cvzf myarchive.tar.gz filenames
```

3.4.11 Packer (compress, gzip)

Die meisten Files enthalten überflüssige Zeichen. Denken Sie an mehrere aufeinanderfolgende Leerzeichen, für die die Angabe des Zeichens und deren Anzahl aureichen würde. Um Speicherplatz und Übertragungszeit zu sparen, verdichtet man solche Files. Das Standard-Kommando dafür ist `compress(1)`, ein jüngeres und wirkungsvolleres Kommando `gzip(1)` aus dem GNU-Projekt. Das urpsrüngliche File wird gelöscht, das verdichtete File bekommt die Kennung `.Z` oder `.gz`. Zum Verdünnen auf die ursprüngliche Konzentration ruft man `uncompress(1)` oder `gunzip(1)` mit dem Filenamen auf. Das Packen ist vollkommen umkehrbar[17]. Probieren Sie folgende Kommandofolge aus (`textfile` sei ein mittelgroßes Textfile):

```
cp textfile textfile1
cp textfile textfile2
ll textfile*
compress textfile1
gzip textfile2
ll textfile*
uncompress textfile1.Z
gunzip textfile2.gz
ll textfile*
cmp textfile textfile1
cmp textfile textfile2
```

Auch binäre Files lassen sich verdichten. Ein mehrfaches Verdichten ist nicht zu empfehlen. In der MS-DOS-Welt gibt es eine Vielzahl anderer Packprogramme, teils frei, teils gegen Bares.

3.4.12 Weitere Kommandos

Mit `mv(1)` benennt man ein File um und verschiebt es gegebenenfalls in ein anderes Verzeichnis, seine Inode-Nummer bleibt:

---

[17]Im Zusammenhang mit dem Speichern von Bildern oder Klängen gibt es auch verlustbehaftete Kompressionsverfahren.

```
mv alex blex
mv alex ../../alex
ls | xargs -i -t mv {} subdir/{}
```

In der dritten Form listet ls(1) das Arbeitsverzeichnis auf. Die Ausgabe wird durch eine Pipe dem Kommando xargs(1) übergeben, das wegen der Option -i (insert) die übernommenen Argumente in die beiden Klammernpaare einsetzt – und zwar einzeln – und dann das Kommando mv(1) aufruft, erforderlichenfalls mehrmals. Die Option -t (trace) bewirkt die Anzeige jeder Aktion auf stderr. Auf diese Weise lassen sich alle Files eines Verzeichnisses oder eine Auswahl davon verschieben. Ebenso läßt sich ein Verzeichnis umbennen, ohne es zu verschieben. Das Kommando mvdir(1M) verschiebt ein Verzeichnis an eine andere Stelle in selben Filesystem und ist dem System-Manager vorbehalten, da bei unvorsichtigem Gebrauch geschlossene Wege innerhalb des Filebaums entstehen.

Zum **Löschen** (to delete, to erase, effacer) von Files bzw. Verzeichnissen dienen rm(1) und rmdir(1). Ein leeres Verzeichnis wird mit rmdir(1) gelöscht, ein volles samt allen Unterverzeichnissen mit rm -r, Vorsicht bei der Verwendung von Jokerzeichen! UNIX fragt nicht, sondern handelt – beinhart und gnadenlos. Gefährlich sind vor allem die Kommandos rm * und rm -r directoryname, die viele Files auf einen Schlag löschen. Das Löschen eines Files mittels rm(1) erfordert die Schreiberlaubnis im zugehörigen Verzeichnis, aber keine Rechte am File selbst. Gelöscht wird zunächst **logisch**, d. h. die angesprochene Inode samt zugehörigem Speicherplatz wird freigegeben, die Bits bleiben noch auf der Platte, sind aber nicht mehr erreichbar. Erst bei Bedarf an freiem Speicherplatz werden die Bits überschrieben, womit die Daten auch **physikalisch** beseitigt sind. Deshalb wird bei hohen Anforderungen an die Sicherheit ein File zunächst überschrieben und dann gelöscht.

Ein mit rm(1) gelöschtes File kann *nicht* wiederhergestellt werden, anders als unter MS-DOS. Der als frei markierte Bereich auf dem Massenspeicher wird im nächsten Augenblick von anderen Benutzern, einem Dämon oder vom System erneut belegt. Wer dazu neigt, die Reihenfolge von Denken und Handeln zu verkehren, sollte sich ein Alias für rm einrichten, das vor dem Löschen zurückfragt:

```
alias -x del='rm -i'
```

oder das Löschen durch ein Verschieben in ein besonderes Verzeichnis ersetzen, welches am Ende der Sitzung oder nach einer bestimmten Frist (cron(1) und find(1)) geleert wird:

```
# Shellscript saferm zum verzoegerten Loeschen 05.12.96
# Verzeichnis /saferm 333 root root erforderlich

case $1 in
        -*) option=$1; shift;;
         *) ;;
esac

/bin/cp $* /saferm
/bin/rm $option $*
```

Programm 3.3 : Shellscript saferm zum verzögerten Löschen von Files

Zum Leeren eines Files, ohne es zu löschen, verwendet man am einfachsten
folgende Zeile:

```
> filename
```

Das File hat anschließend die Größe 0 Bytes. Eine andere Möglichkeit ist das
Kopieren von /dev/null in das File.

Nun zu einem Dauerbrenner in der entsprechenden Gruppe der Netnews. Wie
werde ich ein File mit einem absonderlichen Namen los? In UNIX-Filenamen
können – wenn es mit rechten Dingen zugeht – alle Zeichen außer dem Schrägstrich
und dem ASCII-Zeichen Nr. 0 vorkommen. Der Schrägstrich trennt Verzeichnis-
namen voneinander, die ASCII-0 beendet einen Filenamen, einen String. Escape-
Folgen, die den Bildschirm löschen oder die Tastatur blockieren, sind erlaubte,
wenn auch unzweckmäßige Namen. Aber auch die beiden genannten Zeichen fängt
man sich gelegentlich über das Netz ein. Erzeugen Sie ein paar absonderlich benamte Files, am besten in einem für Experimente vorgesehenen Verzeichnis:

```
touch -abc
touch '   '
touch 'x  y'
touch '/'
```

und schauen Sie sich Ihr Verzeichnis mit:

```
ls -aliq
```

an. Wenn Sie vorsichtig sind, kopieren oder transportieren Sie alle vernünftigen
Files in ein anderes Verzeichnis, ehe Sie dem Übel zu Leibe rücken. Das File -abc,
dessen Name mit einem Bindestrich wie bei einer Option beginnt, wird man mit
einem der folgenden Kommandos los (ausprobieren):

```
rm ./-abc
rm - -abc
rm -- -abc
```

Enthalten die Namen Zeichen, die für die Shell eine besondere Bedeutung haben
(Metazeichen), hilft Einrahmen des Namens in Apostrophe (Quoten mit Single
Quotes), siehe oben. Zwei weitere, meist gangbare Wege sind:

```
rm -i *
find . -inum 12345 -ok rm '{}' \;
```

Das erste Kommando löscht alle Files im Arbeitsverzeichnis, fragt aber zuvor bei
jedem einzelnen File um Erlaubnis. Das zweite Kommando ermittelt im Arbeits-
verzeichnis das File mit der Inode-Nummer 12345, fragt um Erlaubnis und führt
gegebenenfalls das abschließende Kommando rm(1) aus. Die geschweiften Klammern, der Backslash und das Semikolon werden von find(1) verlangt. Wollen Sie
das widerspenstige File nur umbennen, sieht das Kommando so aus:

```
find . -inum 12345 -ok mv '{}' anstaendiger_name \;
```

Filenamen mit einem Schrägstrich oder ASCII-Null kommt man so jedoch nicht
bei. In diesem Fall kopiert man sämtliche gesunden Files in ein anderes Verzeichnis,
löscht mittels `clri(1M)` die Inode des schwarzen Schafes, führt einen File System
Check durch und holt sich die Daten aus `lost+found` zurück. Man kann auch –
sofern man kann – mit einem File System Debugger den Namen im Verzeichnis editieren. Weiteres siehe in der FAQ-Liste der Newsgruppe `comp.unix.questions`.
Zur Zeit besteht sie aus acht Teilen und wird von TED TIMAR gepflegt. Unbedingt
lesenswert, auch wenn man keine Probleme hat.

Der System-Manager kann eine Inode mit dem Kommando `clri(1M)` löschen,
etwaige Verzeichniseinträge dazu bleiben jedoch erhalten und müssen mit `rm(1)`
oder `fsck(1M)` beseitigt werden. Das Kommando ist eigentlich dazu gedacht, Inodes zu löschen, die in keinem Verzeichnis mehr aufgeführt sind.

Zum Auffinden von Files dienen `which(1)`, `whereis(1)` und `find(1)`.
`which(1)` sucht nach ausführbaren Files (Kommandos), `whereis(1)` nach Kommandos, deren Quellfiles und man-Seiten. `type(1)` und `whence(1)` geben ähnliche
Informationen:

```
which ls
whereis ls
type ls
whence ls
```

Das Werkzeug `find(1)` ist vielseitig und hat daher eine umfangreiche Syntax:

```
find . -name 'vorwort.*' -print
find . -name '*.tex' | xargs grep -i hallo
find $HOME -size +1000 -print
find / -atime +32 -print
```

Das Kommando der ersten Zeile sucht im Arbeits-Verzeichnis und seinen Unterverzeichnissen (rekursiv) nach Files mit dem Namen `vorwort.*` und gibt die
Namen auf `stdout` aus. Der gesuchte Name `vorwort.*` steht in Hochkommas
(Apostrophe, Single Quotes), damit das Jokerzeichen nicht von der Sitzungsshell,
sondern von `find(1)` ausgewertet wird. In der nächsten Zeile schicken wir die
Ausgabe durch eine Pipe zu dem Kommando `xargs(1)`. Dieses fügt die Ausgabe von `find(1)` an die Argumentliste von `grep(1)` an und führt `grep(1)` aus.
`xargs(1)` ist also ein Weg unter mehreren, die Argumentliste eines Kommandos
aufzubauen. In der dritten Zeile wird im Home-Verzeichnis und seinen Unterverzeichnissen nach Files gesucht, die größer als 1000 Blöcke (zu 512 Bytes) sind. Der
vierte Aufruf sucht im ganzen File-System (von `root` abwärts) nach Files, auf die
seit mehr als 32 Tagen nicht mehr zugegriffen wurde (access time, Zeitstempel).
Der Normalbenutzer erhält bei diesem Kommando einige Meldungen, daß ihm der
Zugriff auf Verzeichnisse verwehrt sei, aber der System-Manager benutzt es gern,
um Ladenhüter aufzuspüren.

Ein Kommando wie MS-DOS `tree` zur Anzeige des Filebaumes gibt es in
UNIX leider nicht. Deshalb hier ein Shellscript für diesen Zweck, das wir irgendwo
abgeschrieben haben:

```
dir=${1:-$HOME}
(cd $dir; pwd)
find $dir -type d -print |
sort -f |
sed -e "s,^$dir,," -e "/^$/d" -e \
"s,[^/]*/\([^/]*\)$,\---->\1," -e "s,[^/]*/,  |    ,g"
```

Programm 3.4 : Shellscript tree zur Anzeige der Filehierarchie

Die Zwischenräume und Tüttelchen sind wichtig; fragen sie bitte jetzt nicht nach ihrer Bedeutung. Schreiben Sie das Shellscript in ein File namens `tree` und rufen Sie zum Testen `tree usr—` auf. Ohne die Angabe eines Verzeichnisses zeigt `tree` das Home-Verzeichnis. Unter MINIX dient das Kommando `traverse(1)` demselben Zweck.

Der System-Manager (nur er, wegen der Zugriffsrechte) verschafft sich mit:

```
/etc/quot -f myfilesystem
```

eine Übersicht darüber, wieviele Kilobytes von wievielen Files eines jeden Besitzers im Filesystem `myfilesystem` belegt werden. Das Filesystem kann das `root`-Verzeichnis, ein gemountetes Verzeichnis oder ein Unterverzeichnis sein. Das Kommando geht nicht über die Grenze eines Filesystems hinweg.

3.4.13 Memo Files

- Unter UNIX gibt es gewöhnliche Files, Verzeichnisse und Gerätefiles.

- Alle Files sind in einem einzigen Verzeichnis- und Filebaum untergebracht, an dessen Spitze (Wurzel) das root-Verzeichnis steht.

- Jedes File oder Verzeichnis gehört einem Besitzer und einer Gruppe.

- Die Zugriffsrechte bilden eine Matrix von Besitzer - Gruppe - Rest der Welt und Lesen - Schreiben - Ausführen/Durchsuchen.

- Jedes File oder Verzeichnis besitzt eine Inode-Nummer. In der Inode stehen die Informationen über das File, in den Verzeichnissen die Zuordnung Inode-Nummer - Name.

- Ein harter Link ist ein weiterer Name zu einer Inode-Nummer. Ein weicher Link ist ein File mit einem Verweis auf ein anderes File oder Verzeichnis.

- Ein Filesystem kann in einen Mounting Point (leeres Verzeichnis) eines anderen Filesystems eingehängt (gemountet) werden.

- Ein Archivierprogramm wie `tar(1)` packt mehrere Files oder Verzeichnisse ins ein einziges File (Archiv).

- Ein Packprogramm wie `gzip(1)` verdichtet ein File ohne Informationsverlust (reversibel).

3.4.14 Übung Files

Melden Sie sich unter Ihrem Benutzernamen an. Ihr Passwort wissen Sie hoffentlich noch. Geben Sie folgende Kommandos ein:

```
id                      (Ihre persönlichen Daten)
who                     (Wer ist zur Zeit eingeloggt?)
tty                     (Wie heißt mein Terminal?)
pwd                     (Wie heißt mein Arbeits-Verzeichnis?)
ls                      (Arbeits-Verzeichnis auflisten)
ls -l oder ll
ls -li
ls /                    (root-Verzeichnis auflisten)
ls /bin                 (bin-Verzeichnis)
ls /usr                 (usr-Verzeichnis)
ls /dev                 (dev-Verzeichnis, Gerätefiles)
cat lsfile              (lsfile lesen)
news -a                 (alle News anzeigen)
mail                    (Falls Ihnen Mail angezeigt wird, kommen
                         Sie mit RETURN weiter.)
mail root               (Nun können Sie dem System-Manager einen
                         Brief schreiben. Ende mit RETURN, control-d)
mkdir privat            (Verzeichnis erzeugen)
cd privat               (dorthin wechseln)
cp /mnt/student/beispiel beispiel
                        (Das File /mnt/student/beispiel ist bei uns ein
                         kurzes, allgemein lesbares Textfile. Fragen Sie
                         Ihren System-Manager.)
cat beispiel            (File anzeigen)
head beispiel           (Fileanfang anzeigen)
more beispiel           (File bildschirmweise anzeigen)
pg beispiel             (File bildschirmweise anzeigen)
od -c beispiel          (File als ASCII-Text dumpen)
file beispiel           (Filetyp ermitteln)
file /bin/cat
whereis /bin/cat        (File suchen)
ln beispiel exempel     (linken)
cp beispiel uebung      (File kopieren)
ls -i
mv uebung schnarchsack
                        (File umbenennen)
```

```
ls
pg schnarchsack
rm schnarchsack        (File löschen)
                       (Auf die Frage mode? antworten Sie y)
vi text1               (Editor aufrufen)
a
```
Schreiben Sie einen kurzen Text. Drücken Sie die ESCAPE-Taste.
```
:wq                    (Editor verlassen)
pg text1
lp text1               (Fragen Sie Ihren System-Manager nach
                        dem üblichen Druckkommando)
```
Abmelden mit `exit`

3.5   Shells

3.5.1   Gesprächspartner

3.5.1.1   Kommandointerpreter

Wenn man einen **Dialog** mit dem Computer führt, muß im Computer ein Programm laufen, die rohe Hardware antwortet nicht. Der Gesprächspartner ist ein **Kommandointerpreter**, also ein Programm, das unsere Eingaben als Kommandos oder Befehle auffaßt und mit Hilfe des Betriebssystems und der Hardware ausführt. Man findet auch den Namen Bediener für ein solches Programm, das zwischen Benutzer und Betriebssystem vermittelt. Dieses erste Dialogprogramm einer Sitzung wird aufgrund der Eintragung im File `/etc/passwd(4)` gestartet; es ist der Elternprozess aller weiteren Prozesse der Sitzung und fast immer eine Shell, die **Sitzungsshell**, bei uns `/bin/ksh(1)` auf HP-Maschinen, `bash(1)` unter Linux.

Ein solcher Kommandointerpreter gehört zwar zu jedem dialogfähigen Betriebssystem, ist aber im strengen Sinn nicht dessen Bestandteil (Abb. 3.1 auf Seite 73). Er ist ein Programm, das für das Betriebssystem auf gleicher Stufe steht wie vom Anwender aufgerufene Programme. Er ist ersetzbar, es dürfen auch mehrere Kommandointerpreter gleichzeitig verfügbar sein (aber nicht mehrere Betriebssysteme).

Unter MS-DOS heißt der Standard-Kommandointerpreter `command.com`. Auf UNIX-Anlagen sind es die **Shells**. Im Anfang war die **Bourne-Shell** `sh(1)` oder `bsh(1)`, geschrieben von STEPHEN R. BOURNE. Als Programmiersprache ist sie ziemlich mächtig, als Kommando-Interpreter läßt sie Wünsche offen. Dennoch ist sie die einzige Shell, die auf jedem UNIX-System vorhanden ist.

Aus Berkeley kam bald die **C-Shell** `csh(1)`, geschrieben von BILL JOY, die als Kommando-Interpreter mehr leistete, als Programmiersprache infolge ihrer Annäherung an C ein Umgewöhnen erforderte. Sie enthielt auch anfangs mehr

Fehler als erträglich. So entwickelte sich der unbefriedigende Zustand, daß viele Benutzer als Interpreter die C-Shell, zum Abarbeiten von Shellscripts aber die Bourne-Shell wählten (was die doppelte Aufgabe der Shell verdeutlicht). Alle neueren Shells lassen sich auf diese beiden zurückführen. Eine Weiterentwicklung der C-Shell (mehr Funktionen, weniger Fehler) ist die **tc-Shell** tcsh(1). Wer bei der C-Syntax bleiben möchte, sollte sich diese Shell ansehen.

Die **Korn-Shell** ksh(1) von DAVID G. KORN verbindet die Schreibweise der Bourne-Shell mit der Funktionalität der C-Shell. Einige weitere Funktionen, die sich inzwischen als zweckmäßig erwiesen hatten, kamen hinzu. Der Umstieg von Bourne nach Korn ist einfach, manche Benutzer merken es nicht einmal. Die Korn-Shell ist proprietär, sie wird nur gegen Bares abgegeben. Die **Windowing-Korn-Shell** wksh(1) ist eine grafische Version der Korn-Shell, die vom X Window System Gebrauch macht; in ihren Shellscripts werden auch X-Window-Funktionen aufgerufen.

Das GNU-Projekt stellt die **Bourne-again-Shell** bash(1) frei zur Verfügung, die in vielem der Korn-Shell ähnelt. LINUX verwendet diese Shell. Die **Z-Shell** zsh(1) kann mehr als alle bisherigen Shells zusammen. Wir haben sie auf unserer Anlage eingerichtet, benutzen sie aber nicht, da uns bislang die Korn-Shell reicht und wir den Aufwand der Umstellung scheuen. Dann gibt es noch eine **rc-Shell**, die klein und schnell sein soll. Hinter uns steht kein Shell-Test-Institut, wir enthalten uns daher einer Bewertung. Im übrigen gibt es zu dieser Frage eine monatliche Mitteilung in der Newsgruppe comp.unix.shell.

Wem das nicht reicht, dem steht es frei, sich eine eigene Shell zu schreiben. Die Korn-Shell gibt es auch für MS-DOS-Rechner (siehe Abschnitt 3.15.5 *MKS-Tools und andere* auf Seite 272), was wieder die Austauschbarkeit des Kommandointerpreters unterstreicht. Im folgenden halten wir uns an die Korn-Shell ksh(1).

Einige der Kommandos, die Sie der Shell übergeben, führt sie persönlich aus. Sie werden **interne** oder **eingebaute Kommandos** genannt. Die Kommandos cd(1) und pwd(1) gehören dazu, unter MS-DOS beispielsweise dir. Das dir entsprechende, externe UNIX-Kommando ls(1) hingegen ist ein eigenes Programm, das wie viele andere Kommandos vom Interpreter aufgerufen wird und irgendwo in der File-Hierarchie zu Hause ist (/bin/ls oder /usr/bin/ls). Welche Kommandos intern und welche extern sind, ist eine Frage der Zweckmäßigkeit. Die internen Kommandos finden Sie unter sh(1) beziehungsweise ksh(1), Abschnitt Special Commands. Die Reihe der externen Kommandos können Sie durch eigene Programme beliebig erweitern. Falls Sie für die eigenen Kommandos Namen wie test(1) oder pc(1) verwenden, die durch UNIX schon belegt sind, gibt es Ärger.

Die übliche Form eines **UNIX-** oder **Shell-Kommandos** sieht so aus:

```
command -options argument1 argument2 ....
```

Die **Optionen** modifizieren die Wirkung des Kommandos. Es gibt Kommandos ohne Optionen wie pwd(1) und Kommandos mit unüberschaubar vielen wie ls(1). Mehrere gleichzeitig gewählte Optionen dürfen meist zu einem einzigen Optionswort zusammengefaßt werden. Unter **Argumenten** werden Filenamen oder Strings verstanden, soweit das Sinn macht. Die Reihenfolge von Optionen und Argumenten ist bei vielen Kommandos beliebig, aber da die UNIX-Kommandos auf

Programmierer mit unterschiedlichen Vorstellungen zurückgehen, hilft im Zweifelsfall nur der Blick ins Referenz-Handbuch. Kommandoeingabe per Menü ist unüblich, aber machbar, siehe Programm 3.9 *Shellscript für ein Menü* auf Seite 123. Die Verwendung einer Maus setzt erweiterte curses-Funktionen voraus, siehe Abschnitt 3.6.1.3 *Fenster (Windows), curses-Bibliothek* auf Seite 136, oder das X Window System.

Die Namen von UNIX-Kommandos unterliegen nur den allgemeinen Regeln für Filenamen, eine besondere Kennung wie `.exe` oder `.bat` ist nicht notwendig oder üblich. Eine Eingabe wie `karlsruhe` veranlaßt die Shell zu folgenden Tätigkeiten:

- Zuerst prüft die Shell, ob das Wort ein Aliasname ist (wird bald erklärt). Falls ja, wird es ersetzt.

- Ist das – unter Umständen ersetzte – Wort ein internes Kommando, wird es ausgeführt.

- Falls nicht, wird ein externes Kommando – ein File also – in einem der in der PATH-Variablen (wird auch bald erklärt) genannten Verzeichnisse gesucht. Bleibt die Suche erfolglos, erscheint eine Fehlermeldung: `not found`.

- Dann werden die Zugriffsrechte untersucht. Falls diese das Lesen und Ausführen gestatten, geht es weiter. Andernfalls: `cannot execute`.

- Das File sei gefunden und ein Shellscript (wird auch bald erklärt) oder ein ausführbares (kompiliertes) Programm. Dann läßt die Shell es in einem Kindprozess ausführen. Das Verhalten bei Syntaxfehlern (falsche Option, fehlendes Argument) ist Sache des Shellscripts oder Programmes, hängt also davon ab, was sich der Programmierer gedacht hat. Ein guter Programmierer läßt den Benutzer nicht ganz im Dunkeln tappen.

- Das File sei gefunden, sei aber ein Textfile wie ein Brief oder eine Programmquelle. Dann bedauert die Shell, damit nichts anfangen zu können, d. h. sie sieht den Text als ein Shellscript mit furchtbar vielen Fehlern an. Das gleiche gilt für Gerätefiles oder Verzeichnisse.

Die Shell vermutet also hinter dem ersten Wort einer Kommandozeile immer ein Kommando. Den Unterschied zwischen einem Shellscript und einem übersetzten Programm merkt sie schnell. Um sich ein Textfile anzusehen, gibt man ein entsprechendes Kommando (`more(1)`, `pg(1)` oder `view(1)`) mit dem Namen des Textfiles als Argument ein. In der Maus-und-Fenster-Welt ist die Denkweise anders, sofern Denken überhaupt noch nötig ist. `karlsruhe` war ein leeres File mit den Zugriffsrechten 777. Was hätten Sie als Shell damit gemacht?

In Filenamen ermöglicht die Shell den Gebrauch von **Jokerzeichen**, auch Wildcards genannt. Diese Zeichen haben *nichts* mit regulären Ausdrücken zu tun, sie sind eine Besonderheit der Shell. Die Auswertung der Joker heißt **Globbing**. Ein Fragezeichen bedeutet genau ein beliebiges Zeichen. Ein Filename wie

```
ab?c
```

trifft auf Files wie

```
ab1c  abXc  abcc  ab_c
```

zu. Ein Stern bedeutet eine beliebige Anzahl beliebiger Zeichen. Das Kommando

```
ls abc*z
```

listet alle Files des augenblicklichen Arbeits-Verzeichnisses auf, deren Name mit
abc beginnt und mit z endet, beispielsweise:

```
abcz  abc1z  abc123z  abc.z  abc.fiz   abc_xyz
```

Der Stern allein bedeutet *alle Files* des Arbeitsverzeichnisses. Eine Zeichenmenge
in eckigen Klammern wird durch genau ein Zeichen aus der Menge ersetzt. Der
Name

```
ab[xyz]
```

trifft also zu auf

```
abx   aby   abz
```

In der Regel setzt die Shell die Jokerzeichen um, es ist aber auch programmierbar,
daß das aufgerufene Kommando diese Arbeit übernimmt. Dann muß man beim
Aufruf des Kommandos die Jokerzeichen quoten (unwirksam machen). Was bewirken die Kommandos `rm a*` und `rm a *` (achten Sie auf den Space im zweiten
Kommando)? Also Vorsicht bei `rm` in Verbindung mit dem Stern! Das Kommando
– hier `rm(1)` – bekommt von der Shell eine Liste der gültigen Filenamen, sieht
also die Jokerzeichen gar nicht.

Es gibt weitere Zeichen, die für die Shells eine besondere Bedeutung haben.
Schauen Sie im Handbuch unter `sh(1)`, Abschnitt *File Name Generation and
Quoting* oder unter `ksh(1)`, Abschnitt *Definitions*, **Metazeichen** nach. Will
man den Metazeichen ihre besondere Bedeutung nehmen, muß man sie **quoten**[18].
Es gibt drei Stufen des Quotens, Sperrens, Zitierens, Entwertens oder Maskierens.
Ein Backslash quotet das nachfolgende Zeichen mit Ausnahme von Newline (line
feed). Ein Backslash-Newline-Paar wird einfach gelöscht und kennzeichnet daher
die Fortsetzung einer Kommadozeile. Anführungszeichen (double quotes) quoten
alle Metazeichen außer Dollar, back quotes, Backslash und Anführungszeichen.
Einfache Anführungszeichen (Hochkomma, Apostroph, single quotes) quoten alle
Metazeichen außer dem Apostroph oder Hochkomma (sonst käme man nie wieder
aus der Quotung heraus). Ein einzelnes Hochkomma wird wie eingangs gesagt
durch einen Backslash gequotet. Probieren Sie folgende Eingaben aus (`echo` oder
für die Korn-Shell `print`):

```
echo TERM
echo $TERM
echo \$TERM
echo "$TERM"
echo '$TERM'
```

---

[18]englisch *quoting* im Sinne von anführen, zitieren wird in den Netnews gebraucht.
Ferner gibt es einen `quota(1)`-Mechanismus zur Begrenzung der Belegung des Massenspeichers. Hat nichts mit dem Quoten von Metazeichen zu tun.

Wenn man jede Interpration einer Zeichenfolge durch die Shell verhindern will, setzt man sie meist der Einfachheit halber in Single Quotes, auch wenn es vielleicht nicht nötig wäre.

Schließlich gibt es noch die **back quotes** (accent grave). Für die Shell bedeuten sie *Ersetze das Kommando in den back quotes durch sein Ergebnis*. Sie erkennen die Wirkung an den Kommandos:

```
print Mein Verzeichnis ist pwd.
print Mein Verzeichnis ist `pwd`.
```

Im Druck kommt leider der Unterschied zwischen dem Apostroph und dem Accent grave meist nicht deutlich heraus; für die Shell liegen Welten dazwischen. Geben Sie die beiden Kommandos:

```
pwd
`pwd`
```

ein, so ist die Antwort im ersten Fall erwartungsgemäß der Name des aktuellen Verzeichnisses, im zweiten Fall eine Fehlermeldung, da der Shell der Pfad des aktuellen Verzeichnisses als Kommando vorgesetzt wird. Die Korn-Shell kennt eine zweite Form der Substitution:

```
lp $(ls)
```

die etwas flexibler in der Handhabung ist und sich übersichtlicher schachteln läßt. Obiges Kommando übergibt die Ausgabe von `ls` als Argument an das Kommando `lp`.

Die C-Shell und die Korn-Shell haben einen **History**-Mechanismus, der die zuletzt eingetippten Kommandos in einem File `.sh_history` (bei der Korn-Shell, lesbar) speichert. Mit dem internen Kommando `fc` greift man in der Korn-Shell darauf zurück. Die Kommandos lassen sich editieren und erneut ausführen. Tippt man nur `fc` ein, erscheint das jüngste Kommando als Text in dem Editor, der mittels der Umgebungsvariablen FCEDIT festgelegt wurde, meist im `vi(1)`. Man editiert das Kommando und verläßt den Editor auf die übliche Weise, den `vi(1)` also mit `:wq`. Das editierte Kommando wird erneut ausgeführt und in das History-File geschrieben. Das Kommando `fc -l -20` zeigt die 20 jüngsten Kommandos an, das Kommando `fc -e -` wiederholt das jüngste Kommando unverändert. Weiteres im Handbuch unter `ksh(1)`, Special Commands.

Der Ablauf einer Sitzung läßt sich festhalten, indem man zu Beginn das Kommando `script(1)` gibt. Alle Bildschirmausgaben werden gleichzeitig in ein File `typescript` geschrieben, das man später lesen oder drucken kann. Die Wirkung von `script(1)` wird durch das shellinterne Kommando `exit` beendet. Wir verwenden `script(1)` bei Literaturrecherchen im Netz, wenn man nicht sicher sein kann, daß alles bis zum glücklichen Ende nach Wunsch verläuft.

Mittels des shellinternen Kommandos `alias` (sprich ejlias) – das aus der C-Shell stammt – lassen sich für bestehende Kommandos neue Namen einführen. Diese haben Gültigkeit für die jeweilige Shell und je nach Option für ihre Abkömmlinge. Der Aliasname wird von der Shell buchstäblich durch die rechte Seite der Zuweisung ersetzt; dem Aliasnamen mitgegebene Optionen oder Argumente werden an den Ersatz angehängt. Man überlege sich den Unterschied zu einem gelinkten Zweitnamen, der im File-System verankert ist. Ein weiterer Unterschied besteht darin, daß interne Shell-Kommandos zwar mit einem Aliasnamen versehen, aber nicht gelinkt werden können, da sie nicht in einem eigenen File niedergelegt sind. Gibt man in der Sitzungsshell folgende Kommandos:

```
alias -x dir=ls
alias -x who='who | sort'
alias -x r='fc -e -'
```

so steht das Kommando `dir` mit der Bedeutung und Syntax von `ls(1)` zur Verfügung, und zwar zusätzlich. Ein Aufruf des Kommandos `who` führt zum Aufruf der Pipe, das echte `who(1)` ist nur noch über seinen absoluten Pfad `/bin/who` erreichbar. Dieses `who`-Alias hat einen Haken. Ruft der nichtsahnende Benutzer `who` mit einer Option auf, so wird die Zeichenfolge `who` durch das Alias ersetzt, die Option mithin an `sort` angehängt, das meist nichts damit anfangen kann und eine Fehlermeldung ausgibt. Der Aufruf von `r` wiederholt das jüngste Kommando unverändert, entspricht also der F3-Taste auf PCs unter MS-DOS. Die Option `-x` veranlaßt den Export des Alias in alle Kindprozesse; sie scheint jedoch nicht überall verfügbar zu sein. Die Quotes sind notwendig, sobald das Kommando Trennzeichen (Space) enthält. Das Kommando `alias` ohne Argumente zeigt die augenblicklichen Aliases an. Mittels `unalias` wird ein Alias aufgehoben. Aliases lassen sich nur unter bestimmten Bedingungen schachteln.

Einige Shells bieten Shellfunktionen als Alternative zu Aliasnamen an. In der Bourne- und der Kornshell kann man eine Funktion `dir()` definieren:

```
dir () { pwd; ls -l $*; }
```

(die Zwischenräume um die geschweiften Klammern sind wichtig) die wie ein Shellkommando aufgerufen wird. Einen Weg zum Exportieren haben wir nicht gefunden. Mittels `unset dir` wird die Funktion gelöscht.

Die durch die Anmeldung erzeugte erste Shell – die **Sitzungsshell** – ist gegen einige Eingabefehler besonders geschützt. Sie läßt sich nicht durch das Signal Nr. 15 (SIGTERM) beenden, auch nicht durch die Eingabe von EOF (File-Ende, üblicherweise `control-d`, festgelegt durch `stty(1)` in `$HOME/.profile`), sofern dies durch das Kommando `set -o ignoreeof` eingestellt ist.

3.5.1.2 Umgebung

Die Shells machen noch mehr. Sie stellen für jede Sitzung eine **Umgebung** (environment, environnement) bereit. Darin sind eine Reihe von Parametern enthalten, die der Benutzer bzw. seine Programme immer wieder brauchen, beispielsweise die Namen des Home-Verzeichnisses und der Mailbox, der Terminaltyp, der Prompt, der Suchpfad für Kommandos, die Zeitzone. Mit dem internen Kommando `set` holen Sie Ihre Umgebung auf den Bildschirm. Sie können die Umgebung verändern und aus Programmen oder Shellscripts heraus abfragen.

Einige dieser Parameter werden von der Sitzungsshell erzeugt und auf alle Kindprozesse vererbt. Sie gelten global für die ganze Sitzung bis zu ihrem Ende.

Für diese Parameter besteht eine implizite oder explizite `export`-Anweisung; sie werden als **Umgebungs-Variable** bezeichnet. Die anderen Parameter gelten nur für die jeweilige Shell, sie werden nicht vererbt und als **Shell-Variable** bezeichnet. Eine Umgebung, wie sie `set` auf den Bildschirm bringt, sieht etwa so aus:

```
CDPATH=:..:/mnt/alex
EDITOR=/usr/bin/vi
EXINIT=set exrc
FCEDIT=/usr/bin/vi
HOME=/mnt/alex
IFS=

LOGNAME=wualex1
MAIL=/usr/mail/wualex1
MAILCHECK=600
OLDPWD=/mnt/alex
PATH=/bin:/usr/bin:/usr/local/bin::
PPID=1
PS1=A
PS2=>
PS3=#?
PWD=/mnt/alex/unix
RANDOM=2474
SECONDS=11756
SHELL=/bin/ksh
TERM=ansi
TMOUT=0
TN=console
TTY=/dev/console
TZ=MSZ-2
_=unix.tex
```

Das bedeutet im einzelnen:

- CDPATH legt einen Suchpfad für das Kommando `cd(1)` fest. Die Namen von Verzeichnissen, die sich im Arbeits-Verzeichnis, im übergeordneten oder im Home-Verzeichnis `/mnt/alex` befinden, können mit ihrem Grundnamen (relativ) angegeben werden.

- EDITOR nennt den Editor, der standardmäßig zur Änderung von Kommandozeilen aufgerufen wird.

- EXINIT veranlaßt den Editor `vi(1)`, beim Aufruf das zugehörige Konfigurations-Kommando auszuführen.

- FCEDIT gibt den Editor an, mit dem Kommandos bearbeitet werden, die über den History-Mechanismus zurückgeholt worden sind (Kommando `fc`).

- HOME nennt das Home-Verzeichnis.

- IFS ist das interne Feld-Trennzeichen, das die Bestandteile von Kommandos trennt, in der Regel space, tab und newline.

- LOGNAME (auch USER) ist der beim Einloggen benutzte Name.

- MAIL ist die Mailbox.

- MAILCHECK gibt in Sekunden an, wie häufig die Shell die Mailbox auf Zugänge abfragt.

- OLDPWD nennt das vorherige Arbeits-Verzeichnis.

- PATH ist die wichtigste Umgebungsvariable. Sie gibt den Suchpfad für Kommandos an. Die Reihenfolge spielt eine Rolle. Der zweite Doppelpunkt am Ende bezeichnet das jeweilige Arbeits-Verzeichnis.

- PPID ist die Parent Process-ID der Shell, hier also der `init`-Prozess.

- PS1 ist der erste Prompt, in der Regel das Dollarzeichen, hier individuell abgewandelt. PS2 und PS3 entsprechend.

- PWD nennt das augenblickliche Arbeits-Verzeichnis.

- RANDOM ist eine Zufallszahl zur beliebigen Verwendung.

- SECONDS ist die Anzahl der Sekunden seit dem Aufruf der Shell.

- SHELL nennt die Shell.

- TERM nennt den Terminaltyp, wie er in der `terminfo(4)` steht. Wird vom `vi(1)` und den `curses(3)`-Funktionen benötigt.

- TMOUT gibt die Anzahl der Sekunden an, nach der die Shell sich beendet, falls kein Zeichen eingegeben wird. Der hier gesetzte Wert 0 bedeutet kein Timeout. Üblich: 1000.

- TN ist das letzte Glied aus TTY, eine lokale Erfindung.

- TTY ist die Terminalbezeichnung aus dem Verzeichnis `/dev`, wie sie das Kommando `tty(1)` liefert.

- TZ ist die Zeitzone, hier mitteleuropäische Sommerzeit, zwei Stunden östlich Greenwich.

- _ (underscore) enthält das letzte Argument des letzten asynchronen Kommandos.

Unter MS-DOS gibt es eine ähnliche Einrichtung, die ebenfalls mit dem Kommando `set` auf dem Bildschirm erscheint.

Zum Ändern oder Anlegen einer Variablen geben Sie ein Kommando folgender Art ein (keine Spaces um das Gleichheitszeichen):

```
TERM=hp2393
NEU=Unsinn
```

Danach hat die bereits vorher vorhandene Variable TERM den Wert hp2393, und
eine neue Variable NEU mit dem Wert Unsinn ist angelegt worden. Die Namen
der Variablen werden üblicherweise groß geschrieben. Die ganze Gleichung ist ein
String, dessen rechter Teil auch leer sein darf. In diesem Fall wird die Variable
gelöscht. Soll der String Leerzeichen enthalten, muß er in Gänsefüßchen gesetzt
werden:

```
PS1="A "
```

In der Korn-Shell kann man dem Prompt etwas Arbeit zumuten (back quotes):

```
PS1='${pwd##*/}>  '
```

Er zeigt dann den Grundnamen des augenblicklichen Arbeitsverzeichnisses an, was
viele Benutzer vom PC her gewohnt sind. Soll eine Variable für die ganze Sitzung
gelten, muß sie in der Sitzungsshell – also nicht in einer Subshell – eingerichtet
und exportiert werden (zwei Schreibweisen):

```
NEU=Unsinn; export NEU
export NEU=Unsinn
```

Meist setzt man individuelle Variable in einem Shellscript namens .profile im
Home-Verzeichnis entsprechend autoexec.bat unter MS-DOS. Ein C-Programm
zur Anzeige der Umgebung ähnlich dem Kommando set sieht so aus:

```
/* umgebung.c, Programm zur Anzeige der Umgebung */

#include <stdio.h>

int main(argc, argv, envp)
int argc;
char *argv[], *envp[];

{
int i;

for (i = 0; envp[i] != NULL; i++)
    printf("%s\n", envp[i]);

return 0;
}
```

Programm 3.5 : C-Programm zur Anzeige der Umgebung

Die Umgebung ist ein Array of Strings namens envp, dessen Inhalt genau das
ist, was set auf den Bildschirm bringt. In der for-Schleife werden die Elemente
des Arrays sprich Zeilen ausgegeben, bis das Element NULL erreicht ist. Statt die
Zeilen auszugeben, kann man sie auch anders verwerten.

3.5.1.3 Umlenkung

Beim Aufruf eines Kommandos oder Programmes lassen sich Ein- und Ausgabe durch die Umlenkungszeichen < und > in Verbindung mit einem Filenamen in eine andere Richtung umlenken. Beispielsweise liest das Kommando `cat(1)` von `stdin` und schreibt nach `stdout`. Lenkt man Ein- und Ausgabe um:

```
cat < input > output
```

so liest `cat(1)` das File `input` und schreibt es in das File `output`. Das Einlesen von `stdin` oder dem File `input` wird beendet durch das Zeichen EOF (End Of File) oder `control-d`. Etwaige Fehlermeldungen erscheinen nach wie vor auf dem Bildschirm, `stderr` ist nicht umgeleitet. Doppelte Pfeile zur Umlenkung der Ausgabe veranlassen das Anhängen der Ausgabe an einen etwa bestehenden Inhalt des Files, während der einfache Pfeil das File von Beginn an beschreibt:

```
cat < input >> output
```

Existiert das File noch nicht, wird es in beiden Fällen erzeugt.

Die Pfeile lassen sich auch zur Verbindung von File-Deskriptoren verwenden. Beispielsweise verbindet

```
command 2>&1
```

den File-Deskriptor 2 (in der Regel `stderr`) des Kommandos `command` mit dem File-Deskriptor 1 (in der Regel `stdout`). Die Fehlermeldungen von `command` landen im selben File wie die eigentliche Ausgabe. Lenkt man noch `stdout` um, so spielt die Reihenfolge der Umlenkungen eine Rolle. Die Eingabe

```
command 1>output 2>&1
```

lenkt zunächst `stdout` (File-Deskriptor 1) in das File `output`. Anschließend wird `stderr` (File-Deskriptor 2) in das File umgelenkt, das mit dem File-Deskriptor 1 verbunden ist, also nach `output`. Vertauscht man die Reihenfolge der beiden Umlenkungen, so wird zunächst `stderr` nach `stdout` (Bildschirm) umgelenkt (was wenig Sinn macht, weil `stderr` ohnehin der Bildschirm ist) und anschließend `stdout` in das File `output`. Im File `output` findet sich nur die eigentliche Ausgabe. Sind Quelle und Ziel einer Umlenkung identisch:

```
command >filename <filename
```

so hat das unabhängig von der Reihenfolge in der Kommandozeile die unerwünschte Wirkung, daß das File geleert wird.

Die Umlenkungen werden von der Shell geleistet. Das Kommando erhält von der Shell die bereits umgelenkten File-Deskriptoren. Das hat den Vorteil, daß man sich beim Schreiben eigener Kommandos nicht um den Umlenkungsmechanismus zu kümmern braucht.

3.5.2 Shellscripts

Wenn man eine Folge von Kommandos häufiger braucht, schreibt man sie in ein File und übergibt dem Kommandointerpreter den Namen dieses Files. Unter MS-DOS heißt ein solches File Stapeldatei oder Batchfile, unter UNIX **Shellscript** und bei manchen Verfassern Kommandoprozedur, Makro oder Makrobefehl. Es ist nicht selbstverständlich, aber zweckmäßig, für die Shellscripts dieselbe Kommandosprache zu verwenden wie im Dialog. Der Teil der Shell, der Shellscripts abarbeitet, wird auch als Abwickler bezeichnet. Es gibt weitere Scriptsprachen – vor allem Perl (nicht Pearl, das ist eine andere Geschichte) – anstelle der Shellsprache. Shellscripts dürfen geschachtelt werden (ohne `call` wie in MS-DOS). Die externen UNIX-Kommandos sind teils unlesbare kompilierte Programme, teils lesbare Shellscripts.

Es gibt zwei Wege, ein Shellscript auszuführen. Falls es nur lesbar, aber nicht ausführbar ist, übergibt man es als Argument einer Subshell:

```
sh shellscript
```

Ist es dagegen les- und ausführbar, reicht der Aufruf mit dem Namen allein:

```
shellscript
```

Bei der ersten Möglichkeit kann man eine andere als die augenblickliche Sitzungsshell aufrufen, also beispielsweise Bourne statt Korn. Es soll auch leichte Unterschiede in der Vererbung der Umgebung geben, die Literatur – so weit wie wir sie kennen – hält sich mit klaren Aussagen zurück. Experimentell konnten wir nur einen Unterschied hinsichtlich der Umgebungsvariablen EDITOR feststellen.

Der Witz an den Shellscripts ist, daß sie weit mehr als nur Programmaufrufe enthalten dürfen. Die Shells verstehen eine Sprache, die an BASIC heranreicht; sie sind programmierbar. Es gibt Variable, Schleifen, Bedingungen, Ganzzahlarithmetik, Zuweisungen, Funktionen, nur keine Gleitkommarechnung. Die Syntax gleicht einer Mischung von BASIC und C. Man muß das Referenz-Handbuch sorgfältig lesen, gerade wegen der Ähnlichkeiten. **Kommentar** wird mit einem Doppelkreuz eingeleitet, das bis zum Zeilenende wirkt. Das folgende Beispiel zeigt, wie man eine längere Pipe in ein Shellscript verpackt:

```
# Shellscript frequenz, Frequenzwoerterliste
cat $* |
tr [A-Z] [a-z] |
tr -sc "[a-z]" "[\012*]" |
sort |
uniq -c |
sort -nr
```

Programm 3.6 : Shellscript Frequenzwörterliste

Dieses Shellscript – in einem File namens `frequenz` – nimmt die Namen von einem oder mehreren Textfiles als Argument entgegen, liest die Files mittels `cat`, ersetzt alle Großbuchstaben durch Kleinbuchstaben, ersetzt weiterhin alle Zeichen, die keine Buchstaben sind, durch Linefeeds (d. h. schreibt jedes Wort in eine eigene Zeile), sortiert das Ganze, wirft mit Hilfe von `uniq` mehrfache Eintragungen hinaus, zählt dabei die Eintragungen und sortiert schließlich die Zeilen nach der Anzahl der Eintragungen, die größte Zahl zuvörderst. Der Aufruf des Scripts erfolgt mit `frequenz filenames`. Es ist zugleich ein schönes Beispiel dafür, wie man durch eine Kombination einfacher Werkzeuge eine komplexe Aufgabe löst. Das Zurückführen der verschiedenen Formen eines Wortes auf die Grundform (Infinitiv, Nominativ) muß von Hand geleistet werden, aber einen großen und stumpfsinnigen Teil der Arbeit beim Aufstellen einer Frequenzwörterliste erledigt unser pfiffiges Werkzeug.

Bereinigt man unser Vorwort (ältere Fassung, nicht nachzählen) von allen LaTeX-Konstrukten und bearbeitet es mit `frequenz`, so erhält man eine Wörterliste, deren Beginn so aussieht:

```
16 der
16 und
 9 das
 9 die
 8 wir
 7 mit
 7 unix
 6 fuer
 6 in
 6 man
```

Solche Frequenzwörterlisten verwendet man bei Stiluntersuchungen, zum Anlegen von Stichwortverzeichnissen und beim Lernen von Fremdsprachen.

Auf Variable greift man in einem Shellscript zurück, indem man ein Dollarzeichen vor ihren Namen setzt. Das Shellscript

```
print TERM
print $TERM
print TERM = $TERM
```

schreibt erst die Zeichenfolge `TERM` auf den Bildschirm und in der nächsten Zeile den Inhalt der Variablen `TERM`, also beispielsweise `hp2393`. Die dritte Zeile kombiniert beide Ausgaben. Weiterhin kennen Shellscripts noch **benannte Parameter** – auch Schlüsselwort-Parameter geheißen – und **Positionsparameter**. Benannte Parameter erhalten ihren Wert durch eine Zuweisung

```
x=3
P1=lpjet
```

während die Positionsparameter von der Shell erzeugt werden. Ihre Namen und Bedeutungen sind:

- $0 ist das erste Glied der Kommandozeile, also das Kommando selbst ohne Optionen oder Argumente,

- $1 ist das zweite Glied der Kommandozeile, also eine Option oder ein Argument,

- $2 ist das dritte Glied der Kommandozeile usw.

- $# ist die Anzahl der Positionsparameter,

- $* ist die gesamte Kommandozeile ohne das erste Glied $0, also die Folge aller Optionen und Argumente.

Die Bezifferung der Positionsparameter geht bis 9, die Anzahl der Glieder der Kommandozeile ist nahezu unbegrenzt. Die Glieder jenseits der Nummer 9 werden in einem Sumpf verwahrt, aus dem sie mit einem shift-Kommando herausgeholt werden können. Hier ein Shellscript, das zeigt, wie man auf Umgebungsvariable und Positionsparameter zugreift:

```
# Shellscript posparm zur Anzeige von Umgebungsvariablen
# und Positionsparametern, 30.08.91

print Start $0
x=4711
print $*
print $#
print $1
print $2
print ${9:-nichts}
print $x
print $TERM
print Ende $0
```

Programm 3.7 : Shellscript zur Anzeige von Positionsparametern

Nun ein umfangreicheres Beispiel. Das Shellscript userlist wertet die Files /etc/passwd und /etc/group aus und erzeugt zwei Benutzerlisten, die man sich ansehen oder ausdrucken kann:

```
# Shellscript userlist, 30. Okt. 86

# Dieses Shellskript erzeugt eine formatierte Liste der
# User und schreibt sie ins File userlist. Voraussetzung
# ist, dass die Namen der User aus mindestens einem Buch-
# staben und einer Ziffer bestehen. Usernamen wie root,
# bin, who, gast werden also nicht in die Liste auf-
# genommen. Die Liste ist sortiert nach der UID. Weiterhin
# erzeugt das Skript eine formatierte Liste aller Gruppen
# und ihrer Mitglieder und schreibt sie ins File grouplist.

# cat liest /etc/passwd
# cut schneidet die gewuenschten Felder aus
# grep sortiert die gewuenschten Namen aus
# sort sortiert nach der User-ID
# sed ersetzt die Doppelpunkte durch control-i (tabs)
# expand ersetzt die tabs durch spaces
```

```
print Start /etc/userlist

print "Userliste vom 'date '+%d. %F %y''\n" > userlist

cat /etc/passwd | cut -f1,3,5 -d: |
grep '[A-z][A-z]*[0-9]' | sort +1.0 -2 -t: |
sed -e "s/[:]/  /g" | expand -12 >> userlist

print "\n'cat userlist | grep '[A-z][A-z]*[0-9]' |
cut -c13-15 | uniq |
wc -l' User. Userliste beendet" >> userlist

# cat liest /etc/group
# cut schneidet die gewuenschten Felder aus
# sort sortiert numerisch nach der Group-ID
# sed ersetzt : oder # durch control I (tabs)
# expand ersetzt tabs durch spaces

print "Gruppenliste vom 'date '+%d. %F %y''\n" > grouplist

cat /etc/group | cut -f1,3,4 -d: |
sort -n +1.0 -2 -t: | sed -e "s/:/  /g" |
sed -e "s/#/     /g" | expand -12 >> grouplist

print "\nGruppenliste beendet" >> grouplist

print Ende userlist
```

Programm 3.8 : Shellscript zur Erzeugung einer Benutzerliste

Das folgende Shellscript schreibt ein Menü auf den Bildschirm und wertet die Antwort aus, wobei man statt der Ausgabe mittels echo oder print irgendetwas Sinnvolles tun sollte:

```
# Shellscript menu zum Demonstrieren von Menues, 30.08.91

clear
print "\n\n\n\n\n\n"
print "\tMenu"
print "\t====\n\n\n"
print "\tAuswahl 1\n"
print "\tAuswahl 2\n"
print "\tAuswahl 3\n\n\n"
print "\tBitte Ziffer eingeben: \c"; read z
print "\n\n\n"
case $z in
    1) print "Sie haben 1 gewaehlt.\n\n";;
    2) print "Sie haben 2 gewaehlt.\n\n";;
    3) print "Sie haben 3 gewaehlt.\n\n";;
    *) print "Ziffer unbekannt.\n\n";;
esac
```

Programm 3.9 : Shellscript für ein Menü

Im obigen Beispiel wird die **Auswahl** case – esac verwendet, die der switch-Anweisung in C entspricht. Es gibt weiterhin die **Bedingung** oder **Verzweigung** mit if – then – else – fi, die das folgende Beispiel zeigt. Gleichzeitig wird Arithmetik mit ganzen Zahlen vorgeführt:

```
# Shellscript primscript zur Berechnung von Primzahlen

typeset -i ende=100        # groesste Zahl, max. 3600
typeset -i z=5             # aktuelle Zahl
typeset -i i=1             # Index von p
typeset -i p[500]          # Array der Primzahlen, max. 511
typeset -i n=2             # Anzahl der Primzahlen

p[0]=2; p[1]=3             # die ersten Primzahlen

while [ z -le ende ]
do
        if [ z%p[i] -eq 0 ]        # z teilbar
        then
                z=z+2
                i=1
        else                       # z nicht teilbar
            if [ p[i]*p[i] -le z ]
            then
                    i=i+1
            else
                    p[n]=z; n=n+1
                    z=z+2
                    i=1
            fi
        fi
done

i=0                        # Ausgabe des Arrays
while [ i -lt n ]
do
        print ${p[i]}
        i=i+1
done

print Anzahl: $n
```

Programm 3.10 : Shellscript zur Berechnung von Primzahlen

Eine geschachtelte Verzweigung wie in obigem Shellscript darf auch kürzer mit if – then – elif – then – else – fi geschrieben werden. Man gewinnt jedoch nicht viel damit.

Die **for-Schleife** hat in Shellscripts eine andere Bedeutung als in C. Im folgenden Shellskript ist sie so aufzufassen: für die Argumente in dem Positionsparameter $* (der Name user ist beliebig) führe der Reihe nach die Kommandos zwischen do und done aus.

```
# Shellscript filecount zum Zaehlen der Files eines Users

for user in $*
do
print $user 'find /mnt -user $user -print | wc -l'
done
```

Programm 3.11 : Shellscript zum Zählen der Files eines Benutzers

Es gibt weiterhin die **while-Schleife** mit while - do - done, die der gleichnamigen Schleife in anderen Programmiersprachen entspricht. Auf while folgt
eine Liste von Kommandos, deren Ergebnis entweder true oder false ist (also
nicht ein logischer Ausdruck wie in den Programmiersprachen). true(1) ist hier
kein logischer oder boolescher Wert, sondern ein externes UNIX-Kommando, das
eine Null (= true) zurückliefert (entsprechend auch false(1)):

```
# Shellscript mit Funktion zum Fragen, 21.05.1992
# nach Bolsky + Korn, S. 183, 191

# Funktion frage

function frage
{
typeset -l antwort          # Typ Kleinbuchstaben
while true
        do      read "antwort?$1" || return 1
                case $antwort in
                j|ja|y|yes|oui) return 0;;
                n|nein|no|non)  return 1;;
                *) print 'Mit j oder n antworten';;
                esac
        done
}

# Anwendung der Funktion frage

while frage 'Weitermachen? '
do
        date    # oder etwas Sinnvolleres
done
```

Programm 3.12 : Shellscript mit einer Funktion zum Fragen

Eine Schleife wird abgebrochen, wenn

- die Rücksprung- oder Eintrittsbedingung nicht mehr erfüllt ist oder

- im Rumpf der Schleife das shellinterne Kommando exit, return, break
  oder continue erreicht wird.

Die Kommandos zeigen unterschiedliche Wirkungen. exit gibt die Kontrolle an
das aufrufende Programm (Sitzungsshell) zurück. Außerhalb einer Funktion hat
return die gleiche Wirkung. break beendet die Schleife, das Shellscript wird nach

der Schleife fortgesetzt wie bei einer Verletzung der Bedingung. continue hingegen führt zu einem Rücksprung an den Schleifenanfang. Für die gleichnamigen C-Anweisungen gilt dasselbe.

Shellscripts lassen sich durch **Funktionen** strukturieren, die sogar rekursiv aufgerufen werden dürfen, wie das folgende Beispiel zeigt:

```
# Shellscript hanoiscript (Tuerme von Hanoi), 25.05.1992
# Aufruf hanoi n mit n = Anzahl der Scheiben

# nach Bolsky + Korn S. 84, veraendert
# max. 16 Scheiben, wegen Zeitbedarf

# Funktion, rekursiv (selbstaufrufend)

function fhanoi
{
        typeset -i x=$1-1
        ((x>0)) && fhanoi $x $2 $4 $3
        print "\tvon Turm $2 nach Turm $3"
        ((x>0)) && fhanoi $x $4 $3 $2
}

# Hauptscript

case $1 in
[1-9] | [1][0-6])
        print "\nTuerme von Hanoi (Shellscript)"
        print "Start Turm 1, Ziel Turm 2, $1 Scheiben\n"
        print "Bewege die oberste Scheibe"
        fhanoi $1 1 2 3;;
*) print "Argument zwischen 1 und 16 erforderlich"
   exit;;
esac
```

Programm 3.13 : Shellscript Türme von Hanoi, rekursiver Funktionsaufruf

Die Türme von Hanoi sind ein Spiel und ein beliebtes Programmbeispiel, bei dem ein Stapel unterschiedlich großer Scheiben von einem Turm auf einen zweiten Turm gebracht werden soll, ein dritter Turm als Zwischenlager dient, mit einem Zug immer nur eine Scheibe bewegt werden und niemals eine größere Scheibe über einer kleineren liegen darf. Das Spiel wurde 1883 von dem französischen Mathematiker FRANÇOIS EDUOUARD ANATOLE LUCAS erdacht. Im obigen Shellscript ist die Anzahl der Scheiben auf 16 begrenzt, weil mit steigender Scheibenzahl die Zeiten lang werden (Anzahl der Züge minimal $2^n - 1$).

Das Hauptscript ruft die Funktion fhanoi mit vier Argumenten auf. Das erste Argument ist die Anzahl der Scheiben, die weiteren Argumente sind Start-, Ziel- und Zwischenturm. Die Funktion fhanoi setzt die Integervariable x auf den um 1 verminderten Wert der Anzahl, im Beispiel also zunächst auf 2. Diese Variable begrenzt die Rekursionstiefe. Ist der Wert des ersten Argumentes im Aufruf bei 1 angekommen, ruft sich die Funktion nicht mehr auf, sondern gibt nur noch aus. Die Zeile:

```
((x>0)) && fhanoi $x $2 $4 $3
```

ist in der Korn-Shell so zu verstehen:

- berechne den Wert des booleschen Ausdrucks `x > 0`,
- falls TRUE herauskommt, rufe die Funktion `fhanoi` mit den jeweiligen Argumenten auf, wobei `$2` das zweite Argument ist usw.

Schreiben wir uns die Folge der Funktionsaufrufe untereinander, erhalten wir:

```
fhanoi 3 1 2 3
      fhanoi 2 1 3 2
              fhanoi 1 1 2 3 -> print 1 2
      print 1 3
              fhanoi 1 2 3 1 -> print 2 3
print 1 2
      fhanoi 2 3 2 1
              fhanoi 1 3 1 2 -> print 3 1
      print 3 2
              fhanoi 1 1 2 3 -> print 1 2
```

Die Ausgabe des Scripts für $n = 3$ sieht folgendermaßen aus:

```
Tuerme von Hanoi (Shellscript)
Start Turm 1, Ziel Turm 2, 3 Scheiben

Bewege die oberste Scheibe
von Turm 1 nach Turm 2
von Turm 1 nach Turm 3
von Turm 2 nach Turm 3
von Turm 1 nach Turm 2
von Turm 3 nach Turm 1
von Turm 3 nach Turm 2
von Turm 1 nach Turm 2
```

Für $n = 1$ ist die Lösung trivial, für $n = 2$ offensichtlich, für $n = 3$ überschaubar, sofern die Sterne günstig und die richtigen Getränke in Reichweite stehen. Bei größeren Werten muß man systematisch vorgehen. Ein entscheidender Moment ist erreicht, wenn nur noch die unterste (größte) Scheibe im Start liegt und sich alle übrigen Scheiben im Zwischenlager befinden, geordnet natürlich. Dann bewegen wir die größte Scheibe ins Ziel. Der Rest ist nur noch, den Stapel vom Zwischenlager ins Ziel zu bewegen, eine Aufgabe, die wir bereits beim Transport der $n - 1$ Scheiben vom Start ins Zwischenlager bewältigt haben. Damit haben wir die Aufgabe von n auf $n - 1$ Scheiben reduziert. Das Rezept wiederholen wir, bis wir bei $n = 2$ angelangt sind. Wir ersetzen also eine vom Umfang her nicht zu lösende Aufgabe durch eine gleichartige mit geringerem Umfang so lange, bis die Aufgabe einfach genug geworden ist. Das Problem liegt darin, sich alle angefangenen, aber noch nicht zu Ende gebrachten Teilaufgaben zu merken, aber dafür gibt es Computer. Mit der Entdeckung eines Algorithmus, der mit Sicherheit und in kürzestmöglicher Zeit zum Ziel führt, ist der Charakter des Spiels verloren gegangen, es ist nur noch ein Konzentrations- und Gedächtnistest. Beim Schach liegen die Verhältnisse anders.

Dieses Prögrammle haben wir ausführlich erklärt, weil Rekursionen für manchen Leser ungewohnt sind. Versuchen Sie, die Aufgabe ohne Rekursion zu lösen (nicht alle Programmiersprachen kennen die Rekursion) und suchen Sie mal im WWW nach *Towers of Hanoi* und *recurs* und ihren deutschen Übersetzungen.

Beim Anmelden werden automatisch zwei Shellscripts ausgeführt, die Sie sich als Beispiele ansehen sollten: `/etc/profile` wird für jeden Benutzer ausgeführt, das Script `.profile` im Home-Verzeichnis für die meisten.

```
# /etc/profile @(#) $Revision: 64.2, modifiziert 02.10.90

# Default system-wide profile (/bin/ksh initialization).
# This should be kept to the minimum every user needs.

    trap "" 1 2 3              # ignore HUP, INT, QUIT

    PATH=/rbin:/usr/rbin:        # default path
    CDPATH=:..:$HOME
    TZ=MEZ-1

    TTY=`/bin/tty`            # TERM ermitteln
    TN=`/bin/basename $TTY`
    TERM=`/usr/bin/fgrep $TN /etc/ttytype | /usr/bin/cut -f1`

    if [ -z "$TERM" ]        # if term is not set,
    then                 #
        TERM=vt100       # default terminal type
    fi

    TMOUT=500
    LINES=24             # fuer tn3270
    PS1="mvmhp "             # Prompt
    GNUTERM=hp2623A          # fuer gnuplot
    HOSTALIASES=/etc/hostaliases

    export PATH CDPATH TZ TERM TMOUT LINES PS1
    export GNUTERM HOSTALIASES

# initialisiere Terminal gemaess TERMINFO-Beschreibung

    /usr/bin/tset -s

# set erase to ^H , kill to ^X , intr to ^C, eof to ^D

    /bin/stty erase "^H" kill "^X" intr "^C" eof "^D"

# Set up shell environment:

    trap clear 0
```

```
# Background-Jobs immer mit nice und andere Optionen

    set -o bgnice -o ignoreeof

# Schirm putzen und Begruessung

    /usr/rbin/clear
    print " * Willkommen .... * "

    if [ $TN = "tty2p4" ]          # Modem
    then
    print
    /usr/local/bin/speed
    fi

    if [ $LOGNAME != root -a $LOGNAME != adm ]
    then

    print
    if [ -f /etc/motd ]
    then
        /bin/cat /etc/motd  # message of the day.
    fi

    if [ -f /usr/bin/news ]
    then /usr/bin/news       # display news.
    fi

    print "\nHeute ist                    '/rbin/zeit'"

    if [ -r $HOME/.logdat -a -w $HOME/.logdat ]
    then
    print "Letzte Anmeldung am         \c"; /bin/cat $HOME/.logdat
    fi
    /bin/zeit > $HOME/.logdat

    print "\nIhr Home-Directory  $HOME  belegt \c"
    DU='/bin/du -s $HOME | /usr/bin/cut -f1'
    print "'/bin/expr $DU / 2' Kilobyte.\n"
    unset DU

    /bin/sleep 4

    /usr/bin/elm -azK
    print

    fi

    cd
    umask 077

    /bin/mesg y 2>/dev/null

    /usr/rbin/clear
```

```
      if [ $LOGNAME != gast ]
      then
      print y | /bin/ln /mnt/.profile $HOME/.profile 2>/dev/null
      /bin/ln /mnt/.exrc     $HOME/.exrc 2>/dev/null
      fi

   trap 1 2 3        # leave defaults in environment
```

Programm 3.14 : Shellscript /etc/profile

Das Shellscript `.profile` in den Home-Verzeichnissen dient persönlichen Anpassungen. Auf unserem System wird es allerdings vom System-Manager verwaltet, da es einige wichtige Informationen enthält, die der Benutzer nicht ändern soll. Seine Phantasie darf der Benutzer in einem File `.autox` ausleben. Das File `.logdat` speichert den Zeitpunkt der Anmeldung, so daß man bei einer erneuten Anmeldung feststellen kann, wann die vorherige Anmeldung stattgefunden hat, eine Sicherheitsmaßnahme.

```
# .profile zum Linken in die HOME-Directories der Benutzer
# von /etc kopieren nach /mnt/.profile, von dort linken
# ausser gast und dergleichen. 16.02.1993

EDITOR=vi
FCEDIT=vi
TMOUT=1000
PATH=/bin:/usr/bin:/usr/local/bin:/oracle/bin:$HOME/bin::

# PS1="mvmhp> "              # Prompt
# PS1='${PWD#$HOME/}> '
PS1='${PWD##*/}> '

export FCEDIT PATH PS1

alias h='fc -l'

if [ -f .autox ]
then
    . .autox
fi
```

Programm 3.15 : Shellscript /etc/.profile

In dem obigen Beispiel `/etc/.profile` wird ein weiteres Script namens `.autox` mit einem vorangestellten und durch einen Zwischenraum (Space) abgetrennten Punkt aufgerufen. Dieser Punkt ist ein Shell-Kommando und hat nichts mit dem Punkt von `.autox` oder `.profile` zu tun. Als Argument übernimmt der Punktbefehl den Namen eines Shellscripts. Er bewirkt, daß das Shellscript nicht von einer Subshell ausgeführt wird, sondern von der Shell, die den Punktbefehl entgegennimmt. Damit ist es möglich, in dem Shellscript beispielsweise Variable mit Wirkung für die derzeitige Shell zu setzen, was in einer Subshell wegen der Unmöglich-

keit der Vererbung von Kinderprozessen rückwärts auf den Elternprozess nicht
geht. Ein mit dem Punkt-Befehl aufgerufenes Shellscript wird als **Punktscript**
bezeichnet, obwohl der Aufruf das Entscheidende ist, nicht das Script.

Für den Prompt stehen in `.profile` drei Möglichkeiten zur Wahl. Die erste
setzt den Prompt auf einen festen String, den Netznamen der Maschine. Die zweite verwendet den Namen des aktuellen Verzeichnisses, verkürzt um den Namen
des Home-Verzeichnisses. Die dritte, nicht auskommentierte zeigt den Namen des
Arbeits-Verzeichnisses ohne die übergeordneten Verzeichnisse an.

Das waren einige Shellscripts, die vor Augen führen sollten, was die Shell
leistet. Der Umfang der Shellsprache ist damit noch lange nicht erschöpft. Die
Möglichkeiten von Shellscripts voll auszunutzen erfordert eine längere Übung. Die
Betonung liegt auf voll, einfache Shellscripts schreibt man schon nach wenigen
Minuten Üben.

Wir haben uns vorstehend mit der Korn-Shell `ksh(1)` befaßt, die man heute
als die Standardshell ansehen kann (Protest von Seiten der `csh(1)`-Anhänger).
Verwenden Sie die Shell, die auf Ihrer Anlage üblich ist, im Zweifelsfall die Bourne-
Shell `sh(1)`, und wechseln Sie auf eine leistungsfähigere Shell, wenn Sie an die
Grenzen der Bourne-Shell stoßen. Die Bourne-Shell kennengelernt zu haben, ist auf
keinen Fall verkehrt. Wir erinnern daran, daß die UNIX-Shells sowohl interaktive
Kommando-Interpreter als auch Programmiersprachen für Shellscripts sind, zwei
zunächst verschiedene Aufgaben.

3.5.3 Noch eine Scriptsprache: Perl

Perl ist eine Alternative zur Shell als Scriptsprache (nicht als interaktiver Kommandointerpreter) und vereint Züge von `sh(1)`, `awk(1)`, `sed(1)` und der Programmiersprache C. Sie wurde von LARRY WALL entwickelt und ist optimiert für
Textverarbeitung und Systemverwaltung. Perl-Interpreter sind im Netz frei unter
der GNU General Public License verfügbar. Einzelheiten sind einem Buch oder
der man-Page (eher schon ein man-Booklet) zu entnehmen, hier wollen wir uns nur
an zwei kleinen Beispielen eine Vorstellung von Perl verschaffen. Dazu verwenden
wir das in Perl umgeschriebene Shellscript zur Berechnung von Primzahlen.

```perl
#!/usr/local/bin/perl
# perl-Script zur Berechnung von Primzahlen

$ende = 10000;      # groesste Zahl
$z = 5;             # aktuelle Zahl
$i = 1;             # Index von p
@p = (2, 3);        # Array der Primzahlen
$n = 2;             # Anzahl der Primzahlen

while ($z <= $ende) {
        if ($z % @p[$i] == 0) {         # z teilbar
                $z = $z + 2;
                $i = 1;
        }
        else {                          # z nicht teilbar
                if (@p[$i] * @p[$i] <= $z) {
```

```
                              $i++;
                }
                else {
                              @p[$n] = $z;
                              $n++;
                              $z = $z + 2;
                              $i = 1;
                }
        }
}

# Ausgabe des Arrays

$i = 0;
while ($i < $n) {
        print(@p[$i++], "\n");
}

print("Anzahl: ", $n, "\n");
```

Programm 3.16 : Perlscript zur Berechnung von Primzahlen

Man erkennt, daß die Struktur des Scripts gleich geblieben ist. Die Unterschiede rühren von syntaktischen Feinheiten her:

- Die erste Zeile *muß* wie angegeben den Perl-Interpreter verlangen.

- Die Namen von Variablen beginnen mit Dollar, Buchstabe.

- Die Namen von Arrays beginnen mit dem at-Zeichen (Klammeraffe).

- Die Kontrollstrukturen erinnern an C, allerdings *muß* der Anweisungsteil in geschweiften Klammern stehen, selbst wenn er leer ist.

- Zur Ausgabe auf `stdout` wird eine Funktion `print()` verwendet.

Der Perl-Interpreter unterliegt nicht den engen Grenzen des Zahlenbereiches und der Arraygröße der Shell. Die Stellenzahl der größten ganzen Zahl ist maschinenabhängig und entspricht ungefähr der Anzahl der gültigen Stellen einer Gleitkommazahl. Zum Perl-Paket gehören auch Konverter für `awk(1)`- und `sed(1)`-Scripts, allerdings bringt das Konvertieren von Hand elegantere Ergebnisse hervor.

Im zweiten Beispiel soll aus dem Katalog einer Institutsbibliothek die Anzahl der Bücher ermittelt werden. Zu jedem Schriftwerk gehört eine Zeile im Katalog, jede Zeile enthält ein Feld zur Art des Werkes: "BUC" heißt Buch, "DIP" Diplomarbeit, "ZEI" Zeitschrift. Das Perlscript verwendet ein assoziatives Array, dessen Elemente als Index nicht Ganzzahlen, sondern beliebige Strings gebrauchen. Über die Anordnung der Elemente im Array braucht man sich keine Gedanken zu machen. Das Perlscript:

```
#!/usr/local/bin/perl
# perl-Script zum Zaehlen in Buecherliste

# Verwendung eines assoziativen Arrays
```

```perl
%anzahl = ("BUC", 0, "ZEI", 0, "DIP", 0);

# Leseschleife

while ($input = <STDIN>) {
        while ($input =~ /BUC|ZEI|DIP/g) {
                $anzahl{$&} += 1;
        }
}


# Ausgabe

foreach $item (keys(%anzahl)) {
        print("$item: $anzahl{$item}\n");
}
```

Programm 3.17: Perlscript zur Ermittlung der Anzahl der Bücher usw. in einem Katalog

In der ersten ausführbaren Zeile wird ein assoziatives Array namens `%anzahl` mit drei Elementen definiert und initialisiert. Die äußere `while`-Schleife liest Zeilen von `stdin`, per Umlenkung mit dem Katalog verbunden. Die innere `while`-Schleife zählt das jeweilige Element des Arrays um 1 hoch, jedesmal wenn in der aktuellen Zeile ein Substring "BUC" oder "ZEI" oder "DIP" gefunden wird. Die Perl-Variable `$&` enthält den gefundenen Substring und wird deshalb als Index ausgenutzt. Die `foreach`-Schleife zur Ausgabe gleicht der gleichnamigen Schleife der C-Shell oder der `for`-Schleife der Bourne-Shell.

Was man mit Shell- oder Perlscripts macht, läßt sich auch mit Programmen – vorzugsweise in C – erreichen. Was ist besser? Ein Script ist schnell geschrieben oder geändert, braucht nicht kompiliert zu werden (weil es interpretiert wird), läuft aber langsamer als ein Programm. Ein Script eignet sich daher für kleine bis mittlere Aufgaben zur Textverarbeitung oder Systemverwaltung, wobei Perl mehr kann als eine Shell. Für umfangreiche Rechnungen oder falls die Laufzeit entscheidet, ist ein kompiliertes Programm besser. Oft schreibt man auch zunächst ein Script, probiert es eine Zeitlang aus und ersetzt es dann durch ein Programm. Gelegentlich spielt die Portierbarkeit auf andere Betriebssysteme eine Rolle. Ein UNIX-Shellscript läuft nur auf Systemen, auf denen eine UNIX-Shell verfügbar ist, Perl setzt den Perl-Interpreter voraus, ein C-Programm läuft auf jedem System, für das ein C-Compiler zur Verfügung steht. Und schließlich hat man auch seine Gewohnheiten.

3.5.4 Memo Shells

- Die Shell – ein umfangreiches Programm – ist der Gesprächspartner (interaktiver Kommandointerpreter) in einer Sitzung. Es gibt mehrere Shells zur Auswahl, die sich in Einzelheiten unterscheiden.

- Die Shell faßt jede Eingabe als Kommando (internes Kommando oder externes Kommando = Shellscript oder Programm) auf.

- Die Shell stellt für die Sitzung eine Umgebung bereit, die eine Reihe von Werten (Strings) enthält, die von Shellscripts und anderen Programmen benutzt werden.

- Die Shell ist zweitens ein Interpreter für Shellscripts, eine Art von Programmen, die nicht kompiliert werden. Shellscripts können alles außer Gleitkomma-Arithmetik.

- Perl ist eine Scriptsprache alternativ zur Shell als Sprache, nicht als interaktiver Kommandointerpreter. Sie setzt den Perl-Interpreter voraus.

3.5.5 Übung Shells

Melden Sie sich – wie inzwischen gewohnt – unter Ihrem Benutzernamen an. Die folgende Sitzung läuft mit der der Korn-Shell. Die Shells sind umfangreiche Programme mit vielen Möglichkeiten, wir kratzen hier nur ein bißchen an der Oberfläche.

```
set                      (Umgebung anzeigen)
PS1="zz "                (Prompt aendern)
NEU=Unsinn               (neue Variable setzen)
set
pwd                      (Arbeits-Verzeichnis?)
print Mein Arbeits-Verzeichnis ist pwd
                         (Satz auf Bildschirm schreiben)
print Mein Arbeits-Verzeichnis ist `pwd`
                         (Kommando-Substitution)
print Mein Home-Verzeichnis ist $HOME
                         (Shell-Variable aus Environment)
pg /etc/profile          (Shellscript anschauen)
pg .profile
```

Schreiben Sie mit dem Editor vi(1) in Ihr Home-Verzeichnis ein File namens .autox mit folgendem Inhalt:

```
PS1="KA "
trap "print Auf Wiedersehen!" 0
/usr/bin/clear
print
/usr/bin/banner "   UNIX"
```

und schreiben Sie in Ihr File .profile folgende Zeilen:

```
if [ -f .autox ]
then
. .autox
fi                       (Die Spaces und Punkte sind wichtig. Die Zeilen
                         rufen das File .autox auf, falls es exisitiert.
```

Wenn das funktioniert, richten Sie in `.autox` einige Aliases nach
dem Muster von Abschnitt 3.5.1.1 *Kommandointerpreter* auf Seite 110 ein.
Was passiert, wenn in `.autox` das Kommando `exit` vorkommt?

Schreiben Sie ein Shellscript namens `showparm` nach dem Muster
aus dem vorigen Abschnitt und variieren es. Rufen Sie `showparm` mit
verschiedenen Argumenten auf, z. B. `showparm eins zwei drei`.

3.6 Benutzeroberflächen

3.6.1 Lokale Benutzeroberflächen

3.6.1.1 Kommandozeilen-Eingabe

Unter einer **Benutzer-Oberfläche** (user interface) versteht man nicht die Haut,
aus der man nicht heraus kann, sondern die Art, wie sich ein Terminal (Bildschirm, Tastatur, Maus) dem Benutzer darstellt, wie es ausschaut (look) und wie
es auf Eingaben reagiert (feel). Lokal bedeutet nicht-netzfähig, beschränkt auf
einen Computer – im Gegensatz zum X Window System.

Im einfachsten Fall tippt man seine Kommandos zeilenweise ein, sie werden
auf dem alphanumerischen Bildschirm geechot und nach dem Drücken der Return-
Taste ausgeführt. Die Ausgabe des Systems erfolgt ebenfalls auf den Bildschirm,
Zeile für Zeile nacheinander.

Diese Art der Eingabe heißt **Kommandozeilen-Eingabe**. Sie stellt die geringsten Anforderungen an Hard- und Software und ist mit Einschränkungen sogar auf druckenden Terminals (ohne Bildschirm) möglich. Vom Benutzer verlangt
sie die Kenntnis der einzugebenden Kommandos und das zielsichere Landen auf
den richtigen Tasten. Die Programme bieten einfache Hilfen an, die üblicherweise
durch die Tasten h (wie help), ? oder die Funktionstaste F1 aufgerufen werden.

Bei UNIX-Kommandos ist es eine gute Gepflogenheit, daß sie – fehlerhaft
aufgerufen – einen Hinweis zum richtigen Gebrauch (usage) geben. Probieren Sie
folgende fehlerhafte Eingaben aus, auch mit anderen Kommandos:

```
who -x
who -?
who --help
```

Schreibt man selbst Programme, sollte man wenigstens diese Hilfe einbauen. Eine
zusätzliche man-Seite wäre die Krone.

3.6.1.2 Menüs

Ein erster Schritt in Richtung Benutzerfreundlichkeit ist die Verwendung von
Menüs. Die erlaubten Eingaben werden in Form einer Liste – einem Menü –
angeboten, der Benutzer wählt durch Eintippen eines Zeichens oder durch entsprechende Positionierung des Cursors die gewünschte Eingabe aus. Der Cursor
wird mittels der Cursortasten oder einer Maus positioniert.

Menüs haben zwei Vorteile. Der Benutzer sieht, was erlaubt ist, und macht bei der Eingabe kaum syntaktische Fehler. Nachteilig ist die beschränkte Größe der Menüs. Man kann nicht mehrere hundert UNIX-Kommandos in ein Menü packen. Ein Ausweg sind Menü-Hierarchien, die auf höchstens drei Ebenen begrenzt werden sollten, um übersichtlich zu bleiben. Einfache Menüs ohne Grafik und Maus-unterstützung stellen ebenfalls nur geringe Anforderungen an Hard- und Software. Menüs lassen sich nicht als Filter in einer Pipe verwenden, weil `stdin` innerhalb einer Pipe nicht mehr mit der Tastatur, sondern mit `stdout` des vorhergehenden Gliedes verbunden ist.

Für den ungeübten Benutzer sind Menüs eine große Hilfe, für den geübten ein Hindernis. Deshalb sollte man zusätzlich zum Menü immer die unmittelbare Kommandozeilen-Eingabe zulassen. Zu den am häufigsten ausgewählten Punkten müssen kurze Wege führen. Man kann Defaults vorgeben, die nur durch Betätigen der RETURN-Taste ohne weitere Zeichen aktiviert werden.

Wir haben beispielsweise für die Druckerausgabe ein Menu namens p geschrieben, das dem Benutzer unsere Möglichkeiten anbietet und aus seinen Angaben das `lp(1)`-Kommando mit den entsprechenden Optionen zusammenbaut. Der Benutzer braucht diese gar nicht zu kennen. In ähnlicher Weise verbergen wir den Dialog mit unserer Datenbank hinter Menus, die SQL-Scripts aufrufen. Das Eingangsmenu für unsere Datenbank sieht so aus:

```
Oracle-Hauptmenu  (21.03.97 A)
=================
Bibliothek          1
Buchaltung          2
Personen            3
Projekte            4


Bitte Ziffer eingeben:
```

Nach Eingabe einer gültigen Ziffer gelangt man ins erste Untermenu usf. Hinter dem Menu steckt ein Shellscript mit einer `case`-Anweisung, das letzten Endes die entsprechenden Shell- und SQLscripts aufruft. Der Benutzer braucht weder von der Shell noch von SQL etwas zu verstehen. Er bekommt seine Daten nach Wunsch entweder auf den Bildschirm oder einen Drucker.

3.6.1.3 Zeichen-Fenster, curses

Bildschirme lassen sich in mehrere Ausschnitte aufteilen, die **Fenster** oder **Windows** genannt werden. In der oberen Bildschirmhälfte beispielsweise könnte man bei einem Benutzerdialog mittels `write` den eigenen Text darstellen, in der unteren die Antworten des Gesprächspartners. Das UNIX-Kommando `write(1)` arbeitet leider nicht so. Ein anderer Anwendungsfall ist das Korrigieren (Debuggen) von Programmen. In der oberen Bildschirmhälfte steht der Quellcode, in der unteren die zugehörige Fehlermeldung.

Für den C-Programmierer stellt die `curses(3)`-Bibliothek Funktionen zum Einrichten und Verwalten von monochromen, alphanumerischen Fenstern ohne

Mausunterstützung zur Verfügung. Die `curses(3)` sind halt schon etwas älter. Ein Beispiel findet sich in Kapitel 4 *Programmieren in C/C++* auf Seite 405. Darüberhinaus gibt es weitere, kommerzielle Fenster- und Menübibliotheken, vor allem im PC-Bereich. An die Hardware werden keine besonderen Anforderungen gestellt, ein alphanumerischer Bildschirm mit der Möglichkeit der Cursorpositionierung reicht aus.

Wer seinen Bildschirm mit Farbe und Maus gestalten will, greift zum X Window System (X11) und seinen Bibliotheken. Das kann man auch lernen, aber nicht in einer Viertelstunde.

3.6.1.4 Grafische Fenster

Im Xerox Palo Alto Research Center ist die Verwendung von Menüs und Fenstern weiterentwickelt worden zu einer **grafischen Benutzeroberfläche** (graphical user interface, GUI), die die Arbeitsweise des Benutzers wesentlich bestimmt. Diese grafische Fenstertechnik ist von Programmen wie SMALLTALK und Microsoft Windows sowie von Computerherstellern wie Apple übernommen und verbreitet worden. Wer't mag, dei mag't, un wer't nich mag, dei mag't jo woll nich mägen.

Ein klassisches UNIX-Terminal gestattet die Eröffnung genau einer Sitzung, deren Kontroll-Terminal es dann wird. Damit sind manche Benutzer noch nicht ausgelastet. Sie stellen sich ein zweites und drittes Terminal auf den Tisch und eröffnen auf diesen ebenfalls je eine Sitzung. Unter UNIX können mehrere Sitzungen unter einem Benutzernamen gleichzeitig laufen. Dieses Vorgehen wird begrenzt durch die Tischfläche und die Anzahl der Terminalanschlüsse. Also teilt man ein Terminal in mehrere **virtuelle Terminals** auf, die Fenster oder Windows genannt werden, und eröffnet in jedem Window eine Sitzung. Auf dem Bildschirm gehört jedes Fenster zu einer Sitzung, Tastatur und Maus dagegen können nicht aufgeteilt werden und sind dem jeweils aktiven Fenster zugeordnet. Die Fenster lassen sich vergrößern, verkleinern und verschieben. Sie dürfen sich überlappen, wobei nur das vorderste Fenster vollständig zu sehen ist. Wer viel mit Fenstern arbeitet, sollte den Bildschirm nicht zu klein wählen, 17 Zoll Bildschirmdiagonale ist die untere Grenze. Ein Schreibtisch hat eine Diagonale von 80 Zoll.

Was ein richtiger Power-User ist, der hat so viele Fenster gleichzeitig in Betrieb, daß er für den Durchblick ein Werkzeug wie das **Visual User Environment** (VUE) von Hewlett-Packard braucht. Dieses setzt auf dem X Window System auf und teilt die Fenster in vier oder mehr Gruppen ein, von denen jeweils eine auf dem Schirm ist. Zwischen den Gruppen wird per Mausklick umgeschaltet. Die Gruppen können beispielsweise

- Allgemeines
- Verwaltung
- Programmieren
- Internet
- Server A
- Server B

heißen und stellen virtuelle Schreibtische für die jeweiligen Arbeitsgebiete dar. Man kann sich sehr an das Arbeiten mit solchen Umgebungen gewöhnen und beispielsweise – ohne es zu merken – dasselbe Textfile gleichzeitig in mehreren Fenstern oder Gruppen editieren. Ein gewisser Aufwand an Hard- und Software (vor allem Arbeitsspeicher) steckt dahinter, aber sechs Schreibtische sind ja auch was. Den anklickbaren Papierkorb gibt es gratis dazu.

3.6.1.5 Multimediale Oberflächen

Der Mensch hat nicht nur Augen und Finger, sondern auch noch Ohren, eine Nase, ein Zunge und eine Stimme. Es liegt also nahe, zum Gedankenaustausch mit dem Computer nicht nur den optischen und mechanischen Übertragungsweg zu nutzen, sondern auch den akustischen und zumindest in Richtung vom Computer zum Benutzer auch dessen Geruchssinn[19]. Letzteres wird seit altersher bei der ersten Inbetriebnahme elektronischer Geräte aller Art gemacht (smoke test), weniger während des ordnungsgemäßen Betriebes. Der akustische Weg wird in beiden Richtungen vor allem in solchen Fällen genutzt, in denen Augen oder Finger anderweitig beschäftigt sind (Fotolabor, Operationssaal) oder fehlen. In den nächsten Jahren wird die Akustik an Bedeutung gewinnen. Über die Nutzung des Geschmackssinnes wird noch nachgedacht (wie soll das Terminal aussehen bzw. ausschmecken?).

Im Ernst: unter einer multimedialen Oberfläche versteht man bewegte Grafiken plus Ton, digitales Kino mit Dialog sozusagen. Der Computer gibt nicht nur eine dürre Fehlermeldung auf den Bildschirm aus, sondern läßt dazu *That ain't right* mit FATS WALLER am Piano ertönen. Lesen Sie Ihre Email, singt im Hintergrund ELLA FITZGERALD *Email special*. Umgekehrt beantworten Sie die Frage des `vi(1)`, ob er ohne Zurückschreiben aussteigen soll, nicht knapp und bündig mit einem Ausrufezeichen, sondern singen wie EDITH PIAF *Je ne regrette rien*. Der Blue Screen von Windows NT läßt sich leichter ertragen, wenn dazu LOUIS ARMSTRONG sein *Blueberry Hill* tutet und gurgelt. Die eintönige Arbeit am Terminal entwickelt sich so zu einem anspruchsvollen kulturellen Happening. Die Zukunft liegt bei multisensorischen Schnittstellen, die mit Menschen auf zahlreichen kognitiven und physiologischen Ebenen zusammenarbeiten (Originalton aus einem Prospekt).

3.6.1.6 Software für Behinderte

Das Thema *Behinderte und Computer* hat mehrere Seiten. An Behinderungen kommen vor allem in Betracht:

- Behinderungen des Sehvermögens

- Behinderungen des Hörvermögens

---

[19]Nachricht in Markt & Technik vom 31. März 1994: IBM entwickelt künstliche Nase. Nachricht in der c't 21/1998: In der Ohio State University erkennt eine elektronische Nase Käsesorten am Geruch. Vielleicht fordert Sie ihr Computer demnächst auf, die Socken zu wechseln oder den Kaffee etwas stärker anzusetzen.

- Behinderungen der körperlichen Beweglichkeit

Die Benutzung eines Computers durch einen Behinderten erfordert eine besondere Anpassung der Maschine, insbesondere des Terminals. Andererseits kann ein Computer als Hilfsmittel bei der Bewältigung alltäglicher Probleme dienen, zum Beispiel beim Telefonieren. Der bekannteste behinderte Benutzer ist der Physiker STEPHEN HAWKING, der sich mit seiner Umwelt per Computer verständigt.

Im Netz finden sich einige Server, die Software und Informationen für Behinderte sammeln:

- `ftp://ftp.th-darmstadt.de/pub/machines/ms-dos/SimTel/msdos/`

- `ftp://ftp.tu-ilmenau.de/pub/msdos/CDROM1/msdos/handicap/`

- `http://seidata.com/~marriage/rblind.html`

sowie die Newsgruppen `misc.handicap` und `de.soc.handicap`, allerdings mit mehr Fragen als Antworten. Eine `archie`-Suche nach dem Substring `handicap` brachte überwiegend Material zum Golfspiel. In der Universität Karlsruhe bemüht sich das *Studienzentrum für Sehgeschädigte*, diesen das Studium der Informatik zu erleichtern: `http://szswww.ira.uka.de/`. Daneben läuft auf `list.ciw.uni-karlsruhe.de` eine Mailing-Liste namens *fblinu* für blinde oder sehgeschädigte Internet-Benutzer. Unsere Technikseite enthält eine Rubrik mit Hyperlinks für behinderte Computerfreunde. Der Schwerpunkt liegt auf Sehbehinderungen.

Das Internet und darin besonders das World Wide Web spielen heute eine gewichtige Rolle im Berufs- und Privatleben. Bei der Gestaltung von Fenstern, Webseiten und ähnlichen Informationen kann man mit wenig zusätzlichem Aufwand den Sehbehinderten das Leben erleichtern, ohne auf die neuesten Errungenschaften von Grafik und HTML verzichten zu müssen. Auf Englisch lautet das Stichwort *Accessible Design*. Unsere Technikseite enthält mehrere Verweise dazu, unter anderem auf ausführliche Richtlinien der Firma Microsoft. Hier nur ein paar Hinweise:

- Ein Blinder nimmt nur den Text wahr, und zwar zeilenweise. Grafiken und Farbe existieren für ihn nicht.

- Für jedes Bild (IMG) ist eine Textalternative (ALT) anzugeben, die bei nur schmückenden Bildern der leere String sein kann. Das Gleiche gilt für Audio-Files.

- Nur seit längerem bekannte Standard-Tags verwenden. Die Vorlese-Programme (Screen Reader) kommen mit Nicht-Standard-Tags und den neuesten Errungenschaften von HTML noch nicht klar.

- Vermeiden Sie Rahmen (frames), wenn sie nicht unbedingt erforderlich sind, ober bieten Sie eine rahmenlose Variante Ihrer Seiten an.

- Die Vorlese-Programme sind meist auf eine bestimmte Sprache eingestellt, zum Beispiel Deutsch. Das Mischen von Sprachen irritiert den Sehbehinderten erheblich und sollte soweit möglich unterbleiben.

3.6.2   X Window System (X11)

3.6.2.1   Zweck

Das unter UNIX verbreitete **X Window System** (*nicht*: Windows) ist ein

- grafisches,

- hardware- und betriebssystem-unabhängiges,

- netzfähiges (verteiltes)

Fenstersystem, das am Massachusetts Institute of Technology (MIT) im Projekt Athena entwickelt wurde und frei verfügbar ist. Im Jahr 1988 wurde die Version 11 Release 2 veröffentlicht. Heute wird es vom X Consortium betreut. Weitere korrekte Bezeichnungen sind X Version 11, **X11** und X, gegenwärtig als sechstes Release X11R6. Eine freie Portierung auf Intel-Prozessoren heißt XFree86.

Netzfähig bedeutet, daß die Berechnungen (die Client-Prozesse) auf einer Maschine im Netz laufen können, während die Terminal-Ein- und -Ausgabe (der Server-Prozess) über eine andere Maschine im Netz erfolgen (**Client-Server-Modell**). Die gesamte Anwendung ist auf mindestens zwei Maschinen verteilt. Ein **Client** ist ein Prozess, der irgendwelche Dienste verlangt, ein **Server** ein Prozess, der Dienste leistet. Die Trennung einer Aufgabe in einen Client- und einen Server-Teil erhöht die Flexibilität und ermöglicht das Arbeiten über Netz. Man muß sich darüber klar sein, daß die Daten ohne zusätzliche Maßnahmen unverschlüsselt über das Netz gehen und abgehört werden können. X11 enthält nur minimale Sicherheitsvorkehrungen. Der Preis für die Flexibilität ist ein hoher Bedarf an Speicherkapazität und Prozessorzeit.

Die Leistungsfähigkeit von X11 in Verbindung mit Internet-Protokollen (NSF) zeigt sich am Beispiel des Manuskriptes zu diesem Buch. Ich arbeite auf einer HP-Workstation neben meinem Schreibtisch. Es versteht sich, daß der zugehörige Bildschirm zur Oberklasse zählt. In meinem Alter braucht man das. Die Files liegen auf einem Fileserver mit reichlich Plattenkapazität unter LINUX ein Stockwerk höher. Das Übersetzen der LaTeX-Files bis hin zu Postscript erfolgt auf einem weiteren LINUX-PC mit viel Prozessorleistung und Arbeitsspeicher. Das Ergebnis schaue ich mir mit `xdvi(1)` an, das auf dem letztgenannten PC als X-Client läuft und die HP-Workstation als X-Server nutzt. Ein ahnungsloser Zuschauer könnte meinen, alles liefe lokal auf der Workstation. Könnte es auch, aber der beschriebene Weg nutzt die Ressourcen unseres Netzes besser.

X11 stellt die Funktionen bereit, um grafische Benutzeroberflächen zu gestalten, legt aber die Art der Oberfläche nur in Grundzügen fest. Die Einzelheiten der Oberfläche sind Sache besonderer Funktionsbibliotheken wie **Motif** bzw. Sache bestimmter Programme, der Window-Manager, die nicht immer Bestandteil von X11 sind und teilweise auch Geld kosten. Der in X11 enthaltene Window-Manager ist der Tab Window Manager `twm(1)`, Hewlett-Packard fügt seinen Systemen den Motif Window Manager `mwm(1X)` und den VUE Window Manager `vuewm(1)` bei, unter LINUX findet sich der Win95 Window Manager `fvwm95(1)`, dessen Fenster an Microsoft Windows 95 erinnern. Das K Desktop Environment (KDE) bringt den `kwm` mit. X11 ist also keine Benutzeroberfläche, sondern *hat* eine oder sogar mehrere.

Die **X-Clients** verwenden X11-Funktionen zur Ein- und Ausgabe, die in umfangreichen Funktionsbibliotheken wie `Xlib` und `Xtools` verfügbar sind. Es bleibt immer noch einiges an Programmierarbeit übrig, aber schließlich arbeitet man unter X11 mit Farben, Fenstern, Mäusen und Symbolen, was es früher zu Zeiten der einfarbigen Kommandozeile nicht gab. Inzwischen machen schon viele Anwendungsprogramme von den Möglichkeiten von X11 Gebrauch.

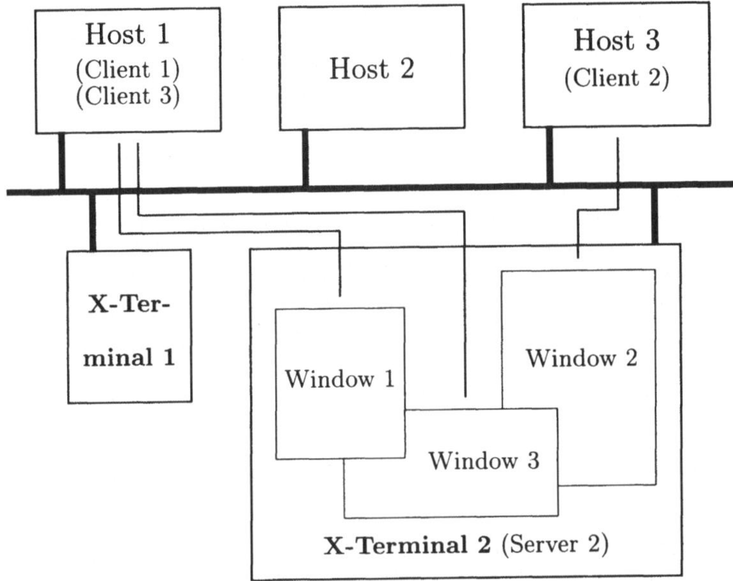

Abb. 3.7: X-Window-Computer und -Terminals, durch einen Ethernet-Bus verbunden

Der **X-Server** läuft als einziges Programm auf einem kleinen, spezialisierten Computer, dem X-Terminal, oder als eines unter vielen auf einem UNIX-Computer. Ein X-Server kann gleichzeitig mit mehreren X-Clients verkehren.

Mit X11 kann man auf dreierlei Weise zu tun bekommen:

- als Benutzer eines fertig eingerichteten X11 Systems (das gilt für wachsende Kreise von UNIX-Benutzern),

- als System-Manager, der X11 auf mehreren Netzknoten einrichtet,

- als Programmierer, der Programme schreibt, die unmittelbar im Programmcode von X11 Gebrauch machen, also nicht wie gewöhnliche UNIX-Programme in einer Terminal-Emulation (`xterm(1)`, `hpterm(1X)`) laufen.

Der Benutzer muß vor allem zwei Kommandos kennen. Auf der Maschine, vor der er sitzt (wo seine Sitzung läuft, der X-Server), gibt er mit

```
xhost abcd
```

der entfernten Maschine namens `abcd` (wo seine Anwendung läuft, der X-Client)
die Erlaubnis zum Zugriff. Das Kommando ohne Argument zeigt die augenblicklichen Einstellungen an. Die Antwort auf —verb—xhost(1)— sollte beginnen mit
`Access control enabled`, andernfalls wäre es angebracht, mit seinem System-
Manager über die Sicherheit von X11 zu diskutieren, Hinweise gibt es im Netz.
Auf der entfernten Maschine `abcd` setzt man mit

```
export DISPLAY=efgh:0.0
```

die Umgebungsvariable `DISPLAY` auf den Namen `efgh` und die Fensternummer `0.0`
des X-Servers. Erst dann kann ein Client-Programm, eine Anwendung über das
Netz den X-Server als Terminal nutzen. Die Fensternummer besteht aus Display-
nummer und Screennummer und hat nur auf Maschinen mit mehreren Terminals
auch Werte größer null.

Abgesehen davon, daß die Daten unverschlüsselt über das Netz gehen und
mitgelesen werden können, bestehen weitere Sicherheitslücken bei X11, die nur
teilweise durch das Kommando `xhost(1)` geschlossen werden. Einen Schritt weiter geht die Xauthority mit dem Kommando `xauth(1)`, die zwischen Client und
Server eine Art von Schlüssel (MIT Magic Cookie) austauscht. Mittels des Kommandos:

```
xauth list
```

kann man sich die Schlüssel im File `$HOME/.Xauthority` ansehen, mittels der
Pipe:

```
xauth extract - 'hostname':0.0 | rexec clienthost xauth merge -
```

wird ein Schlüssel zur entfernten Maschine `clienthost` geschickt, möglicherweise
über einen noch ungeschützten Kanal. Statt `rexec(1)` kann es auch `rsh(1)` oder
`remsh(1)` heißen. Bei Erfolg tauscht der Server nur noch Daten mit dem betref-
fenden Client aus. Das Kommando `xhost(1)` erübrigt sich dann, die DISPLAY-
Variable ist beim Client nach wie vor zu setzen. Die Secure Shell `ssh(1)` mit dem
Kommando `slogin(1)` eledigt sämtliche Schritte zum Aufbau einer sicheren Verbindung von Client und Server automatisch und ist damit der einfachste Weg. Sie
gehört allerdings nicht zur Standardausrüstung von UNIX.

Für den Programmierer stehen umfangreiche X11-Bibliotheken zur Verfügung,
das heißt X11-Funktionen zur Verwendung in eigenen Programmen, so daß diese
mit einem X-Server zusammenarbeiten. Die Xlib ist davon die unterste, auf der
weitere aufbauen.

Wer tiefer in X11 eindringen möchte, beginnt am besten mit `man X`, geht dann
zu `http://www.camb.opengroup.org/tech/desktop/x/` ins WWW und landet
schließlich bei den ebenso zahl- wie umfangreichen Bänden des Verlages O'Reilly.

3.6.2.2 OSF/Motif

OSF/Motif von der Open Software Foundation ist ein Satz von Regeln zur Gestaltung einer grafischen Benutzeroberfläche für X11, eine Bibliothek mit Funktionen gemäß diesen Regeln sowie eine Sammlung daraus abgeleiteter Programme.

Die Open Software Foundation OSF ist ein Zusammenschluß mehrerer Hersteller
und Institute, die Software für UNIX-Anlagen herstellen. Motif ist heute in der
UNIX-Welt die am weitesten verbreitete grafische Benutzeroberfläche und für viele Systeme verfügbar, leider nicht kostenlos. Aber es gibt freie Nachbauten. Das
Common Desktop Environment (CDE), eine integrierte Benutzeroberfläche, baut
auf Motif auf. Unter LINUX stellen das K Desktop Environment (KDE) und das
GNU Network Object Model Environment (GNOME) eine Alternative zu CDE
dar. Es schieben sich immer mehr Schichten zwischen die CPU und den Benutzer.

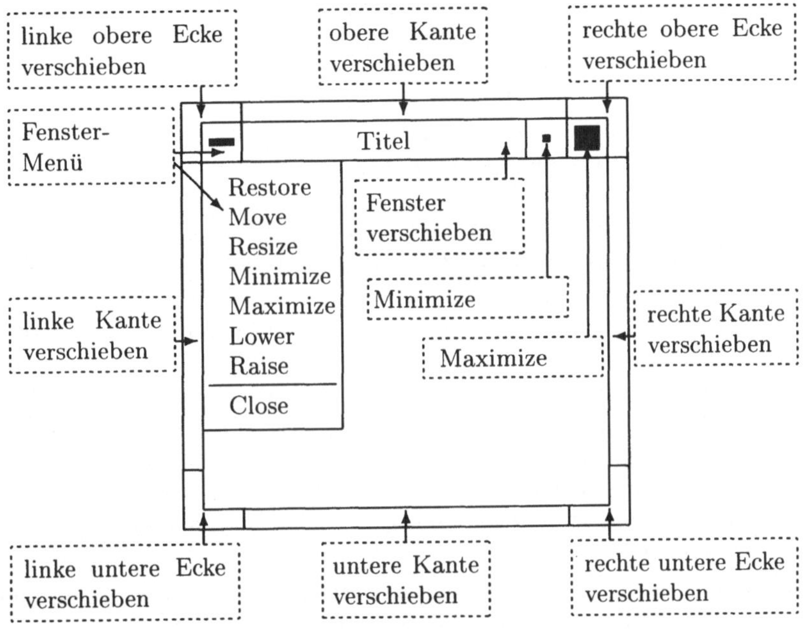

Abb. 3.8: OSF/Motif-Fenster

Programme, die Motif benutzen, stellen sich dem Benutzer in einheitlicher
Weise dar. Ihre Benutzung braucht man nur einmal zu lernen. Motif benötigt eine
Maus oder ein anderes Zeigegerät (pointing device). Die Maustasten haben drei
Funktionen:

- select (linker Knopf),

- menu (mittlerer Knopf bzw. bei einer Maus mit zwei Tasten beide gleichzeitig),

- custom (rechter Knopf).

Durch Verschieben der Maus auf einer Unterlage bewegt man eine Marke (Pointer,
Cursor) auf dem Bildschirm. Die Marke nimmt je nach Umgebung verschiedene
Formen an: Kreuz, Pfeil, Sanduhr, Motorradfahrer usw. **Zeigen** (to point) heißt,

die Marke auf ein Bildschirmobjekt zu bewegen. Unter **Klicken** (to click) versteht man das kurze Betätigen einer Taste der ruhenden Maus. Zwei kurze Klicks unmittelbar nacheinander heißen Doppel-Klick (double-click). **Ziehen** (to drag) bedeutet Bewegen der Maus mit gedrückter Taste. In einigen Systemen lassen sich die Mauseingaben durch Tastatureingaben ersetzen, aber das ist nur ein Behelf.

Falls das UNIX-System entsprechend konfiguriert ist, startet nach der Anmeldung automatisch **X11** und darin wiederum der **Motif Window Manager** mvm(1). Unter UNIX sind das Prozesse. Der Motif Window Manager erzeugt standardmäßig zunächst einen Terminal-Emulator samt zugehörigem Fenster auf dem Bildschirm. Dieses Fenster kann man seinen Wünschen anpassen. Es besteht aus einer **Kopfleiste** (title bar), dem **Rahmen** (frame) und der Fenster- oder Arbeitsfläche. Die Kopfleiste enthält links ein kleines Feld mit einem Minuszeichen (menu button). Rechts finden wir ein Feld mit einem winzigen Quadrat (minimize button) und ein Feld mit einem größeren Quadrat (maximize button) (Abb. 3.8 auf Seite 143).

Ehe ein Fenster bzw. der mit ihm verbundene Prozeß Eingaben annimmt, muß es durch Anklicken eines beliebigen Teils mit der Select-Maustaste **aktiviert** werden. Dabei ändert sich die Rahmenfarbe. Gibt man nun auf der Tastatur Zeichen ein, erscheinen sie im Fenster und gelangen auch zum Computer. Es ist immer nur ein Fenster aktiv. Ein Fenster wird deaktiviert, wenn ein anderes Fenster aktiviert wird oder der Mauscursor das aktive Fenster verläßt.

Ein Fenster wird auf dem Bildschirm verschoben, indem man seine Kopfleiste mit der Select-Maustaste in die neue Position zieht. Nach Loslassen der Taste verharrt das Fenster an der neuen Stelle. Die Größe eines Fenster wird durch Ziehen einer Rahmenseite verändert. Zieht man eine Ecke, ändern sich die beiden angrenzenden Seiten gleichzeitig.

Gelegentlich möchte man ein Fenster vorübergehend beiseite legen, ohne es jedoch ganz zu löschen, weil mit ihm noch ein laufender Prozeß verbunden ist. In diesem Fall klickt man mit der Select-Maustaste den **Minimize-Button** an, und das Fenster verwandelt sich in ein Sinnbild, Symbol oder **Icon**. Das ist ein Rechteck von Briefmarkengröße am unteren Bildschirmrand. Der zugehörige Prozeß läuft weiter, nimmt aber keine Eingaben von der Tastatur mehr an. Icons lassen sich auf dem Bildschirm verschieben. Um aus dem Icon wieder ein Fenster zu machen, klickt man es doppelt mit der Select-Maustaste an.

Durch Anklicken des **Maximize-Buttons** bringt man ein Fenster auf volle Bildschirmgröße, so daß kein weiteres Fenster mehr zu sehen ist. Das empfiehlt sich für längere Arbeiten in einem Fenster. Auf die vorherige Fenstergröße zurück kommt man durch nochmaliges Anklicken des Maximize-Buttons.

Jetzt fehlt noch der **Menü-Button**. Klickt man ihn an, erscheint unterhalb der Kopfleiste ein Menü (Pull-down-Menü) mit einigen Funktionen zur Fenstergestaltung. Eine zur Zeit nicht verfügbare oder sinnlose Funktion erscheint grau.

Falls Sie nautisch vorbelastet sind und runde Fenster, sogenannte Bullaugen, bevorzugen, sollten Sie einmal nach **HAX/Rotif** Ausschau halten, eine vielversprechende Entwicklung aus fernerer Zukunft.

3.6.3   Memo Oberflächen, X Window System

- Die Oberfläche mit den geringsten Ansprüchen an das System ist die Kommandozeile.

- Der erste Schritt in Richtung Benutzerfreundlichkeit sind Menus. Man kann allerdings nicht alle Kommandos in Menus verpacken.

- Der nächste Schritt sind zeichenorientierte Fenster, wie sie mit Hilfe der `curses(3)`-Funktionen geschrieben werden können.

- Das X Window System (X11) ist ein

  - netzfähiges,

  - hardwareunabhängiges,

  - grafisches

  Fenstersystem. Die Netzfähigkeit unterscheidet es von anderen grafischen Fenstersystemen.

- Der X-Server sorgt für die Ein- und Ausgabe auf einem Terminal.

- X-Clients sind die Anwendungsprogramme.

- X-Server und X-Clients können auf verschiedenen Computern im Netz laufen, aber auch auf demselben.

- Das Aussehen und Verhalten (look and feel) wird von dem X Window Manager bestimmt. Es gibt verschiedene X Window Manager.

- Die Motif-Oberfläche (Motif-Bibliothek, Motif Window Manager) hat sich in der UNIX-Welt durchgesetzt.

- Auf der Motif-Oberfläche baut das Common Desktop Environment (CDE) auf, das zusätzliche Arbeitshilfen (Desktops) bietet.

- Unter LINUX stellen das K Desktop Environment (KDE) und das GNU Network Object Model Environment (GNOME) eine Alternative zu CDE dar.

- Für Programmierer stehen umfangreiche X- und Motif-Bibliotheken zur Verfügung.

3.6.4   Übung Oberflächen, X Window System

Die folgende Übung setzt in ihrem letzten Teil voraus, daß Sie an einem X-Window-fähigen Terminal arbeiten, ein an einen seriellen Multiplexer angeschlossenes Terminal reicht nicht.

Melden Sie sich unter Ihrem Benutzernamen an. Der Verlauf der Sitzung hängt davon ab, welche Möglichkeiten Ihr UNIX-System bietet. Wir beginnen mit der Kommandozeilen-Eingabe:

```
who ?
help who
who -x
who -a
primes 0 100
factor 5040
```

Programme mit Menüs sind nicht standardmäßig in UNIX vorhanden. Wir geben daher das Shellscript **menu** ein und verändern es. Insbesondere ersetzen wir die Ausgabe der gewählten Ziffer durch den Aufruf eines Kommandos.

Um mit Fenstern und der **curses(3)**-Bibliothek arbeiten zu können, müssen wir in C programmieren. Hierzu läßt sich das Beispiel aus Kapitel 4 *Programmieren in C/C++* auf Seite 405 heranziehen.

Das Arbeiten mit der Benutzeroberfläche OSF/Motif setzt voraus, daß diese eingerichtet ist. Auf vernetzten UNIX-Workstations ist das oft der Fall. In der Regel startet Motif mit einer Terminalemulation, beispielsweise **xterm** oder **hpterm**. Geben Sie in diesem Fenster zunächst einige harmlose UNIX-Kommandos ein.

Verschieben Sie das Fenster, indem Sie mit der Maus den Cursor in die Titelleiste bringen und dann bei gedrückter linker Maustaste das Fenster bewegen (ziehen).

Verändern Sie die Größe des Fensters, indem Sie mit der Maus den Cursor auf einen Rand bringen und dann bei gedrückter linker Maustaste den Rand bewegen (ziehen).

Reduzieren Sie das Fenster, indem Sie mit der Maus den Cursor auf den Minimize-Button (rechts oben) bringen und dann die linke Maustaste drücken. Verschieben Sie das Icon. Stellen Sie das Fenster wieder her, indem Sie den Cursor auf das Icon bringen und zweimal die linke Maustaste drücken.

Bringen Sie das Fenster auf die maximale Größe, indem Sie den Cursor auf den Menü-Button (links oben) bringen und dann mit gedrückter linker Maustaste **maximize** wählen. Stellen Sie die ursprüngliche Größe durch erneute Anwahl von **maximize** (Menü oder Button) wieder her.

Erzeugen Sie ein zweites Fenster, indem Sie den Cursor aus dem ersten Fenster herausbewegen und mit dem linken Mausknopf eine Terminalemulation wählen. Bewegen Sie den Cursor abwechselnd in das erste und zweite Fenster, klicken Sie links und achten Sie auf die Farbe der Rahmen.

Tippen Sie im aktiven Fenster

```
xterm -bg red -fg green -fn cr.12x20 &
```

ein. Nach Erscheinen eines Rahmens nochmals RETURN drücken. Die Optionen bedeuten background, foreground und font. Warum muß das et-Zeichen eingegeben werden? Tippen Sie

```
xclock &
```

ein und veschieben Sie die Uhr in eine Ecke.

Schließen Sie ein Fenster, indem Sie den Cursor auf den Menü-Button bringen und mit gedrückter linker Maustaste `close` wählen. Verlassen Sie Motif mit der Kombination `control-shift-reset` (System-Manager fragen) und beenden Sie Ihre Sitzung mittels `exit` aus der Kommandozeile, wie gewohnt.

3.7 Writer's Workbench

Unter der *Werkbank des Schreibers* werden Werkzeuge zur Textverarbeitung zusammengefaßt. UNIX bietet eine ganze Reihe davon. Man darf jedoch nicht vergessen, daß UNIX kein Textsystem, sondern ein Betriebssystem ist.

3.7.1 Zeichensätze und Fonts (oder die Umlaut-Frage)

3.7.1.1 Zeichensätze

Wenn es um Texte geht, muß man sich leider zuerst mit dem Problem der Zeichensätze (character set, data code, code de caractère) herumschlagen. Das hat nichts mit UNIX zu tun, sondern tritt unter allen Systemen auf.

Der Computer kennt nur Bits. Die Bedeutung erhalten die Bits durch die Programme. Ob eine Bitfolge nach außen eine Zahl, ein Zeichen oder einen Schnörkel darstellt, entscheidet die Software. Um mit Texten zu arbeiten, muß daher ein Zeichensatz vereinbart werden. Dieser besteht aus einer (zunächst ungeordneten) Menge von Zeichen, auch Répertoire oder **Zeichenvorrat** genannt, die nur besagt, welche Zeichen bekannt sind. Zu dem Zeichenvorrat gehören bei europäischen Sprachen:

- Kleine und große Buchstaben, auch mit Akzenten usw.,

- Ziffern,

- Satzzeichen,

- Symbole, z. B. aus der Mathematik, Euro-Symbol, Klammeraffe,

- Zwischenraum, Tabulator (sogenannte Whitespaces),

- Steuerzeichen, z. B. Seitenwechsel (Form Feed), Backspace.

In einem zweiten Schritt wird die Menge geordnet, jedem Zeichen wird eine **Position** (code position) zugewiesen. Naheliegend ist eine mit null beginnende Numerierung. Die geordnete Menge ist der **Zeichensatz**. Wir wissen aber noch nicht, wie die Zeichen im Computer und auf dem Bildschirm oder auf Papier dargestellt werden.

Die **Zeichenkodierung** (character encoding) legt fest, wie eine Folge von Zeichen in eine Folge von Bytes umzuwandeln ist, und umgekehrt. Im einfachsten Fall wird die Positionsnummer eines Zeichens als ganze Zahl mit sieben oder acht Bits codiert, aber es geht auch komplizierter, vor allem wenn internationale oder nicht-lateinische Zeichensätze zu kodieren sind. Wir kommen so zur **Kodetafel**. Damit ist die computerinterne Darstellung der Zeichen festgelegt, aber immer noch nicht das Aussehen auf Schirm oder Papier.

Zu Zeiten, als Bits noch knapp waren, haben die Yankees[20] eine Tabelle aufgestellt, in der die ihnen bekannten Buchstaben, Ziffern und Satzzeichen zuzüglich einiger Steueranweisungen wie Zeilen- und Seitenvorschub mit sieben Bits dargestellt werden. Das war Sparsamkeit am falschen Platz. Mit sieben Bits Breite unterscheide ich $2^7 = 128$ Zeichen, numeriert von 0 bis 127. Diese Tabelle ist unter dem Namen *American Standard Code for Information Interchange* **ASCII** weit verbreitet. Genau heißt sie 7-bit-US-ASCII. Jeder Computer kennt sie.

Die ersten 32 Zeichen der ASCII-Tabelle dienen der Steuerung der Ausgabegeräte, es sind unsichtbare Zeichen. Ein Beispiel für Steuerzeichen ist das ASCII-Zeichen Nr. 12, Form Feed, das einen Drucker zum Einziehen eines Blattes Papier bewegt. Auf der Tastatur werden sie entweder in Form ihrer Nummer oder mit gleichzeitig gedrückter control-Taste erzeugt. Die Ziffern 0 bis 9 tragen die Nummern 48 bis 57, die Großbuchstaben die Nummern 65 bis 90. Die Kleinbuchstaben haben um 32 höhere Nummern als die zugehörigen Großbuchstaben. Der Rest sind Satzzeichen. Im Anhang ist die ASCII-Tabelle samt einigen weiteren Zeichensätzen wiedergegeben.

Textausgabegeräte wie Bildschirme oder Drucker erhalten vom Computer die ASCII-Nummer eines Zeichens und setzen diese mithilfe einer fest eingebauten Software in das entsprechende Zeichen um. So wird beispielsweise die ASCII-Nr. 100 in den Buchstaben d umgesetzt. Die Ausgabe der Zahl 100 erfordert das Abschicken der ASCII-Nr. 49, 48, 48.

Die US-ASCII-Tabelle enthält nicht die deutschen **Umlaute** und andere europäische Absonderlichkeiten. Es gibt einen Ausweg aus dieser Klemme, leider sogar mehrere. Bleibt man bei den sieben Bits, muß man einige nicht unbedingt benötigte US-ASCII-Zeichen durch nationale Sonderzeichen ersetzen. Für deutsche Zeichen ist eine Ersetzung gemäß Anhang B.2 *German ASCII* auf Seite 531 üblich. Für Frankreich oder Schweden lautet die Ersetzung anders. Diese Ersatztabelle liegt nicht im Computer, sondern im Ausgabegerät, das die Umsetzung der ASCII-Nummern in Zeichen vornimmt. Deshalb kann ein entsprechend ausgestatteter Bildschirm oder Drucker dasselbe Textfile einmal mit amerikanischen ASCII-Zeichen ausgeben, ein andermal mit deutschen ASCII-Zeichen. Werden bei Ein- und Ausgabe unterschiedliche Zeichensätze verwendet, gibt es Zeichensalat. Andersherum gesagt: Wenn ich einen Text ausgebe, muß ich den Zeichensatz der Eingabe kennen.

Spendiert man ein Bit mehr, so lassen sich $2^8 = 256$ Zeichen darstellen. Das ist der bessere Weg. Hewlett-Packard hat die nationalen Sonderzeichen den Nummern 128 bis 255 zugeordnet und so den Zeichensatz **ROMAN8** geschaffen, dessen untere Hälfte mit dem ASCII-Zeichensatz identisch ist. Das hat den Vorzug, daß reine ASCII-Texte genau so verarbeitet werden wie ROMAN8-Texte. Leider hat sich dieser Zeichensatz nicht allgemein durchgesetzt.

Die Firma IBM hat schon frühzeitig bei größeren Anlagen den *Extended Binary Coded Decimal Interchange Code* **EBCDIC** mit acht Bits verwendet, der aber nirgends mit ASCII übereinstimmt. Hätte sich dieser Zeichensatz statt ASCII

---

[20]Yankee im weiteren, außerhalb der USA gebräuchlichen Sinne als Einwohner der USA. Die Yankees im weiteren Sinne verstehen unter Yankee nur die Bewohner des Nordostens der USA.

durchgesetzt, wäre uns Europäern einige Mühe erspart geblieben.

Die internationale Normen-Organisation ISO hat mehrere 8-bit-Zeichensätze festgelegt, von denen einer unter dem Namen **Latin-1** (ISO 8859-1) Verbreitung gewonnen hat, vor allem in weltweiten Netzdiensten. Seine untere Hälfte ist wieder mit US-ASCII identisch, die obere enthält die Sonderzeichen west- und mitteleuropäischer Sprachen. Polnische und tschechische Sonderzeichen sind in **Latin-2** enthalten.

Bei ihren PCs schließlich wollte IBM außer nationalen Sonderzeichen auch einige Halbgrafikzeichen wie Mondgesichter, Herzchen, Noten und Linien unterbringen und schuf einen weiteren Zeichensatz **IBM-PC**, der in seinem Kern mit ASCII übereinstimmt, ansonsten aber weder mit EBCDIC noch mit ROMAN8.

Auch wenn die Ausgabegeräte 8-bit-Zeichensätze kennen, ist noch nicht sicher, daß man die Sonderzeichen benutzen kann. Die Programme müssen ebenfalls mitspielen. Der hergebrachte `vi(1)`-Editor, die `curses(3)`-Bibliothek für Bildschirmfunktionen und einige Email-Programme verarbeiten nur 7-bit-Zeichen. Erst neuere Versionen von UNIX mit **Native Language Support** unterstützen 8-bit-Zeichensätze voll. Textverarbeitende Software, die 8-bit-Zeichensätze verträgt, wird als **8-bit-clean** bezeichnet. Bei Textübertragungen zwischen Computern ist Mißtrauen angebracht. Die Konsequenz heißt in kritischen Fällen Beschränkung auf 7-bit-US-ASCII.

Was macht man, wenn es zu viele Standards gibt? Man erfindet einen neuen, der eine Obermenge der bisherigen ist. So wird zur Zeit ein internationaler Zeichensatz entwickelt, der mit 16 Bits alle abendländischen Zeichen berücksichtigt. Dieser **Intercode** ist aber noch nicht weit verbreitet. Und da sich immer Leute finden, die etwas besser machen, ist noch ein weltweiter **Unicode** nach ISO 10646 mit ähnlicher Zielsetzung in der Mache. Die Programmiersprache Java verwendet Unicode als Zeichensatz. Um den Gebrauch von Unicode in 8-Bit-Umgebungen zu erleichtern, wurde das Unicode Transformation Format UTF8 geschaffen. Die ASCII-Zeichen bleiben an den gewohnten Stellen, gleichzeitig kann jedoch der vollständige Unicode-Zeichensatz benutzt werden.

Zur Umsetzung von Zeichen gibt es mehrere UNIX-Werkzeuge wie `tr(1)` und `sed(1)`. Das erstere ist auch ein Nothelfer, wenn man ein Zeichen in einen Text einbauen möchte, das man nicht auf der Tastatur findet. Will man beispielsweise den Namen *Citroën* richtig schreiben und sieht keine Möglichkeit, das e mit dem Trema per Tastatur zu erzeugen, dann schreibt man *CitroXn* und schickt den Text durch:

```
tr '\130' '\315' < text > text.neu
```

Die Zahlen sind die oktalen Positionen im Zeichensatz Roman8. Ein C-Programm für diesen Zweck ist andererseits einfach:

```
/* Programm zum Umwandeln von bestimmten Zeichen eines
   Zeichensatzes in Zeichen eines anderen Zeichensatzes,
   hier ROMAN8 nach LaTeX. Als Filter (Pipe) einfuegen.
   Zeichen werden durch ihre dezimale Nr. dargestellt. */

#include <stdio.h>
```

```c
int main()
{
    int c;

    while ((c = getchar()) != EOF)
        switch (c) {
            case  189:
                putchar(92);
                putchar(83);
                break;
            case  204:
                putchar(34);
                putchar(97);
                break;

                .
                .
                .

            case 219:
                putchar(34);
                putchar(85);
                break;
            case 222:
                putchar(92);
                putchar(51);
                break;
            default:
                putchar(c);
        }
}
```

Programm 3.18 : C-Programm zur Zeichenumwandlung

Aus dem GNU-Projekt stammt ein Filter namens `recode(1)`, daß etwa hundert Zeichensätze ineinander umrechnet:

```
recode --help
recode -l
recode ascii-bs:EBCDIC-IBM textfile
```

Man beachte jedoch, daß beispielsweise ein HTML-Text, der mit ASCII-Ersatzdarstellungen für die Umlaute (`ä` für a-Umlaut) geschrieben ist, bei Umwandlung nach ASCII unverändert bleibt. Es werden Zeichensätze umgewandelt, mehr nicht. Auch werden LaTeX-Formatanweisungen nicht in HTML-Formatanweisungen übersetzt, dafür gibt es andere Werkzeuge wie `latex2html`. Das Ursprungsfile wird überschrieben, daher sicherheitshalber mit einer Kopie arbeiten. Nicht jede Umsetzung ist reversibel.

3.7.1.2 Fonts, Orientierung

Der Zeichensatz sagt, welche Zeichen bekannt sind, nicht wie sie aussehen. Ein Font legt das Aussehen der Zeichen fest. Ursprünglich war ein Font der Inhalt eines Setzkastens. Verwirrung entsteht dadurch, daß einige einfachere Font-Formate die Gestaltinformationen nicht verschiedenen Zeichen, sondern verschiedenen Zahlen zuordnen und so der Font darüber befindet, welches Zeichen für welche Zahl ausgegeben wird. Klarer ist eine saubere Trennung von Zeichensatz und Font. Die Vielzahl der Fonts hat technische und künstlerische Gründe.

Bei einem anspruchsvollen Font werden nicht nur die einzelnen Zeichen dargestellt, sondern auch bestimmte Zeichenpaare (Ligaturen). JOHANNES GUTENBERG verwendete 190 Typen, und da waren noch kein Klammeraffe und kein Euro dabei. Der Buchstabe *f* ist besonders kritisch. Erkennen Sie den Unterschied zwischen *hoffen* und *hoffähig* oder *Kaufleute* und *Kaufläche*? Ligaturen sind ein einfacher Test für die Güte eines Textprogramms. Werden sie beachtet, kann man annehmen, daß sich seine Schöpfer Gedanken gemacht haben. LaTeX-Fonts kennen Ligaturen.

Unter einer Schrift, Schriftfamilie oder **Schriftart** (typeface) wie Times Roman, New Century Schoolbook, Garamond, Bodoni, Helvetica, Futura, Univers, Schwabacher, Courier, OCR (optical character recognition) oder Schreibschriften versteht man einen stilistisch einheitlichen Satz von Fonts in verschiedenen Ausführungen. Die Schriftart muß zum Charakter und Zweck des Schriftstücks und zur Wiedergabetechnik passen. Die Times Roman ist beispielsweise ziemlich kompakt sowie leicht und schnell zu lesen (sie stammt aus der Zeitungswelt), während die New Century Schoolbook etwa 10 % mehr Platz benötigt, dafür aber deutlicher lesbar ist, was für Leseanfänger und Sehschwache eine Rolle spielt. Die klassizistische Bodoni wirkt etwas gehoben und ist die Lieblingsschrift von IBM. In einer Tageszeitung wäre sie fehl am Platze. Serifenlose Schriften wie die Helvetica eignen sich für Plakate, Overhead-Folien, Beschriftungen von Geräten und kurze Texte. Diese Schriften liegen in verschiedenen **Schriftschnitten** (treatment) vor: mager, fett, breit, schmal, kursiv, dazu in verschiedenen Größen oder **Schriftgraden** (point size). Die **Schriftweite**, der Zeichenabstand (pitch), ist entweder fest wie bei einfachen Schreibmaschinen, beispielsweise 10 oder 12 Zeichen pro Zoll, oder von der Zeichenbreite abhängig wie bei den **Proportionalschriften**. Diese sind besser lesbar und sparen Platz, machen aber in Tabellen Mühe. Ein vollständiger Satz von Buchstaben, Ziffern, Satz- und Sonderzeichen einer Schrift, eines Schnittes, eines Grades und gegebenenfalls einer Schriftweite wird **Font** genannt. Die in diesem Text verwendeten Fonts heißen Times Roman, `Courier`, Sans Serif, *Times Roman Italic*, KAPITÄLCHEN, im Manuskript in 12 pt Größe. Daneben haben wir Sonderausgaben von Teilen des Manuskripts in der New Century Schoolbook in 14 Punkten Größe hergestellt. Noch größere Schrift wäre möglich, aber dann passen nur noch wenige Wörter in die Zeile.

Im wesentlichen gibt es zwei Kategorien von Font-Formaten: Bitmap-Fonts und Vektor-Fonts. **Bitmap-Fonts** speichern die Gestalt eines Zeichens in einer Punktematrix. Der Vorteil besteht in der einfacheren und schnelleren Verarbeitung. Darüber hinaus existieren auf vielen Systemen mehrere Bitmap-Fonts derselben Schrift, optimiert für die am häufigsten benötigten Schriftgrößen. Nachteilig ist die unbefriedigende Skalierbarkeit (Vergrößerung oder Verkleinerung). Das Problem ist das gleiche wie bei Grafiken.

Bessere Systeme verwenden daher **Vektor-Fonts**, die die Gestalt der Zeichen durch eine mathematische Beschreibung ihrer Umrisse festhalten. Vektor-Fonts lassen sich daher problemlos skalieren. Bei starken Maßstabsänderungen muß jedoch auch die Gestalt etwas verändert werden. Gute Vektor-Fonts speichern deshalb zusätzliche, beim Skalieren zu beachtende Informationen (hints) zu jedem Zeichen.

Die beiden wichtigsten Vektor-Font-Formate sind True Type (TT), hauptsächlich auf Macintoshs und unter Microsoft Windows, und das von Adobe stammende Postscript-Type-1-Format (PS1), das auch vom X Window System dargestellt werden kann und daher unter UNIX verbreitet ist. True Type kam um 1990 heraus und war die Antwort von Apple und Microsoft auf Adobe. Im Jahr 1996 rauften sich Adobe und Microsoft zusammen und schufen das Open Type Format als eine einheitliche Verpackung von Postscript- und Truetype-Fonts.

Das X Window System (X11) hat zunächst nichts mit der Druckausgabe zu tun. Die Tatsache, daß ein Font unter X11 verfügbar ist, bedeutet noch nicht, daß er auch gedruckt werden kann. Einen gemeinsamen Nenner von X11 und der Druckerwelt stellt das Type-1-Format dar: Fonts dieses Formates können sowohl von X11 auf dem Bildschirm dargestellt als auch als Softfonts (in Files gespeicherte Fonts) in Postscript-Drucker geladen werden. Für den Privatanwender, der sich keinen Postscript-Drucker leisten kann, bietet sich der Weg an, den freien Postscript-Interpreter *Ghostscript* als Druckerfilter zu verwenden. Er wandelt Postscript-Daten in verschiedene Druckersteuersprachen um.

Da die Papierformate länglich sind, spielt die **Orientierung** (orientation) eine Rolle. Das Hochformat wird englisch mit portrait, das Querformat mit landscape bezeichnet[21]. Ferner trägt der **Zeilenabstand** oder Vorschub (line spacing) wesentlich zur Lesbarkeit bei. Weitere Gesichtspunkte zur Schrift und zur Gestaltung von Schriftstücken findet man in der im Anhang angegebenen Literatur und im Netz, zum Beispiel in dem FAQ der Newsgruppe `comp.fonts`, auf Papier 260 Seiten, zusammengestellt von NORMAN WALSH. Trinken Sie einen auf sein Wohl und denken Sie darüber nach, wieviel freiwillige und unentgeltliche Arbeit in den FAQs steckt.

Die vorstehenden Zeilen waren vielleicht etwas viel zu einem so einfachen Thema wie der Wiedergabe von Texten, aber es gibt nun einmal auf der Welt mehr als die sechsundzwanzig Zeichen des lateinischen Alphabets und mehr als ein Textprogramm. Auf längere Sicht kommt man nicht darum herum, sich die Zusammenhänge klar zu machen. Dann versteht man, warum in der Textverarbeitung so viel schiefgeht, von der künstlerischen Seite ganz abgesehen.

3.7.2 Reguläre Ausdrücke

Reguläre Ausdrücke (regular expression, expression régulière, RE) sind Zeichenmuster, die nach bestimmten Regeln gebildet und ausgewertet werden. Eine Zeichenkette (String) kann darauf hin untersucht werden, ob sie mit einem gegebenen regulären Ausdruck übereinstimmt oder nicht. Einige Textwerkzeuge wie die Editoren, `grep(1)`, `lex(1)` und `awk(1)` machen von regulären Ausdrücken Gebrauch,

---

[21]Woraus man schließt, daß Engländer ein Flachland bewohnende Langschädler sind, während alpine Querköpfe die Bezeichnungen vermutlich andersherum gewählt hätten.

leider in nicht völlig übereinstimmender Weise. Die Jokerzeichen in Filenamen und die Metazeichen der Shells haben *nichts* mit regulären Ausdrücken zu tun. Näheres findet man im Referenz-Handbuch beim Editor `ed(1)` und in dem Buch von ALFRED V. AHO und anderen über `awk(1)`. Hier einige einfache Regeln und Beispiele:

- Ein Zeichen mit Ausnahme der Sonderzeichen trifft genau auf sich selbst zu (klingt so selbstverständlich wie $a = a$, muß aber gesagt sein),

- ein Backslash gefolgt von einem Sonderzeichen trifft genau auf das Sonderzeichen zu (der Backslash quotet das Sonderzeichen),

- Punkt, Stern, linke eckige Klammer und Backslash sind Sonderzeichen, sofern sie nicht in einem Paar eckiger Klammern stehen,

- der Circumflex ist ein Sonderzeichen am Beginn eines regulären Ausdrucks oder unmittelbar nach der linken Klammer eines Paares eckiger Klammern,

- das Dollarzeichen ist ein Sonderzeichen am Ende eines regulären Ausdrucks,

- ein Punkt trifft auf ein beliebiges Zeichen außer dem Zeilenwechsel zu,

- eine Zeichenmenge innerhalb eines Paares eckiger Klammern trifft auf ein Zeichen aus dieser Menge zu,

- ist jedoch das erste Zeichen in dieser Menge der Circumflex, so trifft der reguläre Ausdruck auf ein Zeichen zu, das weder der Zeilenwechsel noch ein Zeichen aus dieser Menge ist,

- ein Bindestrich in dieser Menge kennzeichnet einen Zeichenbereich, `[0-9]` bedeutet dasselbe wie `[0123456789]`,

- ein regulärer Ausdruck aus einem Zeichen gefolgt von einem Stern bedeutet ein beliebig häufiges Vorkommen dieses Zeichens, nullmaliges Vorkommen eingschlossen (erinnert an Jokerzeichen in Filenamen, aber dort kann der Stern auch ohne ein anderes Zeichen davor auftreten),

- eine Verkettung regulärer Ausdrücke trifft zu auf eine Verkettung von Strings, auf die die einzelnen regulären Ausdrücke zutreffen.

Die Regeln gehen noch weiter. Am besten übt man erst einmal mit einfachen regulären Ausdrücken. Nehmen Sie irgendeinen Text und lassen Sie `grep(1)` mit verschiedenen regulären Ausdrücken darauf los:

```
grep 'aber' textfile
grep 'ab.a' textfile
grep 'bb.[aeiou]' textfile
grep '\\[a-z][a-z]*{..*}' textfile
```

Die Single Quotes um die Ausdrücke sind eine Vorsichtsmaßnahme, die verhindern soll, daß sich die Shell die Ausdrücke zu Gemüte führt. `grep(1)` gibt die Zeilen aus, in denen sich wenigstens ein String befindet, auf den der reguläre Ausdruck paßt. Im ersten Beispiel sind das alle Zeilen, die den String `aber` enthalten wie `aber`, `labern`, `Schabernack`, `aberkennen`, im zweiten trifft unter anderem `abwarten` zu, im dritten `Abbruch`, und das vierte Beispiel liefert die Zeilen mit LaTeX-Kommandos wie `\index{}`, `\begin{}`, `\end{}` zurück. Der vierte Ausdruck ist folgendermaßen zu verstehen:

- ein Backslash,

- genau ein Kleinbuchstabe,

- eine beliebige Anzahl von Kleinbuchstaben,

- eine linke geschweifte Klammer,

- genau ein beliebiges Zeichen,

- eine beliebige Anzahl beliebiger Zeichen,

- eine rechte geschweifte Klammer.

Wir wollen nun einen regulären Ausdruck zusammenstellen, der auf alle gültigen Internet-Email-Anschriften zutrifft. Dazu schauen wir uns einige Anschriften an:

```
wualex1@mvmhp64.ciw.uni-karlsruhe.de
wulf.alex@ciw.uni-karlsruhe.de
ig03@rz.uni-karlsruhe.de
012345678-0001@t-online.de
Dr_Rolf.Muus@DEGUSSA.de
```

Links steht immer ein Benutzername, dessen Form vom jeweiligen Betriebssystem bestimmt wird, dann folgen das @-Zeichen (Klammeraffe) und ein Maschinen- oder Domänenname, dessen Teile durch Punkte voneinander getrennt sind. Im einzelnen:

- Anfangs ein Zeichen aus der Menge der Ziffern oder kleinen oder großen Buchstaben,

- dann eine beliebige Anzahl einschließlich null von Zeichen aus der Menge der Ziffern, der kleinen oder großen Buchstaben und der Zeichen _-.,

- genau ein Klammeraffe als Trennzeichen,

- im Maschinen- oder Domänennamen mindestens eine Ziffer oder ein Buchstabe,

- dann eine beliebige Anzahl von Ziffern, Buchstaben oder Strichen,

- mindestens ein Punkt zur Trennung von Domäne und Top-Level-Domäne,

- nochmals mindestens ein Buchstabe zur Kennzeichnung der Top-Level-Domäne.

Daraus ergibt sich folgender regulärer Ausdruck (einzeilig):

```
^[0-9a-zA-Z][0-9a-zA-Z_-.]*@[0-9a-zA-Z][0-9a-zA-Z_-.]*
                                \.[a-zA-Z][a-zA-Z]*
```

Das sieht kompliziert aus, ist aber trotzdem der einfachste Weg zur Beschreibung solcher Gebilde. Man denke daran, daß die UNIX-Kommandos leicht unterschiedliche Vorstellungen von regulären Ausdrücken haben. Außerdem ist obige Form einer Email-Anschrift nicht gegen die RFCs abgeprüft und daher vermutlich zu eng. Eine Anwendung für den regulären Ausdruck könnte ein Programm sein, das Email-Anschriften verarbeitet und sicherstellen will, daß die ihm übergebenen Strings wenigstens ihrer Form nach gültig sind. Robuste Programme überprüfen Eingaben oder Argumente, ehe sie sich weiter damit beschäftigen.

3.7.3   Editoren (ed, ex, vi, elvis, vim)

Ein **Editor** ist ein Programm zum Eingeben und Ändern von Texten, nach dem Kommando-Interpreter das am häufigsten benutzte Programm eines Systems. Alle Editoren stehen vor der Aufgabe, daß mittels derselben und einzigen Tastatur, gegebenenfalls noch mit Maus, sowohl der Text wie auch die Editierkommandos eingegeben werden müssen. Auf den meisten Computer-Tastaturen finden sich zwar einige Editiertasten (insert character, delete character usw.), diese reichen aber bei weitem nicht aus. Zudem sind sie von Tastatur zu Tastatur verschieden. Die beiden wichtigsten Editoren unter UNIX – der `vi(1)` und der `emacs(1)` – lösen die Aufgabe in unterschiedlicher Weise.

In Editoren kommt man leicht hinein, aber nur schwer wieder hinaus, wenn man nicht das Zauberwort kennt. Unzählige Benutzer wären schon in den Labyrinthen der Editoren verschmachtet, wenn ihnen nicht eine kundige Seele geholfen hätte. Deshalb hier vorab die Zauberworte:

- Falls Ihr Terminal auf nichts mehr reagiert, ist entweder auf der Rückseite ein Stecker locker, oder Sie haben es unwissentlich umkonfiguriert. Dann müssen Sie eine Reset-Taste drücken, bei unseren HP-Terminals die Kombination `control-shift-reset`.

- Aus dem `vi(1)`-Editor kommen Sie immer hinaus, indem Sie nacheinander die fünf Tasten **escape** : q ! **return** drücken.

- Den `emacs(1)`-Editor verläßt man mittels Drücken der beiden Tastenkombinationen `control-x` `control-c` nacheinander.

- Den `joe(1)`-Editor beendet man mit der Tastenkombination `control-k` und dann **x**.

Falls das alles nicht wirkt, ist es Zeit, um Hilfe zu rufen.

Das einfachste Kommando zur Eingabe von Text ist `cat(1)`. Mittels

```
cat > textfile
```

schreibt man von der Tastatur in das File `textfile`. Die Eingabe wird mit dem EOF-Zeichen `control-d` abgeschlossen. Die Fähigkeiten von `cat(1)` sind allerdings so bescheiden, daß es nicht die Bezeichnung Editor verdient.

Einfache Editoren bearbeiten nur eine Zeile eines Textes und werden zeilenweise weitergeschaltet. Auf dem Bildschirm sehen Sie zwar dank des Bildschirmspeichers mehrere Zeilen, aber nur in einer – der jeweils aktuellen – können Sie editieren. Diese Editoren stammen aus der Zeit, als man noch Fernschreibmaschinen als

Terminals verwendete. Daher beschränken sie den Dialog auf das Allernötigste. **Zeilen-Editoren** wie MS-DOS `edlin` oder UNIX `ed(1)` werden heute nur noch für kurze Texte benutzt. Der `ed(1)` ist robust und arbeitet auch unter ungünstigen Verhältnissen (während des Bootvorgangs, langsame Telefonleitungen, unbekannte Terminals) einwandfrei. Systemmanager brauchen ihn gelegentlich bei Konfigurationsproblemen, wenn keine Terminalbeschreibung zur Verfügung steht. Im Handbuch findet man bei `ed(1)` die Syntax regulärer Ausdrücke.

Das Kommando `ex(1)` ruft einen erweiterten Zeileneditor auf und dient nicht etwa zum Abmelden. Wird praktisch nicht benutzt. Der nachfolgend beschriebene Editor `vi(1)` greift zwar oft auf `ex(1)`-Kommandos zurück, aber das braucht man nicht zu wissen. Da `ex` auf einigen anderen Systemen das Kommando zum Beenden der Sitzung ist und es immer wieder vorkommt, daß Benutzer unserer UNIX-Anlage dieses Kommando mit der letztgenannten Absicht eintippen, haben wir den Editor in `exed` umbenannt und unter `ex` ein hilfreiches Shellscript eingerichtet.

Auf dem `ex(1)` baut der verbreitete UNIX-Bildschirm-Editor `vi(1)` auf. Ein **Bildschirm-Editor** stellt einen ganzen Bildschirm oder mehr des Textes gleichzeitig zur Verfügung, so daß man mit dem Cursor im Text herumfahren kann. Dazu muß der `vi(1)` den Terminaltyp kennen, den er in der Umgebungs-Variablen TERM findet. Die zugehörige **Terminal-Beschreibung** sucht er im Verzeichnis `/usr/lib/terminfo`[22]. Falls diese fehlt oder – was noch unangenehmer ist – Fehler enthält, benimmt sich der `vi(1)` eigenartig. Näheres zur Terminalbeschreibung unter `terminfo(4)` sowie im Abschnitt 3.12.4.2 *Terminals* auf Seite 237.

Da der `vi(1)` mit den unterschiedlichsten Tastaturen klar kommen muß, setzt er nur eine minimale Anzahl von Tasten voraus, im wesentlichen die Schreibmaschinentasten und Escape. Was sich sonst noch an Tasten oben und rechts befindet, ist nicht notwendig. Dies führt zu einer Doppelbelegung jeder Taste. Im **Schreibmodus** des `vi(1)` veranlaßt ein Tastendruck das Schreiben des jeweiligen Zeichens auf den Bildschirm und in den Speicher. Im **Kommandomodus** bedeutet ein Tastendruck ein bestimmtes Kommando an den Editor. Beispielsweise löscht das kleine x das Zeichen, auf dem sich gerade der Cursor befindet.

Beim Start ist der `vi` im Kommandomodus, außerdem schaltet die Escape-Taste immer in diesen Modus, auch bei mehrmaligem Drücken. In den Schreibmodus gelangt man mit verschiedenen Kommandos:

- a (append) schreibt anschließend an den Cursor,

- i (insert) schreibt vor den Cursor,

- o (open) öffnet eine neue Zeile unterhalb der aktuellen,

- R (replace) ersetzt den Text ab Cursorposition.

Die Kommandos werden auf dem Bildschirm nicht wiederholt, sondern machen sich nur durch ihre Wirkung bemerkbar. Die mit einem Doppelpunkt beginnenden Kommandos sind eigentlich `ex(1)`-Kommandos[23] und werden in der untersten Bildschirmzeile angezeigt. Weitere `vi(1)`-Kommandos im Anhang.

---

[22]ehemals `/etc/termcap`

[23]Manche Autoren unterscheiden beim `vi(1)` drei Modi, indem sie beim Kommando-Modus `ex(1)`- und `vi(1)`-Kommandos trennen. Das ersparen wir uns.

Wie bekommt man mit dem **vi(1)** das Escape-Zeichen und gegebenenfalls andere Sonderzeichen in Text? Man stellt **control-v** voran. Mit dem Kommando u für *undo* macht man das jüngste Kommando, das den Text verändert hat, rückgängig.

Der **vi(1)** kann Zeichenfolgen in einem Text suchen und automatisch ersetzen. Die Zeichenfolgen sind **reguläre Ausdrücke**. Um im Text vorwärts zu suchen, gibt man das Kommando /ausdruck ein, um rückwärts zu suchen, ?ausdruck. Der Cursor springt auf das nächste Vorkommen von **ausdruck**. Mittels n wiederholt man die Suche. Wollen wir das Wort *kompilieren* durch *compilieren* ersetzen, rufen wir den **vi** mit dem Namen unseres Textfiles auf und geben folgendes Kommando ein:

```
:1,$ s/kompil/compil/g
```

Im einzelnen heißt das: von Zeile 1 bis Textende ($) substituiere die Zeichenfolge *kompil* durch *compil*, und zwar nicht nur beim ersten Auftreten in der Zeile, sondern global in der gesamten Zeile, das heißt hier also im gesamten Text. Die Zeichenfolgen brauchen nicht gleich lang zu sein. Groß- und Kleinbuchstaben sind wie immer verschiedene Zeichen, deshalb wird man die Ersetzung auch noch für große Anfangsbuchstaben durchführen. Der vorliegende Text ist auf mehrere Files verteilt. Soll eine Ersetzung in allen Files vorgenommen werden, schreibt man ein Shellscript **korr** und ruft es auf:

```
korr 's/kompil/compil/g' *.tex
```

Die korrigierten Texte findet man in den Files *.tex.k wieder, die ursprünglichen Texte bleiben vorsichtshalber erhalten.

```
# Shellscript fuer fileuebergreifende Text-Ersetzungen
print Start /usr/local/bin/korr

sedcom="$1"
shift
files="$*"

for file in $files
do
sed -e "$sedcom" $file > "$file".k
done

print Ende korr
```

Programm 3.19 : Shellscript zur Textersetzung in mehreren Files

Beim Aufruf des **vi(1)** zusammen mit dem Namen eines existierenden Textfiles:

```
vi textfile
```

legt er eine Kopie des Files an und arbeitet nur mit der Kopie. Erst das abschließende **write**-Kommando – meist in der Form :wq für *write* und *quit* –

schreibt die Kopie zurück auf den Massenspeicher. Hat man Unsinn gemacht, so quittiert man den Editor ohne zurückzuschreiben, und das Original ist nicht verdorben. Man kann auch die eben editierte Kopie in ein File mit einem neuen Namen – gegebenenfalls in einem anderen Verzeichnis wie /tmp – zurückschreiben und so das Original unverändert erhalten. Will man den vi(1) verlassen ohne zurückzuschreiben, warnt er. Greifen zwei Benutzer gleichzeitig schreibend auf dasselbe Textfile zu, so kann zunächst jeder seine Kopie editieren. Wer als letzter zurückschreibt, gewinnt.

In dem File $HOME/.exrc legt man individuelle **Tastatur-Anpassungen** und Editor-Variable nieder. Mit dem Kommando:

```
:set all
```

sieht man sich die gesetzten Variablen an. Ihre Bedeutung ist dem Handbuch (man vi) zu entnehmen. Auch in einem Unterverzeichnis darf man noch einmal ein File .exrc unterbringen, dies gilt dann für vi(1)-Aufrufe aus dem Unterverzeichnis. Beispielsweise setzen wir für die Unterverzeichnisse, die unsere C-Quellen enthalten, die Tabulatorweite auf 4 statt 8 Stellen, um die Einrückungen nicht zu weit nach rechts wandern zu lassen. Das .exrc-File für diesen Zweck enthält folgende Zeilen:

```
:set tabstop=4
:map Q :wq
```

Die zweite Zeile bildet das Kommando Q (ein Makro) auf das vi(1)-Kommando :wq ab. Dabei sollte der Macroname kein bereits bestehendes vi(1)-Kommando sein. Die Ersetzung darf 100 Zeichen lang sein. Auch Funktionstasten lassen sich abbilden. Auf diese Weise kann man sich Umlaute oder häufig gebrauchte Kommandos auf einzelne Tasten legen.

Vom vi(1) gibt es zwei Sonderausführungen. Der Aufruf view(1) startet den vi(1) im Lesemodus; man kann alles machen wie gewohnt, nur nicht zurückschreiben. Das ist ganz nützlich zum Lesen und Suchen in Texten. Die Fassung **vedit(1)** ist für Anfänger gedacht und überflüssig, da man dieselbe Wirkung durch das Setzen einiger Parameter erreicht und die anfänglichen Gewöhnungsprobleme bleiben.

Aus dem GNU-Projekt stammt der vi(1)-ähnliche Editor elvis(1). Er liegt wie alle GNU-Software im Quellcode vor und kann daher auf verschiedene UNIXe und auch MS-DOS übertragen werden. Bei MINIX und LINUX gehört er zum Lieferumfang. Im Netz findet sich die vi(1)-Erweiterung vim(1), auch für vi(1)-Liebhaber, die unter MS-DOS arbeiten.

Das soll genügen. Den vi(1) lernt man nicht an einem Tag. Die Arbeitsweise des vi(1) ist im Vergleich zu manchen Textsystemen unbequem, aber man muß die Umstände berücksichtigen, unter denen er arbeitet. Von seinen Leistungen her erfüllt er mehr Wünsche, als der Normalbenutzer hat. Man gewöhnt sich an jeden Editor, nur nicht jede Woche an einen anderen.

3.7.4 Universalgenie (emacs)

Neben dem `vi(1)` findet man auf UNIX-Systemen oft den Editor `emacs(1)`, der aus dem GNU-Projekt stammt und daher im Quellcode verfügbar ist. Es gibt auch Portierungen auf andere Systeme einschließlich IBM-PC unter MS-DOS sowie die Variante `microemacs`. Der grundsätzliche Unterschied zum `vi(1)` ist, daß der `emacs(1)` nur einen Modus kennt und die Editorkommandos durch besondere Tastenkombinationen mit den control- und alt-Tasten vom Text unterscheidet. Im übrigen ist er mindestens so mächtig (= gewöhnungsbedürftig) wie der `vi(1)`. Chacun à son goût.

3.7.4.1 Einrichtung

Falls der Emacs nicht – wie bei den LINUX-Distributionen – fertig eingerichtet vorliegt, muß man sich selbst darum bemühen. Man holt ihn sich per Anonymous FTP oder mittels eines WWW-Browsers von:

- ftp.informatik.rwth-aachen.de/pub/gnu/

- ftp.informatik.tu-muenchen.de/pub/comp/os/unix/gnu/

oder anderen Servern. Das File heißt beisspielsweise `emacs-20.2.tar.gz`, ist also ein mit `gzip` gepacktes `tar`-Archiv. Man legt es in ein temporäres Verzeichnis, entpackt es und dröselt es in seine Teile auf:

```
gunzip emacs-20.2.tar.gz
tar -xf emacs-20.2.tar
```

Danach hat man neben dem Archiv ein Verzeichnis `emacs-20.2`. Man wechselt hinein und liest die Files `README` und `INSTALL`, das File `PROBLEMS` heben wir uns für später auf. Im File `INSTALL` wird angeraten, sich aus dem File `./etc/MACHINES` die zutreffende Systembezeichnung herauszusuchen, in unserem Fall `hppa1.1-hp-hpux10`. Ferner soll man sich noch das File `leim-20.2.tar.gz` zur Verwendung internationaler Zeichensätze (Latin-1 usw.) besorgen und neben dem Emacs-File entpacken und aufdröseln; seine Files gehen in das Emacs-Verzeichnis. Dann ruft man ein Shellscript auf, das ein Makefile erzeugt:

```
./configure hppa1.1-hp-hpux10
```

Es folgen `make(1)`, das hoffentlich ohne Fehlermeldung durchläuft, und `make install` (als Benutzer `root` wegen der Schreibrechte in `/usr/local/`). Als Fehler kommen in erster Linie fehlende Bibliotheken in Betracht, deren Beschaffung in Arbeit ausarten kann. Mittels `make clean` und `make distclean` lassen sich die nicht mehr benötigten Files löschen. Sobald alles funktioniert, sollte man auch das Verzeichnis `emacs-20.2` löschen, man hat ja noch das Archiv. Der fertige Editor – das File `/usr/local/bin/emacs` – sollte die Zugriffsrechte 755 haben. Mittels `man emacs` sollte die Referenz auf den Schirm kommen.

3.7.4.2 Benutzung

Der Aufruf `emacs mytext` startet den Editor zur Erzeugung oder Bearbeitung des Textfiles `mytext`. Mittels `control-h` und `t` bekommt man ein Tutorial auf den Schirm, das vierzehn Seiten DIN A4 umfaßt. Zum Einarbeiten ist das Tutorial besser als die man-Seiten. Eine *GNU Emacs Reference Card* – sechs Seiten DIN A4 – liegt dem Editor-Archiv bei. Mit `control-h` und `i` gibt es eine Information von elf Seiten Umfang, von der University of Texas zieht man sich eine *GNU Emacs Pocket Reference List* von vierzehn Seiten. Als ultimative Bettlektüre erhält man im guten Buchhandel schließlich ein Buch von 560 Seiten.

Eine Reihe von Programmen wie Compiler, Mailer, Informationsdienste arbeitet mit dem `emacs(1)` zusammen, so daß man diesen nicht zu verlassen braucht, wenn man etwas anderes als Textverarbeitung machen möchte. Unter dem Namen *emacspeak* gibt es eine Sprachausgabe für sehgeschädigte Benutzer. Das geht in Richtung integrierte Umgebungen. Eigentlich ist der `emacs(1)` gar kein Editor, sondern ein LISP-Interpreter mit einer Sammlung von Macros. Es spricht nichts dagegen, diese Sammlung zu erweitern, so daß man schließlich alles mit dem `emacs(1)` macht. Den `vi(1)` emuliert er natürlich auch.

Zu MINIX gehört der `emacs(1)`-ähnliche Editor `elle(1)`, neben dem `vi(1)`-Clone `elvis(1)`. Zu LINUX gibt es den originalen `emacs(1)` neben dem `vi(1)`.

3.7.5 Joe's Own Editor (joe)

Der `joe(1)` von JOSEPH. H. ALLEN soll als Beispiel für eine Vielzahl von Editoren stehen, die im Netz herumschwimmen und entweder mehr können oder einfacher zu benutzen sind als die Standard-Editoren. Er bringt eine eigene Verhaltensweise in normaler und beschränkter Fassung mit, kann aber auch WordStar, `pico(1)` oder `emacs(1)` emulieren (nachahmen), je nach Aufruf und Konfiguration. Diese läßt sich in einem File `$HOME/.joerc` den eigenen Wünschen anpassen. Seine Verwendung unterliegt der GNU General Public License, das heißt sie ist praktisch kostenfrei.

Der `joe(1)` kennt keine Modi. Nach dem Aufruf legt man gleich mit der Texteingabe los. Editorkommandos werden durch control-Sequenzen gekennzeichnet. Beispielsweise erzeugt die Folge `control-k` und `h` ein Hilfefenster am oberen Bildschirmrand. Nochmalige Eingabe der Sequenz löscht das Fenster. Am Ende verläßt man den Editor mittels `control-c` ohne Zurückschreiben oder mit der Sequenz `control-k` und `x` unter Speichern des Textes. Weitere Kommandos im Hilfefenster oder mit `man joe`. In LINUX-Distributionen ist `joe(1)` meist enthalten, wie so manches andere.

3.7.6 Stream-Editor (sed)

Der **Stream-Editor** `sed(1)` bearbeitet ein Textfile zeilenweise nach Regeln, die man ihm als Option oder in einem getrennten File (sed-Script) mitgibt. Er ist im Gegensatz zu den bisher genannten Editoren nicht interaktiv, er führt keinen Dialog. Die letzte Zeile des Textfiles muß leer sein oder anders gesagt, das letzte Zeichen des Textes muß ein newline-Zeichen (Linefeed) sein.

Die einfachste Aufgabe für den `sed(1)` wäre der Ersatz eines bestimmten Zeichens im Text durch ein anderes (dafür gibt es allerdings ein besseres, weil einfacheres Werkzeug `tr(1)`). Der `sed(1)` bewältigt ziemlich komplexe Aufgaben, daher ist seine Syntax etwas umfangreich. Sie baut auf der Syntax des Zeileneditors `ed(1)` auf. Der Aufruf

```
sed 'Kommandos' filename
```

veranlaßt den `sed(1)`, das File `filename` Zeile für Zeile einzulesen und gemäß den Kommandos bearbeitet nach `stdout` auszugeben. Der Aufruf

```
sed '1d' filename
```

löscht die erste Zeile im File `filename` und schreibt das Ergebnis nach `stdout`. Die Quotes um das `sed(1)`-Kommando verhindern, daß die Shell sich das für den `sed(1)` bestimmte Kommando ansieht und möglicherweise Metazeichen interpretiert. Hier wären sie nicht nötig und stehen einfach aus Gewohnheit. Jokerzeichen in `filename` dagegen werden von der Shell zu Recht interpretiert, so daß der `sed(1)` von der Shell eine Liste gültiger Namen erhält.

Folgender Aufruf ersetzt alle Großbuchstaben durch die entsprechenden Kleinbuchstaben (einzeilig):

```
sed 'y/ABCDEFGHIJKLMNOPQRSTUVWXYZ/
                abcdefghijklmnopqrstuvwxyz/' filename
```

Das y-Kommando kennt keine Zeichenbereiche, wie sie bei regulären Ausdrücken oder beim Kommando `tr(1)` erlaubt sind, man muß die beiden notwendigerweise gleichlangen Zeichenmengen auflisten. Übrigens ist obiges Kommando ein Weg zur ROT13-Verschlüsselung, indem man die zweite Zeichenmenge mit n beginnen läßt. Geht es um den Ersatz eines festen Zeichenmusters oder eines regulären Ausdrucks durch einen festen String, so nimmt man:

```
sed 's/\\[a-z][a-z]*{..*}/LaTeX-K/g' filename
```

Im Kommando steht s für substitute. Dann folgt ein regulärer Ausdruck zur Kennzeichnung dessen, was ersetzt werden soll, hier das bereits erwähnte Muster eines LaTeX-Kommandos. An dritter Stelle ist der Ersatz (replacement) aufgeführt, hier die feste Zeichenfolge `LaTeX-K`, und schließlich ein Flag, das besagt, den Ersatz global (überall, nicht nur beim ersten Auftreten des regulären Ausdrucks in der Zeile) auszuführen. Das Trennzeichen zwischen den vier Teilen kann jedes beliebige Zeichen sein, es darf nur nicht in den Teilen selbst vorkommen.

Merke: Der `vi(1)` ist ein interaktiver Editor, der Tastatureingaben erfordert und nicht Bestandteil einer Pipe sein oder im Hintergrund laufen kann. Der `sed(1)` ist ein Filter, das keine Tastatureingaben verlangt, Glied einer Pipe oder eines Shellscripts sein und unbeaufsichtigt laufen kann.

3.7.7   Listenbearbeitung (awk)

Das Werkzeug awk(1) ist nach seinen Urhebern ALFRED V. AHO, PETER J.
WEINBERGER und BRIAN W. KERNIGHAN benannt und firmiert als program-
mierbares **Filter** oder **Listengenerator**. Es läßt sich auch als eine Programmiersprache für einen bestimmten, engen Zweck auffassen. Der awk(1) bearbeitet ein
Textfile zeilenweise, wobei er jede Zeile – auch Satz genannt – in Felder zerlegt.
Eine typische Aufgabe ist die Bearbeitung von Listen. Hier ist er angenehmer als
der sed(1), allerdings auch langsamer. Für die Verwaltung eines kleinen Vereins
ist er recht, für das Telefonbuch von Berlin nicht.

In einfachen Fällen werden dem awk(1) beim Aufruf die Befehle zusammen mit
den Namen der zu bearbeitenden Files mitgegeben, die Befehle in Hochkommas,
um sie vor der Shell zu schützen:

```
awk 'befehle' files
```

Ein awk(1)-Befehl besteht aus den Teilen **Muster** und **Aktion**. Jede Eingabezeile, auf die das Muster zutrifft, wird entsprechend der Aktion behandelt. Die
Ausgabe geht auf stdout. Ein Beispiel:

```
awk '{if (NR < 8) print $0}' myfile
```

Das File myfile wird Zeile für Zeile gelesen. Die vorgegebene awk(1)-Variable NR
ist die Zeilennummer, beginnend mit 1. $0 ist die ganze jeweilige Zeile. Falls die
Zeilennummer kleiner als 8 ist, wird die Zeile nach stdout geschrieben. Es werden
also die ersten 7 Zeilen des Files ausgegeben. Nun wollen wir das letzte Feld der
letzten Zeile ausgeben:

```
awk 'END {print $NF}' myfile
```

Das Muster END trifft zu, wenn die letzte Zeile verarbeitet ist. Üblicherweise betrifft
die zugehörige Aktion irgendwelche Abschlußarbeiten. Die Variable NF enthält die
Anzahl der Felder der Zeile, die Variable $NF ist also das letzte Feld. Nun wird es
etwas anspruchsvoller:

```
awk '$1 != prev { print; prev = $1 }' wortliste
```

Das File wortliste enthalte in alphabetischer Folge Wörter und gegebenenfalls
weitere Bemerkungen zu den Wörtern, pro Wort eine Zeile. Der awk(1) liest das
File zeilenweise und spaltet jede Zeile in durch Spaces oder Tabs getrennte Felder
auf. Die Variable $1 enthält das erste Feld, also hier das Wort zu Zeilenbeginn.
Falls dieses Wort von dem Wort der vorangegangen Zeile abweicht (Variable prev),
wird die ganze Zeile ausgegeben und das augenblickliche Wort in die Variable prev
gestellt. Zeilen, die im ersten Feld übereinstimmen, werden nur einmal ausgegeben. Dieser awk(1)-Aufruf hat eine ähnliche Funktion wie das UNIX-Kommando
uniq(1). Da Variable mit dem Nullstring initialisiert werden, wird auch die erste
Zeile richtig bearbeitet.

Wenn die Anweisungen an den awk(1) umfangreicher werden, schreibt man
sie in ein eigenes File (awk-Script). Der Aufruf sieht dann so aus:

```
awk -f awkscript textfiles
```

awk-Scripts werden in einer Sprache geschrieben, die teils an Shellscripts, teils
an C-Programme erinnert. Sie bestehen – wie ein deutscher Schulaufsatz – aus
Einleitung, Hauptteil und Schluß. Sehen wir uns ein Beispiel an, das mehrfache
Eintragungen von Stichwörtern in einem Sachregister aussortiert und die zugehörigen Seitenzahlen der ersten Eintragung zuordnet:

```
# awk-Script fuer Sachregister

BEGIN { ORS = ""
        print "Sachregister"
      }
      {
        if ($1 == altwort)
                print ", " $NF
        else
                {
                print "\n" $0
                altwort = $1
                nor++
                }
      }
END   { print "\n\n"
        print "gelesen: " NR "  geschrieben: " nor "\n"
      }
```

Programm 3.20 : awk-Script für Sachregister

Das Doppelkreuz markiert einen Kommentar. Der Einleitungsblock wird mit
BEGIN gekennzeichnet, der Hauptteil steht nur in geschweiften Klammern und der
Schluß beginnt mit END. Die vorbestimmte, awk(1)-eigene Variable ORS (Output
Record Separator, d. h. Trennzeichen zwischen Sätzen in der Ausgabe), stan-
dardmäßig das Newline-Zeichen, wird mit dem Nullstring initialisiert. Dann wird
die Überschrift *Sachregister* ausgegeben.

Im Hauptteil wird das aktuelle erste Feld gegen die Variable altwort geprüft.
Bei Übereinstimmung werden ein Komma, ein Space und das letzte Feld der aktuellen Zeile ausgegeben, nämlich die Seitenzahl. Die awk(1)-eigene Variable NF
enthält die Anzahl der Felder des aktuellen Satzes, die Variable $NF mithin das
letzte Feld.

Bei Nichtübereinstimmung (einem neuen Stichwort also) werden ein Newline-
Zeichen und dann die ganze Zeile ($0) ausgegeben. Anschließend werden das erste
Feld in die Variable altwort gestellt und die vom Programmierer definierte Va-
riable nor inkrementiert. So wird mit dem ganzen Textfile verfahren.

Am Ende des Textfiles angelangt, werden noch zwei Newline-Zeichen, die
awk(1)-eigene Variable NR (Number of Records) und die Variable nor ausgegeben.
Die Aufgabe wäre auch mit dem sed(1) oder einem C-Programm zu lösen, aber
ein awk-Script ist der einfachste Weg. Der awk(1) vermag noch viel mehr.

Eine Besonderheit des awk(1) sind Vektoren mit Inhaltindizierung (associative
array). In Programmiersprachen wie C oder FORTRAN werden die Elemente eines

Arrays oder Vektors mit fortlaufenden ganzen Zahlen (Indizes) bezeichnet. Auf ein bestimmtes Element wird mittels des Arraynamens und des Index zugegriffen:

```
arrayname[13]
```

In einem `awk`-Array dürfen die Indizes nicht nur ganze Zahlen, sondern auch beliebige Strings sein:

```
telefon['’Meyer’’]
```

ist eine gültige Bezeichnung eines Elementes. Es könnte die Anzahl der Telefonanschlüsse namens Meyer in einem Telefonbuch enthalten.

Neuere Alternativen zu `awk(1)` sind GNU `gawk` und `perl`. Letzteres ist eine interpretierte Programmiersprache zur Verarbeitung von Textfiles, die Elemente aus C, `sed(1)`, `awk(1)` und der Shell `sh(1)` enthält. Ihre Möglichkeiten gehen über das Verarbeiten von Texten hinaus in Richtung Shellscripts, siehe Abschnitt 3.5.3 *Noch eine Scriptsprache: Perl* auf Seite 131.

3.7.8 Verschlüsseln (crypt)

3.7.8.1 Aufgaben der Verschlüsselung

Auf einem UNIX-System kann der Superuser (System-Manager) auf jedes File zugreifen, auf MS Windows NT mit gewissen Einschränkungen auch. Das Netz ist mit einfachen Mitteln unauffällig abzuhören. Will man seine Daten vor Unbefugten schützen, hilft nur Verschlüsseln. Man darf aber nicht vergessen, daß bereits die Analyse des Datenverkehrs einer Quelle oder eines Ziels Informationen liefert. Wer ganz unbemerkt bleiben will, muß sich mehr einfallen lassen als nur eine Verschlüsselung.

Eng verwandt mit der **Verschlüsselung** (encryption, cryptage, chiffrement) ist die **Authentifizierung** oder Authentisierung (authentication, authentification). Diese Aufgabe behandeln wir im Abschnitt 5.11 *Electronic Mail* auf Seite 455, weil sie dort eine Rolle spielt. Hier geht es nur darum, einen Text oder auch andere Daten für Unbefugte unbrauchbar zu machen; für Befugte sollen sie natürlich weiterhin brauchbar bleiben.

Das Ganze ist heute eine Wissenschaft und heißt **Kryptologie**. In den letzten Jahrzehnten hat sie einen stark mathematischen Einschlag bekommen. Trotzdem bietet sie einen gewissen Unterhaltungswert, insbesondere die **Kryptanalyse**, der Versuch, Verschlüsselungen zu knacken.

Die zu verschlüsselnden Daten nennen wir **Klartext** (plain text), die verschlüsselten Daten **Geheimtext** (cipher text).

3.7.8.2 Symmetrische Verfahren

Im einfachsten Fall wird jedes Zeichen des Klartextes nach einer Regel durch ein anderes Zeichen desselben Alphabetes ersetzt. Die einfachste Regel ist die Verschiebung um eine feste Anzahl von Stellen im Alphabet, beispielsweise um +3 Stellen. Aus A (Zeichen Nr. 1) wird D (Zeichen Nr. 1 + 3). Dieses Verfahren soll CAIUS JULIUS CAESAR benutzt haben. Er hatte viel Vertrauen in die

Dummheit seiner Gegner. Zum Entschlüsseln des Geheimtextes nimmt man dasselbe Verfahren mit -3 Stellen. Wählt man eine Verschiebung um 13 Stellen, so führt bei einem Alphabet mit 26 Zeichen eine Wiederholung der Verschlüsselung zum Klartext zurück. Dieses Verfahren ist unter dem Namen **ROT13** bekannt und wird im Netz verwendet, um einen Text – beispielsweise die Auflösung eines Rätsels – zu verfremden. Man kann die Verfahren raffinierter gestalten, indem man Zeichengruppen verschlüsselt, Blindzeichen unter den Geheimtext mischt, die Algorithmen wechselt usw.

Seit zwei Jahrzehnten unterscheidet man zwei Gruppen von Verfahren:

- Symmetrische Verfahren (Private-Key-V.),

- Unsymmetrische Verfahren (Public-Key-V.).

Dazu kommen für bestimmte Aufgaben noch die Einweg-Hash-Verfahren. Bei den **symmetrischen Verfahren** kennen Sender und Empfänger neben dem Algorithmus sowohl den Chiffrier- wie den Dechiffrierschlüssel. Beide Schlüssel sind identisch oder voneinander ableitbar. Da der Algorithmus kaum geheim zu halten ist, beruht die Sicherheit auf dem Schlüssel, der nicht zu einfach sein darf und geheim bleiben muß. Das Problem liegt darin, den Schlüssel zum Empfänger zu schaffen. Das geht nur über einen vertrauenswürdigen Kanal, also nicht über Email. Treffen Sie Ihren Brieffreund gelegentlich bei Kaffee und Kuchen, können Sie ihm einen Zettel mit dem Schlüssel zustecken. Wohnen Sie in Karlsruhe, Ihre Brieffreundin in Fatmomakke, wird der Schlüsselaustausch aufwendiger. Ein weiteres Problem liegt in der Anzahl der benötigten Schlüssel beim Datenverkehr unter mehreren Beteiligten. Geht es nur darum, Daten vor dem Superuser zu verstecken, ist kein Schlüsselaustausch nötig und daher ein symmetrisches Verfahren angebracht.

Die Verschlüsselung nach dem weit verbreiteten **Data Encryption Standard** (DES) gehört in diese Gruppe, zur Ver- und Entschlüsselung wird derselbe Schlüssel benutzt. DES wurde von IBM entwickelt und 1977 von der US-Regierung als Standard angenommen. Es gilt heute schon nicht mehr als sicher, Triple-DES ist besser. Ein weiteres Mitglied dieser Gruppe ist IDEA. Symmetrische Verfahren arbeiten im allgemeinen schneller als unsymmetrische.

Unter UNIX stehen ein Kommando `crypt(1)` sowie eine C-Standardfunktion `crypt(3)` zur Verfügung, die ein nicht sehr ausgefeiltes symmetrisches Verfahren verwenden. Man ver- und entschlüsselt mittels des Kommandos:

```
crypt < eingabe > ausgabe
```

Das Kommando fragt nach einem Schlüssel. Dieser wird für beide Richtungen eingesetzt. Der Klartext ist erforderlichenfalls gesondert zu löschen (physikalisch, nicht nur logisch). Die Crypt Breaker's Workbench enthält alles Nötige, um diese Verschlüsselung zu knacken (`http://axion.physics.ubc.ca/cbw.html`).

3.7.8.3 Unsymmetrische Verfahren

Die asymmetrischen Verfahren verwenden zum Verschlüsseln und Entschlüsseln zwei völlig verschiedene, nicht voneinander ableitbare Schlüssel. Benutzer A hat sich ein Paar zusammengehöriger Schlüssel gebastelt, den ersten zum Verschlüsseln, den zweiten zum Entschlüsseln, wie, werden wir noch sehen. Den ersten Schlüssel gibt er öffentlich bekannt, daher **Public Key**. Jeder kann ihn benutzen, zum Beispiel Benutzer B, der A eine vertrauliche Email schicken möchte. Was einmal damit verschlüsselt ist, läßt sich nur noch mit dem zweiten Schlüssel entschlüsseln, und den hält Benutzer A geheim. Er teilt ihn niemandem mit, daher **Private Key**. Jetzt kann es nur noch passieren, daß ein Benutzer C unter Mißbrauch des Namens von B an A eine beleidigende Mail schickt und B darauf hin mit A Krach bekommt. Das ist das Authentifizierungs-Problem, auf das wir bei der Email eingehen.

Wie kommt man nun zu einem derartigen Schlüsselpaar? Ein Weg beruht auf der Tatsache, daß man leicht zwei ganze Zahlen großer Länge miteinander multiplizieren kann, sogar ohne Computer, während die Zerlegung einer großen Zahl (um die zweihundert dezimale Stellen entsprechend etwa 500 Bits) in ihre Primfaktoren mit den heute bekannten Algorithmen und Computern aufwendig ist, jedenfalls wenn gewisse Voraussetzungen eingehalten werden. RON RIVEST, ADI SHAMIR und LEONARD ADLEMAN haben auf diesem Gedanken aufbauend das verbreitete **RSA-Verfahren** entwickelt.

Man wähle zufällig zwei große Primzahlen p und q, zweckmäßig von annähernd gleicher Länge. Ihr Produkt sei $n = pq$. Weiter wähle man eine Zahl e so, daß e und $(p-1)(q-1)$ teilerfremd (relativ prim) zueinander sind. Eine vierte Zahl d berechne man aus:

$$d = e^{-1} \bmod ((p-1)(q-1)) \tag{3.1}$$

Die Zahlen e und n bilden den öffentlichen Schlüssel, die Zahl d ist der private, geheime Schlüssel. Die beiden Primzahlen p und q werden nicht weiter benötigt, müssen aber geheim bleiben (löschen).

Wir sehen den Klartext K als eine Folge von Ziffern an. Er wird in Blöcke K_i kleiner n aufgeteilt. Die Geheimnachricht G besteht aus Blöcken G_i, die sich nach

$$G_i = K_i^e \bmod n \tag{3.2}$$

berechnen. Zur Entschlüsselung berechnet man

$$K_i = G_i^d \bmod n \tag{3.3}$$

Einzelheiten und Begründung hierzu siehe die Bücher von FRIEDRICH L. BAUER oder BRUCE SCHNEIER. Nun ein Beispiel aus dem Buch von F. L. BAUER. Wir wählen einen Text aus lateinischen Buchstaben samt Zwischenraum und ersetzen die Zeichen durch die Nummern von 00 bis 26. Er bekommt folgendes Aussehen:

$$K = 051818011805000821\ldots \tag{3.4}$$

und wählen:

$$p = 47 \qquad q = 59 \qquad n = p * q = 2773 \tag{3.5}$$

Wir teilen den Klartext in vierziffrige Blöcke kleiner n auf:

$$K_1 = 0518 \qquad K_2 = 1801 \qquad K_3 = 1805\ldots \tag{3.6}$$

Zur Bestimmung von e berechnen wir:

$$(p-1)(q-1) = 46 * 58 = 2668 \tag{3.7}$$

Die Zahl 2668 hat die Teiler 2, 4, 23, 29, 46, 58, 92, 116, 667 und 1334. Für e wählen wir 17, teilerfremd zu 2668. Dann ergibt sich d zu:

$$d = 17^{-1} \bmod 2668 \tag{3.8}$$

Diese vielleicht unbekannte Schreibweise ist gleichbedeutend damit, ein Paar ganzer Zahlen d, x so zu bestimmen, daß die Gleichung:

$$d * 17 = 2668 * x + 1 \tag{3.9}$$

erfüllt ist. Die Zahl $d = 157$ ist eine Lösung mit $x = 1$. Gezielt ermittelt man Lösungen mittels des Erweiterten Euklidischen Algorithmus. Nun haben wir mit n, e und d alles, was wir brauchen und gehen ans Verschlüsseln:

$$G_1 = K_1^e \bmod n = 0518^{17} \bmod 2773 = 1787 \tag{3.10}$$

und entsprechend für die weiteren Blöcke. Gleiche Klartextblöcke ergeben gleiche Geheimtextblöcke, was bereits ein Risiko ist. Zum Entschlüsseln berechnet man:

$$K_1 = G_1^d \bmod n = 1787^{157} \bmod 2773 = 518 \tag{3.11}$$

und so weiter. Die Arithmetik großer Ganzzahlen ist für Computer kein Problem, für Taschenrechner schon eher. Man kann sie sogar in Silizium gießen und erhält schnelle Chips zum Ver- und Entschlüsseln, ohne Software bemühen zu müssen. Da n und e öffentlich sind, könnte man durch Zerlegen von n in seine Primfaktoren leicht den privaten Schlüssel d ermitteln, aber das Zerlegen großer Zahlen ist nach heutigem Wissensstand sehr aufwendig.

Es gibt weitere unsymmetrische Verfahren wie das von TAHER ELGAMAL. Auf `http://www.rsa.com/` findet sich Material zur Vertiefung des Themas. Eine zehnteilige FAQ-Sammlung zur Kryptografie liegt im Netz.

3.7.8.4 Angriffe

Angriffe auf verschlüsselte Daten – wissenschaftlich als **Kryptanalyse**, sonst als Cracking bezeichnet – gehen möglichst von irgendwelchen bekannten oder vermuteten Zusammenhängen aus. Das kleinste Zipfelchen an Vorkenntnissen kann entscheidend sein. Die Wahrscheinlichkeit, daß ein Benutzer seinen nur gering modifizierten Benutzernamen als Passwort verwendet, ist leider hoch. Damit fängt man an. Das Ausprobieren aller nur möglichen Schlüssel wird **Brute Force Attack** genannt und ist bei kurzen Schlüsseln dank Computerhilfe auch schnell von Erfolg gekrönt. Das Faktorisieren kleiner Zahlen ist ebenfalls kein Problem. Aber selbst bei großen Zahlen, die für einen einzelnen Computer – auch wenn er zu den schnellsten gehört – eine praktisch unlösbare Aufgabe darstellen, kommt man in kurzer Zeit zum Ziel, wenn man die Leerlaufzeiten von einigen Hundert durchschnittlichen Computern für seinen Zweck einsetzen kann. Das ist ein organisatorisches Problem, kein mathematisches, und bereits gelöst, siehe `http://www.distributed.net/rc5/`. Das ganze Nachdenken über sichere Verschlüsselung erübrigt sich im übrigen bei schlampigem Umgang mit Daten und Schlüsseln. Der Benutzer ist erfahrungsgemäß das größte Risiko.

3.7.9 Formatierer (nroff, LaTeX)

3.7.9.1 Inhalt, Struktur und Aufmachung

Ein Schriftstück - sei es Brief oder Buch - hat einen **Inhalt**, nämlich **Text**, gegebenenfalls auch Abbildungen, der in einer bestimmten Form dargestellt ist. Bei der Form unterscheiden wir zwischen der logischen **Struktur** und ihrer Darstellung auf Papier oder Bildschirm, auch **Aufmachung** oder **Layout** genannt. Beim Schreiben des Manuskriptes macht sich der Autor Gedanken über Struktur und Inhalt, aber kaum über Schrifttypen und Schriftgrößen, den Satzspiegel, den Seitenumbruch, die Numerierung der Abbildungen. Das ist Aufgabe des Metteurs oder Layouters im Verlag, der seinerseits nur wenig am Text ändert. **Schreiben** und **Setzen** sind unterschiedliche Aufgaben, die unterschiedliche Kenntnisse erfordern.

Der Computer wird als Werkzeug bei allen drei Aufgaben (Inhalt, Struktur, Layout) eingesetzt. Mit einem Editor schreibt man einen strukturierten Text, weitergehende Programme prüfen die Rechtschreibung, helfen beim Erstellen eines Sachregisters, analysieren den Stil. Ein **Satz- oder Formatierprogramm** erledigt den Zeilen- und Seitenumbruch, sorgt für die Numerierung der Abschnitte, Seiten, Abbildungen, Tabellen, Fußnoten und Formeln, legt die Schriftgrößen fest, ordnet die Abbildungen in den Text ein, stellt das Inhaltsverzeichnis zusammen usw. Während es einfache Formatierer gibt, erfüllt ein Satzprogramm höhere Ansprüche und besteht daher aus einem ganzen Programmpaket.

Der UNIX-Formatierer `nroff(1)` und das Satzprogramm LaTeX halten Struktur und Layout auseinander. Man schreibt mit einem beliebigen Editor den Text und formatiert anschließend. LaTeX verfolgt darüberhinaus den Gedanken, daß der Autor seine Objekte logisch beschreiben und von der typografischen Gestaltung, dem Layout, die Finger lassen soll. Der Autor soll sagen: *Jetzt kommt eine Kapitelüberschrift* oder *Jetzt folgt eine Fußnote*. LaTeX legt dann nach typografischen Regeln die Gestaltung fest. Man kann darüber streiten, ob diese Regeln das Nonplusultra der Schwarzen Kunst sind, ihr Ergebnis ist jedenfalls besser als vieles, was Laien erzeugen.

Sowohl `nroff(1)` wie LaTeX zielen auf die Wiedergabe der Dokumente mittels Drucker auf Papier ab. Die Hypertext Markup Language HTML, der wir im Abschnitt über das World Wide Web begegnen, hat viel mit LaTeX gemeinsam, eignet sich jedoch in erster Linie für Dokumente, die auf dem Bildschirm dargestellt werden sollen.

Textverarbeitungsprogramme wie Word, Wordperfect oder Wordstar haben Formatierungsaufgaben integriert, so daß man sich am Bildschirm während des Schreibens den formatierten Text ansehen kann. Diese Möglichkeit wird als **WYSIWYG** bezeichnet: *What you see is what you get*, auf französisch *Tel écran - tel écrit*. Das erleichtert in vielen Fällen die Arbeit, birgt aber eine Versuchung in sich. Die reichen Mittel aus dem typografischen Kosmetikkoffer namens **Desktop Publishing** sind sparsam einzusetzen, unser Ziel heißt Lesbarkeit, nicht Kunst.

3.7.9.2 Ein einfacher Formatierer (adjust)

Ein einfacher Formatierer ist `adjust(1)`. Der Aufruf

```
adjust -j -m60 textfile
```

versucht, den Text in `textfile` beidseits bündig (Blocksatz) mit 60 Zeichen pro Zeile zu formatieren. Die Ausgabe geht nach `stdout`. `adjust(1)` trennt keine Silben, sondern füllt nur mit Spaces auf. Für bescheidene Anforderungen geeignet.

3.7.9.3 UNIX-Formatierer (nroff, troff)

Die Standard-Formatierer in UNIX sind `nroff(1)` für Druckerausgabe und sein Verwandter `troff(1)` für Fotosatzbelichter. Da wir letztere nicht haben, ist bei uns `troff(1)` nicht installiert. Das n steht für new, da der Vorgänger von `nroff(1)` ein `roff` war, und dieser hieß so, weil man damit `run off to the printer` verband.

Ein File für `nroff(1)` enthält den unformatierten Text und nroff-Kommandos. Diese stehen stets in eigenen Zeilen mit einem Punkt am Anfang. Ein `nroff`-Text könnte so beginnen:

```
.po 1c
.ll 60
.fi
.ad c


.cu 1
Ein Textbeispiel


von W. Alex


.ad b
.ti 1c
Dies ist ein Beispiel fuer einen Text, der mit nroff
formatiert werden soll. Er wurde mit dem Editor vi
geschrieben.


.ti 1c
Hier beginnt der zweite Absatz.
Die Zeilenlaenge im Textfile ist unerheblich.
Man soll die Zeilen kurz halten.
Fuer die Ausgabe formatiert nroff die Zeilen.
```

Die `nroff`-Kommandos bedeuten folgendes:

- **po 1c** page offset 1 cm (zusätzlicher linker Seitenrand)
- **ll 60** line length 60 characters
- **fi** fill output lines (für Blocksatz)
- **ad c** adjust center
- **cu 1** continuous underline 1 line (auch Spaces unterstreichen)

- **ad b** adjust both margins

- **ti 1c** temporary indent 1 cm

Die Kommandos können wesentlich komplexer sein als im obigen Beispiel, es sind auch Makros, Tests und Rechnungen möglich. S. R. BOURNE führt in seinem im Anhang Q *Zum Weiterlesen* auf Seite 600 genannten Buch die Makros auf, mit denen die amerikanische Ausgabe seines Buches formatiert wurde. Es gibt ganze Makrobibliotheken zu **nroff(1)**.

Da sich Formeln und Tabellen nur schlecht mit den Textbefehlen beschreiben lassen, verwendet man für diese beiden Fälle eigene Befehle samt Präprozessoren, die die Spezialbefehle in **nroff(1)**-Befehle umwandeln. Für Tabellen nimmt man **tbl(1)**, für Formeln **neqn(1)**, meist in Form einer Pipe:

```
tbl textfile | neqn | nroff | col | lp
```

wobei **col(1)** ein Filter zur Behandlung von Backspaces und dergleichen ist.

3.7.9.4 LaTeX

TeX ist ein Formatierungsprogramm, das von DONALD E. KNUTH entwickelt wurde – dem Mann, der seit Jahrzehnten an dem siebenbändigen Werk *The Art of Computer Programming* schreibt und hoffentlich noch lange lebt – und wird von der AMERICAN MATHEMATICAL SOCIETY (AMS) herausgegeben. Seine Stärke sind umfangreiche mathematische Texte, seine Schwäche ist die Grafik. Inzwischen gibt es aber Zusatzprogramme (TeXCAD) zu LaTeX, die es erleichtern, den Text durch Zeichnungen zu ergänzen. Außerdem kann man Grafiken bestimmter Formate (Encapsulated Postscript) – auch Fotos – in den Text einbinden.

TeX ist sehr leistungsfähig, verlangt aber vom Benutzer die Kenntnis vieler Einzelheiten, ähnlich wie das Programmieren in Assembler. **LaTeX** ist eine **Makrosammlung**, die auf TeX aufbaut. Die LaTeX-Makros von LESLIE LAMPORT erleichtern bei Standardaufgaben und -formaten die Arbeit beträchtlich, indem viele TeX-Befehle zu einfach anzuwendenden LaTeX-Befehlen zusammengefaßt werden. Kleinere Modifikationen der Standardeinstellungen sind vorgesehen, weitergehende Sonderwünsche erfordern das Hinabsteigen auf TeX-Ebene.

Dokumentklassen Das wichtigste Stilelement ist die **Dokumentklasse**. Diese bestimmt die Gliederung und wesentliche Teile der Aufmachung. Die Dokumentklasse *book* kennt Bände, Kapitel, Abschnitte, Unterabschnitte usw. Ein Inhaltsverzeichnis wird angelegt, auf Wunsch und mit etwas menschlicher Unterstützung auch ein Sachregister. Bei der Dokumentklasse *report* beginnt die Gliederung mit dem Kapitel, ansonsten ist sie dem Buch ähnlich. Das ist die richtige Klasse für Dissertationen, Diplomarbeiten, Forschungsberichte, Skripten und dergleichen. Mehrbändige Werke sind in diesem Genre eher selten. Die Dokumentklasse *article* eignet sich für Aufsätze und kurze Berichte. Die Gliederung beginnt mit dem Abschnitt, die Klasse kennt kein Inhaltsverzeichnis, dafür aber ein Abstract. Nützlich ist auch die Dokumentklasse *foils* zur Formatierung von Folien für Overhead-Projektoren. Hier wird das Dokument in Folien gegliedert, die Schriftgöße beträgt

25 oder 30 Punkte. Auch zum Schreiben von Briefen gibt es eine Klasse, aber für
diesen Zweck ist LaTeX vielleicht ein zu schwerer Hammer.

Arbeitsweise Man schreibt seinen Text mit einem beliebigen **Editor**. Dabei
wird nur von den druckbaren Zeichen des US-ASCII-Zeichensatzes zuzüglich Linefeed Gebrauch gemacht. In den Text eingestreut sind die **LaTeX-Anweisungen**.
Der Name des Textfiles muß die Kennung `.tex` haben. Dann schickt man das
Textfile durch den **LaTeX-Compiler**. Dieser erzeugt ein Binärfile, dessen Namen die Kennung `.dvi` trägt. Das bedeutet **device independent**, das Binärfile
ist also noch nicht auf ein bestimmtes Ausgabegerät hin ausgerichtet. Mittels eines
geräteabhängigen Treiberprogrammes wird aus dem dvi-File das bit-File erzeugt
– Kennung `.bit` – das mit einem UNIX-Kommando wie `cat` durch eine hundert-
prozentig transparente Schnittstelle zum Ausgabegerät geschickt wird. Es gibt ein
Programm `dvips(1)`, das ein Postscript-File erzeugt, welches auf einem beliebigen
Postscript-Drucker ausgegeben werden kann.

Da beim LaTeXen eine ganze Reihe von Hilfsfiles entsteht, die viel Platz ein-
nehmen, haben wir uns ein kleines Shellscript `rmtex` geschrieben, das alle LaTeX-
Files außer dem Originaltext löscht:

```
print Alle Hilfsfiles werden geloescht.
rm -f *.aux *.bit *.dvi *.gz *.idx *.ilg *.ind
rm -f *.lof *.log *.los *.lot *.ovr *.ps *.toc
```

Programm 3.21 : Shellscript rmtex zum Löschen von LaTeX-Hilfsfiles

Auf fremden Anlagen findet man dieses Script nicht vor, muß also die entsprechenden UNIX-Kommandos einzeln eingeben.

Format dieses Textes Der vorliegende Text wurde mit LaTeX2e auf einem
LINUX-PC formatiert, mittels `dvips(1)` von Radical Eye auf Postscript umgesetzt und auf einem Laserdrucker von Hewlett-Packard ausgegeben. Im wesentlichen verwenden wir die Standardvorgaben. Die Zeichnungen wurden mit TeXCAD
entworfen. TeXCAD erzeugt LaTeX-Files, die man editieren kann, so man das für
nötig befindet.

Im Text kommen Quelltexte von Programmen vor, die wir ähnlich wie Abbildungen oder Tabellen in einer eigenen Umgebung formatieren wollten. Eine solche Umgebung war seinerzeit nicht fertig zu haben. Man mußte selbst zur Feder
greifen, möglichst unter Verwendung vorhandenen Codes. Die Schwierigkeit lag
darin herauszufinden, wo was definiert wird, da viele Makros wieder von anderen
Makros abhängen. Die neue `source`-Umgebung wird zusammen mit einigen weiteren Kleinigkeiten in einem File `alex.sty` definiert, das dem LaTeX-Kommando
`usepackage` als Argument mitgegeben wird:

```
% alex.sty mit Erweiterungen fuer UNIX-Skriptum, 30. Nov. 1996
%
% Aenderungen von Zeilen aus latex.tex, report.sty, rep12.sty
%
% Meldung fuer Bildschirm und main.log:
```

```
\typeout{Option alex.sty fuer report.sty, 30. Nov. 1996 W. Alex}
%
% Stichwoerter hervorheben und in Index aufnehmen:
% (hat sich als unzweckmaessig erwiesen, Text nach und nach verbessern)
\newcommand{\stw}[1]{{\em#1}\index{#1}}
%
% Hervorhebungen in Boldface mittels \em:
\renewcommand{\em}{\bf}
%
% Fussnoten-Schriftgroesse vergroessern:
\renewcommand{\footnotesize}{\small}
%
% in Tabellen:
\newcommand{\x}{\hspace*{10mm}}
\newcommand{\h}{\hspace*{25mm}}
\newcommand{\hh}{\hspace*{30mm}}
\newcommand{\hhh}{\hspace*{40mm}}
%
% falls \heute nicht bekannt:
\newcommand{\heute}{\today}
%
% Abkuerzung:
\newcommand{\lra}{\longrightarrow}
%
% Plazierung von Gleitobjekten (Bilder usw.):
% totalnumber ist die maximale Anzahl von Gleitobjekten pro Seite
% textfraction ist der Bruchteil einer Seite, der fuer Text
% mindestens verfuegbar bleiben muss (ist null erlaubt??)
\setcounter{totalnumber}{4}
\renewcommand{\textfraction}{0.1}
%
% Splitten von Fussnoten erswchweren:
\interfootnotelinepenalty=2000
%
% kein zusaetzlicher Zwischenraum nach Satzende
\frenchspacing
%
% Numerierung der Untergliederungen:
\setcounter{secnumdepth}{3}
\setcounter{tocdepth}{3}
%
% neuer Zaehler fuer Uebersicht (Overview):
\newcounter{ovrdepth}
\setcounter{ovrdepth}{1}
%
% Satzspiegel vergroessern:
\topmargin-24mm
\textwidth146mm
\textheight236mm
%
% zusaetzlicher Seitenrand fuer beidseitigen Druck:
\oddsidemargin14mm
\evensidemargin0mm
%
```

```
% eigene Bezeichnungen, lassen sich beliebig aendern:
\def\contentsname{Inhaltsverzeichnis}
\def\chaptername{Kapitel}
\def\listfigurename{Abbildungen}
\def\listtablename{Tabellen}
\def\listsourcename{Programme}
\def\indexname{Sach- und Namensverzeichnis}
\def\figurename{Abb.}
\def\tablename{Tabelle}
\def\sourcename{Programm}
\def\ovrname{"Ubersicht}
%
% wegen Quotes (Gaensefuesschen) in source-Umgebung,
% darf auch sonst verwendet werden:
\def\qunormal{\catcode`\"=12}
\def\quactive{\catcode`\"=\active}
%
% in Unterschriften Umlaute ("a, "o, "u) ermoeglichen
% (der Programmtext wird mit qunormal geschrieben):
\def\caption{\quactive \refstepcounter\@captype
                              \@dblarg{\@caption\@captype}}
%
% neue Umgebung source fuer Programmtexte
% aehnlich figure, aber nicht floatend, Seitenumbruch erlaubt
% abgestimmt auf \verbinput{file} aus verbtext.sty
% qunormal + quactive sind enthalten
%
% neuer Zaehler, kapitelweise:
\newcounter{source}[chapter]
\def\thesource{\thechapter.\arabic{source}\ }
\def\fnum@source{{\sl\sourcename\ \thesource}}
%
% Filekennung List of Sources (main.los) und Overview (main.ovr):
\def\ext@source{los}
\def\ext@overview{ovr}
%
% neue Umgebung, Aufruf: \begin{source} .... \end{source},
% vor end{source} kommt caption:
\newenvironment{source}{\vskip 12pt \qunormal
      \def\@currentlabel{\p@source\thesource}
      \def\@captype{source}}{\quactive \vskip 12pt}
%
% neuer Befehl \listofsources analog \listoffigures
% zur Erzeugung eines Programmverzeichnisses:
\def\listofsources{\@restonecolfalse\if@twocolumn
                   \@restonecoltrue\onecolumn
 \fi\chapter*{\listsourcename\@mkboth
 {{\listsourcename}}{{\listsourcename}}}\@starttoc{los}
 \if@restonecol\twocolumn\fi}
\let\l@source\l@figure
%
% Kapitelkopf, aus rep12.sty. Siehe Kopka 2, S. 187 + 289:
% ohne Kapitel + Nummer:
\def\@makechapterhead#1{\vspace*{36pt} {\parindent 0pt \raggedright
```

```
  \LARGE \bf \thechapter \hspace{6mm} #1 \par
  \nobreak \vskip 10pt } }

\def\@makeschapterhead#1{\vspace*{36pt} {\parindent 0pt \raggedright
  \LARGE \bf #1 \par
  \nobreak \vskip 10pt } }
%
% aus rep12.sty; ergaenzt wegen source
% (sonst fehlt der vspace im Programmverzeichnis):
\def\@chapter[#1]#2{\ifnum \c@secnumdepth >\m@ne
  \refstepcounter{chapter}
  \typeout{\@chapapp\space\thechapter.}
  \addcontentsline{toc}{chapter}{\protect
  \numberline{\thechapter}#1}\else
  \addcontentsline{toc}{chapter}{#1}\fi
  \chaptermark{#1}
  \addtocontents{lof}{\protect\addvspace{10pt}}
  \addtocontents{los}{\protect\addvspace{10pt}}
  \addtocontents{lot}{\protect\addvspace{10pt}}
  \if@twocolumn \@topnewpage[\@makechapterhead{#2}]
  \else \@makechapterhead{#2}
  \@afterheading \fi}
%
% Inhaltsverzeichnis modifiziert:
\def\tableofcontents{\@restonecolfalse
                     \if@twocolumn\@restonecoltrue\onecolumn
  \fi\chapter*{\contentsname
  \@mkboth{{\contentsname}}{{\contentsname}}}
  \@starttoc{toc}\if@restonecol\twocolumn\fi}
%
% weniger Luft in itemize (listI), aus rep12.sty:
\def\@listI{\leftmargin\leftmargini
  \parsep 4pt plus 2pt minus 1pt
  \topsep 6pt plus 4pt minus 4pt
  \itemsep 2pt plus 1pt minus 1pt}
%
% Seitennumerierung, aus report.sty uebernommen
% in main.tex erforderlich \pagestyle{uxheadings}
% nur fuer Option twoside passend:
\def\ps@uxheadings{\let\@mkboth\markboth
\def\@oddfoot{} \def\@evenfoot{}
\def\@evenhead{\small{{\rm \thepage} \hfil {\rm \leftmark}}}
\def\@oddhead{\small{{\rm \rightmark} \hfil {\rm \thepage}}}
\def\chaptermark##1{\markboth {\ifnum \c@secnumdepth
>\m@ne \thechapter \ \ \fi ##1}{}}
\def\sectionmark##1{\markright
{\ifnum \c@secnumdepth >\z@
  \thesection \ \ \fi ##1}}}
%
% Abb., Tabelle slanted, wie Programm:
\def\fnum@figure{{\sl\figurename\ \thefigure}}
\def\fnum@table{{\sl\tablename\ \thetable}}
%
% ersetze im Index see durch \it s.:
```

```
\def\see#1#2{{\it s.\/} #1}
%
% Indexvorspann, siehe Kopka 2, Seite 66:
\def\theindex#1{\@restonecoltrue\if@twocolumn\@restonecolfalse\fi
\columnseprule \z@
\columnsep 35pt\twocolumn[\@makeschapterhead{\indexname}#1]
 \@mkboth{\indexname}{\indexname}\thispagestyle
 {plain}\parindent\z@
 \parskip\z@ plus .3pt\relax\let\item\@idxitem}
%
% Uebersicht aus Inhaltsverzeichnis entwickelt:
%
% Wenn Inhaltsverzeichnis fertig, fgrep chapter main.toc > main.ovr
% Dann nochmals latex main.tex (Workaround)
\def\overview{\@restonecolfalse\if@twocolumn\@restonecoltrue\onecolumn
 \fi\chapter*{\vspace*{-18mm}\ovrname
 \@mkboth{{\ovrname}}{\ovrname}}
 \@starttoc{ovr}\if@restonecol\twocolumn\fi}
```

Programm 3.22 : LaTeX-File alex.sty mit eigenen Makros, insbesondere der source-Umgebung

Das Manuskript wurde auf mehrere Files in je einem Unterverzeichnis pro Kapitel aufgeteilt, die mittels `\include` in das Hauptfile `main.tex` eingebunden werden. Das Hauptfile sieht so aus:

```
% Hauptfile main.tex fuer das gesamte Buch
% File alex.sty erforderlich, 30. Nov. 1996, fuer source usw.
% Files bigtabular.sty und verbtext.sty erforderlich
%
% Format: LaTeX
%
% Umgestellt auf LaTeX2e 1998-05-27 W. Alex
%
\NeedsTeXFormat{LaTeX2e}
\documentclass[12pt,twoside,a4paper]{report}
\usepackage{german,makeidx,bigtabular,verbatim,verbtext,alex}
\pagestyle{uxheadings}
\sloppy
%
% Universitaetslogo einziehen
\input{unilogo}
%
% Trennhilfe
\input{hyphen}
%
% Indexfile main.idx erzeugen
\makeindex
%
% nach Bedarf:
% \includeonly{einleit/copyright,einleit/vorwort,einleit/umgang}
%
\begin{document}
```

```
\unitlength1.0mm
\include{verweisU}
\include{verweisC}
\begin{titlepage}
\begin{center}
\vspace*{20mm}
\hspace*{13mm} \unilogo{32}\\
\vspace*{24mm}
\hspace*{14mm} {\Huge UNIX, C und Internet\\}
\vspace*{10mm}
\hspace*{13mm} {\Large W. Alex und G. Bern"or\\}
\vspace*{6mm}
\hspace*{13mm} {\large unter Mitarbeit von B. Alex und O. Koglin\\}
\vspace*{10mm}
\hspace*{13mm} {\Large 1999\\}
\vspace*{80mm}
\hspace*{13mm} {\Large Universit"at Karlsruhe\\}
\end{center}
\end{titlepage}
\include{einleit/copyright}
\pagenumbering{roman}
\setcounter{page}{5}
\include{einleit/vorwort}
\overview
\include{einleit/gebrauch}
\tableofcontents
\listoffigures
% \listoftables
\listofsources
\cleardoublepage
\pagenumbering{arabic}
\include{einleit/umgang}
\include{hardware/hardware}
\include{unix/unix}
\include{program/program}
\include{internet/internet}
\include{recht/recht}
\begin{appendix}
\include{anhang/anhang}
\end{appendix}
\cleardoublepage
\addcontentsline{toc}{chapter}{\indexname}
\printindex
\cleardoublepage
\setcounter{page}{0}
\include{einleit/rueckseite}
\end{document}
```

Programm 3.23 : LaTeX-Hauptfile main.tex für Manuskript

Das Prozentzeichen leitet Kommentar ein und wirkt bis zum Zeilenende. Der Befehl **makeindex** im Vorspann von **main.tex** führt zur Eintragung der im Text mit **\index** markierten Wörter samt ihren Seitenzahlen in ein File **main.idx**. In

der Markierung der Wörter steckt Arbeit. Das `idx`-File übergibt man einem zu
den LaTeX-Erweiterungen gehörenden Programm `makeindex` von PEHONG CHEN
(nicht zu verwechseln mit dem zuvor genannten LaTeX-Kommando `\makeindex`).
Das Programm erzeugt ein File namens `main.ind`, das ein bißchen editiert und
durch den `\printindex`-Befehl am Ende des Manuskripts zum Dokument gebunden und ausgegeben wird.

3.7.10 Hypertext

3.7.10.1 Was ist Hypertext?

Bei **Hypertext** und der **Hypertext Markup Language** (HTML) geht es auch
um das Formatieren von Texten oder allgemeiner von Hypermedia-Dokumenten,
aber es kommt noch etwas hinzu. Hypertexte enthalten **Hyperlinks**. Das sind
Verweise, die elektronisch auswertbar sind, so daß man ohne Suchen und Blättern
zu anderen Hypertexten weitergeführt wird. Man kann die Hyperlinks als aktive Querverweise bezeichnen. Auf Papier erfüllen Fußnoten, Literatursammlungen,
Register, Querverweise und Konkordanzen einen ähnlichen Zweck, ohne elektronischen Komfort allerdings. Im ersten Kapitel war von WALLENSTEIN die Rede. Von
diesem Stichwort könnten Verweise auf das Schauspiel von FRIEDRICH SCHILLER,
die Werke von ALFRED DÖBLIN, RICARDA HUCH, PETER ENGLUND oder auf
die Biografie von GOLO MANN führen, die die jeweiligen Texte auf den Bildschirm
bringen, in SCHILLERs Fall sogar mit einem Film. In den jeweiligen Werken wären
wieder Verweise enthalten, die auf Essays zur Reichsidee oder zur Rolle Böhmens
in Europa lenken. Leseratten würden vielleicht auf dem Alexanderplatz in Berlin
landen oder bei einem anderen Vertreter der schreibfreudigen Familie MANN. Von
dort könnte es nach Frankreich, Indien, Ägypten, in die USA oder die Schweiz
weitergehen. Vielleicht findet man auch Bemerkungen zum Verhältnis zwischen
Literatur und Politik. Beim Nachschlagen in Enzyklopädien gerät man manchmal
ins ziellose Schmökern. Mit Hypertext ist das noch viel, viel schlimmer. So ist jede
Information eingebettet in ein Gespinst oder Netz von Beziehungen zu anderen
Informationen, und wir kommen zum World Wide Web. Davon später mehr.

3.7.10.2 Hypertext Markup Language (HTML)

Zum Schreiben von Hypertext-Dokumenten ist die **Hypertext Markup Language** (HTML) entworfen worden, gegenwärtig in der Version 4 im Netz. Zum
Lesen von Hypertexten braucht man HTML-Browser wie `netscape`, `mosaic` oder
den Internet-Explorer von Microsoft. Leider halten sich nicht alle Browser an den
gültigen HTML-Standard. Sie erkennen nicht alle HTML-Konstrukte und bringen
eigene (proprietäre) Vorstellungen mit.

Ein einfaches HTML-Dokument, das nicht alle Möglichkeiten von HTML 4.0
ausreizt, ist schnell geschrieben:

```
<HTML>

<HEAD>
```

```
<TITLE>Institut fuer Hoeheres WWW-Wesen</TITLE>
</HEAD>

<BODY BGCOLOR="#ffffff">

<IMG SRC="http:../logowww.gif" alt="">

<H3>
Fakult&auml;t f&uuml;r Internetingenieurwesen
</H3>

<HR>

Geb&auml;ude 30.70 <BR>
Telefon +49 721 608 2404 <BR>

<H4>
Leiter der Verwaltung
</H4>
Dipl.-Ing. Schorsch Meier

<H4>
Werkstattleiter
</H4>
Alois Hingerl

<HR>
Zur <A HREF="http://www.uni-karlsruhe.de/Uni/">
                   Universit&auml;t </A>
<HR>

http://www.ciw.uni-karlsruhe.de/hwwww/index.html <BR>
J&uuml;ngste &Auml;nderung 10. Jan. 1999
<A HREF="mailto:webmaster@ciw.uni-karlsruhe.de">
                   webmaster@ciw.uni-karlsruhe.de
</A>

</BODY>

</HTML>
```

Das ganze Dokument wird durch `<HTML>` und `</HTML>` eingerahmt. In seinem Inneren finden sich die beiden Teile `<HEAD>` und `<BODY>`. Die Formatanweisungen `<H3>` usw. markieren Überschriften (Header). Sonderzeichen werden entweder durch eine Umschreibung (`ä`) oder durch die Nummer im Latin-1-Zeichensatz (`ä`) dargestellt. `<BR>` ist ein erzwungener Zeilenumbruch (break), `<HR>` eine waagrechte Linie (horizontal ruler). Am Ende sollte jedes Dokument seinen **Uni-**

form Resource Locator (URL) enthalten, damit man es wiederfindet, sowie das Datum der jüngsten Änderung und die Email-Anschrift des Verantwortlichen. Im Netz sind mehrere Kurzanleitungen und die ausführliche Referenz zu HTML verfügbar.

Texte, Bilder und Tabellen werden gut unterstützt. Zum Schreiben von mathematischen Formeln sind zwar im HTML-Standard Wege vorgesehen, die sich an LaTeX anlehnen, die gängigen HTML-Browser geben jedoch die Formeln nicht wieder, so daß manche Autoren getrennte LaTeX- und HTML-Fassungen ihrer Manuskripte herstellen (müssen).

Aus dieser unbefriedigenden Lage ist ein Ausweg in Sicht, die **Structured Generalized Markup Language** (SGML). Man verfaßt einen Text mit einer Formatierungssprache (Markup Language) eigener Wahl und vielleicht sogar eigener Zucht. In einem zweiten Dokument namens **Document Type Definition** (DTD) beschreibt man dazu in SGML, was die Konstrukte der Markup Language bedeuten. SGML ist also eine Sprache zur Beschreibung einer Sprache. HTML ist eine Sprache, die mittels SGML beschrieben werden kann. Ein SGML-Browser erzeugt aus Text und DTD nach Wunsch ASCII-, LaTeX- oder HTML-Vorlagen für ihre jeweiligen Zwecke. Das funktioniert in Ansätzen bereits, Einzelheiten wie immer im Netz, das bei solchen Entwicklungen aktueller ist als Papier.

3.7.11 Computer Aided Writing

Die Verwendung von Computern und Programmen wirkt sich auf die Technik und das Ergebnis des Schreibens aus, insgesamt hoffentlich positiv. LaTeX führt typischerweise zu Erzeugnissen, die stark gegliedert sind und ein entsprechend umfangreiches Inhaltsverzeichnis aufweisen, aber wenig Abbildungen und nicht immer ein Sachregister haben. Von der Aufgabe her ist das selten gerechtfertigt, aber das Programm erleichtert nun einmal das eine und erschwert das andere. Manuskripte, die auf einem WYSIWYG-System hergestellt worden sind, zeichnen sich häufig durch eine Vielfalt von grafischen Spielereien aus.

Neben diesen Äußerlichkeiten weisen Computertexte eine tiefer gehende Eigenart auf. In einem guten Text beziehen sich Sätze und Absätze auf vorangegangene Teile, sie bilden ein Kette, die nicht ohne weiteres unterbrochen werden darf. Der Computer erleichtert das Verschieben von Textteilen und das voneinander unabhängige Arbeiten an verschiedenen Stellen des Textes. Man beginnt mit dem Schreiben nicht immer am Anfang des Manuskriptes, sondern dort, wo man den meisten Stoff bereit hat oder wo das Bedürfnis am dringendsten scheint. Von einer Kette, in der jedes Glied mit dem vorangehenden verbunden ist, bleibt nicht viel übrig, die Absätze oder Sätze stehen beziehungslos nebeneinander, oder es entstehen falsche Bezüge, manchmal auch ungewollte Wiederholungen. Während man beim Programmieren aus guten Gründen versucht, die Module oder Objekte eines Programms möglichst unabhängig voneinander zu gestalten und nur über einfache, genau definierte Schnittstellen miteinander zu verknüpfen, ist dieses Vorgehen bei einem Text selten der beste Weg. Stellen Sie sich ein Drama oder einen Roman vor, dessen Abschnitte in beliebiger Reihenfolge gelesen werden können. Daß manche Leute Bücher vom Ende her lesen, ist eine andere Geschichte.

Bei Hypertext-Dokumenten, wie sie im World Wide Web stehen, ist der Aufbau aus einer Vielzahl voneinander unabhängiger Bausteine, die in beliebiger Reihenfolge betrachtet werden können, noch ausgeprägter. Das führt zu anderen Arten des Schreibens und Lesens, die nicht schlechter zu sein brauchen als die traditionellen. Hypertext ermöglicht eine Strukturierung eines Textes, die Papier nicht bieten kann und die der Struktur unseres Wissens vielleicht besser entspricht. Hypertexte gleichen eher einem Gewebe als einer Kette. Wie ein Roman oder ein Gedicht in Hypertext aussehen könnten, ist noch nicht erprobt. Auf jeden Fall läßt sich Hypertext nicht vorlesen.

Heute schafft ein Autor am Schreibtisch buchähnliche oder eigenständige Erzeugnisse, an deren Zustandekommen früher mehrere geachtete Berufe beteiligt waren und entsprechend Zeit benötigt haben. Bücher werden nach reproduktionsreifen (camera-ready) Vorlagen gedruckt, die aus dem Computer und dem Laser-Drucker stammen. Auch die Verteilung von Wissen geht über elektronische Medien einfacher und schneller als auf dem hergebrachten Weg. Ergänzungen zum Buch wie unsere WWW-Seite `http://www.ciw.uni-karlsruhe.de/technik.html`, Aktualisierungen und die Rückkopplung vom Leser zum Autor sind im Netz eine Kleinigkeit.

3.7.12 Weitere Werkzeuge (grep, diff, sort usw.)

Für einzelne Aufgaben der Textverarbeitung gibt es Spezialwerkzeuge in UNIX. Häufig gebraucht werden `grep(1)` (= global regular expression print), `egrep(1)` und `fgrep(1)`. Sie durchsuchen Textfiles nach Zeichenmustern. Ein einfacher Fall: suche im File `telefon` nach einer Zeile, die das Zeichenmuster `alex` enthält. Das Kommando lautet

```
grep -i alex telefon
```

Die Option `-i` weist `grep(1)` an, keinen Unterschied zwischen Groß- und Kleinbuchstaben zu machen. Die gleiche Suche leistet auch ein Editor wie der `vi(1)`, nur ist der ein zu umfangreiches Werkzeug für diesen Zweck. Unter MS-DOS heißt das entsprechende Werkzeug `find`, das nicht mit UNIX-`find(1)` verwechselt werden darf.

Für unsere Anlage haben wir mit dem `grep(1)` ein etwas leistungsfähigeres Shellscript namens `it` (= info Telefon) geschrieben, das erst in einem privaten, dann in einem öffentlichen Telefonverzeichnis sucht:

```
grep -s $* $HOME/inform/telefon /mnt/inform/telefon |
sed -e "s/^\/[^:]*://g"
```

Programm 3.24 : Shellscript zum Suchen in einem Telefonverzeichnis

Um im File `fluids` nach dem String `dunkles Hefe-Weizen` zu suchen, auch mit großem Anfangsbuchstaben und in allen Beugungsformen, gibt es folgende Wege:

```
grep unkle fluids | grep Hefe-Weiz
grep '[Dd]unkle[mns]* Hefe-Weizen' fluids
```

Der erste Weg könnte auch seltsame Kombinationen liefern, die unwahrscheinlich sind, erfordert aber keine vertieften Kenntnisse von regulären Ausdrücken. Der zweite Weg macht von letzteren Gebrauch, engt die Auswahl ein und wäre in unbeaufsichtigt laufenden Shellskripts vorzuziehen.

grep(1) ist nicht rekursiv, das heißt es geht nicht in Unterverzeichnisse hinein. Nimmt man find(1) zur Hilfe, das rekursiv arbeitet, so läßt sich auch rekursiv greppen:

```
find . -print | xargs grep suchstring
```

Das Kommando xargs(1) hängt die Ausgabe von find(1) an die Argumentliste von grep(1) an und führt es aus.

Mittels diff(1) werden die alte und die neue Version eines Files miteinander verglichen. Bei entsprechendem Aufruf wird ein drittes File erzeugt, das dem Editor ed(1) als Kommandoscript (ed-Script) übergeben werden kann, so daß dieser aus der alten Version die neue erzeugt. Gebräuchlich zum Aktualisieren von Programmquellen. Schreiben Sie sich ein kleines Textfile alt, stellen Sie eine Kopie namens neu davon her, verändern Sie diese und rufen Sie dann diff(1) auf:

```
diff -e alt neu > edscript
```

Fügen Sie mit einem beliebigen Editor am Ende des edscript zwei Zeilen mit den ed(1)-Kommandos w und q (write und quit) hinzu. Dann rufen Sie den Editor ed(1) mit dem Kommandoscript auf:

```
ed - alt < edscript
```

Anschließend vergleichen Sie mit dem simplen Kommando cmp(1) die beiden Versionen alt und neu auf Unterschiede:

```
cmp alt neu
```

Durch den ed(1)-Aufruf sollte die alte Version genau in die neue Version überführt worden sein, cmp(1) meldet nichts.

Weitere Werkzeuge, deren Syntax man im Handbuch, Sektion 1 nachlesen muß, sollen hier nur tabellarisch aufgeführt werden:

- bfs big file scanner, untersucht große Textfiles auf Muster

- col filtert Backspaces und Reverse Line Feeds heraus

- comm common, vergleicht zwei sortierte Files auf gemeinsame Zeilen

- cut schneidet Spalten aus Tabellen heraus

- diff3 vergleicht drei Files

- expand/unexpand wandelt Tabs in Spaces um und umgekehrt

- fold faltet lange Zeilen (bricht Zeilen um)

- hyphen findet Zeilen, die mit einem Trennstrich enden

- nl number lines, numeriert Zeilen

- `paste` mischt Files zeilenweise

- `ptx` permuted index, erzeugt ein Sachregister

- `rev` reverse, mu nelieZ trhek

- `rmnl` remove newlines, entfernt leere Zeilen

- `rmtb` remove trailing blanks (lokale Erfindung)

- `sort` sortiert zeilenweise, nützlich

- `spell` prüft amerikanische Rechtschreibung[24]

- `split` spaltet ein File in gleich große Teile

- `ssp` entfernt mehrfache leere Zeilen

- `tr` translate, ersetzt Zeichen

- `uniq` findet wiederholte Zeilen in einem sortierten File

- `vis` zeigt ein File an, das unsichtbare Zeichen enthält

- `wc` word counter, zählt Zeichen, Wörter, Zeilen

Die Liste läßt sich durch eigene Werkzeuge beliebig erweitern. Das können Programme oder Shellscripts sein. Hier ein Beispiel zur Beantwortung einer zunächst anspruchsvoll erscheinenden Fragestellung mit einfachen Mitteln. Ein Sachtext soll nicht unnötig schwierig zu lesen sein, die Sachzusammenhänge sind schwierig genug. Ein grobes Maß für die **Lesbarkeit** eines Textes ist die mittlere Satzlänge. Erfahrungsgemäß sind Werte von zehn bis zwölf Wörtern pro Satz für deutsche Texte zu empfehlen. Wie kann eine Pipe aus UNIX-Werkzeugen diesen Wert ermitteln? Schauen wir uns das Vorwort an. Als erstes müssen die LaTeX-Konstrukte herausgeworfen werden. Hierfür gibt es ein Programm `delatex`, allerdings nicht standardmäßig unter UNIX. Dann sollten Leerzeilen entfernt werden – Werkzeug `rmnl(1)` – sowie einige Satzzeichen – Werkzeug `tr -d`. Schließlich muß jeder Satz in einer eigenen Zeile stehen. Wir ersetzen also alle Linefeed-Zeichen (ASCII-Nr. 10, oktal 12) durch Leerzeichen und danach alle Punkte durch Linefeeds. Ein kleiner Fehler entsteht dadurch, daß Punkte nicht nur ein Satzende markieren, aber bei einem durchschnittlichen Text ist dieser Fehler gering. Schicken wir den so aufbereiteten Text durch das Werkzeug `wc(1)`, so erhalten wir die Anzahl der Zeilen gleich Anzahl der Sätze, die Anzahl der Wörter (wobei ein Wort ein maximaler String begrenzt durch Leerzeichen, Tabs oder Linefeeds ist) und die Anzahl der Zeichen im Text. Die Pipe sieht so aus:

```
cat textfile | rmnl | tr -d '[0-9],;"()' |
tr '\012' '\040' | tr '.' '\012' | wc
```

Programm 3.25 : Shellscript zur Stilanalyse

Die Anzahl der Wörter geteilt durch die Anzahl der Sätze liefert die mittlere Satzlänge. Die Anzahl der Zeichen durch die Anzahl der Wörter ergibt die mittlere

---

[24] Es gibt eine internationale Fassung `ispell` im GNU-Projekt.

Wortlänge, infolge der Leerzeichen am Wortende erhöht um 1. Auch das ist ein
Stilmerkmal. Die Ergebnisse für das Vorwort (ältere Fassung) sind 29 Sätze, 417
Wörter und 3004 Zeichen, also eine mittlere Satzlänge von 14,4 Wörtern pro Satz
und eine mittlere Wortlänge (ohne Leerzeichen) von 6,2 Zeichen pro Wort. Zählt
man von Hand nach, kommt man auf 24 Sätze. Die Punkte bei den Zahlenangaben
verursachen den Fehler. Man müßte das Satzende genauer definieren. Die erste
Verbesserung des Verfahrens wäre, nicht nur die Mittelwerte, sondern auch die
Streuungen zu bestimmen. Hierzu wäre der awk(1) zu bemühen oder gleich ein
C-Programm zu schreiben. Das Programm liefert nur Zahlen; ihre Bedeutung
erhalten sie, indem man sie zu Erfahrungswerten in Beziehung setzt. Soweit sich
Stil durch Zahlen kennzeichnen läßt, hilft der Computer; wenn das Verständnis von
Wörtern, Sätzen oder noch höheren Einheiten verlangt wird, ist er überfordert.

Es soll ein UNIX-Kommando style(1) geben, das den Stil eines englischen
Textes untersucht und Verbesserungen vorschlägt. Dagegen ist das Kommando
diplom(1), das nach Eingabe eines Themas und einer Seitenanzahl eine Diplomarbeit schreibt – mit spell(1) und style(1) geprüft – noch nicht ausgereift.

3.7.13 Textfiles aus anderen Welten (DOS, Mac)

In UNIX-Textfiles wird der Zeilenwechsel durch ein newline-Zeichen \n markiert,
hinter dem das ASCII-Zeichen Nr. 10 (LF, Line feed) steckt, das auch durch die
Tastenkombination control-j eingegeben wird. In MS-DOS-Textfiles wird ein
Zeilenwechsel durch das Zeichenpaar Carriage return – Line feed (CR LF, AS-
CII Nr. 13 und 10, control-m und control-j) markiert, das Fileende durch das
ASCII-Zeichen Nr. 26, control-z. Auf Macs ist die dritte Möglichkeit verwirk-
licht, das Zeichen Carriage return (CR, ASCII Nr. 13) allein veranlaßt den Sprung
an den Anfang der nächsten Zeile.

Auf einer UNIX-Maschine lassen sich die störenden Carriage returns (oktal 15)
der DOS-Texte leicht durch folgenden Aufruf entfernen:

```
tr -d "\015" < file1 > file2
```

Der vi(1) oder sed(1) können das natürlich auch, ebenso ein einfaches C-
Programm.

Wenn Ihr Text auf einem Bildschirm oder Drucker treppenförmig dargestellt
wird – nach rechts fallend – erwartet das Gerät einen Text nach Art von MS-
DOS mit CR und LF, der Text enthält jedoch nach Art von UNIX nur LF als
Zeilenende. In einigen Fällen läßt sich das Gerät entsprechend konfigurieren, auf
jeden Fall kann man den Text entsprechend ergänzen. Wenn umgekehrt auf dem
Bildschirm kein Text zu sehen ist, erwartet das Ausgabeprogramm einen UNIX-
Text ohne CR, das Textfile stammt jedoch aus der MS-DOS-Welt mit CR und
LF. Jede Zeile wird geschrieben und gleich wieder durch den Rücksprung an den
Zeilenanfang gelöscht. Viele UNIX-Pager berücksichtigen das und geben das CR
nicht weiter. Auf Druckern kann sich dieses Mißverständnis durch Verdoppelung
des Zeilenabstandes äußern. Kein Problem, nur lästig.

3.7.14 Druckerausgabe (lp, lpr)

Auf einer UNIX-Anlage arbeiten in der Regel mehrere Benutzer gleichzeitig, aber
auch ein einzelner Benutzer kann gleichzeitig mehrere Textfiles zum Drucker
schicken. Damit es nicht zu einem Durcheinander kommt, sorgt ein Dämon, der
Line Printer Spooler, dafür, daß sich die **Druckaufträge** (requests) in eine
Warteschlange einreihen und der Reihe nach zu dem jeweils verlangten Drucker
geschickt werden. Die Schreibberechtigung auf `/dev/printer` hat nur der Dämon,
nicht der Benutzer.

Der Dämon sorgt auch dafür, daß die Drucker richtig eingestellt werden, beispielsweise auf Querformat oder deutschen Zeichensatz. Auf manchen Systemen
findet sich ein File `/etc/printcap` mit einer Beschreibung der Drucker, ähnlich
wie in `/usr/lib/terminfo` oder `/etc/termcap` die Terminals beschrieben werden.

Das Kommando zum Drucken lautet:

```
lp -dlp1 textfile
lpr -Plp1 textfile
```

Die erste Form stammt aus der System-V-Welt, die zweite aus der BSD-Welt.
Die Option wählt in beiden Fällen einen bestimmten Drucker aus, fehlt sie,
wird der Default-Drucker genommen. Die Kommandos kennen weitere Optionen, die mittels `man` nachzulesen sind. Mit dem Kommando `lpstat(1)` oder
`lpq(1)` schaut man sich den Spoolerstatus an, Optionen per `man(1)` ermitteln.
Mit `cancel request-id` oder `lprm(1)` löscht man einen Druckauftrag (nicht mit
`kill(1)`), auch fremde. Der Auftraggeber erhält eine Nachricht, wer seinen Auftrag gelöscht hat.

Bei der Einrichtung des Spoolers sind einige Punkte zu beachten. Wir wollen
sie anhand eines Shellscripts `/etc/lpfix` erläutern, das den laufenden Spooler
beendet und neu einrichtet. Dieses Shellscript wird auf unserer Anlage jede Nacht
vom `cron` aufgerufen und sorgt dafür, daß morgens die Druckerwelt in Ordnung
ist. Papier oder Toner füllt es nicht nach.

```
echo "Start /etc/lpfix"

# Skript zum Flottmachen des lp-Schedulers, 30.09.93
# Auftraege nicht retten, Warteschlangen putzen.

usl=/usr/spool/lp                          # lp-Directory

plist="lpjet lpplus plot"                  # Liste der Drucker/Plotter

for p in $plist
do
/usr/lib/reject -rUnterbrechung $p         # Auftragsannahme schliessen
done

/usr/lib/lpshut                            # Jetzt herrscht Ruhe

rm -f $usl/pstatus $usl/qstatus            # Statusfiles putzen
touch $usl/pstatus $usl/qstatus
```

```
chown lp $usl/pstatus $usl/qstatus
chgrp bin $usl/pstatus $usl/qstatus

rm -f $usl/SCHEDLOCK                        # Lockfile loeschen

# interface-Files loeschen

rm -fr $usl/interface/* $usl/member/* $usl/request/*

# Konfigurieren der Schnittstellen

stty 9600  opost onlcr ixon ixoff < /dev/lpplus &
stty 19200 -opost ixon ixoff < /dev/lpjet &
stty 9600 ixon ignbrk icanon isig clocal < /dev/plot_mux &
stty erase "^-"  kill "^-"   < /dev/plot_mux &

sleep 4                            # Konfiguration dauert etwas

# Neuinstallation /dev/lpjet

/usr/lib/lpadmin -plpjet -v/dev/lpjet -mlpjet -h
/usr/lib/accept lpjet
/usr/bin/enable lpjet

# Neuinstallation /dev/lpplus

/usr/lib/lpadmin -plpplus -v/dev/lpplus -mlpplus -h
/usr/lib/accept lpplus
/usr/bin/enable lpplus

# Neuinstallation /dev/plot

/usr/lib/lpadmin -pplot -v/dev/plot -mhp7550a -h
/usr/lib/accept plot
/usr/bin/enable plot

/usr/lib/lpadmin -dlpjet                  # default printer

/usr/lib/lpsched                          # Start lp-Scheduler

echo "Ende lpfix"
```

Programm 3.26 : Shellscript zum Flottmachen des Druckerspoolers

Das erste Spoolerkommando `/usr/lib/reject`(1M) – zu finden unter dem
Kommando `accept`(1M) – sorgt dafür, daß der Spooler keine Aufträge mehr entgegennimmt. Ein Auftraggeber wird entsprechend unterrichtet. Das folgende Kommando `/usr/lib/lpshut`(1M) – unter `lpsched`(1M) beschrieben – beendet den
Spoolprozeß.

Dann werden einige Files des Spoolsystems gelöscht und neu erzeugt, um
zu verhindern, daß Müll herumliegt und beim Start Ärger macht. Das File
`/usr/spool/lp/SCHEDLOCK` ist ein sogenanntes **Lock-File**, das beim Starten des

Spoolers erzeugt wird, nichts enthält und allein durch sein Vorhandensein darauf hinweist, daß in dem System bereits ein Spooler läuft. Es dürfen nicht mehrere Spooler gleichzeitig arbeiten. Als nächstes werden etwaige Aufträge in den Warteschlangen für die jeweiligen Drucker gelöscht.

Mittels des Kommandos `stty(1)` werden die seriellen Drucker-Schnittstellen (Multiplexer-Ports) konfiguriert. Diese Zeilen sind eine Wiederholung von Zeilen aus dem Shellscript `/etc/rc`, das beim Systemstart (Booten) ausgeführt wird. Die Bedeutung der Argumente findet sich außer bei `stty(1)` auch unter `termio(7)`.

Schließlich werden die Drucker mit dem Kommando `/usr/lib/lpadmin(1M)` wieder installiert. Dieses Kommando erwartet hinter der Option `-p` den Namen des Druckers, unter dem er von den Benutzern angesprochen wird. Auf die Option `-v` folgt der Name des zugeordneten Druckers, wie er im Verzeichnis `/dev` eingetragen ist. Dieser braucht nicht mit dem erstgenannten übereinzustimmen. Es können einem physikalischen Drucker (Hardware) mehrere logische Drucker (Namen) zugeordnet werden. Der Spooler legt für jeden logischen Drucker eine eigene Warteschlange an. Falls mehrere Warteschlangen über ein physikalisches Gerät gleichzeitig herfallen, gibt es ein Durcheinander. Unter LINUX dient das Kommando `lpc(8)` der Verwaltung der Drucker.

Hinter der Option `-m` wird das **Modell-File** angegeben, ein Shellscript oder kompiliertes Programm, das den zu druckenden Text bearbeitet, Druckersteuersequenzen ergänzt und das Ganze zum Drucker schickt. Hier bringt der System-Manager örtliche Besonderheiten unter. Die Modell-Files finden sich im Verzeichnis `/usr/spool/lp/model`. Sie sind zunächst nur eine unverbindliche Sammlung von Shellscripts oder Programmen; erst das `lpadmin(1M)`-Kommando ordnet einem logischen Drucker ein Modell-File zu, das dazu in das Verzeichnis `/usr/spool/lp/interface` kopiert und dann **Interface-File** genannt wird.

Mit `/usr/lib/accept(1M)` wird die Auftragsannahme wieder geöffnet (Gegenstück zu `reject(1M)`). Das Kommando `/usr/bin/enable(1)` aktiviert die Drucker. Mit `disable(1)` könnte man einen Drucker vorübergehend unterbrechen ohne die Auftragsannahme zu schließen, um beispielsweise Papier nachzulegen.

Zu guter Letzt startet `/usr/lib/lpsched(1M)` den Spooler wieder, und er beginnt mit der Abarbeitung der Warteschlangen. `lpstat(1)` mit der Option `-t` zeigt zur Kontrolle den Status des gesamten Spoolsystems an. Mit dem Kommando `lp(1)` übergeben nun die Benutzer ihre Aufträge an den Spooler.

Auf unserer Maschine haben wir ein lokales Druckmenü p geschrieben, das das Drucken von Textfiles für die Benutzer weiter vereinfacht. Es baut aus den Antworten des Benutzers das UNIX-Kommando `lp(1)` mit den entsprechenden Optionen und Argumenten auf. Die Optionen werden von dem angesprochenen Modell-File in Steuersequenzen für den Drucker umgesetzt. Das Menü und das Modell-File arbeiten Hand in Hand. Da die Druckausgabe unterschiedlich gestaltet werden kann, müssen Sie Ihren System-Manager fragen.

Laserdrucker gehobener Preisklassen bieten heute eine Möglichkeit zum unmittelbaren Anschluß an ein Netz (Ethernet). Sie erhalten dann eine eigene IP-Adresse im Internet und einen Namen wie ein Computer. Der Vorteil ist die höhere Geschwindigkeit bei der Übertragung der Daten, der Nachteil liegt darin, daß man die Daten nicht unmittelbar vor dem Drucken durch ein Skript filtern kann, das beispielweise die Ausgabe von kompilierten Programmen oder unsinnigen Steuerzeichen abfängt. Aus mancherlei Gründen gehören Druckerstörungen in einem heterogenen Netz leider zum täglichen Brot der System-Manager.

3.7.15 Memo Writer's Workbench

- Zeichen werden im Computer durch Nummern dargestellt. Die Zuordnung Zeichen-Nummer findet sich in Zeichensatz-Tabellen wie US-ASCII. Die Tabelle legt damit auch fest, welche Zeichen überhaupt verfügbar sind, nicht jedoch wie sie aussehen. Werden bei Ein- und Ausgabe unterschiedliche Tabellen verwendet, gibt es Zeichensalat.

- Ein Font legt fest, wie Zeichen auf Bildschirm oder Papier aussehen.

- Ein Editor ist ein Werkzeug zum Schreiben von Text. Auf irgendeine Weise müssen die Editorkommandos vom Text unterschieden werden (Vergleiche `vi(1)` und `emacs(1)`).

- Soll der Text in einer bestimmten Form ausgegeben werden, muß er Formatierkommandos enthalten, die sich von dem eigentlichen Text unterscheiden. Die Formatierung vor der Ausgabe auf Drucker oder Bildschirm nehmen Formatierprogramme vor. Verbreitete Formatiersprachen sind `nroff(1)`, LaTeX und HTML.

- Im Gegensatz zu Editoren stehen Wortprozessoren (What You See Is What You Get), bei denen man sofort beim Eingeben die Formatierung sieht. Hier gibt es jedoch unterschiedliche, nicht miteinander verträgliche Welten. Außerdem kann man mit den vorgenannten Formatierprogrammen noch mehr machen als mit Wortprozessoren, bei entprechendem Lernaufwand.

- Neben Editoren und Formatierern enthält UNIX eine Vielzahl kleinerer Werkzeuge zur Textbearbeitung (`grep(1)`, `sort(1)`, `diff(1)`, `awk(1)` usw.).

- Die Zeilenstruktur eines Textes wird in UNIX, in MS-DOS und auf Macs durch unterschiedliche Zeichen dargestellt, so daß gelegentlich Umformungen nötig werden.

- Die Verschlüsselung ist beim Arbeiten in Netzen der einzige Schutz vor unbefugten Zugriffen auf Daten während einer Übertragung.

- Ein symmetrischer Schlüssel dient sowohl zum Ver- wie zum Entschlüsseln und muß daher auf einem sicheren Weg dem Empfänger der verschlüsselten Nachrichten überbracht werden.

- Bei einer unsymmetrischen Verschlüsselung besitzt man ein Paar von Schlüsseln, einer davon darf veröffentlicht werden. Entweder verschlüsselt man mit dem geheimen, privaten Schlüssel und entschlüsselt mit dem öffentlichen oder umgekehrt.

3.7.16   Übung Writer's Workbench

Anmelden wie gewohnt. Schreiben Sie mit dem Editor `vi(1)` oder
—verb—emacs(1)— einen knapp zweiseitigen Text mit einer Überschrift und einigen Absätzen. Das Textfile heiße `beispiel`. Spielen Sie mit folgenden und weiteren Werkzeugen:

```
tr "[A-Z]" "[a-z]" < beispiel > beispiel.k
cmp beispiel beispiel.k
sed 's/[A-Z]/[a-z]/g' beispiel
grep -i unix beispiel
spell beispiel
fold -50 beispiel
adjust -j -m60 beispiel
wc beispiel
```

Verzieren Sie das Beipiel mit `nroff(1)`-Kommandos, lassen Sie es durch `nroff(1)` laufen und sehen Sie sich die Ausgabe auf dem Bildschirm und auf Papier an. Zum Drucken `nroff(1)` und Druckkommando durch Pipe verbinden.

Bearbeiten Sie Ihren Text mit dem Shellscript `frequenz`. Welche Wörter kommen häufig vor, welche selten? Wo tauchen Tippfehler wahrscheinlich auf? Suchen Sie die Tippfehler in Ihrem Text mit dem `vi(1)` (Schrägstrich).

Schreiben Sie eine unsortierte zweispaltige Liste mit Familiennamen und Telefonnummern. Das File namens `liste` soll auch einige mehrfache Eintragungen enthalten. Bearbeiten Sie es wie folgt:

```
sort liste
sort -u liste
sort -d liste
sort +1 -2 liste
sort liste | uniq
sort liste | cut -f1
sort liste | awk '$1 != prev {print; prev = $1 }'
```

Untersuchen Sie mit dem Shellscript zur Textanalyse einen leichten Text - aus einer Tageszeitung etwa - und einen schwierigen. Wir empfehlen IMMANUEL KANT *Der Streit der Fakultäten*, immer aktuell. Wo sind Ihre eigenen Texte einzuordnen? Beenden der Sitzung mit `exit`.

3.8   Programmer's Workbench

Unter der *Werkbank des Programmierers* werden Werkzeuge zusammengefaßt, die zum Programmieren benötigt werden. Auf UNIX-Anlagen, die nicht zur Programmentwicklung eingesetzt werden, können sie fehlen.

3.8.1 Nochmals die Editoren

Editoren wurden bereits im Abschnitt 3.7 *Writer's Workbench* auf Seite 147
erläutert. Hier geht es nur um einige weitere Eigenschaften des Editors vi(1),
die beim Schreiben von Programmquellen von Belang sind.

Im Quellcode werden üblicherweise Schleifenrümpfe und dergleichen um eine
Tabulatorbreite eingerückt, die als Default 8 Leerzeichen entspricht. Bei geschachtelten Schleifen gerät der Text schnell an den rechten Seitenrand. Es empfiehlt sich,
in dem entsprechenden Verzeichnis ein File .exrc mit den Zeilen:

```
set tabstop=4
set showmatch
set number
```

anzulegen. Die Option showmatch veranlaßt den vi(1), bei jeder Eingabe einer
rechten Klammer kurz zur zugehörigen linken Klammer zu springen. Die Option number führt zur Anzeige der Zeilennummern, die jedoch nicht Bestandteil
des Textes werden. Eine Zeile set lisp ist eine Hilfe beim Eingeben von LISP-
Quellen.

Steht der Cursor auf einer Klammer, so läßt das Kommando % den Cursor zur
Gegenklammer springen und dort verbleiben.

Auch beim emacs(1) gibt es einige Wege, das Schreiben von Quellen zu erleichtern, insbesondere natürlich, falls es um LISP geht.

3.8.2 Compiler und Linker (cc, ccom, ld)

Auf das Schreiben der Quelltexte mit einem Editor folgt ihre Übersetzung in die
Sprache der jeweiligen Maschine mittels eines Übersetzungsprogrammes, meist
eines **Compilers**. Jedes vollständige UNIX-System enthält einen C-Compiler;
Compiler für weitere Programmiersprachen sind optional. Auf unserer Anlage
sind zusätzlich ein FORTRAN- und ein PASCAL-Compiler vorhanden, wobei von
FORTRAN gegenwärtig die Versionen 77 und 90 nebeneinander laufen.

Kompilieren bedeutete vor der EDV-Zeit zusammentragen. Im alten Rom hatte es auch noch die Bedeutung von plündern. In unseren Herzensergießungen haben wir viel aus Büchern, Zeitschriften, WWW-Seiten und Netnews kompiliert.

Ein Compiler übersetzt den Quellcode eines Programmes in Maschinensprache. Die meisten Programme enthalten Aufrufe von externen Programmodulen,
die bereits vorübersetzt und in Bibliotheken zusammengefaßt sind. Beispiele sind
Ausgaberoutinen oder mathematische Funktionen. Der ausführbare Code dieser
externen Module wird erst vom **Linker**[25] mit dem Programmcode vereinigt, so daß
ein vollständiges ausführbares Programm entsteht. Es gibt die Möglichkeit, die externen Module erst zur Laufzeit hinzuzunehmen; das heißt **dynamisches Linken**
und spart Speicherplatz. Benutzen mehrere Programme ein in den Arbeitsspeicher
kopiertes Modul gemeinsam anstatt jeweils eine eigene Kopie anzulegen, so kommt
man zu den **Shared Libraries** und spart nochmals Speicherplatz.

---

[25]Linker werden auch Binder, Mapper oder Loader genannt. Manchmal wird auch
zwischen Binder und Loader unterschieden, soll uns hier nicht beschäftigen.

Die Aufrufe lauten `cc(1)`, `f77(1)`, `f90(1)` und `pc(1)`. Diese Kommandos rufen **Compilertreiber** auf, die ihrerseits die eigentlichen Compiler `/lib/ccom`, `f77comp`, `f90comp` und `pascomp` starten und noch weitere Dinge erledigen. Ohne Optionen rufen die Compilertreiber auch noch den Linker `/bin/ld(1)` auf, so daß das Ergebnis ein lauffähiges Programm ist, das als Default den Namen `a.out(4)` trägt. Mit dem Namen `a.out(4)` sollte man nur vorübergehend arbeiten (mit `mv(1)` ändern). Der Aufruf des C-Compilers sieht beispielsweise so aus:

```
cc -g source.c -lm
```

Die Option `-g` veranlaßt den Compiler, zusätzliche Informationen für den symbolischen Debugger zu erzeugen. Der Quelltext des C-Programmes steht im File `source.c`, das einen beliebigen Namen tragen kann, nur sollte der Name mit der Kennung `.c` enden. Die abschließende Option `-lm` fordert den Linker auf, die mathematische Bibliothek einzubinden. Weitere Optionen sind:

- `-v` (verbose) führt zu etwas mehr Bemerkungen beim Übersetzen,

- `-o` (output) benennt das ausführbare File mit dem auf die Option folgenden Namen, meist derselbe wie die Quelle, nur ohne Kennung: `cc -o myprogram myprogram.c`,

- `-c` hört vor dem Linken auf, erzeugt Objektfile mit der Kennung `.o`,

- `-p` (profile) erzeugt beim Ablauf des Programmes ein File `mon.out`, das mit dem Profiler `prof(1)` ausgewertet werden kann, um Zeitinformationen zum Programm zu erhalten,

- `-O` optimiert das ausführbare Programm oder auch nicht.

Speichermodelle wie unter MS-DOS gibt es in UNIX nicht. Hat man Speicher, kann man ihn uneingeschränkt nutzen.

Für C-Programme gibt es einen **Syntax-Prüfer** namens `lint(1)`, den man unbedingt verwenden sollte. Er reklamiert nicht nur Fehler, sondern auch Stilmängel. Manchmal beanstandet er auch Dinge, die man bewußt gegen die Regeln geschrieben hat. Man muß seinen Kommentar sinnvoll interpretieren. Aufruf:

```
lint source.c
```

Ferner gibt es für C-Quelltexte einen **Beautifier** namens `cb(1)`, der den Text in eine standardisierte Form mit Einrückungen usw. bringt und die Lesbarkeit erleichtert:

```
cb source.c > source.b
```

Wenn man mit dem Ergebnis `source.b` zufrieden ist, löscht man das ursprüngliche File `source.c` und benennt `source.b` in `source.c` um.

3.8.3 Unentbehrlich (make)

Größere Programme sind stark gegliedert und auf mehrere bis viele Files und
Verzeichnisse verteilt. Der Compileraufruf wird dadurch länglich, und die Wahrscheinlichkeit, etwas zu vergessen, steigt. Hier hilft `make(1)`. Man schreibt einmal
alle Angaben für den Compiler in ein `makefile` (auch `Makefile`) und ruft dann
zum Kompilieren nur noch `make(1)` auf. Auch für Manuskripte ist `make(1)` zu
gebrauchen. Eigentlich läßt sich mit Makefiles fast alles erledigen, was man auch
mit Shellscripts macht, die Stärke von `make(1)` liegt jedoch im Umgang mit Files
unter Beachtung der Zeitstempel. Umgekehrt kann man auch mit Shellscripts fast
alles bewältigen, was `make(1)` leistet, nur umständlicher.

Man lege für das Projekt ein eigenes Unterverzeichnis an, denn `make(1)` sucht
zunächst im Arbeits-Verzeichnis. Das `makefile` beschreibt die Abhängigkeiten der
Programmteile voneinander und enthält die Kommandozeilen zu ihrer Erzeugung.
Ein einfaches `makefile` sieht so aus (Zeilen mit Kommandos müssen durch einen
Tabulatorstop – *nicht* durch Spaces – eingerückt sein):

```
pgm:    a.o  b.o
          cc  a.o  b.o  -o pgm
a.o:    incl.h  a.c
          cc  -c a.c
b.o:    incl.h  b.c
          cc  -c b.c
```

Programm 3.27 : Einfaches make-File

und ist folgendermaßen zu verstehen:

- Das ausführbare Programm (Ziel, Target) namens `pgm` hängt ab von den
  Modulen im Objektcode `a.o` und `b.o`. Es entsteht durch den Compileraufruf
  `cc a.o b.o -o pgm`.

- Das Programmodul `a.o` hängt ab von dem include-File `incl.h` und dem
  Modul im Quellcode `a.c`. Es entsteht durch den Aufruf des Compilers mit
  `cc -c a.c`. Die Option `- c` unterbindet das Linken.

- Das Programmodul `b.o` hängt ab von demselben include-File und dem Modul im Quellcode `b.c`. Es entsteht durch den Compileraufruf `cc -c b.c`.

Ein `makefile` ist ähnlich aufgebaut wie ein Backrezept: erst werden die Zutaten
aufgelistet, dann folgen die Anweisungen. Zu beachten ist, daß man mit dem Ziel
beginnt und rückwärts bis zu den Quellen geht. Kommentar beginnt mit einem
Doppelkreuz und geht bis zum Zeilenende. Leerzeilen werden ignoriert.

`make(1)` verwaltet auch verschiedene Versionen der Programmodule und paßt
auf, daß eine neue Version in alle betroffenen Programmteile eingebunden wird.
Umgekehrt wird eine aktuelle Version eines Moduls nicht unnötigerweise kompiliert. Warum wird im obigen Beispiel das include-File `incl.h` ausdrücklich genannt? Der Compiler weiß doch auf Grund einer entsprechenden Zeile im Quelltext, daß dieses File einzubinden ist? Richtig, aber `make(1)` muß das auch wissen,
denn das include-File könnte sich ändern, und dann müssen alle von ihm abhängi-
gen Programmteile neu übersetzt werden. `make(1)` schaut nicht in die Quellen hin-

ein, sondern nur auf die Zeitstempel der jüngsten Änderungen. Unveränderliche include-Files wie `stdio.h` brauchen nicht im `makefile` aufgeführt zu werden.

Nun ein etwas umfangreicheres Beispiel, das aber längst noch nicht alle Fähigkeiten von `make(1)` ausreizt:

```
# Kommentar, wie ueblich

CC = /bin/cc
CFLAGS =
FC = /usr/bin/f77
LDFLAGS = -lcl


all: csumme fsumme clean

csumme: csumme.c csv.o csr.o
        $(CC) -o csumme csumme.c csv.o csr.o

csv.o: csv.c
        $(CC) -c csv.c

csr.o: csr.c
        $(CC) -c csr.c

fsumme: fsumme.c fsr.o
        $(CC) -o fsumme fsumme.c fsr.o $(LDFLAGS)

fsr.o: fsr.f
        $(FC) -c fsr.f

clean:
        rm *.o
```

Programm 3.28 : Makefile mit Makros und Dummy-Zielen

Zunächst werden einige Makros definiert, z. B. der Compileraufruf `CC`. Überall, wo im Makefile das Makro mittels `$(CC)` aufgerufen wird, wird es vor der Ausführung wörtlich ersetzt. Auf diese Weise kann man einfach einen anderen Compiler wählen, ohne im ganzen Makefile per Editor ersetzen zu müssen. Dann haben wir ein Dummy-Ziel `all`, das aus einer Aufzählung weiterer Ziele besteht. Mittels `make all` wird dieses Dummy-Ziel erzeugt, d. h. die aufgezählten Ziele. Unter diesen befindet sich auch eines namens `clean`, das ohne Zutaten daherkommt und offenbar nur bestimmte Tätigkeiten wie das Löschen temporärer Files bezweckt. Ein Dummy-Ziel ist immer out-of-date, die zugehörigen Kommandos werden immer ausgeführt. Ein weiteres Beispiel für `make(1)` findet sich in Abschnitt 4.10.6.4 *Arrays von Funktionen* auf Seite 413.

Im GNU-Projekt wird Software im Quellcode für verschiedene Systeme veröffentlicht. In der Regel muß man die Quellen auf der eigenen Anlage kompilieren. Infolgedessen gehören zu den GNU-Programmen fast immer umfangreiche Makefiles oder sogar Hierarchien davon. Übung im Gebrauch von `make(1)` erleichtert die Einrichtung von GNU-Software daher erheblich. Oft wird ein an das eigene System angepaßtes Makefile erst durch ein Kommando `./configure` erzeugt. Die Reihenfolge bei solchen Programmeinrichtungen lautet dann:

```
./configure
(vi Makefile)
make
make install
make clean
```

wobei `make install` Schreibrechte in den betroffenen Verzeichnissen erfordert, also meist Superuserrechte. Die häufigsten Überraschungen beim Einrichten von GNU-Software sind:

- Fehlende include-Files oder Funktionsbibliotheken (irgendwoher beschaffen),

- die Files sind zwar vorhanden, liegen aber im falschen Verzeichnis (in diesem Fall Links anlegen),

- es werden zusätzlich einige Hilfsprogramme wie `groff(1)`, `gmake(1)` oder `patch(1)` aus dem GNU-Projekt benötigt (per FTP holen und hoffen, daß sie sich problemlos kompilieren lassen),

- es ist zwar alles an Ort und Stelle, aber die Typen der Argumente und Rückgabewerte sind anders, als sie die GNU-Software erwartet. Dann passen irgendwelche Versionen nicht zueinander, und es ist Hand- und Hirnarbeit angesagt.

Ein allgemeines Rezept läßt sich nicht angeben. Gelegentlich hatten wir mit dem Editieren der Makefiles Erfolg, manchmal auch nicht. Dann kann man sich noch nach der neuesten Version der GNU-Software umschauen oder eine Email an den Autor schreiben. Es kommen aber auch angenehme Überraschungen vor – die Kompilierung und Einrichtung von `gmake(1)` und `gzip(1)` gingen bei uns ohne Probleme über die Bühne – und die GNU-Software ist den Versuch der Einrichtung allemal wert. Zudem lernt man einiges über das Programmieren portabler Software und die Struktur von Programmen.

3.8.4 Debugger (xdb)

Programme sind Menschenwerk und daher fehlerhaft[26]. Es gibt keine Möglichkeit, die Fehlerfreiheit eines Programmes festzustellen oder zu beweisen außer in trivialen oder idealen Fällen.

---

[26]Es irrt der Mensch, so lang er strebt. GOETHE, Faust. Oder *errare humanum est*, wie wir Lateiner sagen. Noch etwas älter: $\alpha\mu\alpha\rho\tau\omega\lambda\alpha\iota\ \epsilon\nu\ \alpha\nu\vartheta\rho\omega\pi\omicron\iota\sigma\iota\nu\ \epsilon\pi\omicron\nu\tau\alpha\iota\ \vartheta\nu\eta\tau\omicron\iota\varsigma$. Die entsprechende Aussage in babylonischer Keilschrift aus dem Codex Kombysis können wir leider aus Mangel an einem TeX-Font vorläufig nicht wiedergeben. In der nächsten Auflage werden wir jedoch eine eingescannte Zeichnung aus der Höhle von Rienne-Vaplus zeigen, die als die älteste Dokumentation obiger Weisheit gilt.

Die Fehler lassen sich in drei Klassen einteilen. Verstöße gegen die Regeln der jeweiligen Programmiersprache heißen **Grammatikfehler** oder **Syntaxfehler**. Sie führen bereits zu einem Abbruch des Kompiliervorgangs und lassen sich schnell lokalisieren und beheben. Der C-Syntax-Prüfer `lint` ist das beste Werkzeug zu ihrer Entdeckung. `wihle` statt `while` wäre ein einfacher Syntaxfehler. Fehlende oder unpaarige Klammern sind auch beliebt, deshalb enthält der `vi(1)` eine Funktion zur Klammerprüfung. Unzulässige Operationen mit Pointern sind ebenfalls an der Tagesordnung.

Falls das Programm die Kompilation ohne Fehlermeldung hinter sich gebracht hat, startet man es. Dann melden sich die **Laufzeitfehler**, die unter Umständen nur bei bestimmten und womöglich seltenen Parameterkonstellationen auftreten. Ein typischer Laufzeitfehler ist die Division durch eine Variable, die manchmal den Wert Null annimmt. Die Fehlermeldung lautet *Floating point exception*. Ein anderer häufig vorkommender Laufzeitfehler ist die Überschreitung von Arraygrenzen oder die Verwechslung von Variablen und Pointern, was zu einem *Memory fault*, einem Speicherfehler führt.

Die dritte Klasse bilden die **logischen Fehler** oder **Denkfehler**. Sie werden auch **semantische Fehler** genannt. Das Programm arbeitet einwandfrei, nur tut es nicht das, was sich der Programmierer vorgestellt hat. Ein typischer Denkfehler ist das Verzählen bei den Elementen eines Arrays oder bei Schleifendurchgängen um genau eins. Hier hilft der Computer nur wenig, da der Ärmste ja gar nicht weiß, was sich der Programmierer vorstellt. Diese Fehler kosten viel Mühe, doch solcherlei Verdrüsse pflegen die Denkungskräfte anzuregen, meint WILHELM BUSCH und hat recht.

Eine vierte Fehlerklasse liegt fast schon außerhalb der Verantwortung des Programmierers. Wenn das mathematische **Modell** zur Beschreibung eines realen Problems ungeeignet ist, mag das Programm so fehlerarm sein wie es will, seine Ergebnisse gehen an der Wirklichkeit vorbei. Für bestimmte Zwecke ist eine Speisekarte ein brauchbares Modell einer Mahlzeit, für andere nicht.

Ein Fehler wird im Englischen auch als *bug* bezeichnet, was soviel wie Wanze oder Laus bedeutet. Ein Programm zu entlausen heißt Debugging. Dazu braucht man einen Debugger (déverminateur, déboguer). Das sind Programme, unter deren Kontrolle das verlauste Programm abläuft. Man hat dabei vielfältige Möglichkeiten, in den Ablauf einzugreifen. Ein **absoluter Debugger** wie der `adb(1)` bezieht sich dabei auf das lauffähige Programm im Arbeitsspeicher – nicht auf den Quellcode – und ist somit für die meisten Aufgaben wenig geeignet. Ein **symbolischer Debugger** wie der `sdb(1)` oder der `xdb(1)` bezieht sich auf die jeweilige Stelle im Quelltext[27]. Debugger sind mächtige und hilfreiche Werkzeuge. Manche Programmierer gehen so weit, daß sie das Schreiben eines Programms als Debuggen eines leeren Files bzw. eines weißen Blattes Papier ansehen. In der Übung wird eine einfache Anwendung des Debuggers vorgeführt.

Falls Sie auch mit dem UNIX-Debugger nicht alle Würmer in Ihrem Programm finden und vertreiben können, möchten wir Ihnen noch ein altes Hausrezept verraten, das aus einer Handschrift des 9. Jahrhunderts stammt. Das Rezept ist im

---

[27]Real programmers don't use source language debuggers.

Raum Wien – München entstanden und unter den Namen *Contra vermes* oder
Pro nescia bekannt. Leider ist das README-File, das die Handhabung erklärt, ver-
lorengegangen. Wir schlagen vor, die Zeilen als Kommentar in das Programm
einzufügen. Hier der Text:

> Gang út, nesso, mid nigun nessiklinon,
> ût fana themo marge an that bên,
> fan thêmo bêne an that flêsg,
> ût fan themo flêsgke an thia hûd,
> ût fan thera hûd an thesa strâla.
> Drohtin. Uuerthe sô!

3.8.5 Profiler (time, gprof)

Profiler sind ebenfalls Programme, unter deren Kontrolle ein zu untersuchendes
Programm abläuft. Ziel ist die Ermittlung des Zeitverhaltens in der Absicht, das
Programm schneller zu machen. Ein einfaches UNIX-Werkzeug ist time(1):

```
time prim 1000000
```

Die Ausgabe sieht so aus:

```
real    0m 30.65s
user    0m 22.53s
sys     0m  1.07s
```

und bedeutet, daß die gesamte Laufzeit des Programms prim 30.65 s betrug, davon entfielen 22.53 s auf die Ausführung von Benutzeranweisungen und 1.07 s
auf Systemtätigkeiten. Die Ausgabe wurde durch einen Aufruf des Primzahlen-
programms aus Abschnitt 4.10.6 *Ein Herz für Pointer* auf Seite 406 erzeugt, das
selbst Zeiten mittels des Systemaufrufs time(2) mißt und rund 22 s für die Rechnung und 4 s für die Bildschirmausgabe meldet.

   Ein weiterer Profiler ist gprof(1). Seine Verwendung setzt voraus, daß das
Programm mit der Option -G kompiliert worden ist. Es wird gestartet und erzeugt
neben seiner normalen Ausgabe ein File gmon.out, das mit gprof(1) betrachtet
wird. Besser noch lenkt man die Ausgabe von gprof(1) in ein File um, das sich
lesen und editieren läßt:

```
gprof prim > prim.gprofile
```

Eine stark gekürzte Analyse mittels gprof(1) sieht so aus:

```
%time      the percentage of the total running time of the
           program used by this function.


cumsecs    a running sum of the number of seconds accounted
           for by this function and those listed above it.


seconds    the number of seconds accounted for by this
```

```
          function alone.  This is the major sort for this
          listing.

calls     the number of times this function was invoked, if
          this function is profiled, else blank.

name      the name of the function.  This is the minor sort
          for this listing.

%time cumsecs seconds    calls   msec/call name
 52.1   12.18   12.18                      $$remU
 22.2   17.38    5.20                      $$mulU
 20.8   22.25    4.87   333332        0.01 ttest
  2.1   22.74    0.49     9890        0.05 _doprnt
  0.8   22.93    0.19                      _mcount
  0.6   23.08    0.15                      $$divide_by_constant
  0.6   23.22    0.14        1      140.00 main
  0.3   23.29    0.07     9890        0.01 _memchr
  0.2   23.34    0.05                      _write_sys
  0.1   23.36    0.02     9890        0.00 _printf
  0.0   23.37    0.01     9887        0.00 _write
  0.0   23.38    0.01     9887        0.00 _xflsbuf
  0.0   23.39    0.00     9890        0.00 _wrtchk
  0.0   23.39    0.00        1        0.00 _sscanf
  0.0   23.39    0.00        1        0.00 _start
  0.0   23.39    0.00        1        0.00 _strlen
  0.0   23.39    0.00        1        0.00 atexit
  0.0   23.39    0.00        1        0.00 exit
  0.0   23.39    0.00        1        0.00 ioctl
```

Wir sehen, daß die Funktion `ttest()` sehr oft aufgerufen wird und 4,87 s verbrät. Die beiden ersten Funktionen werden vom Compiler zur Verfügung gestellt
(Millicode aus `/usr/lib/milli.a`) und liegen außerhalb unserer Reichweite.

Für genauere Auskünfte zieht man den Systemaufruf `times(2)`, den Debugger oder das UNIX-Kommando `prof(1)` in Verbindung mit der Subroutine
`monitor(3)` heran.

3.8.6 Archive, Bibliotheken (ar)

Viele Teilaufgaben in den Programmen wiederholen sich immer wieder. Das sind
Aufgaben, die mit dem System zu tun haben, Befehle zur Bildschirmsteuerung,
mathematische Berechnungen wie Logarithmus oder trigonometrische Funktionen,
Datenbankfunktionen oder Funktionen zur Abfrage von Meßgeräten am Bus.

Damit man diese Funktionen nicht jedesmal neu zu erfinden braucht, werden sie in **Bibliotheken** gepackt, die dem Programmierer zur Verfügung stehen.
Teils stammen sie vom Hersteller des Betriebssystems (also ursprünglich AT&T),
teils vom Hersteller der Compiler (bei uns Hewlett-Packard und GNU) oder der

Anwendungssoftware, teils von Benutzern. Bibliotheken enthalten Programmbausteine, es lassen sich aber auch andere Files (Texte, Grafiken) in gleicher Weise zusammenfassen. Dann spricht man allgemeiner von **Archiven**. Außer den Files enthalten Archive Verwaltungsinformationen (Index) zum schnellen Finden der Inhalte. Diese Informationen wurden früher mit dem Kommando `ranlib(1)` eigens erzeugt, heute erledigt `ar(1)` das mit. Die Verwendung von Bibliotheken beim Programmieren wird in Abschnitt 4.4 *Funktions-Bibliotheken* auf Seite 359 erläutert.

Außer den mit dem Compiler gelieferten Bibliotheken kann man zusätzlich erworbene oder selbst erstellte Bibliotheken verwenden. Im Handel sind beispielsweise Bibliotheken mit Funktionen für Bildschirmmasken, zur Verwaltung indexsequentieller Files, für Grafik, zur Meßwerterfassung und -aufbereitung und für besondere mathematische Aufgaben. Auch aus dem Netz laufen Bibliotheken zu. Eigene Bibliotheken erzeugt man mit dem UNIX-Kommando `ar(1)`; das Fileformat ist unter `ar(4)` beschrieben. Ein Beispiel zeige den Gebrauch. Wir haben ein Programm `statistik.c` zur Berechnung von Mittelwert und Varianz der in der Kommandozeile mitgegebenen ganzen Zahlen geschrieben:

```c
/* Statistische Auswertung von eingegebenen Werten
   Privat-Bibliothek ./libstat.a erforderlich
   Compileraufruf cc statistik.c -L . -lstat
*/

#define  MAX 100          /* max. Anzahl der Werte */
#include <stdio.h>

void exit(); double mwert(), varianz();

main(int argc, char *argv[])

{
int i, a[MAX];

if (argc < 3) {
    puts("Zuwenig Werte"); exit(-1);
}

if (argc > MAX + 1) {
    puts("Zuviel Werte"); exit(-1);
}

/* Uebernahme der Werte in ein Array */

a[0] = argc - 1;

for (i = 1; i < argc; i++) {
    sscanf(argv[i], "%d", a + i);
}

/* Ausgabe des Arrays */
```

```
for (i = 1; i < argc; i++) {
    printf("%d\n", a[i]);
}

/* Rechnungen */

printf("Mittelwert: %f\n", mwert(a));
printf("Varianz:    %f\n", varianz(a));

return 0;
}
```

Programm 3.29 : C-Programm Statistik mit Benutzung einer eigenen Funktionsbibliothek

Das Programm verwendet die Funktionen `mwert()` und `varianz()`, die wir aus einer hausgemachten Funktionsbibliothek namens `libstat.a` entnehmen. Der im Kommentar genannte Compileraufruf mit der Option `-L` . veranlaßt den Linker, diese Bibliothek im Arbeits-Verzeichnis zu suchen. Die Funktionen sehen so aus:

```
double mwert(x)
int *x;
{
int j, k;
double m;

for (j = 1, k = 0; j <= *x; j++) {
    k = k + x[j];
}
m = (double)k / (double)*x;
return m;
}
```

Programm 3.30 : C-Funktion Mittelwert ganzer Zahlen

```
extern double mwert();

double varianz(x)
int *x;
{
int j;
double m, s, v;

m = mwert(x);

for (j = 1, s = 0; j <= *x; j++) {
s = s + (x[j] - m) * (x[j] - m);
}
v = s / (*x - 1);
return v;
}
```

Programm 3.31 : C-Funktion Varianz ganzer Zahlen

Diese Funktionen werden mit der Option `-c` kompiliert, so daß wir zwei Objektfiles `mwert.o` und `varianz.o` erhalten. Mittels des Aufrufes

```
ar -r libstat.a mwert.o varianz.o
```

erzeugen wir die Funktionsbibliothek `libstat.a`, auf die mit der Compileroption `-lstat` zugegriffen wird. Der Vorteil der Bibliothek liegt darin, daß man sich nicht mit vielen einzelnen Funktionsfiles herumzuschlagen braucht, sondern mit der Compileroption gleich ein ganzes Bündel verwandter Funktionen erwischt. In das Programm eingebunden werden nur die Funktionen, die wirklich benötigt werden.

Merke: Ein Archiv ist weder verdichtet noch verschlüsselt. Dafür sind andere Werkzeuge (`gzip(1)`, `crypt(1)`) zuständig.

3.8.7 Weitere Werkzeuge

Das Werkzeug `cflow(1)` ermittelt die Funktionsstruktur zu einer Gruppe von C-Quell- und Objektfiles. Der Aufruf:

```
cflow statistik.c
```

liefert auf `stdout`

```
1 main: int(), <statistik.c 15>
2 puts: <>
3 exit: <>
4 sscanf: <>
5 printf: <>
6 mwert: <>
7 varianz: <>
```

was besagt, daß die Funktion `main()` vom Typ `int` ist und in Zeile 15 des Quelltextes `statistik.c` definiert wird. `main()` ruft seinerseits die Funktionen `puts`, `exit`, `sscanf` und `printf` auf, die in `statistik.c` nicht definiert werden, da sie Teil der Standardbibliothek sind. Die Funktionen `mwert` und `varianz` werden ebenfalls aufgerufen und nicht definiert, da sie aus einer Privatbibliothek stammen.

Das Werkzeug `cxref(1)` erzeugt zu einer Gruppe von C-Quellfiles eine Kreuzreferenzliste aller Symbole, die nicht rein lokal sind. Der Aufruf

```
cxref fehler.c
```

gibt nach `stdout` eine Liste aus, deren erste Zeilen so aussehen:

```
fehler.c:
```

```
SYMBOL          FILE                    FUNCTION   LINE
```

```
BUFSIZ              /usr/include/stdio.h    --      *10
EOF                 /usr/include/stdio.h    --       70 *71
FILE                /usr/include/stdio.h    --      *18  78   123
                                                    127 128   201
                                                    223
FILENAME_MAX        /usr/include/stdio.h    --      *67
FOPEN_MAX           /usr/include/stdio.h    --      *68
L_ctermid           /usr/include/stdio.h    --      *193
L_cuserid           /usr/include/stdio.h    --      *194
L_tmpnam            /usr/include/stdio.h    --      *61
NULL                /usr/include/stdio.h    --       35 *36
PI                  fehler.c                --      *27
P_tmpdir            /usr/include/stdio.h    --      *209
SEEK_CUR            /usr/include/stdio.h    --      *55
SEEK_END            /usr/include/stdio.h    --      *56
SEEK_SET            /usr/include/stdio.h    --       53 *54
TMP_MAX             /usr/include/stdio.h    --       63 *64
_CLASSIC_ANSI_TYPES   /usr/include/stdio.h  --       162
```

Durch das include-File stdio.h und gegebenenfalls durch Bibliotheksfunktionen
kommen viele Namen in das Programm, von denen man nichts ahnt. Ferner gibt
es einige Werkzeuge zur Ermittlung und Bearbeitung von Strings in Quellfiles und
ausführbaren Programmen, teilweise beschränkt auf C-Programme.

3.8.8   Versionsverwaltung mit RCS, SCCS und CVS

Größere Projekte werden von zahlreichen, unter Umständen wechselnden Programmierern oder Autoren gemeinsam bearbeitet. Es hat auch schon Projekte
gegeben, deren Programmierer über alle Kontinente und verschiedene Firmen
verstreut waren. In der Regel werden die so entstandenen Programmpakete über
Jahre hinweg weiterentwickelt und vielleicht auf mehrere Systeme portiert. Das
von WALTER F. TICHY entwickelte **Revision Control System RCS** ist ein
Werkzeug, um bei der Entwicklung von Programmen Ordnung zu halten. Es ist
einfach handzuhaben und verträgt sich gut mit make(1). Das RCS erledigt drei
Aufgaben:

- Es führt Buch über die Änderungen an den Quelltexten.

- Es ermöglicht, ältere Versionen wiederherzustellen, ohne daß diese vollständig gespeichert zu werden brauchen (Differenzen).

- Es verhindert gleichzeitige schreibende Zugriffe mehrerer Benutzer auf einen
  Quelltext.

Sowie es um mehr als Wegwerfprogramme geht, sollte man make(1) und RCS
einsetzen. Arbeiten mehrere Programmierer an einem Projekt, kommt man um
RCS oder ähnliches nicht herum. Beide Werkzeuge sind auch für Manuskripte
oder WWW-Files zu verwenden. RCS ist in den meisten LINUX-Distributionen
enthalten. Man beginnt folgendermaßen:

- Unterverzeichnis anlegen, hineingehen.

- Mit einem Editor die erste Fassung des Quelltextes schreiben. Irgendwo im Quelltext - z. B. im Kommentar - sollte `$Header$` vorkommen, siehe unten. Dann übergibt man mit dem Kommando `ci filename` (check in) das File dem RCS. Dieses ergänzt das File durch Versionsinformationen und macht ein nur lesbares RCS-File (444) mit der Kennung `,v` daraus. Das ursprüngliche File löschen.

- Mit dem Kommando `co filename` (ohne `,v`) (check out) bekommt man eine Kopie seines Files zurück, und zwar nur lesbar. Diese Kopie kann man mit allen UNIX-Werkzeugen bearbeiten, nur das Zurückschreiben mittels `ci` verweigert das RCS.

- Mit dem Kommando `co -l filename` wird eine les- und schreibbare Kopie erzeugt. Dabei wird das RCS-File für weitere, gleichzeitige Schreibzugriffe gesperrt (l = lock). Die Kopie kann man mit allen UNIX-Werkzeugen bearbeiten, Umbenennen wäre jedoch ein schlechter Einfall.

- Beim Zurückstellen mittels `ci filename` hat man Gelegenheit, einen kurzen Kommentar in die Versionsinformationen zu schreiben, z. B. Grund und Umfang der Änderung.

- Falls Sie sich mit `co -l filename` eine Kopie zum Editieren geholt und damit gleichzeitig das Original für weitere Schreibzugriffe gesperrt haben, anschließend die Kopie mit `rm(1)` löschen, so haben Sie nichts mehr zum Zurückstellen. In diesem Fall läßt sich die Sperre mit `rcs -u filename` aufheben. Besser ist es jedoch, auf die UNIX-Kommandos zu verzichten und nur mit den RCS-Kommandos zu arbeiten.

Das ist für den Anfang alles. Die RCS-Kommandos lassen sich in Makefiles verwenden. Die vom RCS vergebenen Zugriffsrechte können von UNIX-Kommandos überrannt werden, aber das ist nicht Sinn der Sache. Der Einsatz von RCS setzt voraus, daß sich die Beteiligten an die Disziplin halten. Hier ein Makefile mit RCS-Kommandos für das nachstehende Sortierprogramm:

```
# makefile zu mysort.c, im RCS-System
# $Header: makefile,v 1.5 95/07/04 14:56:09 wualex1 Exp $

CC = /bin/cc
CFLAGS = -Aa -DDEBUG


all: mysort clean

mysort: mysort.o bubble.o
        $(CC) $(CFLAGS) -o mysort mysort.o bubble.o

mysort.o: mysort.c myheader.h
        $(CC) $(CFLAGS) -c mysort.c

bubble.o: bubble.c myheader.h
        $(CC) $(CFLAGS) -c bubble.c
```

```
mysort.c: mysort.c,v
        co mysort.c

bubble.c: bubble.c,v
        co bubble.c

myheader.h: myheader.h,v
        co myheader.h

clean:
        /bin/rm  -f *.c *.o *.h makefile
```

Programm 3.32 : Makefile zum Sortierprogramm mysort.c

Da dieses Beispiel sich voraussichtlich zu einer kleinen Familie von Quelltexten
ausweiten wird, legen wir ein privates include-File mit unseren eigenen, für alle
Teile gültigen Werten an:

```
/* myheader.h zum Sortierprogramm, RCS-Beispiel
   W. Alex, Universitaet Karlsruhe, 04. Juli 1995
*/


/*
$Header: myheader.h,v 1.5 95/07/04 14:58:41 wualex1 Exp $
*/


int bubble(char *text);
int insert(char *text);


#define   USAGE   "Aufruf: mysort filename"
#define   NOTEXIST   "File existiert nicht"
#define   NOTREAD   "File ist nicht lesbar"
#define   NOTSORT   "Problem beim Sortieren"

#define   LINSIZ  64           /* Zeilenlaenge */
#define   MAXLIN  256          /* Anzahl Zeilen */
```

Programm 3.33 : Include-File zum Sortierprogramm mysort.c

Nun das Hauptprogramm, das die Verantwortung trägt, aber sonst nicht viel tut.
Hier ist der Platzhalter **$Header$** Bestandteil des Codes, die Versionsinformationen stehen also auch im ausführbaren Programm. Man könnte sogar mit ihnen
etwas machen, ausgeben beispielsweise:

```
/* Sortierprogramm mysort, als Beispiel fuer RCS
   W. Alex, Universitaet Karlsruhe, 04. Juli 1995
*/

static char rcsid[] =
"$Header: mysort.c,v 1.9 95/07/04 14:18:37 wualex1 Exp $";

#include &lt;stdio.h&gt;
```

```c
#include "myheader.h"

int main(int argc, char *argv[])
{
long time1, time2;

/* Pruefung der Kommandozeile */

if (argc != 2) {
    puts(USAGE); return(-1);
}

/* Pruefung des Textfiles */

if (access(argv[1], 0)) {
    puts(NOTEXIST); return(-2);
}

if (access(argv[1], 4)) {
    puts(NOTREAD); return(-3);
}

/* Sortierfunktion und Zeitmessung */

time1 = time((long *)0);

if (bubble(argv[1])) {
    puts(NOTSORT); return(-4);
}

time2 = time((long *)0);

/* Ende */

printf("Das Sortieren dauerte %ld sec.\n", time2 - time1);
return 0;
}
```

Programm 3.34 : C-Programm Sortieren, für RCS

Hier die Funktion zum Sortieren (Bubblesort, nicht optimiert). Der einzige Witz in
dieser Funktion ist, daß wir nicht die Strings durch Umkopieren sortieren, sondern
nur die Indizes der Strings. Ansonsten kann man hier noch einiges verbessern und
vor allem auch andere Sortieralgorithmen nehmen. Man sollte auch das Einlesen
und die Ausgabe vom Sortieren trennen:

```c
/* Funktion bubble() (Bubblesort), als Beispiel fuer RCS
   W. Alex, Universitaet Karlsruhe, 04. Juli 1995
*/

/* $Header: bubble.c,v 1.23 95/07/04 18:11:04 wualex1 Exp $ */

#include <stdio.h>;
```

```c
#include <string.h>
#include "myheader.h"

int bubble(char *text)
{
int i = 0, j = 0, flag = 0, z, line[MAXLIN];
char array[MAXLIN][LINSIZ];
FILE *fp;

#if DEBUG
printf("Bubblesort %s\n", text);
#endif

/* Einlesen */

if ((fp = fopen(text, "r")) == NULL) return(-1);

while (((!feof(fp)) && (i < MAXLIN)) {
    fgets(array[i++], LINSIZ, fp);
}

fclose(fp);

#if DEBUG
puts("Array:");
j = 0;
while (j < i) {
    printf("%s", array[j++]);
}
puts("Ende Array");
#endif

/* Sortieren (Bubblesort) */

for (j = 0; j < MAXLIN; j++)
    line[j] = j;

while (flag == 0) {
    flag = 1;
    for (j = 0; j < i; j++) {
        if (strcmp(array[line[j]], array[line[j + 1]]) > 0) {
            z = line[j + 1];
            line[j + 1] = line[j];
            line[j] = z;
            flag = 0;
        }
    }
}

/* Ausgeben nach stdout */

#if DEBUG
puts("Array:");
j = 0;
```

```
while (j < i) {
    printf("%d\n", line[j++]);
}
puts("Ende Array");
#endif

j = 0;
while (j < i) {
    printf("%s", array[line[j++]]);
}

/* Ende */

return 0;
}
```

Programm 3.35 : C-Funktion Bubblesort

Bubblesort eignet sich für kleine Sortieraufgaben bis zu etwa hundert Elementen. Kopieren Sie sich die Bausteine in ein eigenes Verzeichnis und entwickeln Sie das Programm unter Verwendung des RCS weiter. Näheres siehe `rcsintro(5)`.

Das **Source Code Control System SCCS** verwaltet die Versionen der Module, indem es die erste Fassung vollständig speichert und dann jeweils die Differenzen zur nächsten Version, während RCS die jüngste Version speichert und die älteren aus den Differenzen rekonstruiert.

Alle Versionen eines Programmes samt den Verwaltungsdaten werden in einem einzigen SCCS-File namens `s.filename` abgelegt, auf das schreibend nur über besondere SCCS-Kommandos zugegriffen werden kann. Das erste dieser Kommandos ist `admin(1)` und erzeugt aus einem C-Quellfile `program.c` das zugehörige SCCS-Dokument:

```
admin -iprogram.c s.program.c
```

Mit `admin(1)` lassen sich noch weitere Aufgaben erledigen, siehe Referenz-Handbuch. Mittels `get(1)` holt man das Quellfile wieder aus dem SCCS-Dokument heraus, mitttels `delta(1)` gibt man eine geänderte Fassung des Quellfiles an das SCCS-Dokument zurück.

RCS und SCCS arbeiten auf File-Ebene. Bei größeren Projekten ist es wünschenswert, mehrere Files oder ganze Verzeichnisse in die Versionsverwaltung einzubeziehen. Dies leistet das **Concurrent Versions System** (CVS). Es baut auf RCS auf und erweitert dessen Funktionalität unter anderem um eine Client-Server-Architektur. Die beteiligten Files und Verzeichnisse können auf verschiedenen Computern im Netz liegen. Im Gegensatz zu RCS, das zu einem Zeitpunkt immer nur einem Benutzer das Schreiben gestattet, verfolgt CVS eine sogenannte optimistische Kooperationsstrategie. Mehrere Programmierer können gleichzeitig auf Kopien derselben Version (Revision) arbeiten. Beim Zurückschreiben wird ein Abgleich mit der in der zentralen Versionsbibliothek (Repository) abgelegten Fassung erzwungen, um zu verhindern, daß parallel durchgeführte und bereits zurückgeschriebene Versionen überschrieben werden. Diese Strategie kann zu Konflikten führen, die per Hand aufgelöst werden müssen. Während das Einrichten eines CVS-Projektes einen gewissen Überblick erfordert, ist das Arbeiten unter CVS nicht schwieriger als unter RCS. Einzelheiten wie so oft am einfachsten aus dem Netz, wo außer dem Programmpaket selbst auch kurze oder ausführliche, deutsche oder englische Anleitungen zu finden sind.

CASE bedeutet *Computer Aided Software Engineering*. An sich ist das nichts Neues, beim Programmieren hat man schon immer Computer eingesetzt. Das Neue bei CASE Tools wie SoftBench von Hewlett-Packard besteht darin, daß die einzelnen Programmierwerkzeuge wie syntaxgesteuerte Editoren, Compiler, make(1), Analysewerkzeuge, Debugger und Versionskontrollsysteme unter einer einheitlichen Oberfläche – hier X Window System und Motif - zusammengefaßt werden. Damit zu arbeiten ist die moderne Form des Programmierens und kann effektiv sein.

3.8.9   Memo Programmer's Workbench

- Die Programmquellen werden mit einem Editor geschrieben.

- Mit dem Syntaxprüfer lint(1) läßt sich die syntaktische Richtigkeit von C-Programmen prüfen, leider nicht die von C++-Programmen.

- Schon bei kleinen Programmierprojekten ist das Werkzeug make(1) dringend zu empfehlen.

- Mit einem Compiler wird der Quellcode in den Maschinencode des jeweiligen Prozessors übersetzt.

- Der schwerste Hammer bei der Fehlersuche ist ein Debugger, lernbedürftig, aber nicht immer vermeidbar.

- Programmfunktionen (aber auch andere Files) lassen sich in Bibliotheken archivieren, die bequemer zu handhaben sind als eine Menge von einzelnen Funktionen.

- Bei größeren Projekten kommt man nicht um ein Kontrollsystem wie RCS oder CVS herum, vor allem dann, wenn mehrere Personen beteiligt sind. Das Lernen kostet Zeit, die aber beim Ringen mit dem Chaos mehr als wettgemacht wird.

- CASE-Tools vereinigen die einzelnen Werkzeuge unter einer gemeinsamen Benutzeroberfläche. Der Programmierer braucht gar nicht mehr zu wissen, was ein Compiler ist.

3.8.10   Übung Programmer's Workbench

Anmelden wie gewohnt. Zum Üben brauchen wir ein kleines Programm mit bestimmten Fehlern. Legen Sie mit mkdir prog ein Unterverzeichnis prog an, wechseln Sie mit cd prog dorthin und geben Sie mit vi fehler.c folgendes C-Programm (ohne den Kommentar) unter dem Namen fehler.c ein:

```
/* Uebungsprogramm mit mehreren Fehlern */
```

```
/* 1. Fehler: Es wird eine symbolische Konstante PI
      definiert, die nicht gebraucht wird. Dieser Fehler
      hat keine Auswirkungen und wird von keinem
      Programm bemerkt.
      2. Fehler: Es wird eine Ganzzahl-Variable d deklariert,
      die nicht gebraucht wird. Dieser Fehler hat keine
      Auswirkungen, wird aber von lint beanstandet.
      3. Fehler: Die Funktion scanf verlangt Pointer als
      Argument, es muss &a heissen. Heimtueckischer
      Syntaxfehler. lint gibt eine irrefuehrende Warnung
      aus, der Compiler merkt nichts. Zur Laufzeit ein
      memory fault.
      4. Fehler: Es wird durch nichts verhindert, dass fuer
      b eine Null eingegeben wird. Das kann zu einem
      Laufzeitfehler fuehren, wird weder von lint noch
      vom Compiler bemerkt.
      5. Fehler: Es sollte die Summe ausgerechnet werden,
      nicht der Quotient. Logischer Fehler, wird weder
      von lint noch vom Compiler bemerkt.
      6. Fehler: Abschliessende Klammer fehlt. Syntaxfehler,
      wird von lint und Compiler beanstandet.

      Darueberhinaus spricht lint noch Hinweise bezueglich
      main, printf und scanf aus. Diese Funktionen sind
      aber in Ordnung, Warnungen ueberhoeren.   */

#define PI 3.14159
#include <stdio.h>

int main()
{

    int a, b, c, d;

    puts("Bitte 1. Summanden eingeben: ");
    scanf("%d", a);
    puts("Bitte 2. Summanden eingeben: ");
    scanf("%d", &b);
    c = a / b;
    printf("Die Summe ist: %d\n", c);
```

Programm 3.36 : C-Programm mit Fehlern

Als erstes lassen wir den Syntaxprüfer lint(1) auf das Programm los:

    lint fehler.c

und erhalten das Ergebnis:

```
fehler.c
===============
(36)  warning: a may be used before set
(41)  syntax error
```

```
(41)  warning: main() returns random value to environment
```

```
===============
function returns value which is always ignored
    printf      scanf
```

Zeile 41 ist das Programmende, dort steckt ein Fehler. Die Warnungen sind nicht
so dringend. Mit dem `vi(1)` ergänzen wir die fehlende geschweifte Klammer am
Schluß. Der Fehler hätte uns eigentlich nicht unterlaufen dürfen, da der `vi(1)`
eine Hilfe zur Klammerprüfung bietet (Prozentzeichen). Neuer Lauf von `lint(1)`:

```
fehler.c
===============
(36)  warning: a may be used before set
(33)  warning: d unused in function main
(41)  warning: main() returns random value to environment
```

```
===============
function returns value which is always ignored
    printf      scanf
```

Wir werfen die überflüssige Variable d in der Deklaration heraus. Nochmals
`lint(1)`.

```
fehler.c
===============
(36)  warning: a may be used before set
(41)  warning: main() returns random value to environment
```

```
===============
function returns value which is always ignored
    printf      scanf
```

Jetzt ignorieren wir die Warnung von `lint(1)` bezüglich der Variablen a (obwohl
heimtückischer Fehler, aber das ahnen wir noch nicht). Wir lassen kompilieren
und rufen das kompilierte Programm `a.out(4)` auf:

```
cc fehler.c
a.out
```

Der Compiler hat nichts zu beanstanden. Ersten Summanden eingeben, Antwort: `memory fault` oder `Bus error - core dumped`. Debugger[28] einsetzen, dazu nochmals mit der Option -g und dem vom Debugger verwendeten Objektfile
`/usr/lib/xdbend.o` kompilieren und anschließend laufen lassen, um einen aktuellen Speicherauszug (Coredump) zu erzeugen:

---

[28]Real programmers can read core dumps.

```
cc -g fehler.c /usr/lib/xdbend.o
chmod 700 a.out
a.out
xdb
```

Standardmäßig greift der Debugger auf das ausführbare File **a.out(4)** und das beim Zusammenbruch erzeugte Corefile **core(4)** zurück. Er promptet mit >. Wir wählen mit der Eingabe **s** Einzelschritt-Ausführung. Mehrmals mit RETURN weitergehen, bis Aufforderung zur Eingabe von a kommt (kein Prompt). Irgendeinen Wert für a eingeben. Fehlermeldung des Debuggers **Bus error**. Wir holen uns weitere Informationen vom Debugger:

```
T    (stack viewing)
s    (Einzelschritt)
q    (quit)
```

Nachdem wir wissen, daß der Fehler nach der Eingabe von a auftritt, schauen wir uns die Zeile mit **scanf(..., a)** an und bemerken, daß wir der Funktion **scanf(3)** eine Variable statt eines Pointers übergeben haben (**man scanf** oder im Anhang nachlesen). Wir ersetzen also a durch **&a**. Das Compilieren erleichtern wir uns durch **make(1)**. Wir schreiben ein File namens **makefile** mit folgenden Zeilen:

```
fehler: fehler.c
    cc fehler.c -o fehler
```

und rufen anschließend nur noch das Kommando **make(1)** ohne Argumente auf. Das Ergebnis ist ein lauffähiges Programm mit Namen **fehler**. Der Aufruf von **fehler** führt bei sinnvollen Eingaben zu einer Ausgabe, die richtig sein könnte. Wir haben aber noch einen Denkfehler darin. Statt der Summe wird der Integer-Quotient berechnet. Wir berichtigen auch das und testen das Programm mit einigen Eingaben. Da unser Quelltext richtig zu sein scheint, verschönern wir seine vorläufig endgültige Fassung mit dem Beautifier **cb(1)**:

```
cb fehler.c > fehler.b
rm fehler.c
mv fehler.b fehler.c
```

Schließlich löschen wir das nicht mehr benötigte Corefile und untersuchen das Programm noch mit einigen Werkzeugen:

```
time fehler
cflow fehler.c
cxref fehler.c
strings fehler
nm fehler
size fehler
ls -l fehler
strip fehler
ls -l fehler
```

`strings(1)` ist ein ziemlich dummes Werkzeug, das aus einem ausführbaren File alles heraussucht, was nach String aussieht. Das Werkzeug `nm(1)` gibt eine Liste aller Symbole aus, die lang werden kann. `strip(1)` wirft aus einem ausführbaren File die nur für den Debugger, nicht aber für die Ausführung wichtigen Informationen heraus und verkürzt dadurch das File. Abmelden mit `exit`.

Das Programmieren vollzieht sich in mehreren Stufen parallel zur Zeitachse:

- Aufgabenstellung

- Aufgabenanalyse

- Umsetzung in eine Programmiersprache

- Testen

- Dokumentieren

- vorläufige Freigabe

- endgültige Freigabe

Des weiteren wird ein Programm in viele überschaubare Module aufgeteilt. Von jedem Modul entstehen im Verlauf der Arbeit mehrere Fassungen oder Versionen. Der Zustand des ganzen Projektes läßt sich in einem dreidimensionalen Koordinatensystem mit den Achsen Modul, Stufe und Version darstellen.

3.9   L'atelier graphique

3.9.1   Grundbegriffe

Es gibt keine UNIX-Grafik. Das heißt, es gibt in UNIX keine **Standardprogramme** für die Bearbeitung grafischer Daten analog etwa zu den Werkzeugen für die Bearbeitung alphanumerischer Daten und keine **Standard-Bibliotheken** mit Grafik-Funktionen. Selbstverständlich kann man unter UNIX Grafik machen, aber man braucht dazu zusätzliche Programme und Bibliotheken, die nicht standardisiert sind und gelegentlich Geld kosten. Das Gleiche gilt für die Bearbeitung akustischer Daten, was technisch möglich, bisweilen wünschenswert, aber weit entfernt von jeder Standardisierung ist. Die Ursachen hierfür sind:

- Als UNIX begann, war die Hardware noch zu leistungsschwach für die Bearbeitung grafischer Daten (z. B. serielle Terminals). Deshalb waren grafische Werkzeuge – im Gegensatz zu Textwerkzeugen – nicht von Anfang an dabei.

- Die Grafik ist enger an die Hardware gebunden als die Ein- und Ausgabe von Zeichen.

- Die Vielfalt grafischer Objekte (Form, Farbe, Beleuchtung, Perspektive) ist weit größer als die von Zeichen, von denen es in Europa nur wenige hundert und selbst in Fernost nur einige zehntausend gibt.

- Die Vielfalt grafischer Operationen ist ebenfalls größer als die der Zeichenoperationen.

Grafik heißt heute Darstellung farbiger dreidimensionaler Objekte mit strukturierten Flächen aus verschiedenen Blickwinkeln und mit unterschiedlicher Beleuchtung, gegebenenfalls in Bewegung. Die Bearbeitung grafischer und akustischer Daten mit durchschnittlicher Hardware ist inzwischen möglich, aber über
das Wie und Womit besteht noch keine Einigkeit. Auch über die Schnittstelle
der Werkzeuge zum Menschen ist noch nicht alles gesagt, während bei den Zeichen die Schreibmaschine Vorarbeit geleistet hat. Die Lage ist jedoch nicht ganz
hoffnungslos. Insbesondere in LINUX-Distributionen sind viele Grafikwerkzeuge
enthalten, und es werden laufend mehr. Aber – wie gesagt – Einigkeit darf man
nicht erwarten.

Hier sollen zunächst einige Grundbegriffe der Verarbeitung von Grafiken
erläutert werden. Die Aufgaben lassen sich in zwei Gruppen einteilen:

- die Erzeugung (**Synthese**) und anschließende Weiterverarbeitung von grafischen Objekten (CAD, Finite Elemente, Simulationen),

- die Verarbeitung (**Analyse**) von grafischen Objekten, die außerhalb des
  Computers entstanden sind (Schrifterkennung, Mustererkennung, Bildana-
  lyse).

Wir befassen uns nur mit dem ersten Punkt.

Alle Grafikgeräte arbeiten entweder nach dem Raster- oder dem Vektorverfahren. Beim **Vektorverfahren** bestehen die Grafiken aus ununterbrochenen Linien,
die jeweils zwei Punkte verbinden. Diese Linien werden im Computer durch Gleichungen dargestellt. Beim **Rasterverfahren** besteht die Grafik aus einer großen
Anzahl von Punkten unterschiedlicher Helligkeit und gegebenenfalls Farbe (Bit-
map). Beide Verfahren haben ihre Vor- und Nachteile.

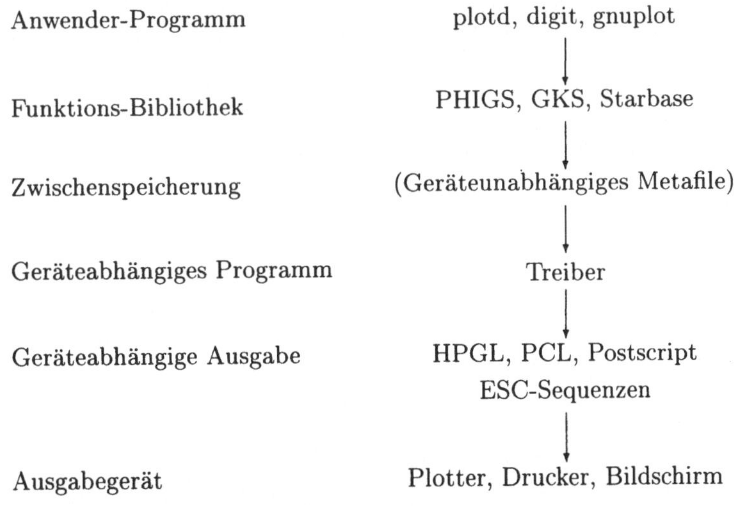

Abb. 3.9: Grafik von der Anwendung zur Ausgabe

Ausgabegeräte sind grafische Bildschirme, Plotter und grafikfähige Drucker. Die Eingabe ist das Ergebnis eines Programmes oder stammt von einem Scanner oder Digitalisiertablett. Die Ausgabegeräte werden in einer bestimmten **Steuersprache** angesprochen. Viele Plotter und manche Drucker verstehen die Hewlett-Packard Graphics Language (HPGL). Diese Sprachen enthalten elementare Befehle wie `select pen`, `pen up`, `pen down`, ziehe Linie von A nach B, `page feed`. Grafische Bildschirme und manche Drucker verlangen Escape-Sequenzen. Der Benutzer könnte ein File in dieser Sprache schreiben und zum Ausgabegerät schicken. Dieser Weg ist mühsam und dem Programmieren in Assembler vergleichbar. Deshalb gehören zu einer Grafikbibliothek auch Unterprogramme und Treiber, die dem Benutzer die Verwendung höherer Befehle ähnlich wie in FORTRAN oder C ermöglichen.

Seit Farb-Bildschirme, Farb-Scanner und Farb-Drucker erschwinglich geworden sind, wird von Farbe bei Text- und Grafik-Darstellungen zunehmend Gebrauch gemacht. Das World Wide Web ist ohne Farbe nicht denkbar. Damit wachsen die Datenmengen und die Anforderungen an den Benutzer. Während sich der erste Punkt durch die Leistungssteigerungen der Hardware erledigt, muß sich der Benutzer mit Farbmodellen und Drucktechniken (und Perspektive, Beleuchtung, Grauskala, Gammakurve usw.) auseinandersetzen. Früher hatte man Fachleute in Verlag und Druckerei dafür. Geht es um bewegte Grafik, kommen weitere Punkte hinzu. Die Verarbeitung grafischer Daten ist ein eigenes, umfangreiches Wissensgebiet geworden. Das WWW bietet Hilfen zum Einstieg an. Insbesondere zum png-Format findet sich im WWW eine gute Dokumentation, naheliegenderweise, zusammengestellt von THOMAS BOUTELL.

Die großen Datenmengen haben zu verschiedenen Versuchen geführt, sie teils ohne, teils mit Verlust zu komprimieren. Die vier bekanntesten Grafikformate sind:

- Compuserve Graphics Interchange Format (.gif),

- Joint Photographic Experts Group Format (.jpg, .jpeg), mit wählbarerem Kompressionsfaktor,

- Tag Image File Format (.tiff), verbreitet bei Scannern,

- Portable Network Graphics (.png) des W3-Konsortiums.

Von vielen Grafikformaten sind im Lauf der Jahre verschiedene Versionen oder Releases herausgekommen. Es gibt sowohl freie wie kommerzielle Werkzeuge zur Umwandlung einiger Grafikformate ineinander.

3.9.2 Diagramme (gnuplot)

`gnuplot(1)` ist ein Programm zum Zeichnen von Diagrammen, das GNU-üblich als Quellcode vorliegt, aber nicht aus dem GNU-Projekt stammt. Ausgangspunkt ist entweder eine Funktionsgleichung oder eine Wertetabelle. Sowohl cartesische wie Polarkoordinaten können verwendet werden. Dreidimensionale Darstellungen in cartesischen, Kugel- oder Zylinderkoordinaten sind ebenfalls möglich. Die Achsen können linear oder logarithmisch geteilt sein. Andere Teilungen muß man

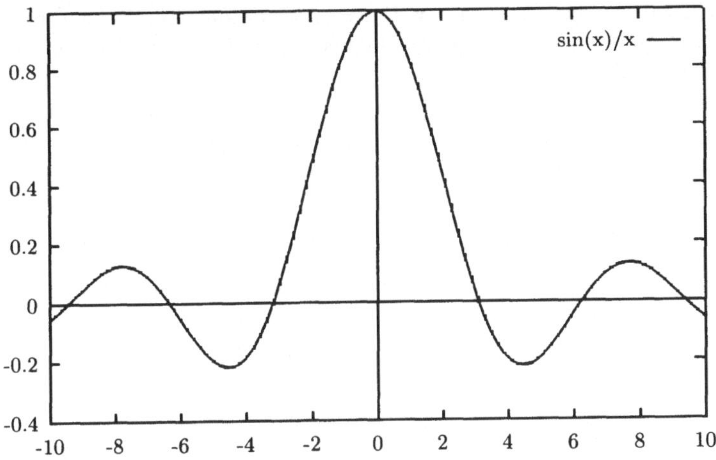

Abb. 3.10: Diagramm von (sin x)/x, erzeugt mit gnuplot

selbst programmieren. Soweit sinnvoll, werden reelle und komplexe Argumente verarbeitet. Das Programm wird entweder interaktiv (Terminal-Dialog) oder durch ein Script gesteuert.

Die Ausgabe geht in ein File oder auf ein Gerät. Treiber für einige Terminals und den HP Laserjet gehören dazu, ebenso die Möglichkeit, Postscript-, LaTeX- oder HPGL-Files zu erzeugen. Hier ein einfaches Beispiel. Wir schreiben ein Script `plotscript`:

```
set term latex            # Ausgabe im LaTeX-Format
set output "plot.tex"     # Ausgabe nach File plot.tex
plot sin(x)/x             # zu zeichnende Funktion
```

Programm 3.37 : gnuplot-Script zum Zeichnen der Funktion y = (sin x)/x, Ausgabe im LaTeX-Format auf File plot.tex

und rufen `gnuplot(1)` mit dem Script als Argument auf:

```
gnuplot plotscript
```

Interaktiv wären die Kommandos:

```
gnuplot
set term latex
set output "plot.tex"
plot sin(x)/x
quit
```

einzugeben. Für alle nicht genannten Parameter werden Default-Werte genommen. Als Ausgabe erhalten wir eine LaTeX-Picture-Umgebung, die sich in ein LaTeX-Dokument einbinden läßt, siehe Abb. 3.10 auf Seite 213.

Nun wollen wir zu einer Menge von Wertepaaren eine Regressionsgerade berechnen, mittels `gnuplot(1)` in einem Diagramm darstellen und dieses in eine WWW-Seite einbinden.

Für Konstruktions-Zeichnungen oder Illustrationen ist `gnuplot(1)` nicht gedacht. Unter `http://www.uni-karlsruhe.de/~ig25/gnuplot-faq/`. findet sich ein FAQ-Text zu `gnuplot(1)`.

3.9.3 Zeichnungen und Bilder (xfig, xpaint, gimp)

`xfig(1)` und `xpaint(1)` sind Werkzeuge, die unter dem X Window System laufen. Sie machen von dessen Funktionen Gebrauch und sind infogedessen netzfähig. `xfig(1)` dient zum Erstellen von Zeichnungen (Vektorgrafiken) mit Linien und Text.

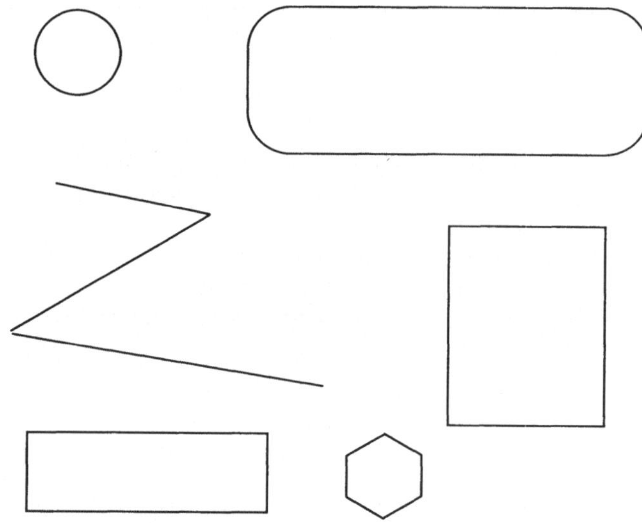

Abb. 3.11: Mittels xfig erstellte Zeichnung

Es macht von einer Drei-Tasten-Maus Gebrauch, ist menugesteuert und kennt verschiedene Ausgabeformate, darunter LaTeX (Picture-Umgebung), (Encapsulated) Postscript, HP-GL, GIF, JPEG und PNG. Einzelheiten am schnellsten auf der man-Page, rund 60 Seiten Papier. Die Abb. 3.11 auf Seite 214 wurde mit dem Aufruf:

```
xfig -me -p -e latex -lat
```

erstellt. Die Zeichnungen lassen sich natürlich nicht nur erzeugen, sondern auch nachträglich verändern (editieren).

Das Werkzeug `xpaint(1)` erlaubt das Erzeugen und Editieren von Farbbildern. Die man-Page ist knapp, dafür steht eine ausführliche online-Hilfe zur Verfügung. Editiert man bereits vorhandene Bilder, sollte man nur mit einer Kopie arbeiten, da `xpaint(1)` die Farbinformationen (Farbtiefe) dem jeweiligen Display anpaßt, man also unter Umständen Informationen verliert. Auch `xpaint(1)` kennt alle gängigen Grafikformate.

Aus dem GNU-Projekt stammt `gimp(1)`, ein Werkzeug zur Erzeugung und Bearbeitung von Bildern einschließlich der Retusche von Fotos. Der Name bedeutet *GNU Image Manipulation Program*. Es setzt ebenfalls auf X11 auf und kennt zahlreiche Formate. Auch zu deren Umwandlung kann es verwendet werden. Näheres im WWW unter `http://www.gimp.org/`. Im GNU-Projekt finden sich weitere Werkzeuge für grafische Arbeiten in den Verzeichnissen `.../gnu/graphics/` und `.../gnu/plotutils/` der entsprechenden FTP-Server.

3.9.4 Graphical Kernel System, OpenGL

Zur Verarbeitung von Zahlen braucht man Zahlenfunktionen wie Addition, Logarithmus, Regula falsi. Grafikfunktionen sind Verschieben (Translation), Drehen (Rotation), Spiegeln, Verzerren. Ein weit verbreitetes und vom American National Standards Institute (ANSI) genormtes Paket mit Grafikfunktionen ist das **Graphical Kernel System** (GKS). Das unter ANSI X3.124-1985, DIN 66 292 und ISO 7942 beschriebene System enthält Grundfunktionen zur Bewältigung grafischer Aufgaben auf dem Computer. Die Norm legt die Funktionalität und die Syntax fest, Softwarehersteller bieten GKS-Pakete als kompilierte C- oder FORTRAN-Funktionen für eine Reihe von Prozessoren an. Die Sammlung enthält Funktionen:

- zur Ausgabe grafischer Grundelemente,

- für die Attribute der Grundelemente,

- zur Steuerung der Workstation,

- für Transformationen und Koordinatensysteme,

- zur Bearbeitung von Elementgruppen (Segmenten),

- zur Eingabe,

- zur Bearbeitung von Metafiles,

- für Statusabfragen,

- zur Fehlerbehandlung.

Inzwischen sieht es allerdings so aus, als ob die modernere, von Silicon Graphics (SGI) entwickelte Grafik-Software **OpenGL** samt dem Toolkit GLUT und dem unter GNU Copyleft veröffentlichten Klone Mesa dem GKS-System den Rang ablaufen. OpenGL ist systemunabhängig, netzfähig (Client-Server-Modell) und beherrscht drei Dimensionen. Es gibt eine eigene Bibliothek für die Zusammenarbeit mit X11, ferner eine Bibliothek namens GLIDE zur optimalen Ausnutzung bestimmter Grafikhardware. Mit OpenGL sind Computerspiele und wissenschaftliche Simulationen geschrieben worden. Da die Entwicklung rasch voranschreitet, sind aktuelle Informationen am einfachsten im Netz zu finden, insbesondere die Spezifikation. OpenGL-Bibliotheken zum Einbinden in C-Programme sind gegen ein gemäßigtes Entgelt auch für LINUX zu erhalten.

3.9.5 Memo Grafik

- Für die Verarbeitung grafischer Daten gibt es keinen Standard (oder zuviele, was auf dasselbe hinausläuft). Das ganze Gebiet ist noch im Fluß.

- Unter UNIX gibt es keine Standard-Werkzeuge oder -Bibliotheken, wohl aber mehrere, zum Teil freie Grafik-Pakete.

- `gnuplot(1)` ist ein interaktives Werkzeug zur Erzeugung von Diagrammen, ausgehend von Wertetabellen oder Funktionsgleichungen.

- Auch das X Window System (X11) enthält Grafikfunktionen, der Schwerpunkt liegt jedoch in der Gestaltung von Fenstern, die über das Netz gehen.

- `xfig(1)`, `xpaint(1)` und `gimp(1)` sind interaktive Werkzeuge zum Herstellen und Bearbeiten von Zeichnungen und Bildern. Die Werkzeuge bauen auf dem X Window System auf und sind in LINUX-Distributionen enthalten.

- Das Graphical Kernel System (GKS) ist eine international genormte Bibliothek mit Grafikfunktionen.

- OpenGL ist eine modernere Bibliothek mit Grafikfunktionen (netzfähig, dreidimensional) und verbreitet sich rasch.

3.9.6 Übung Grafik

- Erkundigen Sie sich bei Ihrem System-Manager nach den verfügbaren Grafik-Werkzeugen.

- Zeichnen Sie ein cartesisches Koordinatensystem und darin einen Kreis mit dem Koordinatenursprung als Mittelpunkt. Was mathematisch ein Kreis ist, braucht auf dem Bildschirm wegen unterschiedlicher Maßstäbe in x- und y-Richtung noch lange nicht wie ein Kreis auszusehen.

- Verzerren Sie die Maßstäbe so, daß der Kreis auch wie ein Kreis aussieht.

- Fügen Sie eine Beschriftung in obiges Diagramm ein.

- Drucken Sie das Diagramm aus. Ist der Kreis immer noch kreisförmig?

3.10 Kommunikation

3.10.1 Message (write, talk)

Unter **Kommunikation** verstehen wir den Nachrichtenaustausch unter Benutzern, zunächst beschränkt auf die Benutzer einer Anlage. Zur Kommunikation im Netz kommen wir im Kapitel 5 *Internet* ab Seite 439. Zwei gleichzeitig angemeldete Benutzer (mit `who(1)` abfragen) können über ihre Terminals einen **Dialog** miteinander führen. Das Kommando lautet `write(1)`:

```
write username ttynumber
```

also beispielsweise

```
write gebern1 tty1p1
```

Die Angabe des Terminals darf entfallen, wenn der Benutzer nur auf einem Terminal angemeldet ist. Der eingegebene Text wird mit der RETURN-Taste abgeschickt, der Dialog wie üblich mit `control-d` beendet. Da der Bildschirm eigene und fremde Zeichen wiedergibt, wie sie kommen, ist Disziplin angebracht, genau wie beim Wechselsprechen über Funk. Eine Konferenz mit mehreren Teilnehmern ist technisch möglich, praktisch aber kaum durchzuführen.

Das nicht überall vorhandene Kommando `talk(1)` teilt den Bildschirm unter den beiden Gesprächspartnern auf, so daß auch bei gleichzeitigem Senden die Übersicht gewahrt bleibt. Jeder Buchstabe wird sofort gesendet.

Ein Benutzer verhindert mit dem Kommando `mesg(1)` mit dem Argument n, daß er während seiner Sitzung durch Messages gestört wird. Er entzieht der Allgemeinheit die Schreiberlaubnis für sein Terminal `/dev/tty...`. Das entspricht allerdings nicht dem Geist von UNIX. Die Standardeinstellung unserer Anlage ist `mesg y` (in `/etc/profile` gesetzt).

3.10.2 Mail (mail, mailx, elm)

Ein elektronisches Mailsystem ermöglicht, einem Benutzer, der momentan nicht angemeldet zu sein braucht, eine Nachricht zu schreiben. Bei nächster Gelegenheit findet er den elektronischen Brief; ob er ihn liest, ist seine Sache. Eine Rückmeldung kommt nicht zum Absender. Man kann auch Rundschreiben an Benutzergruppen oder an alle versenden. Das System selbst macht ebenfalls von dieser Möglichkeit Gebrauch, wenn es einen Benutzer nicht im Dialog erreichen kann. Eine nützliche Sache, sowohl als Hauspost wie als weltweite **Electronic Mail**, nur die Briefmarkensammler trauern. Die herkömmliche, auf dem Transport von Papier beruhende Post wird demgegenüber als Snail-Mail oder kurz **Snail** bezeichnet, was im Englischen Schnecke heißt. Mailsysteme befördern grundsätzlich nur Texte, oft in 7-bit-ASCII, keine Grafiken oder andere binäre Files (komprimierte Files, kompilierte Programme). Hat man binäre Files per Mail zu übertragen, muß man sie erst in Textfiles umwandeln (siehe `uuencode(1)` oder Metamail). Andere Wege wie `ftp(1)` sind für binäre Daten geeigneter.

Mit dem Kommando `mail(1)` wird der Inhalt der eigenen Mailbox (das File `/var/mail/username` oder `/var/spool/mail/username`) angezeigt, Brief für Brief, der jüngste zuerst. `mail(1)` fragt bei jedem Brief mit dem Prompt ?, was es damit machen soll: im Briefkasten lassen, in einem File `mbox` ablegen oder löschen. Mit der Antwort * auf den Mail-Prompt erhalten Sie eine Auskunft über die Kommandos von `mail(1)`.

`mail(1)` mit einem Benutzernamen als Argument aufgerufen öffnet einen einfachen Editor zum Schreiben eines Briefes. Mit `return control-d` wird der Brief beendet und abgeschickt. Man kann auch ein Textfile per Redirektion als Briefinhalt einlesen:

```
mail wualex1 < textfile
```

oder `mail(1)` in einer Pipe verwenden:

```
who | mail wualex1
```

`mail(1)` kommt mit den einfachsten Terminals zurecht und ist daher die Rettung, wenn bessere Mail-Programme wegen fehlender oder falscher Terminalbeschreibung versagen.

Die Umgebungsvariable MAILCHECK bestimmt, in welchen Zeitabständen während einer Sitzung die Mailbox auf neue Mail überprüft werden soll. Üblich sind 600 s. Durch das Kommando `mail(1)` in `/etc/profile` wird automatisch beim Anmelden die Mailbox angezeigt. Ein `dead.letter` ist ein unzustellbarer Brief, aus welchen Gründen auch immer. Enthält eine Mailbox als erste Zeile:

```
Forward to person
```

(mit großem F) so wird alle Mail für den Inhaber der Mailbox an den Benutzer `person` auf dieser Maschine weitergeleitet. Damit kann man Mail an logische Benutzer wie `root` bestimmten natürlichen Benutzern zuweisen, je nach Abwesenheit (Urlaub, Krankheit) an verschiedene. Lautet die Zeile:

```
Forward to person@abc.xyz.de
```

geht die Mail an einen Benutzer auf der Maschine `abc.xyz.de`. Das ist praktisch, falls ein Benutzer Mailboxen auf mehreren Systemen hat, die Mail aber nur auf seinem wichtigsten System liest. Die Mailboxen müssen als Gruppe `mail` sowie Lese- und Schreiberlaubnis für die Gruppe (660) haben.

Das UNIX-Kommando `mailx(1)` bietet erweiterte Möglichkeiten, insbesondere die Konfiguration mittels eines Files `$HOME/.mailrc`. Auf vielen Systemen ist auch das bildschirmorientierte und benutzerfreundlichere Mailkommando `elm(1)` vorhanden. Es setzt die richtige Terminalbeschreibung (Umgebungsvariable TERM, `terminfo` oder `termcap`) voraus, fragt nach den notwendigen Informationen, ruft zum Schreiben den gewohnten Editor auf und läßt sich durch ein File `$HOME/.elm/elmrc` an persönliche Wünsche anpassen. In `$HOME/.elm/elmheaders` werden zusätzliche Kopfzeilen – z. B. die Organisation – festgelegt, in `$HOME/.signature` eine Signatur am Ende der Mail. Die Signatur soll nicht länger sein als vier Zeilen, sonst macht man sich unbeliebt. `elm(1)` ist mit `mail(1)` verträglich, man kann sie durcheinander benutzen. Zu einem Zeitpunkt darf immer nur ein Mailprogramm aktiv sein, sonst gerät die Mailverwaltung durcheinander. Wird durch Lock-Files geregelt.

Es empfiehlt sich, einen logischen Benutzer namens `postmaster` mit einem Sternchen als Passwort in `/etc/passwd(4)` einzurichten und seine Mail an den System-Manager oder eine andere vertrauenswürdige Person weiterzuleiten, die täglich ihren Briefkasten leert. Der **Postmaster** erhält als Default die Problemfälle des Mail-Systems zugeschickt; außerdem kann man ihn als Anschrift für alle Benutzer gebrauchen, die nicht wissen, was eine Mailbox ist.

Während die Mail innerhalb *einer* Anlage einfach ist, erfordert eine weltweite Mail einen größeren Aufwand, ist aber auch viel spannender, siehe Abschnitt 5.11 *Electronic Mail* auf Seite 455.

Merke: Mail kann man nur an einen Benutzer schicken, nicht an eine Maschine.

3.10.3 Neuigkeiten (news)

Neuigkeiten oder **News** sind Mitteilungen, die jedermann schreiben und lesen
darf. Die Files sind in **/var/spool/news** zu finden. Falls Sie eine Runde locker
machen wollen, tippen Sie

```
vi /var/spool/news/freibier
a
Heute gibt es Freibier.
escape
:wq
chmod 644 /var/spool/news/freibier
```

Vergessen Sie nicht, Ihren News die Leseerlaubnis für alle (644) mitzugeben und
das Bier bereitzustellen. News innerhalb einer Maschine sind wie die Mail eine
harmlose Angelegenheit, im Netz wird es aufwendiger.

Das File **.news_time** im Home-Verzeichnis hält die Zeit der letzten News-
Anzeige fest, so daß man im Regelfall nur neue Mitteilungen zu lesen bekommt.
Das Kommando **news(1)** im File **/etc/profile** sorgt dafür, daß bei jeder Anmeldung die Neuigkeiten angezeigt werden. Sie können es aber auch gesondert
eingeben. Mittels **news -a** werden alle, neue wie alte Nachrichten angezeigt.

Merke: Diese News des UNIX-Systems haben nichts mit den Netnews im
Internet zu tun, die im Abschnitt 5.12 *Neuigkeiten* auf Seite 467 erläutert werden.

3.10.4 Message of the Day

Mittels der **Message of the Day** – das Wort zum Alltag – schickt der System-
Manager eine Mitteilung an alle Benutzer, die sie jedesmal beim Einloggen zu
lesen bekommen. Der Text steht in **/etc/motd**, Anzeige mittels **cat /etc/motd**
in **/etc/profile**. Hinweise auf neue Programmversionen, drohende Reparaturen
oder ein neues, fabelhaftes Buch über UNIX, C und das Internet gehören hierhin.

3.10.5 Ehrwürdig: UUCP

UUCP heißt *unix-to-unix-copy* und ist ein Programmpaket zur Übertragung von
Files zwischen UNIX-Anlagen über serielle Kabel oder Modemstrecken, eine frühe
Alternative zu den Internet-Diensten nach TCP/IP-Protokollen. Mail und Netnews werden außerhalb des Internets noch viel über UUCP ausgetauscht. Im Gegensatz zu den Aufträgen an Internet-Dienste werden UUCP-Aufträge zwischen-
gespeichert (gespoolt), erklärlich aus der Verwendung von Modemverbindungen
über Telefon-Wählleitungen.

Zu dem Paket gehört ein Terminal-Emulator **cu(1)** (= call UNIX), der ein
einfaches serielles Terminal emuliert (aus einem Computer ein Terminal macht).
Das Programm kann benutzt werden, um einen Computer über ein serielles Kabel
– gegebenenfalls verlängert durch Modem und Telefonleitung – an einen anderen
Computer anzuschließen, falls man keine Netzverbindung mittels **rlogin(1)** oder
telnet(1) hat.

Die UUCP-Programme bilden eine Hierarchie, auf deren unterster Ebene die Programme `uucico(1)` und `uuxqt(1)` die Verbindung zwischen zwei Maschinen herstellen. In der Mitte finden sich Programme wie `uucp(1)`, `uux(1)` und `uuto(1)`, die zwar Aufgaben im Auftrag eines Benutzers erledigen, normalerweise aber nicht unmittelbar von diesem aufgerufen werden, sondern in periodischen Abständen durch einen Dämon. Zuoberst liegen vom Benutzer aufgerufenen Programme wie `mail(1)` und `news(1)`. Dazu kommen Hilfsprogramme wie `uuencode(1)` oder `uustat(1)`. `uuencode(1)` wird gelegentlich auch außerhalb der UUCP-Welt benutzt, um binäre Files in Textfiles zum Versand per Email umzucodieren:

```
uuencode myfile | mailx -s 'Subject' wualex1@mvmhp64
```

und zurück:

```
uudecode < mymail
```

wobei die Mail-Header-Zeilen nicht stören. Da die UUCP-Programme innerhalb des Internets keine Rolle spielen, verweisen wir für Einzelheiten auf das Buch von B. ANDERSON und den Text von I. L. TAYLOR.

3.10.6 Memo Kommunikation

- Zwischen den Benutzern derselben UNIX-Maschine bestehen seit altersher Möglichkeiten der Kommunikation. Die Kommunikation im Netz (auf verschiedenen Maschinen) erfordert zusätzliche Protokolle und Programme.

- Zwei gleichzeitig angemeldete Benutzer können mittels `write(1)` oder `talk(1)` einen Dialog per Tastatur und Bildschirm führen.

- Email ist ein zeitversetzter Nachrichtenaustausch zwischen zwei Benutzern (oder Dämonen), wie eine Postkarte.

- News sind Aushänge am Schwarzen Brett, die alle lesen können.

- Die Message of the Day ist eine Mitteilung des System-Managers, die alle lesen müssen.

- UUCP ist ein Bündel mehrerer Programme, das dem Datenaustausch zwischen UNIX-Maschinen über Wählleitungen (Modemstrecken) dient und im wesentlichen durch das Internet abgelöst worden ist.

3.10.7 Übung Kommunikation

Zur Kommunikation brauchen Sie einen Gesprächspartner, nur Mail können Sie auch an sich selbst schicken. Im Notfall steht Ihr Freund, der System-Manager (`root`), oder der Postmaster zur Verfügung.

`set`	(Umgebung ansehen)
`who`	(Partner bereit?)
`write partner`	(Bell abwarten)
Dialog führen	(nur mit RETURN, kein `control-d`)

`oo`	(over and out, Ende des Gesprächs)
`control-d`	(Ende des Gesprächs)
`mail`	(Ihr Briefkasten)
`*`	(`mail`-Kommandos ansehen)
`mail username`	(Brief an `username`)
Brief schreiben, RETURN	
`control-d`	(Ende des Briefes)
`elm`	(`elm` gibt Hinweise)
`cat > /usr/news/heute`	(News schreiben)
`Heute gibts Freibier.`	
`control-d`	(Ende News)
`chmod 644 /usr/news/heute`	
abmelden, wieder anmelden	
`news -a`	(alle News anzeigen)
`rm /usr/news/heute`	
`cat /etc/motd`	(MOTD anzeigen)

Falls es keine Message of the Day gibt, Mail an `root` schicken.

Abmelden mit `exit`.

3.11 Systemaufrufe

3.11.1 Was sind Systemaufrufe?

Dem Programmierer stehen zwei Hilfsmittel zur Verfügung, um seine Wünsche auszudrücken:

- die Schlüsselwörter (Wortsymbole) der Programmiersprache,

- die Systemaufrufe des Betriebssystems.

Die **Schlüsselwörter** (keyword, mot-clé) der Programmiersprache (zum Beispiel C) sind auch unter verschiedenen Betriebssystemen (MS-DOS, OS/2 oder UNIX) dieselben. Sie gehören zur Programmiersprache bzw. zum Compiler. Die **Systemaufrufe** (system call, system primitive, fonction système) eines Betriebssystems (UNIX) sind für alle Programmiersprachen (C, FORTRAN, PASCAL, COBOL) dieselben. Sie gehören zum Betriebssystem. Man findet auch die Bezeichnung Kernschnittstellenfunktion, die besagt, daß ein solcher Aufruf sich unmittelbar an den Kern des Betriebssystems richtet. Der Kreis der Systemaufrufe liegt fest und kann nicht ohne Eingriffe in den Kern des Betriebssystems verändert werden. Da UNIX zum großen Teil in C geschrieben ist, sind die Systemaufrufe von UNIX C-Funktionen, die sich in ihrer Syntax nicht von eigenen oder fremden C-Funktionen unterscheiden. Deshalb müssen auch FORTRAN- oder PASCAL-Programmierer etwas von der Programmiersprache C verstehen. Im Handbuch werden die Systemaufrufe in Sektion (2) beschrieben.

In Sektion (3) finden sich vorgefertigte **Unterprogramme, Subroutinen** oder **Standardfunktionen** (standard function, fonction élémentaire) für häufig vorkommende Aufgaben. Für den Anwender besteht kein Unterschied zu den Systemaufrufen. Streng genommen gehören diese Standardfunktionen jedoch zu den jeweiligen Programmiersprachen (zum Compiler) und nicht zum Betriebssystem. Der Kreis der Standardfunktionen ist beliebig ergänzbar. Um den Benutzer zu verwirren, sind die Systemaufrufe und die Standardfunktionen in *einer* Funktionsbibliothek (`/lib/libc.a` und andere) vereinigt.

Die Aufgabenverteilung zwischen Schlüsselwörtern, Systemaufrufen und Standardfunktionen ist in gewissem Umfang willkürlich. Systemaufrufe erledigen Aufgaben, die aus dem Aufbau und den kennzeichnenden Eigenschaften des Betriebssystems herrühren, bei UNIX also in erster Linie

- Ein- und Ausgabe auf unterster Stufe,

- Umgang mit Prozessen,

- Umgang mit dem File-System,

- Sicherheitsvorkehrungen.

Nach außen – Sie erinnern sich an das Bild mit dem Häuschen – definiert die Menge der Systemaufrufe das Betriebssystem. Zwei Systeme, die in ihren Aufrufen übereinstimmen, sind für den Benutzer identisch. Neue Funktionalitäten des Betriebssystems stellen sich dem Programmierer als neue Systemaufrufe dar, siehe zum Beispiel unter `stream(2)`.

Einige UNIX-Systemaufrufe haben gleiche oder ähnliche Aufgaben wie Shell-Kommandos. Wenn man die Zeit wissen möchte, verwendet man im Dialog das Shell-Kommando `date(1)`. Will man diese Information aus einem eigenen Programm heraus abfragen, kann man das UNIX-Shell-Kommando nicht verwenden, sondern muß auf den Systemaufruf `time(2)` zurückgreifen. Es ist aber *nicht* so, daß sich grundsätzlich Shell-Kommandos und Systemaufrufe entsprechen, es sind nur einige Shell-Kommandos in C-Programme verpackte Systemaufrufe.

In UNIX sind Systemaufrufe **Funktionen** der Programmiersprache C. Eine Funktion übernimmt beim Aufruf Argumente oder Parameter und gibt ein Ergebnis zurück. Dieser Mechanismus wird **Parameterübergabe** genannt. Man muß ihn verstanden haben, um Funktionen in eigenen Programmen verwenden zu können. Eine Erklärung findet sich in Abschnitt 4.3.3 *Parameterübergabe* auf Seite 334.

Falls Sie mit der Programmiersprache C nicht vertraut sind, sollten Sie jetzt zuerst das Kapitel 4 *Programmieren in C/C++* ab Seite 279 überfliegen.

3.11.2   Beispiel Systemzeit (time)

Im folgenden Beispiel wird der Systemaufruf `time(2)` verwendet. `time(2)` liefert die Zeit in Sekunden seit 00:00:00 Greenwich Mean Time, 1. Januar 1970. Computeruhren laufen übrigens erstaunlich ungenau, falls sie nicht durch eine Quarz- oder Funkuhr oder über das Netz synchronisiert werden. Ferner brauchen wir die Standardfunktion `gmtime(3)`, Beschreibung unter `ctime(3)`, die aus den obigen

Sekunden eine Struktur erzeugt, die Datum und Uhrzeit enthält. Die Umrechnung
von Greenwich auf Karlsruhe nehmen wir selbst vor. Eleganter wäre ein Rückgriff
auf die Zeitzonen-Variable der Umgebung. Laut Referenz-Handbuch hat `time(2)`
die Syntax

```
long time ((long *) 0)
```

Die Funktion verlangt ein Argument vom Typ Pointer auf long integer, und zwar
im einfachsten Fall den Nullpointer. Der Returnwert ist vom Typ long integer.
Der größte Wert dieses Typs liegt etwas über 2 Milliarden. Damit läuft diese Uhr
etwa 70 Jahre. Die Subroutine `gmtime(3)` hat die Syntax

```
#include <time.h>
struct tm *gmtime(clock)
long *clock
```

Die Funktion `gmtime(3)` verlangt ein Argument `clock` vom Typ Pointer auf long
integer. Wir müssen also den Returnwert von `time(2)` in einen Pointer umwandeln
(referenzieren). Der Rückgabewert der Funktion `gmtime(3)` ist ein Pointer auf
eine Struktur namens `tm`. Diese Struktur ist im include-File `time.h` definiert. Die
include-Files sind lesbarer Text; es ist ratsam hineinzuschauen. In der weiteren
Beschreibung zu `ctime(3)` wird die Struktur `tm` erläutert:

```
struct tm {
        int tm_sec;           /* seconds (0 - 59) */
        int tm_min;           /* minutes (0 - 59) */
        int tm_hour;          /* hours (0 - 23) */
        int tm_mday;          /* day of month (1 - 31) */
        int tm_mon;           /* month of year (0 - 11) */
        int tm_year;          /* year - 1900 */
        int tm_wday;          /* day of week (sunday = 0) */
        int tm_yday;          /* day of year (0 - 365) */
        int tm_isdst;         /* daylight saving time */
}
```

Von den beiden letzten Komponenten der Struktur machen wir keinen Gebrauch.
Da die Komponenten alle vom selben Typ sind, ist statt der Struktur auch ein
Array denkbar. Vermutlich wollte sich der Programmierer den Weg offenhalten,
künftig auch andere Typen aufzunehmen (Zeitzone). Das Programm, das die Quelle zu dem Kommando `zeit` aus der ersten Übung ist, sieht folgendermaßen aus:

```
/* Ausgabe der Zeit auf Bildschirm */
/* Filename zeit.c, Compileraufruf cc -o zeit zeit.c */

#include <stdio.h>
#include <time.h>

char *ptag[] = {"Sonntag,   ", "Montag,     ", "Dienstag,  ",
                "Mittwoch,  ", "Donnerstag,", "Freitag,   ",
                "Samstag,   "};
```

```
char *pmon[] = {"Januar", "Februar", "Maerz", "April", "Mai",
                "Juni", "Juli", "August", "September",
                "Oktober", "November", "Dezember"};

main()
{
long sec, time();
struct tm *gmtime(), *p;

sec = time((long *) 0) + 3600;        /* MEZ = GMT + 3600 */
p = gmtime(&sec);
printf("%s %d. ", ptag[p->tm_wday], p->tm_mday);
printf("%s %d     ", pmon[p->tm_mon], p->tm_year +1900);
printf("%d:%02d MEZ\n", p->tm_hour, p->tm_min);
}
```

Programm 3.38 : C-Programm zur Anzeige der Systemzeit

Nun wollen wir dieselbe Aufgabe mit einem FORTRAN-Programm bewältigen.
Der UNIX-Systemaufruf `time(2)` bleibt, für die C-Standardfunktion `gmtime(3)`
suchen wir die entsprechende FORTRAN-Routine. Da wir keine finden, müssen
wir sie entweder selbst schreiben (was der erfahrene Programmierer scheut) oder
nach einem Weg suchen, eine beliebige C-Standardfunktion in ein FORTRAN-
Programm hineinzuquetschen.

Der Systemaufruf `time(2)` macht keinen Kummer. Er benötigt ein Argument
vom Typ Pointer auf long integer, was es in FORTRAN gibt. Der Rückgabewert
ist vom Typ long integer, auch kein Problem. Die C-Standardfunktion `gmtime(3)`
erwartet ein Argument vom Typ Pointer auf long integer, was machbar wäre,
aber ihr Ergebnis ist ein Pointer auf eine Struktur. Das hat FORTRAN noch
nie gesehen[29]. Deshalb weichen wir auf die C-Standardfunktion `ctime(3)` aus,
deren Rückgabewert vom Typ Pointer auf character ist, was es in FORTRAN
näherungsweise gibt. In FORTRAN ist ein Zeichen ein String der Länge eins.
Strings werden per Deskriptor übergeben. Ein **String-Deskriptor** ist der Pointer
auf das erste Zeichen *und* die Anzahl der Zeichen im String als Integerwert. Das
Programm sieht dann so aus:

```
      program zeit

$ALIAS foratime = 'sprintf' c

      integer*4 time, tloc, sec, ctime
      character atime*26

      sec = time(tloc)

      call foratime(atime, '%s'//char(0), ctime(sec))
      write(6, '(a)') atime

      end
```

---

[29]FORTRAN 90 kennt Strukturen.

Programm 3.39 : FORTRAN-Programm zur Anzeige der Systemzeit

Die **ALIAS-Anweisung** ist als Erweiterung zu FORTRAN 77 in vielen Compilern enthalten und dient dazu, den Aufruf von Unterprogrammen anderer Sprachen zu ermöglichen. Der Compiler weiß damit, daß das Unterprogramm außerhalb des Programms – zum Beispiel in einer Bibliothek – einen anderen Namen hat als innerhalb des Programms. Wird eine Sprache angegeben (hier C), so erfolgt die Parameterübergabe gemäß der Syntax dieser Sprache. Einzelheiten siehe im Falle unserer Anlage im HP FORTRAN 77/HP-UX Reference Manual im Abschnitt *Compiler Directives.*

Die Anweisung teilt dem Compiler mit, daß hinter der FORTRAN-Subroutine `foratime` die C-Standard-Funktion `sprintf(3)` steckt und daß diese nach den Regeln von C behandelt werden soll. Der Rückgabewert von `sprintf(3)` (die Anzahl der ausgegebenen Zeichen) wird nicht verwertet, deshalb ist `foratime` eine FORTRAN-Subroutine (keine Funktion), die im Programm mit `call` aufgerufen werden muß.

Der Systemaufruf `time(2)` verlangt als Argument einen Pointer auf `long integer`, daher ist `tloc` als vier Bytes lange Integerzahl deklariert. `tloc` spielt weiter keine Rolle. Die Übergabe als Pointer (by reference) ist in FORTRAN Standard für Zahlenvariable und braucht nicht eigens vereinbart zu werden. Der Rückgabewert von `time` geht in die Variable `sec` vom Typ `long integer` = `integer*4`.

Die `call`-Zeile ruft die Subroutine `foratime` alias C-Funktion `sprintf(3)` auf. Diese C-Funktion erwartet drei Argumente: den Ausgabestring als Pointer auf `char`, einen Formatstring als Pointer auf `char` und die auszugebende Variable von einem Typ, wie er durch den Formatstring bezeichnet wird. Der Rückgabewert der Funktion `ctime(3)` ist ein Pointer auf `char`. Da dies kein in FORTRAN zulässiger Typ ist, deklarieren wir die Funktion ersatzweise als vom Typ 4-Byte-integer. Der Pointer läßt sich auf jeden Fall in den vier Bytes unterbringen. Nach unserer Erfahrung reichen auch zwei Bytes, ebenso funktioniert der Typ `logical`, nicht jedoch `real`.

Der Formatstring besteht aus der Stringkonstanten `%s`, gefolgt von dem ASCII-Zeichen Nr. 0, wie es bei Strings in C Brauch ist. Für `sprintf(3)` besagt dieser Formatstring, das dritte Argument – den Rückgabewert von `ctime(3)` – als einen String aufzufassen, das heißt als Pointer auf das erste Element eines Arrays of characters.

`atime` ist ein FORTRAN-String-Deskriptor, dessen erste Komponente ein Pointer auf character ist. Damit weiß `sprintf(3)`, wohin mit der Ausgabe. Die `write`-Zeile ist wieder pures FORTRAN.

An diesem Beispiel erkennen Sie, daß Sie auch als FORTRAN- oder PASCAL-Programmierer etwas von C verstehen müssen, um die Systemaufrufe und C-Standardfunktionen syntaktisch richtig zu gebrauchen.

Bei manchen FORTRAN-Compilern (Hewlett-Packard, Microsoft) lassen sich durch einen einfachen **Interface-Aufruf** Routinen fremder Sprachen so verpacken, daß man sie übernehmen kann, ohne sich um Einzelheiten kümmern zu müssen.

3.11.3   Beispiel File-Informationen (access, stat, open)

In einem weiteren Beispiel wollen wir mithilfe von Systemaufrufen Informationen
über ein File gewinnen, dazu noch eine Angabe aus der Sitzungsumgebung. Die
Teile des Programms lassen sich einfach in andere C-Programme übernehmen.

Dieses Programm soll beim Aufruf (zur Laufzeit, in der Kommandozeile) den
Namen des Files als Argument übernehmen, wie wir es von UNIX-Kommandos
her kennen. Dazu ist ein bestimmter Formalismus vorgesehen:

```
int main(argc, argv, envp)
int argc;
char *argv[], *envp[];
```

Die Funktion `main()` übernimmt die Argumente `argc`, `argv` und gegebenenfalls
`envp`. Das Argument `argc` ist der **Argument Counter**, eine Ganzzahl. Sie ist
gleich der Anzahl der Argumente in der Kommandozeile beim Aufruf des Programms. Das Kommando selbst ist das erste Argument. Das Argument `argv` ist
der **Argument Vector**, ein Array of Strings, also ein Array of Arrays of Characters. Der erste String, Index 0, ist das Kommando; die weiteren Strings sind die
mit dem Kommando übergebenen Argumente, hier der Name des gefragten Files.
Der **Environment Pointer** `envp` wird nur benötigt, falls man Werte aus der
Umgebung abfragt. Es ist wie `argv` ein Array of Strings. Die Namen `argc`, `argv`
und `envp` sind willkürlich, aber üblich. Typ und Reihenfolge sind vorgegeben.

Die Umgebung besteht aus Strings (mit Kommando `set` (`Shell`) anschau-
en). In der `for`-Schleife werden die Strings nacheinander mittels der Funktion
`strncmp(3)` (siehe `string(3)`) mit dem String LOGNAME verglichen. Das Ergebnis ist der Index i des gesuchten Strings im Array `envp[]`.

Den Systemaufruf `access(2)` finden wir in der Sektion (2) des Referenz-
Handbuches. Er untersucht die Zugriffsmöglichkeiten auf ein File und hat die
Syntax

```
int access(path, mode)
char *path;
int mode;
```

Der Systemaufruf erwartet als erstes Argument einen String, nämlich den Namen
des Files. Wir werden hierfür `argv[1]` einsetzen. Als zweites steht eine Ganzzahl,
die die Art des gefragten Zugriffs kennzeichnet. Falls der gefragte Zugriff möglich
ist, liefert `access(2)` den Wert null zurück, der in einem C-Programm zugleich die
Bedeutung von logisch falsch (FALSE) hat und deshalb in den `if`-Zeilen negiert
wird.

Den Systemaufruf `stat(2)` finden wir ebenfalls in Sektion 2. Er ermittelt
Fileinformationen aus der **Inode** und hat die Syntax

```
#include <sys/types.h>
#include <sys/stat.h>

int stat(path, buf)
char *path;
struct stat *buf;
```

Sein erstes Argument ist wieder der Filename, das zweite der Name eines Puffers zur Aufnahme einer Struktur, die die Informationen enthält. Diese Struktur vom Typ **stat** ist in dem include-File **/usr/include/sys/stat.h** deklariert, das seinerseits Bezug nimmt auf Deklarationen in **/usr/include/types.h**. Auch einige Informationen wie **S_IFREG** sind in **sys/stat.h** definiert. Die Zeitangaben werden wie im vorigen Abschnitt umgerechnet.

In UNIX-Filesystemen enthält jedes File am Anfang eine **Magic Number**, die über die Art des Files Auskunft gibt (**man magic**). Mittels des Systemaufrufs **open(2)** wird das fragliche File zum Lesen geöffnet, mittels **lseek(2)** der Lesezeiger auf die Magic Number gesetzt und mittels **read(2)** die Zahl gelesen. Der Systemaufruf **close(2)** schließt das File wieder. Die Systemaufrufe findet man unter ihren Namen in Sektion (2), eine Erläuterung der Magic Numbers unter **magic(4)**. Nun das Programm:

```c
/* Informationen ueber eine Datei */

#define  MEZ 3600

#include <stdio.h>
#include <sys/types.h>
#include <sys/stat.h>
#include <time.h>
#include <fcntl.h>
#include <magic.h>

void exit(); long lseek();

int main(argc, argv, envp)

    int argc; char *argv[], *envp[];

{

int i, fildes;
struct stat buffer;
long asec, msec, csec;
struct tm *pa, *pm, *pc;

if (argc < 2) {
    puts("Dateiname fehlt"); return (-1);
}

/* Informationen aus dem Environment */

for (i = 0; envp[i] != NULL; i++)
    if (!(strncmp(envp[i], "LOGNAME", 4)))
        printf("\n%s\n", envp[i]);

/* Informationen mittels Systemaufruf access(2) */

printf("\nFile heisst: %8s\n", argv[1]);
```

```c
if (!access(argv[1], 0))
    puts("File existiert");
else
    puts("File existiert nicht");

if (!access(argv[1], 1))
    puts("File darf ausgefuehrt werden");
else
    puts("File darf nicht ausgefuehrt werden");

if (!access(argv[1], 2))
    puts("File darf beschrieben werden");
else
    puts("File darf nicht beschrieben werden");

if (!access(argv[1], 4))
    puts("File darf gelesen werden");
else
    puts("File darf nicht gelesen werden");

/* Informationen aus der Inode, Systemaufruf stat(2) */

if (!(stat(argv[1], &buffer))) {
    printf("\nDevice:           %ld\n", buffer.st_dev);
    printf("Inode-Nr.:        %lu\n", buffer.st_ino);
    printf("File Mode:        %hu\n\n", buffer.st_mode);

    switch(buffer.st_mode & S_IFMT) {
        case S_IFREG:
            {
            puts("File ist regulaer");
            break;
            }
        case S_IFDIR:
            {
            puts("File ist ein Verzeichnis");
            break;
            }
        case S_IFCHR:
        case S_IFBLK:
        case S_IFNWK:
            {
            puts("File ist ein Special File");
            break;
            }
        case S_IFIFO:
            {
            puts("File ist eine Pipe");
            break;
            }
        default:
            {
            puts("Filetyp unbekannt (Inode)");
            }
```

```c
    }
    printf("\nLinks:              %hd\n", buffer.st_nlink);
    printf("Owner-ID:           %hu\n", buffer.st_uid);
    printf("Group-Id:           %hu\n", buffer.st_gid);
    printf("Device-ID:          %ld\n", buffer.st_rdev);
    printf("Filegroesse:        %ld\n", buffer.st_size);

    asec = buffer.st_atime + MEZ; pa = gmtime(&asec);
    msec = buffer.st_mtime + MEZ; pm = gmtime(&msec);
    csec = buffer.st_ctime + MEZ; pc = gmtime(&csec);

    printf("Letzter Zugriff: %d. %d. %d\n",
           pa->tm_mday, pa->tm_mon + 1, pa->tm_year);
    printf("Letzte Modifik.: %d. %d. %d\n",
           pm->tm_mday, pm->tm_mon + 1, pm->tm_year);
    printf("Letzte Stat.Ae.: %d. %d. %d\n",
           pc->tm_mday, pc->tm_mon + 1, pc->tm_year);

}
else
    puts("Kein Zugriff auf Inode");

/* Pruefung auf Text oder Code (magic number) */
/* Systemaufrufe open(2), lseek(2), read(2), close(2) */
/* Magic Numbers siehe magic(4) */

{
    MAGIC   magbuf;

    fildes = open(argv[1], O_RDONLY);
    if (lseek(fildes, MAGIC_OFFSET, 0) >= (long)0) {
        read(fildes, &magbuf, sizeof magbuf);
        switch(magbuf.file_type) {
            case RELOC_MAGIC:
                {
                puts("File ist relocatable");
                break;
                }
                case EXEC_MAGIC:
                case SHARE_MAGIC:
                case DEMAND_MAGIC:
                {
                puts("File ist executable");
                break;
                }
                case DL_MAGIC:
                case SHL_MAGIC:
                {
                puts("File ist Library");
                break;
                }
            default:
                puts("Filetyp unbekannt (Magic Number)");
                lseek(fildes, 0L, 0);
```

```
        }
    }
    else {
        puts("Probleme mit dem Filepointer");
    }

}
close(fildes);
}
```

Programm 3.40 : C-Programm zum Abfragen von Informationen über ein File

Die Verwendung von Systemaufrufen oder Standardfunktionen in C-Programmen ist nicht schwieriger als der Gebrauch anderer Funktionen. Man muß sich nur an die im Referenz-Handbuch Sektionen (2) und (3) nachzulesende Syntax halten. Es empfiehlt sich, die genannten Sektionen einmal durchzublättern, um eine Vorstellung davon zu gewinnen, wofür es Systemaufrufe und Standardfunktionen gibt. Die Ausgabe des Programms sieht folgendermaßen aus:

```
LOGNAME=wualex1


File heisst:            a.out
File existiert
File darf ausgefuehrt werden.
File darf nicht beschrieben werden.
File darf gelesen werden.

Device:            13
Inode-Nr.:         43787
File Mode:         33216

File ist regulaer

Links:             1
Owner-ID:          101
Group-ID:          20
Device-ID:         102536
Filegroesse:       53248
Letzter Zugriff:   24. 1. 91
Letzte Modifik.:   24. 1. 91
Letzte Stat.Ae.:   24. 1. 91
File ist executable
```

Die Bedeutung von `File Mode` finden Sie bei `mknod(2)`. Es handelt sich um ausführliche Informationen über die Zugriffsrechte usw.

3.11.4 Memo Systemaufrufe

- Systemaufrufe sind die Verbindungen des Betriebssystems nach oben, zu den Anwendungsprogrammen hin. Sie sind Teil des Betriebssystems.

- Systemaufrufe haben vorwiegend mit Prozessen, den Filesystemen und der Ein- und Ausgabe zu tun.

- UNIX-Systemaufrufe sind C-Funktionen, die sich im Gebrauch nicht von anderen C-Funktionen unterscheiden.

- C-Standardfunktionen gehören zum C-Compiler, nicht zum Betriebssystem.

- Ein FORTRAN-Programmierer auf einem UNIX-System ist auf die UNIX-Systemaufrufe angewiesen, nicht aber auf die C-Standardfunktionen (dafür gibt es FORTRAN-Standardfunktionen). Dasselbe gilt für jede andere Programmiersprache.

3.11.5 Übung Systemaufrufe

Schreiben Sie in einer Programmiersprache Ihrer Wahl (wir empfehlen C) ein Programm, das

- ein File mittels `creat(2)` erzeugt,

- dessen Zugriffsrechte mittels `chmod(2)` und seine Zeitstempel mittels `utime(2)` setzt,

- die verwendeten Werte mittels `fprintf(3)` als Text in das File schreibt. `fprintf(3)` finden Sie unter `printf(3)`.

Schreiben Sie ein Programm ähnlich `who(1)`. Sie brauchen dazu `getut(3)` und `utmp(4)`.

3.12 Systemverwaltung

Ein Betriebssystem wie UNIX läßt sich von drei Standpunkten aus betrachten, von dem

- des Benutzers,

- des System-Managers,

- des System-Entwicklers.

Der **Benutzer** möchte eine möglichst komfortable und robuste Oberfläche für die Erledigung seiner eigenen Aufgaben (Anwenderprogramme, Textverarbeitung, Information Retrieval, Programmentwicklung) vorfinden. Der **System-Manager** will sein System optimal an die vorliegenden Aufgaben anpassen und einen sicheren Betrieb erreichen. Der **System-Entwickler** muß sich mit Anpassungen an neue Bedürfnisse (Netze, Parallelrechner, Echtzeitbetrieb), mit Fragen der Portabilität und der Standardisierung befassen. Während sich die bisherigen Abschnitte mit UNIX vom Standpunkt des Benutzers aus beschäftigt haben, gehen wir nun zum Standpunkt des System-Managers über. Dank LINUX, FreeBSD und Kompanie hat jeder PC-Besitzer die Möglichkeit, diesen Standpunkt auch praktisch einzunehmen.

Zum Teil braucht auch der gewöhnliche Benutzer eine ungefähre Vorstellung von den Aufgaben des System-Managers, zum Teil muß er – vor allem auf kleineren Anlagen – diese Tätigkeiten selbst durchführen. Ein System-Manager kommt um das gründliche Studium der Handbücher nicht herum.

Die Systempflege ist die Aufgabe des **System-Managers**. Er braucht dazu die Vorrechte des **Superusers**. Beide Begriffe werden oft synonym gebraucht. Der Begriff System-Manager ist jedoch von der Aufgabe her definiert und daher treffender. Bei großen Anlagen findet man noch den **Operator**. Er ist unmittelbar für den Betrieb zuständig, überwacht die Anlage, beseitigt Störungen, wechselt Datenträger, hat aber weniger Aufgaben in Planung, Konfiguration oder Programmierung.

3.12.1 Systemgenerierung und -update

Unter einer **Systemgenerierung** versteht man die Erstinstallation des Betriebssystems auf einer neuen Anlage oder die erneute Installation des Betriebssystems auf einer Anlage, die völlig zusammengebrochen und zu keiner brauchbaren Reaktion mehr fähig ist. Auch die Umpartitionierung der `root`-Platte erfordert eine Generierung.

Ein **System-Update** ist die Nachführung eines laufenden Systems auf eine neuere Version des Betriebssystems oder eine Erweiterung – unter Umständen auch Verkleinerung – des Betriebssystems. Die Hinzunahme weiterer Hardware oder eines Protokolles erfordert eine solche Erweiterung. Eine Erweiterung ohne Änderung der Version wird auch **System-Upgrade** genannt.

Alle drei Aufgaben sind ähnlich und im Grunde nicht schwierig. Da man aber derartige Aufgaben nicht jede Woche erledigt und sich das System zeitweilig in einem etwas empfindlichen Zustand befindet, ist die Wahrscheinlichkeit *sehr* hoch, daß etwas schiefgeht und man erst nach mehreren Versuchen Erfolg hat. Deshalb soll man den Zeitpunkt für diese Arbeit so wählen, daß eine längere Sperre des Systems von den Benutzern hingenommen werden kann. Der System-Manager sollte sich vorher noch einmal gut ausschlafen und seinen Vorrat an Kaffee und Schokolade auffüllen.

Hat man ein laufendes System mit wertvollen Daten, ist der erste Schritt ein vollständiges Backup. Dabei ist es zweckmäßig, nicht das gesamte File-System auf einen oder eine Folge von Datenträgern zu sichern, sondern die obersten Verzeichnisse (unter `root`) jeweils für sich. Das erleichtert das gezielte Wiederherstellen. `/tmp` beispielsweise braucht überhaupt nicht gesichert zu werden, `/dev` sollte man zwar sichern, spielt es aber in der Regel nach einer Systemänderung nicht zurück, weil es entsprechend den Änderungen neu erzeugt wird. Weiterhin sollte man schon im täglichen Betrieb darauf achten, daß alle für die jeweilige Anlage spezifischen Files in wenigen Verzeichnissen (`/usr/local/bin`, `/usr/local/etc`, `/usr/local/config` usw.) versammelt und erforderlichenfalls nach `/bin` oder `/etc` gelinkt sind. Nur so läßt sich nach einer Systemänderung ohne viel Aufwand entscheiden, was aus den alten und was aus den neuen Files übernommen wird. Gerade im /etc-Verzeichnis sind viele Konfigurations-Files zu Hause, die nach einer Systemänderung editiert werden müssen, und da ist es gut, sowohl die alte wie die neue Fassung zu haben. Es ist auch beruhigend, die obersten Verzeichnisse und die systemspezifischen Textfiles auf Papier zu besitzen.

Der nächste Schritt ist das Zurechtlegen der Handbücher und das Erkunden der Hardware, insbesondere des I/O-Subsystems. Falls man keine Handbücher hat, sondern nur mit dem man(1)-Kommando arbeitet, drucke man sich die Beschreibung der einschlägigen Kommandos auf Papier aus, es sei denn, man habe ein zweites System derselben Art. Wichtig sind auch die beim Booten angezeigten Hardware-Adressen für den **Primary Boot Path** und den **Alternate Boot Path**, bei uns 4.0.0.0.0.0 und 4.0.2.1.0.0. Ferner sollte die **Konsole** von dem Typ sein, mit dem die Anlage am liebsten zusammenarbeitet (bei uns also Hewlett-Packard). Dann wirft man alle Benutzer und Dämonen hinaus und wechselt in den Single-User-Modus. Von jetzt ab wird die Installation hardwareabhängig und herstellerspezifisch.

Falls man die neuen Files nicht über das Netz holt, kommen sie von einem entfernbaren Datenträger (removable medium) wie Band (Spule oder Kassette) oder CD-ROM über den Alternate Boot Path. Man legt also den Datenträger ein und bootet. Die Boot-Firmware fragt zu Beginn nach dem Boot Path, worauf man mit der Adresse des Alternate Boot Path antwortet. Dann wird noch gefragt, ob interaktiv gebootet werden soll, was zu bejahen ist. Schließlich meldet sich ein Programm – der **Initial System Loader** ISL – das einige wenige Kommandos versteht, darunter das Kommando zum Booten:

```
hpux -a disc0(4.0.0) disc0(4.0.2.1;0x400020)
```

Eine Beschreibung des Kommandos (Secondary System Loader) findet sich unter hpux(1M). Die Option -a bewirkt, daß die I/O-Konfiguration entsprechend der nachfolgenden Angabe geändert wird. disc0 ist der Treiber für die Platte, 4.0.0 die Hardware-Adresse der Platte, auf der künftig der Boot-Sektor und das root-Verzeichnis liegen sollen. disc0 ist ebenfalls der Treiber für das Kassetten-Bandlaufwerk, von dem das neue System installiert werden soll, 4.0.2.1 seine Hardware-Adresse. 0x400020 ist die Minor Number des Kassetten-Bandlaufwerks und sorgt für eine bestimmte Konfiguration, hat also in diesem Zusammenhang nichts mit einer Adresse zu tun. Das Kommando lädt von dem Installations-Datenträger (Kassette) ein einfaches lauffähiges System in den Arbeitsspeicher.

Dann erscheint – wenn alles gut geht – eine Halbgrafik zur **Partitionierung** der root-Platte. Bootsektor, Swap Area und root müssen auf derselben Platte liegen, da man zu Beginn des Bootens noch keine weiteren File-Systeme gemountet hat. Falls man nach der Länge der Filenamen gefragt wird, sollte man sich für lange Namen (maximal 255 Zeichen) entscheiden.

Im weiteren Verlauf werden viele Files auf die Platte kopiert, zwischendurch auch einmal gebootet und erforderlichenfalls der Datenträger gewechselt. Die Files werden zu Filesets gebündelt herübergezogen, wobei ein **Fileset** immer zu einer bestimmten Aufgabe wie Kernel, UNIX-Tools, Grafik, Netz, C, FORTRAN, PAS-CAL, COBOL, Native Language Support gehört. Teilweise bestehen gegenseitige

Abhängigkeiten, die das Installationsprogramm von sich aus berücksichtigt. Man kann sich die Filesets anzeigen lassen und entscheiden, ob sie geladen werden sollen oder nicht. Dinge, die man nicht braucht (Grafik, COBOL, NLS), kann man getrost weglassen, Dinge, für die keine Hardware im Kasten steckt (Netzadapter, bit-mapped Terminals), sind überflüssig. Nur auf den Kernel und die UNIX-Tools sollte man nicht verzichten, auch wenn der Speicherplatz noch so knapp ist.

Schließlich ist die Übertragung beendet, und man bootet vom Primary Boot Path. Das System läuft und kennt zumindest den Benutzer `root`, dem man sofort ein Passwort zuordnet. Nun beginnt die Feinarbeit mit dem Wiederherstellen der Konfiguration.

3.12.2 Systemstart und -stop

Wenn das System eingeschaltet wird, steht als einziges Programm ein spezielles Test- und Leseprogramm in einem **Boot-ROM** zur Verfügung. Der Computer ist einem Neugeborenen vergleichbar, der noch nicht sprechen, schreiben, lesen und rechnen kann, aber ungeheuer lernfähig ist. Das Programm lädt den **Swapper** (Prozess Nr. 0) von der Platte in den Arbeitsspeicher. Der Swapper lädt das `/etc/init(1M)`-Programm, das die Prozess-ID 1 bekommt und der Urahne aller weiteren Prozesse ist.

Der `init`-Prozess liest das File `/etc/inittab(4)` und führt die dort aufgelisteten Tätigkeiten aus. Dazu gehören die im File `/etc/rc(1M)` genannten Shell-Kommandos und die Initialisierung der Terminals. Im File (Shellscript) `/etc/rc(1M)` werden der Dämon `cron(1M)`, einige **Netzdämonen**, das **Accounting System** und der **Line Printer Scheduler** gestartet und die Gerätefiles für Drucker und Plotter geöffnet. In den letzten Jahren ist – vor allem infolge der Vernetzung – aus dem File `/etc/rc` eine ganze Verzeichnisstruktur geworden, die bei Start und Stop durchlaufen wird.

Die Terminals werden initialisiert, indem ein Prozess `/etc/getty(1M)` für jedes **Terminal** erzeugt wird. Jeder `getty`-Prozess schaut in dem File `/etc/gettydefs(4)` nach den Parametern seines Terminals, stellt die Schnittstelle ein und schreibt den login-Prompt auf den Bildschirm.

Nach Eingabe eines Benutzernamens ersetzt sich `getty` durch `/bin/login(1)`, der den Namen gegen das File `/etc/passwd(4)` prüft. Dann wird das Passwort geprüft. Sind Name und Passwort gültig, ersetzt sich der `login`-Prozess durch das in `/etc/passwd` angegebene Programm, üblicherweise eine Shell. Das ebenfalls in `/etc/passwd` angegebene **Home-Verzeichnis** wird zum anfänglichen Arbeits-Verzeichnis.

Die Shell führt als erstes das Skript `/etc/profile(4)` aus, das die **Umgebung** bereitstellt und einige Mitteilungen auf den Bildschirm schreibt, News zum Beispiel. Anschließend sucht die Shell im Home-Verzeichnis nach einem File `.profile` (der Punkt kennzeichnet das File als verborgen). Dieses Skript könnte für jeden Benutzer individuell gestaltet sein. Bei uns ist es jedoch zumindest gruppenweise gleich. Wir haben in dieses Skript eine Abfrage nach einem weiteren Skript namens `.autox` eingebaut, das sich jeder Benutzer selbst schreiben kann. Wir haben also eine dreifache Stufung: `/etc/profile` für alle, auch `gast`, `$HOME/.profile` für die Gruppe und `$HOME/.autox` für das Individuum. Grafische Oberflächen bringen zum Teil weitere `.profile`-Files mit, die zu Beginn einer Sitzung abgearbeitet werden.

Ist dies alles erledigt, wartet die Shell auf Eingaben. Wenn sie mit `exit` beendet wird, erfährt `/etc/init` davon und erzeugt einen neuen `getty`-Prozess für das Terminal. Der `getty`-Prozess wird ”respawned“.

In dem File `/etc/inittab(4)` werden **Run Levels** definiert. Das sind Systemzustände, die festlegen, welche Terminals ansprechbar sind, d. h. einen `getty`-Prozess bekommen, und welche Dämonen laufen. Der Run Level S ist der **Single-User-Modus**, in dem nur die Konsole aktiv ist. Run Level 3 ist der übliche **Multi-User-Modus**, in dem auf unserer Anlage alle Dämonen aktiv sind. Die übrigen Run Levels legt der System-Manager fest. Die Einzelheiten sind wieder von System zu System verschieden.

Beim **System-Stop** sollen zunächst alle laufenden Prozesse ordnungsgemäß beendet und alle Puffer geleert werden. Dann soll das System in den Single-User-Modus überführt werden. Das Skript `/sbin/shutdown(1M)` erledigt diese Arbeiten automatisch. Mit der Option `- r` bootet `shutdown(1M)` wieder, ansonsten dreht man anschließend den Strom ab. Dabei gilt die Regel, daß zuerst die Zentraleinheit und dann die Peripherie ausgeschaltet werden sollen. Einschalten umgekehrt.

3.12.3 Benutzerverwaltung

Die Benutzer eines UNIX-Systems lassen sich in vier Klassen einteilen:

- Programme wie `who(1)`, die als Benutzer in `/etc/passwd(4)` eingetragen sind. Auch Dämonen verhalten sich teilweise wie Benutzer, beispielsweise der Line Printer Spooler `lp`, der Files besitzt,

- Benutzer mit eng begrenzten Rechten wie `gast`, `ftp` oder Benutzer, die statt der Shell gleich ein bestimmtes Anwendungsprogramm bekommen, das sie nicht verlassen können,

- Normale Benutzer wie `picalz1`, im real life stud. mach. PIZZA CALZONE, mit weitgehenden, aber nicht unbegrenzten Rechten,

- Benutzer mit Superuser-Rechten wie `root`, allwissend und allmächtig.

Formal ist der Eintrag in `/etc/passwd(4)` entscheidend. Deshalb ist dieses File so wichtig und eine potentielle Schwachstelle der System-Sicherheit.

Zur Einrichtung eines neuen Benutzers trägt der System-Manager den Benutzernamen in die Files `/etc/passwd(4)`:

```
picalz1:*:172:120:P. Calzone:/mnt1/homes/picalz:/usr/bin/ksh
```

und `/etc/group(4)` ein:

```
users::120:root,wualex1,gebern1,bjalex1,picalz1
```

Wir bilden den Benutzernamen aus den ersten beiden Buchstaben des Vornamens, den ersten vier Buchstaben des Nachnamens und dann einer Ziffer, die die Accounts einer Person durchnumeriert. Dieses Vorgehen ist nicht zwingend, hat sich aber bewährt. Anschließend vergibt der System-Manger mittels `passwd(1)` ein nicht zu simples Passwort. Dann richtet er ein Home-Verzeichnis ein, setzt die Zugriffsrechte (700), übereignet es dem Benutzer samt Gruppe und linkt schließlich ein `.profile` in das Home-Verzeichnis, ohne das der Benutzer nicht viel machen darf. Der Benutzer hat nun ein **Konto** oder einen **Account** auf dem System. Das erste Feld in der `/etc/passwd(4)`-Zeile enthält den **Benutzernamen**. Ein Stern im Passwortfeld führt dazu, daß man sich unter dem zugehörigen Namen nicht anmelden kann. Nur `root` kann dann das Passwort ändern. Das braucht man für Dämonen wie `lp`, die als Filebesitzer auftreten, sowie bei Maßnahmen gegen unbotmäßige oder verschollene Benutzer. Das dritte und vierte Feld speichern die Benutzer- und Gruppennummer. Fünftens folgt das GECOS-Feld (GECOS = General Electric Comprehensive Operating System, ein historisches Relikt) mit Kommentar, der von Kommandos wie `finger(1)` ausgewertet wird. Mit dem Kommando `chfn(1)` (change finger information) kann jeder Benutzer sein eigenes GECOS-Feld ändern. Schließlich das Home-Verzeichnis und die Sitzungsshell. Letztere darf kein weicher Link sein, sonst gibts Probleme. Der Eintrag in `/etc/group(4)` listet nach Gruppennamen und -nummer die zugehörigen Benutzer auf, durch Komma ohne Leerzeichen getrennt. Ein Benutzer kann mehreren Gruppen angehören. Die Anzahl der Benutzer pro Gruppe ist begrenzt. Die Grenze ist systemabhängig und liegt bei unseren Maschinen teilweise schon bei etwas über 80 Benutzern, daher keine Riesengruppen planen. Eine zu große Gruppe in `/etc/group(4)` führt dazu, daß das File von dieser Gruppe an nicht mehr gelesen wird.

Auch UNIX-Kommandos wie `who(1)` oder `date(1)` lassen sich als Benutzer eintragen. Der folgende Eintrag in `/etc/passwd(4)`:

```
who::90:1:Kommando who:/:/usr/local/bin/who
```

samt dem zugehörigen Eintrag in `/etc/group(4)` ermöglicht es, sich durch Eingabe von `who` als login-Name ohne Passwort eine Übersicht über die augenblicklich angemeldeten Benutzer zu verschaffen. Das `who` aus `/usr/local/bin` ist eine Variante des ursprünglichen `/bin/who(1)` mit einer verlängerten Dauer der Anzeige:

```
/bin/who; sleep 8
```

Solche Kommandos als Benutzer haben keine Sitzungsumgebung, können also nicht auf Umgebungsvariable zugreifen. Sie gelten wegen des fehlenden Passwortes als Sicherheitslücke. Falls man sie dennoch einrichtet, soll man darauf achten, daß der aufrufende Benutzer keine Möglichkeit hat, das Kommando zu verlassen oder abzubrechen.

Der Benutzer mit Superuser-Rechten, üblicherweise der System-Manager unter dem Namen `root` mit der User-ID 0 (null), ist auf großen oder besonders gefährdeten Anlagen eine Schwachstelle. Ist er ein Schurke, so kann er infolge seiner Allmacht im System viel anrichten. Es gibt daher Ansätze, seine Allmacht etwas aufzuteilen, indem für bestimmte Aufgaben wie das Accounting ein eigener Benutzer namens `adm` eingerichtet wird. Das File `/etc/passwd(4)` sollte man von Zeit zu Zeit darauf ansehen, welche Benutzer die User-ID oder Gruppen-ID 0 haben. Dieser Kreis sollte klein sein und unbedingt ein Passwort haben. Der Eintrag für den Benutzer **root** steht meist an erster Stelle. Beschädigt man ihn durch unvorsichtigen Umgang mit dem Editor, kann guter Rat teuer werden. Deshalb haben wir einen weiteren Benutzer mit der ID 0 unter einem passenden Namen mitten in dem File angelegt, auf den man ausweichen kann, wenn der **root**-Eintrag hinüber ist. Durch Schaden wird man klug.

Auch wäre es manchmal zweckmäßig, einzelne Aufgaben wie das Einrichten von Benutzern oder das Beenden von Prozessen an Unter-Manager delegieren zu können. Man denke an Netze, in denen solche Aufgaben besser vor Ort erledigt werden. Das herkömmliche UNIX kennt jedoch nur den einzigen und allmächtigen Superuser. Windows NT dagegen beschäftigt eine Schar von subalternen Managern unter dem Administrator.

3.12.4 Geräteverwaltung

3.12.4.1 Gerätefiles

Alle Peripheriegeräte (Platten, Terminals, Drucker) werden von UNIX als Files behandelt und erscheinen im Verzeichnis `/dev`. Dieses Verzeichnis hat einen besonderen Aufbau. Schauen Sie sich es einmal mit `ls -l /dev | more` an. Das Kommando zum Eintragen neuer Geräte lautet `/etc/mknod(1M)` oder `mksf(1M)` und erwartet als Argument Informationen über den Treiber und den Port (Steckdose) des Gerätes. Die Namen der Geräte sind der besseren Übersicht wegen standardisiert. `/dev/tty` ist beispielsweise das Kontroll-Terminal, `/dev/null` der Bit Bucket oder Papierkorb. Die ganze Sektion 7 des Referenz-Handbuches ist den Gerätefiles gewidmet.

3.12.4.2 Terminals

Moderne Bildschirm-Terminals sind anpassungsfähig. Das hat andererseits den Nachteil, daß man sie an den Computer anpassen muß. Im einfachsten und unter UNIX häufigsten Fall ist das Terminal durch eine Leitung mit minimal drei Adern an einen seriellen Ausgang (Port) des Computers angeschlossen. Die Daten werden über diese Leitung mit einer Geschwindigkeit von 9600 bit/s übertragen, das sind rund tausend Zeichen pro Sekunde. Für Text reicht das, für größere Grafiken kaum. Diese Gattung von Terminals wird als **seriell** nach ASCII-, ANSI- oder sonst einer Norm bezeichnet.

Bei PCs ebenso wie bei Workstations schreibt der Computer mit hoher Geschwindigkeit in den Bildschirmspeicher. Zu jedem Bildpunkt gehört ein Speicherplatz von ein bis vier Byte. Der Speicherinhalt wird 50- bis 100-mal pro Sekunde zum Bildschirm übertragen. Diese Gattung wird als **bitmapped** bezeichnet und ist grafikfähig. Die Leitung zwischen Computer und Terminal muß kurz sein.

Die Konfiguration erfolgt teils durch kleine Schalter (DIP-Schalter, Mäuseklaviere), teils durch Tastatureingaben und teils durch Programme vom Computer aus. Da jeder Terminaltyp in den Einzelheiten anders ist, kommt man um das Studium des zugehörigen Handbuchs nicht herum. Dieses wiegt bei dem Terminal Hewlett-Packard 2393A, das wir im folgenden vor Augen haben, runde fünf Pfund.

Das HP 2393A ist ein serielles, monochromes, grafikfähiges Terminal, das HP-Befehle versteht, aber auch auf ANSI-Befehle konfiguriert werden kann. Einige Einstellungen sind:

- Block Mode off (zeichenweise Übertragung ein)

- Remote Mode on (Local Mode off, Verbindung zum Computer ein)

- Display Functions off (keine Anzeige, sondern Ausführung von Steuerzeichen)

- Display off after 5 min (Abschalten des Bildschirms bei Ruhe)

- Language English (Statusmeldungen des Terminals)

- Term Mode HP (nicht ANSI oder VT 52)

- Columns 80 (Anzahl der Spalten im Textmodus)

- Cursor Type Line (Aussehen des Cursors)

- Graphical Resolution 512 x 390 (Punkte horizontal und vertikal)

- Baud Rate 9600 (Übertragungsgeschwindigkeit)

- Parity/Data Bits None/8 (Zeichenformat)

- Check Parity No (Paritätsprüfung)

- Stop Bits 1 (Zeichenformat)

- EnqAck Yes (Handshake)

- Local Echo Off (keine Anzeige der Eingaben durch das Terminal)

Während manche Einstellungen harmlos sind (Cursor Type), sind andere für das Funktionieren der Verbindung zum Computer lebenswichtig (Remote Mode, Baud Rate). Da viele Werte auch computerseitig eingestellt werden können, sind Mißverständnissen keine Grenzen gesetzt. Der Benutzer soll die Einstellungen nicht verändern und sich bei Problemen auf das Betätigen der Reset-Taste beschränken. Der System-Manager schreibe sich die Konfiguration sorgfältig auf.

Bei der Einrichtung eines **Terminals** ist darauf zu achten, daß eine zutreffende `terminfo(4)`-Eintragung verfügbar ist. Bei neueren Terminals ist das leider eine Ausnahme, so daß der System-Manager die Terminalbeschreibung für das `terminfo`-Verzeichnis selbst in die Hände nehmen muß, was beim ersten Versuch mit Nachdenken verbunden ist.

Ein UNIX-System arbeitet mit den unterschiedlichsten Terminals zusammen. Zu diesem Zweck ist eine Beschreibung einer Vielzahl von Terminaltypen in dem Verzeichnis `/usr/lib/terminfo(4)` gespeichert (oder in `/etc/termcap`), und zwar in einer kompilierten Form. Die `curses(3)`-Funktionen zur Bildschirmsteuerung greifen darauf zurück und damit auch alle Programme, die von diesen Funktionen Gebrauch machen wie der Editor `vi(1)`.

Der Compiler heißt `tic(1M)`, der Decompiler `untic(1M)`. Um sich die Beschreibung eines Terminals auf den Bildschirm zu holen, gibt man `untic(1M)` mit dem Namen des Terminals ein, so wie er in der `terminfo` steht:

```
untic vt100
```

Die Ausgabe sieht so aus:

```
vt100|vt100-am|dec vt100,
    am, xenl,
    cols#80, it#8, lines#24, vt#3,
    bel=^G, cr=\r, csr=\E[%i%p1%d;%p2%dr, tbc=\E[3g,
    clear=\E[H\E[2J, el=\E[K, ed=\E[J, cup=\E[%i%p1%d;%p2%dH,
    cud1=\n, home=\E[H, cub1=\b, cuf1=\E[C,
    cuu1=\E[A, blink=\E[5m, bold=\E[1m, rev=\E[7m,
    smso=\E[7m, smul=\E[4m, sgr0=\E[m, rmso=\E[m,
    rmul=\E[m, kbs=\b, kcud1=\EOB, kcub1=\EOD,
    kcuf1=\EOC, kcuu1=\EOA, rmkx=\E[?1l\E>, smkx=\E[?1h\E=,
    cud=\E[%p1%dB, cub=\E[%p1%dD, cuf=\E[%p1%dC, cuu=\E[%p1%dA,
    rs2=\E>\E[?3l\E[?4l\E[?5l\E[?7h\E[?8h,
    rc=\E8, sc=\E7, ind=\n, ri=\EM,
    sgr=\E[%?%p1%t;7%;%?%p2%t;4%;%?%p3%t;7%;%?%p4%t;
                            5%;%?%p6%t;1%;m,
    hts=\EH, ht=\t,
```

Die erste Zeile enthält den gängigen Namen des Terminaltyps, dahinter durch den
senkrechten Strich abgetrennt weitere Namen (Aliases), als letzten die vollständige
Typbezeichnung. Die weiteren Zeilen geben die Eigenschaften (capabilities) des
Typs an, eingeteilt in drei Klassen

- Boolesche Variable, das sind Eigenschaften, die entweder vorhanden sind
  oder nicht,

- Zahlenwerte wie die Anzahl der Zeilen und Spalten,

- Strings, das sind vielfach Steuersequenzen (Escapes).

Die Bedeutung der einzelnen Abkürzungen entnimmt man `terminfo(4)`, hier nur
einige Beispiele:

- `am` Terminal has automatic margins (soll heißen: wenn man über den rechten
  Rand hinaus schreibt, wechselt es automatisch in die nächste Zeile),

- `xenl` Newline ignored after 80 columns (wenn man nach 80 Zeichen ein
  newline eintippt, wird es ignoriert, weil automatisch eines eingefügt wird,
  siehe oben),

- `cols#80` Number of columns in a line (80 Spalten),

- `it#8` Tabs initially every 8 spaces (Tabulatoren),

- `lines#24` Number of lines on screen or page (24 Zeilen),

- `vt#3` Virtual terminal number,

- `bel=^G` Audible signal (die Zeichenfolge, welche die Glocke erschallen läßt,
  `control-g`, ASCII-Zeichen Nr. 7),

- `tbc=\E[3g` Clear all tab stops (die Zeichenfolge, die alle Tabulatoren löscht, ESCAPE, linke eckige Klammer, 3, g),

- `clear=\E[H\E[2J` Clear screen and home cursor (die Zeichenfolge, die den Bildschirm putzt und den Cursor in die linke obere Ecke bringt, ESCAPE, linke eckige Klammer, H, nochmal ESCAPE, linke eckige Klammer, 2, J),

- `kcud1=\EOB` Sent by terminal down arrow key (die Zeichenfolge, die die Cursortaste Pfeil nach unten abschickt, muß nicht notwendig mit der Zeichenfolge übereinstimmen, die den Cursor zu der entsprechenden Bewegung veranlaßt),

- `sgr=\E[%?....` Define the video attributes,

- `cup=\E[%i%p1%d;%p2%dH` Screen relative cursor motion row #1 column #2 (Cursorpositionierung nach Bildschirmkoordinaten)

In `termio(4)` findet man rund 200 solcher Eigenschaften erläutert; Farbe, Grafik und Maus fehlen. Der Zusammenhang zwischen den knappen Erklärungen im Referenz-Handbuch und der Beschreibung im Terminal-Handbuch ist manchmal dunkel und bedarf der Klärung durch das Experiment. Man geht am besten von der Beschreibung eines ähnlichen Terminals aus, streicht alles, was man nicht versteht und nimmt Schritt um Schritt eine Eigenschaft hinzu. Eine falsche Beschreibung macht mehr Ärger als eine unvollständige. Wenn die Kommandos `vi(1)` und `more(1)` oder `pg(1)` richtig arbeiten, stimmt wahrscheinlich auch die Terminalbeschreibung.

Die mit einem Editor verfaßte Beschreibung wird mit `tic(1M)` kompiliert, anschließend werden die Zugriffsrechte in der `terminfo` auf 644 gesetzt, damit die Menschheit auch etwas davon hat.

3.12.4.3 Platten, File-Systeme

Einrichten einer Platte Eine fabrikneue Platte bedarf einiger Vorbereitungen, ehe sie zum Schreiben und Lesen von Daten geeignet ist. Bei älteren Platten für PCs bestand die Vorbereitung aus drei Stufen, bei neueren Platten kann der Hersteller den ersten Schritt bereits erledigt haben. Falls eine Platte bereits Daten speichert und neu eingerichtet wird, sind die Daten verloren.

Ein Plattenlaufwerk (disc drive) enthält mindestens eine, höchstens 14 Scheiben (disc) mit jeweils zwei Oberflächen. Der erste Schritt – Low-Level-Formatierung genannt – legt auf den fabrikneuen, magnetisch homogenen Scheibenoberflächen konzentrische Spuren (track) an und unterteilt diese in Sektoren (sector). Fehlerhafte Sektoren werden ausgeblendet. Räumlich übereinanderliegende Spuren auf den Oberflächen der Scheiben (gleicher Radius) bilden einen Zylinder (cylinder). Dieser Schritt wird heute oft schon vom Hersteller getan. Die Numerierung der Spuren und Sektoren kann den tatsächlichen Verhältnissen auf den Scheiben entsprechen, aber auch durch eine Tabelle in eine logische, beliebig wählbare Numerierung umgesetzt werden. Die gesamte Anzahl der Sektoren wird durch die Umsetzung nicht größer, sonst hätte man ein preiswertes Mittel zur Erhöhung der Plattenkapazität.

SCSI-Platten werden mit einem Werkzeug formatiert, das zum Adapter gehört und vor dem Bootvorgang aufgerufen wird. Die Formatierung ist spezifisch für den Adapterhersteller. Dabei lassen sich weitere Parameter einstellen und die Platten prüfen.

Im zweiten Schritt wird die Platte in Partitionen, bestehend aus zusammenhängenden Bereichen von Zylindern, unterteilt und in jeder Partition ein File-System angelegt, unter UNIX mittels `mkfs(1M)` oder `newfs(1M)`, unter MS-DOS mittels `fdisk` und `format`. Das File-System ist vom Betriebssystem abhängig. Manche Betriebssysteme kommen mit verschiedenen File-Systemen zurecht, insbesondere ist LINUX zu loben. Auf einem Plattenlaufwerk können mehrere Partitionen angelegt werden, eine Partition kann sich in der Regel nicht über mehrere Plattenlaufwerke erstrecken, es gibt aber Ausnahmen (spanning, RAID).

Da beim Einrichten lebenswichtige Daten auf die Platte geschrieben werden, soll sie dabei ihre Betriebslage und annähernd ihre Betriebstemperatur haben. Die Elektronik moderner Platten gleicht zwar vieles aus, aber sicher ist sicher.

Organisation Auf Platten werden große Datenmengen gespeichert, auf die oft zugegriffen wird. Eine gute Datenorganisation trägt wesentlich zur Leistung des gesamten Computers bei.

Bei der Erzeugung eines Files ist die endgültige Größe oft unbekannt. Der Computer reserviert eine ausreichende Anzahl von Blöcken beispielsweise zu je 512 Byte. Im Lauf der Zeit wächst oder schrumpft das File. Der Computer muß dann irgendwo im File-System weitere, freie Blöcke mit den Fortsetzungen des Files belegen bzw. gibt Blöcke frei. Die Filelandschaft wird zu einem Flickenteppich, die Files sind **fragmentiert**. Von der Software her macht die Verwaltung dieser Flicken keine Schwierigkeiten, der Benutzer merkt nichts davon. Aber die Schreibleseköpfe des Plattenlaufwerks müssen hin und her springen, um die Daten eines Files zusammenzulesen. Das kostet Zeit und erhöht den Verschleiß. Man wird also von Zeit zu Zeit versuchen, zusammengehörende Daten wieder auf zusammengehörenden Plattenbereichen zu vereinen. Ein immer gangbarer Weg ist, die Files von einem Band (wo sie zusammenhängend gespeichert sind) auf die Platte zu kopieren. Während dieser Zeit ist kein Rechenbetrieb möglich. Für manche Betriebssysteme gibt es daher Dienstprogramme, die diese Arbeit während des Betriebes oder wenigstens ohne den Umweg über ein Band erledigen. In UNIX-File-Systemen werden die Auswirkungen der Fragmentierung durch Pufferung abgefangen.

Mounten eines File-Systems Beim Systemstart aktiviert UNIX sein root-File-System. In dieses müssen weitere File-Systeme – gleich ob von Platte, Diskette oder Band – eingehängt werden. UNIX arbeitet immer nur mit *einem* File-System. Das Einhängen wird nach englischem Muster als *mounten* bezeichnet. Das kann per Shellscript beim Systemstart erfolgen oder nachträglich von Hand mittels des Kommandos `mount(1M)`. Die beim Systemstart zu mountenden File-Systeme sind in `/etc/fstab(4)` aufgelistet. Mittels des Kommandos `mount(1M)` erfährt man Näheres über die jeweils gemounteten File-Systeme.

Zum Mounten braucht man Mounting Points im root-File-System. Das sind leere Verzeichnisse, auf die die root-Verzeichnisse der zu mountenden File-Systeme abgebildet werden. Mounten über das Netz funktioniert gut, es sind jedoch einige Überlegungen zur Sicherheit anzustellen.

Pflege des File-Systems Das **File-System** kann durch Stromausfälle und ähnliche Unregelmäßigkeiten fehlerhaft (korrupt) werden und wird mit Sicherheit nach einiger Zeit überflüssige Daten enthalten. Nahezu volle File-Systeme geben leicht Anlaß zu Störungen, die nicht immer auf den ersten Blick ihre Ursache erkennen lassen. Ab 90 % Füllstand wird es bedenklich, weil manche Programme Platz für temporäre Daten benötigen und hängenbleiben, wenn er fehlt. Deshalb ist eine Pflege erforderlich.

Den Füllstand der File-Systeme ermittelt man mit dem Kommando `df(1M)` oder `bdf(1M)`. Ab 90 % wird es kritisch. Zum Erkennen und Beseitigen von Fehlern dient das Kommando `/etc/fsck(1M)`. Ohne Optionen oder Argumente aufgerufen überprüft es die im File `/etc/checklist(4)` aufgelisteten File-Systeme und erfragt bei Fehlern die Rettungsmaßnahmen. Da dem durchschnittlichen System-Manager kaum etwas anderes übrig bleibt als die Vorschläge von `fsck(1M)` anzunehmen, kann man die zustimmende Antwort auch gleich als Option mitgeben und `fsck -y` eintippen. Eine Reparatur von Hand kann zwar im Prinzip mehr Daten retten als die Reparatur durch `fsck(1M)`, setzt aber eine gründliche Kenntnis des File-Systems und der Plattenorganisation voraus. Meistens vergrößert man den Schaden noch. Bei der Anwendung von `fsck(1M)` soll das System in Ruhe, das heißt im Single User Modus sein. In der Regel führt man die Prüfung vor einem größeren Backup und beim Booten durch.

Das Aufspüren überflüssiger Files erfordert eine regelmäßige, wenigstens wöchentliche Beobachtung, wobei der `cron(1M)` hilft. Files mit Namen wie `core(4)` oder `a.out(4)` werden üblicherweise nicht für eine längere Zeit benötigt und sollten automatisch gelöscht werden (als `root` von `cron` aufrufen lassen):

```
/usr/bin/find /homes \( -name core -o -name a.out \)
                              -exec /usr/bin/rm {} \;
```

Files, auf die seit einem Monat nicht zugegriffen wurde, gehören nicht auf die kostbare Platte; mit

```
find /homes -atime +32 -print
```

aufspüren und die Benutzer bitten, sich ein anderes Medium zu suchen. Es kommt auch vor, daß Benutzer verschwinden, ohne sich beim System-Manager abzumelden. Dies läßt sich mittels `last(1)` oder des Accounting Systems feststellen.

Schließlich sollte man die Größe aller Files und Verzeichnisse überwachen. Einige Protokollfiles des Systems wachsen unbegrenzt und müssen von Zeit zu Zeit von Hand bereinigt werden. Auch sind sich manche Benutzer der Knappheit des Massenspeichers nicht bewußt. Mit

```
find -size +n -print
```

lassen sich alle Files ermitteln, deren Größe über n Blöcken liegt, mit folgendem
Script die Größe aller Home-Verzeichnisse, sortiert nach der Anzahl der Blöcke:

```
# Script Uebersicht Home-Directories

print 'Home-Directories, Groesse in Bloecken\n'

{
cd /mnt
for dir in 'ls .'
do
du -s $dir
done
} | sort -nr

print '\nEnde, ' 'date'
```

Programm 3.41 : Shellscript zur Ermittlung der Größe aller Home-Verzeichnisse

Mittels du(1) kann man auch in dem Script /etc/profile, das für jeden
Benutzer beim Anmelden aufgerufen wird, eine Ermittlung und Begrenzung der
Größe des Home-Verzeichnisses erzielen. Auf neueren Systemen findet man auch
einen fertigen Quoten-Mechanismus, siehe quota(1) und quota(5).

3.12.4.4 Drucker

Drucker können auf zwei Arten angeschlossen sein:

- an die serielle oder parallele Schnittstelle eines Computers,

- mit einem eigenen Adapter (Ethernet-Karte) oder über einen Printer-Server
  unmittelbar ans Netz.

Im ersten Fall ist noch zwischen lokalen Druckern und Druckern an einem fremden
Computer im Netz zu unterscheiden. Im zweiten Fall stellen die Drucker einen Host
im Netz mit eigener IP-Adresse und eigenem Namen dar. Die erste Lösung hat den
Vorteil, daß man auf dem zugehörigen Computer in den Datenstrom zum Drucker
eingreifen kann, die zweite den Vorteil der höheren Übertragungsgeschwindigkeit,
im Ethernet 10 oder 100 Mbit/s.

Die verschiedenen Einstellungen eines Druckers (Zeichensatz, Verhalten beim
Zeilenwechsel, Schnittstelle usw.) werden entweder durch kleine Schalter (Mäuseklaviere) oder durch Tasteneingaben am Drucker vorgenommen. Zusätzlich
können sie vom Computer aus per Software verändert werden. Die Einstellungs-
möglichkeiten hängen vom Druckertyp ab, hier nur die wichtigsten:

- Zeichensatz (US, German ...)

- Befehlssatz (ESC/P, IBM, PCL)

- Seitenlänge (11 Zoll, 12 Zoll)

- Umsetzung Carriage Return und Line Feed

- Sprung über die Seitenperforation

- Zeichen/Zoll, Linien/Zoll

- Druckqualität (Draft = Entwurf, NLQ, LQ)

- Puffergröße, falls Puffer eingebaut

- Auswahl der Schnittstelle (parallel, seriell, Netz)

- Parameter einer etwaigen seriellen Schnittstelle

- gegebenenfalls Netzprotokoll (TCP/IP, Appletalk)

Da einige Werte auch im Betriebssystem oder im Druckprogramm eingestellt werden, hilft nur, sich sorgfältig aufzuschreiben, was man wo festlegt. Am besten geht man vom Computer zum Drucker und ändert jeweils immer nur eine Einstellung. Die Anzahl der Kombinationen strebt gegen unendlich.

Das ganze Drucksystem besteht aus Hard- und Software mit folgendem Aufbau (beginnend mit der Hardware):

- Physikalische (in Hardware vorhandene) Drucker,

- Warteschlangen für Druckaufträge,

- logische (für den Benutzer scheinbar vorhandene) Drucker,

- Software zur Administration (Spooler, Supervisor usw.), gegebenenfalls getrennt für Hard- und Software.

Zu einer Warteschlange gehört ein physikalischer Drucker oder eine Gruppe von solchen. Umgekehrt dürfen niemals zwei Warteschlangen gleichzeitig auf einen physikalischen Drucker zugreifen, das gibt ein Durcheinander. Einer Warteschlange können mehrere logische Drucker zugeordnet sein, mit unterschiedlichen logischen Eigenschaften wie Zugriffsrechte oder Prioritäten. Der Zweck dieses Rangierbahnhofs ist die Erhöhung der Flexiblität, sein Preis, daß man bald einen in Vollzeit beschäftigten Drucker-Administrator braucht, insbesondere in heterogenen Netzen.

3.12.5 Einrichten von Dämonen

Dämonen sind Prozesse, die im System ständig laufen oder periodisch aufgerufen werden und nicht an ein Kontrollterminal gebunden sind. In der Liste der Prozesse erscheint daher bei der Angabe des Terminals ein Fragezeichen. Die meisten werden beim Systemstart ins Leben gerufen und haben infolgedessen niedrige Prozess-IDs.

Einige Dämonen werden von der Bootprozedur gestartet, einige von `init(1M)` aufgrund von Eintragungen in der `inittab(4)` und einige durch einen Aufruf im Shellscript `/etc/rc` samt Unterscripts oder in `.profile`. Die Shellscripts kann der System-Manager editieren und so über die Bevölkerung seines Systems mit Dämonen entscheiden. Der Anschluß ans Netz bringt eine größere Anzahl von Dämonen mit sich.

In unserem System walten nach der Auskunft von `ps -e` folgende Dämonen, geordnet nach ihrer PID:

- `swapper` mit der PID 0 (keine Vorfahren) besorgt den Datenverkehr zwischen Arbeitsspeicher und Platte.

- `init(1M)` mit der PID 1 ist der Urahne fast aller übrigen Prozesse und arbeitet die `inittab(4)` ab.

- `pagedaemon` beobachtet den Pegel im Arbeitsspeicher und lagert bei Überschwemmungsgefahr Prozesse auf die Platte aus.

- `statdaemon` gehört zu den ersten Dämonen auf dem System, weshalb wir vermuten, daß er etwas mit dem File-System zu tun hat.

- `syncer(1M)` ruft periodisch – in der Regel alle 30 Sekunden – den Systemaufruf `sync(2)` auf und bringt das File-System auf den neuesten Stand.

- `lpsched(1M)` ist der Line Printer Spooler und verwaltet die Drucker- und Plotter-Warteschlangen.

- `rlbdaemon(1M)` gehört in die LAN/9000-Familie und wird für Remote Loopback Diagnostics mittels `rlb(1M)` benötigt.

- `sockregd` dient der Network Interprocess Communication.

- `syslogd(1M)` schreibt Mitteilungen des Systemkerns auf die Konsole, in bestimmte Files oder zu einer anderen Maschine.

- `rwhod(1M)` beantwortet Anfragen der Kommandos `rwho(1)` und `ruptime(1)`.

- `inetd(1M)` ist der ARPA-Oberdämon, der an dem Tor zum Netz wacht und eine Schar von Unterdämonen wie `ftpd(1M)` befehligt, siehe `/etc/inetd.conf` und `/etc/services(4)`.

- `sendmail(1M)` ist der Simple Mail Transfer Protocol Dämon – auch aus der ARPA-Familie – und Voraussetzung für Email im Netz.

- `portmap(1M)`, `nfsd(1M)`, `biod(1M)` usw. sind die Dämonen, die das Network File System betreiben, so daß File-Systeme über das Netz gemountet werden können (in beiden Richtungen).

- `cron(1M)` ist der Dämon mit der Armbanduhr, der pünktlich die Aufträge aus der `crontab` und die mit `at(1)` versehenen Programmaufrufe erledigt.

- `ptydaemon` stellt Pseudo-Terminals für Prozesse bereit.

- `delog(1M)` ist der Diagnostic Event Logger für das I/O-Subsystem.

Wenn Sie dies lesen, sind es vermutlich schon wieder ein paar mehr geworden. Die Netzdienste und das X Window System bringen ganze Scharen von Dämonen mit. Unser jüngster Zugang ist der Festplatten-Bestell-Dämon `fbd(1M)`, der automatisch bei unserem Lieferanten eine weitere Festplatte per Email bestellt, wenn das Kommando `df(1)` anzeigt, daß eine Platte überzulaufen droht.

3.12.6 Weitere Dienstleistungen

Zu den Pflichten der System-Manager gehören weiterhin die Beschaffung und
Pflege der Handbücher auf Papier oder als CD-ROM, das Herausdestillieren von
benutzerfreundlichen Kurzfassungen (Quick Guides, Refernce Cards), das Schreiben oder Herbeischaffen (GNU!) von Werkzeugen in `/usr/local/bin`, Konvertie-
rungen aller denkbaren Datenformate ineinander, das Beobachten der technischen
Entwicklung und des Marktes, der Kontakt zum Hersteller der Anlage, das Einrichten von Software wie Webservern, Datenbanken oder LaTeX usw. sowie das
Beraten, Ermahnen und Trösten der Benutzer.

Eine Anlage wird mit einer durchschnittlichen Konfiguration in Betrieb genommen. Es kann sich im Lauf der Zeit herausstellen, daß die Aufgaben grundsätzlich
oder zu gewissen Zeiten mit einer angepaßten Konfiguration – unter Umständen
nach einer Ergänzung der Hard- oder Software – schneller zu bewältigen sind. Beispielsweise überwiegt tags der Dialog mit vielen kurzen Prozessoranforderungen,
nachts der Batch-Betrieb mit rechenintensiven Prozessen. Die Auslastung der Maschine zeigt das Werkzeug `top(1)` oder ein eigenes Programm unter Verwendung
des Systemaufrufs `pstat(2)` an.

3.12.7 Accounting System

Das **Accounting System** ist die Buchhaltung des Systems, der Buchhalter ist
der Benutzer `adm`, oft aber nicht notwendig derselbe Mensch wie `root`. Die zugehörigen Prozesse werden durch das Kommando `/usr/lib/acct/startup(1M)`,
zu finden unter `acctsh(1M)`, im File `/etc/rc` in Gang gesetzt. Das Gegenstück
`/usr/lib/acct/shutacct(1M)` ist Teil des Shellscripts `shutdown(1M)`. Das Accounting System erfüllt drei Aufgaben:

- Es liefert eine Statistik, deren Auswertung die Leistung des Systems verbessert.

- Es ermöglicht das Aufspüren von Bösewichtern, die die Anlage mißbrauchen.

- Es erstellt die Abrechnung bei Anlagen, die gegen Entgelt rechnen.

Zu diesem Zweck werden bei der Beendigung eines jeden Prozesses die zugehörigen statistischen Daten wie Zeitpunkt von Start und Ende, Besitzer, CPU- und
Plattennutzung usw. in ein File geschrieben, siehe `acct(4)`. Das ist eine Unmenge
von Daten, die man sich selten unmittelbar ansieht. Zu dem Accounting System
gehören daher Werkzeuge, die diese Daten auswerten und komprimieren, siehe
`acct(1M)`. Man kann sich dann eine tägliche, wöchentliche oder monatliche Übersicht, geordnet nach verschiedenen Kriterien, ausgeben lassen. Für das Gröbste
nehmen wir den `cron(1M)`; das `crontab`-File des Benutzers `adm` sieht so aus:

```
30 23 * * 0-6 /usr/lib/acct/runacct 2>
                    /usr/adm/acct/nite/fd2log &
10 01 * * 0,3 /usr/lib/acct/dodisk
20  * * *    * /usr/lib/ckpacct
30 01 1 *    * /usr/lib/acct/monacct
45 23 * *    * /usr/lib/acct/acctcom -l tty2p4 | mail root
```

Das File wird mit dem Kommando `crontab(1)` kompiliert. Im einzelnen bewirken
die Zeilen

- `runacct(1M)` ist ein Shellscript, das täglich ausgeführt wird und den Tages-
  verlauf in verschiedenen Files zusammenfaßt.

- `dodisk(1M)`, beschrieben unter `acctsh(1M)`, ermittelt die Plattenbelegung
  zu den angegebenen Zeitpunkten (sonntags, mittwochs), um Ausgangsdaten
  für die mittlere Belegung bei der Monatsabrechnung zu haben.

- `ckpacct(1M)`, beschrieben unter `acctsh(1M)`, überprüft stündlich die Größe
  des Protokollfiles `/usr/adm/pacct`, in das jeder Prozess eingetragen wird,
  und ergreift bei Überschreiten einer Grenze geeignete Vorkehrungen.

- `monacct(1M)`, beschrieben unter `acctsh(1M)`, stellt die Monatsabrechnung
  in einem File `/usr/adm/acct/fiscal/fiscrpt` zusammen, das gelesen oder
  gedruckt werden kann.

- `acctcom(1M)` protokolliert die Prozesse des Terminals `/dev/tty2p4`, wohin-
  ter sich unser Modem verbirgt. Eine Sicherheitsmaßnahme.

Weiteres kann man im Referenz-Handbuch und vor allem im System Administrator's Manual nachlesen. Nicht mehr aufzeichnen, als man auch auswertet, Altpa-
pier gibt es schon genug.

3.12.8 Sicherheit

Zur Sicherheit gehören drei Bereiche:

- die **Betriebssicherheit** oder Verfügbarkeit des Systems,

- der Schutz der Daten vor Verlust oder Beschädigung (**Datensicherheit**
  oder Datenintegrität),

- der Schutz personenbezogener oder sonstwie vertraulicher Daten vor Mißbrauch (**Datenschutz** oder Datenvertraulichkeit).

In Schulen trägt die Schulleitung zusätzlich die Verantwortung dafür, daß die ihr
anvertrauten Minderjährigen in der Schule keinen Zugang zu bestimmten Sorten
von Daten bekommen und umgekehrt auch keine Daten unter dem Namen der
Schule in die Öffentlichkeit (= Internet) bringen, die die Schule belasten. Das
grenzt an Zensur, und es ließe sich noch viel dazu sagen.

In allen Bereichen sind Maßnahmen auf der Hard- und der Softwareseite erforderlich. Bei hohen Anforderungen erstrecken sich die Maßnahmen auch auf
Gebäude, Personen und Organisationsstrukturen. Besonderen Wert lege man auf
die Auswahl und Pflege der System-Manager.

3.12.8.1 Betriebssicherheit

Maßnahmen zur Betriebssicherheit stellen das ordnungsgemäße Funktionieren des
Systems sicher. Dazu gehören:

- Schaffung von Ausweichmöglichkeiten bei Hardwarestörungen

- Sicherung der Stromversorgung

- Vermeidung von Staub in den EDV-Räumen, Rauchverbot

- Vermeidung von elektrostatischen Aufladungen

- Klimatisierung der EDV-Räume, zumindest Temperierung

- vorbeugende Wartung der Hardware (Filter!) und der Klimaanlage

- vorbeugendes Auswechseln hochbeanspruchter Teile (Festplatten)

- Vorbereitung von Programmen oder Skripts zur Beseitigung von Software-störungen

- regelmäßiges (z. B. wöchentliches) Rebooten der Anlage

- Protokollieren und Analysieren von Störungen

- Überwachung des Zugangs zu kritischen Systemteilen

- Überwachung des Netzverkehrs, Beseitigung von Engpässen

- Kenntnisse der Systemverwaltung bei mehreren, aber nicht zu vielen Mitarbeitern

Wir setzen teilweise PC-Hardware für zentrale Aufgaben ein und achten darauf, daß die Gehäuse geräumig sind und mehrere Lüfter haben. Einfache Lüfter tauschen wir gegen kugelgelagerte Lüfter aus dem Schwarzwald. Ferner entstauben wir Computer und Drucker mindestens einmal im Jahr (Osterputz). Festplatten, die im Dauerbetrieb laufen, wechseln wir nach drei Jahren aus. Dann sind sie auch technisch überholt; in weniger beanspruchten Computern tun sie noch einige Zeit Dienst. Ein Sorgenkind sind die winzigen Lüfter auf den Prozessoren. Eine Zeitlang haben wir sie gegen große statische Kühlkörper getauscht. Das setzt voraus, daß man sich mittels Temperaturmessungen über die Erwärmung Klarheit verschafft. Hohe Temperaturen führen sowohl bei mechanischen wie bei elektronischen Bauteilen zunächst nicht zum Ausfall, sondern setzen die Lebensdauer herab und verursachen gelegentliche Störungen, die unangenehmer sind als ein klarer Defekt.

Bei ausgereiften Einzelsystemen erreicht man heute eine Verfügbarkeit von etwa 99 %. Das sind immer noch drei bis vier Fehltage im Jahr. Nach MURPHY's Law sind das die Tage, an denen man den Computer am dringendsten braucht. Höhere Verfügbarkeit erfordert besondere Maßnahmen wie mehrfach vorhandene, parallel arbeitende Hard- und Software. Damit erreicht man zu entsprechenden Kosten Verfügbarkeiten bis zu etwa 99,999 % gleich fünf Fehlminuten pro Jahr[30].

3.12.8.2 Datensicherheit

Auch bei einer gut funktionierenden Anlage gehen Daten verloren. Häufigste Ursache sind Fehler der Benutzer wie versehentliches Löschen von Files. Über das Netz können ebenfalls unerwünschte Dinge ausgelöst werden.

---

[30]Welche Verfügbarkeit haben Organe wie Herz oder Hirn?

Versehentliches Löschen Das Löschkommando `rm(1)` fragt nicht, sondern handelt. Kopierkommandos wie `cp(1)` löschen oder überschreiben stillschweigend das Zielfile. Eine Rücknahme des Kommandos mit `undelete` oder ähnlichen Werkzeugen wie vom PC bekannt gibt es nicht. Will man vorsichtig sein, ruft man es grundsätzlich interaktiv auf, Option - i. Traut der System-Manager seinen Benutzern nicht, benennt er das Original um und verpackt es mit besagter Option in ein Shellscript oder Alias namens `rm`. Man kann auch aus dem Löschen ein Verschieben in ein besonderes Verzeichnis machen, dessen Files nach einer bestimmten Frist vom `cron` endgültig gelöscht werden, aber das kostet Platz auf der Platte. Gehen dennoch Daten verloren, bleibt die Hoffnung aufs Backup.

Passwörter Die Passwörter sind der Schlüssel zum System. Da die Benutzernamen öffentlich zugänglich sind, sind jene der einzige Schutz vor Mißbrauch. Besonders reizvoll ist das Passwort des System-Managers, der bekanntlich den Namen `root` führt. Das `root`-Passwort sollte nie unverschlüsselt über ein Netz laufen, sondern nur auf der Konsole eingegeben werden. Die einfachsten und daher häufigsten Angriffe zielen auf Passwörter ab, und oft haben sie wegen Schlamperei im Umgang mit den Passwörtern Erfolg. Eine internationale Gruselgeschichte baut darauf auf, daß ein Hacker das Passwort der `root` erraten hat.

Ein Passwort darf nicht zu einfach aufgebaut und leicht zu erraten sein. UNIX verlangt sechs bis acht Zeichen, davon mindestens zwei Buchstaben und eine Ziffer oder ein Satzzeichen. Ferner kann der System-Manager einen Automatismus einrichten, der die Benutzer zwingt, sich in regelmäßigen Zeitabständen ein neues Passwort zu geben (password aging). Das hat aber auch Nachteile. So habe ich noch meine vor Jahren gültigen Passwörter im Kopf, selten jedoch meine neuesten.

Ein Passwort soll nicht aus allgemein bekannten Eigenschaften des Benutzers oder des Systems erraten werden können oder ein Wort aus einem Wörterbuch oder der bekannteren Literatur sein. Folgende Passwörter sind leicht zu erraten, inzwischen ohne Mühe per Programm, und daher verpönt:

- bürgerlicher Vor- oder Nachname (w_alex), Übernamen (oldstormy),

- Namen von nahen Verwandten (bjoern),

- Namen von Haustieren (hansi),

- Namen von Freunden, Freundinnen, Kollegen, Sportkameraden,

- Namen bekannter Persönlichkeiten (thmann),

- Namen von bekannten Romanfiguren (hamlet, winnetou, slartibartfast),

- Namen von Betriebssystemen oder Computern (Unix, pclinux),

- Telefonnummern, Autokennzeichen, Postleitzahlen, Jahreszahlen (1972),

- Geburtstage, historische Daten (issos333),

- Wörter aus Wörterbüchern, insbesondere englischen oder deutschen,

- Benutzernamen oder Gruppennamen auf Computern (owner, student),

- Orts-, Pflanzen- oder Tierbezeichnungen (karlsruhe, drosophila),

- Substantive jeder Sprache,

- nebeneinanderliegende Zeichenfolgen der Tastatur (qwertyu),

- einfache, wenn auch sinnlose, Kombinationen aus Buchstaben, Ziffern oder Satzzeichen (aaAAbbBB),

- etwas aus obiger Aufzählung mit vorangestellter oder angehängter Ziffer (3anita),

- etwas aus obiger Aufzählung rückwärts oder abwechselnd groß und klein geschrieben.

Ein zufällig zusammengewürfeltes Passwort läßt sich nicht merken und führt dazu, daß man einen Zettel ans Terminal klebt oder unter die Schreibunterlage legt. Eine brauchbare Methode ist, einen Satz (eine Gedichtzeile oder einen Bibelvers) auswendig zu lernen und das Passwort aus den Anfangsbuchstaben der Wörter zu bilden oder zwei Wörter mit einer Primzahl zu mischen. Auch der Roman *Finnegans Wake* von JAMES JOYCE gibt gute Passwörter her, weil ihn kaum jemand liest. Ein Passwort wie *gno596meosulphidosalamermauderman* – die Ziffern sind die Seitenzahl – treibt jeden Cracker in den Wahnsinn. Und schließlich beherzige man den Rat unserer Altvordern[31]

> Selber wisse mans,
> nicht sonst noch jemand,
> das Dorf weiß, was drei wissen.

Bedenken Sie, es sind nicht nur Ihre Daten, die gefährdet sind, sondern die ganze Maschine ist kompromittiert und möglicherweise die Bresche für weitere Angriffe, falls Sie ein zu einfaches Passwort verwenden. Es gibt Programme wie `crack` oder `satan`, die einfache Passwörter herausfinden und so dem System-Manager helfen, leichtsinnige Benutzer zu ermitteln.

Einige Versuche, an Passwörter zu gelangen, sind in die Literatur eingegangen. Der simpelste Trick ist, einem Benutzer beim Einloggen zuzuschauen. Auch in Papierkörben findet man Zettel mit Passwörtern. Einem intelligenten UNIX-Liebhaber angemessener sind Programme, die als **Trojanische Pferde**[32] bekannt sind. Vom Chaos Computer Club, Hamburg soll folgende Definition stammen: Ein Trojanisches Pferd ist ein Computerprogramm, welches in einen fremden Stall

---

[31]Leider können wir Ihnen hier nur die Übersetzung von FELIX GENZMER bieten, der Suche nach der originalen Fassung war noch kein Erfolg vergönnt, aber wir sind dank `www.lysator.liu.se/runeberg/eddais/on-02.html` nahe dran.

[32]Die Definition des ursprünglichen Trojanischen Pferdes ist nachzulesen in HOMERS *Odyssee* im 8. Gesang (hier in der Übertragung von JOHANN HEINRICH VOSS):

> Fahre nun fort und singe des hölzernen Rosses Erfindung,
> Welches Epeios baute mit Hilfe der Pallas Athene
> Und zum Betrug in die Burg einführte der edle Odysseus,
> Mit bewaffneten Männern gefüllt, die Troja bezwangen.
>
> ...

(Computer) gestellt wird und bei Fütterung mit dem richtigen Kennwort alle
Tore öffnet.

Ein solches Programm startet man aus seiner Sitzung. Es schreibt die übliche
Aufforderung zum Einloggen auf den Bildschirm und wartet auf ein Opfer. Dieses
tippt nichtsahnend seinen Namen und sein Passwort ein, das Pferd schreibt beides
in ein File und verabschiedet sich mit der Meldung `login incorrect`. Daraufhin
meldet sich der ordnungsgemäße `getty`-Prozess, und das Opfer – in dem Glauben,
sich beim erstenmal vertippt zu haben – wiederholt seine Anmeldung, diesmal mit
Erfolg. Ein Trojanisches Pferd ist einfach zu schreiben:

```
/* Trojanisches Pferd */
/* Filename horse.c, Compileraufruf cc -o horse horse.c */

#define PROMPT0 "UNIX\n"
#define PROMPT1 "HP-login: "
#define PROMPT2 "Passwort: "

#define CLEAR    "\033H\033J"        /* Escapes fuer HP */
#define INVIS    "\033&dS\033*dR"
#define VISIB    "\033&d@\033*dQ"

#include <stdio.h>
#include <sys/ioctl.h>
#include <signal.h>

main()
{
char name[32], pwort[32], zucker[8];
unsigned long sleep();

signal(SIGINT, SIG_IGN);
signal(SIGQUIT, SIG_IGN);

printf(CLEAR);
printf(PROMPT0);

while (strlen(name) == 0) {
     printf(PROMPT1);
     gets(name);
}

printf(PROMPT2);
printf(INVIS);
gets(pwort);
printf(VISIB);

sleep((unsigned long) 2);

printf("\nIhr Name ist %s.\n", name);
printf("Ihr Passwort lautet %s.\n", pwort);
printf("\nIch werde gleich Ihre Daten fressen,\n");
printf("falls Sie mir keinen Zucker geben!\n\n");
```

```
scanf("%s", zucker);
if (strcmp("Zucker", zucker) == 0)
    kill(0, 9);
else {
    printf("\nDas war kein Zucker!\n");
    kill(0, 9);
}
}
```

Programm 3.42 : C-Programm Trojanisches Pferd

Denken Sie einmal darüber nach, wie Sie sich als Benutzer verhalten können, um aus diesem Gaul ein Cheval évanoui zu machen.

Was tut der System-Manager, wenn er sein wertvolles Passwort vergessen hat? Er bewahrt die Ruhe und veranlaßt das System durch vorübergehenden Entzug des Starkstroms zum Booten. Während des Bootvorgangs kann man vom üblichen automatischen Modus in den interaktiven Modus wechseln. In diesem befiehlt er dem System, unabhängig von dem Eintrag in /etc/inittab(4) im Single-User-Modus zu starten. Nach Vollendung des Bootens läuft auf der **Konsole** eine Sitzung des Superusers, ohne Passwort. Einzige Voraussetzung für diesen Trick ist der Zugang zur Konsole. Man sollte daher die Konsole und sämtliche Verbindungen zu ihr sorgfältig vor unbefugten Zugriffen schützen. Auch diesen Trick kann man abstellen, dann bedeutet aber der Passwortverlust eine Neueinrichtung des Systems.

Viren Unter dem Schlagwort **Viren** werden mehrere Arten von Programmen zusammengefaßt, die die Arbeit der Anlage stören (malicious software). Die PC-Welt wimmelt von Viren, entsprechend der Verbreitung dieses Computertyps. Eine bekannte Virenliste (MacAfee) zählte Anfang 1994 über 2700 Viren für PCs unter MS-DOS auf, darunter so poetische Namen wie Abraxas, Black Monday, Cinderella, Einstein, Halloechen, Mexican Mud, Particle Man, Silly Willy, Tequila und Vienna. Die Betroffenen haben vorübergehend weniger Sinn für Poesie. Eine Meldung von 1998 sprach von monatlich 500 neuen Viren.

UNIX-Systeme sind zum Glück nicht so bedroht wie PCs. Das hängt unter anderem mit ihrer Komplexität zusammen. Dafür ist der Schaden meist beträchtlicher. Die System-Manager stecken in dem Zwiespalt zwischen dem völligen Dichtmachen des Systems und der UNIX-üblichen und persönlichen Veranlagung entsprechenden Weltoffenheit. Aufpassen muß man bei UNIX-PCs mit Diskettenlaufwerk, die beim Booten zuerst nach einer bootfähigen Diskette suchen. Finden sie eine solche, und die ist verseucht, dann kann trotz UNIX allerhand passieren.

Außer den bereits erwähnten **Trojanischen Pferden** gehören **Logische Bomben** dazu. Das sind Programme, die auf ein bestimmtes Ereignis hin den Betrieb stören. Das Ereignis ist ein Zeitpunkt oder der Aufruf eines legalen Programmes.

Falltüren oder Trap Doors sind Nebenzugänge zu Daten oder Programmen unter Umgehung der ordnungsgemäßen Sicherheitsvorkehrungen. Diese Falltüren können von böswilligen Programmierern eingerichtet worden sein, gelegentlich aber auch zur Erleichterung der Arbeit des Systempersonals. Natürlich sollten in diesem Fall die Nebenzugänge nicht allgemein bekannt sein, aber läßt sich das mit Sicherheit verhindern?

Würmer sind Programme, die sich selbst vermehren und insbesondere über Datennetze ausbreiten. Ihr Schaden liegt im wesentlichen in der Belegung der Ressourcen. Im Internet ist vor einigen Jahren ein Wurm namens Morris (nach seinem Schöpfer) berühmt geworden.

Echte **Viren** sind Befehlsfolgen innerhalb eines ansonsten legalen Programmes (Wirtprogramm), die in der Lage sind, sich selbst in andere Programme zu kopieren, sobald das Wirtprogramm ausgeführt wird. Sofort oder beim Eintreten bestimmter Ereignisse (zum Beispiel freitags) offenbaren sie sich durch eine Störung des Betriebes. Die besondere Heimtücke der Viren liegt in ihrer zunächst unbemerkten Verbreitung.

Viren kommen von außen mit befallenen Programmen, die über Disketten, Bänder oder Netze ins System kopiert werden. Die erste Gegenmaßnahme ist also Vorsicht bei allen Programmen, die eingespielt werden sollen. Niemals auf wichtigen Computern Programme zweifelhafter Herkunft ausführen, am besten gar nicht erst dorthin kopieren. Texte, Programme im Quellcode, Meßdaten und dergleichen sind passive Daten, können nicht wie ein Programm ausgeführt werden und daher auch keinen Virus verbreiten. Das *Lesen* einer Email oder eines sonstigen Textes kann niemals einen Virus verbreiten oder aktivieren. Es gibt aber außerhalb der UNIX-Welt Textsysteme, die in Text ausführbare Programmteile (Makros) einbinden und so mit einem scheinbar harmlosen Text Viren verbreiten können. Leseprogramme, die ohne vorherige Rückfrage solche Makros ausführen, gehören abgeschossen. Anhänge (attachments) an Email enthalten beliebige binäre Daten, deren Ausführung – nicht Lesen – wie die Ausführung jedes anderen Programmes Viren verbreiten kann.

Die zweite Maßnahme ist der Einsatz von **Viren-Scannern**, die die bekanntesten Viren erkennen und Alarm schlagen. Da sie ausführbare Programme auf bestimmte Zeichenfolgen untersuchen, die typisch für die bisher bekannten Viren sind, sind sie gegenüber neuen Viren oft blind.

Drittens kann man alle ausführbaren Files mit **Prüfsummen** oder ähnlichen Schutzmechanismen versehen. Stimmt eine Prüfsumme überraschenderweise nicht mehr, ist das File manipuliert worden.

Viertens kann man alle ausführbaren Files verschlüsseln oder komprimieren. Der Virus, der das verschlüsselte File befällt, wird beim Entschlüsseln verändert. Damit ist das Programm nicht mehr ablauffähig, der Virus ist lahmgelegt.

Fünftens sollen die Benutzer in den Verzeichnissen, in denen ausführbare Programme gehalten werden (`/bin`, `/usr/bin`, `/usr/local/bin`, `/etc`), keine Schreibberechtigung haben. Nur der System-Manager darf dort nach gründlicher Untersuchung in einer Quarantänestation neue Programme einfügen. Bewahren Sie außerdem die Originale aller Programme sorgfältig auf und lesen sie die Datenträger nur schreibgeschützt ein. Viren auf Originalen sind auch schon vorgekommen. Das gleiche gilt für Backups. Alle Zugriffsrechte sollten nicht großzügiger vergeben werden als die Arbeit erfordert.

Pseudo-Viren sind Programme, die einem Viren-Suchprogramm einen echten

Virus vorgaukeln, ansonsten aber harmlos sind. Sie enthalten für Viren typische Bitfolgen. Im Unterschied zu einem Virus, der immer Teil des verseuchten Wirtprogrammes ist, ist ein Pseudo-Virus ein eigenständiges Programm.

Und dann gibt es noch Viren, die es gar nicht gibt. Im Netz vagabundieren – zum Teil seit Jahren – nur Warnungen davor, die jeder Grundlage entbehren. Diese Warnungen werden als **Hoax** bezeichnet, was Schwindel oder blinder Alarm bedeutet. Beispielweise soll eine Email mit dem Subject *Good Times* beim Gelesenwerden die Platte ruinieren. Man möge sie ungelesen löschen und die Warnung an alle Bekannten weitergeben. Dieser Hoax ist so bekannt, daß sogar eine FAQ dazu im Netz steht. Weitere bekannte Hoaxe sind *Irina*, *Penpal Greetings*, *Internet Cleanup Day* (der ist wenigstens witzig), *Join the Crew* und *Win A Holiday*. Der Schaden eines Hoax liegt in der Belästigung der Netzteilnehmer. In diesem Sinne ist ein Hoax selbst ein Virus, aber kein Computervirus. Eine ähnliche Belästigung wie die falschen Virenwarnungen sind die Kettenbriefe vom Typ *A Little Girl Dying* oder *Hawaiian Good Luck Totem*.

Woran erkennt man eine Virenwarnung als Hoax? In obigem Fall daran, daß technischer Unsinn verzapft wird. Weiter gibt es im Netz Stellen, die sich intensiv mit Viren befassen und früher informiert sind als die Mehrheit der Benutzer. Warnungen solcher Stellen – aus erster Hand und nicht über zweifelhafte Umwege – sind ernst zu nehmen, alles andere sollte einen Benutzer nur dazu bringen, seine Sicherheitsmaßnahmen zu überdenken, mehr nicht. Insbesondere soll man die Hoaxe oder Kettenbriefe nicht weiter verteilen. Solche Virensammelstellen sind:

- die Computer Incident Advisory Capability (CIAC) des US Department of Energy (`http://ciac.llnl.gov/`),

- das Computer Emergency Response Team (CERT) Coordination Center an der Carnegie-Mellon-Universität (`http://www.cert.org/`),

- das DFN-CERT (`http://www.cert.dfn.de/`).

Auch Virenscanner-Hersteller wie:

- McAfee (`http://www.mcafee.com/`),

- Datafellows (`http://www.datafellows.fi/`)

sind zuverlässige Informationsqellen und immer einen Besuch wert.

Backup Daten sind vergänglich. Es kommt nicht selten vor, daß sich Benutzer ungewollt die eigenen Files löschen. Sie erinnern sich, UNIX gehorcht aufs Wort, ohne Rückfragen. Für solche und ähnliche Fälle zieht der System-Manager regelmäßig ein **Backup**. Das ist eine Bandkopie des gesamten File-Systems oder wenigstens der Zweige, die sich ändern.

Der Zeitraum zwischen den Backups hängt ab von der Geschwindigkeit, mit der sich die Daten ändern, und von dem Wert der Daten. Wir ziehen wöchentlich ein Backup. Es gibt Betriebe, in denen täglich mehrmals ein Backup durchgeführt wird, denken Sie an eine Bank oder Versicherung. Eine Art von ständigem Backup ist das Doppeln (Spiegeln) einer Platte.

Ferner gibt es zwei Strategien für das Backup. Man kopiert entweder jedesmal das gesamte File-System oder nur die Änderungen gegenüber dem vorhergehenden Backup. Dieses **inkrementelle Backup** geht schneller, verlangt aber bei der Wiederherstellung eines Files unter Umständen das Einspielen mehrerer Kopien bis zum letzten vollständigen Backup zurück. Wir ziehen wöchentlich ein vollständiges Backup des Zweiges mit den Home-Verzeichnissen und einmal im Quartal ein **vollständiges Backup** des ganzen File-Systems. In großen Anlagen werden gemischte Strategien verfolgt. Zusätzlich kopieren wir per `cron(1)` täglich wichtige Files auf andere Platten oder Computer.

Für das Backup verwendet man zweckmäßig ein zugeschnittenes Shellscript `backup`. Das folgende Beispiel zieht ein Backup eines Verzeichnisses (Default: HOME) samt Unterverzeichnissen auf Bandkassette. Es ist für den Gebrauch durch die Benutzer gedacht, für ein Gesamtbackup muß man einige Dinge mehr tun (Single User Modus, File System Check). Das Bandgerät ist hier `/dev/rct/c2d1s2`.

```
# Skript zum Kopieren auf Bandkassette

BDIR=${1:-$HOME}
cd $BDIR
echo Backup von 'pwd' beginnt.
/bin/find . -print |
/bin/cpio -ocx |
/bin/tcio -oS 256 /dev/rct/c2d1s2
/bin/tcio -urV /dev/rct/c2d1s2
echo Backup fertig.
```

Programm 3.43 : Shellscript für Backup auf Bandkassette

Zum Zurückspielen des Backups verwendet man ein ähnliches Shellscript `restore`. Das Verzeichnis kann angegeben werden, Default ist wieder HOME.

```
# Script zum Rueckspielen eines Backups von Kassette

RDIR=${1:-$HOME}
cd $RDIR
print Restore nach 'pwd' beginnt.
/bin/tcio -ivS 256 /dev/rct/c2d1s2 |
/bin/cpio -icdvm '*'
/bin/tcio -urV /dev/rct/c2d1s2
print Restore fertig.
```

Programm 3.44 : Shellscript für Restore von Bandkassette

Das Werkzeug `tcio(1)` wird nur in Verbindung mit Kassettengeräten benötigt und optimiert die Datenübertragung unter anderem durch eine zweckmäßige Pufferung. Für ein Backup auf ein Spulenbandgerät `/dev/rmt/0m` lauten die beiden Shellscripts:

```
# Skript zum Kopieren auf Bandspule

BDIR=${1:-$HOME}
```

```
cd $BDIR
echo "Backup auf /dev/rmt/0m (Spule) beginnt."
echo Zweig `pwd`
find . -print | cpio -ocBu > /dev/rmt/0m
/bin/date >> lastbackup
```

Programm 3.45 : Shellscript für Backup auf Bandspule

```
# Script zum Rueckspielen eines Backups

RDIR=${1:-$HOME}
cd $RDIR
print Restore von Band (Spule) /dev/rmt/0m nach `pwd` beginnt.
cpio -icdvBR < /dev/rmt/0m
```

Programm 3.46 : Shellscript für Restore von Bandspule

Die letzte Zeile des Backup-Scripts schreibt noch das Datum in ein File
`./lastbackup`. Im Verzeichnis `/etc` finden sich zwei Shellscripts `backup(1M)` und
`restore(1M)`, die man auch verwenden oder als Vorlage für eigene Anpassungen
nehmen kann. Oft wird für das Backup auch das Kommando `tar(1)` verwendet,
bei dem man aufpassen muß, in welcher Form man den Pfad der zu sichernden
Files angibt:

```
nohup tar cf /dev/st0 * &
```

Für das Zurückspielen hat der Pfad eine gewisse Bedeutung, am besten mal testen.
In obigem Beispiel – das wir auf unserem Linux-Fileserver verwenden – befinden
wir uns in dem Verzeichnis, das die Home-Verzeichnisse der Benutzer enthält, und
kopieren diese nach dem ersten (und einzigen) SCSI-DAT-Streamer. Das Ganze
abgekoppelt von der Sitzung und im Hintergrund.

Firewall   Da es praktisch unmöglich ist, alle Knoten eines großen lokalen Netzes
(Campus, Firma) sicher zu konfigurieren und diesen Zustand zu überwachen und
zu erhalten, baut man solche Netze als Inseln auf und verbindet sie über wenige,
gut kontrollierte Rechner mit dem Festland sprich dem Internet. Diese wenigen
Rechner werden als **Firewall** bezeichnet, zu deutsch Brandmauer.

3.12.9   Störungen und Fehler

Alles Leben ist Problemlösen, schrieb 1991 der aus Wien stammende Philosoph
SIR KARL RAIMUND POPPER. Durch die Computer und deren Vernetzung sind
die Probleme in diesem Leben nicht weniger geworden. Das Beheben von Störungen und Beseitigen von Fehlern ist das tägliche Brot eines System-Managers. Ein
so komplexes Gebilde wie ein heterogenes Netz, das ständig im Wandel begriffen
ist, erfordert (noch) die dauernde Betreuung durch hochintelligente Lebensformen, die mit unvorhergesehenen Situationen fertig werden. Wir können nur einige
allgemeine Hinweise geben, die für Hard- und Software gleichermaßen gelten, zum
Teil auch für Autopannen:

- Die beobachteten Fehler aufschreiben und dabei *keine* Annahmen, Vermutungen oder Hypothesen über Ursachen oder Zusammenhänge treffen.

- Dann per Logik zunächst die Menge der möglichen Ursachen einengen (Hypothesen aufstellen), anschließend die Fehler untersuchen, die mit wenig Aufwand getestet werden können, schließlich die Fehler abchecken, die häufig vorkommen. Dieses Vorgehen minimiert im Mittel den Aufwand, kann im Einzelfall jedoch falsch sein.

- Oft gibt es nicht nur eine Erklärung für einen Fehler. Über der nächstliegenden nicht die anderen vergessen. Das kann man aus Kriminalromanen lernen.

- Die Hardware oder das Programm auf ein Minimum reduzieren, zum Laufen bringen und dann eine Komponente nach der anderen hinzufügen.

- Immer nur *eine* Änderung vornehmen und dann testen, niemals mehrere zugleich.

- Fehler machen sich nicht immer dort bemerkbar, wo die Ursache liegt, sondern oft an anderer Stelle bzw. später.

- Fehlermeldungen sind entweder nichtssagend[33] oder irreführend, von ein paar Ausnahmen abgesehen. Also nicht wörtlich nehmen, ebensowenig wie die Aufforderung, die CD in das Disketten-Laufwerk zu schieben.

- Viel lesen. Manchmal findet sich ein Hinweis unter einer Überschrift, die dem Anschein nach nichts mit dem Fehler zu tun hat.

- Nachdem man gelesen hat, darf man auch fragen. Vielleicht hat ein Leidensgenosse schon mit dem gleichen Fehler gerungen.

Besonders übel sind Fehler, die auf eine Kombination von Ursachen zurückgehen, sowie solche, die nur gelegentlich auftreten.

Handbücher sind – vor allem wenn sie einen guten Index haben – eine Hilfe. Die erste Hürde ist jedoch, das richtige Stichwort zu finden. Manche Hersteller haben eine eigene Ausdrucksweise. Ein Server ist andernorts das, was in UNIX ein Dämon ist, und eine Bezugszahl ist das, was ein C-Programmierer als Flag bezeichnet. Hat man sich das Vokabular erst einmal angeeignet, wird einiges leichter. Manche Aufgaben erscheinen nur so lange schwierig, bis man sie zum ersten Mal gelöst hat. Das Einrichten unserer ersten Mailing-Liste hat zwei Tage beansprucht, die folgenden liefen nach jeweils einer Stunde. Also nicht am eigenen Verstand zweifeln und aufgeben, sondern weiterbohren. Der Gerechtigkeit halber muß gesagt werden, daß das Schreiben von verständlichen Handbüchern ebenfalls keine einfache Aufgabe ist. Ehe man zur Flasche oder zum Strick greift, kann man auch die Netnews befragen oder in Mailing-Listen sein Leid klagen.

Ein kleiner Tip noch. Wenn wir uns in ein neues Gebiet einarbeiten, legen wir ein Sudelheft, eine Kladde an, in das wir unsere Erleuchtungen und Erfahrungen formlos eintragen. Auch was nicht funktioniert hat, kommt hinein. Das Heft unterstützt das Gedächtnis und hilft dem Kollegen.

---

[33]Besonders schätzen wir als System-Manager die Meldung "Fragen Sie Ihren System-Manager.". Wen können *wir* fragen?

3.12.10 Memo Systemverwaltung

- Ein UNIX-System darf nicht einfach ausgeschaltet werden, sondern muß vorher mittels `shutdown(1M)` heruntergefahren werden.

- Ein Benutzer muß in `/etc/passwd(4)` und `/etc/group(4)` eingetragen werden und sich ein nicht zu einfaches Passwort wählen. Er braucht ferner ein Home-Verzeichnis, in der Regel mit den Zugriffsrechten 700.

- Die Verwaltung logischer und physikalischer Geräte in heterogenen Netzen ist ein ständiger Elchtest für die Administratoren.

- Man unterscheidet Betriebssicherheit (Verfügbarkeit) und Datensicherheit (Datenintegrität).

- Datenschutz ist der Schutz auf individuelle Personen bezogener Daten vor Mißbrauch, per Gesetz geregelt.

- Viren im weiteren Sinne (malicious software) sind unerwünschte Programme oder Programmteile, die absichtlich Schaden anrichten. Unter UNIX selten, aber nicht unmöglich.

- Das Ziehen von Backup-Kopien ist lästig, ihr Besitz aber ungemein beruhigend. Anfangs unbedingt prüfen, ob auch das Zurückspielen klappt.

3.12.11 Übung Systemverwaltung

Viele Tätigkeiten in der Systemverwaltung setzen aus gutem Grund die Rechte eines Superusers voraus. Auf diese verzichten wir hier. Vielleicht dürfen Sie Ihrem System-Manager einmal bei seiner verantwortungsvollen Tätigkeit helfen. Wir schauen uns ein bißchen im File-System um:

```
cd                      (ins Home-Verzeichnis wechseln)
du                      (Plattenbelegung)
df                      (dito, nur anders)
bdf                     (dito, noch anders)
find . -atime +30 -print
                        (suche Ladenhüter)
find . -size +100 -print
                        (suche Speicherfresser)
```

Dann sehen wir uns das File `/etc/passwd(4)` an:

```
pwget                   (Benutzereinträge)
grget                   (Gruppeneinträge)
```

und schließlich versuchen wir, die Konfiguration unserer Terminalschnittstelle zu verstehen:

```
stty -a            (in Sektion 1 nachlesen)
```

Mit diesem Kommando lassen sich die Einstellungen auch ändern, aber Vorsicht, das hat mit dem Roulettespiel einiges gemeinsam. Die Kommandos `tset(1)` oder `reset(1)` – sofern sie noch eingegeben werden können – setzen die Schnittstelle auf vernünftige Werte zurück.

Es wäre auch kein Fehler, wenn Sie mit Unterstützung durch Ihren System-Manager ein Backup Ihres Home-Verzeichnisses ziehen und wieder einspielen würden. Mit einem ausgetesteten Backup schläft sich's ruhiger.

3.13 Echtzeit-Erweiterungen

Unter UNIX wird die Reihenfolge, in der Prozesse abgearbeitet werden, vom System selbst beeinflußt, ebenso der Verkehr mit dem Massenspeicher (Pufferung). Für einen Computer, auf dem nur gerechnet, geschrieben und gezeichnet wird, ist das eine vernünftige Lösung. Bei einem **Prozessrechner** hingegen, der Meßwerte erfaßt und eine Produktionsanlage, eine Telefonvermittlung oder ein Verkehrsleit-system steuert, müssen bestimmte Funktionen in garantierten, kurzen Zeitspannen erledigt werden, hier darf das System keine Freiheiten haben. Ein solches System mit einem genau bestimmten Zeitverhalten nennt man **Echtzeit-System** (real time system). Um mit einem UNIX-System Echtzeit-Aufgaben zu bewältigen, hat die Firma Hewlett-Packard ihr HP-UX um folgende Fähigkeiten erweitert:

- Echtzeit-Vorrechte für bestimmte Benutzergruppen,

- Verfeinerung der Prioritäten von Prozessen,

- Blockieren des Arbeitsspeichers durch einen Prozess,

- höhere Zeitauflösung der System-Uhr,

- verbesserte Interprozess-Kommunikation,

- schnelleres und zuverlässigeres Filesystem,

- schnellere Ein- und Ausgabe,

- Vorbelegung von Platz auf dem Massenspeicher,

- Unterbrechung von Kernprozessen.

Der Preis für diese Erweiterungen ist ein erhöhter Aufwand beim Programmieren und die gelegentlich nicht so effektive Ausnutzung der Betriebsmittel. Wenn Millisekunden eine Rolle spielen, kommt es auf einige Kilobyte nicht an. Die nicht privilegierten Benutzer müssen auch schon einmal ein bißchen warten, wenn eine brandeilige Meldung bearbeitet wird.

Bestimmte Benutzergruppen erhalten das Vorrecht, ihre Programme oder Prozesse mit Echtzeitrechten laufen zu lassen. Sie dürfen wie der Super-User höhere Prioritäten ausnutzen, bleiben aber wie andere Benutzer an die Zugriffsrechte der Files gebunden. Würde dieses Vorrecht allen gewährt, wäre nichts gewonnen. Der System-Manager vergibt mit `setprivgrp(1M)` die Vorrechte, mit `getprivgrp(1)` kann jeder die seinigen abfragen.

Ein Benutzer-Prozess hoher **Priorität** braucht nicht nur weniger lange zu warten, bis er an die Reihe kommt, er kann sogar einen in Arbeit befindlichen Benutzer-Prozess niedriger Priorität unterbrechen (priority-based preemptive scheduling), was normalerweise nicht möglich ist. Das Vorkommando `rtprio(1)` gibt ähnlich wie `nice(1)` einem Programm eine Echtzeit-Priorität mit, die während des Laufes vom System nicht verändert wird, aber vom Benutzer geändert werden kann.

Ein Prozess kann mittels des Systemaufrufs `plock(2)` seinen Platz im Arbeitsspeicher blockieren (**memory locking**), so daß er nicht durch Swapping oder Paging ausgelagert wird. Das trägt zu kurzen, vorhersagbaren Antwortzeiten bei und geht zu Lasten der nicht privilegierten Prozesse, falls der Arbeitsspeicher knapp ist.

Die Standard-UNIX-Uhr, die vom `cron`-Dämon benutzt wird, hat eine Auflösung von einer Sekunde. Zu den Echtzeit-Erweiterungen gehören prozesseigene Uhren (**interval timer**) mit im Rahmen der Möglichkeiten der Hardware definierbarer Auflösung bis in den Mikrosekundenbereich hinunter. Bei unserer Anlage beträgt die feinste Zeitauflösung 10 ms.

Die Verbesserungen am Filesystem und an der Ein- und Ausgabe sind Einzelheiten, die wir übergehen. Die Unterbrechung von Kernprozessen durch Benutzerprozesse, die normalerweise nicht erlaubt ist, wird durch entsprechende Prioritäten der Benutzerprozesse und Soll-Bruchstellen der Kernprozesse ermöglicht (preemptable kernel). Diese weitgehenden Eingriffe in den Prozessablauf setzen strikte Regelungen für die Programme voraus, die auf einer allgemeinen UNIX-Anlage nicht durchzusetzen sind. Deshalb bemerkt und braucht der normale Benutzer, der Texte bearbeitet, Aufgaben rechnet und die Netnews liest, die Echtzeit-Erweiterungen nicht. Auf einem Prozessrechner haben sie den Vorteil, daß man in der gewohnten UNIX-Welt bleiben kann und nicht ein besonderes Echtzeit-Betriebssystem benötigt.

3.14 GNU is not UNIX

Die Gnus (Connochaetes) sind eine Antilopenart in Süd- und Ostafrika, von den Buren Wildebeest genannt. Nach ALFRED BREHM sind es höchst absonderliche, gesellig lebende Tiere, in deren Wesen etwas Komisches, Feuriges, Überspanntes steckt.

Das **GNU-Projekt** der **Free Software Foundation** bezweckt, Programmierern – hauptsächlich aus dem UNIX-Bereich – Software ohne Einschränkungen juristischer oder finanzieller Art zur Verfügung zu stellen. Die Software ist durch Copyright[34] geschützt, darf aber unentgeltlich benutzt, verändert und weitergegeben werden, jedoch immer nur zusammen mit dem Quellcode, so daß andere Benutzer die Programme ebenfalls anpassen und weiterentwickeln können. Einzelheiten siehe die GNU **General Public License** (GPL). Strenggenommen ist zwischen Software aus dem GNU-Projekt und Software beliebiger Herkunft, die unter

---

[34]Die GNU-Leute bezeichnen ihre besondere Art des Copyrights als Copyleft, siehe `http://www.gnu.org/copyleft/copyleft.html`.

GNU-Regeln zur Verfügung gestellt wird, zu unterscheiden. Für den Verbraucher ist das nebensächlich. Der Original Point of Distribution ist `prep.ai.mit.edu`, aber die GNU-Programme werden auch auf vielen anderen FTP-Servern gehalten. Eine kleine Auswahl aus dem Projekt:

- `emacs` – ein mächtiger Editor,

- `gnuchess` – ein Schachspiel,

- `gcc` – ein ANSI-C-Compiler (auch für MS-DOS, siehe `djgpp`),

- `g++` – ein C++-Compiler,

- `gawk` – eine Alternative zu `awk(1)`,

- `flex` – eine Alternative zu `lex(1)`,

- `bison` – eine Alternative zu `yacc(1)`,

- `ghostscript` – ein Postscript-Interpreter,

- `ghostview` – ein Postscript-Pager,

- `ispell` – ein Rechtschreibungsprüfer,

- `gzip` – ein wirkungsvoller File-Kompressor,

- `f2c` – ein FORTRAN-zu-C-Konverter,

- `gtar` – ein Archivierer wie `tar(1)`,

- `bash` – die Bourne-again-Shell,

- `gimp` – das GNU Image Manipulation Program,

- `recode` – ein Filter zur Umwandlung von Zeichensätzen

Besonders wertvoll ist der Zugang zum Quellcode, so daß man die Programme ergänzen und portieren kann. Die Werkzeuge sind nicht nur kostenfrei, sondern zum Teil auch besser als die entsprechenden originalen UNIX-Werkzeuge. Die Gedanken hinter dem Projekt, das 1984 von RICHARD MATTHEW STALLMAN begründet wurde, sind im GNU Manifesto im WWW nachzulesen (`http://www.gnu.org/gnu/manifesto.html`).

Die GNU-Programme sind *immer* als Quellen verfügbar, oft zusammen mit Makefiles für verschiedene Systeme, selten als unmittelbar ausführbare Programme. Man muß also noch etwas Arbeit hineinstecken, bis man sie nutzen kann. Gute Kenntnisse von `make(1)` sind hilfreich. Vereinzelt nehmen auch Firmen die Kompilierung vor und verkaufen die ausführbaren Programme zu einem gemäßigten Preis. Am Beispiel des oft verwendeten Packers `gzip(1)` wollen wir uns ansehen, wie eine Installation auf einer UNIX-Maschine vor sich geht:

- Wir legen ein Unterverzeichnis `gzip` an, gehen hinein und bauen eine Anonymous-FTP-Verbindung mit `ftp.rus.uni-stuttgart.de` auf.

- Dann wechseln wir dort in das Verzeichnis `pub/unix/gnu`, das ziemlich viele Einträge enthält.

- Wir stellen den binären Übertragungsmodus (`binary` oder `image`) ein und holen uns mittels `mget gzip*` die gewünschten Dateien. Angeboten werden `gzip...msdos.exe`, `gzip...shar`, `gzip...tar` und `gzip...tar.gz`. Letzteres ist zwar in der Regel das beste Format, setzt jedoch voraus, daß man `gzip(1)` bereits hat. Wir wählen also das `tar`-Archiv, rund 200 Kbyte.

- Mittels `tar -xf gzip-1.2.4.tar` entpacken wir das Archiv. Anschließend finden wir ein Unterverzeichnis `gzip-1.2.4` und wechseln hinein.

- Mindestens die Textfiles `README` und `INSTALL` sollte man lesen, bevor es weitergeht.

- Mittels `./configure` wird ein angepaßtes `Makefile` erzeugt. Man sollte es sich ansehen, allerdings nur äußerst vorsichtig editieren, falls unvermeidbar.

- Dann folgt ein schlichtes `make`. Läuft es ohne Fehlermeldungen durch, gehört man zu den Glücklichen dieser Erde.

- Hier kann man noch `make check` aufrufen, gibt es nicht immer.

- Zum Kopieren in die üblichen Verzeichnisse (`/usr/local/bin` usw.) gibt man als Superuser `make install` ein.

- Zu guter Letzt räumt man mittels `make clean` auf. Nun haben wir `gzip(1)` sowie `gunzip(1)` und können weitere GNU-Werkzeuge in gzippter Form holen.

Die Installation geht nicht immer so glatt über die Bühne.

3.15   UNIX auf PCs

3.15.1   AT&T UNIX

Auf Workstations ist UNIX die Regel, auf Mainframes kommt es vor, macht es auf einem PC Sinn? Das am weitesten verbreitete Betriebssystem für PCs ist **MS-DOS** mit dem Zusatz **Windows**. Es wurde Ende der siebziger Jahre entwickelt für den Prozessor Intel 8086 unter Rücksichtnahme auf das noch ältere Betriebssystem **CP/M**. MS-DOS ist ein Single-Tasking-Single-User-System, d. h. es kennt nur einen Benutzer und kann immer nur eine Aufgabe bearbeiten. Wenn diese erledigt ist, kommt die nächste dran. Mehr war dem damaligen Prozessor auch kaum zuzumuten.

Die Prozessoren haben sich weiterentwickelt, heute steht der Intel Pentium II in den Schaufenstern. Auch MS-DOS und Windows haben sich verbessert. Bei der Fortschreibung der Software wurde immer darauf geachtet, daß ältere Programme auch auf neuen Versionen ablaufen konnten, es gab nie einen Bruch. Das ist eine Stärke und eine Schwäche zugleich. Die Weiterverwendbarkeit der Anwendungsprogramme ist ein wesentliches Argument für MS-DOS auf PCs. Auf der anderen Seite krankt MS-DOS samt Windows an vielen Beschränkungen, die vor fünfzehn Jahren keine Rolle spielten, weil die Hardware der Flaschenhals war.

AT&T hat mehrere UNIX-Systeme für PCs lizensiert. Am weitesten verbreitet war **MS-Xenix**, ein UNIX für den Prozessor Intel 80286, das heute keine Rolle mehr spielt. Bei den neueren UNIXen ist/war der Marktführer **SCO UNIX**, daneben gibt/gab es Interactive UNIX, EURIX und andere. Die Systeme kosten zwischen 1000 und 3000 DM. Für den beruflichen Einsatz ist dieser Preis kein Hindernis, wohl aber die vorläufig noch beschränkte Verfügbarkeit von Portierungen der zahllosen Anwendungsprogramme aus der MS-DOS-Welt. Natürlich gibt es Textprogramme, Datenbanken und Tabellenkalkulationen für UNIX-PCs, aber nicht immer die von MS-DOS und Windows her gewohnten. Aufgrund der geringeren Stückzahlen bei den UNIX-Anwendungen liegt ihr Preis auch etwa um den Faktor zehn höher als in der MS-DOS-Welt und ist damit für Studenten und Öffentliche Bedienstete unerschwinglich. Zum Glück stehen Auswege offen.

Die PC-UNIXe enthalten oft sogenannte DOS-Boxen. Das sind Anwendungsprogramme, unter deren Kontrolle wiederum MS-DOS-Anwendungsprogramme ablaufen. Als Übergangslösung brauchbar, aber nicht die sinnvollste Nutzung des Prozessors.

3.15.2 MINIX

Das Betriebssystem UNIX war in seinen ersten Jahren kein kommerzielles Produkt, sondern wurde gegen eine Schutzgebühr an Universitäten und andere Interessenten im Quellcode weitergegeben, die ihrerseits viel zur Weiterentwicklung beitrugen, insbesondere die University of California at Berkeley (UCB).

Also verwandte Professor ANDREW S. TANENBAUM von der Freien Universität Amsterdam UNIX zur Untermalung seiner Vorlesung über Betriebssysteme. Als AT&T mit UNIX Geld verdienen wollte und die Weitergabe des Codes einschränkte, stand er plötzlich ohne ein Beispiel für seine Vorlesung da, und nur Theorie wollte er nicht predigen.

In seinem Zorn setzte er sich hin und schrieb ein neues Betriebssystem für den IBM PC, das sich zum Benutzer wie UNIX verhielt, schön pädagogisch und übersichtlich aufgebaut und unabhängig von den Rechtsansprüchen irgendwelcher Pfeffersäcke war. Dieses Betriebssystem heißt MINIX und war von jedermann für 300 DM zu erwerben. Eine Installation auf einem PC mit 80386SX und IDE-Platte verlief reibungslos. Die zugehörige Beschreibung steht in TANENBAUMS Buch *Operating Systems*.

MINIX ist durch Urheberrecht (Copyright) geschützt; es ist nicht Public Domain und auch nicht Teil des GNU-Projektes. Der Inhaber der Rechte – der Verlag Prentice Hall – gestattet jedoch Universitäten, die Software für Zwecke des Unterrichts und der Forschung zu kopieren. Er gestattet weiter Besitzern von MINIX, die Software zu verändern und die Änderungen frei zu verbreiten, was auch in großem Umfang geschah. Die MINIX-Usenet-Gruppe (`comp.os.minix`) zählte etwa 25000 Mitglieder. In den letzten Jahren ist MINIX als das UNIX des Bettelstudenten von LINUX und weiteren freien UNIXen überholt worden. Ehre seinem Andenken.

3.15.3 LINUX

3.15.3.1 Entstehung

Um die erweiterten Fähigkeiten des Intel-80386-Prozessors zu erkunden, begann im April 1991 der finnische Student LINUS BENEDICT TORVALDS, unter MINIX kleine Assembler-Programme zu schreiben. Eines seiner ersten Programme ließ zwei Prozesse die Buchstabenfolgen AAAA... und BBBB... auf dem Bildschirm ausgeben. Bald fügte er einen Treiber für die serielle Schnittstelle hinzu und erhielt so einen einfachen Terminalemulator. Zu diesem Zeitpunkt entschloß er sich, mit der Entwicklung eines neuen, freien UNIX-Betriebssystemes zu beginnen. In der Newsgruppe `comp.os.minix` veröffentlichte er seinen Plan und fand bald interessierte Mitstreiter auf der ganzen Welt, die über das Internet in Verbindung standen. Von `ftp.funet.fi` konnten sie sich die erste Kernel-Version 0.01 herunterladen.

Am 5. Oktober 1991 gab LINUS die Fertigstellung des ersten offiziellen Kernels 0.02 bekannt. Er benötigte immer noch MINIX als Basissystem. Nur drei Monate vergingen, bis mit der LINUX-Version 0.12 ein brauchbarer Kernel verfügbar war, der stabil lief. Mit dieser Version setzte eine schnelle Verbreitung von LINUX ein.

Die Entwicklung ging weiter zügig voran. Es folgte ein Versionssprung von 0.12 nach 0.95; im April 1992 konnte erstmals das X Window System benutzt werden. Im Verlauf der nächsten zwei Jahre wurde der Kernel um immer mehr Features ergänzt, sodaß LINUS am 16. April 1994 die Version 1.0 herausgeben konnte. Die neue Versionsnummer sollte widerspiegeln, daß aus dem einstigen Hacker-UNIX ein für den Endanwender geeignetes System entstanden war.

Seitdem hat LINUX weiter an Popularität gewonnen und dabei auch seinen Ziehvater MINIX (von dem jedoch keine einzige Zeile Code übernommen wurde) weit hinter sich gelassen. Im Jahr 1996 begann mit der Versionsnummer 2.0.0 eine neue Kernel-Generation, die mit ihren Fähigkeiten selbst kommerziellen Betriebssystemen Konkurrenz macht. Die Stabilität und Leistungsfähigkeit von LINUX kann man daran erkennen, daß LINUX heute auch auf zentralen Servern eingesetzt wird, von deren Funktionieren ein ganzes LAN abhängt. Es sind auch schon mit Erfolg mehrere LINUX-Maschinen zu einem Cluster zusammengeschaltet worden – Stichwort *Beowulf* – um parallelisierten Programmen die Rechenleistung vieler Prozessoren zur Verfügung zu stellen. Im *Guiness Book of Records* kann man den Stand der Dinge nachlesen.

An dieser Stelle eine Anmerkung zu den Versionsnummern der LINUX-Kernel. Sie bestehen heutzutage aus drei Zahlen. Ist die mittlere Zahl ungerade, so handelt es sich um einen Entwickler-Kernel mit einigen möglicherweise instabilen Features. Andernfalls liegt ein Benutzerkernel vor, dessen Codebasis weitgehend stabil ist. Während wir die letzten Tippfehler in unserem Manuskript jagen, erscheint der Kernel 2.2.0, also ein Benutzer-Kernel.

3.15.3.2 Eigenschaften

Kein anderes Betriebssystem unterstützt so viele Dateisysteme und Netzprotokolle wie LINUX, nur wenige so viele verschiedene Rechner-Architekturen. LINUX gibt es für:

- PCs mit x86-kompatiblen Prozessoren ab 80386 und den Bussystemen ISA, EISA, VLB, PCI und neuerdings auch MCA

- Workstations auf der Basis von DECs Alpha-Prozessor

- Sun SPARC-Rechner

- verschiedene Plattformen, die Motorolas 680x0-Prozessoren verwenden, darunter einige Atari- und Amiga-Systeme sowie bestimmte ältere Apple Macintosh-Rechner

- PowerPCs und PowerMacs

Darüberhinaus sind Portierungen auf weitere Plattformen wie StrongARM, MIPS und PA-RISC mehr oder weniger weit gediehen.

Den Datenaustausch mit einer Vielzahl von anderen Betriebssystemen ermöglichen Kernel-Treiber für die folgenden Dateisysteme:

- Extended 2 FS, das leistungsfähige LINUX-eigene Dateisystem

- das Dateisystem von MINIX

- FAT, das Dateisystem von MS-DOS, einschließlich der langen Dateinamen von Windows 95 (VFAT) und dem neuen FAT32

- HPFS, das Dateisystem von IBM OS/2 (leider nur lesend)

- NTFS, Microsofts Dateisystem für Windows NT

- das System V-Dateisystem, welches von SCO UNIX, Xenix und Coherent verwendet wird

- das BSD-Dateisystem UFS, verwendet von SunOS, FreeBSD, NetBSD und NextStep

- das Amiga-Dateisystem AFFS

- HFS, das Dateisystem von MacOS

- ADFS, verwendet auf Acorn StrongARM RISC PCs

- ein Dateisystem für ROMs und Boot-Images (ROMFS)

- NFS, das unter UNIX übliche Netz-Dateisystem

- CODA, ein möglicher Nachfolger von NFS

- SMB, Microsofts Netz-Dateisystem

- NCP, das Netz-Dateisystem von Novell Netware

Zur Zeit entstehen gerade einige Kernel-Module, die die sichere Verschlüsselung von Dateisystemen erlauben.

LINUX beherrscht die Internet-Protokolle TCP/IP, Novells IPX und das in der Mac-Welt übliche AppleTalk. Darüberhinaus ist ein Treiber für das im Packet Radio Netz der Funkamateure eingesetzte Protokoll AX.25 enthalten. Neben Daemonen fuer die UNIX-üblichen Protokolle ist ein Server für das von Microsoft

Windows verwendete Protokoll SMB erhältlich (Samba) und ein mit Novell Netware kompatibler Datei- und Druckerserver (Mars); sogar für die Mac-Welt gibt es ein Serverpaket.

Und wie sieht es mit der Hardware-Unterstützung aus? LINUX unterstützt heute die alle gängigen SCSI-Hostadapter und Netzkarten, dazu einige ISDN- und Soundkarten. Selbst exotische Hardware wie bestimmte Video-Karten und 3D-Beschleuniger wird neuerdings unterstützt.

Will man X11 verwenden (und wer will das nicht), sollte man darauf achten, daß man eine von XFree durch einen besonderen, beschleunigten Server unterstützte Graphik-Karte erwirbt.

Es dauert im allgemeinen jedoch einige Zeit, bis Treiber für neue Hardware entwickelt sind, und nicht alle Hardware kann unterstützt werden, weil einige Hersteller die technischen Daten nur zu nicht annehmbaren Konditionen (Non Disclosure Agreements) bekanntgeben. Faßt man die Installation von LINUX ins Auge, sollte man daher unbedingt schon vor dem Kauf der Hardware auf Unterstützung achten. Das Hardware-HOWTO stellt hierbei eine nützliche Hilfe dar. Im Zweifelsfall im Netz fragen.

3.15.3.3 Distributionen

Da es umständlich und oft auch schwierig ist, alle für ein vollständiges UNIX-System erforderlichen Komponenten selbst zusammenzusuchen und zu kompilieren, entstanden schon früh sogenannte **Distributionen**, die den LINUX-Kernel mitsamt vieler nützlicher Anwendungen in vorkompilierter Form enthalten. Dazu kommt meist ein einfach zu benutzendes Installations-Programm. Zu den bekannteren Distributionen zählen:

- Caldera (`http://www.caldera.com/`), kommerziell,

- Debian (`http://www.debian.org/`),

- Red Hat LINUX (`http://www.redhat.com/`),

- Slackware (`http://www.slackware.org/`),

- SuSE (`http://www.suse.de/`).

Wir haben gute Erfahrungen mit **Red Hat LINUX** gemacht, aber die anderen Distributoren ziehen nach. Neben einem ausgereiften Installations-Programm und einer durchdachten Konfiguration hat Red Hat den Vorteil, das von Red Hat entwickelte **RPM-System** zu verwenden, welches ein einfaches Installieren, Updaten und weitgehend rückstandsfreies Entfernen von Software-Paketen ermöglicht. Dies erleichtert dem Systemverwalter das Leben ungemein. Allerdings gibt es nicht für alle Anwendungsprogramme ein fertiges RPM-Paket. Solche Programme müssen nach wie vor von Hand installiert werden, was Kenntnisse voraussetzt, zumindest aber das gründliche Lesen der beigefügten Dokumentation (README-Files usw.).

Die meisten Distributionen sind auch kostenlos über das Internet zu beziehen. Viele lassen sich sogar direkt aus dem Netz installieren. Dennoch hat der Erwerb einer CD-ROM Vorteile: Man benötigt keine Internet-Verbindung (die im

Normalfall bei Privatleuten ohnehin zu langsam für die Installation ist) und kann jederzeit Software-Pakete nachinstallieren. Der Preis, den man für eine Distribution entrichtet, deckt einerseits die Kosten für die Herstellung der CD und des Begleitmaterials, andererseits unterstützt er die Hersteller der Distribution, die bei ihrer Arbeit auf das Geld aus dem CD-Verkauf angewiesen sind. Die Software selbst ist frei. Für kommerzielle Erweiterungen wie Motif und CDE gilt das natürlich nicht.

3.15.3.4 Installation

Die Einrichtung verläuft bei den meisten Distributionen dank ausgereifter Installationsscripts weitgehend einfach. Im allgemeinen müssen zunächst ein oder zwei Installations-Disketten erstellt werden, wobei darauf zu achten ist, daß nur fehlerfreie, DOS-formatierte Disketten verwendet werden können. Anschließend wird von der Boot-Diskette ein einfaches LINUX-System gestartet. Nun erfolgt die Auswahl des Installationsmediums. Disketten sind beim Umfang der heutigen Distributionen selten, meist erfolgt die Installation von CD-ROM oder von einem Verzeichnis auf einer DOS-Partition. Viele Distributionen erlauben aber auch die Installation von einem NFS-Volume, einer SMB-Share oder einem Anonymous-FTP-Server über das Netz.

Der nächste Schritt besteht im Anlegen von Partitionen für LINUX. Viele Installationsscripts greifen hierzu auf das spartanische fdisk-Programm von LINUX (nicht zu verwechseln mit dem von DOS) zurück, zum Teil finden aber auch einfach zu benutzende Partitionierungstools (z. B. Disk Druid) Verwendung. Normalerweise legt man eine Partition für das Root-Filesystem und eine Swap-Partition an. Diese stellt zusätzlichen virtuellen Arbeitsspeicher zur Verfügung, falls der echte Hauptspeicher einmal nicht ausreichen sollte, ist aber nur eine Notlösung. Wie groß sie sein sollte, hängt vom beabsichtigten Einsatz des Systems ab, bei normalen LINUX-Workstations sind 16-32 MB vollkommen ausreichend. Eventuell will man neben dem Root-Filesystem weitere Partitionen anlegen, zum Beispiel für die Home-Verzeichnisse der Benutzer. Die meisten Installationsscripts fragen nun, welche Partitionen wohin gemountet werden sollen; dabei können auch DOS- und HPFS-Partitionen angegeben werden.

Der Hauptteil der Installation besteht im Auswählen der zu installierenden Programm-Pakete. Intelligente Scripts fragen zuerst, was installiert werden soll, und installieren dann die ausgewählten Pakete, während weniger ausgereifte Scripts vor der Installation jedes Pakets einzeln nachfragen, was während der gesamten Installationsphase Mitarbeit erfordert. Für LINUX-Anfänger ist es zumeist schwierig zu entscheiden, was benötigt wird und was nicht. Dabei sind die Kurzbeschreibungen der Pakete eine gewisse Hilfestellung. Man kann aber problemlos nachinstallieren.

Schließlich fragen die meisten Installationsscripts noch einige Systemeinstellungen ab. Dazu zählen die Zeitzone, das Tastaturlayout, der Maustyp sowie die nötigen Angaben für die TCP/IP-Vernetzung. Diese lassen sich jederzeit nachträglich ändern.

Außerdem bieten die meisten Distributionen an dieser Stelle die Gelegenheit, den LINUX-Loader LILO als Boot-Manager einzurichten, sodaß man beim Booten zwischen LINUX und anderen Betriebssystemen auswählen kann. Mit einigen Tricks lassen sich aber auch die Boot-Manager von IBM OS/2 und Microsoft Windows NT dazu überreden, LINUX zu booten.

Mit etwas Glück kann man dann sein frischerstelltes LINUX-System starten. Zu den ersten Schritten sollte das Setzen eines `root`-Passworts, das Einrichten von Benutzern und das Kompilieren eines auf die eigenen Bedürfnisse zurechtgeschnittenen Kernels sein. Der von der Distribution angebotene, universelle Kernel enthält meist mehr Funktionen, als man braucht. Das kostet unnötig Arbeitsspeicher und kann auch Instabilitäten verursachen.

Um den Kernel neu zu kompilieren, wechselt man zunächst in das Verzeichnis `/usr/src/linux`, in dem man mit `make mrproper` erst einmal für Ordnung sorgt. Anschließend müssen die benötigten Treiber ausgewählt werden. Seit einiger Zeit lassen sich viele Treiber auch als **Kernelmodule** kompilieren; sie sind dann nicht fester Bestandteil des Kernels, sondern liegen in einer eigenen Datei vor und können je nach Bedarf mit `insmod(1)` geladen und `rmmod(1)` wieder entladen werden. Bei entsprechender Konfiguration kann LINUX dies sogar automatisch tun. Durch die Modularisierung weniger häufig benötigter Treiber (z. B. für SCSI-Tapes) spart man während der meisten Zeit Arbeitsspeicher ein. Zur Treiberauswahl gibt es drei Alternativen: Die schlichte Abfrage aller möglichen Komponenten mit `make config`, die menügestützte Abfrage mit `make menuconfig` und (soweit man das X Window System und TCL/TK installiert hat) ein komfortables Konfigurationsprogramm mit `make xconfig`. Im nächsten Schritt werden die Kernel-Sources auf das Kompilieren vorbereitet: `make dep` und `make clean`. Jetzt kann der Kompilationsvorgang mit `make zImage` gestartet werden. Er dauert, je nach Systemleistung und ausgewählten Komponenten, zwischen fünf Minuten und über einer Stunde. Hat man bei der Kernel-Konfiguration angegeben, einige Komponenten als Module zu kompilieren, müssen diese noch mit `make modules` erzeugt werden. Der fertige Kernel findet sich im Unterverzeichnis `arch/i386/boot` als Datei `zimage`, die Module werden mit `make modules_install` in `/lib/modules` installiert. Eventuell bereits vorhandene Module sollte man vorher in ein anderes Verzeichnis verschieben.

Zur Installation des Kernels ist die Datei `/etc/lilo.conf` zu editieren und anschließend durch Aufruf des Programms `lilo(8)` der LINUX-Loader neu zu installieren.

3.15.3.5 GNU und LINUX

Viele der Programme, ohne die LINUX kein vollständiges UNIX-System wäre, entstanden im Rahmen des GNU-Projekts der Free Software Foundation. Neben zahllosen kleinen, aber nützlichen oder sogar systemwichtigen Utilities wie GNU `tar`, GNU `awk` usw. zählen hierzu:

- `gzip`, das GNU Kompressions-Utility,

- `bash`, die Bourne-Again Shell,

- `emacs`, der große Editor,

- `gcc`, der GNU-C/C++-Compiler, ohne den LINUX nie entstanden wäre,

- `glibc`, die GNU-C-Funktionsbibliothek (bekannt unter den Bezeichnungen glibc2 aka libc6), die nach und nach die alte LINUX-C-Bibliothek (libc5) ersetzen wird.

Darüber hinaus unterliegen viele Programme, die unter LINUX benutzt werden, der GNU Public License (GPL). Hierzu zählt auch der LINUX-Kernel selbst.

3.15.3.6 XFree - X11 für LINUX

LINUX wäre keine Alternative zu anderen modernen Betriebssystemen ohne eine grafische Benutzeroberfläche. Diese kommt in Gestalt des auf UNIX-Systemen üblichen X Window Systems (X11). Soweit man nicht einen kommerziellen X-Server vorzieht, was in den meisten Fällen nicht lohnenswert ist und oft sogar noch zusätzlichen Aufwand bei der Systemverwaltung erfordert, wird man die Implementation von XFree (`http://www.xfree86.org/`) verwenden. Diese besteht einerseits aus X-Servern, darunter verschiedene beschleunigte für bessere Grafik-Karten, andererseits aus einigen Utilities.

Produktiv einsetzbar wird X11 erst durch einen guten **Window Manager**. Hier bietet LINUX eine Vielzahl von Möglichkeiten. Am weitesten verbreitet ist wahrscheinlich FVWM, der neuerdings durch seinen Windows 95-Look Umsteigern eine vertraute Oberfläche bietet. Das kommerzielle Motif-Paket mit seinem eigenen Motif Window Manager gibt es natürlich auch für LINUX; es durch eine kompatible, aber freie Widget-Bibliothek und einen Window-Manager zu ersetzen, ist das Ziel des LessTif-Projekts. Darüberhinaus existieren einige exotische Window-Manager wie Enlightenment und Afterstep, der dem LINUX-Desktop das Look + Feel von NextStep verleihen soll.

3.15.3.7 K Desktop Environment (KDE)

Eine junge, aber dennoch schon ausgereifte und verbreitete Benutzeroberfläche für LINUX und andere UNIX-Betriebssysteme stellt das K Desktop Environment (`http://www.kde.org/`) dar. Die Tatsache, daß viele LINUX-Distributionen KDE noch während der Beta-Phase in ihren Umfang aufgenommen haben, läßt es als wahrscheinlich erscheinen, daß KDE in Zukunft die Standard-Arbeitsumgebung unter LINUX und anderen freien UNIX-Systemen werden wird (oder dies bereits ist).

KDE ist mehr als nur ein Window Manager. Es ist vielmehr eine integrierte Obefläche, die dem Benutzer durch Eigenschaften wie Cut & Paste, Drag & Drop und Kontext-Menüs, aber auch durch neue Programme wie einen sehr leistungsfähigen File-Manager, der zugleich ein Web-Browser ist, sowie vielen kleinen graphischen Utilities, die zum Beispiel das bequeme Konfigurieren der Desktops ermöglichen, eine moderne und intuitive Arbeitsumgebung bereitstellt.

So zeigt KDE, daß UNIX nicht immer kryptische Konfigurationsdateien und für Anfänger schwierig zu benutzende Programme bedeuten muß und beseitigt damit ein Defizit, das bisher viele Benuzter vom Umstieg auf eines der freien UNIXe ohne das kommerzielle CDE abhielt.

Neben der eigentlichen Obefläche gibt es bereits eine große Menge an Programmen, die von den erweiterten Möglichkeiten von KDE Gebrauch machen. Einige davon, darunter ein einfacher Text-Editor, ein Email-Client, ein Newsreader sowie der K Configuration Manager sind in der offiziellen KDE-Distribution erhalten. Darüberhinaus existieren viele weitere nützliche Programme wie KISDN, welches die einfache Einrichtung eines Internet-Zuganges über ISDN gestattet, oder KMPG, ein Wiedergabe-Programm für das Sound-Dateiformat MPEG 1 Layer 3 (MP3).

Mit dem Erreichen der Versionsnummer 1.0 hat KDE einen Entwicklungsstand erreicht, der es erlaubt, es als stabile und bequeme Oberfläche für die tägliche Arbeit unter LINUX einzusetzen.

KDE setzt auf der von der norwegischen Firma Troll Tech AS, Oslo (`http://www.troll.no/`) entwickelten **Qt-Bibliothek** auf. Diese ist für freie UNIX-Anwendungen frei verfügbar und enthält eine Sammlung von Widgets für Entwickler von grafischen Benutzer-Oberflächen unter X11 und Microsoft Windows NT/95. Die Einarbeitung in die Qt- und KDE-Bibliotheken stellt für einigermaßen erfahrene C++-Programmierer kein Problem dar, die Leistungsfähigkeit und das intelligente Design ermöglichen es, recht schnell graphische Benutzeroberflächen zu gestalten und bereiten dem Einsteiger somit bald Erfolgserlebnisse. Im kommerziellen Einsatz kostet die Qt-Biliothek etwas, auch norwegische Trolle müssen ihren Lebensunterhalt verdienen.

Eine weitere integrierte Arbeitsoberfläche für LINUX und andere UNIXe stellt das auf dem GIMP ToolKit (gtk+) basierende **GNU Network Object Model Environment** (GNOME) dar. Sowohl GNOME als auch das GTK unterliegen nur GNU-Lizenzen und sind somit im privaten wie kommerziellen Einsatz frei. GNOME sieht ähnlich aus wie KDE (insbesondere das Panel), ist aber noch nicht so vollständig und umfangreich wie KDE.

3.15.3.8 Dokumentation

Als freies Betriebssystem kommt LINUX in den meisten Fällen ohne gedruckte Dokumentation daher. Viele Distributionen enthalten zwar ein einfaches Handbuch, das aber nur die Installation und die einfachsten Verwaltungsaufgaben erklärt. Dafür ist die Online-Dokumentation erheblich besser als die der meisten kommerziellen Betriebssysteme.

Neben den oft benötigten `man`-Pages, die man von einem UNIX-System erwartet, sind es vor allem die zu vielen verschiedenen Aspekten von LINUX verfügbaren, sehr hilfreichen HOWTOs und Mini-HOWTOs, die für den System-Manager, aber auch den Endanwender interessant sind. Sie werden von sogenannten Maintainern gepflegt und weisen eine übersichtliche Gliederung auf. Vom Umfang her noch geeignet, eine kurze Einführung in ein bestimmtes Gebiet zu geben, fassen sie alle wesentlichen Informationen zusammen. Sie sind von `ftp://sunsite.unc.edu/pub/Linux/docs/HOWTO/` zu bekommen, allerdings ist dieser Host hoch belastet, so daß man sich einen Mirror in der Nähe suchen sollte, siehe `http://sunsite.unc.edu/pub/Linux/MIRRORS.html#Europe`. Zu den wichtigeren HOWTOs gehören:

- das DOS-to-LINUX-HOWTO mit Hinweisen, wie man von DOS zu LINUX wechselt,

- das German-HOWTO, das Tips für deutsche Benutzer gibt,

- das Hardware-HOWTO, das eine (nicht unbedingt aktuelle) Liste der von LINUX unterstützten Hardware enthält,

- das Kernel-HOWTO bei Fragen zum Kernel, insbesondere zum Kompilieren des Kernels,

- das NET-2-HOWTO mit Hilfen zur Netzkonfiguration,

- das Distribution-HOWTO mit einer Übersicht über die LINUX-Distributionen,

insgesamt rund hundert HOWTOs und hundert Mini-HOWTOs. Bei Problemen sollte man also zuerst einmal einen Blick in `/usr/doc/HOWTO` werfen. Die Chancen, daß ein anderer das Problem schon gelöst hat, stehen nicht schlecht.

Darüberhinaus entstehen im Rahmen des LINUX Documentation Projects (LDP) verschiedene umfangreiche Dokumentationen, die einen großen Bereich der Systemverwaltung wie die Einrichtung von Netzen, das Schreiben von Kernel-Treibern usw. abdecken. Zu den Veröffentlichungen des LDP zählen:

- der LINUX Programmer's Guide,

- der Network Administrator's Guide,

- der System Administrator's Guide.

Die meisten Dokumentations-Files sind im Verzeichnis `/usr/doc` abgelegt. Im WWW finden sie sich auf **sunsite.unc.edu/mdw/linux.html**. Von dort gelangt man auch zu FAQs und weiteren Veröffentlichungen. Auf unserer WWW-Seite **www.ciw.uni-karlsruhe.de/technik.html** ist LINUX natürlich auch gut vertreten.

Aktive Unterstützung bei Problemen erhält man im Internet in den LINUX-Newsgruppen (`comp.os.linux.*`, `linux.*`). Bei der Auswahl der richtigen Newsgruppe für eine Frage sollte man darauf achten, daß solche Fragen, die nicht speziell LINUX betreffen, sondern ein Programm, das auch auf anderen UNIX-Systemen verfügbar ist, häufig nicht in die LINUX-Hierarchien gehören.

3.15.3.9 Installations-Beispiel

Abschließend sei noch als Beispiel der Einsatz eines LINUX-Rechners genannt, der unser Hausnetz (Domestic Area Network, DAN) mit dem Internet verbindet. Diese Konfiguration dürfte auf viele kleinere Netze zutreffen, beispielsweise in Schulen. Der Rechner selbst ist ein PC 486-120 mit 32 MB RAM und 1 GB Festplatte, also ein recht genügsames System. Er verfügt über eine Ethernet-Karte am hauseigenen DAN und eine ISDN-Karte für die Verbindung zum Rechenzentrum einer Universität, das den Provider spielt.

Als besonders nützlich hat sich die Fähigkeit des LINUX-Kernels erwiesen, ein ganzes Subnetz hinter einer einzigen IP-Adresse zu verstecken (IP Masquerading), was neben der Schonung des knapp werdenden Adressraums auch einen

Sicherheitsvorteil mit sich bringt. Die Masquerading-Funktion von LINUX bietet mittlerweile sogar Unterstützung für Protokolle wie FTP, IRC und Quake, die eine besondere Umsetzung erforden.

Um den Internet-Zugang zu entlasten, laufen auf dem LINUX-Rechner ein Proxy (`squid`), der WWW-Seiten zwischenspeichert für den Fall, daß sie mehrmals angefordert werden sollten, sowie ein News- Server, der uns das Lesen einiger ausgewählter Newsgruppen ohne Internet-Verbindung (offline) ermöglicht. Jede Nacht werden automatisch wartende Emails sowie neue News-Artikel abgeholt. Darüberhinaus dient der LINUX-Rechner auch als Fax-Server, sowohl für eingehende als auch ausgehende Fax-Nachrichten, und als File- Server, wobei neben NFS auch das Windows-Protokoll SMB unterstützt wird. Das System läuft bei uns seit Mitte 1997 und hat sich auch unter harten Bedingungen (was die Internet-Nutzung angeht) bewährt.

Als Clients greifen von den Arbeitsplätzen aus Computer unter LINUX, FreeBSD, Novell DOS und Microsoft Windows NT 4.0 auf den LINUX-Server zu. Die beiden UNIX-Systeme verfügen selbstverständlich über alle UNIX-üblichen Internet-Programme, für DOS gibt es ebenfalls Clients für Telnet, FTP und den Textmode-WWW-Browser Lynx, darüberhinaus sogar einen X-Server und einen Telnet-Server. Unter MS Windows werden viele Internet-Programme wie MS Explorer, Netscape Navigator, FTP-Clients und Real-Audio verwendet.

3.15.4 386BSD, NetBSD, FreeBSD ...

386BSD ist ein UNIX-System von WILLIAM FREDERICK JOLITZ und LYNNE GREER JOLITZ für Prozessoren ab 80386 aufwärts, ebenfalls copyrighted, für private Zwecke frei nutzbar und darf nicht mit dem kommerziellen Produkt BSD/386 verwechselt werden. Der Original Point of Distribution ist `agate.berkeley.edu`, gespiegelt von `gatekeeper.dec.com` und anderen. 386BSD entwickelt sich langsamer als LINUX und unterstützt eine zum Teil andere Hardwareauswahl als dieses. Näheres in der Zeitschrift IX 1992, Nr. 5, S. 52 und Nr. 6, S. 30.

NetBSD, **OpenBSD** und **FreeBSD** sind ebenfalls UNIX-Systeme aus Berkeley, die verwandt mit 386BSD sind und darauf aufbauen; genauso für nichtkommerzielle Zwecke kostenfrei nutzbar. NetBSD ist auf eine große Anzahl von Prozessortypen portiert worden. Worin die Unterschiede liegen, auch zu LINUX, wie die Zukunft aussieht und wer wo mitarbeitet, ist schwierig zu ermitteln. Archie oder das WWW fragen:

- `http://www.freebsd.org`,

- `http://www.netbsd.org`,

- `http://www.openbsd.org`.

The galaxy is a rapidly changing place, schreibt DOUGLAS ADAMS.

3.15.5 MKS-Tools und andere

Die UNIX-Werkzeuge einschließlich der Shells oder Kommando-Interpreter sind Programme. Sie lassen sich auf andere Computer und andere Betriebssysteme umschreiben. Warum sollte es unter MS-DOS oder OS/2 keine Kornshell `ksh(1)` und keinen Editor `vi(1)` geben?

Die MKS-Tools der Firma Mortice Kern Systems stellen auf PCs unter MS-DOS rund zweihundert UNIX-Werkzeuge bereit. Sie sind kein Betriebssystem und machen aus MS-DOS kein Mehrbenutzersystem, aber ein UNIX-Fan arbeitet damit auf dem PC in gewohnter Weise, vor allem mit dem `vi(1)`.

Im einfachsten Fall kopiert man die Werkzeuge in ein eigenes Unterverzeichnis und fügt dieses der Befehlspfadvariablen `PATH` zu, vor oder nach dem DOS-Verzeichnis, ganz nach gusto.

Man kann es aber auch raffinierter machen. Beim Start von MS-DOS wird im File `config.sys` der Kommandointerpreter `command.com` geladen und gestartet. Nimmt man stattdessen das MKS-Tool `init.exe`, so ist dies das erste laufende Programm und tut das, was man unter UNIX von `init(1M)` erwartet. Es arbeitet die `inittab(4)` durch und startet einen `getty(1M)`-Prozess (unter MS-DOS natürlich nur einen). Dieser fordert zum `login` auf, ganz wie auf einem UNIX-System. Rest wie gewohnt. Die Zugriffsrechte der Dateien sind eine Frage des File-Systems, also eines Teils des Betriebssystems. Sie bleiben daher MS-DOS-üblich. Die Sitzung hingegen ist UNIX-haft, sogar der Schrägstrich zur Trennung der Dateinamen (der wesentlichste Unterschied zwischen UNIX und MS-DOS) läßt sich umpolen. Der Spaß kostet rund 600 DM.

Falls man mit weniger Werkzeugen zufrieden ist, kann man die Kosten auf etwas Suchen im Netz verringern. Von vielen häufig gebrauchten UNIX-Kommandos gibt es Nachempfindungen für MS-DOS auf Anonymous-FTP-Servern, von manchen sogar mehrere. Hier eine Auswahl einiger Pakete:

- b6pack: size, space, touch, wc, when, words

- danix: cat, chmod, cut, cwd, head, ls, man, paste, ptime, tail, touch, wc

- dantools: atob, btoa, cal, cat, chmod, compress, detab, dump, entab, head, pr, swchar, tail, touch, udate, uudecode, uuencode

- dosix: df, du, head, rm, touch, wc

- dskutl: chmod, cp, du, find, ls, mv, page, rm samt zugehörigen Handbuchseiten

- rstlkit: aa, at, bcmp, chmod, df, diff, dr, du, head, lynx, mb, mv, pr, pwd, rgrep, rm, swap, tee, timex, touch, trim, wc

- uxutl: basename, cat, cmp, cpio, date, df, du, fgrep, find, grep, ls, mkdir, mv, od, rm, rmdir, sleep, sort, tee, touch, uniq, wc

- ztools: ascdump, cd, copy, del, dir, fa, find, grep, key, move, size, space, touch

Darüber hinaus gibt es noch Nachempfindungen einzelner Kommandos wie `make(1)`, `tar(1)`, `awk(1)` und `more(1)`. Zum Teil ist der Quellcode verfügbar, so daß einer Portierung oder Ergänzung nichts im Wege steht.

3.16   Exkurs über Informationen

Die im Text verstreuten Exkurse – Abschweifungen vom Thema UNIX, C und Internet – braucht man nicht sogleich zu lesen. Sie gehören zum Allgemeinwissen in der Informatik und runden das Spezialwissen über UNIX und C/C++ ab.

Im Abschnitt 1.1 *Was macht ein Computer?* auf Seite 1 sprachen wir von Informationen, Nachrichten oder Daten. Es gibt noch mehr Begriffe in diesem Wortfeld:

- Signal,

- Datum, Plural: Daten,

- Nachricht,

- Information,

- Wissen,

- Verstand, Vernunft, Intelligenz, Weisheit ...

Zur Frage des PILATUS versteigt sich die Informatik nicht, obwohl sie viel von *true* und *false* spricht. Wir lassen auch die Intelligenz natürlichen oder künstlichen Ursprungs außer Betracht – das heißt wir empfehlen das Nachdenken darüber als Übungsaufgabe – und beschränken uns auf die genauer, wenn auch nicht immer einheitlich bestimmten Begriffe von Signal bis Wissen.

Ein **Signal** ist die zeitliche Änderung einer physikalischen Größe, die von einer Signalquelle hervorgerufen wird mit dem Zweck, einem Signalempfänger eine Nachricht zu übermitteln. Nicht jede zeitliche Änderung einer physikalischen Größe ist ein Signal, der Zweck fehlt: ein Steigen der Lufttemperatur infolge Erwärmung durch die Sonne ist keines. Auch hängt das Signal vom Empfänger ab, der Warnruf eines Eichelhähers ist kein Signal für einen Menschen, wohl aber für seine Artgenossen. Die Zeit gehört mit zum Signal, sie ist manchmal wichtiger (informationsträchtiger) als die sich ändernde physikalische Größe, denken Sie an die Haustürklingel. In der UNIX-Welt hat der Begriff *Signal* darüber hinaus eine besondere Bedeutung, siehe `signal(2)`.

Nimmt die Signalgröße nur Werte aus einem endlichen Vorrat deutlich voneinander unterschiedener (diskreter) Werte an, so haben wir ein **digitales** Signal im Gegensatz zu einem **analogen**. Die Signale der Verkehrsampeln sind digital, auch wenn sie nichts mit Zahlen zu tun haben. Die Zeigerstellung einer herkömmlichen Uhr hingegen ist ein analoges Signal.

Ein Element aus einer zur Darstellung von Informationen zwischen Quelle und Empfänger vereinbarten Menge digitaler Signale (Zeichenvorrat) ist ein **Zeichen** (character). Signale, die aus Zeichen bestehen, werden **Daten** genannt. *Daten* ist die Pluralform zu *Datum* = lat. das Gegebene. Einige Autoren verstehen unter Daten anders als obige Definition aus dem Informatik-Duden Nachrichten samt den ihnen zugeordneten Informationen. So oder so füllen die Daten den Massenspeicher immer schneller als erwartet.

Eine bestimmte (konkrete) **Nachricht**, getragen von einem Signal, überbringt eine von der Nachricht lösbare (abstrakte) **Information**. Ein Beispiel: die Information vom Untergang eines Fährschiffes läßt sich durch eine Nachricht in deutscher, englischer, französischer usw. Sprache übertragen. Die Information bleibt dieselbe, die Nachricht lautet jedesmal anders. Darüber hinaus kann jede dieser Nachrichten nochmals durch verschiedene Signale dargestellt werden. Der eine erfährt sie im Fernsehen, der andere im Radio, der dritte per Email oder Brief. Inwieweit die Nachricht die Information beeinflußt, also *nicht* von ihr zu lösen ist, macht Elend und Glanz der Übersetzung aus.

Eine Nachricht kann für mich belanglos sein (keine Information enthalten), falls ich sie entweder schon früher einmal empfangen habe oder sie aus anderen Gründen keinen Einfluß auf mein Verhalten hat. Dieselbe Nachricht kann für einen anderen Empfänger äußerst wichtig sein (viel Information enthalten), wenn beispielsweise auf der havarierten Fähre Angehörige waren.

Verschlüsselte Nachrichten ermöglichen nur dem Besitzer des Schlüssels die Entnahme der Information. Schließlich kommen auch gar nicht selten mehrdeutige Nachrichten vor. Ein Bauer versteht unter *Schönem Wetter* je nach dem Wetter der vergangenen Wochen etwas anderes als ein Tourist. Selbst ein Bergsteiger zieht auf gewissen Hüttenanstiegen einen leichten Nieselregen einer gnadenlos strahlenden Sonne vor. Die kaum zu vermeidende Mehrdeutigkeit von Klausuraufgaben hat schon Gerichte beschäftigt. In ähnlicher Weise, wie hier zwischen Nachricht und Information unterschieden wird, trennt die Semantik (Bedeutungslehre, ein Zweig der Linguistik, die Lehre nicht von den Sprachen, sondern von der Sprache schlechthin) die Bezeichnung von der Bedeutung.

In einem Handwörterbuch von 1854 wird unter *Nachricht* die mündliche oder schriftliche Bekanntmachung einer in der Ferne geschehenen Sache verstanden, womit die Ortsabhängigkeit des Informationsgehaltes einer Nachricht angesprochen wird. Ein Blick in das Duden-Herkunftswörterbuch belehrt uns, daß eine Nachricht ursprünglich etwas war, wonach man sich zu richten hatte, eine Anweisung. Und ein gewisser General CARL VON CLAUSEWITZ bezeichnet mit dem Worte *Nachrichten* etwas einseitig *die ganze Kenntnis, welche man von dem Feinde und seinem Lande hat, also die Grundlage aller eigenen Ideen und Handlungen.* Wir stimmen jedoch vollinhaltlich seiner Meinung zu, daß ein großer Teil der Nachrichten widersprechend, ein noch größerer falsch und bei weitem der größte einer ziemlichen Ungewißheit unterworfen sei. Deshalb hat der Mensch eine Fehlertoleranz entwickelt, um den ihn die Computer noch lange beneiden.

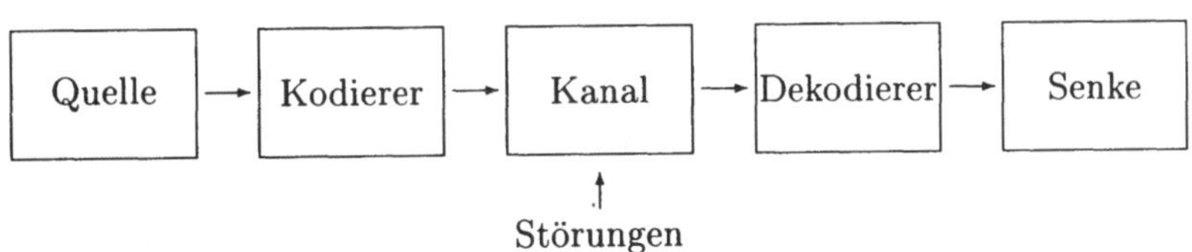

Abb. 3.12: Übertragung einer Information, Modell nach C. E. Shannon

Im antiken Rom bedeutete *informieren* jemanden durch Unterweisung bilden oder formen, daher *informatio* = Begriff, Vorstellung, Darlegung, Unterweisung, Belehrung. Einen genaueren und daher nur begrenzt verwendbaren Begriff der

Information gebraucht CLAUDE ELWOOD SHANNON in der von ihm begründeten **Informationstheorie**. Wir betrachten den Weg einer Nachricht von einer Nachrichtenquelle (source) durch einen Kodierer (coder), einen Übertragungskanal (channel) und einen Dekodierer (decoder) zum Empfänger oder zur Nachrichtensenke (sink), siehe Abb. 3.12 auf Seite 275. Die Quelle sind Menschen, Meßgeräte oder ihrerseits zusammengesetzte Systeme. Der Kodierer paßt die Quelle an den Kanal an, der Dekodierer den Kanal an die Senke. Stellen Sie sich als Quelle einen Nachrichtensprecher vor, als Kodierer die Technik vom Mikrofon bis zur Sendeantenne, als Kanal den Weg der elektromagnetischen Wellen, als Dekodierer Ihr Radio von der Antenne bis zum Lautsprecher, und als Senke dürfen Sie selbst auftreten. Oder Sie sind die Quelle, Ihre Tastatur ist der Kodierer, der Speicher ist der Kanal, die Hard- und Software für die Ausgabe (Bildschirm) bilden den Dekodierer, und schließlich sind Sie oder ein anderer Benutzer die Senke. Die Quelle macht aus einer Information eine Nachricht und gibt formal betrachtet Zeichen mit einer zugehörigen Wahrscheinlichkeit von sich. Was die Zeichen bedeuten, interessiert SHANNON nicht, er kennt nur die trockene Statistik. Der Kodierer setzt mittels einer Tabelle oder eines Regelwerks die Nachricht in eine für den Kanal geeignete Form um, beispielsweise Buchstaben in Folgen von 0 und 1. Der Dekodierer macht das gleiche in umgekehrter Weise, wobei die Nachricht nicht notwendig die ursprüngliche Form annimmt: Die Ausgabe einer über die Tastatur eingegebenen Nachricht geschieht praktisch nie durch Tastenbewegungen. Der Kanal ist dadurch gekennzeichnet, daß er Signale verliert und auch hinzufügt. Die Senke zieht aus der Nachricht die Information heraus, möglichst die richtige. Das Ganze läßt sich zu einer stark mathematisch ausgerichteten Wissenschaft vertiefen, der man die Verbindung zum Computer nicht mehr ansieht.

Im Kodieren und Dekodieren steckt eine Menge Intelligenz. Eine Nachricht kann nämlich zweckmäßig kodiert werden, das heißt so, daß sie wenig Ansprüche an den Kanal stellt. Ansprüche sind Zeit bei der Übertragung und Platzbedarf beim Speichern. Damit sind wir wieder bei UNIX: es gibt Programme wie `gzip(1)` zum Umcodieren von Daten, die ohne Informationsverlust die Anzahl der Bytes verringern, so daß weniger Speicher und bei der Übertragung weniger Zeit benötigt werden. Umgekehrt läßt sich die Sicherheit der Aufbewahrung und Übertragung durch eine Vermehrung der Bits oder Bytes verbessern. In vielen PCs wird daher 1 Byte in 9 Bits gespeichert. Bei der Bildverarbeitung wachsen die Datenmengen so gewaltig, daß man bei der Kodierung Verluste hinnimmt, die die Senke gerade noch nicht bemerkt, genau so bei der Musik-CD.

Wissen auf Knopfdruck? Manches, was im Computer gespeichert ist, bezeichnen wir als **Wissen**, sobald es in unserem Kopf gelandet ist. Trotzdem zögern wir, beim Computer von Wissen zu sprechen (und schon gar nicht von Bewußtsein). Fragen wir ein Lexikon der Informatik: Wissen (knowledge) *ist eine geheimnisvolle Mischung aus Intuition, Erfahrung, Informiertheit, Bildung und Urteilskraft.* Ähnlich dunkel sind auch unsere eigenen Vorstellungen; befragen wir ein anderes Buch: *Wissen ist Information, die aufgeteilt, geformt, interpretiert, ausgewählt und umgewandelt wurde. Tatsachen allein sind noch kein Wissen. Damit Information zu Wissen wird, müssen auch die wechselseitigen ideellen Beziehungen klar sein.* Ende des Zitates, nichts ist klar.

Jemand, der alle Geschichtszahlen aus dem Großen Ploetz oder aus einer Enzyklopädie auswendig kann, wird zwar bestaunt, aber nicht als kenntnisreich oder klug angesehen, eher im Gegenteil. Erst wenn er die Tatsachen zu verknüpfen und auf neue Situationen anzuwenden weiß, beginnen wir, ihm Wissen zuzubilligen. Andererseits kommt das Denken nicht ohne Tatsachen aus, Geschichtswissen ohne die Kenntnis einiger Jahreszahlen ist kaum vorstellbar. Die Strukturierung der Tatsachen in Hierarchien (denken Sie an die Einordnung der Taschenratte alias Gopher) oder verwickelteren Ordnungen (semantischen Netzen) mit Kreuz-und-Quer-Beziehungen, das Verbinden von Tatsachen nach Regeln, die ihrerseits wieder geordnet sind, und die Anwendung des Wissens auf noch nicht Gewußtes scheinen einen wesentlichen Teil des Wissens auszumachen. Das den Computern beizubringen, ist ein Ziel der Bemühungen um die **Künstliche Intelligenz** (KI, englisch AI). Datenbanken, Expertensysteme und Hypermedia sind erste Schritte auf einem vermutlich langen Weg. Ehe wir uns weiter auf dessen Glatteis begeben, verweisen wir auf die Literatur.

Wenden wir uns zum Abschluß wieder den bodennäheren Schichten der Information zu. Viele Pannen im Berufs-, Vereins-, Partei- und Familienleben rühren einfach daher, daß die Informationen nicht richtig flossen. Dabei lassen sich solche Pannen mit relativ wenig Aufwand vermeiden, indem man frühzeitig dem Informationswesen etwas Aufmerksamkeit widmet. Einige Erfahrungen eines ergrauten Post- und Webmasters:

- Falsche Informationen sind gefährlicher als fehlende (Das wissen die Geheimdienste schon lange).

- Der Zeitpunkt der Übermittlung einer Information kann wichtiger sein als der Inhalt.

- Viele Informationen haben außer ihrem Sachinhalt auch eine emotionelle Seite, der nicht mit Sachargumenten beizukommen ist. Beispielsweise spielt die Reihenfolge, in der Empfänger benachrichtigt werden, eine Rolle.

- Guten Informationen muß man hinterherlaufen, überflüssige kommen von allein.

- Informationen altern.

- Eine Information zusammenstellen, ist eine Sache, sie auf dem laufenden zu halten, eine andere. Die zweite Aufgabe ist mühsamer, da sie kein Ende nimmt. Gilt insbesondere für die Einrichtung von WWW-Servern und -Seiten.

4 Programmieren in C/C++

Dieses Kapitel erklärt die Kunst des Programmierens anhand der Sprache C/C++. Grundkenntnisse im Programmieren in einer anderen Sprache (BASIC, FORTRAN, PASCAL, COBOL) sind hilfreich.

4.1 Grundbegriffe

4.1.1 Warum braucht man Programmiersprachen?

Von einer Anweisung in einer höheren Programmiersprache bis zu den Nullen und Einsen im Befehlsregister des Prozessors ist ein weiter Weg. Wir wollen diesen Weg schrittweise an Hand eines kleinen, aber weltweit bekannten Programmes verfolgen. Das Programm schreibt den Gruß *Hallo, Welt!* auf den Bildschirm. Weitere Exemplare dieses Programmes in über 200 Programmiersprachen finden sich bei der Louisiana Tech University unter:

```
http://www.latech.edu/~acm/HelloWorld.shtml
```

Als erstes das Programm, so wie es ein C-Programmierer schreibt:

```
/* hallo.c, C-Programm */

#include <stdio.h>

int main()
{
printf("Hallo, Welt!\n");
return 0;
}
```

Das Aussehen wird durch den ANSI-C-Standard bestimmt, letzten Endes durch die Leute, die die Sprache C entwickelt haben. Diese Form des Programmes wird von geübten Programmierern verstanden und **Programmquelle** genannt. Die Maschine kann nichts damit anfangen.

Damit das Programm von einer Maschine ausgeführt werden kann, muß es übersetzt werden. Hierzu wird ein weiteres Programm, ein Compiler, herangezogen. Im Fall von C läuft dieser Vorgang in mehreren Schritten ab. Wir verwenden hier den GNU-C-Compiler unter DOS auf einem PC. Im ersten Schritt werden der für die Maschine unbedeutende Kommentar entfernt und die mit einem Doppelkreuz beginnenden Präprozessor-Anweisungen ausgeführt. Das Ergebnis sieht leicht gekürzt so aus:

```
# 1 "hallo.c"
# 1 "c:/djgpp/include/stdio.h" 1 3
# 1 "c:/djgpp/include/sys/djtypes.h" 1 3
# 12 "c:/djgpp/include/stdio.h" 2 3

typedef void *va_list;
typedef long unsigned int size_t;
typedef struct {
  int    _cnt;
  char *_ptr;
  char *_base;
  int    _bufsiz;
  int    _flag;
  int    _file;
  char *_name_to_remove;
} FILE;

extern FILE __dj_stdin, __dj_stdout, __dj_stderr;

void     clearerr(FILE *_stream);
int      fclose(FILE *_stream);
int      feof(FILE *_stream);
.
.
int      printf(const char *_format, ...);
.
.
int      vsprintf(char *_s, const char *_format, va_list _ap);

extern FILE __dj_stdprn, __dj_stdaux;

# 3 "hallo.c" 2

int main()
{
printf("Hallo, Welt!\n");
return 0;
}
```

Wir erkennen, daß der Präprozessor eine Reihe von Zeilen hinzugefügt hat. Im
Prinzip könnte das auch der Programmierer machen, doch so erspart man sich
viel routinemäßige Arbeit.

Im zweiten Schritt wird das C-Programm in ein Assembler-Programm übersetzt:

```
        .file    "hallo.c"
gcc2_compiled.:
___gnu_compiled_c:
.text
LC0:
        .ascii "Hallo, Welt!\12\0"
        .align 2
.globl _main
_main:
        pushl %ebp
```

```
        movl %esp,%ebp
        call ___main
        pushl $LC0
        call _printf
        addl $4,%esp
        xorl %eax,%eax
        jmp L1
        .align 2,0x90
L1:
        leave
        ret
```

Selbst diese, bereits schwerer verständliche Form könnte ein erfahrener Programmierer noch von Hand schreiben. Früher gab es nichts anderes. Die Assembler-Anweisungen werden zu einem wesentlichen Teil durch den Hersteller der CPU bestimmt, hier also durch Intel. Das Assembler-Programm ist an die Hardware und das Betriebssystem gebunden.

Nun folgt als dritter Schritt die Übersetzung des Assemblerprogramms in ein Maschinenprogramm, hier gekürzt und mit Hexadezimalzahlen anstelle der Nullen und Einsen wiedergegeben:

```
4c01 0300 66da 7d31 da00 0000 0d00 0000
0000 0401 2e74 6578 7400 0000 0000 0000
0000 0000 3000 0000 8c00 0000 bc00 0000
0000 0000 0300 0000 2000 0000 2e64 6174
6100 0000 3000 0000 3000 0000 0000 0000
0000 0000 0000 0000 0000 0000 0000 0000
4000 0000 2e62 7373 0000 0000 3000 0000
```

Diese Form ist für einen Menschen nicht mehr verständlich, stattdessen für die Maschine, weshalb sie als Maschinencode bezeichnet wird. Ein Zurück-Übersetzen in Assemblercode ist nur sehr eingeschränkt möglich.

Obige Form ist jedoch immer noch nicht ausführbar. Wir verwenden eine Standard-Funktion `printf()` zur Ausgabe auf den Bildschirm. Auch hinter dem Wörtchen `main` verbirgt sich einiges. Deren Code muß noch hinzugefügt werden, dann kann die Maschine loslegen mit der Begrüßung. Diesen letzten Schritt vollzieht der Linker. Der Anfang des ausführbaren Programmes `hallo.exe` sieht nicht besser aus als vorher, der Umfang des Programmfiles ist größer geworden:

```
4d5a 0000 0400 0000 2000 2700 ffff 0000
6007 0000 5400 0000 0d0a 7374 7562 2e68
2067 656e 6572 6174 6564 2066 726f 6d20
7374 7562 2e61 736d 2062 7920 646a 6173
6d2c 206f 6e20 5475 6520 4a61 6e20 3330
2032 333a 3433 3a35 3820 3139 3936 0d0a
5468 6520 5354 5542 2e45 5845 2073 7475
```

Das müßte ein Programmierer schreiben, gäbe es keine höheren Programmiersprachen. Deren Notwendigkeit dürfte klar geworden sein.

Eine Programmiersprache wird von zwei Seiten her entwickelt. Von oben, den zu programmierenden Aufgaben her, kommen die Anforderungen an die Sprache. Von unten, der Hardware (CPU) und dem Betriebssystem her kommen die Möglichkeiten zur Lösung der Aufgaben. Der Compilerbauer muß beide Seiten im Auge haben, wenn er beispielsweise einen C-Compiler für das Betriebssystem DOS auf einem Intel-Prozessor schreibt. Wer sich näher für Compiler interessiert, kann mit dem Buch von ALFRED V. AHO beginnen.

4.1.2 Sprachenfamilien

Hat man eine Aufgabe, ein Problem zu lösen, so kann man drei Abschnitte unterscheiden:

- Aufgabenstellung,

- Lösungsweg,

- Ergebnis.

Das Ergebnis ist nicht bekannt, sonst wäre die Aufgabe bereits gelöst. Die Aufgabenstellung und erforderlichenfalls einen Lösungsweg sollten wir kennen.

Mithilfe der bekannten Programmiersprachen von BASIC bis C++ beschreiben wir den Lösungsweg in einer für den Computer geeigneten Form. Diese Programmiersprachen werden als **algorithmische** oder **prozedurale** Programmiersprachen im weiteren Sinn bezeichnet, weil die Programme aus Prozeduren bestehen, die Anweisungen an den Computer enthalten (lateinisch *procedere* = vorangehen). Diese Familie wird unterteilt in die imperativen oder prozeduralen Sprachen im engeren Sinne einerseits und die objektorientierten Sprachen andererseits (lateinisch *imperare* = befehlen).

Bequemer wäre es jedoch, wir könnten uns mit der Beschreibung der Aufgabe begnügen und das Finden eines Lösungsweges dem Computer überlassen. Sein Nutzen würde damit bedeutend wachsen. Die noch nicht sehr verbreiteten **deklarativen** Programmiersprachen gehen diesen Weg (lateinisch *declarare* = erklären, beschreiben). Die deklarativen Sprachen unterteilt man in die **funktionalen** und die **logischen** oder **prädikativen** Sprachen.

Wir haben also folgende Einteilung (wobei die tatsächlich benutzten Sprachen Mischlinge sind und die Einordnung ihrem am stärksten ausgeprägten Charakterzug folgt):

- Prozedurale Sprachen im weiteren Sinn

    - imperative, algorithmische, operative oder im engeren Sinn prozedurale Sprachen (BASIC, FORTRAN, COBOL, C, PASCAL)

    - objektorientierte Sprachen (SMALLTALK, C++, Java)

- Deklarative Sprachen

    - funktionale oder applikative Sprachen (LISP, SCHEME)

    - logische oder prädikative Sprachen (PROLOG)

Diese Sprachentypen werden auch **Paradigmen** (Beispiel, Muster) genannt. Auf imperative und objektorientierte Sprachen gehen wir bald ausführlich ein. Zuerst ein kurzer Blick auf funktionale und prädikative Sprachen.

Programme in funktionalen Programmiersprachen wie LISP oder SCHEME bestehen aus Definitionen von Funktionen, äußerlich ähnlich einem Gleichungssystem, die auf Listen von Werten angewendet werden. Hier das Hello-World-Programm in LISP:

```
; LISP
(DEFUN HELLO-WORLD ()
                (PRINT (LIST 'HELLO 'WORLD)))
```

Programm 4.1 : LISP-Programm Hello, World

und auch noch in SCHEME:

```
(define hello-world
  (lambda ()
    (begin
      (write 'Hello-World)
      (newline)
      (hello-world)))))
```

Programm 4.2 : SCHEME-Programm Hello, World

Die großzügige Verwendung runder Klammern fällt ins Auge, aber ansonsten sind die Programme zu einfach, um die Eigenheiten der Sprachen zu erkennen. Die Sprache C ist trotz der Verwendung des Funktionsbegriffes keine funktionale Programmiersprache, da ihr Konzept nicht anders als in FORTRAN oder PASCAL auf der sequentiellen Ausführung von Anweisungen beruht.

Programmen in logischen oder prädikativen Sprachen wie PROLOG werden Fakten und Regeln zum Folgern mitgegeben, sie beantworten dann die Anfrage, ob eine Behauptung mit den Fakten und Regeln verträglich (wahr) ist oder nicht. Viele Denksportaufgaben legen eine solche Sprache nahe. Hier das Hello-World-Programm in PROLOG:

```
% HELLO WORLD.  Works with Sbp (prolog)

hello :-
printstring("HELLO WORLD!!!!").

printstring([]).
printstring([H|T]) :- put(H), printstring(T).
```

Programm 4.3 : PROLOG-Programm Hello, World

Die Umgewöhnung von einem Paradigma auf ein anderes geht über das Erlernen einer neuen Sprache hinaus und beeinflußt die Denkweise, die Sicht auf ein Problem.

Es gibt ein zweite, von der ersten unabhängige Einteilung, die zugleich die historische Entwicklung spiegelt:

- maschinenorientierte Sprachen (Maschinensprache, Assembler)

- problemorientierte Sprachen (höhere Sprachen)

In der Frühzeit gab es nur die völlig auf die Hardware ausgerichtete und unbequeme Maschinensprache, wir haben eine Kostprobe gesehen. Assembler sind ein erster Schritt in Richtung auf die Probleme und die Programmierer zu. Höhere Sprachen wie FORTRAN sind von der Hardware schon ziemlich losgelöst und in diesem Fall an mathematische Probleme angepaßt. Es gibt aber für spezielle Aufgaben wie Stringverarbeitung, Datenbankabfragen, Statistik oder Grafik Sprachen, die in ihrer Anpassung noch weiter gehen. Auch die zur Formatierung des vorliegenden Textes benutzte Sammlung von LaTeX-Makros stellt eine problemangepaßte Sprache dar. Der Preis für die Erleichterungen ist ein Verlust an Allgemeinheit. Denken Sie an die Notensprache der Musik: an ihre Aufgabe gut angepaßt, aber für andere Gebiete wie etwa die Chemie ungeeignet.

4.1.3 Imperative Programmiersprachen

Der Computer kennt nur Bits, das heißt Nullen und Einsen. Für den Menschen ist diese Ausdrucksweise unangebracht. Zum Glück sind die Zeiten, als man die Bits einzeln von Hand in die Lochstreifen schlug, vorbei.

Die nächste Stufe war die Zusammenfassung mehrerer Bits zu Gruppen, die man mit Buchstaben und Ziffern bezeichnen konnte. Ein Ausschnitt eines Programmes für die ZUSE Z22 im Freiburger Code aus den fünfziger Jahren:

```
B15             Bringe den Inhalt von Register 15 in den Akku
U6              Kopiere den Akku nach Register 6
B18             Bringe den Inhalt von Register 18 in den Akku
+               Addiere Akku und Reg. 6, Summe in Akku und 6
B13             Bringe den Inhalt von Register 13 in den Akku
X               Multipliziere Akku mit Register 6
CGKU30+1        Kopiere den Akku nach der Adresse, die in
                Register 30 steht; inkrementiere Register 30
0               leere Operation
```

Programm 4.4 : Ausschnitt aus einem Programm für die ZUSE Z22

Man mußte dem Computer in aller Ausführlichkeit sagen, was er zu tun hatte. Das war auch mühsam, aber diese Art der Programmierung gibt es heute noch unter dem Namen **Assemblerprogrammierung**. Man braucht sie, wenn man die Hardware fest im Griff haben will, also an den Grenzen Software - Hardware (Treiberprogramme). Darüber hinaus sind gute Assemblerprogramme schnell, weil sie nichts Unnötiges tun. Programmieren in Assembler setzt vertiefte Kenntnisse der Hardware voraus. Für PCs gibt es von Microsoft eine Kombination von Quick C mit Assembler, die es gestattet, das große Programm in der höheren Sprache C und einzelne kritische Teile in Assembler zu programmieren. Wer unbedingt den

herben Reiz der Assemblerprogrammierung kennenlernen will, hat es mit dieser
Kombination einfach.

Die meisten Programmierer wollen jedoch nicht Speicherinhalte verschieben,
sondern Gleichungen lösen oder Wörter suchen[1]. Schon Mitte der fünfziger Jahre
entstand daher bei der Firma IBM die erste höhere Programmiersprache, und zwar
zum Bearbeiten mathematischer Aufgaben. Die Sprache war daher stark an die
Ausdrucksweise der Mathematik angelehnt und zumindest für die mathematisch
gebildete Welt einigermaßen bequem. Sie wurde als *formula translator*, abgekürzt
FORTRAN bezeichnet. FORTRAN wurde im Laufe der Jahrzehnte weiter entwickelt – zur Zeit ist FORTRAN90 aktuell – und ist auch heute noch die in der
Technik am weitesten verbreitete Programmiersprache. Kein Ingenieur kommt an
FORTRAN vorbei. Ein Beispiel findet sich in Abschnitt 4.3.3 *Parameterübergabe*
auf Seite 334.

Die Kaufleute hatten mit Mathematik weniger am Hut, dafür aber große Datenmengen. Sie erfanden Ende der fünfziger Jahre ihre eigene Programmiersprache
COBOL, das heißt *Common Business Oriented Language*. Daß Leutnant GRACE
M. HOPPER (eine Frau, zuletzt im Admiralsrang) sowohl den ersten Bug erlegt
wie auch COBOL erfunden habe, ist eine Legende um ein Körnchen Wahrheit
herum. COBOL ist ebenfalls unverwüstlich und gilt heute noch als die am weitesten verbreitete Programmiersprache. Kein Wirtschaftswissenschaftler kommt an
COBOL vorbei. Ein COBOL-Programm liest sich wie gebrochenes Englisch:

```
000100 IDENTIFICATION DIVISION.
000200 PROGRAM-ID.      HELLOWORLD.
000300 DATE-WRITTEN.    02/05/96          21:04.
000400*      AUTHOR     BRIAN COLLINS
000500 ENVIRONMENT DIVISION.
000600 CONFIGURATION SECTION.
000700 SOURCE-COMPUTER. RM-COBOL.
000800 OBJECT-COMPUTER. RM-COBOL.
000900
001000 DATA DIVISION.
001100 FILE SECTION.
001200
100000 PROCEDURE DIVISION.
100100
100200 MAIN-LOGIC SECTION.
100300 BEGIN.
100400     DISPLAY " " LINE 1 POSITION 1 ERASE EOS.
100500     DISPLAY "HELLO, WORLD." LINE 15 POSITION 10.
100600     STOP RUN.
100700 MAIN-LOGIC-EXIT.
100800     EXIT.
```

Programm 4.5 : COBOL-Programm Hello, World

Als die Computer in die Reichweite gewöhnlicher Studenten kamen, entstand

---

[1]Recht betrachtet, will man auch keine Gleichungen, sondern Aufgaben wie die Di-
mensionierung eines Maschinenteils oder das Zusammenstellen eines Sachregisters lösen.

das Bedürfnis nach einer einfachen Programmiersprache für das Gröbste, kurzum nach einem *Beginners' All Purpose Symbolic Instruction Code*. JOHN KEMENY und THOMAS KURTZ vom Dartmouth College in den USA erfüllten 1964 mit **BASIC** diesen Bedarf. Der Gebrauch von BASIC gilt in ernsthaften Programmiererkreisen als anrüchig[2]. Richtig ist, daß es unzählige, miteinander unverträgliche BASIC-Dialekte gibt, daß BASIC die Unterschiede zwischen Betriebssystem und Programmiersprache verwischt und daß die meisten BASIC-Dialekte keine ordentliche Programmstruktur ermöglichen und daher nur für kurze Programme brauchbar sind. Richtig ist aber auch, daß moderne BASIC-Dialekte wie HP-BASIC oder QuickBASIC von Microsoft über alle Hilfsmittel zur Strukturierung verfügen und daß in keiner anderen gängigen Programmiersprache die Bearbeitung von Strings so einfach ist wie in BASIC[3]. In der Meßwerterfassung ist es beliebt. Fazit: die Kenntnis von GW-BASIC auf dem PC reicht für einen Programmierer nicht aus, aber für viele Aufgaben ist ein modernes BASIC ein brauchbares Werkzeug.

Anfang der sechziger Jahre wurde **ALGOL 60** aufgrund theoretischer Überlegungen entwickelt und nach einer umfangreichen Überarbeitung als **ALGOL 68** veröffentlicht. Diese Programmiersprache ist nie in großem Umfang angewendet worden, spielte aber eine bedeutende Rolle als Wegbereiter für die heutigen Programmiersprachen beziehungsweise die heutigen Fassungen älterer Sprachen. Viele Konzepte gehen auf ALGOL zurück.

Ende der sechziger Jahre hatte sich das Programmieren vom Kunsthandwerk zur Wissenschaft entwickelt, und NIKLAUS WIRTH von der ETH Zürich brachte **PASCAL** heraus, um seinen Studenten einen anständigen Programmierstil anzugewöhnen. PASCAL ist eine strenge und logisch aufgebaute Sprache, daher gut zum Lernen geeignet. Turbo-PASCAL von Borland ist auf PCs weit verbreitet. Ein PASCAL-Beispiel findet sich in Abschnitt 4.3.3 *Parameterübergabe* auf Seite 334. Eine Weiterentwicklung von PASCAL ist **MODULA**.

Die Sprache C wurde von BRIAN KERNIGHAN, DENNIS RITCHIE und KEN THOMPSON entwickelt, um das Betriebssystem UNIX damit zu schreiben. Lange Zeit hindurch gab das Buch der beiden Erstgenannten den Standard vor. Von 1983 bis 1989 hat das American National Standards Institute (ANSI) an einem Standard für C gearbeitet, dem alle neueren Compiler folgen. **ANSI-C** ist im wesentlichen eine Übermenge von **K&R-C**; die Nachführung der Programme – wenn überhaupt erforderlich – macht keine Schwierigkeiten. ANSI-C kennt ein Schlüsselwort von K&R nicht mehr (**entry**) und dafür mehrere neue. C ist allgemein verwendbar, konzentriert, läßt dem Programmierer große Freiheiten ("having the best parts of FORTRAN and assembly language in one place") und führt in der Regel zu schnellen Programmen, da vielen C-Anweisungen unmittelbar Assembler-Anweisungen entsprechen. C-Programme gelten als unübersichtlich, aber das ist eine Frage des Programmierstils, nicht der Sprache[4]. Auf UNIX-Systemen hat man mit C die wenigsten Schwierigkeiten. Für DOS-PCs gibt es von Microsoft

---

[2]No programmers write in BASIC, after the age of 12.

[3]1964 bot keine andere Programmiersprache nennenswerte Möglichkeiten zur Verarbeitung von Strings.

[4]Es gibt einen International Obfuscated C Code Contest, einen Wettbewerb um das unübersichtlichste C-Programm, siehe Abschnitt 4.11 *Obfuscated C* auf Seite 429.

das preiswerte Quick-C und aus dem GNU-Projekt einen kostenlosen C-Compiler im Quellcode und betriebsklar kompiliert.

Aus C hat BJARNE STROUSTRUP um 1985 eine Sprache **C++** entwickelt, die ebenfalls eine Übermenge von C bildet. Der Denkansatz (Paradigma) beim Programmieren in C++ weicht jedoch erheblich von C ab, so daß man eine längere Lernphase einplanen muß, mehr als bei einem Übergang von PASCAL nach C. Da sich ANSI-C und C++ gleichzeitig entwickelt haben, sind einige Neuerungen von C++ in ANSI-C eingeflossen, zum Beispiel das Prototyping. Ein ANSI-C-Programm sollte von jedem C++-Compiler verstanden werden; das Umgekehrte gilt nicht.

4.1.4 Objektorientierte Programmiersprachen

In dem Maß, wie die Hardware leistungsfähiger wurde, wagten sich die Programmierer an komplexere und umfangreichere Aufgaben heran. Daß große Aufgaben in kleinere Teilaufgaben untergliedert werden müssen, ist eine alltägliche Erfahrung und nicht auf Programme beschränkt. Die Strukturierung einer Aufgabe samt ihrer Lösung gewann an Bedeutung. Programmiersprachen wie C, die die Strukturierung eines Programms in Module (Funktionen, Prozeduren, Subroutinen) erleichtern, verbreiteten sich.

Um 1980 herum war die Komplexität wieder so angewachsen, daß nach neuen Wegen zu ihrer Bewältigung gesucht wurde. Außerdem hatte die Software als Kostenfaktor die Hardware überholt. Es galt, umfangreiche Programme schnell und preiswert herzustellen und dabei noch deren Zuverlässigkeit sicherzustellen, ähnlich wie heutzutage Autos produziert werden. Zwei Schlagwörter kamen auf: **Objektorientierung** und **Software Engineering**. Entkleidet man sie der unvermeidlichen Übertreibungen, bleibt immer noch ein brauchbarer Kern von Ideen übrig.

Der Typbegriff wurde zur **Klasse** erweitert. Eine Klasse enthält Variable und zugehörige Funktionen, die nun Methoden genannt werden. Klassen können im Gegensatz zum Typ vom Programmierer definiert werden. Sie bilden eine Hierarchie, wobei höhere Klassen Eigenschaften an niedrigere vererben. Klassen haben eine genau definierte Schnittstelle (Interface) zum Rest des Programms, ihr Innenleben bleibt verborgen. Was sie tun, ist bekannt, wie sie es tun, geht niemanden etwas an. Diese scharfe Trennung von Innen und Außen ist wesentlich für den Klassenbegriff. Was für C Funktionsbibliotheken sind, das sind für C++ Klassenbibliotheken. Die Programmierarbeit besteht zu einem großen Teil im Schreiben von Klassen. Wie eine Variable die Verwirklichung (Realisierung, Instantiierung) eines Typs ist, so ist ein **Objekt** eine Instanz einer Klasse. Von einer Klasse können beliebig viele Objekte abgeleitet werden. Klassen und deren Objekte sind die Bausteine eines objektorientierten Programms. C++ hieß anfangs C mit Klassen.

Neben C++ ist eine zweite objektorientierte Erweiterung von C entstanden, die unter dem Namen **Objective C** in Verbindung mit dem Betriebssystem NeXT eine gewisse Verbreitung gefunden hat. Der GNU-C-Compiler unterstützt sowohl C++ wie Objective C, ansonsten ist es ziemlich still geworden um diese Sprache.

Es kommen noch ein paar Dinge hinzu, um das Programmieren zu erleichtern, aber das Wesentliche am objektorientierten Programmieren ist, daß die Aufgabe nicht mehr in Module zerlegt wird, die aus Anweisungen bestehen, sondern in voneinander unabhängige Objekte, die sich Mitteilungen oder Botschaften schicken. Die Objektorientierung setzt bei der Aufgabenanalyse ein, nicht erst bei der Codierung.

Für numerische Aufgaben ist C++ in der Universität Karlsruhe um eine Klassenbibliothek namens **C-XSC** (Extended Scientific Calculation) mit Datentypen wie komplexen Zahlen, Vektoren, Matrizen und Intervallen samt den zugehörigen Operationen ergänzt worden, siehe das Buch von RUDI KLATTE et al.

SMALLTALK ist eine von Grund auf neue Sprache, im Gegensatz zu C++. JAVA ist eine neue Entwicklung der Firma SUN. Hier das Hello-World-Programm in JAVA (in C++ lernen wir es in Abschnitt 4.45 auf Seite 368 kennen):

```
class HelloWorld {
        public static void main (String args[]) {
        for (;;) {
                System.out.print("Hello World ");
                }
        }
}
```

Programm 4.6 : JAVA-Programm Hello, World

Ähnlichkeiten zu C sind erkennbar, die JAVA-Entwickler waren vermutlich C-Programmierer.

Auf die übrigen 989 Programmiersprachen[5] soll aus Platzgründen nicht eingegangen werden. Braucht man überhaupt mehrere Sprachen? Einige Sprachen wie FORTRAN und COBOL sind historisch bedingt und werden wegen ihrer weiten Verbreitung noch lange leben. Andere Sprachen wie BASIC und C wenden sich an unterschiedliche Benutzerkreise. Wiederum andere eignen sich für spezielle Aufgaben besser als allgemeine Sprachen. Mit einer einzigen Sprache wird man auch in der Zukunft nicht auskommen. Die Schwierigkeiten beim Programmieren liegen im übrigen weniger in der Umsetzung in eine Programmiersprache – der Codierung – sondern in der Formulierung und Strukturierung der Aufgabe.

Was heißt, eine Sprache sei für ein System verfügbar? Es gibt einen Interpreter oder Compiler für diese Sprache auf diesem System (Hardware plus Betriebssystem). Die Bezeichnung *FORTRAN-Compiler für UNIX* reicht nicht, da es UNIX für verschiedene Hardware und zudem in verschiedenen Versionen gibt. Drei Dinge müssen zusammenpassen: Interpreter oder Compiler, Betriebssystem und Hardware.

4.1.5   Interpreter – Compiler – Linker

In höheren Programmiersprachen wie C oder FORTRAN geschriebene Programme werden als **Quellcode** (source code), Quellprogramm oder Quelltext bezeichnet.

---

[5]Real programmers can write FORTRAN programs in any language.

Mit diesem Quellcode kann der Computer unmittelbar nichts anfangen, er ist nicht ausführbar. Der Quellcode muß mithilfe des Computers und eines Übersetzungsprogrammes in **Maschinencode** übersetzt werden. Mit dem Maschinencode kann dann der Programmierer nichts mehr anfangen.

Es gibt zwei Arten von Übersetzern. **Interpreter** übersetzen das Programm jedesmal, wenn es aufgerufen wird. Die Übersetzung wird nicht auf Dauer gespeichert. Da der Quellcode zeilenweise bearbeitet wird, lassen sich Änderungen schnell und einfach ausprobieren. Andererseits kostet die Übersetzung Zeit. Interpreter findet man vorwiegend auf Home-Computern für BASIC, aber auch LISP-Programme, Shellscripts und awk-Scripts werden interpretiert.

Compiler übersetzen den Quellcode eines Programms als Ganzes und speichern die Übersetzung auf einem permanenten Medium. Zur Ausführung des Programms wird die Übersetzung aufgerufen. Bei der kleinsten Änderung muß das gesamte Programm erneut kompiliert werden, dafür entfällt die jedesmalige Übersetzung während der Ausführung. Compilierte Programme laufen also schneller ab als interpretierte. Es gibt auch Mischformen von Interpretern und Compilern, zum Beispiel für JAVA. Wie wir eingangs des Kapitels gesehen haben, arbeiten C- und C++-Compiler wie `cc(1)` und `CC(1)` in vier Durchgängen:

- Präprozessor

- eigentlicher Compiler (Übersetzung in Assembler-Code)

- Assembler (Übersetzung in Maschinen-Code)

- Linker

Der Präprozessor entfernt Kommentar und führt die Präprozessor-Anweisungen (siehe Abschnitt 4.8 *Präprozessor* auf Seite 391) aus. Ruft man den Compiler mit der Option -P auf, so erhält man die Ausgabe des Präprozessors in einem lesbaren File mit der Kennung `.i`.

Der eigentliche Compiler `ccom(1)` übersetzt den Quellcode in maschinenspezifischen, lesbaren Assemblercode. Die Compileroption -S liefert diesen Code in einem File mit der Kennung `.s`. Bei einem einfachen Programm sollte man sich einmal das Vergnügen gönnen und den Assemblercode anschauen.

Der Assembler ist ein zweiter Übersetzer, der Assemblercode in Maschinensprache übersetzt. Mit der Compileroption -c erhält man den Maschinencode (Objektcode, relocatable code) in einem nicht lesbaren File mit der Kennung `.o`.

Große Programme werden in mehrere Files aufgeteilt, die einzeln kompiliert werden, aber nicht einzeln ausführbar sind, weil erst das Programm als Ganzes einen Sinn ergibt. Das Verbinden der einzeln kompilierten Files zu einem ausführbaren Programm besorgt der Binder oder **Linker**. Die Compileroption -c unterdrückt das Linken und erzeugt ein nicht lesbares File mit der Kennung `.o`.

Unter UNIX werden üblicherweise Präprozessor, Compiler, Assembler und Linker von einem **Compilertreiber** aufgerufen, so daß der Benutzer nichts von den vier Schritten bemerkt. Man arbeitet mit dem Treiber `cc(1)`, `gcc(1)` oder `CC(1)` und erhält ein ausführbares Programm. Im Alltag meint man den Treiber, wenn man vom Compiler spricht.

Üblicherweise erzeugt ein Compiler Maschinencode für die Maschine, auf der er selbst läuft. **Cross-Compiler** hingegen erzeugen Maschinencode für andere Systeme. Das ist gelegentlich nützlich.

Der Name des Programms im C-Quellcode hat die Kennung `.c`, in FORTRAN und PASCAL entsprechend `.f` und `.p`. Das kompilierte, aber noch nicht gelinkte Programm wird als **Objektcode** oder **relozierbar** (relocatable) bezeichnet, der Filename hat die Kennung `.o`. Das lauffähige Programm heißt **ausführbar** (executable), sein Name hat keine Kennung. Unter MS-DOS sind die Namen ausführbarer Programme durch `.com` oder `.exe` gekennzeichnet. Ein kompiliertes Programm wird auch **Binary** genannt, im Gegensatz zum Quelltext. Ein Programm ist **binär-kompatibel** zu einem anderen System, wenn es in seiner ausführbaren Form unter beiden läuft.

Bei den Operanden spielt es eine Rolle, ob ihre Eigenschaften vom Übersetzer bestimmt werden oder von Programm und Übersetzer gemeinsam – zur Übersetzungszeit – oder während der Ausführung des Programmes – zur Laufzeit. Der zweite Weg wird als **statische Bindung** bezeichnet, der dritte als **dynamische Bindung**. Die Größe einer Ganzzahl (2 Bytes, 4 Bytes) ist durch den Compiler gegeben. Die Größe eines Arrays könnte im Programm festgelegt sein oder während der Ausführung berechnet werden. Es ist auch denkbar, aber in C nicht zugelassen, den Typ einer Variablen erst bei der Ausführung je nach Bedarf zu bestimmen.

Einen Weg zurück vom ausführbaren Programm zum Quellcode gibt es nicht. Das Äußerste ist, mit einem **Disassembler** aus dem ausführbaren Code Assemblercode zu erzeugen, ohne Kommentar und typografische Struktur. Nur bei kurzen, einfachen Programmen ist dieser Assemblercode verständlich.

4.1.6   Qualität und Stil

Unser Ziel ist ein gutes Programm. Was heißt das im einzelnen? Ein Programm soll selbstverständlich **fehlerfrei** sein in dem Sinn, daß es aus zulässigen Eingaben richtige Ergebnisse erzeugt. Außer in seltenen Fällen läßt sich die so definierte Fehlerfreiheit eines Programms nicht beweisen. Man kann nur – nach einer Vielzahl von Tests und längerem Gebrauch – davon reden, daß ein Programm zuverlässig ist, ein falsches Ergebnis also nur mit geringer Wahrscheinlichkeit auftritt.

Ein Programm soll **robust** sein, das heißt auf Fehler der Eingabe oder der Peripherie vernünftig reagieren, nicht mit einem Absturz. Das Schlimmste ist, wenn ein Programm trotz eines Fehlers ein scheinbar richtiges Ergebnis ausgibt. Die Fehlerbehandlung macht oft den größeren Teil eines Programmes aus und wird häufig vernachlässigt. Die Sprache C erleichtert diese Aufgabe.

Ein Programm ist niemals fertig und soll daher **leicht zu ändern** sein. Die Entdeckung von Fehlern, die Berücksichtigung neuer Wünsche, die Entwicklung der Hardware, Bestrebungen zur Standardisierung und Lernvorgänge der Programmierer führen dazu, daß Programme immer wieder überarbeitet werden. Kleinere Korrekturen werden durch **Patches** behoben, wörtlich Flicken. Das sind Ergänzungen zum Code, die nicht gleich eine neue Version rechtfertigen. Für manche Fehler lassen sich auch ohne Änderung des Codes **Umgehungen** finden, sogenannte Workarounds. Nach umfangreichen Änderungen – möglichst Verbesserungen – erscheint eine neue **Version** des Programmes. Ein Programm, von dem nicht einmal jährlich eine Überarbeitung erscheint, ist tot. Jede Woche eine neue Version ist natürlich auch keine Empfehlung. Leichte Änderbarkeit beruht auf Übersichtlichkeit, ausführlicher Dokumentation und Vermeidung von Hardwareabhängigkeiten. Die Übersichtlichkeit wiederum erreicht man durch eine zweckmäßige Strukturierung, verständliche Namenswahl und Verzicht auf besondere Tricks einer Programmiersprache, die zwar erlaubt, aber nicht allgemein bekannt sind. Gerade C erlaubt viel, was nicht zur Übersichtlichkeit beiträgt.

Änderungen zu erleichtern kann auch heißen, Änderungen von vornherein zu vermeiden, indem man die Programmteile so allgemein wie mit dem Aufwand vereinbar gestaltet.

Effizienz ist immer gefragt. Früher bedeutete das vor allem sparsamer Umgang mit dem Arbeitsspeicher. Das ist heute immer noch eine Tugend, tritt aber hinter den vorgenannten Kriterien zurück. Die moderne Software scheint zur Unterstützung der Chiphersteller geschrieben zu werden. An zweiter Stelle kam Ausführungsgeschwindigkeit, trotz aller Geschwindigkeitssteigerungen der Hardware ebenfalls noch eine Tugend, wenn sie mit Einfachheit und Übersichtlichkeit einhergeht. Mit anderen Worten: erst ein übersichtliches Programm schreiben und dann nachdenken, ob man Speicher und Zeit einsparen kann.

Ein Programm soll **benutzerfreundlich** sein. Der Benutzer am Terminal will bei alltäglichen Aufgaben ohne das Studium pfundschwerer Handbücher auskommen und bei den häufigsten Fehlern Hilfe vom Bildschirm erhalten. Er will andererseits auch nicht mit überflüssigen Informationen und nutzlosen Spielereien belästigt werden. Der Schwerpunkt der Programmentwicklung liegt heute weniger bei den Algorithmen, sondern bei der Interaktion mit dem Benutzer. Für einen Programmierer ist es nicht immer einfach, sich in die Rolle eines EDV-Laien zu versetzen.

Schließlich ist daran zu denken, daß man ein Programm nicht nur für den Computer schreibt, sondern auch für andere Programmierer. Erstens kommt es oft vor, daß ein Programm von anderen weiterentwickelt oder ergänzt wird; zweitens ist ein Programm eine von mehreren Möglichkeiten, einen Algorithmus oder einen komplexen Zusammenhang darzustellen. Der Quellcode sollte daher leicht zu lesen, **programmiererfreundlich** sein. Nicht nur Benutzer, auch Programmierer sind Menschen.

C läßt dem Programmierer viel Freiheit, mehr als PASCAL. Damit nun nicht jeder schreibt, wie ihm der Schnabel gewachsen ist, hat die Programmierergemeinschaft Regeln und Gebräuche entwickelt. Ein Verstoß dagegen beeindruckt den Compiler nicht, aber das Programm ist mühsam zu lesen. Der Beautifier cb(1) automatisiert die Einhaltung einiger dieser Regeln, weitergehende finden sich in:

- NELSON FORD, Programmer's Guide, siehe Anhang,

- B. W. KERNIGHAN, P. J. PLAUGER, Software Tools, siehe Anhang,

- ROB PIKE, Notes on Programming in C, `/pub/../pikestyle.ps` auf `ftp.ciw.uni-karlsruhe.de`

- Firmen-Richtlinien wie Nixdorf Computer C-Programmierrichtlinien (Hausstandard), 1985

- K. HENNING, Portables Programmieren in C – Programmierrichtlinien, verfaßt 1993 vom Hochschuldidaktischen Zentrum und vom Fachgebiet Kybernetische Verfahren und Didaktik der Ingenieurwissenschaften der RWTH Aachen im Auftrag von sechs Chemiefirmen. Der Verbreitung dieser Richtlinien stehen leider ein Hinweis auf das Urheberrecht sowie ein ausdrückliches Kopierverbot entgegen.

Ein- und dieselbe Aufgabe kann – von einfachen Fällen abgesehen – auf verschiedene Weisen gelöst werden. Der eine bevorzugt viele kleine Programmblöcke, der andere wenige große. Einer arbeitet gern mit Menüs, ein anderer lieber mit Kommandozeilen. Einer schreibt einen langen Kommentar an den Programmanfang, ein anderer zieht kurze, in den Programmcode eingestreute Kommentare vor. Solange die genannten objektiven Ziele erreicht werden, ist gegen einen persönlichen **Stil** nichts einzuwenden. Le style c'est l'homme.

4.1.7 Programmiertechnik

Bei kurzen Programmen, wie sie in diesem Buch überwiegen, setzt man sich oft gleich an das Terminal und legt los. Besonders jugendliche BASIC-Programmierer neigen zu dieser Programmiertechnik. Wenn man sich das nicht schnellstens abgewöhnt, kommt man nicht weit. Um *wirkliche* Programme zu schreiben, muß man systematisch vorgehen und viel Konzeptpapier verbrauchen, ehe es ans Hacken geht. Es gibt mehrere Vorgehensweisen. Eine verbreitete sieht fünf Stufen vor (waterfall approach):

- Aufgabenstellung (Analyse, Formulierung),

- Entwurf (Struktur, Anpassen an Werkzeuge wie `make(1)` und RCS),

- Umsetzung in eine Programmiersprache (Codierung, Implementation),

- Test (Fehlersuche, Prüfungen, Vergleich mit Punkt 1),

- Betrieb und Pflege (Wartung, Updating).

Die Programmiersprache, die für den Anfänger im Vordergrund des Programmierens steht, kommt erst an dritter Stelle. Wenn die beiden vorangehenden Punkte schlecht erledigt worden sind, kann auch ein Meister in C/C++ nichts mehr retten.

Die Programmentwicklung vollzieht sich in der Praxis nicht so geradlinig, wie es der obige Plan vermuten läßt. Aus jeder Stufe kommen Rücksprünge in vorangegangene Stufen vor, man könnte auch von Rückkoppelungen sprechen. Dagegen ist nichts einzuwenden, es besteht jedoch eine Gefahr. Wenn man nicht Zwangsmaßnahmen ergreift – Schlußstriche zieht – erreicht das Programmierprojekt nie einen definierten Zustand. Programmierer verstehen das, Kaufleute und Kunden nicht. Gilt auch für Buchmanuskripte.

Der steigende Bedarf an Software und ihre wachsende Komplexität verlangen die Entwicklung von Programmierverfahren, mit denen durchschnittliche Programmierer zuverlässige Programme entwickeln. Auf geniale *Real Programmers* allein kann sich keine Firma verlassen. Die Entwicklung dieser Programmiertechnik (Software Engineering) ist noch nicht abgeschlossen.

4.1.8 Aufgabenanalyse und Entwurf

4.1.8.1 Aufgabenstellung

Die meisten Programmieraufgaben werden verbal gestellt, nicht in Form einer mathematischen Gleichung. Zudem sind sie anfangs oft pauschal abgefaßt, da dem Aufgabensteller[6] Einzelheiten noch nicht klar sind.

Auf der anderen Seite benötigt der Computer eine eindeutige, ins einzelne gehende Anweisung, da er – anders als ein Mensch – fehlende Informationen nicht aufgrund seiner Erfahrung und des gesunden Menschenverstandes ergänzt.

Der erste Schritt bei der Programmentwicklung ist daher die **Formulierung** der Aufgabe. Zu diesem Schritt kehrt man im Verlauf des Programmierens immer wieder zurück, um zu ergänzen oder zu berichtigen. Es ist realistisch, für die Aufgabenanalyse rund ein Drittel des gesamten Zeitaufwandes anzusetzen. Die Aufgabe wird in einem **Pflichtenheft** schriftlich festgehalten, das zur Verständigung zwischen Entwickler und Anwender sowie der Entwickler untereinander dient. Fragen in diesem Zusammenhang sind:

- Welche Ergebnisse soll das Programm liefern?

- Welche Eingaben sind erforderlich?

- Welche Ausnahmefälle (Fehler) sind zu berücksichtigen?

- In welcher Form sollen die Ergebnisse ausgegeben werden?

- Wer soll mit dem Programm umgehen?

- Auf welchen Computern soll das Programm laufen?

Anfänger sehen die Schwierigkeiten des Programmierens in der Umsetzung des Lösungsweges in eine Programmiersprache, in der Codierung. Nach einigem Üben stellt sich dann heraus, daß die dauerhaften Schwierigkeiten in der Formulierung und Analyse der Aufgabe, allenfalls noch im Suchen nach Lösungen liegen, während die Codierung größtenteils Routine wird.

Nach unserer Erfahrung sollte man eine Aufgabe zunächst einmal so formulieren, wie sie den augenblicklichen Bedürfnissen entspricht. Dann sollte man sich mit viel Phantasie ausmalen, was alles noch dazu kommen könnte, wenn Geld, Zeit und Verstand keine Schranken setzen würden (*I have a dream ...*). Drittens streiche man von diesem Traum gnadenlos alles weg, was nicht unbedingt erforderlich und absolut minimal notwendig ist – ohne das vielleicht nur asymptotisch erreichbare Ziel aus den Augen zu verlieren. So kommt man mit beschränkten Mitteln zu Software, die sich entwickeln kann, wenn die Zeit dafür reif ist. Anpassungsfähigkeit ist für Software und Lebewesen wichtiger als Höchstleistungen.

---

[6]Real programmers know better than the users what they need.

4.1.8.2   Zerlegen in Teilaufgaben

Controlling complexity is the essence of computer programming (B. W. KER-
NIGHAN, P. J. PLAUGER, Software Tools). Komplexe Aufgaben werden in mehreren Stufen in **Teilaufgaben** zerlegt, die überschaubar sind und sich durch eine
Funktion oder **Prozedur** im Programm lösen lassen. Insofern spiegelt die Zerlegung bereits die spätere **Programmstruktur**[7] wider. Das Hauptprogramm soll
möglichst wenig selbst erledigen, sondern nur Aufrufe von Unterprogrammen enthalten und somit die große Struktur widerspiegeln. Oft ist folgende Gliederung
ein zweckmäßiger Ausgangspunkt:

- Programmstart (Initialisierungen)

- Eingabe, Dialog

- Rechnung

- Ausgabe

- Hilfen

- Fehlerbehandlung

- Programmende, Aufräumen

Bei den Teilaufgaben ist zu fragen, ob sie sich – ohne die Komplexität wesentlich zu erhöhen – allgemeiner formulieren lassen. Damit läßt sich die Ver-
wendbarkeit von Programmteilen verbessern. Diese Strategie wird als **Top-down-
Entwurf** bezeichnet. Man geht vom Allgemeinen ins Einzelne.

4.1.8.3   Zusammensetzen aus Teilaufgaben

Der umgekehrte Weg – **Bottom-up-Entwurf** – liegt nicht so nahe. Es gibt
wiederkehrende **Grund-Operationen** wie Suchen, Sortieren, Fragen, Ausgeben,
Interpolieren, Zeichnen eines Kreisbogens. Aus diesen läßt sich eine gegebene Aufgabe zu einem großen Teil zusammensetzen, so daß nur wenige spezielle Teilaufgaben übrig bleiben. Hat man die Grundoperationen einmal programmiert, so
vereinfacht sich der Rest erheblich.

In praxi wendet man eine gemischte Strategie an. Man zerlegt die übergeordnete Aufgabe in Teilaufgaben, versucht diese in Grundoperationen auszudrücken
und kommt dann wieder aufsteigend zu einer genaueren und allgemeiner gültigen
Formulierung. Dieser Ab- und Aufstieg kann sich mehrmals wiederholen. Die Aufgabenstellung ist nicht unveränderlich. Genau so geht man bei der Planung von
Industrieanlagen vor.

Man darf nicht den Fehler machen, die Aufgabe aus Bequemlichkeit den Eigenheiten eines Computers oder einer Programmiersprache anzupassen. Der Benutzer
hat Anspruch auf ein gut und verständlich funktionierendes Programm. Die Zeiten, als der Computer als Entschuldigung für alle möglichen Unzulänglichkeiten
herhalten mußte, sind vorbei.

---

[7]Real programmers disdain structured programming.

4.1.9 Prototyping

In dem häufig vorkommenden Fall, daß die Anforderungen an das Programm zu
Beginn noch verschwommen sind, ist es zweckmäßig, möglichst rasch ein lauffähiges Grundgerüst, ein Skelett zu haben. Mit diesem kann man dann spielen und
Erfahrungen sammeln in einem Stadium, in dem der Programmcode noch überschaubar und leicht zu ändern ist.

Bei einem solchen **Prototyp** sind nur die benutzernahen Funktionen halbwegs ausgebaut, die datennahen Funktionen schreiben vorläufig nur ihren Namen
auf den Bildschirm. Von einem menugesteuerten Vokabeltrainer beispielsweise
schreibt man zunächst das Menusystem und läßt die Funktionen, die die eigentliche Arbeit erledigen, leer oder beschränkt sie auf die Ausgabe ihres Namens.
Damit liegt die **Programmstruktur** – das Knochengerüst – fest. Gleichzeitig
macht man sich Gedanken über die **Datenstruktur**. Steht der Prototyp, nimmt
man den **Datenaustausch** zwischen den Funktionen hinzu (Parameterübergabe
und -rückgabe), immer noch mit Bildschirmmeldungen anstelle der eigentlichen
Arbeit. Funktioniert auch das wie gewünscht, füllt man eine Funktion nach der
anderen mit Code.

Diese Vorgehensweise lenkt die Entwicklung zu einem möglichst frühen Zeitpunkt in die gewünschte Richtung. Bei einem kommerziellen Auftrag bezieht sie
den Auftraggeber in die Entwicklung ein und fördert das gegenseitige Verständnis,
aber auch bei privaten Projekten verhindert sie, daß man viel Code für `/dev/null`
schreibt.

Das Prototyping ist sicher nicht für alle Programmieraufgaben das beste Modell – es gibt auch noch andere Modelle – aber für dialogintensive kleine und
mittlerer Anwendungen recht brauchbar und in C leicht zu verwirklichen.

4.1.10 Flußdiagramme

Programme werden schnell unübersichtlich. Man hat daher schon früh versucht,
mit Hilfe grafischer Darstellungen[8] den Überblick zu behalten, aber auch diese
neigen zum Wuchern. Ein grundsätzlicher Mangel ist die Beschränkung eines Blattes Papier auf zwei Dimensionen. Es ist unmöglich, ein umfangreiches Programm
durch eine einzige halbwegs überschaubare Grafik zu beschreiben.

Flußdiagramme (flow chart), auch Blockdiagramme genannt, sollen die
Abläufe innerhalb eines Programmes durch Sinnbilder nach DIN 66 001 und Text
darstellen, unabhängig von einer Programmiersprache. Obwohl das Flußdiagramm
vor dem Programmcode erstellt werden sollte, halten sich viele Programmierer
nicht an diese Reihenfolge. Zum Teil ersetzt eine gute typografische Gestaltung
der Programmquelle auch ein Flußdiagramm, während das Umgekehrte nicht gilt.
Ein Flußdiagramm ist nicht mit einem Syntaxdiagramm zu verwechseln, lesen Sie
die beiden entsprechenden Abbildungen, die die if-else-Verzweigung darstellen,
einmal laut vor.

Nassi-Shneiderman-Diagramme oder Struktogramme nach ISAAC NASSI
und BEN SHNEIDERMAN sind ein weiterer Versuch, den Programmablauf grafisch

---

[8]Real programmers don't draw flowcharts.

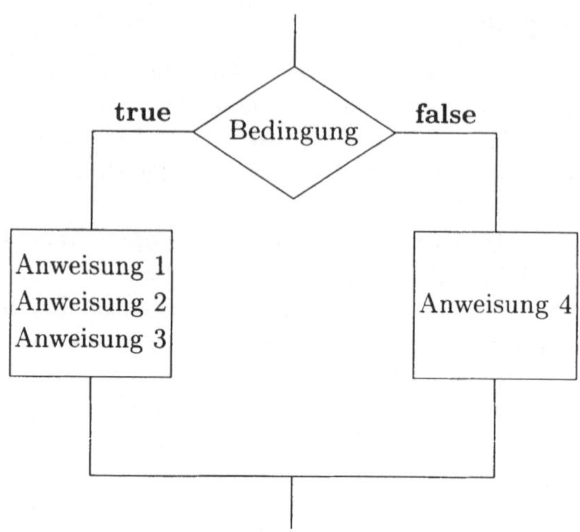

Abb. 4.1: Flußdiagramm einer if-else-Verzweigung

darzustellen. Sie sind näher an eine Programmiersprache angelehnt, so daß es leicht fällt, nach dem Diagramm eine Quelle zu schreiben. Das läßt sich teilweise sogar mit CASE-Werkzeugen in beide Richtungen automatisieren.

4.1.11 Memo Grundbegriffe

- Maschinen verstehen nur Maschinensprache, die hardwareabhängig und für Menschen unverständlich ist.

- Programmierer verwenden höhere, an die Aufgaben angepaßte Programmiersprachen, die für Maschinen unverständlich sind. Was sie schreiben, wird Quelle (source) genannt.

- Übersetzer (Compiler, Interpreter) übersetzen höhere Programmiersprachen in Maschinensprache. Der umgekehrte Weg ist praktisch nicht gangbar.

- Deklarative Sprachen beschreiben die Aufgabe, prozedurale den Lösungsweg.

- Innerhalb der prozeduralen Sprachen gehören BASIC, FORTRAN, PASCAl, COBOL und C zum imperativen Zweig, JAVA, SMALLTALK und C++ zum objektorientierten.

- Die Objektorientierung ist ein Versuch, mit der wachsenden Komplexität der Programme fertig zu werden.

- Die Herstellung eines Programms beginnt mit einer gründlichen Analyse der Aufgabe. Die Umsetzung in eine Programmiersprache (Codierung) ist dann vergleichsweise harmlos.

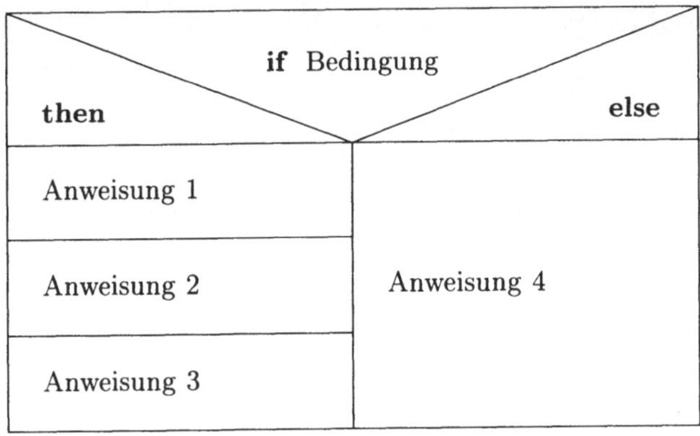

Abb. 4.2: Nassi-Shneiderman-Diagramm einer if-else-Verzweigung

- Ein Programm soll nicht nur die zugrundeliegende Aufgabe richtig lösen, sondern auch gegen Fehler und Ausnahmen unempfindlich (robust) sein. Die Fehlerbehandlung erfordert fast immer mehr Programmzeilen als die eigentliche Aufgabe.

- Ein Programm soll einfach zu ändern sein. Dies wird durch eine gute Struktur und reichlich Kommentar erleichtert (wenn man schon keine ausführliche Dokumentation schreibt).

- Ein Programm soll benutzerfreundlich sein.

4.1.12   Übung Grundbegriffe

Nehmen wir an, der Weg zu Ihrem Arbeitsplatz bestehe aus mehreren Teilstrecken mit unterschiedlichen Gegebenheiten. Sie wollen wissen, was es bringt und kostet, wenn Sie einzelne Teilstrecken schneller oder langsamer zurücklegen.

Sie brauchen also ein Programm zur Analyse Ihres Arbeitsweges. Formulieren Sie die Aufgabe genauer, zerlegen Sie sie in Teilaufgaben, beschreiben Sie die Ein- und Ausgabe, berücksichtigen Sie Fehler des Benutzers. Aus welchen Größen besteht die Ausgabe, welche Eingaben sind für die Rechnungen erforderlich? Kann eine Division durch Null vorkommen? Das Ergebnis sollten einige Blätter Papier mit Worten, Formeln und Skizzen sein, nach denen ein Programmierer arbeiten könnte. Sie selbst sollen an dieser Stelle noch nicht an eine Programmiersprache denken.

Falls Ihnen die Übung zu einfach erscheint, machen Sie dasselbe für einen Vokabeltrainer, der außer Deutsch zwei Fremdsprachen beherrscht. Wortschatz anfangs je 1000 Vokabeln, erweiterbar. Erste Frage: Was gehört alles zu einer Vokabel?

4.2 Bausteine eines Quelltextes

4.2.1 Übersicht

Alle Zeichen oder Zeichengruppen eines Programmes im Quellcode sind entweder

- Kommentar (comment),

- Namen (identifier),

- Schlüsselwörter (Wortsymbole) (keyword),

- Operatoren (operator),

- Konstanten (Literale) (constant, literal),

- Trennzeichen (separator) oder

- bedeutungslos.

Kommentar gelangt in C gar nicht bis zum Compiler im engeren Sinn, sondern wird schon vom Präprozessor entfernt und kann bis auf seine Begrenzungen frei gestaltet werden. **Schlüsselwörter** und **Operatoren** sind festgelegte Zeichen oder Zeichengruppen, an die man gebunden ist. **Namen** werden nach gewissen Regeln vom Programmierer gebildet, ebenso **Konstanten**. **Trennzeichen** trennen die genannten Bausteine oder ganze Anweisungen voneinander und sind festgelegt, meist Spaces, Semikolons und Linefeeds. Bedeutungslose Zeichen sind überzählige Spaces, Tabs oder Linefeeds.

4.2.2 Syntax-Diagramme

Die Syntax der einzelnen Bausteine – d. h. ihr regelgerechter Gebrauch – kann mittels Text beschrieben werden. Das ist oft umständlich und teilweise auch schwer zu verstehen. Deshalb nimmt man Beispiele zu Hilfe, die aber selten die Syntax vollständig erfassen. So haben sich **Syntax-Diagramme** eingebürgert, die nach etwas Übung leicht zu lesen sind. In Abb. 4.2.2 auf Seite 299 stellen wir die Syntax zweier C-Bausteine dar, nämlich die `if-else`-Anweisung und den Block. Die `if-else`-Anweisung besteht aus:

- dem Schlüsselwort `if`,

- einer öffnenden runden Klammer,

- einem booleschen Ausdruck (true – false),

- einer schließenden runden Klammer,

- einer Anweisung (auch die leere Anweisung) oder einem Block,

- dann ist entweder Ende der `if`-Anweisung oder es folgt

- das Schlüsselwort `else`, gefolgt von

- einer Anweisung oder einem Block.

Ein Block seinerseits besteht aus:

- einer öffnenden geschweiften Klammer,

- dann entweder nichts (leerer Block) oder

- einer Anweisung,

- gegebenenfalls weiteren Anweisungen,

- und einer schließenden geschweiften Klammer.

Da ein Block syntaktisch gleichwertig einer Anweisung ist, lassen sich Blöcke schachteln.

if-else-Anweisung

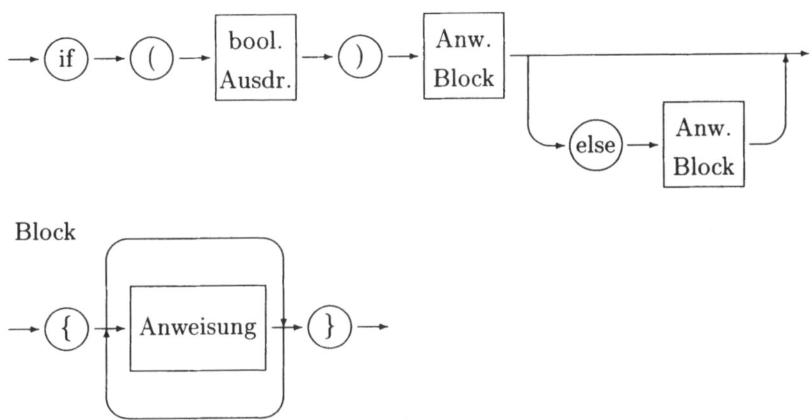

Abb. 4.3: Syntax-Diagramm der if-else-Anweisung und des Blockes

Ein weiterer Weg zur Beschreibung der Syntax einer Programmiersprache ist die Backus-Naur-Form, die von JOHN BACKUS, einem der Väter von FORTRAN, und PETER NAUR, einem der Väter von ALGOL, als Metasprache zu ALGOL 60 entwickelt worden ist. Weiteres siehe bei D. GRIES.

4.2.3 Kommentar

Alle Programmiersprachen ermöglichen, Text in ein Programm einzufügen, der vom Compiler überlesen wird und nur für den menschlichen Leser bestimmt ist. Dieser **Kommentar** muß mit einem besonderen Zeichen eingeleitet und gegebenenfalls beendet werden.

In C leitet die Zeichengruppe /* den Kommentar ein. Er kann sich über mehrere Zeilen erstrecken, darf aber nicht geschachtelt werden. Zu einer ungewollten Schachtelung kommt es, wenn man kommentierte Programmteile durch Einrahmen mit Kommentarzeichen vorübergehend unwirksam macht. Die Fehlermeldung des Compilers sagt irgendetwas mit Pointern und führt irre. Die Zeichengruppe */ kennzeichnet das Ende. Ein Zeilenende beendet den Kommentar nicht. Ansonsten kann Kommentar überall stehen, nicht nur auf einer eigenen Zeile. Ein Beispiel:

```
/*
Die ersten Zeilen enthalten Programmnamen, Zweck, Autor,
Datum, Compiler, Literatur und aehnliches.
*/

#include <stdio.h>

int main()
{
/* Dies ist eine eigene Kommentarzeile */
puts("Erste Zeile");
puts("Zweite Zeile");    /* Kommentar */
/* Kommentar */     puts("Dritte Zeile");

/*
puts("Vierte Zeile");    /* Kommentar geschachtelt!!! */
*/

puts("Ende");
return 0;
}
```

Programm 4.7 : C-Programm mit Kommentaren

Auf unserem System haben wir folgende Regel eingeführt: da Fehlermeldungen
des Systems in Englisch ausgegeben werden, schreiben wir die Meldungen unserer
Programme in Deutsch (man sollte sie ohnedies mittels `#define`-Anweisungen
irgendwo zusammenfassen, so daß sie leicht ausgetauscht werden können). Damit
sieht man sofort, woher eine Meldung stammt. Kommentar schreiben wir wieder
in Englisch, da die Programmbeispiele auch per Mail oder News in die unendlichen
Weiten des Internet geschickt werden, wo Englisch nun einmal die lingua franca ist.
An Kommentar[9] soll man nicht sparen, denn er kostet wenig Aufwand und kann
viel helfen, während die Dokumentation zum Programm nur zu oft ad calendas
Graecas (Sankt-Nimmerleins-Tag) verschoben wird.

4.2.4 Namen

Namen (identifier) bezeichnen Funktionen, Konstanten, Variable, Makros oder
Sprungmarken (Labels). Sie müssen mit einem Buchstaben oder einem Unterstrich
(underscore) beginnen. Benutzereigene Namen sollten immer mit einem Buchstaben anfangen, der Unterstrich wird vom Compiler oder vom System verwendet.
Groß- und Kleinbuchstaben werden unterschieden. Signifikant sind mindestens die
ersten sieben Zeichen, nach ANSI die ersten einunddreißig.

4.2.5 Schlüsselwörter

In C wie in jeder anderen Programmiersprache haben bestimmte Wörter eine
besondere Bedeutung, beispielsweise `main`, `while` und `if`. Diese **Wortsymbole**

---

[9]Real programmers don't comment their code.

oder **Schlüsselwörter**[10] dürfen auf keinen Fall als Namen verwendet werden, die Namen der Standardfunktionen wie `printf()` oder `fopen()` sollten nicht umfunktioniert werden. C zeichnet sich durch eine geringe Anzahl von Schlüsselwörtern aus, etwa dreißig, siehe Anhang I.1 *C-Lexikon, Schlüsselwörter* auf Seite 557.

4.2.6 Operanden

Wir schränken hier den Begriff Daten etwas ein und verstehen darunter nur die passiven Objekte, mit denen ein Programm etwas tut, also Text, Zahlen, Grafiken usw. Diese Objekte und ihre Untereinheiten nennen wir **Operanden** (operand). Mit ihnen werden Operationen durchgeführt. Das Wort *Objekt* vermeiden wir, um keine Assoziationen an objektorientiertes Programmieren zu wecken. Ein Operand

- hat einen **Namen** (identifier),

- gehört einem **Typ** (type) an,

- hat einen konstanten oder variablen **Wert** (value),

- belegt zur Laufzeit **Speicherplatz** im Computer,

- hat einen **Geltungsbereich** (scope) und

- eine **Lebensdauer** (lifetime).

Auf den Operanden wird über den Namen oder die Speicheradresse zugegriffen. Die Speicheradresse eines Operanden kann in einem weiteren Operanden abgelegt werden, der **Zeiger**, Adressvariable oder **Pointer** genannt wird. Wir bevorzugen das englische Wort *Pointer*, weil das deutsche Wort *Zeiger* drei Bedeutungen hat: Pointer, Index, Cursor. Außerdem wollen wir von Pointern nicht als Variablen reden, obwohl ihr Wert natürlich veränderlich ist. Pointer auf Pointer sind Pointer 2. Ordnung usw. Der Geltungsbereich eines Operanden ist ein Block, eine Funktion, ein File oder das ganze Programm. Ähnliches gilt für die Lebensdauer. In der **Deklaration** eines Operanden werden sein Name und seine Eigenschaften vereinbart. In der **Definition** erhält er einen Wert und benötigt spätestens dann einen Platz im Arbeitsspeicher. Deklaration und Definition können in einer Anweisung zusammengezogen sein. Die erstmalige Zuweisung eines Wertes an eine Variable heißt **Initialisierung**. Deklaration und Definition werden auch unter dem Begriff **Vereinbarung** zusammengefaßt.

Auf die Auswahl und Strukturierung der Operanden soll man Sorgfalt verwenden. Eine zweckmäßige **Datenstruktur** erleichtert das Programmieren und führt zu besseren Programmen. Eine nachträgliche Änderung der Datenstruktur

---

[10]Es gibt die Bezeichnungen Wortsymbol, Schlüsselwort und reserviertes Wort. Gemeint ist in jedem Fall, daß das Wort – eine bestimmte Zeichenfolge – nicht uneingeschränkt als Namen verwendet werden darf. In C dürfen diese Wörter – außer im Kommentar – keinesfalls für einen anderen als ihren besonderen Zweck als Wortsymbol verwendet werden. In FORTRAN dürfen diese Wörter in Zusammenhängen, die eine Deutung als Schlüsselwort ausschließen, auch als Namen verwendet werden. Man darf also eine Variable `if` nennen, und in der Zuweisung `if = 3` wird die Zeichenfolge `if` als Variable und nicht als Wortsymbol im Sinne von *falls* verstanden.

erfordert meist einen großen Aufwand, weil viele Programme oder Programmteile
davon betroffen sind. Die Namen der Operanden sollen ihre Bedeutung erklären,
erforderlichenfalls ist ihre Bedeutung im Kommentar oder in einer Aufzählung
festzuhalten.

4.2.6.1 Konstanten und Variable

Operanden können während des Ablaufs eines Programmes konstant bleiben (wie
die Zahl π) oder sich ändern (wie die Anzahl der Iterationen zur Lösung einer Gleichung oder das Ergebnis einer Berechnung oder Textsuche). Es kommt auch vor,
daß ein Operand für einen Programmaufruf konstant ist, beim nächsten Aufruf
aber einen anderen Wert hat (wie der Mehrwertsteuersatz).

Man tut gut, sämtliche Operanden eines Programmes an wenigen Stellen zu-
sammenzufassen und zu deklarieren. In den Funktionen oder Prozeduren sollten
keine geheimnisvollen Zahlen (magic numbers) auftauchen, sondern nur Namen.
Konstanten, die im Programm über ihren Namen aufgerufen werden, heißen **symbolische Konstanten**.

Für den Computer sind Konstanten Bestandteil des Programms, das unter
UNIX in das Codesegment des zugehörigen Prozesses kopiert und vor schreiben-
den Zugriffen geschützt wird. Diese Konstanten werden auch **Literale** genannt.
Variable hingegen belegen Speicherplätze im User Data Segment, deren Adressen
(Pointer) das Programm kennt und auf die es lesend und schreibend zugreift.

In ANSI-C sind die **Typ-Attribute** (type qualifier) `const` und `volatile` eingeführt worden, die eine bestimmte Behandlung der zugehörigen Operanden erzwingen. Sie werden selten gebraucht.

4.2.6.2 Typen – Grundbegriffe

Jeder Operand gehört einem **Typ** an, der über

- den Wertebereich,

- die zulässigen Operationen,

- den Speicherbedarf

entscheidet. Die Typen werden in drei Gruppen eingeteilt:

- einfache, skalare oder elementare Typen

- zusammengesetzte oder strukturierte Typen

- Pointer

In C gibt es nur konstante Typen, d. h. ein Operand, der einmal als ganzzahlig
deklariert worden ist, bleibt dies während des ganzen Programmes. Einige Programmiersprachen erlauben auch variable Typen, die erst zur Laufzeit bestimmt
werden oder sich während dieser ändern. Typfreie Sprachen kennen nur das Byte
oder das Maschinenwort als Datentyp. Die Typisierung[11] erleichtert die Arbeit

---

[11]Real programmers don't worry about types.

und erhöht die Sicherheit. Stellen Sie sich vor, Sie müßten bei Gleitkommazahlen Exponent und Mantisse jedesmal selbst aus den Bytes herausdröseln.

Die Typdeklarationen in C können ziemlich schwierig zu verstehen sein, vor allem bei mangelnder Übung. Im Netz findet sich ein Programm `cdecl`, das Typdeklarationen in einfaches Englisch übersetzt. Füttert man dem Programm folgende Deklaration:

```
char (*(*x[3]) ()) [5]
```

so erhält man zur Antwort:

```
declare x as array 3 of pointer to function returning pointer to
array 5 of char
```

So schnell wie `cdecl` hätten wir die Antwort nicht gefunden.

4.2.6.3 Einfache Typen

In jeder Programmiersprache gibt es Grundtypen, aus denen alle höheren Typen zusammengesetzt werden. In C sind dies ganze Zahlen, Gleitkommazahlen und Zeichen.

Ganze Zahlen In C gibt es ganze Zahlen mit oder ohne Vorzeichen sowie in halber, einfacher oder doppelter Länge:

- `int` ganze Zahl mit Vorzeichen

- `unsigned int` ganze Zahl ohne Vorzeichen

- `short` kurze ganze Zahl mit Vorzeichen

- `unsigned short` kurze ganze Zahl ohne Vorzeichen

- `long` ganze Zahl doppelter Länge mit Vorzeichen

- `unsigned long` ganze Zahl doppelter Länge ohne Vorzeichen

Die Länge der ganzen Zahlen in Bytes ist nicht festgelegt und beim Portieren zu beachten. Häufig sind `short` und `int` gleich und belegen ein **Maschinenwort**, auf unserer Anlage also 4 Bytes, während `long` 8 Bytes verwendet. Für ganze Zahlen sind die Addition, die Subtraktion, die Multiplikation, die Modulo-Operation (Divisionsrest) und die Division unter Vernachlässigung des Divisionsrestes definiert, ferner Vergleiche mittels größer – gleich – kleiner.

Gleitkommazahlen Gleitkommazahlen – auch als Reals oder Floating Point Numbers bezeichnet – werden durch eine **Mantisse** und einen **Exponenten** dargestellt. Der Exponent versteht sich nach außen zur Basis 10, intern wird die Basis 2 verwendet. Die Mantisse ist auf eine Stelle ungleich 0 vor dem Dezimalkomma oder -punkt normiert. Es gibt:

- `float` Gleitkommazahl einfacher Genauigkeit

- `double` Gleitkommazahl doppelter Genauigkeit

- **long double** Gleitkommazahl noch höherer Genauigkeit (extended precision)

Gleitkommazahlen haben immer ein Vorzeichen. Man beachte, daß die Typen sich nicht nur in ihrem Wertebereich, sondern auch in ihrer Genauigkeit (Anzahl der signifikanten Stellen) unterscheiden, anders als bei Ganzzahlen. Der Typ **long double** ist selten.

Für Gleitkommazahlen sind die Addition, die Subtraktion, die Multiplikation, die Division sowie Vergleiche zulässig. Die Abfrage auf Gleichheit ist jedoch heikel, da aufgrund von Rundungsfehlern zwei Gleitkommazahlen selten gleich sind. Wenn möglich, mache man um Gleitkommazahlen einen großen Bogen. Die Operationen dauern länger als die entsprechenden für Ganzzahlen, und die Auswirkungen von Rundungsfehlern sind schwierig abzuschätzen. Zur internen Darstellung von Gleitkommazahlen siehe Abschnitt 2.2.3.1 *Arithmetikprozessoren* auf Seite 18.

Alphanumerischer Typ Eine Größe, deren Wertevorrat die Zeichen der ASCII-Tabelle oder einer anderen Tabelle sind, ist vom Typ **alphanumerisch** oder **character**, bezeichnet mit **char**. In C werden sie durch eine Integerzahl zwischen 0 und 127 (7-bit-Zeichensätze) beziehungsweise 255 (8-bit-Zeichensätze) dargestellt. Der Speicherbedarf beträgt ein Byte.

Die Verwandtschaft zwischen Ganzzahlen und Zeichen in C verwirrt anfangs. Man mache sich die Gemeinsamkeiten an einem kleinen Programm klar:

```c
/* Programm zum Demonstrieren von character und integer */

#include <stdio.h>

int main()
{
int  i, j, k; char a, b;

i = 65; j = 233; k = 333; a = 'B'; b = '!';

printf("Ganzzahlen: %d  %d  %d  %d\n", i, j, k, a);
printf("Zeichen    : %c  %c  %c  %c\n", i, j, k, a);

puts("Nun rechnen wir mit Zeichen (B = 66, ! = 33):");
printf("%c + %c = %d\n", a, b, a + b);
printf("%c - %c = %d\n", b, a, b - a);
printf("%c - %c = %c\n", b, a, b - a);

return 0;
}
```

Programm 4.8 : C-Programm mit den Typen character und integer

Die Ausgabe des Programms lautet:

```
Ganzzahlen: 65  233  333  66
Zeichen    : A    M  B
Nun rechnen wir mit Zeichen (B = 66, ! = 33):
```

```
B + ! = 99
! - B = -33
! - B =
```

In der ersten Zeile werden alle Werte entsprechend dem Formatstring der Funktion `printf(3)` als dezimale Ganzzahlen ausgegeben, wobei der Buchstabe B durch seine ASCII-Nummer 66 vertreten ist. In der zweiten Zeile werden alle Werte als 7-bit-ASCII-Zeichen verstanden, wobei die Zahlen, die mehr als 7 Bit (> 127) beanspruchen, nach 7 Bit links abgeschnitten werden. Die Zahl 233 führt so zur Ausgabe des Zeichens Nr. $233 - 128 = 105$. Die Zahl -33 wird als Zeichen Nr. $128 - 33 = 95$, dem Unterstrich, ausgegeben. Wie man an der Rechnung erkennt, werden Zeichen vom Prozessor wie ganze Zahlen behandelt und erst bei der Ausgabe einer Zahl oder einem ASCII-Zeichen zugeordnet. Es ist zu erwarten, daß auf Systemen mit 8-bit- oder 16-bit-Zeichensätzen die Grenze höher liegt, aber die Arbeitsweise bleibt. Manchmal will man ein Byte wahlweise als Ganzzahl oder als Zeichen auffassen, aber das gehört zu den berüchtigten Tricks in C.

Das Ausgabegerät empfängt nur die Nummer des auszugebenden Zeichens gemäß seiner Zeichensatz-Tabelle (ASCII, ROMAN8), die Umwandlung des Wertes entsprechend seinem Typ ist Aufgabe der Funktion `printf(3)`.

Boolescher Typ Eine Größe vom Typ `boolean` oder `logical` kann nur die Werte `true` (wahr, richtig) oder `false` (falsch) annehmen. In C werden statt des booleschen Typs die Integerwerte 0 ($=$ false) und nicht-0 ($=$ true) verwendet. Etwas verwirrend ist, daß viele Funktionen bei Erfolg den Wert 0 zurückgeben.

Leerer Typ Der leere Datentyp **void** wird zum Deklarieren von Funktionen verwendet, die kein Ergebnis zurückliefern, sowie zum Erzeugen generischer (allgemeiner) Pointer, die auf Variablen eines vorläufig beliebigen Typs zeigen. Der Bytebedarf eines Pointers liegt ja fest, auch wenn der zugehörige Variablentyp noch offen ist. Zur Pointer-Arithmetik muß jedoch der Typ (das heißt der Bytebedarf der zugehörigen Variablen) bekannt sein. Variablen vom Typ **void** lassen sich nicht verarbeiten, da sie noch nicht existieren.

Vor der Erfindung des Typs **void** wurde für generische Pointer der Typ `char` genommen, der ein Byte umfaßt, woraus sich alle anderen Typen zusammensetzen lassen. Man hätte den Typ auch `byte` nennen können.

4.2.6.4 Zusammengesetzte Typen (Arrays, Strukturen)

Arrays Die meisten Programmiersprachen kennen **Arrays**, unglücklicherweise auch als **Felder**[12] bezeichnet; das sind geordnete Mengen von Größen desselben Typs. Jedem Element ist ein fortlaufender Index (Hausnummer) zugeordnet, der in C stets mit 0 beginnt. In einem Array von zwölf Elementen läuft also der Index von 0 bis 11. Aufpassen.

---

[12]Felder in Datensätzen sind etwas völlig anderes.

Elemente eines Arrays dürfen Konstanten oder Variable aller einfachen Typen, andere Arrays, Strukturen, Unions oder Pointer sein, jedoch keine Funktionen. Files sind formal Strukturen, ein Array von Files ist also erlaubt.

Der Compiler muß die Größe eines Arrays (Anzahl und Typ der Elemente) wissen. Sie muß bereits im Programm stehen und kann nicht erst zur Laufzeit errechnet werden. Man kann jedoch die Größe mittels der Standardfunktion `malloc(3)` ändern, siehe Abschnitt 4.10.7 *Dynamische Speicherverwaltung* auf Seite 418.

Es gibt mehrdimensionale Arrays (Matrizen usw.) mit entsprechend vielen Indexfolgen. Die Elemente werden im Speicher hintereinander in der Weise abgelegt, daß sich der letzte Index am schnellsten ändert. Der Compiler linearisiert das Array, wie man sagt. Eine Matrix wird zeilenweise gespeichert. Vorsicht beim Übertragen von oder nach FORTRAN: dort läuft die Indizierung anders als in C, eine Matrix wird spaltenweise gespeichert. PASCAL verhält sich wie C.

Der **Name** eines Arrays ist der Pointer auf sein erstes Element. Er ist eine Pointerkonstante und kann daher nicht auf der linken Seite einer Zuweisung vorkommen. Weiteres dazu im Abschnitt 4.2.6.7 *Pointer* auf Seite 308.

Zeichenketten (Strings)   In C sind **Strings** oder **Zeichenketten** Arrays of characters, abgeschlossen durch das ASCII-Zeichen Nr. 0. In anderen Sprachen werden Strings anders dargestellt. Ein String läßt sich am Stück verarbeiten oder durch Zugriff auf seine Elemente. Man kann fertige String-Funktionen verwenden oder eigene Funktionen schreiben, muß sich dann aber auch selbst um die ASCII-Null kümmern.

Merke: Es gibt Arrays of characters, die keine Strings sind, nämlich solche, die nicht mit dem ASCII-Zeichen Nr. 0 abgeschlossen sind. Sie müssen als Array angesprochen werden wie ein Array von Zahlen.

Will man bei der Eingabe von Werten mittels der Tastatur jeden beliebigen Unsinn zulassen, dann muß man die Eingaben als lange Strings übernehmen, die Strings prüfen und dann – sofern sie vernünftig sind – in den gewünschten Typ umwandeln. Ein Programmbeispiel dazu findet sich im Abschnitt 4.10.6.2 *Pointer auf Typ void: xread.c* auf Seite 407.

Strukturen   Eine **Struktur**, auch als **Verbund** und in PASCAL als **Record** bezeichnet, vereint Elemente ungleichen Typs im Gegensatz zum Array. Strukturen dürfen geschachtelt werden, aber nicht sich selbst enthalten (Rekursion). Möglich ist jedoch, daß eine Struktur einen Pointer auf sich selbst enthält – ein Pointer ist ja nicht die Struktur selbst – womit Verkettungen hergestellt werden. Das Schlüsselwort lautet `struct`.

Ein typisches Beispiel für eine Struktur ist eine Personal- oder Mitgliederliste, bestehend aus alphanumerischen und numerischen Komponenten. Mit den numerischen wird gerechnet, auf die alphanumerischen werden Stringfunktionen angewendet. Telefonnummern oder Postleitzahlen sind alphanumerische Größen, da Rechenoperationen mit ihnen sinnlos sind.

Jedes File ist eine Struktur namens FILE, die in dem include-File `stdio.h` deklariert ist:

```
typedef struct {
        int       _cnt;
        unsigned char      *_ptr;
        unsigned char      *_base;
        short     _flag;
        char      _file;
} FILE;
```

Mit dieser Typdeklaration wird ein Strukturtyp namens `FILE` erzeugt, der in weiteren Deklarationen als Typ verwendet wird. In C sind alle Files ungegliederte Folgen von Bytes (Bytestreams), so daß es keinen Unterschied zwischen Textfiles und sonstigen Files gibt. Die Gliederung erzeugt das lesende oder schreibende Programm. Anders als in PASCAL ist daher der Typ `FILE` nicht ein `FILE of irgendetwas`.

Eine besondere Struktur ist das **Bitfeld**. Die Strukturkomponenten sind einzelne Bits oder Gruppen von Bits, die über ihren Komponentennamen angesprochen werden. Eine Bitfeld-Struktur darf keine weiteren Komponenten enthalten und soll möglichst vom Basistyp `unsigned` sein. Ein einzelnes Bitfeld darf maximal die Länge eines Maschinenwortes haben, es kann also nicht über eine Wortgrenze hinausragen. Bitfelder sind keine Arrays, es gibt keinen Index. Ebensowenig lassen sich Bitfelder referenzieren (&-Operator). Bitfelder werden verwendet, um mehrere Ja-nein-Angaben in einem Wort unterzubringen.

Der Name einer Struktur ist *kein* Pointer, sondern ein Variablenname, anders als bei Arrays.

4.2.6.5 Union

Eine Variable des Typs `union` kann Werte unterschiedlichen Typs aufnehmen, zu einem Zeitpunkt jedoch immer nur einen. Es liegt in der Hand des Programms, über den augenblicklichen Typ Buch zu führen. In FORTRAN dient die equivalence-Anweisung demselben Zweck, in PASCAL der variante Record. Eine Union belegt so viele Bytes wie der längste in ihr untergebrachte Datentyp. Die Union habe ich noch nie gebraucht, sie soll in der Systemprogrammierung vorkommen.

4.2.6.6 Aufzählungstypen

Durch Aufzählen lassen sich benutzereigene Typen schaffen. Denkbar ist:

```
enum wochentag {montag, dienstag, mittwoch, donnerstag,
                freitag, samstag, sonntag} tag;
```

Die Variable `tag` ist vom Typ `wochentag` und kann die oben aufgezählten Werte annehmen. Die Reihenfolge der Werte ist maßgebend für Vergleiche: `montag` ist kleiner als `dienstag`. Auch Farben bieten sich für einen Aufzählungstyp an. In der Maschine werden Aufzählungstypen durch Ganzzahlen dargestellt.

4.2.6.7 Pointer (Zeiger)

Auf Variablen kann mittels ihres Namens oder ihrer Speicheradresse zugegriffen werden. Die Speicheradresse braucht nicht absolut oder relativ zu einem Anfangswert bekannt zu sein, sondern ist über den Namen eines Pointers ansprechbar. Genaugenommen gehören die Adressen zur Hardware und sind für den Programmierer fast immer bedeutungslos, während die Pointer Operanden der Programmiersprache sind, denen zur Laufzeit als Wert Adressen zugewiesen werden. Adressen sind hexadezimale Zahlen, Pointer haben Namen. Das Arbeiten mit Adressen bzw. deren Pointern erlaubt gelegentlich eine elegante Programmierung und ist im übrigen älter als die Verwendung von Namen. Man muß nur stets sorgfältig die Variable von ihrem Pointer unterscheiden. Wenn man Arrays von Pointern auf Strings verwaltet, wird das leicht unübersichtlich.

Ein Pointer ist immer ein Pointer auf einen Variablentyp, unter Umständen auf einen weiteren Pointer. Typlose Pointer gibt es nicht in C[13]. Ein Pointer ist *keine* Ganzzahl (`int`) und kann nicht wie eine Ganzzahl behandelt werden, obwohl letzten Endes die Speicheradressen ganze Zahlen sind. Die zulässigen Operationen sind andere als bei ganzen Zahlen.

Aus einem Variablennamen `x` entsteht der Pointer auf die Variable `&x` durch Voransetzen des **Referenzierungszeichens** `&`. Umgekehrt wird aus dem Pointer `p` die zugehörige Variable `*p` durch Voransetzen des **Dereferenzierungszeichens** `*`. Es ist gute Praxis, Pointernamen mit einem p beginnen oder aufhören zu lassen.

Der Name von **Arrays** ist der Pointer auf ihr erstes Element (Index 0). Der Name von **Funktionen** ohne das Klammernpaar ist der Pointer auf die Einsprungadresse der Funktion, auf die erste ausführbare Anweisung.

Ein Pointer, der auf die Adresse `NULL` verweist, wird **Nullpointer** genannt und zeigt auf kein gültiges Datenobjekt. Sein Auftreten kennzeichnet eine Ausnahme oder einen Fehler. Der Wert `NULL` ist der einzige, der direkt einem Pointer zugewiesen werden kann; jede Zuweisung einer Ganzzahl ist ein Fehler, da Pointer keine Ganzzahlen sind. Ansonsten dürfen nur Werte, die sich aus einer Pointeroperation oder einer entsprechenden Funktion (deren Ergebnis ein Pointer ist) einem Pointer zugewiesen werden.

Für Pointer sind die Operationen Inkrementieren, Dekrementieren und Vergleichen zulässig. Die Multiplikation zweier Pointer dürfen Sie versuchen, es kommt aber nichts Brauchbares heraus, meist ein Laufzeitfehler (memory fault). Inkrementieren bedeutet Erhöhung um eine oder mehrere Einheiten des Typs, auf den der Pointer verweist. Dekrementieren entsprechend eine Verminderung. Sie brauchen nicht zu berücksichtigen, um wieviele Bytes es geht, das weiß der Compiler aufgrund der Deklaration. Diese **Pointer-Arithmetik** erleichtert das Programmieren erheblich; in typlosen Sprachen muß man Bytes zählen.

Wir wollen anhand einiger Beispiele mit Arrays den Gebrauch von Pointern verdeutlichen und deklarieren ein eindimensionales Array von vier Ganzzahlen:

```
int a[4];
```

---

[13]Der in ANSI-C eingeführte Pointer auf den Typ `void` ist ein Pointer, der zunächst auf keinen bestimmten Typ zeigt.

Der Name a für sich allein ist der Pointer auf den Anfang des Arrays. Es sei mit
den Zahlen 4, 7, 1 und 2 besetzt. Dann hat es folgenden Aufbau:

Pointer		Speicher	Variable = Wert
a	$\longrightarrow$	4	$*a = a[0] = 4$
$a + 1$	$\longrightarrow$	7	$*(a + 1) = a[1] = 7$
$a + 2$	$\longrightarrow$	1	$*(a + 2) = a[2] = 1$
$a + 3$	$\longrightarrow$	2	$*(a + 3) = a[3] = 2$

Der Pfeil ist zu lesen als *zeigt auf* oder *ist die Adresse von*. Der Wert des Pointers
a – die Adresse also, unter der die Zahl 4 abgelegt ist – ist irgendeine kaum
verständliche und völlig belanglose Hexadezimalzahl, die sich sogar während des
Programmablaufs ändern kann. Der Wert der Variablen a[0] hingegen ist 4 und
das aus Gründen, die im wirklichen Leben zu suchen sind. Ein Zugriff auf das
nicht deklarierte Element $a[4]$ führt spätestens zur Laufzeit auf einen Fehler. Bei
der Deklaration des Arrays muß seine Länge bekannt sein. Später, wenn es nur
um den Typ geht – wie bei der Parameterübergabe – reicht die Angabe int *a.

Ein String ist ein Array von Zeichen (characters), abgeschlossen mit dem un-
sichtbaren ASCII-Zeichen Nr. 0, hier dargestellt durch $\otimes$. Infolgedessen muß das
Array immer ein Element länger sein als der String Zeichen enthält. Wir deklarieren einen ausreichend langen String und belegen ihn gleichzeitig mit dem Wort
UNIX:

```
char s[6] = "UNIX";
```

Die Längenangabe 6 könnte entfallen, da der Compiler aufgrund der Zuweisung
der Stringkonstanten die Länge weiß. Der String ist unnötig lang, aber vielleicht
wollen wir später ein anderes Wort darin unterbringen. Das Array sieht dann so
aus:

Pointer (Adresse)		Speicher	Wert (Variable)
s	$\longrightarrow$	U	$*s = s[0] = U$
$s + 1$	$\longrightarrow$	N	$*(s + 1) = s[1] = N$
$s + 2$	$\longrightarrow$	I	$*(s + 2) = s[2] = I$
$s + 3$	$\longrightarrow$	X	$*(s + 3) = s[3] = X$
$s + 4$	$\longrightarrow$	$\otimes$	$*(s + 4) = s[4] = \otimes$
$s + 5$	$\longrightarrow$	??	$*(s + 5) = s[5] = ??$

Die Fragezeichen deuten an, daß diese Speicherstelle nicht mit einem bestimmten
Wert belegt ist. Der Zugriff ist erlaubt; was darin steht, ist nicht abzusehen. Man
darf nicht davon ausgehen, daß Strings immer mit Spaces initialisiert werden oder
Zahlen mit Null.

Wir deklarieren nun ein zweidimensionales Array von Ganzzahlen, eine nicht-
quadratische Matrix:

```
int a[3][4];
```

die mit folgenden Werten belegt sei:

$$\begin{pmatrix} 1 & 2 & 3 & 4 \\ 5 & 6 & 7 & 8 \\ 9 & 10 & 11 & 12 \end{pmatrix}$$

Im Arbeitsspeicher steht dann folgendes:

Pointer 2.		Pointer 1.		Speicher	Wert (Variable)
a	$\longrightarrow$	$a[0]$	$\longrightarrow$	1	$**a = *a[0] = a[0][0] = 1$
	$\longrightarrow$	$a[0] + 1$	$\longrightarrow$	2	$*(a[0] + 1) = a[0][1] = 2$
	$\longrightarrow$	$a[0] + 2$	$\longrightarrow$	3	$*(a[0] + 2) = a[0][2] = 3$
	$\longrightarrow$	$a[0] + 3$	$\longrightarrow$	4	$*(a[0] + 3) = a[0][3] = 4$
$a + 1$	$\longrightarrow$	$a[1]$	$\longrightarrow$	5	$*a[1] = a[1][0] = 5$
	$\longrightarrow$	$a[1] + 1$	$\longrightarrow$	6	$*(a[1] + 1) = a[1][1] = 6$
	$\longrightarrow$	$a[1] + 2$	$\longrightarrow$	7	$*(a[1] + 2) = a[1][2] = 7$
	$\longrightarrow$	$a[1] + 3$	$\longrightarrow$	8	$*(a[1] + 3) = a[1][3] = 8$
$a + 2$	$\longrightarrow$	$a[2]$	$\longrightarrow$	9	$*a[2] = a[2][0] = 9$
	$\longrightarrow$	$a[2] + 1$	$\longrightarrow$	10	$*(a[2] + 1) = a[2][1] = 10$
	$\longrightarrow$	$a[2] + 2$	$\longrightarrow$	11	$*(a[2] + 2) = a[2][2] = 11$
	$\longrightarrow$	$a[2] + 3$	$\longrightarrow$	12	$*(a[2] + 3) = a[2][3] = 12$

Der Pointer 2. Ordnung a zeigt auf ein Array aus 3 Pointern 1. Ordnung a[0],
a[1] und a[2]. Die Pointer 1. Ordnung a[0], a[1] und a[2] zeigen ihrerseits auf 3
Arrays bestehend aus je 4 Ganzzahlen. Gespeichert sind 12 Ganzzahlen, die Pointer 1. Ordnung sind nicht gespeichert. Da die Elemente allesamt gleich groß sind
(gleich viele Bytes lang), hindert uns nichts daran, das Element a[1][2], nämlich
die Zahl 7, als Element a[0][6] aufzufassen. Die gespeicherten Werte lassen sich
auch als eindimensionales Array b[12] verstehen. Solche Tricks müssen sorgfältig
kommentiert werden, sonst blickt man selbst nach kurzer Zeit nicht mehr durch
und Außenstehende nie. Versuchen Sie, folgende Behauptungen nachzuvollziehen:

$$**(a+1) = 5(a+1) = a[0]+4 = a[1](*(a+2)-1) = 8(*(a+1)+1) = *(a[1]+1) = 6$$

Im Programm 3.38 zeit.c auf Seite 224 haben wir ein Array von Strings
kennengelernt, also ein Array von Arrays von Zeichen, abgeschlossen jeweils mit
dem ASCII-Zeichen Nr. 0. Es enthält die Namen der Wochentage, mit Spaces
aufgefüllt auf gleiche Länge:

```
char *ptag[] = {"Sonntag, ", "Montag,  ", ...};
```

Hier wird ein Array von 7 Pointern gespeichert. Dazu kommen natürlich noch die
Strings, die wegen des Aussehens auf dem Bildschirm gleich lang sind, aber vom
Programm her ungleich lang sein dürften.

Pointer 2.		Pointer 1.		Sp.	Wert (Variable)
$ptag$	$\longrightarrow$	$ptag[0]$	$\longrightarrow$	S	$**ptag = *ptag[0] = ptag[0][0] = S$

$$\longrightarrow \quad ptag[0] + 1 \quad \longrightarrow \quad \boxed{\text{o}} \quad *(ptag[0] + 1) = ptag[0][1] = o$$
$$\longrightarrow \quad ptag[0] + 2 \quad \longrightarrow \quad \boxed{\text{n}} \quad *(ptag[0] + 2) = ptag[0][2] = n$$
$$\longrightarrow \quad ptag[0] + 3 \quad \longrightarrow \quad \boxed{\text{n}} \quad *(ptag[0] + 3) = ptag[0][3] = n$$
$$\longrightarrow \quad ptag[0] + 4 \quad \longrightarrow \quad \boxed{\text{t}} \quad *(ptag[0] + 4) = ptag[0][4] = t$$
$$\longrightarrow \quad ptag[0] + 5 \quad \longrightarrow \quad \boxed{\text{a}} \quad *(ptag[0] + 5) = ptag[0][5] = a$$
$$\longrightarrow \quad ptag[0] + 6 \quad \longrightarrow \quad \boxed{\text{g}} \quad *(ptag[0] + 6) = ptag[0][6] = g$$
$$\longrightarrow \quad ptag[0] + 7 \quad \longrightarrow \quad \boxed{\text{,}} \quad *(ptag[0] + 7) = ptag[0][7] = ,$$
$$\longrightarrow \quad ptag[0] + 8 \quad \longrightarrow \quad \boxed{} \quad *(ptag[0] + 8) = ptag[0][8] = $$
$$\longrightarrow \quad ptag[0] + 9 \quad \longrightarrow \quad \boxed{\otimes} \quad *(ptag[0] + 9) = ptag[0][9] = \otimes$$
$$ptag + 1 \longrightarrow \quad ptag[1] \quad \longrightarrow \quad \boxed{\text{M}} \quad *ptag[1] = ptag[1][0] = M$$
$$\longrightarrow \quad ptag[1] + 1 \quad \longrightarrow \quad \boxed{\text{o}} \quad *(ptag[1] + 1) = ptag[1][1] = o$$
$$\longrightarrow \quad ptag[1] + 2 \quad \longrightarrow \quad \boxed{\text{n}} \quad *(ptag[1] + 2) = ptag[1][2] = n$$

Wir brechen nach dem n von Montag ab. ptag ist die Adresse des Speicherplatzes, in dem ptag[0] abgelegt ist. ptag[0] ist die Adresse des Speicherplatzes, in dem das Zeichen S abgelegt ist. Durch zweimaliges Dereferenzieren von ptag erhalten wir das Zeichen S. Die anderen Zeichen liegen auf höheren Speicherplätzen, deren Adressen wir durch Inkrementieren entweder von ptag oder von ptag[ ] erhalten, wobei man normalerweise die zweidimensionale Struktur des Arrays berücksichtigt, obwohl dem Computer das ziemlich gleich ist.

Es sind noch weitere Schreibweisen möglich, die oben wegen der begrenzten Breite nicht unterzubringen sind. Greifen wir die letzte Zeile heraus, das n von Montag. Rein mit Indizes geschrieben gilt:

$$ptag[1][2] = n$$

So entwerfen wir vermutlich ein Programm, weil wir das Arbeiten mit Indizes aus der Mathematik gewohnt sind. Unter Ausnutzen der Pointer-Arithmetik gilt aber auch:

$$*(*(ptag + 1) + 2) = *(ptag[1] + 2) = (*(ptag + 1))[2] = ptag[1][2] = n$$

Für den Computer ist Pointer-Schreibweise mit weniger Arbeit verbunden, da er Adressen kennt und die Indizes erst in Adressen umrechnen muß.

Pointer und Variable gehören verschiedenen **Referenzebenen** (level) an, die nicht gemischt werden dürfen. Der gleiche Fall liegt auch in der Linguistik vor, wenn über Wörter gesprochen wird. Vergleichen Sie die beiden sinnvollen Sätze:

- Kaffee ist ein Getränk.

- Kaffee ist ein Substantiv.

Im ersten Satz ist die Flüssigkeit gemeint, im zweiten das Wort, was gelegentlich durch Kursivschreibung oder Gänsefüßchen angedeutet wird. Der erste Satz ist einfaches Deutsch, der zweite gehört einer **Metasprache** an, in der Aussagen über die deutsche Sprache vorgenommen werden, verwirrenderweise mit denselben Wörtern und derselben Grammatik. Genauso kann x eine Variable oder ein Pointer auf ein Variable sein oder ein Pointer auf einen Pointer auf eine Variable. Erst ein Blick auf die Deklaration schafft Klarheit.

In C-Programmen wird gern von Pointern Gebrauch gemacht. In der C-Bibel von BRIAN W. KERNIGHAN und DENNIS M. RITCHIE ist ihnen daher ein ganzes, gut lesbares Kapitel gewidmet.

4.2.6.8   Weitere Namen für Typen (typedef)

Mithilfe der `typedef`-Anweisung kann sich der Benutzer eigene, zusätzliche **Namen** für C-Datentypen schaffen. Der neue Name muß eindeutig sein, darf also nicht mit einem bereits anderweitig belegten Namen übereinstimmen. `typedef` erzeugt keinen neuen Datentyp, sondern veranlaßt den Compiler, im Programm den neuen Namen wörtlich durch seine Definition zu ersetzen, was man zur Prüfung auch von Hand machen kann. Der neue Datentyp ist ein Synonym. Der Zweck neuer Typnamen ist eine Verbesserung der Lesbarkeit und Portierbarkeit des Quelltextes.

Einige Beispiele. Wir wollen uns einen Typnamen `BOOLEAN` schaffen, der zwar im Grunde nichts anderes ist als der Typ `int`, aber die Verwendung deutlicher erkennen läßt. Zu Beginn der Deklarationen oder vor `main()` schreiben wir:

```
typedef    int    BOOLEAN;
```

(die Großschreibung ist nicht zwingend) und können anschließend eine Variable `janein` als `BOOLEAN` deklarieren

```
BOOLEAN    janein;
```

In FORTRAN gibt es den Datentyp `complex`, den wir in C durch eine Struktur nachbilden:

```
typedef struct {
    double real;
    double imag;
} COMPLEX;
```

Danach deklarieren wir komplexe Variable:

```
COMPLEX z, R[20];
```

`z` ist eine komplexe Variable, `R` ein Array von 20 komplexen Variablen. Leider ist damit noch nicht alles erledigt, denn die arithmetischen Operatoren von C gelten nur für Ganz- und Gleitkommazahlen, nicht für Strukturen. Wir müssen noch Funktionen für die Operationen mit komplexen Variablen schreiben. In FORTRAN hingegen gelten die gewohnten arithmetischen Operatoren auch für komplexe Daten. In C++ lassen sich die Bedeutungen der Operatoren erweitern (überladen), aber in C nicht.

Bei Strings taucht das Problem der Längenangabe auf. Folgender Weg ist gangbar, erfüllt aber nicht alle Wünsche:

```
typedef    char    *STRING;
```

Dann können wir schreiben

```
STRING fehler = "Falsche Eingabe";
```

Der Compiler weiß die Länge der Strings aufgrund der Zuweisung der String-konstanten. Hingegen ist die nachstehende Deklaration fehlerhaft, wie man leicht durch Einsetzen erkennt:

```
STRING   abc[16];
```

Die Typdefinition eingesetzt ergibt:

```
char    *abc[16];
```

und das ist kein String, sondern ein Array von Strings. Erst zweimaliges Derefe-renzieren führt auf den Typ **char**. Die Schreibweise:

```
typedef   char   [16]   STRING;
STRING abc;
```

die dieses Problem lösen würde, haben wir zwar in einem Buch gefunden, wurde aber nicht von unserem Compiler angenommen.

Ist man darauf angewiesen, daß ein Datentyp eine bestimmte Anzahl von By-tes umfaßt, erleichtert man das Portieren, indem man einen eigenen Typnamen deklariert und im weiteren Verlauf nur diesen verwendet. Bei einer Portierung ist dann nur die Typdefinition anzupassen. Es werde eine Ganzzahl von vier Byte Länge verlangt. Dann deklariert man:

```
typedef   int   INT4;   /* Ganzzahl von 4 Bytes */
INT4   i, j, k;
```

und ändert bei Bedarf nur die **typedef**-Zeile. Zweckmäßig packt man die Typen-definition in ein privates include-File, das man für mehrere Programme verwenden kann.

4.2.6.9 Speicherklassen

In C gibt es vier **Speicherklassen** (storage classes):

- auto
- extern
- register
- static

Die Speicherklasse geht dem Typ in der Deklaration voraus:

```
static int x;
```

Die Klasse **auto** ist die Defaultklasse für **lokale Variable** und braucht nicht eigens angegeben zu werden. Variablen dieser Klasse leben nur innerhalb des Bereiches, in dem sie deklariert wurden, und sterben beim Verlassen des Bereiches, der von ihnen belegte Speicher wird freigegeben.

Eine **globale Variable** darf in einem Programm nur einmal deklariert werden. Erstreckt sich ein Programm über mehrere getrennt zu kompilierende Files, so darf sie nur in einem der Files deklariert werden. Da aber der Compiler auch in den übrigen Files den Typ der Variablen kennen muß, wird die Variable hier als **extern** deklariert. Globale Variable sind per Default extern. Funktionen gehören stets der Speicherklasse extern an.

register-Variable werden nach Möglichkeit in Registern nahe dem Rechenwerk gehalten und sind damit schnell verfügbar. Ansonsten verhalten sie sich wie auto-Variable. Sie müssen vom Typ int oder char sein. Eine typische Anwendung sind Schleifenzähler. Optimierende Compiler ordnen von sich aus einige Variable dieser Speicherklasse zu. Auf `register`-Variable kann der Referenzierungs-Operator **&** nicht angewendet werden. Es ist auch unsicher, ob das System der `register`-Anweisung folgt. Am besten verzichtet man auf diese Speicherklasse.

Lokale Operanden gelten und leben nur innerhalb des Blockes, in dem sie deklariert wurden. Durch die Zuordnung zur Speicherklasse **static** verlängert man ihre **Lebensdauer** – nicht ihren Geltungsbereich – über das Ende des Blockes hinaus. Bei einem erneuten Aufruf des Blockes hat ein static-Operand den Wert, den er beim vorherigen Verlassen des Blockes hatte.

4.2.6.10 Geltungsbereich

Eine Variable gilt nur innerhalb des Bereiches (Programmabschnittes), zu dessen Beginn sie deklariert worden ist. Ihr **Geltungsbereich** (scope) ist dieser Bereich. Außerhalb des zugehörigen Bereiches ist die Variable unbekannt (nicht existent) oder unsichtbar (existent, aber nicht zugänglich). Der Name der Variablen ist in diesem Zusammenhang bedeutungslos. Ein Bereich ist:

- ein Programm,

- eine Funktion,

- ein logischer Block zwischen { und },

- ein File.

Variable, die vor allen Funktionen – in der Regel vor `main()` – deklariert werden, gelten infolgedessen global in allen Funktionen, die im selben File deklariert werden, das heißt im ganzen Programm, wenn dieses nur aus einem File besteht. Variable, die zu Beginn einer Funktion – vor allen Anweisungen in der Funktion – deklariert werden, gelten innerhalb dieser Funktion, aber nicht außerhalb. Sie sind lokal gültig. Variable, die zu Beginn eines Blockes – vor allen Anweisungen im Block – deklariert werden, gelten nur in diesem Block. Das kommt selten vor, ist aber völlig in Ordnung.

Erstreckt sich ein Programm über mehrere Files, so gelten zu Beginn eines Files – vor den darin enthaltenen Funktionen – deklarierte Operanden global für die Funktionen im File, aber nicht für das gesamte Programm. Soll ein Operand global im gesamten Programm gelten, so ist er in jedem File erneut zu deklarieren. Dies widerspricht jedoch der Forderung, daß ein- und derselbe Operand nur einmal deklariert werden darf. Der Ausweg liegt darin, ihn nur einmal in beschriebener Weise zu deklarieren und in allen anderen Files vor die Deklaration das Wort

extern zu setzen. Damit ist der Forderung nach Eindeutigkeit Genüge getan, und der Compiler weiß trotzdem bei jedem File, mit welchen Typen er es zu tun hat.

Wird ein Operand unter demselben Namen innerhalb eines Bereiches nochmals deklariert, so hat für diesen Bereich die lokale Deklaration Vorrang vor der äußeren Deklaration. Es wird ein neuer, lokaler Operand erzeugt. Der Geltungsbereich des äußeren Operanden hat eine Lücke.

Das Konzept des Geltungsbereiches läßt sich über ein Programm hinaus erweitern. Die exportierten Umgebungs-Variablen der Sitzungsshell gelten für alle Prozesse einer Sitzung und können von diesen abgefragt oder verändert werden. Darüber hinaus sind auch Variable denkbar, die in einem Verzeichnis, einem Filesystem oder in einer Netz-Domain gelten. Je größer der Geltungsbereich ist, desto sorgfältiger muß man mit der Schreibberechtigung umgehen.

4.2.6.11 Lebensdauer

Beim Eintritt in einen Bereich wird für die in diesem Bereich definierten Variablen Speicher zugewiesen (allokiert). Beim Verlassen des Bereiches wird der Speicher freigegeben, von den Variablen bleibt keine Spur zurück. Ihre **Lebensdauer** (lifetime) ist die aktive Zeitspanne des Bereiches. Beim nächsten Aufruf des Bereiches wird neuer Speicher zugewiesen und initialisiert. Diese Speicherklasse wird als **auto** bezeichnet und ist die Standardklasse aller Variablen, für die nichts anderes vereinbart wird.

Möchte man jedoch mit den alten Werten weiterrechnen, so muß man die Variable der Speicherklasse **static** zuweisen. Der Geltungsbereich wird davon nicht berührt, aber der Speicher samt Inhalt bleibt beim Verlassen der Funktion bestehen. Die Variable besteht, ist aber vorübergehend unsichtbar (existent, aber nicht zugänglich).

4.2.7 Operationen

4.2.7.1 Ausdrücke

Wir haben bisher Operanden betrachtet, aber nichts mit ihnen gemacht. Nun wollen wir uns ansehen, was man mit den Operanden anstellen kann. Der **Operator** bestimmt, was mit dem Operand geschieht. Unäre Operatoren wirken auf genau einen Operanden, binäre auf zwei, ternäre auf drei. Mehr Operanden sind selten. Operator plus Operanden bezeichnet man als **Ausdruck** (expression). Ein Ausdruck hat nach seiner Auswertung einen **Wert** und kann überall dort stehen, wo ein Wert verlangt wird. Eine Funktion, die einen Wert zurückgibt, kann anstelle eines Ausdrucks oder Wertes stehen.

4.2.7.2 Zuweisung

Eine **Zuweisung** (assignment) weist einer Variablen einen Wert zu. Der Operator ist das Gleichheitszeichen (ohne Doppelpunkt wie in PASCAL, wegen Faulheit). Das Gleichheitszeichen darf von Spaces umgeben sein und sollte es wegen der besseren Lesbarkeit auch. Wert und Variable sollten vom selben Typ sein. Es gibt zwar in C automatische Typumwandlungen, aber man sollte wenig Gebrauch davon machen. Sie führen zu den berüchtigten unlesbaren C-Programmen und gefährden die Portabilität.

Da ein Ausdruck wie eine Summe oder eine entsprechende Funktion einen Wert abliefert, kann in einer Zuweisung anstelle des Wertes immer ein Ausdruck stehen. Die Zuweisung selbst liefert den zugewiesenen Wert zurück und kann daher als Wert in einem übergeordneten Ausdruck auftreten.

Auf der rechten Seite einer Zuweisung kann alles stehen, was einen Wert hat, beispielsweise eine Konstante, ein berechenbarer Ausdruck oder eine Funktion, aber kein Array und damit auch kein String. Solche Glieder werden als **r-Werte** (r-value) bezeichnet. Auf der linken Seite einer Zuweisung kann alles stehen, was einen Wert annehmen kann, beispielsweise eine Variable, aber keine Konstante und keine Funktion. Diese Glieder heißen **l-Werte** (l-value).

Eine Zuweisung ist *keine* mathematische Gleichung. Die Formel

$$x = x + 1 \tag{4.1}$$

ist als Gleichung für jeden endlichen Wert von x falsch, als Zuweisung dagegen ist sie gebräuchlich und bedeutet: Addiere 1 zu dem Wert von x und schreibe das Ergebnis in die Speicherstelle von x. Damit erhält die Variable x einen neuen Wert. Bei einer Gleichung gibt es weder alt noch neu, die Zeit spielt keine Rolle. Bei einer Zuweisung gibt es ein Vorher und Nachher. Die Formel

$$x + 2 = 5 \tag{4.2}$$

hingegen ist als Gleichung in Ordnung, nicht aber als Zuweisung, da auf der linken Seite ein Ausdruck steht und nicht ein einfacher Variablenname. Wegen dieser Diskrepanz zwischen Gleichung und Zuweisung ist letztere etwas umstritten. Ihre Begründung kommt nicht aus der Problemstellung, sondern aus der Hardware, nämlich der Speicherbehandlung. Und gerade diese möchte man mit den höheren Programmiersprachen verdecken.

4.2.7.3   Arithmetische Operationen

Die **arithmetischen Operationen** sind:

- Vorzeichenumkehr – (unärer Operator)
- Addition +
- Subtraktion – (binärer Operator)
- Multiplikation *
- Division /
- Modulus % (Divisionsrest, nur für ganze Zahlen)
- Inkrement ++
- Dekrement --

Inkrement und Dekrement sind Abkürzungen. Der Operator kann vor oder nach dem Operanden stehen. Der Ausdruck

```
i++
```

gibt den Wert von i zurück und erhöht ihn dann um eins. Der Ausdruck

```
++i
```

erhöht den Wert von i um eins und gibt dann den erhöhten Wert zurück. Für das Dekrement gilt das Entsprechende. Der kompilierte Code ist effektiver als der des äquivalenten Ausdrucks

```
i = i + 1
```

Ferner gibt es noch eine abgekürzte Schreibweise für häufig wiederkehrende Operationen:

```
+=, -=, *=, /=
```

Der Ausdruck

```
y += x
```

weist die Summe der beiden Operanden dem linken Operanden zu und ist somit gleichbedeutend mit dem Ausdruck:

```
y = y + x
```

Entsprechendes gilt für die anderen Abkürzungen. Die ausführliche Schreibweise bleibt weiterhin erlaubt.

Die Division für ganze Zahlen ist eine andere Operation als für Gleitkommazahlen (die übrigen Operationen auch, nur fällt es da nicht auf). In manchen Programmiersprachen werden folgerichtig unterschiedliche Operatoren verwendet, in C nicht. Der Compiler entnimmt aus dem Zusammenhang, welche Division gemeint ist. Diese Mehrfachverwendung eines Operators wird **Überladung** genannt und spielt in objektorientierten Sprachen wie C++ eine Rolle. In FORTRAN, das den komplexen Zahlentyp kennt, gelten die arithmetischen Operatoren auch für diesen. Vorstellbar ist ebenso eine Addition (Verkettung) von Strings.

4.2.7.4 Logische Operationen

Die **logischen Operationen** sind:

- bitweise Negation (not) ~ (Tilde)
- ausdrucksweise Negation (not) !
- bitweises Und (and) &
- ausdrucksweises Und (and) &&
- bitweises exklusives Oder (xor) ^ (Circumflex, caret)
- bitweises inklusives Oder (or) |
- ausdrucksweises inklusives Oder (or) ||

Auch hier gibt es abgekürzte Schreibweisen:

```
^=,  |=,  &=
```

Der Ausdruck

```
y &= x
```

bedeutet dasselbe wie

```
y = y & x
```

Die Operanden y und x werden bitweise durch Und verknüpft, das Ergebnis wird
y zugewiesen. Entsprechendes gilt für die beiden anderen Abkürzungen.

Der Unterschied zwischen einer **ausdrucksweisen** und einer **bitweisen** logischen Operation ist folgender: In C gilt der Zahlenwert 0 als logisch falsch (false),
jeder Wert ungleich 0 als logisch wahr (true). Die Zeilen:

```
...
int x = 0;
if (x) printf("if-Zweig\n");
else printf("else-Zweig\n");
...
```

führen zur Ausführung des `else`-Zweiges. Die Variable x hat den Wert 0, bei
dem auch alle Bits auf 0 stehen. Sowie ein beliebiges Bit auf 1 stünde, hätte die
Variable einen Wert ungleich 0 und würde als wahr angesehen. Die ausdrucksweise
Negation:

```
if (!x) printf ...
```

kehrt die Verhältnisse um, der `if`-Zweig wird ausgeführt. Die bitweise Negation
hätte hier zwar denselben Erfolg, wäre jedoch nicht sinnvoll, da die einzelnen Bits
nicht interessieren.

Der Buchstabe G wird in 7-bit-ASCII durch die Bitfolge 1000111 dargestellt. Ihre bitweise Negation ist 0111000, was der Ziffer 8 entspricht. Das Mini-
Programm:

```
/* Bitweise Negation */

#include <stdio.h>

int main()
{
char x = 'G';
printf("%c  %c\n", x, ~x);
return 0;
}
```

Programm 4.9 : C-Programm zur Veranschaulichung der bitweisen Negation

gibt den Buchstaben G und die Ziffer 8 aus, zumindest auf Maschinen, die den
7-bit-ASCII-Zeichensatz verwenden. Der Zweck der bitweisen Operation ist der
Umgang mit Informationen, die nicht in einem Wert als Ganzem, sondern in einzelnen Bits stecken. Das kommt bei der Systemprogrammierung vor. Beispielsweise läßt sich die Information, ob ein Gerät ein- oder ausgeschaltet ist, in einem
Bit unterbringen. In der Anwendungsprogrammierung ist man meist großzügiger
und spendiert eine ganze Integer-Variable dafür.

Merke: Ausdrucksweise logische Operationen und die noch folgenden
Vergleichs-Operationen haben ein Ergebnis, das wahr oder falsch lautet (nicht-0
oder 0). Bitweise logische Operationen können jedes beliebige Ergebnis im Bereich
der ganzen Zahlen haben.

4.2.7.5 Vergleiche

Die **Vergleichs-** oder **Relations-Operationen** sind:

- gleich == (weil = schon die Zuweisung ist)

- ungleich !=

- kleiner <

- kleiner gleich <=

- größer >

- größer gleich >=

- Bedingte Bewertung ?:

Das Ergebnis eines Vergleichs ist ein boolescher Wert, also `true` oder `false` beziehungsweise in C die entsprechenden Zahlen nicht-0 oder 0.

Pfiffig ist die **Bedingte Bewertung** (conditional operator). Der Ausdruck:

```
z = (a < 0) ? -a : a
```

hat dieselbe Wirkung wie:

```
if (a < 0)
    z = -a;
else
    z = a;
```

Er weist der Variablen z den Betrag von a zu. Rechts des Gleichheitszeichens
stehen drei Ausdrücke, die auch zusammengesetzt sein dürfen. Die ganze Bedingte
Bewertung ist selbst wieder ein Ausdruck wie eine Zuweisung und kann überall
stehen, wo ein Wert verlangt wird. Die Bedingte Bewertung ist einer der seltenen
ternären Operatoren und führt zu schnellerem Code als `if - else`. Welchen Wert
nimmt z in folgendem Beispiel an?

```
z = (a >= b) ? a : b
```

Eine Anwendung finden Sie im Abschnitt 4.3.7 *Rekursiver Aufruf einer Funktion*
auf Seite 351.

4.2.7.6 Bitoperationen

Die **Bit-Operationen** sind:

- shift links <<

- shift rechts >>

Bei Ganzzahlen ist ein Shiften nach links gleichbedeutend mit einer Multiplikation mit 2, ein Shiften nach rechts mit einer Division durch 2. Auf die links oder rechts wegfallende Stelle ist zu achten. Die Shift-Operation ist schnell. Weiterhin beziehen sich einige logische Operationen auf Bits (siehe oben). Auch hier sind Abkürzungen möglich:

```
<<=, >>=
```

Der Ausdruck

```
y <<= x
```

ist gleichbedeutend mit

```
y = y << x
```

Der linke Operand wird um so viele Bits nach links verschoben, wie der rechte Operand angibt. Das Ergebnis wird dem linken Operanden zugewiesen. Zur Veranschaulichung der Bitoperationen ein kleines Programm:

```c
/* Programm mit Bitoperationen, sinnvolle Argumente z. B. 8  2 */

#include <stdio.h>
void exit();

int main(int argc,char *argv[])
{
int i, j, k;

if (argc < 3) {
    puts("Zwei Argumente erforderlich.");
    exit(-1);
}
sscanf(argv[1], "%d", &i);
sscanf(argv[2], "%d", &j);

k = i << j;
printf("Eingabe %d um %d Bits linksgeshiftet:  %d\n", i, j, k);
k = i >> j;
printf("Eingabe %d um %d Bits rechtsgeshiftet: %d\n", i, j, k);
k = i & j;
printf("Eingabe %d mit %d bitweise verundet:   %d\n", i, j, k);
k = i | j;
printf("Eingabe %d mit %d bitweise verodert:   %d\n", i, j, k);

return 0;
}
```

Programm 4.10 : C-Programm mit Bitoperationen

4.2.7.7 Pointeroperationen

Folgende Operationen behandeln Pointer:

- Referenzierung &
- Dereferenzierung * oder bei Arrays [ ]
- Strukturverweis -> (minus größer, bei Strukturpointern)
- Strukturverweis . (Punkt, bei Strukturnamen)

Weiterhin sind folgende auch für Ganzzahlen zulässige Operationen für Pointer definiert:

- Vergleich zweier Pointer desselben Typs
- Inkrementierung (Addition einer ganzen Zahl)
- Dekrementierung (Subtraktion einer ganzen Zahl)
- Subtraktion zweier Pointer desselben Typs

Bei der Addition oder Subtraktion einer ganzen Zahl bedeutet die ganze Zahl *nicht* eine Anzahl von Bytes, sondern eine Anzahl von Objekten des zum Pointer gehörigen Datentyps. Man braucht sich also nicht darum zu kümmern, wieviele Bytes der Datentyp belegt. Die selten vorkommende Subtraktion zweier gleichartiger Pointer liefert die Anzahl der zwischen den beiden Pointern liegenden Datenobjekte.

4.2.7.8 Ein- und Ausgabe-Operationen

In C gibt es keine Operatoren zur Ein- oder Ausgabe, vergleichbar mit `read` oder `write` in PASCAL oder FORTRAN. Stattdessen greift man entweder auf **Systemaufrufe** des Betriebssystems zurück oder besser auf Funktionen der **Standardbibliothek**, die letzten Endes auch Systemaufrufe verwenden, nur intelligent verpackt. Die wichtigsten Funktionen sind `printf(3)` und `scanf(3)`.

4.2.7.9 Sonstige Operationen

Ferner gibt es in C noch einige Operatoren für verschiedene Aufgaben:

- Datentyp-Umwandlung (cast-Operator) ()
- Komma-Operator ,
- sizeof-Operator `sizeof()`

Der **cast-Operator** enthält in den runden Klammern eine skalare Typbezeichnung ohne Speicherklasse und geht dem umzuwandelnden skalaren Operanden unmittelbar voraus:

```
int n;
double y;
y = sqrt((double) n);
```

n sei eine Ganzzahl. Die Funktion `sqrt()` erwartet jedoch als Argument eine Gleitkommazahl doppelter Genauigkeit. Die Typumwandlung von n wird durch den cast-Operator `(double)` bewirkt. Bei der Typumwandlung können Bits oder Dezimalstellen verlorengehen, wenn der neue Typ kürzer ist als der alte. Die Typumwandlung gilt nur im Zusammenhang mit dem cast-Operator und hat für die weiteren Anwendungen der Variablen keine Bedeutung. Manche Compiler beanstanden einen cast-Operator auf der linken Seite einer Zuweisung.

Der **Komma-Operator** trennt in einer Auflistung von Anweisungen oder Ausdrücken diese voneinander. Sie werden von links nach rechts abgearbeitet. Das Ergebnis der Auflistung hat Typ und Wert des rechts außen stehenden Ausdrucks. Ein Beispiel:

```
int i, j = 10;
i = (j++, j += 100, 999);
printf("%d", i);
```

Hier wird zuerst j um 1 erhöht, dann dazu 100 addiert und schließlich dem gesamten Ausdruck der Wert 999 zugewiesen. j hat also nach den Operationen den Wert 111, i den Wert 999, der ausgegeben wird. Der Komma-Operator wird oft im Kopf von `for`-Schleifen verwendet. Das Komma zwischen Variablennamen in Deklarationen oder in einer Argumentliste ist kein Operator. Die Reihenfolge der Abarbeitung solcher Listen ist unsicher.

Der **sizeof-Operator** gibt die Größe des Operanden in Bytes zurück. Der Operand kann eine Variable oder ein Datentyp sein. Mit seiner Hilfe vermeidet man Annahmen über die Größe von Variablen bei Speicherreservierungen, das Programm wird portabler. Der Ausdruck

```
sizeof(x)
```

liefert die Größe von x in Bytes als vorzeichenlose Ganzzahl zurück. `sizeof` wird während der Übersetzung ausgewertet (nicht jedoch vom Präprozessor) und verhält sich zur Laufzeit wie eine konstante ganze Zahl.

4.2.7.10 Vorrangregeln

Es gibt in C ähnlich wie in der Mathematik genaue Regeln über den **Vorrang** (precedence) der Operatoren. Es ist jedoch nicht sicher, daß alle C-Compiler sich genau an die Vorgaben des ANSI-Vorschlags halten. Zudem hat man beim Programmieren meist nicht alle Regeln im Kopf, so daß es besser ist, die Ausdrücke durch runde **Klammern** klar und eindeutig zu kennzeichnen. Überflüssige Klammerpaare stören den Compiler nicht. Hier die Liste der Operatoren mit nach unten abnehmendem Rang:

```
( )  [ ]  ->  .
!  ~  ++  --  -  cast  *  &  sizeof
*  /  %
+  -
<<  >>
```

```
<   <=   >   >=
==   !=
&
^
|
&&
||
?   :
=   +=   -=   *=   /=   %=   <<=   >>=   &=   ^=   |=
,
```

Zuerst werden also die runden Klammern ausgewertet; wie in der Mathematik haben sie Vorrang vor allen anderen Operatoren.

4.2.8 Anweisungen

4.2.8.1 Leere Anweisung

Anweisungen (statement) haben eine **Wirkung**, aber keinen Wert, im Gegensatz zu Ausdrücken. Die einfachste Anweisung ist die **leere Anweisung**, also die Aufforderung an den Computer, nichts zu tun. Das sieht zwar auf den ersten Blick schwachsinnig aus, ist aber gelegentlich nützlich. Da in C jede Anweisung mit einem Semikolon abgeschlossen werden muß, ist das nackte Semikolon die leere Anweisung. In anderen Sprachen findet sich dafür die Anweisung nop oder noop (no operation). Ein Beispiel:

```
while ((c = getchar()) != 125);
```

Die Schleife liest Zeichen ein und verwirft sie, bis sie auf ein Zeichen Nr. 125 (rechte geschweifte Klammer) trifft. Das wird auch noch entsorgt, dann geht es nach der Schleife weiter.

4.2.8.2 Ausdruck als Anweisung

Aus einer Zuweisung oder einem anderen **Ausdruck** wird durch Anhängen eines Semikolons eine Anweisung. Kommt eine Zuweisung beispielsweise als Argument einer Funktion oder in einer Bedingung vor, darf sie nicht durch ein eigenes Semikolon abgeschlossen werden. Die Zuweisung wird ausgeführt und ihr Wert an ihre Stelle gesetzt. Steht der Ausdruck allein, muß er mit einem Semikolon beendet werden:

```
printf("%d %f \n", x = 3, log(4));
x = 5;
y = log(4);
```

Ähnlich wie die Return-Taste in der Kommandozeile bewirkt hier erst das Semikolon, daß etwas geschieht.

4.2.8.3 Kontrollstrukturen

Kontrollstrukturen steuern in Abhängigkeit von dem Wert eines booleschen Ausdrucks (Bedingung) die Abarbeitung von Programmteilen (einzelnen Anweisungen oder Blöcken). Die Kontrollstrukturen von C wie von vielen anderen Sprachen sind die Bedingung, die Verzweigung, die Auswahl, die Schleife und der Sprung.

Bedingung Die Ausführung eines Blocks kann von einer **Bedingung** (condition) abhängig gemacht werden. Die Bedingung ist ein Ausdruck, der nur die Werte `true` oder `false` annimmt. Ist die Bedingung `true`, wird der Block abgearbeitet und dann im Programm fortgefahren. Ist die Bedingung `false`, wird der Block übersprungen. Kann die Bedingung niemals `true` werden, hat man toten (unerreichbaren) Code geschrieben. Ist die Bedingung immer `true`, sollte man auf sie verzichten.

In C wird die Bedingung mit dem Schlüsselwort `if` eingeleitet, ohne `then` (im Unterschied zu einem Shellscript). Besteht der Block nur aus einer einzigen Anweisung, kann auf die geschweiften Klammern verzichtet werden:

```
if (Ausdruck) Anweisung;
if (Ausdruck) {Block}
```

Verzweigung (C) Bei einer **Verzweigung** (branch) entscheidet sich der Computer, in Abhängigkeit von einer Bedingung in einem von zwei Programmzweigen weiterzumachen. Im Gegensatz zur Schleife kommt kein Rücksprung vor. Verzweigungen dürfen geschachtelt werden. Dem Computer macht das nichts aus, aber vielleicht verlieren Sie die Übersicht.

Oft, aber nicht notwendigerweise treffen die beiden Zweige im weiteren Verlauf wieder zusammen. Die Syntax sieht folgendermaßen aus:

```
if (Ausdruck) {Block 1}
else {Block 2}
```

Es wird also stets entweder Block 1 oder Block 2 ausgeführt.

Auswahl Stehen am Verzweigungspunkt mehr als zwei Wege offen, so spricht man von einer **Auswahl** (selection). Sie läßt sich grundsätzlich durch eine Schachtelung einfacher Verzweigungen mit `if - else` darstellen, das ist jedoch unübersichtlich und entspricht auch nicht dem Denken.

Zur Konstruktion einer Auswahl braucht man die Schlüsselwörter `switch`, `case`, `break` und `default`. Die Syntax ist die folgende:

```
switch(x) {
      case a:
               Anweisungsfolge 1
               break;
      case b:
               Anweisungsfolge 2
```

```
            break;
        default:
            Anweisungsfolge 3
}
```

Die Variable x (nur `int` oder `char`) wird auf Übereinstimmung mit der typgleichen Konstanten a geprüft. Falls ja, wird die Anweisungsfolge 1 ausgeführt und infolge der `break`-Anweisung die Auswahl verlassen. Stimmt x nicht mit a überein oder fehlt nach `case a` das `break`, wird dann x auf Übereinstimmung mit b geprüft. Trifft kein `case` zu, wird die `default`-Anweisungsfolge ausgeführt. Fehlt diese, macht das Programm nach der Auswahl weiter.

Die Auswahl ist nützlich, weil sie übersichtlich, einfach zu erweitern und effektiv ist. Wenn aus einer einfachen Verzweigung eine Auswahl werden könnte, soll man gleich zu dieser greifen. Auswahlen dürfen geschachtelt werden.

Schleifen Einem Computer macht es nichts aus, denselben Vorgang millionenmal zu wiederholen. Das ist seine Stärke. Wiederholungen von Anweisungen kommen daher in fast allen Programmen vor, sie werden **Schleifen** (loop) genannt.

Eine Schleife hat einen **Eingang**, sonst käme man nicht hinein. Die meisten Schleifen haben auch einen **Ausgang**, sonst käme man nicht wieder heraus (außer mit dem Brecheisen in Form der Break-Taste oder Ähnlichem).

Entweder Ein- oder Ausgang sind an eine **Bedingung** geknüpft, die entscheidet, wie oft die Schleife durchlaufen wird. Folgende Konstruktionen sind möglich:

- Eingang: Eintrittsbedingung

- Schleifenrumpf (Anweisungen)

- Ausgang: Rücksprung zum Eingang

Diese Schleife wird nur betreten, falls die Eintrittsbedingung erfüllt ist, unter Umständen also nie. Wenn die Eintrittsbedingung nicht mehr erfüllt ist, macht das Programm nach der Schleife weiter. In C sieht diese Schleife so aus:

```
while (Bedingung) {
Anweisungen;
}
```

Die zweite Möglichkeit läßt sich grundsätzlich auf die erste zurückführen, wird aber trotzdem verwendet, weil das Programm dadurch einfacher wird:

- Eingang (wird in jedem Fall betreten)

- Schleifenrumpf (Anweisungen)

- Ausgang: Rücksprungbedingung

Diese Schleife wird also mindestens einmal ausgeführt und dann so lange wiederholt, wie die Rücksprungbedingung zutrifft. Ist die Rücksprungbedingung nicht mehr erfüllt, macht das Programm nach der Schleife weiter. In C:

```
do {
Anweisungen;
} while (Bedingung);
```

Rein aus Bequemlichkeit gibt es in C noch eine dritte Schleife mit `for`, die aber stets durch eine `while`-Schleife ersetzt werden kann. Sie sieht so aus:

```
for (Initialisierung; Bedingung; Inkrementierung) {
Anweisungen;
}
```

Vor Eintritt in die Schleife wird der Ausdruck `initialisierung` ausgewertet (also immer), dann wird der Ausdruck `bedingung` geprüft und falls ungleich 0 der Schleifenrumpf betreten. Zuletzt wird der Ausdruck `inkrementierung` ausgewertet und zur Bedingung zurückgesprungen. Die `for`-Schleife in C hat also eine andere Bedeutung als die `for`-Schleife der Shell oder der Programmiersprache PASCAL. Jeder der drei Ausdrücke darf fehlen:

```
for (;;);
```

ist die ewige und zugleich leere Schleife. Die Initialisierung und die Inkrementierung dürfen mehrere, durch den Komma-Operator getrennte Ausdrücke enthalten, die Bedingung muß einen Wert gleich oder ungleich 0 ergeben. Eine `continue`-Anweisung innerhalb des Rumpfs führt wieder zur Initialisierung. Zwei Beispiele:

```
/* Beispiel fuer for-Schleife, 04.03.1993 */

#define  MAX  10
#include <stdio.h>

int main()
{
int i;
for (i = 0; i < MAX; i++)
    printf("Hier spricht der Schleifenzaehler: %d\n", i);
return 0;
}
```

Programm 4.11 : C-Programm mit einfacher for-Schleife

Der Schleifenzähler `i` wird mit 0 initialisiert. Für `MAX` ist bereits vom Compiler die Zahl 10 eingesetzt worden; die Eintrittsbedingung `i < 10` ist anfangs erfüllt, der Schleifenrumpf wird ausgeführt. Dann wird der dritte Teil der `for`-Zeile ausgeführt, nämlich der Schleifenzähler `i` um 1 erhöht, und zur Bedingung `i < 10` zurückgesprungen. Das wiederholt sich, bis `i` den Wert 10 erreicht hat. Die Bedingung ist dann nicht mehr erfüllt, die Ausführung des Programms geht nach der Schleife weiter. Nun eine leicht verrückte `for`-Schleife:

```
/* Testen der for-Schleife, 04.03.1993 */

#define  MAX  10
```

```c
#include <stdio.h>

int sum(int x);

int main()
{
int i, j = 1;

for (i = - 3, puts("Anfang"); i < j * MAX; i++, i = sum(i)) {
    printf("Hier spricht der Schleifenzaehler: %d %d\n", i, j);
    j = (i < 0 ? -i : 3);
}
return i;
}

/* Funktion sum(x) */

int sum(int x)
{
if (x < 5) return (x + 1);
else return (x + 2);
}
```

Programm 4.12 : C-Programm mit zusammengesetzter for-Schleife

Im Initialisierungsteil wird der Schleifenzähler i mit -3 belegt und – getrennt durch den Komma-Operator – mittels der Standard-Funktion puts(3) ein String ausgegeben. In der Eintrittsbedingung wird gerechnet; wichtig ist nur, daß schließlich ein Wert 0 oder nicht-0 herauskommt. Dann wird gegebenenfalls der Schleifenrumpf ausgeführt, wobei im Rumpf auf die Variablen i und j des Schleifenkopfes zugegriffen wird. Abschließend wird der Schleifenzähler i inkrementiert und – wieder durch den Komma-Operator getrennt – nochmals mit Hilfe einer eigenen Funktion sum(x) verändert. Wenn die Schleife nach einigen Durchläufen verlassen wird, steht der Schleifenzähler i weiterhin zur Verfügung. In dem Kopf der for-Schleife läßt sich allerhand unterbringen, auch Anweisungen, die mit der Schleife nichts zu tun haben. Das wäre allerdings kein guter Stil.

Ist die Eintritts- oder Rücksprungbedingung immer erfüllt, bleibt der Computer in der Schleife gefangen, man hat eine ewige Schleife programmiert. Das kann gewollt sein, ist aber oft ein Programmierfehler.

Schleifen mit der Bedingung mitten im Schleifenrumpf sind denkbar und kommen vor, jedoch selten. Mehrere Ausgänge sind erlaubt, verringern aber die Übersicht und sind sparsam zu verwenden. Bei der Behandlung von Ausnahmen (Division durch Null) braucht man sie manchmal. Das Hineinspringen mitten in den Schleifenrumpf ist möglich, gilt aber als schwerer Stilfehler.

Die Anweisung **break** im Rumpf führt zum sofortigen und endgültigen Verlassen einer Schleife. Die Anweisung continue bricht den augenblicklichen Durchlauf ab und springt zurück vor die Schleife. Der Systemaufruf exit(2) veranlaßt den sofortigen Abbruch des ganzen Programmes, ist also für unheilbare Ausnahmezustände zu gebrauchen (Notschlachtung).

Die **jedoch-Schleife** (nevertheless-loop) geht auf ULRICH RIEBEL zurück, der 1993 in einem Vortrag bemerkte, daß die klassischen Schleifen mit ihrer harten Ja-nein-Entscheidung das wirkliche Leben nur eingeschränkt wiedergeben. Jedoch-Schleifen kommen vorwiegend in iterativen Algorithmen vor. Letzten Endes gehören sie in das Gebiet der mehrwertigen Logiken, die zwischen *wahr* und *falsch* noch Abstufungen wie *oft, manchmal, gelegentlich, vermutlich, selten* kennen. Der stetige Übergang von *wahr* nach *falsch* führt auf die **Fuzzy-Logik**, abgeleitet von plattdeutsch *fussig* = schwammig.

In vielen Schleifen zählt man die Anzahl der Durchläufe (und verzählt sich dabei oft um eins[14]). Die zugehörige Variable ist der **Schleifenzähler**. Auf seine Initialisierung ist zu achten. Der Schleifenzähler steht in und nach der Schleife für Rechnungen zur Verfügung, anders als in FORTRAN.

Schleifen dürfen geschachtelt werden. Mit mehrfach geschachtelten Schleifen geht der Spaß erst richtig los. Der Rumpf der innersten Schleife wird am häufigsten durchlaufen und hat daher auf das Zeitverhalten des Programmes einen großen Einfluß. Dort sollte man nur die allernötigsten Anweisungen hineinschreiben. Auch die Bedingung der innersten Schleife sollte so einfach und knapp wie möglich gefaßt sein.

Sprung   Es gibt die Anweisung `goto`, gefolgt von einem Label (Marke). In seltenen Fällen kann ein `goto` das Programm verbesern, meist ist es vom Übel, weil es erstens sehr gefährlich, zweitens auch nicht nötig ist[15].

Hier ein grauenvolles Beispiel für den Mißbrauch von `goto`. Das Programm ist syntaktisch richtig und tut auch das, was es soll, nämlich die eingegebene Zahl ausgeben, falls sie durch 5 teilbar ist, andernfalls die nächstgrößere durch 5 teilbare Zahl einschließlich der Zwischenergebnisse. Des weiteren enthält das Programm eine schwere programmiertechnische Sünde, den Sprung mitten in einen Schleifenrumpf:

```c
/* Grauenvolles Beispiel fuer goto, 06.07.1992 */
/* Am besten gar nicht compilieren */

#include <stdio.h>

int main()
{
int x;

printf("Bitte Zahl eingeben: ");
scanf("%d", &x);

if (!(x % 5))
    goto marke;
else {
    while (x % 5) {
        x++;
```

---

[14]Sogenannter Zaunpfahl-Fehler (fencepost error): Wenn Sie bei einem Zaun von 100 m Länge alle 10 m einen Pfahl setzen, wieviele Pfähle brauchen Sie? 9? 10? 11?

[15]Real programmers aren't afraid to use **goto**'s.

```
        marke:
        printf("Ausgabe: %d\n", x);
    }
}
return 0;
}
```

Programm 4.13 : C-Programm mit goto, grauenvoll

Nun aber ganz schnell eine stilistisch einwandfreie Fassung des Programms:

```
/* Verbessertes Beispiel, 06.07.1992 */

#include <stdio.h>

int main()
{
int x;

printf("Bitte Zahl eingeben: ");
scanf("%d", &x);

do {
    printf("%d\n", x);
} while (x++ % 5);

return 0;
}
```

Programm 4.14 : C-Programm, verbessert

Am goto hatte sich um 1970 herum ein Glaubenskrieg entzündet. In C-Programmen besteht äußerst selten die Notwendigkeit für diese Anweisung, aber gebräuchliche Anweisungen wie `break`, `continue` und `return` sind bei Licht besehen auch nur gotos, die auf bestimmte Fälle beschränkt sind. Immerhin verhindern die Beschränkungen ein hemmungsloses Hinundherhüpfen im Programm.

4.2.8.4 Rückgabewert

Eine Funktion braucht keinen Wert an die aufrufende Einheit zurückzugeben. Sie ist dann vom Typ `void`. Ihre Bedeutung liegt allein in dem, was sie tut, zum Beispiel den Bildschirm putzen. In diesem Fall endet sie ohne `return`-Anweisung (schlechter Stil) oder mit einer `return`-Anweisung ohne Argument. Was sie tut, wird **Nebenwirkung** oder **Seiteneffekt** (side effect) genannt. In FORTRAN wäre das eine Subroutine, in PASCAL eine eigentliche Prozedur.

Gibt man der `return`-Anweisung einen Wert mit, so kann die Funktion von der aufrufenden Einheit wie ein Ausdruck angesehen werden. Der **Rückgabewert** (return value) darf nur ein einfacher Datentyp oder ein Pointer sein. Will man einen String zurückgeben, geht das nur über den Pointer auf den Anfang des Strings. Der zurückzugebende Wert braucht nicht eingeklammert zu werden; bei zusammengesetzten Ausdrücken sollte man der Lesbarkeit halber Klammern setzen:

```
return 0;
return (x + y);
return arrayname;
```

Besteht das Ergebnis aus mehreren Werten, so muß man mit globalen Variablen oder mit Pointern arbeiten. Der Rückgabewert kann immer nur ein einziger Wert sein.

Es kommt vor, daß eine Funktion zwar einen Wert zurückgibt, dieser aber nicht weiter verwendet wird. In diesem Fall warnt lint(1), aber das Programm ist korrekt. Häufig bei printf(3) und Verwandtschaft. Den Rückgabewert der Funktion main() findet man in der Shell-Variablen $? oder $status. Er kann in einem Shellscript weiterverarbeitet werden. Hier ein Beispiel für den Gebrauch der return-Anweisung:

```
/* Beispiel fuer return-Anweisungen, 21.02.91 */

#define PI 3.14159
#include <stdio.h>

/* Funktionsdeklarationen (Prototypen) */

void text(); int eingabe(); double area(float rad); char *maxi();

/* Hauptprogramm */

int main()
{
float r; char wort1[63], wort2[63];

text();

if (!eingabe())
    puts("Eingabe war richtig.");
else
    puts("Eingabe war falsch.");

printf("Radius eingeben: ");
scanf("%f", &r);
printf("Kreisflaeche: %lf\n", area(r));

printf("Bitte zwei Woerter eingeben: ");
scanf("%s %s", wort1, wort2);
printf("Das laengere Wort ist: %s\n", maxi(wort1, wort2));

return 0;
}


/* Funktion ohne Returnwert, Typ void */

void text()
{
```

```
puts("\nDiese Funktion gibt nichts zurueck.");
return;
}


/* Funktion mit richtig/falsch-Returnwert, Typ int */

int eingabe()
{
int i;
printf("Bitte die Zahl 37 eingeben: ");
scanf("%d", &i);
if (i == 37) return 0;
else return -1;
}


/* Funktion, die ein Rechenergebnis liefert, Typ double */

double area(float rad)
{
return (rad * rad * PI);
}


/* Funktion, die einen Pointer zurueckgibt, Typ (char *) */

char *maxi(char *w1,char *w2)
{
int i, j;
for (i = 0; w1[i] != '\0'; i++) ;
for (j = 0; w2[j] != '\0'; j++) ;
return((j > i) ? w2 : w1);
}
```

Programm 4.15 : C-Programm mit return-Anweisungen

Im Hauptprogramm `main()` haben `return(n);` und `exit(n);` dieselbe Wirkung. In anderen Funktionen führt `return` zur Rückkehr in die nächsthöhere Einheit, `exit` zum Abbruch des gesamten Programmes. In der Syntax unterscheiden sich beide Aufrufe: `return` ist ein Schlüsselwort von C, `exit()` ein Systemaufruf von UNIX, also eine Funktion. Weiterhin sind `exit` und `return` auch eingebaute Shell-Kommandos – siehe `sh(1)` oder `ksh(1)` – die aber nicht in C-Programmen vorkommen können.

4.2.9 Memo Bausteine

- Kommentar ist für den menschlichen Leser bestimmt, die Maschine übergeht ihn oder bekommt ihn gar nicht erst zu Gesicht.

- Namen bezeichnen Funktionen, Konstanten, Variable aller Art, Makros oder Sprungmarken (Labels). Sie sollen mit einem Buchstaben beginnen.

- Operanden haben Namen, Typ, Geltungsbereich, Lebensdauer und spätestens bei ihrer erstmaligen Benutzung einen Wert und belegen damit einen

Platz und eine Adresse im Speicher.

- Eine Vereinbarung besteht aus Deklaration und Definition. Die Deklaration weist einem Operanden Name und Typ zu und legt seinen Geltungsbereich und seine Lebensdauer fest. Mit der Definition erhält ein Operand einen Wert. Beides kann in einer Anweisung vereinigt werden.

- Der Typ entscheidet über Wertebereich, Operationen und Speicherbedarf. Der Typ eines Operanden ist in C konstant, er ändert sich während der Programmausführung nicht.

- Es gibt einfache und zusammengesetzte Typen sowie Pointer.

- Einfache Typen sind Ganzzahlen, Gleitkommazahlen und Zeichen. Der Aufzählungstyp ist letzten Endes ganzzahlig. Daneben gibt es für bestimmte Fälle den leeren Typ.

- Zusammengesetzte Typen sind Arrays und Strukturen.

- Ein Array ist eine geordnete Menge von Operanden gleichen Typs.

- Eine Struktur ist eine ungeordnete Menge von Operanden beliebigen Typs.

- Der Pointer ist ein Typ, dessen Wertebereich Adressen sind. Ein Pointer zeigt immer auf einen anderen Typ, unter Umständen auf einen weiteren Pointer.

- Ein Ausdruck besteht aus Operanden und Operationen. Er hat einen Wert und kann überall dort stehen, wo ein Wert verlangt wird.

- Die einfachste Operation ist die Zuweisung. Sie darf nicht mit einer mathematischen Gleichung verwechselt werden. Sie hat eine linke und eine rechte Seite. Rechts steht immer ein Wert, also gegebenenfalls ein Ausdruck. Links steht eine Variable oder ein Pointer, aber niemals ein Ausdruck.

- Weiterhin gibt es arithmetische, logische, vergleichende Operationen sowie O. auf Bits, Strukturen oder Pointer. Dann haben wir noch den Cast-, Komma- und Sizeof-Operator.

- Aus einem Ausdruck wir durch Anfügen eines Semikolons eine Anweisung.

- Die Kontrollstrukturen Bedingung (if), Verzweigung (if-else), Auswahl (switch), Schleife (while, do-while, for) und Sprung (break, continue, return, goto) steuern den Programmablauf.

4.2.10 Übung Bausteine

Überlegen Sie, welche Operanden mit welchen Typen Sie für das Beispiel der Weganalyse (oder des Vokabeltrainers) aus dem vorigen Abschnitt brauchen. Eine gute Datenstruktur ist schon fast das halbe Programm. Um ein richtiges Programm schreiben zu können, fehlt uns noch der nächste Abschnitt.

4.3 Funktionen

4.3.1 Aufbau und Deklaration

In C ist eine **Funktion** eine abgeschlossene Programmeinheit, die mit der Außenwelt über einen Eingang und wenige Ausgänge – gegebenenfalls noch Notausgänge – verbunden ist. Hauptprogramm, Unterprogramme, Subroutinen, Prozeduren usw. sind in C allesamt Funktionen. Eine Funktion ist die kleinste kompilierbare Einheit (nicht: ausführbare Einheit, das ist ein Programm), nämlich dann, wenn sie zugleich allein in einem File steht. Mit weniger als einer Funktion kann der Compiler nichts anfangen.

Da die **Definitionen von Funktionen** nicht geschachtelt werden dürfen (wohl aber ihre Aufrufe), gelten Funktionen grundsätzlich global. In einem C-Programm stehen alle Funktionen einschließlich **main()** auf gleicher Stufe. Das ist ein wesentlicher Unterschied zu PASCAL, wo Funktionen innerhalb von Unterprogrammen definiert werden dürfen. In C gibt es zu einer Funktion keine übergeordnete Funktion, deren Variable in der untergeordneten Funktion gültig sind.

Eine Funktion übernimmt von der aufrufenden Anweisung einen festgelegten Satz von Argumenten oder Parametern, tut etwas und gibt keinen oder genau einen Wert an die aufrufende Anweisung zurück.

Vor dem ersten Aufruf einer Funktion muß ihr Typ (d. h. der Typ ihres Rückgabewertes) bekannt sein. Andernfalls nimmt der Compiler den Standardtyp **int** an. Entsprechend dem ANSI-Vorschlag bürgert es sich zunehmend ein, Funktionen durch ausführliche **Prototypen** vor Beginn der Funktion **main()** zu deklarieren:

```
/* Beispiel fuer Funktionsprototyp */

float multipl(float x, float y);     /* Prototyp */

/* es reicht auch: float multipl(float, float); */
/* frueher nach K+R: float multipl(); */

int main()
{
float a, b, z;
.
.
.
z = multipl(a, b);                      /* Funktionsaufruf */
.
.
.
}

float multipl(float x, float y)   /* F'definition */
{
return (x * y);
}
```

Programm 4.16 : C-Programm mit Funktionsprototyp

Durch die Angabe der Typen der Funktion und ihrer Argumente zu Beginn des Programms herrscht sofort Klarheit. Die Namen der Parameter sind unerheblich; Anzahl, Typ und Reihenfolge sind wesentlich. Noch nicht alle Compiler unterstützen die Angabe der Argumenttypen. Auch den Standardtyp int sollte man deklarieren, um zu verdeutlichen, daß man ihn nicht vergessen hat. Änderungen werden erleichtert.

4.3.2 Pointer auf Funktionen

Der **Name** einer Funktion ohne die beiden runden Klammern ist der Pointer auf ihren Eingang (entry point). Damit kann ein Funktionsname überall verwendet werden, wo Pointer zulässig sind. Insbesondere kann er als Argument einer weiteren Funktion dienen. In funktionalen Programmiersprachen ist die Möglichkeit, Funktionen als Argumente höherer Funktionen zu verwenden, noch weiter entwickelt. Arrays von Funktionen sind nicht zulässig, wohl aber Arrays von Pointern auf Funktionen, siehe Programm 4.68 auf Seite 416.

Makros (#define ...) sind keine Funktionen, infolgedessen gibt es auch keine Pointer auf Makros. Zu Makros siehe Abschnitt 4.8 *Präprozessor* auf Seite 391.

4.3.3 Parameterübergabe

Um einer Funktion die Argumente oder Parameter zu übermitteln, gibt es mehrere Wege. Grundsätzlich müssen in der Funktion die entsprechenden Variablen als **Platzhalter** oder **formale Parameter** vorkommen und deklariert sein. Im Aufruf der Funktion kommt der gleiche Satz von Variablen – gegebenenfalls unter anderem Namen – mit jeweils aktuellen Werten vor; sie werden als **aktuelle Parameter** oder Argumente bezeichnet. Die Schnittstelle von Programm und Funktion muß zusammenpassen wie Stecker und Kupplung einer elektrischen Verbindung, d. h. die Liste der aktuellen Parameter muß mit der Liste der formalen Parameter nach Anzahl, Reihenfolge und Typ der Parameter übereinstimmen.

Bei der **Wertübergabe** (call by value) wird der Funktion eine Kopie der aktuellen Parameter des aufrufenden Programmes übergeben. Daraus folgt, daß die Funktion die aktuellen Parameter des aufrufenden Programmes nicht verändern kann.

Bei der **Adressübergabe** (call by reference) werden der Funktion die Speicheradressen der aktuellen Parameter des aufrufenden Programmes übergeben. Die Funktion kann daher die Werte der Parameter mit Wirkung für das aufrufende Programm verändern. Sie arbeitet mit den Originalen der Parameter. Das kann erwünscht sein oder auch nicht.

Bei der **Namensübergabe** (call by name) werden die Werte der aktuellen Parameter bei jeder Verwendung in der Funktion neu berechnet. Der Name jedes formalen Parameters in der Funktion wird wörtlich durch den Namen des entsprechenden aktuellen Parameters aus dem aufrufenden Programm ersetzt. Call by name ist selten und soll in ALGOL 60 vorgekommen sein.

Bei NIKLAUS WIRTH *Systematisches Programmieren* findet sich in dem Kapitel über Prozedur-Parameter ebenfalls eine Beschreibung dieser drei Möglichkeiten samt einem kleinen Beispiel.

Wie die Parameterübergabe in C, FORTRAN und PASCAL aussieht, entnimmt man am besten den Beispielen. Die Parameter sind vom Typ integer, um die Beispiele einfach zu halten. Ferner ist noch ein Shellscript angegeben, das eine C-Funktion aufruft, die in diesem Fall ein selbständiges Programm (Funktion main()) sein muß.

Der von einer Funktion zurückgegebene Wert (**Rückgabewert**) kann nur ein einfacher Typ oder ein Pointer sein. Zusammengesetzte Typen wie Arrays, Strings oder Strukturen können nur durch Pointer zurückgegeben werden. Es ist zulässig, keinen Wert zurückzugeben. Dann ist die Funktion vom Typ void und macht sich allein durch ihre Nebeneffekte bemerkbar.

Für die Systemaufrufe und Subroutinen (Standardfunktionen) in UNIX ist in dem Referenz-Handbuch in den Sektionen (2) und (3) angegeben, von welchem Typ die Argumente und der Funktionswert sind. Da diese Funktionen allesamt C-Funktionen sind, lassen sie sich ohne Probleme in C-Programme einbinden. Bei anderen Sprachen ist es denkbar, daß kein einem C-Typ entsprechender Variablentyp verfügbar ist. Auch bei Strings gibt es wegen der unterschiedlichen Speicherung in den einzelnen Sprachen Reibereien. Falls die Übergabemechanismen unverträglich sind, muß man die C-Funktion in eine Funktion oder Prozedur der anderen Sprache so verpacken, daß das aufrufende Programm eine einheitliche Programmiersprache sieht. Das Vorgehen dabei kann maschinenbezogen sein, was man eigentlich vermeiden will.

In den folgenden Programmbeispielen wird die Summe aus zwei Summanden berechnet, zuerst im Hauptprogramm direkt und dann durch zwei Funktionen, die ihre Argumente – die Summanden – by value beziehungsweise by reference übernehmen. Die Funktionen verändern ihre Summanden, was im ersten Fall keine Auswirkung im Hauptprogramm hat. Hauptprogramme und Funktionen sind in C, FORTRAN und PASCAL geschrieben, was neun Kombinationen ergibt. Wir betreten damit zugleich das an Fallgruben reiche Gebiet der Mischung von Programmiersprachen (mixed language programming). Zunächst die beiden Funktionen im geliebten C:

```
/* C-Funktion (Summe) call by value */
/* Compileraufruf cc -c csv.c, liefert csv.o */

int csv(int x,int y)
{
int z;
puts("Funktion mit Parameteruebernahme by value:");
printf("C-Fkt. hat uebernommen:    %d   %d\n", x, y);
z = x + y;
printf("C-Fkt. gibt folgende Summe zurueck: %d\n", z);
/* Aenderung der Summanden */
x = 77; y = 99;
return(z);
}
```

Programm 4.17: C-Funktion, die Parameter by value übernimmt

```
/* C-Funktion (Summe) call by reference */
/* Compileraufruf cc -c csr.c, liefert csr.o */

int csr(int *px,int *py)
{
int z;
puts("Funktion mit Parameteruebenahme by reference:");
printf("C-Fkt. hat uebernommen: %d   %d\n", *px, *py);
z = *px + *py;
printf("C-Fkt. gibt folgende Summe zurueck:  %d\n", z);
/* Aenderung der Summanden */
*px = 66; *py = 88;
return(z);
}
```

Programm 4.18 : C-Funktion, die Parameter by reference übernimmt

Im bewährten FORTRAN 77 haben wir leider keinen Weg gefunden, der Funktion beizubringen, ihre Parameter by value zu übernehmen (in FORTRAN 90 ist es möglich). Es bleibt daher bei nur einer Funktion, die – wie in FORTRAN üblich – ihre Parameter by reference übernimmt:

```
C      Fortran-Funktion (Summe) call by reference
C      Compileraufruf f77 -c fsr.f

       integer function fsr(x, y)
       integer x, y, z

       write (6,'(''F-Fkt. mit Uebernahme by reference:'')')
       write (6,'(''F-Fkt. hat uebernommen: '',2I6)') x, y
       z = x + y
       write (6,'(''F-Fkt. gibt zurueck: '',I8)') z
C      Aenderung der Summanden
       x = 66
       y = 88
       fsr = z

       end
```

Programm 4.19 : FORTRAN-Funktion, die Parameter by reference übernimmt

PASCAL-Funktionen kennen wieder beide Möglichkeiten, aber wir werden auf eine andere Schwierigkeit stoßen. Vorläufig sind wir jedoch hoffnungsvoll:

```
{Pascal-Funktion (Summe) call by value}
{Compileraufruf pc -c psv.p}

module b;
import StdOutput;
export
    function psv(x, y: integer): integer;
implement
    function psv;
```

```
        var z: integer;
        begin
            writeln('Funktion mit Parameteruebernahme by value:');
            writeln('P-Fkt. hat uebernommen: ', x, y);
            z := x + y;
            writeln('P-Fkt. gibt folgenden Wert zurueck: ', z);
            { Aenderung der Summanden }
            x := 77; y := 99;
            psv := z;
        end;
end.
```

Programm 4.20 : PASCAL-Funktion, die Parameter by value übernimmt

```
{Pascal-Funktion (Summe) call by reference}
{Compileraufruf pc -c psr.p}

module a;
import StdOutput;
export
    function psr(var x, y: integer): integer;
implement
    function psr;
    var z: integer;
    begin
        writeln('Funktion mit Parameteruebernahme by reference:');
        writeln('P-Fkt. hat uebernommen: ', x, y );
        z := x + y;
        writeln('P-Fkt. gibt folgenden Wert zurueck: ', z);
        { Aenderung der Summanden }
        x := 66; y := 88;
        psr := z;
    end;
end.
```

Programm 4.21 : PASCAL-Funktion, die Parameter by reference übernimmt

Die Funktionen werden für sich mit der Option -c ihres jeweiligen Compilers kompiliert, wodurch Objektfiles mit der Kennung .o entstehen, die beim Kompilieren der Hauptprogramme aufgeführt werden. Nun zu den Hauptprogrammen, zuerst wieder in C:

```
/* C-Programm csummec, das C-Funktionen aufruft */
/* Compileraufruf cc -o csummec csummec.c csr.o csv.o */

#include <stdio.h>

extern int csv(int x,int y),
           csr(int *px,int *py);

int main()
{
```

```
int a, b;
puts("Bitte die beiden Summanden eingeben!");
scanf("%d %d", &a, &b);
printf("Die Summanden sind:  %d   %d\n", a, b);
printf("Die Summe (direkt) ist:   %d\n", (a + b));
printf("Die Summe ist: %d\n", csv(a, b));
printf("Die Summanden sind:  %d   %d\n", a, b);
printf("Die Summe ist:  %d\n", csr(&a, &b));
printf("Die Summanden sind:  %d   %d\n", a, b);
return 0;
}
```

Programm 4.22 : C-Programm, das Parameter by value und by reference an C-Funktionen übergibt

Nun das C-Hauptprogramm, das eine FORTRAN-Funktion aufruft, ein in der Numerik häufiger Fall:

```
/* C-Programm csummef, das eine FORTRAN-Funktion aufruft */
/* Compileraufruf cc -o csummef csummef.c fsr.o -lcl */

#include <stdio.h>

extern int fsr(int *x,int *y);

int main()
{
int a, b;
scanf("%d %d", &a, &b);
printf("Die Summanden sind:  %d   %d\n", a, b);
printf("Die Summe (direkt) ist:   %d\n", (a + b));
printf("Die Summe ist: %d\n", fsr(&a, &b));
printf("Die Summanden sind:  %d   %d\n", a, b);
return 0;
}
```

Programm 4.23 : C-Programm, das Parameter by reference an eine FORTRAN-Funktion übergibt

Die Linker-Option -lcl ist erforderlich, wenn FORTRAN- oder PASCAL-Module in C-Programme eingebunden werden. Sie bewirkt die Hinzunahme der FORTRAN- und PASCAL-Laufzeitbibliothek /usr/lib/libcl.a, ohne die Bezüge (Referenzen) auf FORTRAN- oder PASCAL-Routinen unter Umständen offen bleiben. Anders gesagt, in den FORTRAN- oder PASCAL-Funktionen kommen Namen vor – zum Beispiel write – deren Definition in besagter Laufzeitbibliothek zu finden ist. C und PASCAL sind sich im großen ganzen ähnlich, es gibt aber Unterschiede hinsichtlich des Geltungsbereiches von Variablen, die hier nicht deutlich werden:

```
/* C-Programm csummep, das PASCAL-Funktionen aufruft. */
/* Compileraufruf cc -o csummep csummep.c psv.o psr.o -lcl */
```

```c
#include <stdio.h>

extern int psv(int x,int y),psr(int *x,int *y)

int main()
{
int a, b;
puts("Bitte die beiden Summanden eingeben!");
scanf("%d %d", &a, &b);
printf("Die Summanden sind: %d   %d\n", a, b);
printf("Die Summe (direkt) ist: %d\n", (a + b));
printf("Die Summe ist: %d\n", psv(a, b));
printf("Die Summanden sind: %d   %d\n", a, b);
printf("Die Summe ist: %d\n", psr(&a, &b));
printf("Die Summanden sind: %d   %d\n", a, b);
return 0;
}
```

Programm 4.24 : C-Programm, das Parameter by value und by reference an
PASCAL-Funktionen übergibt

Hiernach sollte klar sein, warum die C-Standardfunktion `printf(3)` mit Variablen als Argument arbeitet, während die ähnliche C-Standardfunktion `scanf(3)`
Pointer als Argument verlangt. `printf(3)` gibt Werte aus, ohne sie zu ändern.
Es ist für das Ergebnis belanglos, ob die Funktion Adressen (Pointer) oder Kopien der Variablen verwendet (die Syntax legt das allerdings fest). Hingegen soll
`scanf(3)` Werte mit Wirkung für die aufrufende Funktion einlesen. Falls es sich
nur um einen Wert handelte, könnte das noch über den Returnwert bewerkstel-
ligt werden, aber `scanf(3)` soll mehrere Werte – dazu noch verschiedenen Typs
– verarbeiten. Das geht nur über von `scanf(3)` und der aufrufenden Funktion
gemeinsam verwendete Pointer.

Nun die drei FORTRAN-Hauptprogramme mit Aufruf der Funktionen in C,
FORTRAN und PASCAL:

```fortran
C       FORTRAN-Programm, das C-Funktionen aufruft
C       Compileraufruf f77 -o fsummec fummec.f csv.o csr.o

        program fsummec

$ALIAS csv (%val, %val)

        integer a, b , s, csr, csv

        write (6, 100)
        read (5, *) a, b
        write (6, 102) a, b
        s = a + b
        write (6, 103) s
C       call by value
        s = csv(a, b)
        write (6, 104) s
        write (6, 102) a, b
```

```fortran
C       call by reference
        s = csr(a, b)
        write (6, 105) s
        write (6, 102) a, b

  100 format ('Bitte die beiden Summanden eingeben!')
  102 format ('Die Summanden sind: ', 2I6)
  103 format ('Die Summe (direkt) ist: ', I8)
  104 format ('Die Summe ist: ', I8)
  105 format ('Die Summe ist: ', I8)

        end
```

Programm 4.25 : FORTRAN-Programm, das Parameter by value und by reference
an C-Funktionen übergibt

```fortran
C       FORTRAN-Programm, das F77-Funktion aufruft
C       Compileraufruf f77 -o fsummef fsummef.f fsr.o

        program fsummef

        integer a, b , s, fsr

        write (6, 100)
        read (5, *) a, b
        write (6, 102) a, b
        s = a + b
        write (6, 103) s
C       call by value nicht moeglich
C       call by reference (default)
        s = fsr(a, b)
        write (6, 105) s
        write (6, 102) a, b

  100 format ('Bitte die beiden Summanden eingeben!')
  102 format ('Die Summanden sind: ', 2I6)
  103 format ('Die Summe (direkt) ist: ', I8)
  105 format ('Die Summe ist: ', I8)

        end
```

Programm 4.26 : FORTRAN-Programm, das Parameter by reference an eine
FORTRAN-Funktion übergibt

```fortran
C       FORTRAN-Programm, das PASCAL-Funktionen aufruft
C       Compileraufruf f77 -o fsummep fsummep.f psv.o psr.o

        program fsummep

$ALIAS psv (%val, %val)

        integer a, b, s, psv, psr
```

```
      external psv, psr

      write (6, 100)
      read (5, *) a, b
      write (6, 102) a, b
      s = a + b
      write (6, 103) s
C     call by value
      s = psv(a, b)
      write (6, 104) s
      write (6, 102) a, b
C     call by reference
      s = psr(a, b)
      write (6, 105) s
      write (6, 102) a, b

  100 format ('Bitte die beiden Summanden eingeben!')
  102 format ('Die Summanden sind: ', 2I6)
  103 format ('Die Summe (direkt) ist: ', I8)
  104 format ('Die Summe ist: ', I8)
  105 format ('Die Summe ist: ', I8)

      end
```

Programm 4.27: FORTRAN-Programm, das Parameter by value und by reference
an PASCAL-Funktionen übergibt

Die FORTRAN-Compiler-Anweisung **$ALIAS** veranlaßt den Compiler, der jeweiligen Funktion die Parameter entgegen seiner Gewohnheit by value zu übergeben. Zum guten Schluß die PASCAL-Hauptprogramme:

```
{PASCAL-Programm, das C-Funktionen aufruft}
{Compileraufruf pc -o psummec psummec.p csv.o csr.o}

program psummec (input, output);

var a, b, s: integer;

function csv(x, y: integer): integer;       {call by value}
        external C;

function csr(var x, y: integer): integer;  {call by reference}
        external C;

begin
writeln('Bitte die beiden Summanden eingeben!');
readln(a); readln(b);
write('Die Summanden sind: '); write(a); writeln(b);
s := a + b;
write('Die Summe (direkt) ist: '); writeln(s);
s := csv(a, b);
write('Die Summe ist: '); writeln(s);
write('Die Summanden sind: '); write(a); writeln(b);
```

```
s := csr(a, b);
write('Die Summe ist: '); writeln(s);
write('Die Summanden sind: '); write(a); writeln(b);
end.
```

Programm 4.28 : PASCAL-Programm, das Parameter by value und by reference
an C-Funktionen übergibt

```
{PASCAL-Programm, das FORTRAN-Funktion aufruft}
{Compiler-Aufruf pc -o psummef psummef.p fsr.o}

program psummef (input, output);

var a, b, s: integer;

function fsr(var x, y: integer): integer;   {call by reference}
        external ftn77;

begin
writeln('Bitte die beiden Summanden eingeben!');
readln(a); readln(b);
write('Die Summanden sind: '); write(a); writeln(b);
s := a + b;
write('Die Summe (direkt) ist: '); writeln(s);
s := fsr(a, b);
write('Die Summe ist: '); writeln(s);
write('Die Summanden sind: '); write(a); writeln(b);
end.
```

Programm 4.29 : PASCAL-Programm, das Parameter by reference an eine
FORTRAN-Funktion übergibt

```
{PASCAL-Programm, das PASCAL-Funktionen aufruft}
{Compileraufruf pc -o psummep psummep.p psv.o psr.o}

program psummep (input, output);

var a, b, s: integer;

function psv(x, y: integer): integer;       {call by value}
        external;

function psr(var x, y: integer): integer;  {call by reference}
        external;

begin
writeln('Bitte die beiden Summanden eingeben!');
readln(a); readln(b);
write('Die Summanden sind: '); write(a); writeln(b);
s := a + b;
write('Die Summe (direkt) ist: '); writeln(s);
s := psv(a, b);
```

```
write('Die Summe ist: '); writeln(s);
write('Die Summanden sind: '); write(a); writeln(b);
s := psr(a, b);
write('Die Summe ist: '); writeln(s);
write('Die Summanden sind: '); write(a); writeln(b);
end.
```

Programm 4.30 : PASCAL-Programm, das Parameter by value und by reference
an PASCAL-Funktionen übergibt

Sollten Sie die Beispiele nachvollzogen haben, müßte Ihr Linker in zwei Fällen
mit einer Fehlermeldung **unsatisfied symbol: output (data)** die Arbeit verweigert haben. Die PASCAL-Funktionen **psv()** und **psr()** geben etwas auf das
Terminal aus. Bei getrennt kompilierten Modulen erfordert dies die Zeile:

```
import StdOutput;
```

Das importierte, vorgefertigte PASCAL-Modul **StdOutput** macht von einem
Textfile **output** Gebrauch, das letzten Endes der Bildschirm ist. Im PASCAL-
Programm öffnet die Zeile

```
program psummep (input, output);
```

dieses Textfile. In C-Programmen wird das File mit dem Filepointer **stdout** ebenso wie in FORTRAN-Programmen die Unit 6 automatisch geöffnet. Hinter dem
Filepointer bzw. der Unit steckt der Bildschirm. Leider sehen wir – in Übereinstimmung mit unseren Handbüchern – keinen Weg, das PASCAL-File **output**
mit **stdout** von C oder der Unit 6 von FORTRAN zu verbinden. Wollen wir
PASCAL-Funktionen in ein C- oder FORTRAN-Programm einbinden, müssen
die Funktionen auf Terminalausgabe verzichten (eine Ausgabe in ein File wäre
möglich):

```
{Pascal-Funktion (Summe) call by value, ohne Output}
{Compileraufruf pc -c xpsv.p}

module b;
export
    function psv(x, y: integer): integer;
implement
    function psv;
    var z: integer;
    begin
        z := x + y;
        { Aenderung der Summanden }
        x := 77; y := 99;
        psv := z;
    end;
end.
```

Programm 4.31 : PASCAL-Funktion, die Parameter by value übernimmt, ohne
Ausgabe

```
{Pascal-Funktion (Summe) call by reference}
{ohne Output}
{Compileraufruf pc -c xpsr.p}

module a;
export
    function psr(var x, y: integer): integer;
implement
    function psr;
    var z: integer;
    begin
        z := x + y;
        { Aenderung der Summanden }
        x := 66; y := 88;
        psr := z;
    end;
end.
```

Programm 4.32 : PASCAL-Funktion, die Parameter by reference übernimmt, ohne
Ausgabe

Damit geht es. Der Compilerbauer weiß, wie die einzelnen Programmiersprachen ihre Ausgabe bewerkstelligen und kann Übergänge in Form von Compiler-Anweisungen oder Zwischenfunktionen einrichten. So macht es Microsoft bei seinem großen C-Compiler. Aber wenn nichts vorgesehen ist, muß der gewöhnliche Programmierer solche Unverträglichkeiten hinnehmen.

Auch Shellscripts können Funktionen aufrufen. Diese müssen selbständige Programme wie externe Kommandos sein, der Mechanismus sieht etwas anders aus. Hier das Shellscript:

```
# Shellscript, das eine C-Funktion aufruft. 28.01.1988
# Filename shsumme

print Bitte die beiden Summanden eingeben!
read a; read b
print Die Summanden sind $a $b
print Die Shell-Summe ist 'expr $a + $b'
print Die Funktions-Summe ist 'cssh $a $b'
print Die Summanden sind $a $b
exit
```

Programm 4.33 : Shellscript mit Parameterübergabe

Die zugehörige C-Funktion ist ein Hauptprogramm:

```
/* C-Programm zum Aufruf durch Shellskript, 29.01.1988 */
/* Compileraufruf: cc -o cssh cssh.c */

int main(int argc, char *argv[])

{
int x, y;
```

```
sscanf(argv[1], "%d", &x);
sscanf(argv[2], "%d", &y);
printf("%d", (x + y));
return 0;
}
```

Programm 4.34 : C-Programm, das Parameter von einem Shellscript übernimmt

Ferner können Shellscripts **Shellfunktionen** aufrufen, siehe das Shellscript 3.13 *Türme von Hanoi* auf Seite 126.

Entschuldigen Sie bitte, daß dieser Abschnitt etwas breit geraten ist. Die Parameterübergabe muß sitzen, wenn man mehr als Trivialprogramme schreibt, und
man ist nicht immer in der glücklichen Lage, rein in C programmieren zu können.
Verwendet man vorgegebene Bibliotheken, so sind diese manchmal in einer anderen Programmiersprache verfaßt. Dann hat man sich mit einer fremden Syntax
und den kleinen, aber bedeutsamen Unverträglichkeiten herumzuschlagen.

4.3.4 Kommandozeilenargumente, main()

Auch das Hauptprogramm `main()` ist eine Funktion, die Parameter oder Argu-
mente übernehmen kann, und zwar aus der **Kommandozeile** beim Aufruf des
Programms. Sie kennen das von vielen UNIX-Kommandos, die nichts anderes als
C-Programme sind.

Der Mechanismus ist stets derselbe. Die Argumente, getrennt durch Spaces
oder Ähnliches, werden in ein Array of Strings mit dem Namen `argv` (**Argumentvektor**) gestellt. Gleichzeitig zählt ein **Argumentzähler** `argc` die Anzahl
der übergebenen Argumente, wobei der Funktionsname selbst das erste Argument (Index 0) ist. Bei einem Programmaufruf ohne Argumente steht also der
Programmname in `argv[0]`, der Argumentzähler `argc` hat den Wert 1. Das erste
nichtbelegte Element des Argumentvektors enthält einen leeren String. Die Umwandlung der Argumente vom Typ String in den gewünschten Typ besorgt die
Funktion `sscanf(3)`.

Der Anfang eines Hauptprogrammes mit Kommandozeilenargumenten sieht
folgendermaßen aus:

```
int main(int argc, char *argv[])

{
char a; int x;

if (argc < 3) {
        puts("Zuwenige Parameter");
        exit(-1);
}
sscanf(argv[1], "%c", &a);
sscanf(argv[2], "%d", &x);
....
```

Programm 4.35 : C-Programm, das Argumente aus der Kommandozeile übernimmt

Das erste Kommandozeilenargument (nach dem Kommando selbst) wird als Zeichen verarbeitet, das zweite als ganze Zahl. Etwaige weitere Argumente fallen unter den Tisch.

Die Funktion `main()` ist immer vom Type `extern int`. Da dies der Defaulttyp für Funktionen ist, könnte die Typdeklaration weggelassen werden. Sie kann Argumente übernehmen, braucht es aber nicht. Infolgedessen sind folgende Deklarationen gültig:

```
main()
int main()
extern int main()
main(void)
int main(void)
extern int main(void)
main(int argc, char *argv[])
int main(int argc, char *argv[])
extern int main(int argc, char *argv[])
main(int argc, char **argv)
int main(int argc, char **argv)
extern int main(int argc, char **argv)
```

und alle anderen falsch. Die ersten sechs sind in ihrer Bedeutung gleich, die weiteren gelten bei Argumenten in der Kommandozeile. Den Rückgabewert von `main()` sollte man nicht dem Zufall überlassen, sondern mit einer `return`-Anweisung ausdrücklich festlegen (0 bei Erfolg). Er wird von der Shell übernommen.

4.3.5 Funktionen mit wechselnder Argumentanzahl

Mit `main()` haben wir eine Funktion kennengelernt, die eine wechselnde Anzahl von Argumenten übernimmt. Auch für andere Funktionen als `main()` gibt es einen Mechanismus zu diesem Zweck, schauen Sie bitte unter `varargs(5)` nach. Der Mechanismus ist nicht übermäßig intelligent, sondern an einige Voraussetzungen gebunden:

- Es muß mindestens ein Argument vorhanden sein,

- der Typ des ersten Arguments muß bekannt sein,

- es muß ein Kriterium für das Ende der Argumentliste bekannt sein.

Die erforderlichen Makros stehen in den include-Files `<varargs.h>` für UNIX System V oder `<stdarg.h>` für ANSI-C. Wir erklären die Vorgehensweise an einem Beispiel, das der Funktion `printf(3)` nachempfunden ist (es ist damit nicht gesagt, daß `printf(3)` tatsächlich so aussieht):

```
/* Funktion printi(), Ersatz fuer printf(), nur fuer dezimale
   Ganzzahlen, Zeichen und Strings. Siehe Referenz-Handbuch
   unter varargs(5), 22.02.91 */
```

```c
/* Returnwert 0 = ok, -1 = Fehler, sonst wie printf() */
/* Compileraufruf cc -c printi.c */

#include <stdio.h>
#include <varargs.h>

int fputc();
void int_print();

/* Funktion printi(), variable Anzahl von Argumenten */

int printi(va_alist)
va_dcl
{
    va_list pvar;
    unsigned long arg;
    int field, sig;
    char *format, *string;
    long ivar;

/* Uebernahme und Auswertung des Formatstrings */

    va_start(pvar);
    format = va_arg(pvar, char *);

    while (1) {

/* Ausgabe von Literalen */

    while ((*format != '%') && (*format != '\0'))
        fputc(*format++, stdout);

/* Ende des Formatstrings */

    if (*format == '\0') {
        va_end(pvar);
        return 0;
    }

/* Prozentzeichen, Platzhalter */

    format++;
    field = 0;

/* Auswertung Laengenangabe */

    while (*format >= '0' && *format <='9') {
        field = field * 10 + *format - '0';
        format++;
    }

/* Auswertung Typangabe und Ausgabe des Arguments */

    switch(*format) {
```

```c
        case 'd':
            sig = ((ivar  = (long)va_arg(pvar, int)) < 0 ? 1 : 0);
            arg = (unsigned long)(ivar < 0 ? -ivar : ivar);
            int_print(arg, sig, field);
            break;
        case 'u':
            arg = (unsigned long)va_arg(pvar, unsigned);
            int_print(arg, 0, field);
            break;
        case 'l':
            switch(*(format + 1)) {
                case 'd':
                    sig = ((ivar = va_arg(pvar, long)) < 0 ? 1 : 0);
                    arg = (unsigned long)(ivar < 0 ? -ivar : ivar);
                    int_print(arg, sig, field);
                    break;
                case 'u':
                    arg = va_arg(pvar, unsigned long);
                    int_print(arg, 0, field);
                    break;
                default:
                    va_end(pvar);
                    return -1;        /* unbekannter Typ */
            }
            format++;
            break;
        case '%':
            fputc(*format, stdout);
            break;
        case 'c':
            fputc(va_arg(pvar, char), stdout);
            break;
        case 's':
            string = va_arg(pvar, char *);
            while ((fputc(*(string++), stdout)) != '\0') ;
            break;
        default:
            va_end(pvar);
            return -1;                    /* unbekannter Typ */
    }
    format++;
  }
}


/* Funktion zur Ausgabe der dezimalen Ganzzahl */

void int_print(unsigned long number,int signum,int field)

{
    int i;
    char table[21];
    long radix = 10;

    for (i = 0; i < 21; i++)
```

```
        *(table + i) = ' ';

/* Umwandlung Zahl nach ASCII-Zeichen */

    for (i = 0; i < 20; i++) {
        *(table + i) = *("0123456789" + (number % radix));
        number /= radix;
        if (number == 0) break;
    }

/* Vorzeichen */

    if (signum)
        *(table + ++i) = '-';

/* Ausgabe */

    if ((field != 0) && (field < 20))
        i = field -1;

    while (i >= 0)
    fputc(*(table + i--), stdout);
}

/* Ende */
```

Programm 4.36 : C-Funktion mit wechselnder Anzahl von Argumenten

Nach dem include-File `varargs.h` folgt in gewohnter Weise die Funktion, hier
`printi()`. Ihre Argumentenliste heißt `va_alist` und ist vom Typ `va_dcl`, ohne
Semikolon! Innerhalb der Funktion brauchen wir einen Pointer `pvar` auf die Argumente, dieser ist vom Typ `va_list`, nicht zu verwechseln mit der Argumentenliste
`va_alist`. Die weiteren Variablen sind unverbindlich.

Zu Beginn der Arbeit muß das Makro `va_start(pvar)` aufgerufen werden. Es
initialisiert den Pointer `pvar` mit dem Anfang der Argumentenliste. Am Ende der
Arbeit muß entsprechend mit dem Makro `va_end(pvar)` aufgeräumt werden.

Das Makro `va_arg(pvar, type)` gibt das Argument zurück, auf das der Pointer `pvar` zeigt, und zwar in der Form des angegebenen Typs, den man also kennen
muß. Gleichzeitig wird der Pointer `pvar` eins weiter geschoben. Die Zeile

```
format = va_arg(pvar, char *);
```

weist dem Pointer auf char `format` die Adresse des Formatstrings in der Argumentenliste von `printi()` zu. Damit ist der Formatstring wie jeder andere String
zugänglich. Zugleich wird der Pointer `pvar` auf das nächste Argument gestellt,
üblicherweise eine Konstante oder Variable. Aus der Auswertung des Formatstrings ergeben sich Anzahl und Typen der weiteren Argumente.

Damit wird auch klar, was geschieht, wenn die Platzhalter (%d, %6u usw.) im
Formatstring nicht mit der Argumentenliste übereinstimmen. Gibt es mehr Argumente als Platzhalter, werden sie nicht beachtet. Gibt es mehr Platzhalter als
Argumente, wird irgendein undefinierter Speicherinhalt gelesen, unter Umständen

auch der dem Programm zugewiesene Speicherbereich verlassen. Stimmen Platzhalter und Argumente im Typ nicht überein, wird der Pointer **pvar** falsch inkrementiert, und die Typumwandlung geht vermutlich auch daneben.

Es gibt eine Fallgrube bei der Typangabe. Je nach Compiler werden die Typen **char** und **short** intern als **int** und **float** als **double** verarbeitet. In solchen Fällen muß dem Makro **va_arg(pvar, type)** der interne Typ mitgeteilt werden. Nachlesen oder ausprobieren, am besten beides.

4.3.6 Iterativer Aufruf einer Funktion

Unter einer **Iteration** versteht man die Wiederholung bestimmter Programmschritte, wobei das Ergebnis eines Schrittes als Eingabe für die nächste Wiederholung dient. Viele mathematische Näherungsverfahren machen von Iterationen Gebrauch. Programmtechnisch führen Iterationen auf Schleifen. Entsprechend muß eine Bedingung angegeben werden, die die Iteration beendet. Da auch bei einem richtigen Programm eine Iteration manchmal aus mathematischen Gründen nie zu einem Ende kommt, ist es zweckmäßig, einen Test für solche Fälle einzubauen wie in folgendem Beispiel:

```
/* Quadratwurzel, Halbierungsverfahren (Iteration), 14.08.92 */
/* Compileraufruf cc -o wurzel wurzel.c */

#define   EPS 0.00001
#define   MAX 100

#include <stdio.h>

void exit();

int main(int argc,char *argv[])

{
int i;
double a, b, c, m;

if (argc < 2) {
    puts("Radikand fehlt.");
    exit(-1);
}

/* Initialisierung */

i = 0;
sscanf(argv[1], "%lf", &c);
sscanf(argv[1], "%lf", &c);
a = 0;
b = c + 1;

/* Iteration */

while (b - a > EPS) {
```

```c
    m = (a + b) / 2;
    if (m * m - c <= 0)
        a = m;
    else
        b = m;

/* Begrenzung der Anzahl der Iterationen */

    i++;
    if (i > MAX) {
        puts("Zuviele Iterationen! Ungenau!");
        break;
    }
}

/* Ausgabe und Ende */

printf("Die Wurzel aus %lf ist %lf\n", c, m);
printf("Anzahl der Iterationen: %d\n", i);
exit(0);
}
```

Programm 4.37 : C-Programm zur iterativen Berechnung der Quadratwurzel

Die Funktion, die iterativ aufgerufen wird, ist die Mittelwertbildung von a und b; es lohnt sich nicht, sie auch programmtechnisch als selbständige Funktion zu definieren, aber das kann in anderen Aufgaben anders sein.

4.3.7 Rekursiver Aufruf einer Funktion

Bei einer **Rekursion** ruft eine Funktion sich selbst auf. Das ist etwas schwierig vorzustellen und nicht in allen Programmiersprachen erlaubt. Die Nähe zum Zirkelschluß ist nicht geheuer. Es gibt aber Probleme, die ursprünglich rekursiv sind und sich durch eine Rekursion elegant programmieren lassen. Eine **Zirkeldefinition** ist eine Definition eines Begriffes, die diesen selbst in der Definition enthält, damit es nicht sofort auffällt, gegebenenfalls um einige Ecken herum. Ein **Zirkelschluß** ist eine Folgerung, die Teile der zu beweisenden Aussage bereits zur Voraussetzung hat. Bei einer Rekursion hingegen

- wiederholt sich die Ausgangslage nie,

- wird eine Abbruchbedingung nach endlich vielen Schritten erfüllt, d. h. die Rekursionstiefe ist begrenzt.

In dem Buch von ROBERT SEDGEWICK findet sich Näheres zu diesem Thema, mit Programmbeispielen. Im ersten Band der *Informatik* von FRIEDRICH L. BAUER und GERHARD GOOS wird die Rekursion allgemeiner abgehandelt.

Zwei Beispiele sollen die Rekursion veranschaulichen. Das erste Programm berechnet den größten gemeinsamen Teiler (ggT) zweier ganzer Zahlen nach dem Algorithmus von EUKLID. Das zweite ermittelt rekursiv die Fakultät einer Zahl, was man anders vielleicht einfacher erledigen könnte.

```
/* Groesster gemeinsamer Teiler, Euklid, rekursiv, 09.03.90 */
/* Compileraufruf cc -o ggtr ggtr.c */

#include <stdio.h>

int ggt();

int main(int argc,char *argv[])

{
int x, y;

sscanf(argv[1], "%d", &x); sscanf(argv[2], "%d", &y);
printf("Der GGT von %d und %d ist %d.\n", x, y, ggt(x, y));
return 0;
}

/* Funktion ggt() */

int ggt(int a,int b)
{
if (a == b) return a;
else if (a > b) return(ggt(a - b, b));
else return(ggt(a, b - a));
}
```

Programm 4.38 : C-Programm Größter gemeinsamer Teiler (ggT) nach Euklid, rekursiv

Im folgenden Programm ist außer der Rekursivität die Verwendung der Bedingten Bewertung interessant, die den Code verkürzt.

```
/* Rekursive Berechnung von Fakultaeten */

#include <stdio.h>

int main()
{
    int n;
    puts("\nWert eingeben, Ende mit CTRL-D");
    while (scanf("%d", &n) != EOF)
        printf("\n%d Fakultaet ist %d.\n\n", n, fak(n));
    return 0;
}

/* funktion fak() */

int fak(int n)
{
    return(n <= 1 ? 1 : n * fak(n - 1));
}
```

Programm 4.39 : C-Programm zur rekursiven Berechnung der Fakultät

Weitere rekursiv lösbare Aufgaben sind die Türme von Hanoi und Quicksort. Rekursive Probleme lassen sich auch iterativ lösen. Das kann sogar schneller gehen, aber die Eleganz bleibt auf der Strecke.

Da in C auch das Hauptprogramm `main()` eine Funktion ist, die auf gleicher Stufe mit allen anderen Funktionen steht, kann es sich selbst aufrufen:

```
/* Experimentelles Programm mit Selbstaufruf von main() */

#include <stdio.h>

int main()
{
puts("Selbstaufruf von main()");
main();
return(13);
}
```

Programm 4.40 : C-Programm, in dem main() sich selbst aufruft

Das Programm wird von `lint(1)` nicht beanstandet, einwandfrei kompiliert und läuft, bis der Speicher platzt, da die Rekursionstiefe nicht begrenzt ist (Abbruch mit break). Allerdings ist ein Selbstaufruf von `main()` ungebräuchlich.

4.3.8 Assemblerroutinen

Auf die Assemblerprogrammierung wurde in Abschnitt 4.1.3 *Programmiersprachen* auf Seite 284 bereits eingegangen. Da das Schreiben von Programmen in Assembler mühsam ist und die Programme nicht portierbar sind, läßt man nach Möglichkeit die Finger davon. Es kann jedoch zweckmäßig sein, einfache, kurze Funktionen auf Assembler umzustellen. Einmal kann man so unmittelbar auf die Hardware zugreifen, beispielsweise in Anwendungen zum Messen und Regeln, zum anderen zur Beschleunigung oft wiederholter Funktionen.

```
/* fakul.c Berechnung von Fakultaeten */

/* Die Grenze fuer END liegt in der Speicher-/Segmentgroesse */
/* bis 260 werden alle Werte in einem Array gespeichert, darueber
   wird Wert fuer Wert berechnet und sofort ausgegeben */
/* Ziffern in Neunergruppen zusammengefasst, nutzt long aus */

#define END  260
#define MAX 1023
#define DEF   16
#define GRP   58
#define GMX  245

/* GRP muss in aadd.asm eingetragen werden */
/* GMX muss in laadd.asm eingetragen werden */

#include <stdio.h>
```

```c
unsigned long f[END + 1][GRP];              /* global */

void add(unsigned long *, unsigned long *);
void exit(int);
long time(long *);

/* Assemblerfunktionen zur Beschleunigung &/

extern void aadd(unsigned long *, unsigned long *);
extern void lshift(unsigned long *);

/* Hauptprogramm */

int main(int argc, char *argv[])

{
int e, i, j, k, r, s, flag, ende, max = DEF;
unsigned long x[GRP];
unsigned long *z;
long z1, z2, z3;

/* Auswertung der Kommandozeile */

if (argc > 1) {
        sscanf(*(argv + 1), "%d", &max);
        max = (max < 0) ? -max : max;
        if (max > MAX) {
                printf("\nZahl zu gross! Maximal %d\n", MAX);
                exit(1);
        }
}

ende = (max > END) ? END : max;

time(&z1);                               /* Zeit holen */

/* Rechnung */

**f = (unsigned long)1;

for (i = 1; i <= ende; i++) {
        for (j = 0; j < GRP; j++)        /* x nullsetzen */
                *(x + j) = 0;
        k = i/4;
        for (j = 1; j <= k; j++) {       /* addieren */
                aadd(x, *(f + i - 1));
        }
        lshift(x);
        lshift(x);
        for (k = 0; k < (i % 4); k++)
                aadd(x, *(f + i - 1));
        for (j = 0; j < GRP; j++) {      /* zurueckschreiben */
                *(*(f + i) + j) = *(x + j);
```

```c
/* *(*(f + i) + j) ist dasselbe wie f[i][j] */

        }
}

time(&z2);                              /* Zeit holen */

/* Ausgabe, fuehrende Nullen unterdrueckt */

printf("\n\tFakultaeten von 0 bis %4d\n", max);

for (i = 0; i <= ende; i++) {
        flag = 0;
        printf("\n\t%4d ! =      ", i);
        for (j = GRP - 1; j >= 0; j--) {
                if (!(*(*(f + i) + j)) && !flag);
                else
                        if (!flag) {
                                printf("%9lu ", *(*(f + i) + j));
                                flag = 1;
                        }
                        else
                                printf("%09lu ", *(*(f + i) + j));
        }
}

/* falls wir weitermachen wollen, muessen wir das Array
   f[261][58] umfunktionieren in f[2][*].
   In f[0] steht vorige Fakultaet, in f[1] wird aufaddiert. */

if (max > END) {

/* f[0] einrichten */

        e = GMX;                                /* kleiner 7296 */

        for (j = 0; j < e; j++)
                *(*f + j) = 0;                  /* f[0] nullsetzen */

        aadd(f[0], f[END]);                     /* vorige Fak. addieren */

/* Rechnung wie gehabt */

        r = 0; s = e;

        for (i = END + 1; i <= max; i++) {
                for (j = 0; j < e; j++)         /* f[1] nullen */
                        *(*(f + s) + j) = 0;

                k = i/4;
                for (j = 1; j <= k; j++) {      /* addieren */
                        laadd(*(f + s), *(f + r));
                }
                lshift(*(f + s));
```

```c
                        lshift(*(f + s));
                        for (k = 0; k < (i % 4); k++)
                                laadd(*(f + s), *(f + r));

                        flag = 0;                        /* f[1] anzeigen */
                        printf("\n\n\t%4d ! =        ", i);
                        for (j = e - 1; j >= 0; j--) {
                                if (!(*(*(f + s) + j)) && !flag);
                                else
                                        if (!flag) {
                                                printf("%9lu ", *(*(f + s) + j));
                                                flag = 1;
                                        }
                                        else
                                                printf("%09lu ", *(*(f + s) + j));
                        }
                r = (r > 0) ? 0 : e;              /* f[1] wird das naechste f[0] */
                s = (s > 0) ? 0 : e;
                }
        }

/* Ende Weitermachen */

/* Anzahl der Stellen von max! */

if (max > END) {
        ende = r; j = GMX - 1;
}
else {
        j = GRP - 1;
}

        flag = 0;
        for (; j >= 0; j--) {
                if (!(*(*(f + ende) + j)) && !flag)
                        ;
                else
                        if (!flag) {
                                unsigned long z = 10;
                                flag = 1;
                                for (i = 1; i < 9; i++) {
                                        if (*(*(f + ende) + j) / z) {
                                                flag++;
                                                z *= 10;
                                        }
                                        else
                                            break;
                                }
                        }
                        else
                                flag += 9;
        }
time(&z3);                              /* Zeit holen */
```

```
printf("\n\n\tDie Zahl %4d ! hat %4d Stellen.\n", max, flag);

if (max > END)
    printf("\tRechnung + Ausgabe benoetigten %4ld s.\n", z3 - z1);
else {
    printf("\tDie Rechnung benoetigte   %4ld s.\n", z2 - z1);
    printf("\tDie Ausgabe benoetigte    %4ld s.\n", z3 - z2);
}


return 0;
}
```

Programm 4.41 : C-Programm zur Berechnung von Fakultäten

Das vorstehende Beispiel mit Microsoft Quick C und Quick Assembler für den IBM-PC bietet einen einfachen Einstieg in die Assemblerprogrammierung, da das große Programm nach wie vor in einer höheren Sprache abgefaßt ist. Das Beispiel ist in einer zweiten Hinsicht interessant. Auf einer 32-Bit-Maschine liegt die größte vorzeichenlose Ganzzahl etwas über 4 Milliarden. Damit kommen wir nicht weit, denn es ist bereits:

$$13! = 6227020800 \tag{4.3}$$

Wir stellen unsere Ergebnisse dar durch ein Array von langen Ganzzahlen, und zwar packen wir immer neun Dezimalstellen in ein Array-Element:

```
unsigned long f[END + 1][GRP]
```

Bei asymmetrischen Verschlüsselungsverfahren braucht man große Zahlen. Die Arithmetik zu diesem Datentyp müssen wir selbst schreiben. Dazu ersetzen wir die eigentlich bei der Berechnung von Fakultäten erforderliche Multiplikation durch die Addition. Diese beschleunigen wir durch Einsatz einer Assemblerfunktion aadd():

```
                COMMENT +
                C-Funktion aadd() in MS-Assembler, die ein
                Array of unsigned long in ein zweites Array
                addiert, Parameter die Pointer auf die Arrays.
                +

                .MODEL  small,c
                .CODE
grp             EQU     4 * 58          ; siehe C-Programm
milliarde       DD      1000000000

; fuer laadd() obige Zeile austauschen
; grp            EQU     4 * 245         ; siehe C-Programm


aadd            PROC    USES SI, y:PTR DWORD, g:PTR DWORD

                sub     cx,cx
                sub     si,si
```

```
                        clc
; for-Schleife nachbilden
for1:
; aktuelles Element in den Akku holen, long = 4 Bytes!
                mov     bx,y
                mov     ax,WORD PTR [bx+si][0]
                mov     dx,WORD PTR [bx+si][2]
; Uebertrag zu Akku addieren
                add     ax,cx
                adc     dx,0
; vorige Fakultaet zu Akku addieren, Uebertrag beachten
                mov     bx,g
                add     ax,WORD PTR [bx+si][0]
                adc     dx,WORD PTR [bx+si][2]
; Summe durch 10 hoch 9 dividieren, Quotient ergibt Uebertrag ins
; naechste Element des Arrays, Rest ergibt aktuelles Element
; zweite for-Schleife:
                sub     cx,cx
for2:
                cmp     dx,WORD PTR milliarde[2]
                jl      SHORT fertig
                sub     ax,WORD PTR milliarde[0]
                sbb     dx,WORD PTR milliarde[2]
                inc     cx
                jmp     SHORT for2
fertig:
; Rest zurueckschreiben in aktuelles Array
                mov     bx,y
                mov     WORD PTR [bx+si][0],ax
                mov     WORD PTR [bx+si][2],dx
; Schleifenzaehler um 4 (long!) erhoehen
                add     si,4
; Ruecksprungbedingung
                cmp     si,grp
                je      SHORT done
                jmp     SHORT for1
; Ende der Funktion
done:
                ret
aadd            ENDP
                END
```

Programm 4.42 : Assemblerfunktion 1 zur Addition von Feldern

Die Fakultäten werden berechnet, gespeichert und zum Schluß zusammen ausgegeben. So können wir die Rechenzeit von der Ausgabezeit trennen. Es zeigt sich, daß die Rechenzeit bei Ganzzahl-Arithmetik gegenüber der Bildschirmausgabe keine Rolle spielt.

Auf diesem Weg kommen wir bis in die Gegend von 260!, dann ist ein Speichersegment (64 KByte) unter DOS voll. Wir können nicht mehr alle Ergebnisse speichern, sondern nur die vorangegangene und die laufende Fakultät. Sowie ein Ergebnis vorliegt, wird es ausgegeben. Die Assemblerfunktion laadd() zur Addition unterscheidet sich in einer Zeile am Anfang. Die im Programm vorgesehene Grenze $MAX = 1023$ ist noch nicht die durch das Speichersegment bestimmte Grenze, sondern willkürlich. Irgendwann erheben sich Zweifel am Sinn großer Zahlen. Selbst als Tapetenmuster wirken sie etwas eintönig.

4.3.9 Memo Funktionen

- C-Programme sind aus gleichberechtigten Funktionen aufgebaut. Zu diesen gehört auch `main()`.

- Eine Funktion übernimmt bei ihrem Aufruf einen festgelegten Satz von Parametern oder Argumenten. Der Satz beim Aufruf muß mit dem Satz bei der Definition nach Anzahl, Typ und Reihenfolge übereinstimmen wie Stecker und Kupplung einer elektrischen Steckverbindung.

- Bei der Parameterübergabe by value arbeitet die Funktion mit Kopien der übergebenen Parameter, kann also die Originalwerte nicht verändern.

- Bei der Parameterübergabe by reference erfährt die Funktion die Adressen (Pointer) der Originalwerte und kann diese verändern. Das ist gefährlicher, aber manchmal gewollt. Beispiel: `scanf()`.

- Auch die Funktion `main()` kann Argumente übernehmen, und zwar aus der Kommandozeile. Die Argumente stehen in einem Array of Strings (Argumentvektor).

- Es gibt auch Funktionen wie `printf()`, die eine von Aufruf zu Aufruf wechselnde Anzahl von Argumenten übernehmen. Der Mechanismus ist an einige Voraussetzungen gebunden.

- Eine Funktion gibt keinen oder genau einen Wert als Ergebnis an die aufrufende Funktion zurück. Dieser Wert kann ein ein Pointer sein.

- In C darf eine Funktion sich selbst aufrufen (rekursiver Aufruf).

- Assemblerfunktionen innerhalb eines C-Programms können den Ablauf beschleunigen. Einfacher wird das Programm dadurch nicht.

4.3.10 Übung Funktionen

Jetzt verfügen Sie über die Kenntnisse, die zum Schreiben einfacher C-Programme notwendig sind. Schreiben das Programm zur Weganalyse, aufbauend auf der Aufgabenanalyse und der Datenstruktur, die Sie bereits erarbeitet haben. Falls Sie sich an den Vokabeltrainer wagen wollen, reduzieren Sie die Aufgabe zunächst auf ein Minimum, sonst werden Sie nicht fertig damit.

4.4 Funktions-Bibliotheken

4.4.1 Zweck und Aufbau

Eine Funktion kann auf drei Wegen mit einem C-Hauptprogramm `main()` verbunden werden:

- Die Funktion steht im selben File wie `main()` und wird daher gemeinsam kompiliert. Sie muß wie `main()` in C geschrieben sein, mehrsprachige Compiler gibt es nicht.

- Die Funktion steht – unter Umständen mit weiteren Funktionen – in einem eigenen File, das getrennt kompiliert und beim Linken zu `main()` gebunden wird. Dabei werden alle Funktionen dieses Files zu `main()` gebunden, ob sie gebraucht werden oder nicht. Wegen der getrennten Compilierung darf das File in einer anderen Programmiersprache geschrieben, muß aber für dieselbe Maschine kompiliert sein.

- Die getrennt kompilierte Funktion steht zusammen mit weiteren in einer Bibliothek und wird beim Linken zu `main()` gebunden. Dabei wählt der Linker nur die Funktionen aus der Bibliothek aus, die in `main()` gebraucht werden. Man kann also viele Funktionen in einer Bibliothek zusammenfassen, ohne befürchten zu müssen, seine Programme mit Ballast zu befrachten. Die Bibliothek kann auf Quellfiles unterschiedlicher Programmiersprachen zurückgehen. Sie müssen nur für dasselbe System kompiliert worden sein; es macht keinen Sinn und ist auch nicht möglich, Funktionen für UNIX und MS-DOS in einer Bibliothek zu vereinigen.

Das Erzeugen einer Bibliothek auf UNIX-Systemen wurde bereits im Abschnitt 3.8.6 *Bibliotheken, Archive* auf Seite 196 im Rahmen der Programmer's Workbench erläutert. Im folgenden geht es um die Verwendung von Bibliotheken.

4.4.2 Standardbibliothek

4.4.2.1 Übersicht

Standardfunktionen sind die Funktionen, die als **Standardbibliothek** zusammen mit dem Compiler geliefert werden. Sie sind im strengen Sinn nicht Bestandteil der Programmiersprache – das bedeutet, daß sie ersetzbar sind – aber der ANSI-Standard führt eine minimale Standardbibliothek auf. Ohne sie könnte man kaum ein Programm in C schreiben. Der Reichtum der Standardbibliothek ist eine Stärke von C. Die Systemaufrufe (Sektion 2) gehören dagegen nicht zur Standardbibliothek (Sektion 3), sondern zum Betriebssystem. Und Shell-Kommandos sind eine Sache der Shell (Sektion 1).

Die mit dem C-Compiler eines UNIX-Systems mitgelieferte Standardbibliothek wird im Referenz-Handbuch unter `intro(3)` vorgestellt und umfaßt mehrere Teile:

- die Standard-C-Bibliothek, meist gekoppelt mit der Standard-Input-Output-Bibliothek, den Netzfunktionen und den Systemaufrufen (weil sie zusammen gebraucht werden),

- die mathematische Bibliothek,

- gegebenenfalls eine grafische Bibliothek,

- gegebenenfalls eine Bibliothek mit Funktionen zum Messen und Regeln,

- gegebenenfalls Datenbankfunktionen und weitere Spezialitäten.

Außer Funktionen enthält sie Include-Files mit Definitionen und Makros, die von den Funktionen benötigt werden, im UNIX-Filesystem aber in einem anderen Verzeichnis (`/usr/include`) liegen als die Funktions-Bibliotheken (`/lib` und `/usr/lib`).

4.4.2.2 Standard-C-Bibliothek

Die Standard-C-Bibliothek `/lib/libc.a` wird vom C-Compilertreiber `cc(1)` eines UNIX-Systems aufgerufen und braucht daher nicht als Option mitgegeben zu werden. Für einen getrennten Linker-Aufruf lautet die Option `-lc`. Mit dem Kommando:

```
ar -t /lib/libc.a
```

schauen Sie sich das Inhaltsverzeichnis der Bibliothek an. Außer bekannten Funktionen wie `printf()` und Systemaufrufen wie `stat(2)` werden Sie viele Unbekannte treffen. Auskunft über diese erhalten Sie mittels der man-Seiten, beispielsweise:

```
man ruserok
man insque
```

sofern die Funktionen zum Gebrauch durch Programmierer und nicht etwa nur für interne Zwecke bestimmt sind.

Input/Output Für die Ein- und Ausgabe stehen in C keine Operatoren zur Verfügung, sondern nur die **Systemaufrufe** des Betriebssystems (unter UNIX `open(2)`, `write(2)`, `read(2)` usw.) und **Standardfunktionen** aus der zum Compiler gehörenden Bibliothek. In der Regel sind die Funktionen vorzuziehen, da die Programme dann leichter auf andere Systeme übertragen werden können. In diesem Fall ist im Programmkopf stets das Header-File `stdio.h` einzubinden:

```
#include <stdio.h>
```

Diese Zeile ist fast in jedem C-Programm zu finden. In der Standardbibliothek stehen rund 40 Funktionen zur Ein- und Ausgabe bereit, von denen die bekanntesten `printf(3)` zur formatierten Ausgabe nach `stdout` und `scanf(3)` zur formatierten Eingabe von `stdin` sind.

Stringfunktionen Strings sind in C Arrays of Characters, abgeschlossen mit dem ASCII-Zeichen Nr. 0, also nichts Besonderes. Trotzdem machen sie – wie in vielen Programmiersprachen – Schwierigkeiten, wenn man ihre Syntax nicht beachtet.

Da ein **String** – wie jedes Array – keinen Wert hat, kann er nicht per Zuweisung einer Stringvariablen zugewiesen werden. Man muß vielmehr mit den Standard-Stringfunktionen arbeiten oder sich selbst um die einzelnen Elemente des Arrays kümmern. Die Stringfunktionen erwarten das include-File `string.h`. Hier ein kurzes C-Programm zur Stringmanipulation mittels Systemaufrufen und Standardfunktionen:

```c
/* Programm fuer Stringmanipulation */
/* Compileraufruf        */

#define TEXT "textfile"

#include <stdio.h>
#include <string.h>
#include <io.h>
#include <fcntl.h>
#include <string.h>

char    buffer[80] = "Dies ist ein langer Teststring. Hallo!";

int main()
{
    char    x, zeile[80];
    int i;
    int fildes;
    FILE * fp;

    /* Systemaufrufe und Filedeskriptoren */

    fildes = open(TEXT, O_RDWR);
    if (fildes == -1)
        puts("open schiefgegangen.");
    write(fildes, buffer, 20);
    lseek(fildes, (long)0, SEEK_SET);
    read(fildes, zeile, 12);
    write(1, zeile, 12);
    close(fildes);

    /* Standardfunktionen und Filepointer */

    fp = fopen(TEXT, "w");
    for (i = 0; i < 30; i++)
        fputc(buffer[i], fp);
    fclose(fp);
    fp = fopen(TEXT, "r");
    for (i = 0; i < 30; i++)
        zeile[i] = fgetc(fp);
    putchar('\n');
    for (i = 0; i < 30; i++)
        putchar(zeile[i]);

    /* Stringfunktionen */

    strcpy(zeile, buffer);
    printf("\n%s", zeile);
    putstf("\n\nBitte eine Zeile eingeben:");
    gets(zeile);
    puts(zeile);
    strcat(zeile, " Prima!");
    puts(zeile);
    printf(zeile);
```

```
}
```

Programm 4.43 : C-Programm zur Stringverarbeitung

Internet-Funktionen Eine Übersicht über diese Funktionen findet sich in `intro(3N)`. Beispiele sind Funktionen zur Verarbeitung von Netzadressen, Protokolleinträgen, Remote Procedure Calls, zum Mounten entfernter File-Systeme, zur Verwaltung von Benutzern und Passwörtern im Netz. Geht über den Rahmen dieses Textes hinaus. Falls Sie sich ein eigenes Programm `telnet` oder `ftp` schreiben wollten, müßten Sie hier tiefer einsteigen.

4.4.2.3 Standard-Mathematik-Bibliothek

Die Standard-Mathematik-Bibliothek wird automatisch vom FORTRAN-Compilertreiber `f77(1)` eines UNIX-Systems aufgerufen, nicht aber vom C-Compilertreiber. Für C ist die Option `-lm` hinzuzufügen. Ferner muß im Programmkopf die Zeile

```
#include <math.h>
```

stehen. Dann verfügt man über Logarithmus, Wurzel, Potenz, trigonometrische und hyperbolische Funktionen. Weiteres siehe `math(5)`.

Eigentlich sollte man bei diesen Funktionen den zugrunde liegenden Algorithmus und seine Programmierung kennen, da jedes numerische Verfahren und erst recht seine Umsetzung in ein Programm Grenzen haben, aber das Referenz-Handbuch beschränkt sich unter `trig(3)` usw. auf die Syntax der Funktionen. Ein Beispiel für die Verwendung der mathematischen Bibliothek:

```c
/* Potenz x hoch y; mathematische Funktionen; 22.12.92 */
/* zu compilieren mit cc -o potenz potenz.c -lm */
/* Aufruf: potenz x y */

#define  EPSILON  0.00001
#include <stdio.h>
#include <math.h>

double pow(), floor();

int main(int argc,char *argv[])

{
double x, y, z;

if (argc < 3) {
    puts("Zuwenig Argumente");
    return(-1);
}

/* Umwandlung Kommandozeilenargumente */

sscanf(argv[1], "%lf", &x);
```

```c
sscanf(argv[2], "%lf", &y);

/* Aufruf Funktionen pow(), floor(), Sektion 3M */
/* wegen Fallunterscheidungen nachlesen! */

if ((x < 0 ? -x : x) < EPSILON) {
    if (y > 0) x = 0;
    else {
        puts("Bei x = 0 muss y positiv sein.");
        return(-1);
    }
}
else {
    if (x < 0) y = floor(y);
}

z = pow(x, y);

/* Ausgabe */

printf("%lf hoch %lf = %lf\n", x, y, z);

return 0;
}
```

Programm 4.44 : C-Programm mit mathematischen Funktionen

Der lint(1) gibt bei diesem Programm eine längere Liste von Warnungen aus, die daher rühren, daß in <math.h> viele Funktionen deklariert werden, die im Programm nicht auftauchen. Das geht aber in Ordnung.

4.4.2.4 Standard-Grafik-Bibliothek

Zu manchen Compiler gehört auch eine Sammlung von Grafikfunktionen. Da es hierfür noch keinen Standard gibt und Grafik eng an die Hardware gebunden ist, verzichten wir auf eine Darstellung. Auf einer UNIX-Anlage findet man sie in /usr/lib/plot. Die Bibliothek enthält Funktionen zum Setzen von Punkten, Ziehen von Linien, zur Umwandlung von Koordinaten und ähnliche Dinge. Leider nicht standardisiert, sonst gäbe es nicht Starbase, GKS, OpenGL, PHIGS, Uniras ...

4.4.2.5 Weitere Teile der Standardbibliothek

Die nicht zur Standard-C-Bibliothek gehörenden curses(3)-Funktionen aus /usr/lib/libcurses.a ermöglichen die weitergehende Gestaltung eines alphanumerischen Bildschirms. In diesem Fall ist die curses(3)-Bibliothek beim Compileraufruf zu nennen:

```
cc .... -lcurses
```

Vergißt man die Nennung, weiß der Compiler mit den Namen der curses(3)-Funktionen nichts anzufangen und meldet sich mit der Fehleranzeige

```
unsatisfied symbols.
```
Bei Verwendung von `curses(3)`-Funktionen ist das Include-File `curses.h` in das Programm aufzunehmen, das `stdio.h` einschließt.

4.4.3 Xlib, Xt und Xm (X Window System)

Programme, die von dem X Window System Gebrauch machen wollen, greifen auf unterster Ebene auf Funktionen der **Xlib-Bibliothek** zurück. Die Xlib stellt für jede Möglichkeit des X-Protokolls eine C-Funktion bereit; sie ist die Schnittstelle zwischen C-Programmen und dem X-Protokoll.

Auf nächsthöherer Ebene werden Funktionen einer Toolbox wie der **Xt-Bibliothek** definiert, die ihrerseits auf der Xlib aufsetzt. Die Xt-Funktionen werden auch als Intrinsics bezeichnet. Sie kennen z. B. Widgets, das sind Window Gadgets[16] oder Objekte (im Sinne von C++) des Client-Programms. Zu einem **Widget** gehören sein Fenster, sein Aussehen (look), sein Verhalten (feel) und ein Satz von Methoden, die sein Verhalten realisieren. Ein Menü oder ein anklickbarer Druckknopf ist ein Widget.

Die dritte Schicht bilden Bibliotheken wie der Motif Toolkit Xm, der eine Menge nach einheitlichen Regeln gebauter Widgets zur Verfügung stellt. Während Xt nur abstrakte Fenster und Menus kennt, legt Xm fest, wie ein (Motif-)Fenster oder -Menü aussieht und wie es sich verhält. Während der Quellcode von Xlib und Xt veröffentlicht ist, kostet die Xm eine Kleinigkeit. Ein Programmierer versucht immer, mit der höchsten Bibliothek zu arbeiten, weil er sich dabei am wenigsten um Einzelheiten zu kümmern braucht.

4.4.4 NAG-Bibliothek

Die **NAG-Bibliothek** der Numerical Algorithms Group, Oxford soll hier als ein Beispiel für eine umfangreiche kommerzielle Bibliothek stehen, die bei vielen numerischen Aufgaben die Arbeit erleichtert. Die FORTRAN-Bibliothek umfaßt etwa 1200 Subroutinen, die C-Bibliothek etwa 250 Funktionen. Sie stammen aus folgenden Gebieten:

- Nullstellen, Extremwerte,
- Differential- und Integralgleichungen,
- Fourier-Transformation,
- Lineare Algebra,
- nichtlineare Gleichungen,
- Statistik,
- Näherungen, Interpolation, Ausgleichsrechnung,
- Zufallszahlen usw.

Näheres unter `http://www.nag.co.uk:80/numeric.html`.

---

[16]Ein Gadget ist laut Wörterbuch ein geniales Dingsbums.

4.4.5   Eigene Bibliotheken

Wir haben bereits in Abschnitt 3.8.6 *Bibliotheken, Archive* auf Seite 196 gelernt, eine eigene Programmbibliothek mittels des UNIX-Kommandos `ar(1)` herzustellen. Zunächst macht es Arbeit, seine Programmierergebnisse in eine Bibliothek einzuordnen, aber wenn man einmal einen Grundstock hat, zahlt es sich aus.

4.4.6   Speichermodelle (MS-DOS)

Unter UNIX gibt es keine Speichermodelle, infolgedessen auch nur eine Standardbibliothek. Unter MS-DOS hingegen ist die Speichersegmentierung zu beachten, d. h. die Unterteilung des Arbeitsspeichers in Segmente zu je 64 kByte, ein lästiges Überbleibsel aus uralten Zeiten. Die Adressierung der Speicherplätze ist unterschiedlich, je nachdem ob man sich nur innerhalb eines Segmentes oder im ganzen Arbeitsspeicher bewegt. Für jedes Speichermodell ist eine eigene Standardbibliothek vorhanden. Das Speichermodell wird gewählt durch:

- die Angabe einer Compiler-Option oder

- die Schlüsselwörter `near`, `far` oder `huge` im C-Programm (was unter UNIX-C zu einem Fehler führt)

Wird keine der beiden Möglichkeiten genutzt, nimmt der Compiler einen Default an, MS-Quick-C (`qcl`) beispielsweise das Modell `small`.

Das Modell `tiny` (nicht von allen Compilern unterstützt) packt Code, Daten und Stack in ein Segment; für die Adressen (Pointer) reichen 2 Bytes. Das gibt die schnellsten Programme, aber hinsichtlich des Umfangs von Programm und Daten ist man beschränkt.

Das Modell `small` packt Code und Daten in je ein Segment von 64 kByte. Damit lassen sich viele Aufgaben aus der MS-DOS-Welt bewältigen.

Das Modell `medium` stellt ein Segment für Daten und mehrere Segmente für Programmcode zur Verfügung, bis zur Grenze des freien Arbeitsspeichers. Typische Anwendungen sind längere Programme mit wenigen Daten.

Das Modell `compact` verhält sich umgekehrt wie `medium`: ein Segment für den Code, mehrere Segmente für die Daten. Geeignet für kurze Programme mit vielen Daten. Ein einzelnes Datenelement – ein Array beispielsweise – darf nicht größer als ein Segment sein.

Das Modell `large` läßt jeweils mehrere Segmente für Code und Daten zu, wobei wieder ein einzelnes Datenelement nicht größer als ein Segment sein darf.

Das Modell `huge` schließlich hebt auch diese letzte Beschränkung auf, aber die Beschränkung auf die Größe des freien Arbeitsspeichers bleibt, MS-DOS schwoppt nicht.

Die Schlüsselwörter `near`, `far` und `huge` in Verbindung mit Pointern oder Funktionen haben Vorrang vor dem vom Compiler benutzten Speichermodell. Bei `near` sind alle Adressen 16 Bits lang, bei `far` sind die Adressen 32 Bits lang, die Pointerarithmetik geht jedoch von 16 Bits aus, und bei `huge` schließlich läuft alles mit 32 Bits und entsprechend langsam ab. Falls Ihnen das zu kompliziert erscheint, steigen Sie einfach um auf UNIX.

4.4.7 Memo Bibliotheken

- Eine Bibliothek vereint eine Menge von Funktionen in einem einzigen File.

- Eine Bibliothek hat *nichts* mit Verschlüsseln oder Komprimieren zu tun.

- Beim Einbinden einer Bibliothek in den Kompiliervorgang werden genau die benötigten Funktionen ausgewählt und ins Programm eingebunden.

- Es gibt Standardbibliotheken, die zum Compiler gehören und von diesem automatisch herangezogen werden.

- Weiter gibt es Standardbibliotheken, die zum Compiler gehören, aber eigens über eine Option herangezogen werden müssen. Hierzu zählt die C-Standard-Mathematik-Bibliothek, die die Option -lm beim Compiler-Aufruf erfordert.

- Auf dem Markt oder im Netz findet sich eine Vielzahl von Bibliotheken, beispielsweise für numerische Aufgaben oder das X Window System.

- Man kann auch eigene Funktionen in Privatbibliotheken zusammenfassen. Das lohnt sich, wenn man längere Zeit für ein bestimmtes Thema programmiert.

4.4.8 Übung Bibliotheken

Fassen Sie die Funktionen des Weganalyse-Projektes außer `main()` in einer Privatbibliothek zusammen und binden sie diese beim Kompiliervorgang dazu.

4.5 Klassen

4.5.1 Warum C mit Klassen?

Objektorientiert oder prozedural ist nicht die Programmiersprache, sondern die Aufgabenanalyse. Sie führt auf Programmbausteine (Module), die entweder Objekte oder Prozeduren (Funktionen, Prozeduren, Subroutinen) sind. Erst an zweiter Stelle kommen dann die Programmiersprachen, die die eine oder andere Denkweise unterstützen. Man kann mit objektorientierten Sprachen prozedural aufgebaute Programme schreiben (was oft vorkommt) und mit prozeduralen Sprachen objektorientierte Programme. Da der Ausgangspunkt die Aufgabenanalyse ist, macht sich die Objektorientierung bei kleinen Programmen (wo es nichts zu analysieren gibt) nicht bemerkbar. C++ und Objective-C wurden entwickelt, um

- ein besseres C zu sein (dasselbe Ziel wie ANSI-C),

- die Datenabstraktion zu unterstützen,

- das objektorientierte Programmieren zu unterstützen.

Als erstes ein Hallo-Programm in C++ (mit Objektorientierung und Klassen ist da noch nichts zu machen):

```
/* Hallo, Welt; in C++ */

#include <iostream.h>              // anstelle stdio.h

int main()
{
char v[20];

cout << "Bitte Vornamen eingeben: ";
cin  >> v;
cout << "Hallo, " << v << '\n';
return 0;
}
```

Programm 4.45 : C++-Programm Hallo, Welt

Eine zweite Art des Kommentars (Zeilenkommentar) ist hinzugekommen. Der Operator `<<` schreibt sein zweites Argument auf das erste, hier der Standard Output Stream `cout`. Der Operator `>>` schreibt sein erstes Argument, den Standard Input Stream, auf das zweite, den String `v`. Das Stream-Konzept zur Ein- und Ausgabe ist flexibler als das herkömmliche File-Konzept; für den Programmierer ist die andere Syntax wichtig (beachte: kein Formatstring! Der Operator weiß aufgrund der Typen, was er vor sich hat). In C++ gibt es eine Vielzahl solcher Verbesserungen oder Erweiterungen von C, aber sie sind nichts grundsätzlich Neues; sie erfordern kein Umdenken, sondern nur das Lesen des Referenzmaterials.

Obiges Programm `hallo.cpp` ist mit dem GNU `gcc` kompiliert 96 kB groß. Ein Assemblerprogramm, das dasselbe tut, belegt 120 Bytes. Die Speicherhersteller profitieren mit Sicherheit von der Objektorientierung.

4.5.2 Datenabstraktion, Klassenbegriff

In C ebenso wie in FORTRAN oder PASCAL beschreibt ein Datentyp eine Menge von Werten samt den zugehörigen Operationen. Die Datentypen sind durch den Compiler festgelegt, der Benutzer kann keine neuen Datentypen definieren.

Ein **abstrakter Datentyp** ist ein vom Benutzer definierter Typ, dessen Schnittstelle (Verbindung zum übrigen Programm) von seiner Implementierung (interne Programmierung) getrennt ist, eine Black Box mit bestimmten nach außen sichtbaren Eigenschaften. **Klassen** sind in einer Programmiersprache formulierte Beschreibungen abstrakter Datentypen. **Objekte** sind Vertreter (Exemplare, Instanzen, Verwirklichungen) von Klassen. C-Typen und C++-Klassen sowie C-Variable und C++-Objekte entsprechen sich. Aus Klassen lassen sich untergeordnete Klassen ableiten. Eine Klasse oder ein Objekt enthält **Daten** (data member) und Operationen auf diesen Daten. Die Operationen, die in den Klassen oder Objekten verwirklicht sind, heißen **Methoden** (member function, method). Objekte verkehren untereinander mittels Botschaften (message, member function call). Eine **Botschaft** ist die Aufforderung an ein Objekt, eine seiner Methoden auszuführen, vergleichbar einem Funktionsaufruf in C.

Beispielsweise können wir eine Klasse *Komplexe Zahl* definieren, die als Daten

zwei reelle Zahlenwerte (Realteil und Imaginrteil) sowie als Methoden die Grund-
rechenarten für komplexe Zahlen enthält:

```
Klasse KOMPLEX
{
Daten: double realteil, imaginaerteil;
Methoden:
        KOMPLEX  Addiere(a: KOMPLEX, b: KOMPLEX);
        KOMPLEX  Subtrahiere(a: KOMPLEX, b:KOMPLEX);
        KOMPLEX  Multipliziere(a: KOMPLEX, b: KOMPLEX);
        KOMPLEX  Dividiere(a: KOMPLEX, b: KOMPLEX);
}
```

Mitglieder (Daten, Methoden) sind öffentlich (public) oder privat. **Public Members** sind vom übrigen Programm her zugänglich, sie bilden die Schnittstelle der Klasse und ihrer Objekte zur Umwelt. **Private Members** sind nur den Methoden der Klasse zugänglich. Public und private werden als **Member Access Specifier** bezeichnet. Meist sind die Daten privat, die Methoden teils privat, teils öffentlich. Mindestens eine Methode muß öffentlich sein (warum?). Eine besondere Methode - mit demselben Namen wie die Klasse - ist der **Constructor**, der zur Initialisierung dient. Diese Methode wird automatisch aufgerufen, wenn ein Objekt der Klasse erzeugt wird.

Nun ein funktionsfähiges (wenn auch simples) Beispiel. Es rechnet die Zeiten von UTC nach MEZ um:

```
/* mez.cpp, Beispiel fuer den Gebrauch einer Klasse
   in Anlehnung an Deitel + Deitel, S. 601 */

#include <iostream.h>              // fuer Ein- und Ausgabe

class TIME {                       // Definition einer Klasse

public:                            // nach aussen sichtbar, Methoden
    TIME();                        // Default Constructor (Initialisierung)
    void Settime(int, int);        // h, m in UTC setzen
    void Gettime();                // UTC einlesen von stdin
    void Printmez();               // MEZ ausgeben

private:                           // nicht nach aussen sichtbar, Daten
    int hour;                      // 0 - 23
    int minute;                    // 0 - 59
    int hin, min;                  // Eingabe von stdin
};

// Definition der Methoden

// Initialisierung mittels Constructor

TIME::TIME() { hour = minute = 0; }

// Zeit in UTC eingeben, pruefen
```

```cpp
void TIME::Settime(int h, int m)
{
    hour = (h >= 0 && h < 24) ? h + 1 : 0;   // UTC nach MEZ
    minute = (m >= 0 && m < 60) ? m : 0;
}

// Zeit in UTC von stdin einlesen

void TIME::Gettime()
{
    cout << "Stunde eingeben: ";
    cin  >> hin;
    cout << "Minuten eingeben: ";
    cin  >> min;
    cout >> "Vielen Dank" >> endl;

    TIME::Settime(hin, min);         // Umrechnung
}

// MEZ ausgeben

void TIME::Printmez()
{
    cout << (hour < 10 ? "0" : "") << hour
         << ':'
         << (minute < 10 ? "0" : "") << minute
         << endl;
}

// Hauptprogramm (Rahmen- oder Treiberprogramm)

int main()
{
    TIME t;               // Erzeugung des Objektes t

    cout << "\nDie Anfangszeit ist ";
    t.Printmez();       // Aufruf einer oeff. Methode

    t.Settime(13, 27);
    cout << "Neue Zeit ist ";
    t.Printmez();

    t.Gettime();
    cout << "Ihre Zeit ist: ";
    t.Printmez();

    t.Settime(99, 99);          // ungueltige Werte
    cout << "Fehlerhafte Eingabe fuehrt zu ";
    t.Printmez();

    cout << endl;       // endline stream manipulator
    return 0;
}
```

Programm 4.46 : C++-Programm zur Umrechnung von UTC nach MEZ

4.5.3   Klassenhierarchie, abstrakte Klassen, Vererbung

Objektorientiertes Programmieren besteht im Programmieren einer Menge von
Klassen, deren zughörige Objekte den Programmablauf verwirklichen. Das folgende Programm zeigt, wie aus einer Basisklasse weitere Klassen abgeleitet werden, die die public und protected members erben. Von einer **abstrakten Klasse**
können nur weitere Klassen abgeleitet, jedoch keine Objekte gebildet werden. Eine abstrakte Klasse muß mindestens eine rein **virtuelle Funktion** enthalten, die
nirgends definiert wird. Sie ist ein Platzhalter, der erst in einer abgeleiteten Klasse
einen Inhalt bekommt.

```
/* geof.C, Beispiel fuer Klassen und Vererbung
   - geometrische Formen -
   Compileraufruf (HP): CC -o geof geof.C */

#define PI 3.14159                          // symbolische Konstante

#include <iostream.h>                        // fuer Ein- und Ausgabe
#include <string.h>                          // wegen Stringverarbeitung

class Form {                                 // abstrakte Basisklasse

public:                                      // nach aussen sichtbar
    virtual void lesen() = 0;                // reine virtuelle Funktionen
    virtual void schreiben() = 0;

protected:                                   // public fuer abgel. Klasse,
                                             // ansonsten private

private:                                     // nicht nach aussen sichtbar
};

class Flaeche : public Form {                // abgeleitete abstrakte Klasse

public:
    Flaeche() {u = i = 0;}                   // Constructor
    void schreiben()
        {cout << "Umfang = " << u << endl;
         cout << "Inhalt = " << i << endl;}

protected:
    double u, i;
    virtual double umfang(double, double) = 0;     // r. v. F.
    virtual double inhalt(double, double) = 0;

private:
};

class Koerper : public Form {                // abgeleitete abstrakte Klasse
```

```cpp
public:
    Koerper() {f = v = 0;}                 // Constructor
    void schreiben()
        {cout << "Oberflaeche = " << f << endl;
         cout << "Volumen = " << v << endl;}

protected:
    double f, v;
    virtual double flaeche(double, double, double) = 0;  // r. v. F.
    virtual double volumen(double, double, double) = 0;

private:
};

class Kreis : public Flaeche {          // abgeleitete konkrete Klasse

public:
    Kreis() {a = x = y = 0;}            // Constructor
    void lesen()
        {cout << "Radius: "; cin >> a;
         u = umfang(a, a);
         i = inhalt(a, a);}

protected:

private:
    double a, x, y;
    double umfang(double x, double y) {return(PI * (x + y));}
    double inhalt(double x, double y) {return(PI * x * y);}
};

class Rechteck : public Flaeche {     // abgeleitete k. Klasse

public:
    Rechteck() {a = b = x = y = 0;}
    void lesen() {cout << "Laenge: "; cin >> a;
                  cout << "Breite: "; cin >> b;
                  u = umfang(a, b);
                  i = inhalt(a, b);}

protected:
    double umfang(double x, double y) {return(2 * (x + y));}
    double inhalt(double x, double y) {return(x * y);}

private:
    double a, b, x, y;
};

class Quadrat : public Rechteck {     // abgeleitete k. Klasse

public:
    Quadrat() {a = 0;}                     // Constructor
    void lesen() {cout << "Laenge: "; cin >> a;
                  u = umfang(a, a);
```

```cpp
                    i = inhalt(a, a);}

protected:

private:
    double a;
};

class Kugel : public Koerper {         // abgeleitete k. Klasse

public:
    Kugel() {a = x = y = z = 0;}        // Constructor
    void lesen()
        {cout << "Radius: "; cin >> a;
         f = flaeche(a, a, a);
         v = volumen(a, a, a);}

protected:

private:
    double a, x, y, z;
    double flaeche(double x, double y, double z)
        {return(2 * PI * x * (y + z));}
    double volumen(double x, double y, double z)
        {return(4 * PI * x * y * z / 3);}
};

class Quader : public Koerper {        // abgeleitete k. Klasse

public:
    Quader() {a = b = c = x = y = z = 0;} // Constructor
    void lesen()
        {cout << "Laenge: "; cin >> a;
         cout << "Breite: "; cin >> b;
         cout << "Hoehe:  "; cin >> c;
         f = flaeche(a, b, c);
         v = volumen(a, b, c);}

protected:
    double flaeche(double x, double y, double z)
        {return(2 * (x * y + x * z + y * z));}
    double volumen(double x, double y, double z)
        {return(x * y * z);}

private:
    double a, b, c, x, y, z;
};

class Wuerfel : public Quader {        // abgeleitete k. Klasse

public:
    Wuerfel() {a = 0;}                  // Constructor
    void lesen()
        {cout << "Laenge: "; cin >> a;
```

```cpp
        f = flaeche(a, a, a);
        v = volumen(a, a, a);}

protected:

private:
    double a;
};


// Hauptprogramm (Rahmen- oder Treiberprogramm)

int main()
{
int x = 0, rw = 0;
char figur[32];

    cout << "\nC++-Programm zur Flaechen- bzw. Koerperberechnung\n\n";
    cout << "Welche Figur? ";
    cin  >> figur;
    cout << "\nFolgende Figur wird berechnet: " << figur << endl;

    // Stringvergleiche, erforderlich, weil in der
    // switch-Anweisung nur eine int-Variable stehen kann.

    if (!(strcmp(figur, "Kreis"))) x = 21;
    if (!(strcmp(figur, "Rechteck"))) x = 22;
    if (!(strcmp(figur, "Quadrat"))) x = 23;

    if (!(strcmp(figur, "Kugel"))) x = 31;
    if (!(strcmp(figur, "Quader"))) x = 32;
    if (!(strcmp(figur, "Wuerfel"))) x = 33;

    // Erzeugen des passenden Objektes. Gilt wie jede Deklaration
    // innerhalb eines Blockes {}

    switch (x)
    {
        case 21:
            {
            Kreis f;      // Erzeugen des Objektes f
            f.lesen();
            f.schreiben();
            break;
            }
        case 22:
            {
            Rechteck f;
            f.lesen();
            f.schreiben();
            break;
            }
        case 23:
            {
```

```
                Quadrat f;
                f.lesen();
                f.schreiben();
                break;
                }
        case 31:
                {
                Kugel f;
                f.lesen();
                f.schreiben();
                break;
                }
        case 32:
                {
                Quader f;
                f.lesen();
                f.schreiben();
                break;
                }
        case 33:
                {
                Wuerfel f;
                f.lesen();
                f.schreiben();
                break;
                }
        default:
                cout << "Keine gueltige Figur." << endl;
                rw = -1;
        }

return rw;
}
```

Programm 4.47 : C++-Programm zur Berechnung geometrischer Formen

4.5.4 Memo Klassen

- Bei einem abstrakten Datentyp ist das Innenleben von der Außenseite streng getrennt (Black Box).

- Klassen sind in einer Programmiersprache formulierte Beschreibungen abstrakter Datentypen.

- Objekte sind Verwirklichungen von Klassen, so wie Variable Verwirklichungen von Typen sind.

- Eine Klasse oder ein Objekt enthält Daten (data members) und Methoden (member functions).

- Daten und Methoden sind öffentlich (public), geschützt (protected) oder privat. Die Daten sind meist privat. Mindestens eine Methode muß öffentlich sein, sonst nützt die Klasse nicht viel.

- Aus Klassen können Unterklassen abgeleitet werden, die die öffentlichen und geschützten (protected) Daten und Methoden erben. Die Klassen bilden Hierarchien.

- Von einer abstrakten Klasse können nur Unterklassen, aber keine Objekte abgeleitet werden. Meist in den oberen Etagen der Hierarchie anzutreffen.

4.5.5 Übung Klassen

Es gibt Aufgaben, deren Struktur eine Modellierung durch eine Klassenhierarchie nahelegt. Bei anderen hinwiederum wirkt die Objektorientierung verkrampft. Mit C/C++ sind alle Wege offen.

Überlegen Sie, welche Klassen und Objekte man bei der Aufgabe zur Weganalyse zweckmäßig einrichtet. Sind die Wegstrecken oder die Fahrzeuge/Personen als Objekte anzusehen? Skizzieren Sie – ohne genau auf die Syntax zu achten – eine Klassenhierarchie samt Daten und Methoden.

In dem Beispielprogramm zur Befeuerung von Binnenschiffen kann man sich gut eine Hierarchie von Fahrzeugen und entsprechenden Klassen vorstellen, wobei an der Spitze die Klasse der *Hohlkörper von nicht ganz unbedeutender Größe* steht.

Auch bei dem Beispiel des Vokabeltrainers ist eine Hierarchie denkbar. Wie könnten die Klassen, Daten und Methoden aussehen? Welche Vorteile hätte hier die Objektorientierung vor der prozeduralen Denkweise?

4.6 Klassen-Bibliotheken

4.6.1 Standard Template Library (STL)

Standardbibliotheken sind eine Ergänzung der Compiler, ohne die man nicht weit kommt. Die Benutzer betrachten sie als festen Bestandteil der Compiler. Das ist in C++ nicht anders als in C. C++ ist jedoch jünger und komplexer als C, so daß die Standardisierung noch nicht zur Ruhe gekommen ist. Ein wichtiger Schritt vorwärts war die Annahme der **Standard Template Library** (STL) als Erweiterung der C++-Standard-Bibliothek durch das ANSI-Komitee im Jahr 1993. Die STL enthält fünf Gruppen von Komponenten:

- Allgemeine Algorithmen,

- Iteratoren,

- Container,

- Funktionen,

- Adaptoren.

Wenn man in einem C-Programm ein Array linear (sequentiell) nach einem bestimmten Wert durchsuchen will, sieht die Funktion für Ganzzahlen anders aus als für Strings, obwohl der Suchalgorithmus derselbe ist. Die Algorithmen der STL sind dagegen allgemein gültig, indem sie mit Hilfe von **Templates** den Algorithmus vom Datentyp trennen. Ein Template (Vorlage, Muster, Schablone) ist eine allgemeine Vorstufe zu einer Funktion oder einer Klasse, der die Typen der verwendeten Daten als Parameter mitgegeben werden – ähnlich wie bei einem Funktionsaufruf die Typen der Argumente. Der Compiler erzeugt dann aus dem Template die gewünschte Klasse oder Funktion und nimmt so dem Programmierer Arbeit ab.

Iteratoren sind eine Verallgemeinerung der Pointer. Sie werden eingesetzt, um auf Elemente von Containern zuzgreifen, so wie man mittels Pointerarithmetik auf die Elemente eines Arrays zugreift. Im Gegensatz zu Pointern bringen sie jedoch eine gewisse eigene Intelligenz mit, so daß der Programmierer – wenn er erst einmal ihre Funktionsweise begriffen hat – weniger Arbeit aufzuwenden braucht.

Unter **Containern**, auch Collection genannt, werden Datenstrukturen (Klassen) verstanden, die andere Datenstrukturen oder Objekte enthalten. Damit lässt sich eine Gruppe von Objekten unter einem Namen gemeinsam handhaben. **Sequentielle Container** speichern ihre Objekte in einer Reihe (linear), auf sie kann entweder der Reihe nach oder wahlfrei zugegriffen werden. Daneben gibt es die **assoziativen Container**, deren Objekte über einen Schlüssel oder Index zugänglich sind. Der einfachste sequentielle Container ist der Vektor, ein Array variabler Größe. Der einfachste assoziative Container ist die Menge (Set), in der jeder Schlüssel nur einmal vorkommen darf. Zu jeder Art von Containern gehört ein Satz von Methoden. Auch hier braucht sich der Programmierer nicht um die Einzelheiten der Speicherung und der Zugriffe zu kümmern, das hat die Bibliothek bereits erledigt.

Ein **Adaptor** schließlich macht das, was auch andere Adapter machen: er paßt das Aussehen einer Schnittstelle an neue Erfordernisse an, er verpackt einen Iterator oder einen Container in eine neue Umhüllung. Damit wird nicht ein neues Objekt geschaffen, sondern nur seine Außenseite verändert. Das ist oftmals effektiver, als ein neues Objekt zu schreiben.

Um die STL ganz zu verstehen, muß man sie benutzen. Da sie auf einer hohen Abstraktionsebene zu Hause ist, machen sich ihre Vorteile erst bei umfangreicheren Aufgaben bemerkbar. Für Hallo-Welt-Programme ist sie einige Nummern zu groß. Wir verweisen daher auf das Buch von ROBERT ROBSON und auf unsere Technik-Seite im WWW.

4.6.2 C-XSC

4.6.2.1 Was ist C-XSC?

Für numerische Aufgaben wurde im Institut für Angewandte Mathematik der Universität Karlsruhe eine **Klassenbibliothek C-XSC** als Ergänzung eines C++-Compilers entwickelt[17]. Das Kürzel XSC ist als *Extended Scientific Computing* zu deuten. Die wichtigsten Bestandteile von C-XSC sind:

- Arithmetik reeller und komplexer Zahlen sowie Intervallarithmetik mit mathematisch bestimmten Eigenschaften,

---

[17]Dieser Abschnitt ist die gekürzte Übersetzung eines Aufsatzes (1992) von Dipl.-Math. ANDREAS WIETHOFF, Mitarbeiter des genannten Institutes. Näheres siehe unter `www.uni-karlsruhe.de/iam/html/language/cxsc/cxsc.html`.

- dynamische Vektoren und Matrizen mit zur Laufzeit veränderbarer Größe,

- Teilfelder (Subarrays) aus Vektoren und Matrizen,

- arithmetische Operatoren und mathematische Standardfunktionen von hoher, bekannter Genauigkeit,

- dynamische Langzahlarithmetik mit zughörigen Standardfunktionen,

- Rundungskontrolle bei der Ein- und Ausgabe,

- Behandlung bestimmter Fehler (z. B. Überschreiten der Indexgrenzen),

- Bibliothek mit Routinen zur Lösung von Standardproblemen der numerischen Analysis.

Zusammen mit der Klassenbibliothek C-XSC geht C++ in der Behandlung numerischer Aufgaben über FORTRAN und andere Programmiersprachen hinaus.

4.6.2.2 Datentypen, Operatoren und Funktionen

C-XSC stellt folgende einfache numerische Datentypen zur Verfügung:

```
real, interval, complex, cinterval (=complex interval)
```

samt den zugehörigen arithmetischen und relationalen Operatoren und den mathematischen Standardfunktionen. Alle vordefinierten arithmetischen Operatoren liefern Ergebnisse mit einer Genauigkeit von wenigstens einer Einheit der letzten Stelle. Auf diese Weise sind sie maximal genau im Sinne des wissenschaftlichen Rechnens. Die von den arithmetischen Operatoren vorgenommenen Rundungen lassen sich durch den Gebrauch der Datentypen `interval` und `cinterval` steuern. Funktionen zur Typumwandlung sind für alle mathematisch sinnvollen Kombinationen verfügbar. Alle mathematischen Standardfunktionen für einfache numerische Datentypen können mit ihrem gewohnten Namen aufgerufen werden und liefern Ergebnisse von garantierter hoher Genauigkeit für beliebige Argumente aus dem Definitosnbereich. Die Standardfunktionen für die Datentypen `interval` und `cinterval` liefern scharfe Einschlüsse der Wertebereiche.

Zu den oben genannten einfachen Datentypen kommen die entsprechenden Felddatentypen (Vektoren und Matrizen):

```
rvector, ivector, cvector, civector,
rmatrix, imatrix, cmatrix, cimatrix
```

Der Anwender kann Speicherplatz für diese Arrays zur Laufzeit zuordnen und freigeben. Auf diese Weise kann dasselbe Programm für Arrays unterschiedlicher Größe benutzt werden, begrenzt nur durch den Arbeitsspeicher. Es wird nicht mehr Speicher von den Daten belegt, als wirklich benötigt wird. Beim Zugriff auf Arrays wird der Indexbereich zur Laufzeit geprüft, um Programmabstürze durch unzulässige Speicherzugriffe (memory faults) zu verhindern.

Hier ein Beispiel für die dynamische Größenänderung einer Matrix:

```
...
int n, m;
cout << "Dimensionen n, m eingeben: ";
cin  >> n >> m;

imatrix B, C, A(n,m);          /* A[1][1] ... A[n][m] */
Resize(B,m,n);                 /* B[1][1] ... B[m][n] */
...
C = A * B;                     /* C[1][1] ... C[n][n] */
```

Mit Hilfe des C++-ostream-Objektes `cout` wird ein String nach `stdout` geschrieben, dann werden mit `cin` die beiden Indexgrenzen n und m von `stdin` eingelesen. Die Vereinbarung eines Vektors oder einer Matrix ohne Angabe der Indexgrenzen liefert einen Vektor mit einer Komponente oder eine Matrix mit je einer Zeile und Spalte. Speicher für diese Objekte wird erst an einer späteren Stelle im Programm zur Laufzeit zugewiesen. Die Matrix `A` wird gleich in der richtigen Größe angelegt. Die `Resize`-Anweisung bringt die Matrix `B` zur Laufzeit an dieser Programmstelle auf die erforderliche Größe.

Die Belegung von Speicherplatz für einen Vektor oder eine Matrix kann auch implizit – ohne eine ausdrückliche Anweisung wie `Resize` – durch eine Zuweisung erfolgen. Falls die Indexgrenzen des Objektes auf der rechten Seite einer Zuweisung nicht mit den Indexgrenzen des Objektes auf der linken Seite übereinstimmen, wird das linke Objekt angepaßt, wie es hier mit der Matrix `C` geschieht.

Der dynamisch zugewiesene Speicherplatz eines lokal vereinbarten Arrays wird automatisch beim Verlassen des Gültigkeitsbereiches freigegeben. Hinsichtlich Lebensdauer und Gültigkeitsbereich besteht kein Unterschied zu den aus C gewohnten Arrays.

Die Größe eines Vektors oder einer Matrix kann jederzeit durch Aufrufen der Funktionen `Lb()` und `Ub()` für die untere bzw. obere Indexgrenze ermittelt werden.

4.6.2.3 Teilfelder von Vektoren und Matrizen

C-XSC stellt eine eigene Schreibweise für die Handhabung von **Teilfeldern** (Subarrays) von Vektoren und Matrizen zur Verfügung. Subarrays sind beliebige rechteckige Ausschnitte aus Arrays. Alle vordefinierten Operatoren nehmen auch Subarrays als Operanden an. Ein Subarray einer Matrix oder eines Vektors wird über den ()-Operator oder über den []-Operator angesprochen. Der ()-Operator bezeichnet ein Subarray eines Objektes vom selben Typ wie das ursprüngliche Objekt. Ist beispielsweise A eine reelle $n \times n$-Matrix, dann ist $A(i,i)$ die linke obere $i \times i$-Submatrix. Man beachte, daß die Klammern in der Deklaration eines dynamischen Vektors oder einer ebensolchen Matrix kein Subarray bezeichnen, sondern den Indexbereich des anzulegenden Objektes einschließen. Der []-Operator erzeugt ein Subarray eines niedrigeren Typs. Wenn A eine Matrix vom Typ $n \times n$-`rmatrix` ist, dann ist $A[i]$ die i-te Zeile von A mit dem Typ `rvector`, und $A[i][j]$ ist das (i,j)-te Element von A mit dem Typ `real`.

Beide Arten des Zugriffs auf Subarrays können auch verbunden werden, beispielsweise ist $A[k](i,j)$ ein Subvektor von Index i bis Index j des k-ten Zeilenvektors der Matrix A.

Den Gebrauch von Subarrays zeigt das folgenden Beispiel, das die LU-Faktorisierung einer $n * n$-Matrix A beschreibt:

```
for (j = 1; j <= n - 1; j++) {
    for (k = j + 1; k <= n; k++) {
        A[k][j]        = A[k][j] / a[j][j];
        A[k](j + 1, n) = A[k](j + 1, n) - A[k][j] * A[j](j + 1, n);
    }
}
```

Dieses Beispiel nutzt zwei wichtige Möglichkeiten von C-XSC. Erstens sparen wir uns eine Schleife durch die Verwendung von Subarrays. Das vereinfacht das Programm. Zweitens ist der obige Programmausschnitt unabhängig vom Typ der Matrix A (`rmatrix`, `imatrix`, `cmatrix` oder `cimatrix`), da alle arithmetischen Operatoren so vordefiniert sind wie man es in der Mathematik erwartet.

4.6.2.4 Genaue Auswertung von Ausdrücken

Beim Auswerten arithmetischer Ausdrücke spielt die Genauigkeit eine entscheidende Rolle in vielen Algorithmen. Auch wenn alle arithmetischen Operatoren und Standardfunktionen für sich allein maximaler genau sind, so liefern zusammengesetzte Ausdrücke doch nicht notwendigerweise Ergebnisse maximaler Genauigkeit. Deshalb sind Verfahren entwickelt worden, die numerische Ausdrücke mit hoher und auf mathematischem Wege garantierter Genauigkeit auswerten.

Eine besondere Art solcher Ausdrücke sind die sogenannten **Skalarprodukt-ausdrücke**. Sie sind als eine Summe einfacher Ausdrücke definiert. Ein einfacher Ausdruck ist entweder eine Variable, eine Konstante oder ein einzelnes Produkt von zweien solcher Objekte. Die Variablen dürfen vom Typ Skalar, Vektor oder Matrix sein. Nur die mathematisch sinnvollen Operationen sind für die Addition und die Multiplikation zugelassen. Das Ergebnis der Auswertung eines solchen Ausdrucks ist entweder ein Skalar, ein Vektor oder eine Matrix. In der numerischen Analysis sind Skalarprodukte von entscheidender Bedeutung. Beispielsweise gründen sich Verfahren zur Fehlerkorrektur oder zur iterativen Verbesserung bei linearen oder nichtlinearen Aufgaben auf Skalarprodukte. Eine Auswertung dieser Ausdrücke mit maximaler Genauigkeit vermeidet Fehler durch Auslöschung. Für eine Auswertung mit einer Genauigkeit von einer Einheit der letzten Stelle stellt C-XSC die folgenden **Dotprecision-Datentypen** zur Verfügung:

```
dotprecision, cdotprecision, idotprecision, cidotprecision
```

Zwischenergebnisse eines Skalarproduktes können ohne jeden Rundungsfehler in einer Dotprecision-Variablen errechnet und gespeichert werden. Die folgende Funktion berechnet eine maximal genaue Einschließung des Defektes $b - Ax$ eines linearen Gleichungssystems $Ax = b$:

```
ivector defect (rvector b, rmatrix A, rvector x)
{
```

```
    idotprecision accu;
    ivector INCL (Lb(x), Ub(x));

    for (int i = Lb(x); i <= Ub(x); i++) {
        accu = b[i];
        accumulate(accu, -A[i], x);
        INCL[i] = rnd(accu);
    }
    return INCL;
}
```

Programm 4.48 : C-XSC-Funktion `defect()` zur Defekteinschließung

In obigem Beispiel berechnet die Funktion `accumulate()` die Summe:

$$\sum_{j=1}^{n} -A_{ij} \cdot x_j$$

und addiert das Ergebnis zu dem Dotprecision-Akkumulator `accu` ohne Rundungsfehler. Die `idotprecision`-Variable `accu` wird mit `b[i]` initialisiert. Schließlich wird der Wert im Akkumulator maximal genau auf das Standard-Intervall `INCL[i]` gerundet. Auf diese Weise sind die Grenzen von `INCL[i]` entweder gleich oder zwei beanchbarte Gleitkommazahlen.

Für alle Dotprecision-Datentypen steht ein verringerter Satz vordefinierter Operatoren zur Verfügung, um fehlerfreie Ergebnisse zu berechnen. Die überladene Skalarprodukt-Funktion `accumulate()` und die Rundungsfunktion `rnd()` sind für alle sinnvollen Typkombinationen verfügbar.

4.6.2.5 Dynamische Langzahl-Arithmetik

Neben den Klassen `real` und `interval` gibt es die dynamischen Klassen `l_real` (long real) und `l_interval` (long interval) ebenso wie die entsprechenden dynamischen Vektoren und Matrizen samt allen arithmetischen und relationalen Operatoren und allen Standardfunktionen mit mehrfacher Genauigkeit. Die Rechengenauigkeit läßt sich vom Benutzer während der Laufzeit kontrollieren. Mittels Ersetzen der Typen `real` und `interval` durch `l_real` und `l_interval` in den Deklarationen wird ein Anwendungsprogramm zu einem Programm mit mehrfacher Genauigkeit. Dieses Konzept gibt dem Benutzer ein mächtiges und einfach zu handhabendes Werkzeug zur Fehleranalyse in die Hand. Weiterhin ist es möglich Programme zu schreiben, die numerische Ergebnisse mit einer vom Benutzer vorgegebenen Genauigkeit liefern, indem man intern die Rechengenauigkeit zur Laufzeit in Abhängigkeit von den Fehlerschranken der Zwischenergebnisse anpaßt.

Alle vordefinierten Operatoren für die Typen `real` und `interval` sind auch für die Typen `l_real` und `l_interval` verfügbar. Zusätzlich sind auch alle möglichen Kombinationen von Operatoren für Typen einfacher und mehrfacher Genauigkeit vorhanden. Im folgenden wird ein Programm mit einfacher Genauigkeit und sie entsprechende Version mit mehrfacher Genauigkeit gezeigt:

```
main()
{
    interval a, b;                    /* Standard-Intervall */
    a = 1.0;                          /* a = [1.0, 1.0] */
    b = 3.0;                          /* b = [3.0, 3.0] */
    cout << "a/b = " << a/b;          /* a/b = [0.333333333333,
                                                0.333333333334] */
}
```

Programm 4.49 : C-XSC-Programm einfacher Genauigkeit

```
main()
{
    l_interval a, b;                  /* Langzahl-Intervall */
    a = 1.0;
    b = 3.0;
    stagprec = 2;                     /* Globale int-Variable */
    cout << "a/b = " << a/b;          /* a/b =
                                        [0.33333333333333333333333,
                                         0.33333333333333333333334] */
}
```

Programm 4.50 : C-XSC-Programm mehrfacher Genauigkeit

Zur Laufzeit bestimmt die vordefinierte globale int-Variable `stagprec` (staggered precision) die Rechengenauigkeit der Langzahl-Arithmetik in Schritten einer `real`-Zahl (64-Bit-Maschinenwort). Die Genauigkeit einer Langzahl ist als die Anzahl von `real`-Zahlen definiert, die zur Speicherung der langen Zahl verwendet werden. Ein Objekt des Typs `l_real` oder `l_interval` kann seine Genauigkeit zur Laufzeit ändern. Komponenten eines Vektors oder einer Matrix dürfen von unterschiedlicher Genauigkeit sein. Alle Standardfunktionen und sonstigen Funktionen der Langzahl-Arithmetik berechnen numerische Ergebnisse mit einer Genauigkeit, die durch den augenblicklichen Wert von `stagprec` bestimmt ist. Speicherzuweisung, das Ändern der Größe von Arrays und das Arbeiten mit Subarrays verlaufen ähnlich wie bei den entsprechenden Datentypen einfacher Genauigkeit.

4.6.2.6 Ein- und Ausgabe in C-XSC

Unter Verwendung des Stream-Konzeptes und der überladbaren Operatoren `<<` und `>>` von C++ ermöglicht C-XSC das Runden und Formatieren aller seiner Datentypen während der Ein- und Ausgabe, auch für die Dotprecision- und Langzahldatentypen. Ein-/Ausgabe-Parameter wie die Richtung der Rundung, Feldbreite usw. benutzen auch die überladenen I/O-Operatoren zum Formatieren der Ein- und Ausgabe. Falls ein neuer Satz von I/O-Parametern verwendet werden

soll, kann der alte auf einem internen Stack gespeichert und bei Bedarf zurückgeholt werden. Das folgende Beispiel zeigt die Möglichkeiten von C-XSC zur Ein-
und Ausgabe:

```
main()
{
    real a, b; interval c;

    cout << "Bitte reelle Zahlen a, b eingeben: ";
    cout << RndDown;
    cin  >> a;                        /* lies a abwaerts gerundet */
    cout << RndUp;
    cin  >> b;                        /* lies b aufwaerts gerundet */
    "[0.11, 0.22]" >> c;              /* String nach Intervall */
    cout << SaveOpt;                  /* I/O-Parameter auf Stack */
    cout << SetPrecision(20, 16);     /* Feldbreite, Stellen */
    cout << Hex;                      /* hexadezimale Ausgabe */
    cout << c  << RestoreOpt;         /* alte I/O-Param. zurueck */
}
```

Programm 4.51 : C-XSC-Programm mit formatierter Ein- und Ausgabe

4.6.2.7 C-XSC-Numerikbibliothek

Die C-XSC-Numerikbibliothek ist eine Sammlung von Funktionen und Programmen zur Lösung von Standardaufgaben der numerischen Analysis mit garantierter
Genauigkeit der Ergebnisse. Folgende Bereiche werden abgedeckt:

- Auswertung und Nullstellen von Polynomen,

- Lineare Systeme, Matrizeninvertierung,

- Eigenwerte, Eigenvektoren,

- Schnelle Fourier-Transformation,

- Nullstellen nichtlinearer Gleichungen,

- Anfangswertprobleme bei gewöhnlichen Differentialgleichungen.

4.6.2.8 Beispiel Intervall-Newton-Verfahren

Zu bestimmen sei der Einschluß einer Nullstelle einer reellen Funktion $f(x)$. Die
erste Ableitung $f'(x)$ sei stetig im Intervall $[a, b]$ und es gelte:

$$0 \notin \{f'(x),\ x \in [a, b]\} \quad \text{und} \quad f(a) \cdot f(b) < 0.$$

Falls X_n eine Einschließung der Nullstelle ist, dann wird eine verbesserte Einschließung X_{n+1} mittels der Formel:

$$X_{n+1} := \left(m(X_n) - \frac{f(m(X_n))}{f'(X_n)} \right) \cap X_n$$

berechnet, wobei $m(X)$ ein Punkt im Intervall X ist, üblicherweise die Mitte. Die Funktion sei in diesem Beispiel:

$$f(x) = \sqrt{x} + (x + 1) \cdot \cos x$$

Nun das Programm:

```
/* C-XSC-Programm Newton-Verfahren mit Intervallen
   Funktion f(x) = sqrt(x) + (x + 1) cos(x)
   Inst. Angewandte Mathematik, Universitaet Karlsruhe */

#include "interval.hpp"        // Interval arithmetic package
#include "imath.hpp"           // Interval standard functions

interval f(real& x)           // Function f()
{
    interval y;
    y = x;                     // Use interval arithmetic
    return (sqrt(y) + (y + 1.0) * cos(y));
}


interval deriv(interval& x)    // Derived function f'()
{
    return (1.0 / (2.0 * sqrt(x)) + cos(x) - (x + 1.0) * sin(x));
}


int criter(interval& x)        // Function testing f(a)*f(b) < 0
{
    interval Fa, Fb;
    Fa = f(Inf(x));
    Fb = f(Sup(x));
    return (Sup(Fa * Fb) < 0.0 && !(0.0 <= deriv(x)));
                               // <= means element of
}


main()
{
    interval y, y_old;

    cout << "Please enter starting interval: "; cin >> y;
    cout << "SetPrecision(20, 12);
    if (criter(y))
        do {
            y_old = y;
            cout << "y = " << y << endl;
            y = (mid(y) - f(mid(y)) / deriv(y)) & y;
                               // & means intersection
```

```
        } while (y != y_old);
    else
        cout << "Criterion not satisfied!" << endl;
}
```

Programm 4.52 : C-XSC-Programm Intervall-Newton-Verfahren

Weitere Beispiele finden sich in dem Buch von RUDI KLATTE und anderen, siehe Anhang Q *Zum Weiterlesen* auf Seite 600.

4.6.3 X11-Programmierung mit dem Qt-Toolkit

Qt ist eine **Widget-Bibliothek** der Firma Troll Tech (`www.troll.no`), die sowohl für X11 als auch MS Windows erhältlich ist. Für die Entwicklung freier UNIX-Software ist die Nutzung der Bibliothek kostenlos; vor einiger Zeit hat Troll Tech die Bibliothek unter eine OpenSource-Lizenz (`www.opensource.org`) gestellt, so daß auch Änderungen an den Quellen erlaubt sind. Bekannt wurde Qt als Basis der Arbeitsumgebung KDE (`www.kde.org`).

Die X11-Programmierung gestaltet sich mit Qt deutlich einfacher als mit anderen Bibliotheken (Motif) und ist geprägt einerseits durch die Verwendung von C++, andererseits durch den Mechanismus von **Signalen** und **Slots**; beides trägt wesentlich zur effizienteren und weniger fehleranfälligen Programmierung bei.

Die libQt eignet sich auch hervorragend, um das Konzept der objektorientierten Programmierung besser zu verstehen: Benötigt man beispielsweise eine neue Art von Knopf, entwickelt man auf der Basis der abstrakten Klasse `QButton` eine neue Klasse, die damit alle Grundeigenschaften von Knöpfen erbt (abstrakt bedeutet hier, daß die Klasse einige Funktionen enthält, die implementiert werden müssen, bevor die Klasse verwendet werden kann); neu schreiben muß man nur noch die Funktionen `drawButton()` und `drawButtonLabel()`, die für die eigentliche Darstellung des Knopfes verantwortlich zeichnen. Diese Vorgehensweise läßt sich verallgemeinern: Um ein neues Widget zu entwickeln, geht man von einem in der Bibliothek bereits vorhandenen aus, das in seinen Eigenschaften dem gewünschten Ergebnis möglichst nahe kommt, und schreibt nur diejenigen Funktionen neu, die sich unterscheiden beziehungsweise dazukommen.

Signale und Slots gestalten die Kommunikation zwischen verschiedenen Programmteilen. Ein Widget (z. B. ein Knopf) sendet bei einem bestimmten Ereignis (der Knopf wird vom Benutzer betätigt) ein Signal aus (in diesem Fall das Signal `clicked()`), das vorher mit einem Slot in einem anderen Programmteil verbunden wurde. Viele Widgets beinhalten dearartige Slots; selbstverständlich kann man auch in seinen eigenen Klassen Funktionen als Slots deklarieren.

Um eigene Klassen mit Slots zu implementieren, ist die Verwendung des **Meta Object Compilers** `moc` vonnöten, der, auf die Klassendeklaration angewandt, einige Makros ersetzt; dieser Schritt ist notwendig, da das Konzept von Signalen und Slots nicht in C++ enthalten ist. Üblicherweise wird man die Klassendeklarationen in einem Include-File unterbringen, auf das dann der Meta Object Compiler angewandt wird. Die Ausgabe von `moc` leitet man in eine Datei mit der

Kennung .moc um, die anstelle der Include-Datei mit den Klassendeklarationen
eingebunden wird.

Das folgende Beispiel besteht aus einem Makefile, einem Include-File und dem
eigentlichen Programm. Das Programm öffnet ein Fenster und bringt in dessen
Mitte eine Beschriftung in Form eines für derartige Zwecke klassischen Textes
sowie an der Fensterunterseite einen Knopf an. Wird der Knopf betätigt, ändert
sich die Beschriftung, und nach 1500 ms beendet sich das Programm.

```
# Makefile fuer qhello

# es werden die Include-Files von X11 und Qt benoetigt
INC     =       -I/usr/X11R6/include -I/usr/lib/qt/include

# gelinkt wird das Programm gegen die libX11 (in /usr/X11R6/lib)
# und die libqt (in /usr/lib, dort wird automatisch gesucht)
LIB     =       -L/usr/X11R6/lib -lX11 -lqt

# der verwendete C++-Compiler -- hier GNU C++
CPP     =       g++

# benoetigt wird neben dem Source-Code auch das moc-File
all:            qhello.cpp qhello.moc
                $(CPP) -o qhello qhello.cpp $(INC) $(LIB)

# moc-File wird aus qhello.h gewonnnen; moc muss im PATH stehen
qhello.moc:     qhello.h
                moc qhello.h > qhello.moc
```

Programm 4.53 : Makefile zu qhello.cpp

```
/* Include-File fuer qhello */

// Klasse HelloWidget erbt ihre Eigenschaften von der Klasse
// QWidget

class HelloWidget
 : public QWidget
{
   // Q_OBJECT; muss in jeder Klasse, die Signals oder Slots
   // implementiert, stehen
   Q_OBJECT;

   // die Konstruktor-Funktion (ohne void)
   public:
      HelloWidget( QWidget *parent = 0, const char *name = 0 );

   // ein Signal, das diese Klasse aussendet
   signals:
      void neuerText( const char * );

   // Pointer fuer verwendete Widgets
   private:
```

```cpp
    QLabel *helloLabel;
    QPushButton *quitButton;
    QTimer *quitTimer;

  // ein Slot, der spaeter mit quitButton verbunden wird
  private slots:
    void tschuess();
};
```

Programm 4.54 : Include-File zu qhello.cpp

```cpp
/* qhello.cpp - Beispiel fuer die Programmierung mit Qt */

#include <qapplication.h>  // benoetigt jedes Qt-Programm
#include <qwidget.h>     // fuer unser Hauptfenster
#include <qlabel.h>      // fuer die Beschriftung
#include <qpushbutton.h>   // fuer den Quit-Button
#include <qtimer.h>      // fuer zeitverzoegertes Beenden

// an dieser Stelle wird das moc-File eingebunden; es enthaelt
// die Prototypen fuer unsere Klasse
#include "qhello.moc"

// die Konstruktorfunktion unserer Klasse
HelloWidget::HelloWidget( QWidget *parent, const char *name )
 : QWidget( parent, name )
{
  // die Groesse des Hauptfensters setzen
  resize( 200, 100 );

  // eine Beschriftung wird erzeugt und plaziert
  helloLabel = new QLabel( "hello, world!", this );
  helloLabel->move( 60, 30 );

  // Signal neuerText() dieses Objekts wird mit helloLabel verbunden
  // setText() ist der Slot zum Setzen des Beschriftungstextes
  connect( this, SIGNAL( neuerText( const char * ) ), helloLabel,
     SLOT( setText( const char * ) ) );

  // quitButton wird erzeugt und plaziert...
  quitButton = new QPushButton( "Quit", this );
  quitButton->move( 0, 80 );
  quitButton->resize( 200, 20 );

  // ... und verbunden mit unserem Slot tschuess()
  connect( quitButton, SIGNAL( clicked() ), this, SLOT( tschuess() ) );
}

// unser Slot tschuess(), der mit quitButton verbunden ist
void HelloWidget::tschuess()
{
  // Signal neuerText() aussenden (an helloLabel)
  emit( neuerText( "Tschuess!!!" ) );
```

```cpp
    // einen Timer einrichten und starten, Laufzeit 1500 ms
    quitTimer = new QTimer( this );
    quitTimer->start( 1500 );

    // bei Ablauf des Timers wird Slot quit() der Hauptapplikation
    // ausgefuehrt, der das Programm beendet
    connect( quitTimer, SIGNAL( timeout() ), qApp, SLOT( quit() ) );
}

// Hauptprogramm
int main( int argc, char **argv )
{
    // QApplication ist die Klasse fuer die Hauptapplikation
    // argc und argv muessen uebergeben werden, um z. B.
    // geometry-Informationen auszuwerten
    QApplication MeineAnwendung( argc, argv );

    // unser Hauptwidget
    HelloWidget MeinWidget;

    // setzen als MainWidget der Applikation
    MeineAnwendung.setMainWidget( &MeinWidget );

    // und darstellen
    MeinWidget.show();

    // hiermit wird die Hauptapplikation ausgefuehrt
    return MeineAnwendung.exec();
}
```

Programm 4.55 : C++-Programm qhello.cpp mit Verwendung des Qt-Toolkit

Für das Hauptfenster werden ein neues Widget von der Widget-Oberklasse `QWidget` abgeleitet, das Beschriftung und Knopf erzeugt und das Signal `clicked()`, welches der Knopf bei Betätigung aussendet, mit dem klasseneigenen Slot tschuess() verbunden. Dieser Slot sendet das ebenfalls klasseneigene Signal `neuerText()` aus, das vorher mit dem Slot `setText()` des Beschriftungsfeldes verbunden wurde. Dieser Slot setzt, seinem Namen gemäß, den Text des Beschriftungsfeldes neu. Gleichzeitig wird ein Timer erzeugt und gestartet, der nach 1500 ms das Signal `timeout()` aussendet, welches wiederum mit dem Slot `quit()` der Hauptapplikation verbunden wird. Die Funktion dieses Slots ergibt sich ebenfalls aus seinem Namen.

Dieses Basisprogramm läßt sich unter Zuhilfename der exzellenten Online-Dokumentation zu Qt, die sich auf dem Webserver von Troll Tech (`www.troll.no`) findet, schnell erweitern. Probieren Sie es aus: Die Programmierung mit Qt ist auch für C++-Einsteiger und Anfänger in der X11-Programmierung einfach zu erlernen und bereitet schnell Erfolgserlebnisse.

4.7 Überladen von Operatoren

Die arithmetischen Operationen auf Ganzzahlen unterscheiden sich von denen auf
Gleitkommazahlen, insbesondere die Division. Dennoch verwenden wir dieselben
Operatoren. Das Programm erkennt aus dem Zusammenhang, welche Art von
Operation gefragt ist. Diese Möglichkeit, einem Operator je nach Zusammenhang
verschiedene Bedeutungen (Definitionen) zu geben, ist in C++ verallgemeinert
worden und läßt sich auf jeden Operator und jede Funktion ausdehnen.

Wir sehen uns am Beispiel eines C++-Programmes zur Berechnung von Primzahlen nach dem Divisionsverfahren an, wie ein Operatoren überladen wird:

```
/* prim.C, C++-Programm zur Berechnung von Primzahlen
   zu compilieren mit CC -o prim prim.C */

/* $Header: prim.C,v 1.5 98/07/08 10:56:50 wualex1 Exp $ */

#include <iostream.h>
#include <stdio.h>

/***********/
/* Klassen */
/***********/

class PRIM {                       // Definition der Klasse PRIM

public:                            // nach aussen sichtbar, Methoden
        PRIM(int, int);            // Default Constructor
        PRIM& operator++();        // Ueberladen von ++ (Praefix-Operator)
        int get_count();           // Zugriff auf Anzahlen
        int get_prim();            // Zugriff auf Primzahlen

private:                           // nicht nach aussen sichtbar, Daten
        int prim_count;            // Anzahl der Primzahlen
        int prim_number;           // aktuelle Primzahl

};

/*************/
/* Methoden */
/*************/

PRIM::PRIM(int anzahl = 1, int primzahl = 2)     // Constructor
{
        prim_count = anzahl;
        prim_number = primzahl;
}

// Folgende (triviale) Zugriffsmethoden sind erforderlich, da
// die Variablen prim_count und prim_number privat sind:

int PRIM::get_count()
{
```

```cpp
        return(prim_count);
}

int PRIM::get_prim()
{
        return(prim_number);
}

/************************************/
/* Ueberladen des ++ Praefix-Operators */
/************************************/

PRIM& PRIM::operator++()
{
        if (prim_number == 2) {   // Test auf 2
                prim_number++;       // 2 + 1 = 3, naechste Primzahl
                ++prim_count;        // Inkrementierung der Anzahl
                return(*this);       // aktuelles Objekt zurueckgeben
        }

        for ( ; ; ) {                      // ewige Schleife, bis break
                prim_number += 2;   // naechste ungerade Zahl
                int prim_flag = 1;     // true
                int haelfte = (prim_number / 2);
                for (int i = 3; i < haelfte; i += 2) {
                        if (((prim_number / i) * i) == prim_number) {
                                prim_flag = 0;   // false, teilbar
                                break;
                        }
                }
                if (prim_flag) break;      // Verlassen der e. S.
        }
        ++prim_count;                      // Inkrementierung der Anzahl
        return(*this);                     // aktuelles Objekt zurueckgeben
}

/****************/
/* Hauptprogramm */
/****************/

int main(int argc, char *argv[])
{

int max;                                // Obergrenze
PRIM pzahl;                             // Erzeugung des Objektes pzahl

// Obergrenze ermitteln

if (argc > 1) {
        sscanf(*(argv + 1), "%d", &max);
}
else {
        cout << "Obergrenze eingeben: ";
        cin >> max;
```

```
}

// Ueberschrift ausgeben

cout << "\nPrimzahlen bis " << max << " einschliesslich: \n\n";

// Primzahlen berechnen und ausgeben

while (pzahl.get_prim() <= max) {
        cout << pzahl.get_prim() << '\n';
        ++pzahl;           // naechste Primzahl mittels ++-Operator
}

// Schlussbemerkung

cout << "Gesamtzahl: " << pzahl.get_count() - 1 << "\n\n";
return 0;
}
```

Programm 4.56 : C++-Programm zur Berechnung von Primzahlen

Im Hauptprogramm wird zunächst die Obergrenze aus der Kommandozeile
oder im Dialog ermittelt. Dann wird eine Überschrift ausgegeben. Der Witz kommt
im Rumpf der while-Schleife. Offenbar wird die jeweils nächste Primzahl durch den
Präfix-Operator ++ erreicht, mit dem man vor der Überladung nur Ganzzahlen um
jeweils 1 inkrementieren konnte. Hinter dem überladenen Operator versteckt sich
der Algorithmus zur Berechnung der nächsten Primzahl. Hier wird die Teilbarkeit
der aktuellen Zahl prime_number dadurch ermittelt, daß sie durch die kleineren
ungeraden Zahlen i ganzzahlig dividiert und gleich wieder mit dem Divisor multi-
pliziert wird. Ergibt sich der alte Dividend, so verlief die Division ohne Rest, die
aktuelle Zahl war teilbar und somit keine Primzahl. So geht es auch, wir werden
im Programm 4.67 auf Seite 413 den modulo-Operator verwenden.

Die Überladung bewirkt, daß der Präfix-Operator ++, angewandt auf ein Objekt der Klasse PRIM, die jeweils nächste Primzahl erzeugt. Man hätte auch einen
anderen Operator nehmen können. Die für Klassen definierten Operatoren wie
:: dürfen nicht überladen werden, da sie gebraucht werden. Bei Operatoren wie
der Bedingten Bewertung ?: ist schwer vorstellbar, welche neue Bedeutung sie
erhalten sollten.

4.8   Präprozessor

Beim Aufruf des Compilers wird der Quelltext als erstes von einem **Präprozessor**
bearbeitet. Dieser entfernt den Kommentar und führt die define- und include-
Anweisungen aus.

4.8.1   define-Anweisungen

Die define-Anweisung dient zwei Zwecken: Sie definiert **symbolische Konstanten** sowie **Makros**. Eine symbolische Konstante ist ein konstanter Operand (auch

ein String), der mit der `define`-Anweisung Namen und Wert erhält und im weiteren Programm nur noch mit seinem Namen aufgerufen wird:

```
#define MWST 1.15

....

brutto = netto * MWST;
```

Damit erleichtert man Änderungen, die sich so auf eine Stelle beschränken, und vermeidet das Auftauchen rätselhafter Zahlen (magic numbers) mitten im Programm. Bei Strings sind die Gänsefüßchen mit in die Definition zu nehmen, man darf sie beim Aufruf nicht wiederholen.

Ein **Makro** ist eine nicht zu lange Folge von Ausdrücken und Anweisungen, alternativ zu einer kurzen Funktion. Das Makro wird zu in-line-Code und damit etwas schneller als die Funktion, die Parameterübergabe entfällt. Andererseits wird der ausführbare Code etwas länger. Ein Beispiel:

```
#define NEWFILE fprintf(stderr, "File?\n"); \
                if (gets(name) == NULL) done()

....

if (argc < 2) NEWFILE;
```

Der Präprozessor ersetzt jedes `NEWFILE` im Programm buchstäblich durch die definierte Folge. Das spart Tipperei und verbessert die Übersichtlichkeit. Zeichenfolgen in Stringkonstanten (in Gänsefüßchen) werden nicht ersetzt; das Programmchen:

```
/* Programm zur Untersuchung von #define */

#define PI 3.14159

int main()
{
printf("Die Zahl PI ist %f\n", PI);
}
```

schreibt wie erhofft auf den Bildschirm:

```
Die Zahl PI ist 3.141590
```

Mittels der `undef`-Anweisung widerruft man eine vorhergehende `define`-Anweisung. Das kommt selten vor. Hat man ein Makro und eine Funktion desselben Namens und will unbedingt die Funktion haben, so undefiniert man das Makro.

4.8.2   include-Anweisungen

Die `include`-Anweisung führt dazu, daß der Präprozessor das anschließend genannte File (Include-File, Header-File) mit zu dem Programmtext lädt, bevor dieser zum eigentlichen Compiler gelangt. Die Header-Files ihrerseits enthalten symbolische Konstanten und Makros. Die Namen der Standard-Header-Files sind in <> einzuschließen, die Namen eigener Header-Files in Gänsefüßchen.

Die Header-Files sind lesbar und finden sich im Verzeichnis /usr/include. Als Beispiel sehen wir uns das häufig gebrauchte File <stdio.h> in gekürzter Form an:

```
/* @(#) $Revision: 56.4 $ */

#ifndef _NFILE
#define _NFILE 60

#define BUFSIZ 1024

/* buffer size for multi-character output to unbuffered files */
#define _SBFSIZ 8

typedef struct {
int _cnt;
unsigned char *_ptr;
unsigned char *_base;
short _flag;
char _file;
} FILE;

/*
 * _IOLBF means that a file's output will be buffered line by line
 * In addition to being flags, _IONBF, _IOLBF and _IOFBF are
 * possible values for "type" in setvbuf.
 */
#define _IOFBF 0000
#define _IOREAD 0001
#define _IOWRT 0002
#define _IONBF 0004
#define _IOMYBUF 0010
#define _IOEOF 0020
#define _IOERR 0040
#define _IOLBF 0200
#define _IORW 0400

#ifndef NULL
#define NULL 0
#endif
#ifndef EOF
#define EOF (-1)
#endif

#define stdin (&_iob[0])
```

```
#define stdout (&_iob[1])
#define stderr (&_iob[2])

#ifndef lint
#define get(p)          ->_cnt < 0 ? _filbuf(p) : (int) *(p)->_ptr++)
#define putc(x, p)   (--(p)->_cnt < 0 ? \
    _flsbuf((unsigned char) (x), (p)) : \
    (int) (*(p)->_ptr++ = (unsigned char) (x)))
#define getchar()     getc(stdin)
#define putchar(x)    putc((x), stdout)
#define clearerr(p)   ((void) ((p)->_flag &= ~(_IOERR | _IOEOF)))
#define feof(p)       ((p)->_flag & _IOEOF)
#define ferror(p)     ((p)->_flag & _IOERR)
#define fileno(p)     (p)->_file
#else
void clearerr();
#endif not lint


extern FILE   _iob[_NFILE];
extern FILE   *fopen(), *fdopen(), *freopen(), *popen(), *tmpfile();
extern long   ftell();
extern void   rewind(), setbuf();
extern char   *ctermid(), *cuserid(), *fgets(), *gets(), *tmpnam();
extern unsigned char *_bufendtab[];

#endif NFILE
```

Programm 4.57 : Header-File /usr/include/stdio.h, gekürzt

Die Standard-Header-Files wie **stdio.h** dürfen in beliebiger Reihenfolge im
Programm aufgeführt werden, auch mehrmals. Es dürfen auch zwei Standard-
Header-Files aufgeführt werden, die beide dasselbe Makro definieren. Ein
Standard-Header-File schließt niemals ein anderes Standard-Header-File ein. Wie
sich Nichtstandard-Header-Files verhalten, ist offen.

4.8.3   Bedingte Kompilation (#ifdef)

Bei der Programmentwicklung möchte man gelegentlich leicht voneinander abweichende Fassungen eines ausführbaren Programms erzeugen, ohne dafür verschiedene Quellfiles schreiben zu müssen. Unser C-Programm 4.67 auf Seite 413 zur
Berechnung von Primzahlen hat verschiedene Obergrenzen, je nachdem ob es unter DOS oder UNIX läuft. Im Programmkopf vor **main()** stehen daher folgende
Zeilen[18]:

---

[18]Manche Compiler verlangen, daß das Doppelkreuz in jedem Fall am Beginn der
Zeile steht.

```
#ifdef UNIX
    #define MAX (unsigned long)1000000
#else
    #define MAX (unsigned long)100000
#endif
```

Die symbolische (benamte) Konstante MAX soll offenbar auf UNIX-Systemen einen
höheren Wert haben als auf DOS-Systemen. Das hängt mit der Speichersegmentierung unter DOS zusammen. Ruft man den Compiler mit einer entsprechenden
Option auf:

```
cc -o prim prim.c -DUNIX
```

so wird eine Konstante namens UNIX definiert und infolgedessen der if-Zweig vom
Präprozessor ausgewertet mit der Folge, daß die Konstante MAX, die den unter-
suchten Zahlenbereich nach oben begrenzt, auf eine Million gesetzt wird. Beim
Kompilieren unter DOS entfällt die Option -DUNIX.

Eine zweite Anwendung ist die Erzeugung von Programmversionen, die zwecks
Fehlersuche etwas gesprächiger sind als die Endfassung. Man gibt beispielsweise
Zwischenwerte folgendermaßen aus:

```
#define DEBUG 1

int main()
{
...
#if DEBUG
printf("Variable x hat den Wert %d\n", x);
#endif
...
}
```

Hier definieren wir in der Programmquelle ein symbolische Konstante DEBUG zu 1
(= true) und veranlassen damit den Präprozessor, die printf()-Zeile einzubeziehen. Läuft das Programm fehlerfrei, setzt man im Quellcode DEBUG auf null.

4.8.4 Memo Präprozessor

- Im ersten Schritt des Kompiliervorgangs durchläuft die Programmquelle den
  Präprozessor.

- Der Präprozessor entfernt Kommentar, ersetzt symbolische Konstanten und
  Makros zeichengetreu, fügt den Inhalt von Header- oder Include-Files ein
  und berücksichtigt bzw. verwirft Programmzeilen, die bedingt zu kompilieren sind.

4.8.5 Übung Präprozessor

Ergänzen Sie das Programm zur Weganalyse dahingehend, daß es in der DEBUG-Version nach jeder Teilstrecke die Zwischenergebnisse auf dem Bildschirm ausgibt, in der Endversion nur das Gesamtergebnis.

Schreiben Sie ferner alle Stringkonstanten in ein Include-File, von dem Sie eine deutsche und eine englische oder französische Fassung herstellen. Beim Compiler-Aufruf soll mittels einer Option die Sprache ausgewählt werden.

4.9 Dokumentation

indexProgramm!Dokumentation Die **Dokumentation** dient dazu, ein Programm im Quellcode einem menschlichen Leser verständlicher zu machen. Längere undokumentierte Programme sind nicht nachzuvollziehen. Eine Dokumentation[19] gehört zu jedem Programm, das länger als eine Seite ist und länger als einen Tag benutzt werden soll.

Andererseits zählt das Schreiben von Dokumentationen nicht zu den Lieblingsbeschäftigungen der Programmierer, das Erfolgserlebnis fehlt. Wir stellen hier einige Regeln auf, die für Programme zum Eigengebrauch gelten; bei kommerziellen Programmen gehen die Forderungen weiter.

Die erste Gelegenheit zum Dokumentieren ist der **Kommentar** im Programm. Man soll reichlich kommentieren, aber keine nichtssagenden Bemerkungen einflechten. Wenn der Kommentar etwa die Hälfte des ganzen Programms ausmacht, ist das noch nicht übertrieben.

Zur Dokumentation legt die Norm DIN 66 230, Programmdokumentation Begriffe und Regeln fest. Wir verwenden folgende vereinfachte Gliederung:

1. Allgemeines

   - Name des Programms, Programmart (Vollprogramm, Funktion)
   - Zweck des Programms
   - Programmiersprache
   - Computertyp, Betriebssystem
   - Geräte (Drucker, Plotter, Maus)
   - Struktur als Grafik, Fließbild
   - externe Unterprogramme, soweit verwendet

2. Anwendung

   - Aufruf
   - Konstante, Variable
   - Eingabe (von Tastatur, aus Files)
   - Ausgabe (zum Bildschirm, Drucker, in Files)

---

[19]Real programmers write programs, not documentation.

- Einschränkungen
- Fehlermeldungen
- Beispiel
- Speicherbedarf
- Zeitbedarf

3. Verfahren

- Algorithmus
- Genauigkeit
- Gültigkeitsbereich
- Literatur zum Verfahren

4. Bearbeiter

- Name, Datum der Erstellung
- Name, Datum von Änderungen

Das sieht nach Arbeit aus. Man braucht nicht in allen Fällen alle Punkte zu berücksichtigen, aber ohne eine solche Dokumentation läßt sich ein Programm nicht zuverlässig benutzen und weiterentwickeln.

4.10 Weitere C-Programme

4.10.1 Name

Obwohl es aus den bisherigen Beispielen klar geworden sein müßte, weisen wir nochmals darauf hin: Jedes selbständige C-Programm heißt im Quellcode `main()`, ein anderer Programmname kommt – außer im Kommentar – nirgends im Quelltext vor (in FORTRAN oder PASCAL sieht die Sache anders aus). Der Name des Files, in dem der kompilierte Code steht, ist der Name, unter dem das Programm aufgerufen wird.

Der Name des Files, in dem der Quellcode zu finden ist, hat die Kennung `.c`; die meisten Programmierwerkzeuge erwarten das. Die UNIX-Compiler schreiben standardmäßig das kompilierte Programm in ein File namens `a.out`; MS-DOS Quick-C nimmt den Namen des Quellfiles ohne die Kennung. In beiden Fällen kann man mit der Compiler-Option `-o` für das Ausgabefile einen beliebigen anderen Namen vereinbaren.

4.10.2 Aufbau

Wir kennen nun die Bausteine, aus denen sich ein Programm zusammensetzt. Wie sieht ein vollständiges Programm aus? Zunächst einige Begriffe zum Aufbau von Programmen.

Die kleinste Einheit, die etwas bewirkt, ist die **Anweisung**. Mehrere Anweisungen können zu einem durch geschweifte Klammern zusammengefaßten **Block** vereinigt werden. Nach außen wirkt dieser Block wie eine einzige Anweisung. Der Block ist zugleich die kleinste Einheit für den Geltungsbereich von Variablen.

Mehrere Anweisungen oder Blöcke werden zu einer **Funktion** zusammengefaßt. Die Funktion ist die kleinste kompilierbare Einheit. Eine oder mehrere Funktionen können in einem **File** abgelegt sein. Dem Compiler übergibt man im Minimum ein File, das eine Funktion enthält. Mehrere Files hinwiederum können ein vollständiges, nach dem Kompilieren lauffähiges **Programm** bilden. Erinnern Sie sich an das Werkzeug `make(1)`?

Das Minimalprogramm in C und C++ besteht aus einer Funktion – nämlich `main()` – deren Rumpf leer ist, in einem File:

```
main()
{
}
```

Programm 4.58 : Minimales C-Programm

Der Name `main()` ist für das **Hauptprogramm** vorgeschrieben. `main()` ist eine Funktion, daher die beiden runden Klammern. Der durch die geschweiften Klammern umschlossene Block ist leer, `main()` tut nichts. Der Syntaxprüfer `lint(1)` beanstandet, daß der Rückgabewert von `main()` undefiniert ist, was stimmt, uns aber nicht weiter stört. Der Compiler erzeugt aus diesem Quellcode etwa 16 kB ausführbaren Code. Hinter `main()` steckt einiges, was dem Programmierer verborgen ist.

Als nächstes wollen wir `main()` als ganzzahlig deklarieren, für einen definierten **Rückgabewert** sorgen und – wie es sich gehört – mittels eines **Kommentars** das Verständnis erleichtern:

```
/* Dies ist ein einfaches C-Programm von hohem
   paedagogischen, aber sonst keinem Wert. */

int main()
{
return 255;     /* 255 groesster zulaessiger Wert */
}
```

Programm 4.59 : C-Programm, einfachst

Dieses Programm wird vom `lint(1)` gutgeheißen. Die Deklaration von `main()` als `int` könnte entfallen, da sie unabänderlich ist, aber wir wollen uns angewöhnen, alle Größen ausdrücklich zu deklarieren. Den Rückgabewert können Sie sich mit dem Shell-Kommando `print $?` nach der Ausführung anschauen.

Um etwas Vernünftiges zu tun, muß das Programm um einige Zeilen angereichert werden. Wir deklarieren eine `int`-Variable namens i, weisen ihr einen Wert zu (definierende Deklaration) und verwenden die C-Standardfunktion `printf(3)` für die Ausgabe auf `stdout`, den Bildschirm. `printf(3)` erwartet als erstes und notwendiges Argument einen Formatstring, dessen reichhaltige Syntax Sie im Referenz-Handbuch finden.

```
/* Dies ist ein einfaches C-Programm von hohem
   paedagogischen, aber sonst fast keinem Wert. */

int main()
{
int i = 53;
printf("\nDer Wert betraegt %d\n", i);
return i;
}
```

Programm 4.60 : C-Programm, einfach

Nun soll auch der Präprozessor Arbeit bekommen. Wir definieren eine symbolische Konstante **NUMBER** und schließen vorsichtshalber das `include`-File `stdio.h` ein, das man fast immer braucht, wenn es um Ein- oder Ausgabe geht. Weiterhin verwenden wir einen arithmetischen Operator und eine Zuweisung:

```
/* Dies ist ein fortgeschrittenes C-Programm  */

#define NUMBER 2

#include <stdio.h>

int main()
{
int i = 53, x;

x = i + NUMBER;
printf("\nDer Wert betraegt %d\n", x);
return 0;
}
```

Programm 4.61 : C-Programm, fortgeschritten

Da ein Ausdruck sein Ergebnis zurückgibt, können wir in der Funktion `printf(3)` anstelle von x auch die Summe hinschreiben. Als Rückgabewert unseres Hauptprogrammes wollen wir den Rückgabewert der Funktion `printf(3)` haben, nämlich die Anzahl der ausgegebenen Zeichen. Das Programm wird kürzer, aber auch schwieriger zu verstehen (falls man nicht ein alter C-Hase ist):

```
/* Dies ist ein kleines C-Programm  */

#define NUMBER 2

#include <stdio.h>

int main()
{
int i = 53;

return (printf("\nDer Wert betraegt %d\n", i + NUMBER));
}
```

Programm 4.62 : C-Programm, fortgeschritten, Variante

Der ausführbare Code ist damit auf 35 KB angewachsen. Jetzt wollen wir
die beiden Summanden im Dialog erfragen und die Summe als Makro schreiben.
Außerdem soll die Rechnung wiederholt werden, bis wir eine Null eingeben:

```
/* Endlich mal was Vernuenftiges */

#define SUMME(x, y) (x + y)

#include <stdio.h>

int main()
{
int a = 1, b, i = 0;

while (a != 0) {
        printf("Ersten Summanden eingeben : ");
        scanf("%d", &a);
        printf("Zweiten Summanden eingeben: ");
        scanf("%d", &b);
        printf("Die Summe ist %d\n", SUMME(a, b));
        i++;
}

return i;
}
```

Programm 4.63 : C-Programm mit Eingabe

Der Rückgabewert ist die Anzahl der Schleifendurchläufe. Die Stringkonstanten werden nicht mit `puts(3)` ausgegeben, da diese Funktion einen hier unerwünschten Zeilenvorschub anfügt. Denken Sie daran, daß die Funktion `scanf(3)`
Pointer als Argumente braucht!

4.10.3 Fehlersuche

Einige Gesichtspunkte sind bereits im Abschnitt 3.8.4 *Debugger* auf Seite 193
behandelt worden. Der erfahrene Programmierer unterscheidet sich vom Anfänger
in drei Punkten:

- Er macht raffiniertere Fehler.

- Er weiß das.

- Er kennt die Wege und Werkzeuge zur Fehlersuche.

Fehlerfreie Programme schreibt auch der beste Programmierer nicht. Deshalb ist es
wichtig, schon beim Programmentwurf an die Fehlersuche zu denken und vor allem
das Programm so zu gestalten, daß es bei einem Fehler nicht ein richtiges Ergebnis
vortäuscht. Das ist so ungefähr das Schlimmste, was ein Programm machen kann.
Dann lieber noch ein knallharter Absturz. Besser ist eine sanfte Notlandung mit
einer aussagekräftigen Fehlermeldung.

Die Programmeinheiten (Funktionen) lasse man nicht zu umfangreich werden. Ein bis zwei Seiten Quelltext überschaut man noch, wird es mehr, sollte man die Funktion unterteilen. Weiterhin gebe man im Entwicklungsstadium an kritischen Stellen die Werte mittels `printf()` oder `fprintf()` aus. Diese Zeilen kommentiert man später aus oder klammert sie gleich in `#ifdef`- und `#endif`-Anweisungen ein. Bewährt hat sich auch, die eigenen Programme einem anderen zu erklären, da wundert man sich manchmal über den eigenen Code. Ein Programm, das man nach ein bis zwei Wochen Pause selbst nicht mehr versteht, war von vornherein nicht gelungen.

Und wenn dann der Computerfreak zu nächtlicher Stunde den Bugs hinterherjagt, schließt sich ein weiter Bogen zurück in die Kreidezeit, denn die ersten Säugetiere – Zeitgenossen der Saurier – waren auch nachtjagende Insektenfresser.

4.10.4   Optimierung

Das erste und wichtigste Ziel beim Programmieren ist – nächst der selbstverständlichen, aber unerreichbaren **Fehlerfreiheit** – die **Übersichtlichkeit**. Erst wenn ein Programm sauber läuft, denkt man über eine **Optimierung** nach. Optimieren heißt schneller machen und Speicher einsparen, sowohl beim Code wie auch zur Laufzeit. Diese beiden Ziele widersprechen sich manchmal. Im folgenden findet man einige Hinweise, die teils allgemein, teils nur für C gelten.

Die optimierende **Compiler-Option** `-O` ist mit Vorsicht zu gebrauchen. Es ist vorgekommen, daß ein optimiertes Programm nicht mehr lief. Die Gewinne durch die Optimierung sind auch nur mäßig. Immerhin, der Versuch ist nicht strafbar.

Als erstes schaut man sich die **Schleifen** an, von geschachtelten die innersten. Dort sollte nur das Allernotwendigste stehen.

Bedingungen sollten so einfach wie möglich formuliert sein. Mehrfache Bedingungen sollten darauf untersucht werden, ob sie durch einfache ersetzt werden können. Schleifen sollten möglichst dadurch beendet werden, daß die Kontrollvariable den Wert Null und nicht irgendeinen anderen Wert erreicht.

Eine Bedingung mit mehreren *ands* oder *ors* wird so lange ausgewertet, bis die Richtigkeit oder Falschheit des gesamten Ausdrucks erkannt ist. Sind mehrere Bedingungen durch *or* verbunden, wird die Auswertung nach Erkennen des ersten richtigen Gliedes abgebrochen. Zweckmäßig stellt man das Glied, das am häufigsten richtig ist, an den Anfang. Umgekehrt ist ein Ausdruck mit durch *and* verbundenen Gliedern falsch, sobald ein Glied falsch ist. Das am häufigsten falsche Glied gehört also an den Anfang.

Ähnliche Überlegungen gelten für die `switch`-Anweisung. Die häufigste Auswahl sollte als erste abgefragt werden. Ist das der `default`-Fall, kann er durch eine eigene `if`-Abfrage vor der Auswahl abgefangen werden.

Überflüssige **Typumwandlungen** – insbesondere die unauffälligen impliziten – sollten zumindest in Schleifen vermieden werden. Der Typ numerischer Konstanten sollte von vornherein zu den weiteren Operanden passen. Beispielsweise führt

```
float f, g;
g = f + 1.2345;
```

zu einer Typumwandlung von f in double und einer Rückwandlung des Ergebnisses
in float, da Gleitkommakonstanten standardmäßig vom Typ double sind.

Gleitkommarechnungen sind immer aufwendiger als Rechnungen mit ganzen Zahlen und haben zudem noch Tücken infolge von Rundungsfehlern. Wer
mit Geldbeträgen rechnet, sollte mit ganzzahligen Pfennigbeträgen anstelle von
gebrochenen Markbeträgen arbeiten. Wenn schon mit Gleitkommazahlen gerechnet werden muß und der Speicher ausreicht, ist der Typ double vorzuziehen, der
intern ausschließlich verwendet wird.

Von zwei möglichen **Operationen** ist immer die einfachere zu wählen. Beispielsweise ist eine Addition schneller als eine Multiplikation, eine Multiplikation
schneller als eine Potenz und eine Bitverschiebung schneller als eine Multiplikation
mit 2. Eine Abfrage

```
if (x < sqrt(y))
```

schreibt man besser

```
if (x * x < y)
```

Kleine Funktionen lassen sich durch **Makros** ersetzen, die vom Präprozessor
in In-line-Code umgewandelt werden. Damit erspart man sich den Funktionsaufruf
samt Parameterübergabe. Der ausführbare Code wird geringfügig länger.

Enthält eine Schleife nur einen Funktionsaufruf, ist es besser, die Schleife in
die Funktion zu verlegen, da jeder Funktionsaufruf Zeit kostet.

Die maßvolle Verwendung **globaler Variabler** verbessert zwar nicht den Stil,
aber die Geschwindigkeit von Programmen mit vielen Funktionsaufrufen, da die
Parameterübergabe entfällt.

Die Verwendung von **Bibliotheksfunktionen** kann in oft durchlaufenen
Schleifen stärker verzögern als der Einsatz spezialisierter selbstgeschriebener Funktionen, da Bibliotheksfunktionen allgemein und kindersicher sind. Verwenden
Sie die einfachste Funktion, die den Zweck erfüllt, also puts(3) anstelle von
printf(3), wenn es nur um die Ausgabe eines Strings samt Zeilenwechsel geht.

Die Adressierung von Arrayelementen durch Indizes ist langsamer als die
Adressierung durch **Pointer**. Der Prozessor kennt nur Adressen, also muß er Indizes erst in Adressen umrechnen. Das erspart man ihm, wenn man gleich mit Adressen sprich Pointern arbeitet. Wer die Pointerei noch nicht gewohnt ist, schreibt
das Programm zunächst mit Indizes, testet es aus und stellt es dann auf Pointer
um. Ein Beispiel:

```
long i, j, a[32];
/* Adressierung durch Indizes, langsam */
a[0] = a[i] + a[j];
/* Adressierung durch Pointer, schnell */
*a = *(a + i) + *(a + j);
```

Wir erinnern uns, der Name eines Arrays ist der Pointer auf das erste Element
(mit dem Index 0). Übergeben Sie große Strukturen als Pointer, nicht als Variable.

Den größten Gewinn an Geschwindigkeit und manchmal auch zugleich an Speicherplatz erzielt man durch eine zweckmäßige **Datenstruktur** und einen guten

Algorithmus. Diese Überlegungen gehören jedoch an den Anfang der Programmentwicklung.

4.10.5 curses – Fluch oder Segen?

Im Englischen ist ein *curse* so viel wie ein Fluch, und die `curses(3)`-Bibliothek ist früher wegen ihrer vielen Fehler oft verwünscht worden. Andererseits erleichtert sie den Umgang mit dem Terminal unabhängig von dessen Typ. Wir beginnen mit einem einfachen Programm, das `terminfo`-Funktionen aus der `curses(3)`-Bibliothek verwendet, um den Bildschirm zu löschen, wobei der Terminaltyp aus der Umgebungsvariablen `TERM` und die zugehörigen Steuersequenzen aus der Terminalbeschreibung in `/usr/lib/terminfo(4)` entnommen werden. Das Programm soll außerdem, wenn ihm Filenamen als Argumente übergeben werden, die Files leeren, ohne sie zu löschen (der Bildschirm wird ja auch nicht verschrottet):

```c
/* C-Programm, das Bildschirm oder Files loescht */
/* Compileraufruf cc -o xclear xclear.c -lcurses */
/* falls terminfo-Fkt. verwendet werden sollen, noch
   -DTERMINFO anhaengen */

#include <curses.h>        /* enthaelt stdio.h */

#ifdef TERMINFO
#include <term.h>          /* nur fuer terminfo */
#endif

int main(argc, argv)

int argc;
char *argv[];

{
int i;

if (argc > 1) {      /* Files leeren, nicht loeschen */

    for(i = 1; i < argc; i++) {
        if (!access(argv[i], 0))
            close(creat(argv[i], 0));
        else
            printf("File %s nicht zugaenglich.\n", argv[i]);
    }
}

else {

#ifdef TERMINFO    /* Bildschirm leeren, terminfo-Routinen */

    setupterm(0, 1, 0);
    putp(clear_screen);
    resetterm();
```

```
#else                   /* Bildschirm leeren, curses-Routinen */

    initscr();
    refresh();
    endwin();

#endif

}
return 0;
}
```

Programm 4.64 : C-Programm zum Leeren des Bildschirms oder von Files

Das Kommando /usr/local/bin/xclear ist eine recht praktische Erweiterung von /bin/clear. Die Funktion setupterm() ermittelt vor allem den Terminaltyp. putp() schickt die Steuersequenz zum Terminal, und
reset_shell_mode() bereinigt alle Dinge, die setupterm() aufgesetzt hat. Mit
diesen terminfo-Funktionen soll man nur in einfachen Fällen wie dem obigen
arbeiten, in der Regel sind die intelligenteren curses(3)-Funktionen vorzuziehen.

Im folgenden Beispiel verwenden wir curses(3)-Funktionen zur Bildschirmsteuerung zum Erzeugen eines Hilfe-Fensters:

```
/* help.c, Programm mit curses-Funktionen
   M.Pniewski, Karlsruhe/Warszawa, 27. Juni 1991 */
/* compilieren mit cc -o help help.c -lcurses */

#define END  ((c == 'Q') | (c == 'q'))      /* Makros */
#define HELP ((c == 'H') | (c == 'h'))

#include <curses.h>

int main()
{
int    c, disp=1;
WINDOW *frame;

 initscr();
 noecho();
 cbreak();
 mvprintw(10,15,"A program demonstrating Curses-Windows");
 mvprintw(11,15," You get a help-window by pressing h");
 mvprintw(LINES-1,0,"Press q to quit");
 refresh();
 while (1) {
  c = getch();
  if END {
   clear();
   refresh();
   endwin();
   return 0;
  }
```

```
 else
  if HELP {
   if (disp) {
    frame = newwin(13,40,10,35);
    wstandout(frame);
    for (c = 0; c <= 4; c++)
     mvwprintw(frame,c,0,"%42c",' ');
    mvwprintw(frame,5,0,"  This is a window built by curses. It  ");
    mvwprintw(frame,6,0,"  may contain helpful messages. You     ");
    mvwprintw(frame,7,0,"  delete the window by typing h again.  ");
    for (c = 8; c <= 12; c++)
     mvwprintw(frame,c,0,"%42c",' ');
    wrefresh(frame);
    wstandend(frame);
   }
   else {
    delwin(frame);
    touchwin(stdscr);
    refresh();
   }
  disp = !disp;
  }
 }
}
```

Programm 4.65 : C-Programm mit curses-Funktionen

Jedes `curses`-Programm muß das include-File `curses.h` enthalten, das seinerseits `stdio.h` einschließt. `WINDOW` ist ein in `curses.h` definierter Datentyp, eine Struktur, die den Bildschirminhalt, die Cursorposition usw. enthält. Die `curses(3)`-Funktionen bewirken folgendes:

- `initscr()` muß die erste `curses(3)`-Funktion sein. Sie initialisiert die Datenstrukturen. Das Gegenstück dazu ist `endwin()`, die das Terminal wieder in seinen ursprünglichen Zustand versetzt.

- `noecho()` schaltet das Echo der Tastatureingaben auf dem Bildschirm aus.

- `cbreak()` bewirkt, daß jedes eingegebene Zeichen sofort an das Programm weitergeleitet wird – ohne RETURN.

- `mvprintw()` bewegt (move) den Cursor an die durch die ersten beiden Argumente bezeichnete Position (0, 0 links oben) und schreibt dann in das Standardfenster (sofern nicht anders angegeben). Syntax wie die C-Standardfunktion `printf(3)`.

- `refresh()` Die bisher aufgerufenen Funktionen haben nur in einen Puffer geschrieben, auf dem tatsächlichen Bildschirm hat sich noch nichts gerührt. Erst mit `refresh()` wird der Puffer zum Bildschirm übertragen.

- `getch()` liest ein Zeichen von der Tastatur

- `clear()` putzt den Bildschirm beim nächsten Aufruf von `refresh()`

- `newwin()` erzeugt ein neues Fenster – hier mit dem Namen `frame` – auf der angegebenen Position mit einer bestimmten Anzahl von Zeilen und Spalten.

- `wstandout()` setzt das Attribut des Fensters auf `standout`, d. h. auf umgekehrte Helligkeiten beispielsweise. Gilt bis `wstandend()`.

- `wrefresh()` wie `refresh()`, nur für ein bestimmtes Fenster.

- `delwin()` löscht ein Fenster, Gegenstück zu `newwin()`.

- `touchwin()` schreibt beim nächsten `refresh()` ein Fenster völlig neu.

Die `curses(3)`-Funktionen machen von den Terminalbeschreibungen in den `/usr/lib/terminfo`-Files Gebrauch, man braucht sich beim Programmieren um den Terminaltyp nicht zu sorgen. Andererseits kann man nichts verwirklichen, was in `terminfo` nicht vorgesehen ist, Grafik zum Beispiel.

4.10.6 Ein Herz für Pointer

Pointer sind nicht schwierig, sondern allenfalls gewöhnungsbedürftig. Sie sind bei C-Programmierern beliebt, weil sie zu eleganten und schnellen Programmen führen. Wir wollen uns an Hand einiger Beispiele an ihren Gebrauch gewöhnen. Eine Wiederholung:

- Der Computer kennt nur Speicherplätze in Einheiten von einem Byte. Jedes Byte hat eine absolute Adresse (Hausnummer), die uns aber nichts angeht.

- Die Deklaration einer Variablen erzeugt eine Variable mit einem Namen und bestimmten Eigenschaften, darunter den durch den Typ bestimmten Speicherbedarf in Bytes.

- Die Definition einer Variablen weist ihr einen Wert zu, belegt Speicherplatz und damit eine Adresse.

- Der Pointer auf eine Variable enthält ihre Speicheradresse. Da uns der absolute Wert der Adresse nicht interessiert, greifen wir auf den Pointer mittels seines Namens zu. Heißt die Variable `x`, so ist `&x` der Name des Pointers.

- Deklariert man zuerst den Pointer `px`, so erhält man die Variable durch Dereferenzierung `*px`. Es ist nicht immer gleichgültig, ob man den Pointer oder die Variable deklariert und das Gegenstück durch Referenzieren bzw. Dereferenzieren handhabt.

- Eine Variable kann notfalls auf einen Namen verzichten, aber niemals auf ihren Pointer.

- Pointer sind keine ganzen Zahlen (die Arithmetik läuft anders).

- Ein Pointer auf eine noch nicht oder nicht mehr existierende Variable hängt in der Luft (dangling pointer) und ist ein Programmfehler.

Nun einige Beispiele zu bestimmten Anwendungen von Pointern.

4.10.6.1 Nullpointer

Die Zahl Null ist die einzige Konstante, die sinnvollerweise einem Pointer zuge-
wiesen werden kann. Auf dieser Adresse liegt kein gültiges Datenobjekt, sie tritt
nur in Verbindung mit Fehlern oder Ausnahmen auf. Um die Besonderheit dieser
Adresse hervorzuheben, schreibt man sie meist nicht als Ziffer, sondern als Wort
NULL. Im Include-File `stdio.h` ist das Wort als symbolische Konstante mit dem
Wert 0 definiert.

Im Programm 4.72 *Sortieren nach Duden* auf Seite 424 kommen beim Öffnen
eines Files zum Lesen folgende Zeilen vor:

```
if ((fp = fopen(argv[1], "r")) == NULL) {
    printf("File %s kann nicht goeffnet werden.\n", argv[1]);
    exit(1);
}
```

Die Funktion `fopen()`, die das File öffnet, gibt bei Mißerfolg – aus welchen
Gründen auch immer – anstatt eines Filepointers den Nullpointer zurück. Falls der
Vergleich positiv ausfällt, also bei Mißerfolg, wird eine Fehlermeldung ausgegeben
und das Programm mit dem Systemaufruf `exit()` verlassen. Bei Erfolg enthält
der Pointer `fp` die Adresse des Fileanfangs.

4.10.6.2 Pointer auf Typ void

Man braucht gelegentlich einen Pointer, der auf eine Variable von einem zunächst
noch unbekannten Typ zeigt. Wenn es dann zur Sache geht, legt man den Typ
mittels des `cast`-Operators fest.

Früher nahm man dafür Pointer auf den Typ `char`, denn dieser Typ belegt
genau ein Byte, woraus man jeden anderen Typ aufbauen kann. Nach ANSI ist
hierfür der Typ `void` zu wählen. Jeder Pointer kann ohne Verlust an Information
per `cast` in einen Pointer auf `void` verwandelt werden, und umgekehrt. Die Pointer
belegen ja selbst – unabhängig vom Typ, auf den sie zeigen – gleich viele Bytes.

Im folgenden Beispiel wird eine Funktion `xread()` vorgestellt, die jede Tasta-
tureingabe als langen String übernimmt und dann die Eingabe – erforderlichenfalls
nach Prüfung – in einen gewünschten Typ umwandelt. Die Funktion ist ein Ersatz
für `scanf(3)` mit der Möglichkeit, fehlerhafte Eingaben nach Belieben zu behandeln. Als erstes ein Programmrahmen, der die Funktion `xread()` aufruft, dann
die Funktion:

```
/* Funktion xread() zum Einlesen und Umwandeln von Strings */
/* mit Rahmenprogramm main() zum Testen, 11.05.92 */

#include <stdio.h>

int xread(void *p, char *typ);
void exit();                    /* Systemaufruf */

int main()
{
```

```c
int error = 0;
int x;
double y;
char z[80];

/* Integer-Eingabe */

printf("Bitte Ganzzahl eingeben: \n");
if (!xread(&x, "int")) {
    printf("Die Eingabe war: %d\n", x);
}
else {
    puts("Fehler von xread()");
    error = 1;
}

/* Gleitkomma-Eingabe */

printf("Bitte Gleitkomma-Zahl eingeben: \n");
if (!xread(&y, "float")) {
    printf("Die Eingabe war: %f\n", y);
}
else {
    puts("Fehler von xread()");
    error = 1;
}

/* Stringeingabe */

printf("Bitte String eingeben: \n");
if (!xread(z, "char")) {
    printf("Die Eingabe war: %s\n", z);
}
else {
    puts("Fehler von xread()");
    error = 1;
}
exit(error);
}

/* Funktion xread() */
/* Parameter: Variable als Pointer, C-Typ als String */

#define MAXLAENGE 200    /* max. Laenge der Eingabe */
#include <string.h>

int atoi();          /* Standard-C-Bibliothek */
long atol();         /* Standard-C-Bibliothek */
double atof();       /* Standard-C-Bibliothek */

int xread(p, typ)
    void *p;
    char *typ;
{
```

```
char input[MAXLAENGE];
int rwert = 0;

if (gets(input) != NULL) {
    switch(*typ) {
        case 'c':           /* Typ char */
            strcpy((char *)p, input);
            break;
        case 'i':           /* Typ int */
        case 's':           /* Typ short */
            *((int *)p) = atoi(input);
            break;
        case 'l':           /* Typ long */
            *((long *)p) = atol(input);
            break;
        case 'd':           /* Typ double */
        case 'f':           /* Typ float */
            *((double *)p) = atof(input);
            break;
        default:
            puts("xread: Unbekannter Typ");
            rwert = 1;
    }
}
else {
    puts("xread: Fehler bei Eingabe");
    rwert = 2;
}
return rwert;
}
```

Programm 4.66 : C-Programm mit Pointer auf void

Die Funktion `xread()` braucht als erstes Argument einen Pointer (aus demselben Grund wie `scanf(3)`, call by reference) auf die einzulesende Variable, als zweites Argument den gewünschten Typ in Form eines Strings. Auf eine wechselnde Anzahl von Argumenten verzichten wir hier.

Falls wir nicht für jeden einzulesenden Typ eine eigene Funktion schreiben wollen, muß `xread()` einen Pointer auf einen beliebigen Typ, sprich `void`, übernehmen. Erst nach Auswertung des zweiten Argumentes weiß `xread()`, auf was für einen Typ der Pointer zeigt.

Das Programm läuft in seiner obigen Fassung einwandfrei, der Syntax-Prüfer `lint(1)` hat aber einige Punkte anzumerken.

4.10.6.3 Arrays und Pointer

Das folgende Programm berechnet die **Primzahlen** von 2 angefangen bis zu einer oberen Grenze, die beim Aufruf eingegeben werden kann. Ihr Maximalwert hängt verständlicherweise vom System ab. Aus Geschwindigkeitsgründen werden reichlich Pointer verwendet. Ursprünglich wurden die Elemente der Arrays über Indizes angesprochen, was den Gewohnheiten entgegenkommt. Bei der Optimierung wur-

den alle Indizes durch Pointer ersetzt, wie im Abschnitt 4.10.4 *Optimierung* auf
Seite 401 erläutert.

```
/* Programm zur Berechnung von Primzahlen, 03.10.90 */
/* Compileraufruf MS-DOS/QuickC: qcl prim.c */
/* Compileraufruf unter UNIX: cc -o prim prim.c -DUNIX */

/* Die groesste zu untersuchende Zahl wird unter MS-DOS
   durch die Speichersegmentierung bestimmt. Kein Daten-
   segment p[] darf groesser als 64 KB sein. Damit liegt
   MAX etwas ueber 150000.
   Unter UNIX begrenzt der verfuegbare Speicher die Groesse.
   Der Datentyp unsigned long geht in beiden Faellen
   ueber 4 Milliarden. */

#ifdef UNIX
    #define MAX (unsigned long)1000000
#else
    #define MAX (unsigned long)100000
#endif

#define MIN (unsigned long)50
                              /* Defaultwert fuer Obergrenze */
#define DEF (unsigned long)10000

#include <stdio.h>

/* globale Variable */

unsigned long p[MAX/10];    /* Array der Primzahlen */
unsigned d[MAX/1000];       /* Haeufigkeit der Differenzen */
unsigned long h[2][11];     /* Haeufigkeit der Primzahlen */
unsigned long z = 1;        /* aktuelle Zahl */
unsigned n = 1;             /* lfd. Anzahl Primzahlen - 1 */

/* Funktionsprototypen */

void ttest();               /* Funktion Teilbarkeitstest */
long time();                /* Systemaufruf zur Zeitmessung */

int main(int argc,char *argv[])        /* Hauptprogramm */

{
int r;
int i = 1, j, k;
unsigned long ende = DEF;
unsigned long *q;
unsigned long dp, dmax = 1, d1, d2;
unsigned long g;
long zeit1, zeit2, zeit3;

/* Auswertung der Kommandozeile */
/* dem Aufruf kann als Argument die Obergrenze
   mitgegeben werden */
```

```c
/* keine Pruefung auf negative Zahlen oder Strings */

if (argc > 1) {
    sscanf(*(argv + 1), "%lu", &ende);

        if (ende > MAX) {
        printf("\nZ. zu gross! Maximal %lu\n", MAX);
        exit(1);
    }
        if (ende < MIN) {
        printf("\nZ. zu klein; genommen wird %lu\n\n\n", MIN);
        ende = MIN;
    }
    if (g = ende % 10) {
    printf("\nZ. muss durch 10 teilbar sein: %lu\n\n\n",ende=ende - g);
    }

}

/* Algorithmus */

time(&zeit1);

*p = 2; *(p + 1) = 3;              /* die ersten Primzahlen */
ende -= 3;

while (z < ende) {
    z += 4;
    ttest();
    z += 2;
    ttest();
}

/*
   Weil z pro Schleifendurchlauf um 6 erhoeht wird, kann eine
   Primzahl zuviel berechnet werden, gegebenenfalls loeschen
*/

if (*(p + n) > (ende = ende + 3))
    n -= 1;

/* Berechnung der Haeufigkeit in den Klassen */

g = ende/10; **h = 1; **(h + 1) = 0; j = 1; k = 0;

for (i = 0; i <= n; i++) {
    if (*(p + i) > g) {
        *(*h + j) = g;
        *(*(h + 1) + j) = i - k;
        k = i;
        j++;
        g += ende/10;
    }
}
```

```c
*(*h + j) = g;
*(*(h + 1) + j) = i - k;

/* Berechnung der Differenz benachbarter Primzahlen */

for (i = 1; i <= n; i++) {
    dp = *(p + i) - *(p + i - 1);
    (*(d + dp))++;
    if (dp > dmax) {
        dmax = dp;
        d1 = *(p + i);
        d2 = *(p + i - 1);
    }
}

time(&zeit2);

/* achtspaltige Ausgabe auf stdout */

printf("\tPrimzahlen bis %lu\n\n", ende);

j = n - ( r = ((n + 1) % 8));
q = p;

for (i = 0; i <= j; i += 8) {
printf("\t%6lu\t%6lu\t%6lu\t%6lu\t%6lu\t%6lu\t%6lu\t%6lu\n", \
*q, *(q+1), *(q+2), *(q+3), *(q+4), *(q+5), *(q+6), *(q+7));
q += 8;
}

if (r != 0) {
    printf("\t");
    for (i = 0; i < r; i++)        /* letzte Zeile */
    printf("%6lu\t", *(q+i));
    puts("");
}

printf("\n\tGesamtzahl: %u\n\n", n + 1);

for (i = 1; i <= 10; i++)
    printf("\tZwischen %6lu und %6lu gibt es
    %6u Primzahlen.\n",*(*h+i-1),*(*h+i),*(*(h+1)+i) );

puts("");

printf("\tDifferenz %3d kommt %6u mal vor.\n", 1, *(d + 1));

for (i = 2; i <= dmax; i += 2)
    printf("\tDifferenz %3d kommt %6u mal vor.\n", i,
            *(d + i));

printf("\n\tGroesste Differenz %lu kommt erstmals
bei %lu und %lu vor.\n",dmax,d2,d1);
```

```
time(&zeit3);

printf("\n\tDie Rechnung benoetigte %ld s,", zeit2 - zeit1);
printf(" die Ausgabe %ld s.\n", zeit3 - zeit2);

return 0;
}


/* Ende Hauptprogramm */

/* Funktion zum Testen der Teilbarkeit */
/* Parameteruebergabe zwecks Zeitersparnis vermieden */

void ttest()
{
register int i;

for (i = 1; *(p + i) * *(p + i) <= z; i++)
    if (!(z % *(p + i))) return;          /* z teilbar */
*(p + (++n)) = z;                   /* z prim */
return;
}
```

Programm 4.67 : C-Programm zur Berechnung von Primzahlen, mit Pointern
anstelle von Arrayindizes

Zur Laufzeit zeigt sich, daß die meiste Zeit auf die Ausgabe verwendet wird.
Daher die Programmiererweisheit: Eingabe/Ausgabe vermeiden! Am Algorithmus
und seiner Verwirklichung etwas zu optimieren, bringt für die Gesamtdauer praktisch nichts. Die Ausgabe-Funktion `printf(3)` ließe sich durch eine selbstgeschrie-
bene, schnellere Funktion ersetzenr, unter Abstrichen an der Allgemeinheit.

4.10.6.4 Arrays von Funktionspointern

Der Name einer Funktion ohne das Klammernpaar ist der Pointer auf ihren Anfang. Es gibt Arrays von Pointern, das ist nichts Besonderes. Also gibt es auch
Arrays von Pointern auf Funktionen. Anhand eines Beispiels wollen wir uns eine Verwendungsmöglichkeit und einige syntaktische Feinheiten ansehen. Dabei
kommt auch `make(1)` nochmal zur Geltung sowie ein bißchen Grafikprogrammie-
rung.

```
/* schiff.c, Befeuerung und Schallsignale nach BinSchStrO
   MS-Quick-C, DOS, VGA-Grafik */

/* #define  DEBUG */

#include <stdio.h>           /* fuer puts() u. a. */
#include <conio.h>           /* fuer getch() und kbhit() */
#include <graph.h>           /* fuer Grafik */
#include <stdlib.h>          /* fuer rand(), Zufallszahlen */
#include <time.h>            /* fuer time(), Zufallszahlen */
```

```c
#include "schiff.h"        /* eigenes Includefile */

/* Funktionsprototypen */

extern int titel();       /* Titelbildschirm */
void done();              /* Aufraeumen */

/* Hauptprogramm */

int main()
{

int i, rf, x;
struct videoconfig vc;
int (*schiff[MAX])(), index[MAXARR];
time_t zeit;

/* Titel und Vorspann */

rf = titel();

/* Grafikmodus VGA 16 Farben */

if (!_setvideomode(_VRES16COLOR)) {
        puts("Fehler: Keine VGA-Grafik");
        exit(1);
}
_setbkcolor(BGRAU);

/* Array der Funktionen (Bilder) fuellen */

schiff[0] = bild000; schiff[1] = bild001;
schiff[2] = bild002; schiff[3] = bild003;
....
schiff[124] = bild124; schiff[125] = bild125;

/* Index-Array fuellen (Zufallszahlen) */

if (rf == 49) {
        time(&zeit);
        srand((unsigned)zeit);

        for (i = 0; i < MAXARR; i++) {
                x = rand() % MAX;
                if (x == index[i - 1])
                        x = rand() % MAX;
                index[i] = x;
        }
}
else {
        for (i = 0; i < MAXARR; i++)
                index[i] = i % MAX;
}
```

```c
#ifdef DEBUG
for (i = 0; i < MAXARR; i++)
        printf("%d\n", index[i]);
while (!kbhit());
#endif

/* Koordinatensystem */
/* x nach rechts, x = 0 in Mitte; y nach unten, y = 0 oben */

_getvideoconfig(&vc);
_setlogorg(vc.numxpixels / 2 - 1, 0);

/* Textfenster */

_settextwindow(7 * vc.numtextrows / 8, 4, vc.numtextrows,
                                         vc.numtextcols - 3);
_wrapon(_GWRAPOFF);

/* Hauptschleife */

i = 0;
do {

/* Hintergrund (Tag - Nacht) */

if (_getbkcolor() == BSCHWARZ) {
        _setbkcolor(BGRAU);
        _setcolor(HWEISS);
}
else {
        _setbkcolor(BSCHWARZ);
        _setcolor(SCHWARZ);
}

if (_getbkcolor())
        _settextcolor(HWEISS);
else
        _settextcolor(SCHWARZ);

/* Aufruf der Fkt. zum Zeichnen der Schiffe */

(*schiff[index[i]])();

/* Tastatureingabe zum Weitermachen */

if ((x = getch()) == 13 || x == 43 || x == 45) {
        if (x == 45) i--;
        else i++;
        if (i >= MAXARR || i <= 0) i = 0;
        _clearscreen(_GCLEARSCREEN);
        _setbkcolor(BGRAU);
}
```

```
} while (x != 81 && x != 113);

done();                   /* Ende main() */
}


/* Funktion done() zur Beendigung */
/* Ruecksetzen auf Defaultwerte */

void done()
{
_clearscreen(_GCLEARSCREEN);
_setvideomode(_DEFAULTMODE);
exit(0);
}
```

Programm 4.68 : C-Programm Array von Pointern auf Funktionen

Das DOS-Programm zeichnet die Konturen von Binnenschiffen samt ihrer Befeuerung (Positionslichter etc.) auf den Schirm. Tuten kann es auch. Ist der Hintergrund schwarz (Nacht), sieht man nur die Lichter, ist er grau (Tag), sieht man
auch die Konturen und die Bildunterschrift. Die verschiedenen Arten der Befeuerung werden durch jeweils eine Funktion `bild***()` erzeugt. Die Funktionspointer
stehen in einem Array:

```
int (*schiff[MAX]);       /* MAX = 126, in schiff.h */
```

Die Funktionen werden über ihren Index aufgerufen, die Reihenfolge wird von
einem weiteren Array:

```
int index[MAXARR];        /* MAXARR ein Mehrfaches von MAX */
```

bestimmt, das entweder mit einer wiederholten Folge der natürlichen Zahlen von
0 bis `MAX - 1` belegt ist oder mit einer Zufallsfolge von Zahlen dieses Intervalles.
So kann man sich die Befeuerungen in einer systematischen oder zufälligen Folge
anzeigen lassen.

Die Funktionen `bild***()` sind in einem File in einem eigenen Unterverzeichnis vereinigt:

```
/* Funktionen bild*() */

#include "bilder.h"

/************/
/* Sportboot */
/************/


...

int bild001()
{
text0("Bild 001:");
```

```
text1("Sportboot von vorn");
sportboot(0);
feuersport1();
return 0;
}
```

```
...
```

Programm 4.69 : C-Funktion bilder.c zum Programm schiff.c

Die Funktionen rufen im wesentlichen weitere Funktionen auf. Das Unterverzeichnis enthält ein eigenes Include-File und ein eigenes Makefile. In gleicher Weise sind die übrigen Funktionen organisiert.

Das Makefile des Hauptprogramms ruft Makefiles in den Unterverzeichnissen auf. Wir haben also eine Hierarchie von Makefiles:

```
# makefile fuer schiff.c

include make.h          # Compiler-Auswahl, make-include

# Unterverzeichnisse

A = assem
B = bilder
F = feuer
K = kontur
S = schall
T = text

# Weitere Makros

OBJS = schiff.obj titel.obj bilder.obj text.obj feuer.obj \
       schall.obj kontur.obj sound.obj nosound.obj delay.obj

# Anweisungen

all : schiff.exe install clean

schiff.exe : schiff.obj titel.obj bilder_o text_o feuer_o \
           kontur_o schall_o assem_o
        $(LD) $(LDFLAGS) $(OBJS),,,,

schiff.obj : schiff.c schiff.h
        $(CC) $(CFLAGS) schiff.c

titel.obj : titel.c
        $(CC) $(CFLAGS) titel.c

bilder_o :
        cd $(B)
        $(MAKE) all
        cd ..
```

```
text_o :
        cd $(T)
        $(MAKE) all
        cd ..

feuer_o :
        cd $(F)
        $(MAKE) all
        cd ..

kontur_o :
        cd $(K)
        $(MAKE) all
        cd ..

schall_o :
        cd $(S)
        $(MAKE) all
        cd ..

assem_o :
        cd $(A)
        $(MAKE) all
        cd ..

install :
        $(CP) schiff.exe s.exe

clean :
        $(RM) *.bak
        $(RM) *.obj
```

Programm 4.70 : Makefile zu schiff.c

Dieses Projekt – obwohl bescheiden – wäre ohne `make(1)` nur noch mühsam zu beherrschen. Es ist für das Gelingen entscheidend, sich zu Beginn die Struktur sorgfältig zu überlegen.

Infolge der Verwendung von Grafikfunktionen des MS-Quick-C-Compilers ist das Programm nicht auf andere Systeme übertragbar. Man müßte eigene Grafikfunktionen verwenden, die Verpackungen um die Grafikfunktionen des jeweiligen Compilers darstellen. Dasselbe gilt für die Funktion zum Tuten, eine Assemblerroutine. Vielleicht stellen wir das Programm einmal auf X11 um und verpacken dabei die spezifischen Funktionen.

4.10.7 Dynamische Speicherverwaltung (malloc)

Wir haben gelernt, daß die Größe eines Arrays oder einer Struktur bereits zur Übersetzungszeit bekannt sein, d. h. im Programm stehen muß. Dies führt in manchen Fällen zur Verschwendung von Speicher, da man Arrays in der maximal möglichen Größe anlegen müßte. Die Standardfunktion `malloc(3)` samt Verwandtschaft hilft aus der Klemme. Im folgenden Beispiel wird ein Array zunächst

nur als Pointer la deklariert, dann mittels calloc(3) Speicher zugewiesen, mittels
realloc(3) vergrößert und schließlich von free(3) wieder freigegeben:

```
/* Programm allo.c zum Ueben von malloc(3), 01.06.94  */

#define MAX 40
#define DELTA 2

#include <stdio.h>
#include <stdlib.h>

long *la;                       /* Pointer auf long */

int main()
{
int i, x;

/* calloc() belegt Speicher fuer Array von MAX Elementen der Groesse
   sizeof(long), initialisert mit 0, gibt Anfangsadresse zurueck.
   In stdlib.h wird size_t als unsigned int definiert.              */

la = (long *)calloc((size_t)MAX, (size_t)sizeof(long));

if (la != NULL)
        puts("Zuordnung ok.");
else {
        puts("Ging daneben.");
        exit(-1);
}

/* Array anschauen */

printf("Ganzzahl eingeben: ");
scanf("%d", &x);

for (i = 0; i < MAX; i++)
        la[i] = (long)(i * x);

printf("Ausgabe: %ld    %ld\n", la[10], la[20]);

/* Array verlaengern mit realloc() */

la = (long *)realloc((void *)la, (size_t)(DELTA * sizeof(long)));

/* Array anschauen */

la[MAX + DELTA] = x;

printf("erweitert: %ld    %ld\n", la[10], la[MAX + DELTA]);

/* Speicher freigeben mit free() */

free((void *)la);
```

```
return 0;
}
```

Programm 4.71 : C-Programm mit dynamischer Speicherverwaltung (malloc(3))

Das nächste Beispiel sortiert die Zeilen eines Textes nach den Regeln des Duden (Duden-Taschenbuch Nr. 5: Satz- und Korrekturanweisungen), die von den Regeln in DIN 5007 etwas abweichen.

```
/* "duden" sortiert Textfile zeilenweise nach dem ersten Wort
   unter Beruecksichtigung der Duden-Regeln */
/* Falls das Wort mit einem Komma endet, wird auch das naechste Wort
   beruecksichtigt (z. B. Vorname) */
/* mit  cc -O -o duden duden.c -lmalloc  compilieren */
/* getestet auf HP 9000/550 unter UNIX V.1, 16.03.88  */

#include <stdio.h>
#include <malloc.h>
#include <sys/types.h>
#include <sys/stat.h>

#define MAX 1024              /* max. Anzahl der Zeilen */
#define EXT ".s"              /* Kennung des sort. Files */
#define NOWHITE(c) (((c) != ' ') && ((c) != '\t') && ((c) != '\n'))
#define NOCHAR(c)  (((c) == ' ') || ((c) == '\t') || ((c) == '\0'))
#define SCHARF(c)  (((c) == '~') || ((c) == 222))    /* scharfes s */
#define KOMMA(c)   ((c) == ',')

/* statische Initialisierung eines externen Arrays */
/* ASCII-Tafel. Die Zahlen stellen den Wert des Zeichens dar. */
/* angefuegt HP ROMAN EXTENSION (optional) */

char wert[256] = {
    /* Steuerzeichen */
    0, 1, 2, 3, 4, 5, 6, 7, 8, 9,
    10, 11, 12, 13, 14, 15, 16, 17, 18, 19,
    20, 21, 22, 23, 24, 25, 26, 27, 28, 29,
    30, 31,
    /* Space, Sonder- und Satzzeichen */
    32, 33, 34, 35, 36, 37, 38, 39,
    40, 41, 42, 43, 44, 45, 46, 47,
    /* Ziffern */
    65, 66, 67, 68, 69, 70, 71, 72, 73, 74,
    /* Sonder- und Satzzeichen */
    48, 49, 50, 51, 52, 53, 89,
    /* Grossbuchstaben */
    75, 76, 77, 78, 79, 80, 81, 82, 83, 84, 85, 86, 87,
    88, 89, 90, 91, 92, 93, 94, 95, 96, 97, 98, 99, 100,
    /* Sonder- und Satzzeichen */
    75, 89, 95, 58, 59, 60,
    /* Kleinbuchstaben */
    75, 76, 77, 78, 79, 80, 81, 82, 83, 84, 85, 86, 87,
    88, 89, 90, 91, 92, 93, 94, 95, 96, 97, 98, 99, 100,
```

```c
    /* Sonder- und Satzzeichen */
    75, 89, 95, 93,
    /* DEL */
    111,

    /* ROMAN EXTENSION */
    /* undefinierte Zeichen */
    0, 0, 0, 0, 0, 0, 0, 0, 0, 0,
    0, 0, 0, 0, 0, 0, 0, 0, 0, 0,
    0, 0, 0, 0, 0, 0, 0, 0, 0, 0,
    0, 0, 0,
    /* Buchstaben */
    75, 75, 79, 79, 79, 83, 83,
    /* Zeichen */
    0, 0, 0, 0, 0,
    /* Buchstaben */
    93, 93,
    /* Zeichen */
    0, 0, 0, 0, 0,
    /* Buchstaben */
    77, 77, 88, 88,
    /* Zeichen */
    0, 0, 0, 0, 0, 0, 0, 0,
    /* Buchstaben */
    75, 79, 89, 95, 75, 79, 89, 95,
    75, 79, 89, 95, 75, 79, 89, 95,
    75, 83, 89, 75, 75, 83, 89, 75,
    75, 83, 89, 95, 79, 83, 93, 89,
    75, 75, 75, 78, 78, 83, 83, 89,
    89, 89, 89, 93, 93, 95, 99, 99,
    101, 101,
    /* Zeichen und undefinierte Zeichen */
    0, 0, 0, 0, 0, 0, 0, 0, 0, 0,
    0, 0, 0, 0
};

char *ap[MAX];                    /* P. auf Zeilenanfaenge */

/* Hauptprogramm */

int main(int argc, char *argv[])

{
int flag = 0, i = 0, j;
char a, *mp;
FILE *fp, *fps;
struct stat buf;
extern char *ap[];
extern char *strcat();
void exit();

/* Pruefung des Programmaufrufs */

if (argc != 2) {
```

```c
        printf("Aufruf: duden FILENAME\n");
        exit(1);
}

/* Arbeitsspeicher allokieren */

stat(argv[1], &buf);
if ((mp = malloc((unsigned)buf.st_size)) == NULL) {
        printf("Kein Speicher frei.\n");
        exit(1);
}
ap[0] = mp;

/* Textfile einlesen, fuehrende NOCHARs loeschen */

if ((fp = fopen(argv[1], "r")) == NULL) {
        printf("File %s kann nicht goeffnet werden.\n", argv[1]);
        exit(1);
}

while((a = fgetc(fp)) != EOF) {
        if ((flag == 0) && NOCHAR(a));
        else {
                flag = 1;
                *mp = a;
                if (*mp == '\n') {
                        flag = 0;
                        ap[++i] = ++mp;
                }
                else
                        mp++;
        }
}

fclose(fp);

/* Zeilenpointer sortieren */

if (sort(i - 1) != 0) {
        printf("Sortieren ging daneben.\n");
        exit(1);
}

/* Textfile zurueckschreiben */

if ((fps = fopen(strcat(argv[1], EXT), "w")) == NULL) {
        printf("File %s.s kann nicht geoeffnet werden.\n", argv[1]);
        exit(1);
}

for (j = 0; j < i; j++) {
        while ((a = *((ap[j])++)) != '\n')
                fputc(a, fps);
        fputc('\n', fps);
```

```
}

fclose(fps);
}

/* Ende Hauptprogramm */

/* Sortierfunktion (Bubblesort, stabil) */

int sort(int imax)

{
int flag = 0, i = 0, j = 0, k = 0;
char *p1, *p2;
extern char *ap[];

while (flag == 0) {
    flag = 1;
    k = i;
    p2 = ap[imax];
    for (j = imax; j > k; j--) {
        p1 = ap[j - 1];
        if (vergleich(p1, p2) <= 0) {
            ap[j] = p2;
            p2 = p1;
        }
        else {
            ap[j] = p1;
            i = j;
            flag = 0;
        }
    }
    ap[j] = p2;
}
return(0);
}

/* Vergleich zweier Strings bis zum ersten Whitespace */
/* Returnwert = 0, falls Strings gleich
   Returnwert < 0, falls String1 < String2
   Returnwert > 0, falls String1 > String2 */

int vergleich(char *x1, *x2)

{
int  flag = 0;

while((wert[*x1] - wert[*x2]) == 0) {
    if (NOWHITE(*x1)) {
        if (SCHARF(*x1)) x2++;       /* scharfes s */
        if (SCHARF(*x2)) {
            x1++;
            flag = 1;
        }
```

```
        x1++;
        x2++;
    }
    else {
        if (KOMMA(*(x1 - 1))) {        /* weiteres Wort */
            while (NOCHAR(*x1))
                x1++;
            while (NOCHAR(*x2))
                x2++;
            flag = vergleich(x1, x2);
        }
        return flag;
    }
}
return(wert[*x1] - wert[*x2]);
}
```

Programm 4.72 : C-Programm zum Sortieren eines Textes nach den Regeln des Duden

Die Variable `flag`, die auch anders heißen kann, ist ein **Flag**, d. h. eine Variable, die in Abhängigkeit von bestimmten Bedingungen einen Wert 0 oder nicht-0 annimmt und ihrerseits wieder in anderen Bedingungen auftritt. Ein gängiger, einwandfreier Programmiertrick.

4.10.8   X Window System

Das folgende Beispiel zeigt, wie man unter Benutzung von `Xlib`-**Funktionen** ein Programm schreibt, das unter dem X Window System läuft:

```
/* xwindows.c, this program demonstrates how to use
   X's base window system through the Xlib interface
   M. Pniewski, Karlsruhe/Warszawa, 10. Juli 1991 */
/* compilieren mit cc xwindows.c -lX11 */

#include <stdio.h>
#include <X11/Xlib.h>
#include <X11/Xutil.h>


#define QUIT   "Press q to quit"
#define CLEAR  "Press c to clear this window"
#define DELETE "Press d to delete this window"
#define SUBWIN "Press n to create subwindow"
#define DELSUB "Press n again to delete window"
#define WIN1   "WINDOW 1"
#define WIN2   "WINDOW 2"
#define WIN3   "WINDOW 3"


char hallo[]="Hallo World";
char hi[]   ="Hi";


int main(int argc,char **argv)
```

```c
{
  Display           *mydisplay;                    /* d. structure */
  Window            mywin1, mywin2, newwin;        /* w. structure */
  Pixmap            mypixmap;                       /* pixmap */
  GC                mygc1, mygc12, newgc;          /* graphic context */
  XEvent            myevent;                        /* event to send */
  KeySym            mykey;                          /* keyboard key */
  XSizeHints        myhint;                         /* window info */
  Colormap          cmap;                           /* color map */
  XColor            yellow, exact, color1, color2, color3;
  static XSegment   segments[]={{350,100,380,280},{380,280,450,300}};
  unsigned long     myforeground, mybackground;  /*fg & bg colors*/
  int               myscreen, i, num=2, del=1, win=1;
  char              text[10];

  /* initialization */
  if (!(mydisplay = XOpenDisplay(""))) {
    fprintf(stderr, "Cannot initiate a display connection");
    exit(1);
  }
  myscreen = DefaultScreen(mydisplay);   /* workstation d.s. */

  /* default pixel values */
  mybackground = WhitePixel(mydisplay, myscreen);
  myforeground = BlackPixel(mydisplay, myscreen);

  /* specification of window position and size */
  myhint.x = 200; myhint.y = 300;
  myhint.width = 550; myhint.height = 450;
  myhint.flags = PPosition | PSize;

  /* window creation */
  mywin1 = XCreateSimpleWindow(mydisplay,
          DefaultRootWindow(mydisplay),
          myhint.x, myhint.y, myhint.width, myhint.height,
          5, myforeground, mybackground);
  XSetStandardProperti(mydisplay, mywin1, hallo, hallo, None,
          argv, argc, &myhint);

  myhint.x = 400; myhint.y = 400;
  myhint.width = 700; myhint.height = 200;
  myhint.flags = PPosition | PSize;
  mywin2 = XCreateSimpleWindow(mydisplay,
          DefaultRootWindow(mydisplay),
          myhint.x, myhint.y, myhint.width, myhint.height,
          5, myforeground, mybackground);

  /* creation of a new window */
  XSetStandardProperties(mydisplay, mywin2, "Hallo", "Hallo",
                      None, argv, argc, &myhint);

  /* pixmap creation */
  mypixmap = XCreatePixmap(mydisplay,
          DefaultRootWindow(mydisplay),
```

```
        400, 200, DefaultDepth(mydisplay, myscreen));

/* GC creation and initialization */
mygc1 = XCreateGC(mydisplay, mywin1, 0, 0);
mygc12 = XCreateGC(mydisplay, mywin2, 0, 0);
newgc = XCreateGC(mydisplay, mywin2, 0, 0);

/* determination of default color map for a screen */
cmap = DefaultColormap(mydisplay, myscreen);
yellow.red = 65535; yellow.green = 65535; yellow.blue = 0;

/* allocation of a color cell */
if (XAllocColor(mydisplay, cmap, &yellow) == 0) {
  fprintf(stderr, "Cannot specify color");
  exit(2);
}


/* allocation of color cell using predefined color-name */
if (XAllocNamedColor(mydisplay, cmap, "red", &exact, &color1) == 0)
{
  fprintf(stderr, "Cannot use predefined color");
  exit(3);
}
if (XAllocNamedColor(mydisplay, cmap, "blue", &exact, &color2) == 0)
{
  fprintf(stderr, "Cannot use predefined color");
  exit(3);
}
if (XAllocNamedColor(mydisplay, cmap, "green", &exact, &color3) == 0)
{
  fprintf(stderr, "Cannot use predefined color");
  exit(3);
}
XSetWindowBackground(mydisplay, mywin1, color2.pixel);
          /* changing the background of window */
XSetWindowBackground(mydisplay, mywin2, color3.pixel);
XSetBackground(mydisplay, mygc1, color2.pixel);
          /* setting foreground attribute in GC structure */
XSetForeground(mydisplay, mygc1, yellow.pixel);
          /* setting background attribute in GC structure */
XSetForeground(mydisplay, mygc12, color1.pixel);
XSetBackground(mydisplay, mygc12, color3.pixel);
XSetBackground(mydisplay, newgc, mybackground);
XSetFont(mydisplay, mygc1, XLoadFont(mydisplay, "vrb-25"));
          /* setting font attribute in GC structure */
XSetFont(mydisplay, mygc12, XLoadFont(mydisplay, "vri-25"));
XSetFont(mydisplay, newgc, XLoadFont(mydisplay, "vri-25"));
/* window mapping */
XMapRaised(mydisplay, mywin1);
XMapRaised(mydisplay, mywin2);

/* input event selection */
XSelectInput(mydisplay, mywin1, KeyPressMask | ExposureMask);
XSelectInput(mydisplay, mywin2, KeyPressMask | ExposureMask |
```

```c
            ButtonPressMask);

/* main event-reading loop */
while (1) {
  XNextEvent(mydisplay, &myevent);    /* read next event */
  switch (myevent.type) {

   /* process keyboard input */
   case KeyPress:
     i = XLookupString(&myevent, text, 10, &mykey, 0);
     if (i == 1 && (text[0] == 'q' | text[0] == 'Q')) {
       XFreeGC(mydisplay, mygc1);
       XFreeGC(mydisplay, mygc12);
       XFreeGC(mydisplay, newgc);
       if (!win) XDestroyWindow(mydisplay, newwin);
       XDestroyWindow(mydisplay, mywin1);
       if (del) XDestroyWindow(mydisplay, mywin2);
       XFreePixmap(mydisplay, mypixmap);
       XCloseDisplay(mydisplay);
       exit(0);
     }
     else
      if (i == 1 && (text[0] == 'c' | text[0] == 'C') &&
          myevent.xkey.window == mywin1) {
        XClearWindow(mydisplay, mywin1);
        XSetFont(mydisplay, mygc1, XLoadFont(mydisplay, "fgb-13"));
        XDrawImageString(mydisplay, mywin1, mygc1, 240, 400,
                         SUBWIN, strlen(SUBWIN));
        XDrawImageString(mydisplay, mywin1, mygc1, 240, 420,
                         CLEAR, strlen(CLEAR));
        XDrawImageString(mydisplay, mywin1, mygc1, 240, 440,
                         QUIT, strlen(QUIT));
        XSetFont(mydisplay, mygc1, XLoadFont(mydisplay, "vrb-25"));
      }
      else
        if (i == 1 && (text[0] == 'd' | text[0] == 'D') &&
            myevent.xkey.window == mywin2) {
          XDestroyWindow(mydisplay, mywin2);
          del = 0;
        }
        else
          if (i == 1 && (text[0] == 'n' | text[0] == 'N') &&
              myevent.xkey.window == mywin1) {
            if (win) {
              newwin = XCreateSimpleWindow(mydisplay,
                       mywin1, 70, 60, 400, 200, 1,
                       myforeground, mybackground);
              /* window mapping */
              XMapRaised(mydisplay, newwin);
              XSetForeground(mydisplay, newgc, mybackground);
              XFillRectangle(mydisplay, mypixmap, newgc,
                             0, 0, 400, 200);
              XSetForeground(mydisplay, newgc, color1.pixel);
              XDrawImageString(mydisplay, mypixmap, newgc,
```

```c
                                  140, 100, WIN3, strlen(WIN3));
          XSetFont(mydisplay, newgc, XLoadFont(mydisplay, "fgb-13")
          XDrawImageString(mydisplay, mypixmap, newgc, 25,
                              180, DELSUB, strlen(DELSUB));
          XSetFont(mydisplay, newgc, XLoadFont(mydisplay, "vri-25")
          /* copying pixels from pixmap to window */
          XCopyArea(mydisplay, mypixmap, newwin, newgc, 0, 0,
                    400, 200, 0, 0);
        }
        else
          XDestroySubwindows(mydisplay, mywin1);
        win = !win;
      }
    break;

  /* repaint window on expose event */
  case Expose:
    if (myevent.xexpose.count == 0) {
      XDrawImageString(mydisplay, mywin1, mygc1,
                        50, 50, WIN1, strlen(WIN1));
      XDrawImageString(mydisplay, mywin2, mygc12,
                        270, 50, WIN2, strlen(WIN2));
      XSetFont(mydisplay, mygc1, XLoadFont(mydisplay, "fgb-13"));
      XDrawImageString(mydisplay, mywin1, mygc1, 240, 400,
                        SUBWIN, strlen(SUBWIN));
      XDrawImageString(mydisplay, mywin1, mygc1, 240, 420,
                        CLEAR, strlen(CLEAR));
      XDrawImageString(mydisplay, mywin1, mygc1, 240, 440,
                        QUIT, strlen(QUIT));
      XSetFont(mydisplay, mygc1, XLoadFont(mydisplay, "vrb-25"));
      XDrawImageString(mydisplay, mywin2, mygc12, 300, 180,
                        DELETE, strlen(DELETE));
      XDrawLine(mydisplay, mywin1, mygc1, 100, 100, 300, 300);
      XDrawSegments(mydisplay, mywin1, mygc1, segments, num);
      XDrawArc(mydisplay, mywin1, mygc1, 200, 160, 200, 200, 0, 23040)
      XFillArc(mydisplay, mywin1, mygc12, 60, 200, 120, 120, 0, 23040)
      XDrawRectangle(mydisplay, mywin1, mygc1, 60, 200, 120, 120);
    }
    break;

  /* process mouse-button presses */
  case ButtonPress:
    XSetFont(mydisplay, mygc1, XLoadFont(mydisplay,"vxms-37"));
    XDrawImageString(myevent.xbutton.display,
                      myevent.xbutton.window, mygc1,
                      myevent.xbutton.x, myevent.xbutton.y,
                      hi, strlen(hi));
    XSetFont(mydisplay, mygc1, XLoadFont(mydisplay, "vrb-25"));
    break;

  /* process keyboard mapping changes */
  case MappingNotify:
    XRefreshKeyboardMapping(&myevent);
}
```

```
  }
}
```

Programm 4.73 : C-Programm für X Window System

4.11   Obfuscated C

Wie bereits in einer Fußnote bemerkt, findet jährlich ein Wettbewerb um das undurchsichtigste C-Programm statt (to obfuscate = vernebeln, verwirren). Die Siegerprogramme haben außer Nebel auch noch einen Witz aufzuweisen. Als Beispiel geben wir ein Programm von JACK APPLIN, Hewlett-Packard, Fort Collins/USA wieder, das erfolgreich am Contest 1986 teilgenommen hat. Es ist das Hello-World-Programm in einer Fassung, die als C-Programm, FORTRAN-77-Programm und als Bourne-Shellscript gültig ist:

```
cat =13 /*/ >/dev/null 2>&1; echo "Hello, world!"; exit
*
*   This program works under cc, f77, and /bin/sh.
*
*/; main() {
      write(
cat-~-cat
    /*,'(
*/
    ,"Hello, world!"
      ,
cat); putchar(~-~-~-cat); } /*
    ,)')
      end
*/
```

Auch die Leerzeichen sind wichtig. Entfernt man die Kommentare, bleibt als C-Programm übrig:

```
cat =13;
main() {
write(cat-~-cat, "Hello, world!", cat);
putchar(~-~-~-cat); }
```

Zuerst wird eine globale Variable `cat` – per Default vom Typ `int` – auf 13 gesetzt. Dann wird der Systemaufruf `write(1, "Hello, world!", 13)` ausgeführt, der 13 Zeichen des Strings `Hello, world!` nach `stdout` schreibt, anschließend die Standardfunktion `putchar(10)`. Der Gebrauch des unären Minuszeichens samt der bitweisen Negation ist ungewohnt. Man muß sich die Umrechnungen in Bits aufschreiben (negative Zahlen werden durch ihr Zweierkomplement dargestellt). Bei `write()`:

```
13                     gibt 0000 0000  0000 0000  0000 0000  0000 1101
-13                    gibt 1111 1111  1111 1111  1111 1111  1111 0011
~(-13)                 gibt 0000 0000  0000 0000  0000 0000  0000 1100
13 - (~(-13))          gibt 0000 0000  0000 0000  0000 0000  0000 0001
```

was dezimal 1 ist. Bei `putchar()` sieht die Geschichte so aus:

```
13                     gibt 0000 0000  0000 0000  0000 0000  0000 1101
-13                    gibt 1111 1111  1111 1111  1111 1111  1111 0011
~(-13)                 gibt 0000 0000  0000 0000  0000 0000  0000 1100
-(~(-13))              gibt 1111 1111  1111 1111  1111 1111  1111 0100
~(-(~(-13)))           gibt 0000 0000  0000 0000  0000 0000  0000 1011
-(~(-(~(-13))))        gibt 1111 1111  1111 1111  1111 1111  1111 0101
~(-(~(-(~(-13)))))     gibt 0000 0000  0000 0000  0000 0000  0000 1010
```

was dezimal 10 = ASCII-Zeichen Linefeed ist.

Für FORTRAN 77 bleiben folgende Zeilen übrig:

```
      write(*, '("Hello, world!")')
      end
```

Zeilen, die an erster Stelle ein c oder ein * enthalten, gelten als Kommentar. Zeilen, die an sechster Stelle irgendein Zeichen enthalten, werden als Fortsetzungen aufgefaßt. Anweisungen beginnen in Spalte 7 (die Sitte stammt aus der Lochkartenzeit).

Das Shellscript enthält als einzige wirksame Kommandos:

```
echo "Hello, world!"; exit
```

Was davor steht, geht nach `/dev/null`. Mit `exit` wird das Script verlassen. Mehr solcher Scherze findet man im Netz oder in dem Buch von DON LIBES.

4.12 Portieren von Programmen

4.12.1 Regeln

Unter dem Übertragen oder **Portieren** von Programmen versteht man das Anpassen an ein anderes System unter Beibehaltung der Programmiersprache oder das Übersetzen in eine andere Programmiersprache auf demselben System, schlimmstenfalls beides zugleich.

Ein Programm läßt sich immer portieren, indem man bis zur Aufgabenstellung zurückgeht. Das ist mit dem maximalen Aufwand verbunden; es läuft auf Neuschreiben hinaus. Unter günstigen Umständen kann ein Programm Zeile für Zeile übertragen werden, ohne die Aufgabe und die Algorithmen zu kennen. In diesem Fall reicht die Intelligenz eines Computers zum Portieren; es gibt auch Programme für diese Tätigkeit[20]. Die wirklichen Aufgaben liegen zwischen diesen beiden Grenzfällen.

---

[20]Im GNU-Projekt finden sich ein Program `f2c` (lies: f to c) zum Übertragen von FORTRAN nach C und ein Programm `p2c` zum Portieren von PASCAL nach C.

Schon beim ersten Schreiben eines Programmes erleichtert man ein künftiges Portieren, wenn man einige Regeln beherzigt. Man vermeide:

- Annahmen über Eigenheiten des Filesystems (z. B. Länge der Namen),
- Annahmen über die Reihenfolge der Auswertung von Ausdrücken, Funktionsargumenten oder Nebeneffekten (z. B. bei `printf(3)`),
- Annahmen über die Anordnung der Daten im Arbeitsspeicher,
- Annahmen über die Anzahl der signifikanten Zeichen von Namen,
- Annahmen über die automatische Initialisierung von Variablen,
- die Dereferenzierung von Nullpointern (Null ist keine Adresse),
- Annahmen über die Darstellung von Pointern (Pointer sind keine Ganzzahlen!),
- die Annahme, einen Pointer dereferenzieren zu können, der nicht richtig auf eine Datengrenze ausgerichtet ist (Alignment),
- die Annahme, daß Groß- und Kleinbuchstaben unterschieden werden,
- die Annahme, daß der Typ `char` vorzeichenbehaftet oder vorzeichenlos ist (EOF = -1?),
- Bitoperationen mit vorzeichenbehafteten Ganzzahlen,
- die Verwendung von Bitfeldern mit anderen Typen als `unsigned`,
- Annahmen über das Vorzeichen des Divisionsrestes bei der ganzzahligen Division,
- die Annahme, daß eine `extern`-Deklaration in einem Block auch außerhalb des Blockes gilt.

Diese und noch einige Dinge werden von unterschiedlichen Betriebssystemen und Compilern unterschiedlich gehandhabt, und man weiß nie, was einem begegnet. Dagegen soll man:

- den Syntax-Prüfer `lint(1)` befragen,
- Präprozessor-Anweisungen und `typedef` benutzen, um Abhängigkeiten einzugrenzen,
- alle Variablen, Pointer und Funktionen ordentlich deklarieren,
- symbolische Konstanten (`#define`) anstelle von rätselhaften Werten im Programm verwenden,
- richtig ausgerichtete Unions anstelle von trickreichen Überlagerungen von Typen verwenden,
- nur die C-Standard-Funktionen verwenden oder für andere Funktionen die Herkunft oder den Quellcode angeben, mindestens aber die Funktionalität und die Syntax,
- alle unvermeidlichen Systemabhängigkeiten auf wenige Stellen konzentrieren und deutlich kommentieren.

Im folgenden wollen wir einige Beispiele betrachten, die nicht allzu lang und daher auch nur einfach sein können.

4.12.2 Übertragen von ALGOL nach C

Wir haben hier ein ALGOL-Programm von RICHARD WAGNER aus dem Buch
von KARL NICKEL *ALGOL-Praktikum* (1964) ausgewählt, weil es mit Sicherheit
nicht im Hinblick auf eine Übertragung nach C geschrieben worden ist. Es geht
um die Bestimmung des größten gemeinsamen Teilers mit dem Algorithmus von
EUKLID. Daß wir die Aufgabe und den Algorithmus kennen, erleichtert die Arbeit,
daß außer einigen Graubärten niemand mehr ALGOL kennt, erschwert sie.

```
'BEGIN' 'COMMENT' BEISPIEL 12 ;
'INTEGER' A, B, X, Y, R ;
L1:
READ(A,B) ;
'IF' A 'NOT LESS' B
'THEN''BEGIN' X:= A ; Y:= B 'END'
'ELSE''BEGIN' X:= B ; Y:= A 'END' ;
L2:
R:= X - Y*ENTIER(X/Y) ;
'IF' R 'NOT EQUAL' O 'THEN''BEGIN' X:= Y ; Y:= R ; 'GO TO' L2 'END' ;
PRINT(A,B,Y) ;
'GO TO' L1
'END'
```

Programm 4.74 : ALGOL-Programm ggT nach Euklid

Die Einlese- und Übersetzungszeit auf einer Z22 betrug 50 s, die Rechen- und
Druckzeit 39 s. Damals hatten schnelle Kopfrechner noch eine Chance. Eine Analyse des Quelltextes ergibt:

- Das Programm besteht aus *einem* File mit dem Hauptprogramm (war kaum
  anders möglich),

- Schlüsselwörter stehen in Hochkommas,

- logische Blöcke werden durch **begin** und **end** begrenzt,

- es kommen nur ganzzahlige Variable vor,

- es wird Ganzzahl-Arithmetik verwendet,

- an Funktionen treten **read()** und **print()** auf,

- an Kontrollstrukturen werden **if** - **then** - **else** und **goto** verwendet.

Das sieht hoffnungsvoll aus. Die Übertragung nach C:

```
/* Groesster gemeinsamer Teiler nach Euklid
   Uebertragung eines ALGOL-Programms aus K. Nickel nach C
   zu compilieren mit cc -o ggt ggt.c     */

#include <stdio.h>

int main()
{
int a, b, x, y, r;
```

```
while(1) {

/* Eingabe */

    puts("ggT von a und b nach Euklid");
        puts("Beenden mit Eingabe 0");
    printf("Bitte a und b eingeben: ");
    scanf("%d %d", &a, &b);

/* Beenden, falls a oder b gleich 0 */

    if ((a == 0) || (b == 0)) exit(0);

/* x muss den groesseren Wert aus a und b enthalten */

    if (a >= b) { x = a; y = b; }
    else        { x = b; y = a; }

/* Euklid */

    while (r = x % y) {
        x = y;
        y = r;
    }

/* Ausgabe */

    printf("%d und %d haben den ggT %d\n", a, b, y);
}
}
```

Programm 4.75 : C-Programm ggT nach Euklid

Der auch nach UNIX-Maßstäben karge Dialog des ALGOL-Programms wurde
etwas angereichert, die `goto`-Schleifen wurden durch `while`-Schleifen ersetzt und
der ALGOL-Behelf zur Berechnung des Divisionsrestes (`entier`) durch die in C
vorhandene Modulo-Operation.

Bei einem Vergleich mit dem Programm 4.38 *C-Programm ggt nach Euklid,
rekursiv* auf Seite 352 sieht man, wie unterschiedlich selbst ein so einfacher Algorithmus programmiert werden kann. Dazu kommen andere Algorithmen zur
Lösung derselben Aufgabe, beispielsweise das Ermitteln aller Teiler der beiden
Zahlen und das Herausfischen des ggT.

4.12.3 Übertragen von FORTRAN nach C

Gegeben sei ein einfaches Programm zur Lösung quadratischer Gleichungen in
FORTRAN77:

```
c       ------------------------------------------------------------
c       Loesung der quadratischen Gleichung   a*x*x + b*x + c = 0
c       reelle Koeffizienten, Loesungen auch komplex
c       ------------------------------------------------------------
```

```fortran
      program quad
c
      real      a,b,c,d,h,r,s,x1,x2
      real      eps
      complex x1c,x2c
      data      eps/1.0e-30/
c
      write(*,*) 'Loesung von  a*x*x + b*x + c = 0'
      write(*,*) 'Bitte  a, b, und c eingeben'
      read (*,*) a,b,c
c     ------------------------------------------------------------
c     1. Fall :  a nahe Null, lineare Gleichung
c     ------------------------------------------------------------
      if (abs(a) .lt. eps) then
         write(*,*) 'WARNUNG :  a nahe Null, Null angenommen'
         if (abs(b) .lt. eps) then
            write(*,*) 'WARNUNG :  auch b nahe Null, Unsinn'
            goto 100
         else
            write(*,*) 'Loesung :  x = ',-c/b
            goto 100
         endif
      else
c     ------------------------------------------------------------
c     Berechnung der Diskriminanten d
c     ------------------------------------------------------------
         d = b*b - 4.0*a*c
         h = a+a
c     ------------------------------------------------------------
c     2. Fall :  eine oder zwei reelle Loesungen
c     ------------------------------------------------------------
         if  ( d .ge. 0.0 )  then
            s = sqrt(d)
            x1 = (-b + s) / h
            x2 = (-b - s) / h
            write(*,*) 'Eine oder zwei reelle Loesungen'
            write(*,*) 'x1 = ', x1
            write(*,*) 'x2 = ', x2
            goto 100
c     ------------------------------------------------------------
c     3. Fall :  konjugiert komplexe Loesungen
c     ------------------------------------------------------------
         else
            r = -b / h
            s = sqrt(-d) / h
            x1c = cmplx(r,s)
            x2c = cmplx(r,-s )
            write(*,*) 'Konjugiert komplexe Loesungen'
            write(*,*) 'x1 = ', x1c
            write(*,*) 'x2 = ', x2c
            goto 100
         endif
      endif
c     ------------------------------------------------------------
```

```
c       Programmende
c       ----------------------------------------------------------
100     stop
        end
```

Programm 4.76 : FORTRAN-Programm Quadratische Gleichung mit reellen Koeffizienten

Eine Analyse des Quelltextes ergibt:

- Das Programm besteht aus *einem* File mit *einem* Hauptprogramm,

- es kommen reelle und komplexe Variable vor,

- es wird Gleitkomma-Arithmetik verwendet, aber keine Komplex-Arithmetik (was die Übertragung nach C erleichtert),

- an Funktionen treten abs(), sqrt() und cmplx() auf,

- an Kontrollstrukturen werden if – then – else – endif und goto verwendet.

Wir werden etwas Arbeit mit den komplexen Operanden haben. Die Sprunganweisung goto gibt es zwar in C, aber wir bleiben standhaft und vermeiden sie. Alles übrige sieht einfach aus.

Als Ersatz für den komplexen Datentyp bietet sich ein Array of float oder double an. Eine Struktur wäre auch möglich. Falls komplexe Arithmetik vorkäme, müßten wir uns die Operationen selbst schaffen. Hier werden aber nur die komplexen Zahlen ausgegeben, was harmlos ist. Das goto wird hier nur gebraucht, um nach der Ausgabe der Lösung ans Programmende zu springen. Wir werden in C dafür eine Funktion done() aufrufen. Das nach C übertragene Programm:

```
/* Loesung der quadratischen Gleichung a*x*x + b*x + c = 0
   reelle Koeffizienten, Loesungen auch komplex
   zu compilieren mit cc quad.c -lm   */

#define EPS 1.0e-30             /* Typ double! */

#include <stdio.h>              /* wg. puts, printf, scanf */
#include <math.h>               /* wg. fabs, sqrt */

int done();

int main()
{
double a, b, c, d, h, s, x1, x2;
double z[2];

puts("Loesung von a*x*x + b*x + c = 0");
puts("Bitte a, b und c eingeben");
scanf("%lf %lf %lf", &a, &b, &c);

/* 1. Fall: a nahe Null, lineare Gleichung */
```

```c
if (fabs(a) < EPS) {
    puts("WARNUNG: a nahe Null, als Null angenommen");
    if (fabs(b) < EPS) {
        puts("WARNUNG: auch b nahe Null, Unsinn");
        done();
    }
    else {
        printf("Loesung: %lf\n", -c/b);
        done();
    }
}
else {

/* Berechnung der Diskriminanten d */

    d = b * b - 4.0 * a * c;
    h = a + a;

/* 2. Fall: eine oder zwei reelle Loesungen */

    if (d >= 0.0) {
        s = sqrt(d);
        x1 = (-b + s) / h;
        x2 = (-b - s) / h;
        puts("Eine oder zwei reelle Loesungen");
        printf("x1 = %lf\n", x1);
        printf("x2 = %lf\n", x2);
        done();
    }
    else {

/* 3. Fall: konjugiert komplexe Loesungen */

        z[0] = -b / h;
        z[1] = sqrt(-d) / h;
        puts("Konjugiert komplexe Loesungen");
        printf("x1 = (%lf   %lf)\n", z[0], z[1]);
        printf("x2 = (%lf   %lf)\n", z[0], -z[1]);
        done();
    }
}
}

/* Funktion done() zur Beendigung des Programms */

int done()
{
return(0);
}
```

Programm 4.77 : C-Programm Quadratische Gleichung mit reellen Koeffizienten
und komplexen Lösungen, aus FORTRAN übertragen

Bei der Übertragung haben wir keinen Gebrauch von unseren Kenntnissen über quadratische Gleichungen gemacht, sondern ziemlich schematisch gearbeitet. Mathematische Kenntnisse sind trotzdem hilfreich, auch sonst im Leben.

Wir erhöhen den Reiz der Aufgabe, indem wir auch komplexe Koeffizienten zulassen: Schließlich wollen wir das Programm als Funktion (Subroutine) schreiben, die von einem übergeordneten Programm aufgerufen wird:

4.13   Exkurs über Algorithmen

Der Begriff **Algorithmus** – benannt nach einem usbekischen Mathematiker des 9. Jahrhunderts – kommt im vorliegenden Text selten vor, taucht aber in fast allen Programmierbüchern auf. Ein beträchtlicher Teil der Informatik befaßt sich damit. Locker ausgedrückt ist ein Algorithmus eine Vorschrift, die mit endlich vielen Schritten zur Lösung eines gegebenen Problems führt. Ein Programm ist die Umsetzung eines Algorithmus in eine Programmiersprache. Algorithmen werden mit Worten, Formeln oder Grafiken dargestellt. Ein Existenzbeweis ist in der Mathematik schon ein Erfolg, in der Technik brauchen wir einen Lösungsweg, einen Algorithmus.

Das klingt alltäglich. Das Rezept zum Backen einer Prinzregententorte[21] oder die Beschreibung des Aufstiegs auf die Hochwilde in den Ötztaler Alpen[22] sind demnach Algorithmen. Einige Anforderungen an Algorithmen sind:

- **Korrektheit**. Das klingt selbstverständlich, ist aber meist schwierig zu beweisen. Und Korrektheit in einem Einzelfall besagt gar nichts. Umgekehrt beweist bereits ein Fehler die Inkorrektheit.

- **Eindeutigkeit**. Das stellt Anforderungen an die Darstellungsweise, die Sprache; denken Sie an eine technische Zeichnung oder an Klaviernoten. Verschiedene Ausführungswege sind zulässig, bei gleichen Eingaben muß das gleiche Ergebnis herauskommen.

- **Endlichkeit**. Die Beschreibung des Algorithmus muß eine endliche Länge haben, sonst könnte man ihn endlichen Wesen nicht mitteilen. Er muß ferner eine endliche Ausführungszeit haben, man möchte seine Früchte ja noch zu Lebzeiten ernten. Er darf zur Ausführung nur eine endliche Menge von Betriebsmitteln belegen.

- **Allgemeinheit**. $3 \times 4 = 12$ ist kein Algorithmus, wohl aber die Vorschrift, wie man die Multiplikation auf die Addition zurückführt.

Man kann die Anforderungen herabschrauben und kommt dabei zu reizvollen Fragestellungen, aber für den Anfang gilt obiges. Eine vierte, technisch wie theoretisch bedeutsame Forderung ist die nach einem guten, zweckmäßigen Algorithmus oder gar die nach dem besten. Denken Sie an die vielen Sortierverfahren (keines ist das *beste* für alle Fälle).

---

[21]Dr. Oetker Backen macht Freude, Ceres-Verlag, Bielefeld. Die Ausführung dieses Algorithmus läßt sich teilweise parallelisieren.

[22]H. KLIER, Alpenvereinsführer Ötztaler Alpen, Bergverlag Rudolf Rother, München. Der Algorithmus muß sequentiell abgeschwitzt werden.

Es gibt – sogar ziemlich leicht verständliche – Aufgaben, die nicht mittels eines Algorithmus zu lösen sind. Falls Sie Bedarf an solchen Nüssen haben, suchen Sie unter dem Stichwort *Entscheidbarkeit* in Werken zur Theoretischen Informatik.

Ans Internet, ans teure, schließ dich an,
Das halte fest mit deinem ganzen Herzen,
Hier sind die starken Wurzeln deiner Kraft.
Schiller, Tell

5 Internet

5.1 Grundbegriffe

Netze sind ein komplexes Thema, das liegt in ihrer Natur. Deswegen werden sie in Grafiken als Wölkchen dargestellt. Wir versuchen, den Nebel zu durchdringen, ohne uns in die Einzelheiten zu verlieren.

Ehe wir uns der Praxis zuwenden, ein Überblick über die rasch verlaufende Entwicklung. Ein Vorgriff auf einige später erklärte Begriffe ist dabei unvermeidlich. Wir erkennen vier Stufen in der Entwicklung der Computernetze:

- Am Anfang standen **kleine Netze**, die der gemeinsamen Nutzung von Peripherie wie Massenspeicher und Drucker und von Datenbeständen wie Telefon- und Anschriftenlisten dienten. Netzdienste wie Email waren praktisch nicht vorhanden, die Sicherheitsanforderungen bescheiden. Alle Benutzer kannten sich von Angesicht. Typische Vertreter: Novell Personal Netware, Kirschbaum Link und Microsoft Windows for Workgroups.

- Die kleinen Netze wurden größer und untereinander verbunden. Plötzlich hatte man das weltumspannende **Internet**. Damit wurden Routing-Fragen wichtig: wie findet eine Mail[1] zum Empfänger? Betriebs- und Datensicherheit rückten ins Bewußtsein der Netzerfinder und -verwalter. Netzdienste kamen auf: Kommunikation (Email, FTP, Netnews, IRC) und Auskunftsdienste (Archie, Gopher, WAIS, WWW). Das Netz wurde damit um wesentliche Funktionen bereichert. Das ist der heutige Zustand.

- Die verschiedenen Netzdienste werden unter einer **gemeinsamen Oberfläche** vereinigt. Der Benutzer wählt nicht mehr FTP oder Gopher oder WWW aus, sondern bleibt in einem einzigen Programm, das je nach den Wünschen des Benutzers die verschiedenen Dienste anspricht. Die Dienste werden multimediafähig, man kann außer Text auch grafische und akustische Daten austauschen. Ob auch Gerüche dabei sein werden, ist zur Zeit noch offen. Dieses Ziel ist heute teilweise erreicht, die WWW-Browser wie `netscape` verdecken die unterschiedlichen Protokolle, allerdings gelegentlich unvollkommen.

- Die Computernetze und die anderen informationsübertragenden Netze (Telefon, Kabelfernsehen) werden vereinigt zu einem **digitalen Datennetz**

---

[1]Es hat einen Grund, weshalb wir Mail sagen und nicht Post: In den Netnews ist ein Posting die Alternative zu einer Mail.

mit einheitlichen Daten-Steckdosen in den Gebäuden. Das ISDN-Telefonnetz (Integrated Services Digital Network) ist ein Schritt in diese Richtung, gebremst von politischen und wirtschaftlichen Einflüssen. Die **Infobahn** ist ein fernes Entwicklungsziel.

Prognosen sind gewagt[2]. Die genannten Entwicklungen sind jedoch im Gange, im globalen Dorf sind schon einige Straßen befestigt.

Wie wir bereits im Kap. 2 *Hardware* auf Seite 15 bemerkt haben, verstehen wir unter einem **Computernetz** ein Netz aus selbständigen Computern und nicht ein Terminalnetz oder verteilte Systeme, die sich dem Benutzer wie ein einziger Computer darbieten. Um die Arbeitsweise eines Netzes besser zu verstehen, sollte man sich zu Beginn der Arbeit drei Fragen stellen:

- Was will ich machen?

- Welche Hardware ist beteiligt?

- Welche Software ist beteiligt?

Auch wenn man die Fragen nicht in allen Punkten beantworten kann, helfen sie doch, das Geschehen hinter dem Terminal zu durchschauen. Andernfalls kommt man nicht über das Drücken auswendig gelernter Tasten hinaus.

Der Computer, an dessen Terminal man arbeitet, wird als **local** bezeichnet, der unter Umständen weit entfernte Computer, in dem man augenblicklich arbeitet (Prozesse startet), als **remote**. Ein entfernter Computer, der eine Reihe von Diensten leistet, wird **Host** genannt, zu deutsch Gastgeber. Wenn von zwei miteinander verbundenen Computern (genauer: Prozessen) einer Dienste anfordert und der andere sie leistet, bezeichnet man den Fordernden als **Client**, den Leistenden als **Server**. Es kommt vor, daß Client und Server gemeinsam in derselben Hardware stecken. Der Begriff *Server* wird auch allgemein für Computer gebraucht, die auf bestimmte Dienstleistungen spezialisiert sind: Fileserver, Mailserver, Kommunikationsserver, Druckerserver usw.

Wenn zu Beginn der Verbindung eine durchgehende Leitung zwischen den Beteiligten aufgebaut und für die Dauer der Übertragung beibehalten wird, spricht man von einer **leitungsvermittelten** Verbindung. Das ist im analogen Telefondienst die Regel. Da bei der Übertragung große Pausen (Schweigen) vorkommen, während der eine teure Leitung nutzlos belegt ist, geht man mehr und mehr dazu über, die zu übertragenden Daten in Pakete aufzuteilen, sie mit der Empfängeradresse und weiteren Angaben zu beschriften und über irgendeine gerade freie Leitung zu schicken, so wie bei der Briefpost. Dort wird ja auch nicht für Ihr Weihnachtspäckchen an Tante Clara ein Gleis bei der Bundesbahn reserviert. Bei einer Internet-Verbindung besteht also keine dauernde Leitung zwischen den Partnern, es werden Datenpakete (Datagramme) ausgetauscht. Ist eine Leitung unterbrochen, nehmen die Datagramme einen anderen Weg, eine Umleitung. Bei den vielen Maschen im Internet ist das kein Problem, anders als in einem zentral organisierten Netz. Es kommt vor, daß ein jüngeres Datagramm vor einem älteren beim Empfänger eintrifft. Der Empfänger muß daher die richtige Reihenfolge

---

[2]Um 1950 herum soll die IBM der Ansicht gewesen sein, daß achtzehn Computer den gesamten Rechenbedarf der USA decken würden.

wiederherstellen. Der Benutzer merkt von den Paketen nichts und braucht sich nicht einmal um die Entsorgung der Verpackungen zu kümmern. Diese Art der Verbindung heißt **paketvermittelt**.

Wenn Sie mit einem Computer in Übersee korrespondieren, kann es sein, daß einige Ihrer Bytes über Satellit laufen, andere durch ein Seekabel, einige links um den Globus herum, andere rechts.

5.2 Schichtenmodell

Größere Netze sind umfangreiche Gebilde aus Hard- und Software. Um etwas Ordnung hineinzubringen, hat die **ISO** (International Organization for Standardization) ein Modell aus sieben Schichten entwickelt. Dieses Modell wird viel verwendet, aber auch kritisiert. Ein Vorwurf richtet sich gegen seine starke Bindung an die Telefontechnik. Telefone und Computer unterscheiden sich, obwohl sie manchmal dieselben Leitungen verwenden. Die Zahl Sieben stammt aus der babylonischen Mythologie, nicht aus technischer Notwendigkeit. Das SNA-Netz von IBM gliedert sich auch in sieben Schichten, die Aufgaben sind jedoch anders verteilt. TCP/IP-Netze gliedern sich in vier Schichten.

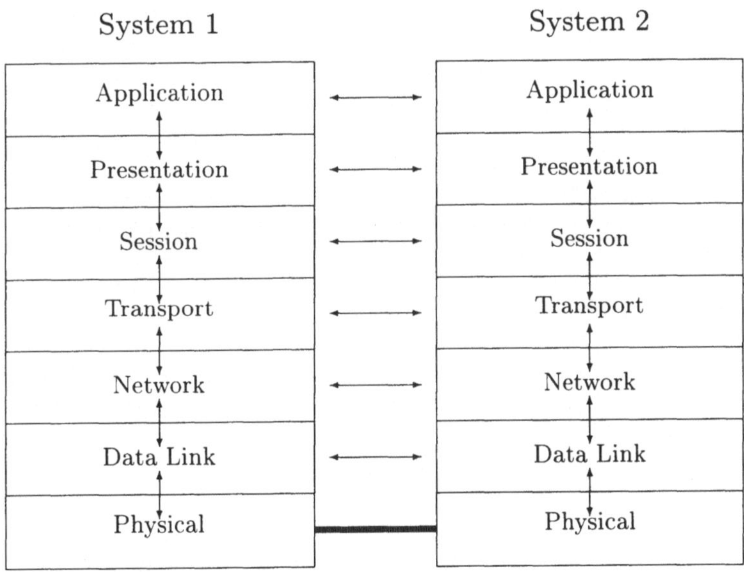

Abb. 5.1: ISO-Schichtenmodell eines Netzes

Das ISO-Modell stellt zwei Computer dar, die miteinander verbunden sind. Jede Schicht leistet eine bestimmte Art von Diensten an die Schicht darüber und verlangt eine bestimmte Art von Diensten von der Schicht darunter. Oberhalb der obersten Schicht kann man sich den Benutzer vorstellen. Jede Schicht kommuniziert logisch – nicht physikalisch – mit ihrer Gegenschicht auf derselben Stufe.

Eine physikalische Verbindung (Draht, Lichtwellenleiter, Funk) besteht nur in der untersten Schicht (Abb. 5.1).

In der obersten Schicht laufen die **Anwendungen** (application), beispielsweise ein Mailprogramm (`elm(1)`) oder ein Programm zur Fileübertragung (`ftp(1)`). Die Programme dieser Schicht verkehren nach oben mit dem Benutzer oder Anwender.

Die **Darstellungsschicht** (presentation) bringt die Daten auf eine einheitliche Form und komprimiert und verschlüsselt sie gegebenenfalls. Auch die Frage EBCDIC- oder ASCII-Zeichensatz wird hier behandelt. Dienstprogramme und Funktionen des Betriebssystems sind hier angesiedelt.

Die Programme der **Sitzungsschicht** (session) verwalten die Sitzung (login, Passwort, Dialog) und synchronisieren die Datenübertragung, d. h. sie bauen nach einer Unterbrechung der Verbindung die Sitzung wieder auf. Ein Beispiel sind die NetBIOS-Funktionen.

In der **Transportschicht** (transport) werden die Daten ver- und entpackt sowie die Verbindungswege aufgebaut, die während einer Sitzung wechseln können, ohne daß die darüberliegenden Schichten etwas davon merken. Protokolle wie TCP oder UDP gehören zur Transportschicht.

Die **Netzschicht** (network) betreibt das betroffene Subnetz, sorgt für Protokollübergänge und führt Buch. Zugehörige Protokolle sind IP oder ICMP.

Die **Data-Link-Schicht** transportiert Bytes ohne Interesse für ihre Bedeutung und verlangt bei Fehlern eine Wiederholung der Sendung. Auch die Anpassung unterschiedlicher Geschwindigkeiten von Sender und Empfänger ist ihre Aufgabe. Ethernet oder X.25 sind hier zu Hause.

Die unterste, **physikalische Schicht** (physical) gehört den Elektrikern. Hier geht es um Kabel und Lichtwellenleiter, um Spannungen, Ströme, Widerstände und Zeiten. Hier werden Pulse behandelt und Stecker genormt.

5.3 Entstehung

Die Legende berichtet, daß in den sechziger Jahren unseres Jahrhunderts die amerikanische Firma RAND einen Vorschlag ausbrüten sollte, wie in den USA nach einem atomaren Schlag die Kommunikation insbesondere der Behörden aufrecht erhalten werden könnte. Zwei Grundsätze kamen dabei heraus:

- keine zentrale Steuerung,

- kein Verlaß auf das Funktionieren bestimmter Verbindungen.

Verwirklicht wurde gegen Ende 1969 ein Netz aus vier Knoten in der Universität von Kalifornien in Los Angeles (UCLA), das nach dem Geldgeber **ARPANET** (Advanced Research Projects Agency) genannt wurde. Das Netz bewährte sich auch ohne atomaren Schlag. Diese Legende ist natürlich zu einem großen Teil falsch, die Wahrheit ist im Netz zu finden.

Das Netz wuchs, die Protokolle wurden ausgearbeitet, andere Netze übernahmen die Protokolle und verbanden sich mit dem ARPANET. England und Norwegen bauten 1973 die ersten europäischen Knoten auf. Im Jahr 1984 (1000 Knoten)

schloß sich die National Science Foundation (NSF) an, die in den USA etwa die
Rolle spielt wie hierzulande die Deutsche Forschungsgemeinschaft (DFG). Das
ARPANET starb 1989 (150 000 Knoten). Seine Aufgabe als Mutter des weltwei-
ten Internet war erfüllt.

Heute ist das **Internet** die Wunderwaffe gegen Dummheit, Armut, Pestilenz,
Erwerbslosigkeit, Inflation und die Sauregurkenzeit in den Medien. Der RFC (Request For Comments) 1462 alias FYI (For Your Information) 20 sieht das nüchter-
ner. Das Internet ist ein Zusammenschluß vieler regionaler Netze, verbunden durch
die **TCP/IP-Protokolle**, mit über 20 Millionen Computern (Juli 98) und 60 Millionen Benutzern. Nächstes Jahr können sich die Zahlen schon verdoppelt haben.
Wenn das so weiter geht, hat das Netz im Jahr 2002 mehr Teilnehmer als es Menschen auf der Erde gibt, also sind vermutlich viele Dämonen und Außerirdische
darunter. Das Internet, unendliche Weiten ...

Im Internet gibt es keine zentrale Instanz, die alles bestimmt und regelt. There
is no governor anywhere. Das grenzt an Anarchie und funktioniert großartig. Die
Protokolle entstehen auf dem Wege von netzweiten Vereinbarungen (Requests For
Comments). Niemand ist verpflichtet, sich daran zu halten, aber wer es nicht tut,
steht bald allein da. Nirgendwo sind alle Benutzer, alle Knoten, alle Newsgruppen,
alle WWW-Server registriert. Das Wort *alle* kommt nur einmal im Internet vor:
Alle Teilnehmer verwenden die TCP/IP-Protokolle.

5.4   Protokolle (TCP/IP)

Ein **Netz-Protokoll** ist eine Sammlung von Vorschriften und Regeln, die der
Verständigung zwischen den Netzteilnehmern dient, ähnlich wie bestimmte Sitten
und Gebräuche den Umgang unter den Menschen erleichtern. Auch in der höheren
Tierwelt sind instinktive Protokolle verbreitet. Bekannte Netz-Protokolle sind:

- TCP/IP
- ISO-OSI
- IBM-SNA
- Decnet LAT
- IPX-Novell (IEEE 802.3)
- Appletalk
- Banyan Vines
- IBM und Novell NetBIOS

Zwei Netzteilnehmer können nur miteinander reden, wenn sie dasselbe Protokoll
verwenden. Da das nicht immer gegeben ist, braucht man Protokoll-Umsetzer als
Dolmetscher.

TCP/IP heißt **Transmission Control Protocol/Internet Protocol** und ist
eine Sammlung mehrerer, sich ergänzender Protokolle aus der **Internet Protocol
Suite**. TCP und IP sind die bekanntesten, weshalb die ganze Sammlung nach
ihnen benannt wird. Die wichtigsten, in dieser Suite festgelegten Dienste sind:

- File Transfer, geregelt durch das File Transfer Protocol FTP (RFC 959),

- Remote Login, geregelt durch das Network Terminal Protocol TELNET (RFC 854),

- Electronic Mail (Email), geregelt durch das Simple Mail Transfer Protocol SMTP (RFC 821),

- Network File Systems,

- Remote Printing,

- Remote Execution,

- Name Server,

- Terminal Server.

Die einzelnen Protokolle werden in **Requests For Comments** (RFC) beschrieben, die im Internet frei zugänglich sind. Bisher sind rund 2500 Requests erschienen. Der RFC 1463 beispielsweise ist **For Your Information** (FYI, also nicht normativ) und enthält eine Bibliographie zum Internet, wohingegen der RFC 959 das File Transfer Protokoll beschreibt. Bisher sind rund 30 FYIs erschienen, die außer ihrer RFC-Nummer noch eine eigene FYI-Nummer tragen. Etwa 50 RFCs haben den Status von Internet-Standards erhalten, sind also verbindlich. Die RFCs werden nicht aktualisiert, sondern bei Bedarf durch neuere mit höheren Nummern ersetzt (anders als DIN-Normen). Als Neuling (newbie) sollten Sie vor allem den RFC 1462 = FYI 20 *What is the Internet?* lesen, zehn Seiten. Die aktuellen RFCs samt Übersicht finden Sie beispielsweise bei `ftp://ftp.nic.de/pub/doc/rfc/`.

Die TCP/IP-Protokolle lassen sich in **Schichten** einordnen, allerdings nicht in das jüngere ISO-Schichten-Modell. Jede Schicht greift auf die Dienste der darunter liegenden Schicht zurück, bis man bei der Hardware landet. TCP/IP kennt vier Schichten:

- ein Anwendungsprotokoll wie Telnet oder FTP, in etwa den drei obersten Schichten des ISO-Modells entsprechend (wobei hier die Programme, die das Protokoll umsetzen, genauso heißen),

- ein Protokoll wie das TCP, das Dienste leistet, die von vielen Anwendungen gleichermaßen benötigt werden,

- ein Protokoll wie das IP, das Daten in Form von Datagrammen zum Ziel befördert, wobei TCP und IP zusammen ungefähr den ISO-Schichten Transport und Network entsprechen,

- ein Protokoll, das den Gebrauch des physikalischen Mediums regelt (z. B. Ethernet), im ISO-Modell die beiden untersten Schichten.

Ein Anwendungsprotokoll definiert die Kommandos, die die Systeme beim Austausch von Daten verwenden. Über den Übertragungsweg werden keine Annahmen getroffen. Ein drittes Beispiel nach Telnet und FTP ist das **Simple Mail Transfer Protocol** SMTP gemäß RFC 821 vom August 1982 mit zahlreichen späteren Ergänzungen, verwirklicht zum Beispiel in dem Programm `sendmail(1)`.

Das Protokoll beschreibt den Dialog zwischen Sender und Empfänger mittels mehrerer Kommandos wie `MAIL`, `RCPT` (Recipient), `DATA`, `OK` und verschiedenen Fehlermeldungen. Der Benutzer sieht von diesen Kommandos nichts, sie werden von den beiden miteinander kommunizierenden `sendmail`-Prozessen gebraucht.

Das **TCP** (Tranport Control Protocol) verpackt die Nachrichten in **Datagramme**, d. h. in Briefumschläge eines festgelegten Formats mit einer Zieladresse. Am Ziel öffnet es die Umschläge, setzt die Nachrichten wieder zusammen und überprüft sie auf Transportschäden. Obwohl die RFCs bis auf das Jahr 1969 zurückreichen, sind die Ursprünge des TCP nicht in RFCs, sondern in Schriften des US-amerikanischen Verteidigungsministeriums (DoD) zu finden.

In großen, weltweiten Netzen ist die Beförderung der Datagramme eine nicht ganz einfache Aufgabe. Diese wird vom **IP** (Internet Protocol) geregelt. Da Absender und Empfänger nur in seltenen Fällen direkt verbunden sind, gehen die Datagramme über Zwischenstationen. Eine geeignete Route herauszufinden und dabei Schleifen zu vermeiden, ist Sache vom IP, dessen Ursprünge ebenfalls im DoD liegen.

Die unterste Schicht der Protokolle regelt den Verkehr auf dem physikalischen Medium, beispielsweise einem **Ethernet**. Bei diesem hören alle beteiligten Computer ständig am Bus, der durch ein Koaxkabel verwirklicht ist. Wenn ein Computer eine Nachricht senden will, schickt er sie los. Ist kein zweiter auf Senden, geht die Sache gut, andernfalls kommt es zu einer Kollision. Diese wird von den beteiligten Sendern bemerkt, worauf sie für eine zufällig lange Zeit den Mund halten. Dann beginnt das Spiel wieder von vorn. Es leuchtet ein, daß bei starkem Betrieb viele Kollisionen vorkommen, die die Leistung des Netzes verschlechtern. Der RFC 894 vom April 1984 beschreibt die Übertragung von IP-Datagrammen über Ethernet. Die Ethernet-Technik selbst ist im IEEE-Standard 802.3 festgelegt und unabhängig vom Internet.

Online-Dienste wie T-Online, America Online (AOL) oder Compuserve gehören nicht zum Internet. Sie verwenden andere Protokolle, sind zentral gesteuert und stellen unter anderem Inhalte zur Verfügung. Die Terminologie weicht ebenfalls von der des Internets ab. Die Dienste haben Übergänge zum Internet, so daß zum Beispiel Email und Webseiten ausgetauscht werden können.

5.5 Adressen und Namen, Name-Server (DNS)

Die Teilnetze des Internet sind über **Gateways** verknüpft, das sind Computer, die mit mindestens zwei regionalen Netzen verbunden sind. Die teilnehmenden Computer sind durch eine eindeutige **Internet-Adresse** (IP-Adresse) gekennzeichnet, eine 32-bit-Zahl. Unser System hat beispielsweise die Internet-Adresse (IP-Adresse) 129.13.118.15. Diese Schreibweise wird auch als Dotted Quad (vier durch Punkte getrennte Bytes) bezeichnet. Die erste Zahlengruppe entscheidet über die Netzklasse:

- 0: reserviert für besondere Zwecke,
- 1 bis 126: Klasse-A-Netze mit je 2 hoch 24 gleich 16 777 216 Hosts,
- 127: reserviert für besondere Zwecke (z. B. `localhost`, 127.0.0.1),

- 128 bis 191: Klasse-B-Netze mit je 2 hoch 16 gleich 65 534 Hosts,

- 192 bis 222: Klasse-C-Netze mit je 2 hoch 8 gleich 254 Hosts,

- 255: reserviert für besondere Zwecke.

An zweiter und dritter Stelle kann jeder Wert von 0 bis 255 auftauchen, an vierter Stelle ist die Zahl 255 reserviert[3]. Da sich solche Zahlen schlecht merken lassen und nicht viel aussagen, werden sie auf **Name-Servern** des Domain Name Service (DNS) in frei wählbare Hostnamen umgesetzt, in unserem Fall in `mvmhp.ciw.uni-karlsruhe.de`. Es spricht aber nichts dagegen, unserer Internet-Adresse auf einem Name-Server zusätzlich den Namen `kruemel.de` zuzuordnen. Name und Nummer müssen weltweit eindeutig[4] sein, worüber ein Network Information Center (NIC) in Kalifornien und seine kontinentalen und nationalen Untergliederungen wachen. Der vollständige Name eines Computers wird als **Fully Qualified Domain Name** (FQDM) bezeichnet. In manchen Zusammenhängen reichen die vorderen Teile des Namens, weil Programme den Rest ergänzen. Das US-NIC verwaltet die **Top-Level-Domains** (TLD):

- gov (governmental) amerikanische Behörden,

- mil (military) amerikanisches Militär,

- edu (education) amerikanische Universitäten und Schulen,

- com (commercial) amerikanische Firmen,

- org (organisational) amerikanische Organisationen,

- net (network) amerikanische Gateways und andere Server,

- int (international) internatioanle Einrichtungen, selten.

Dazu sind in jüngerer Zeit gekommen:

- firm (firms) Firmen,

- store (stores) Handelsfirmen,

- web (World Wide Web) WWW-Einrichtungen,

- arts (arts) kulturelle und unterhaltende Einrichtungen,

- rec (recreation) Einrichtungen der Freizeitgestaltung,

- info (information) Information Provider,

- nom (nomenclature) Einrichtungen mit besonderer Nomenklatur.

Außerhalb der USA werden Länderkürzel nach ISO 3166 verwendet:

---

[3]Diese und andere Zahlen im Internet legt die Internet Assigned Numbers Authority (IANA), künftig die Internet Corporation for Assigned Names and Numbers (ICANN) fest.

[4]Genaugenommen bezieht sich die Nummer auf die Netz-Interface-Karte des Computers. Ein Computer kann mehrere Karten enthalten. Ethernet-Karten haben darüber hinaus noch eine hexadezimale, unveränderliche Hardware-Adresse, die auch weltweit eindeutig ist.

- de Deutschland,

- fr Frankreich,

- ch Schweiz (Confoederatio Helvetica),

- at Österreich (Austria),

- fi Finnland,

- jp Japan usw,

- us USA (neben der obenstehenden Bezeichnungsweise).

Daneben finden sich noch einige Exoten wie nato, uucp und bitnet.

Eine **Domain** ist ein Adressbereich[5], der in einem Glied der Adresse übereinstimmt. Alle Adressen der Top-Level-Domain `de` enden auf ebendiese Silbe und bezeichnen Computer, die physikalisch oder logisch in Deutschland beheimatet sind.

Die nächste Domain ist Sache der nationalen Netzverwalter. Hierzulande sorgt das Network Information Center für Deutschland (DE-NIC) – das nationale Standesamt – am Rechenzentrum der Universität Karlsruhe für Ordnung und betreibt den Primary Name Server (ns.nic.de, 193.196.32.1)[6]. Der Universität Karlsuhe ist die Domain `uni-karlsruhe.de` zugewiesen. Sie wird vom Primary Name Server der Universität `netserv.rz.uni-karlsruhe.de` (129.13.64.5) im Rechenzentrum verwaltet, bei dem jeder Computer auf dem Campus anzumelden ist, der am Netz teilnimmt. Innerhalb der Universität Karlsruhe vergibt das Rechenzentrum die Nummern und Namen, und zwar im wesentlichen die Namen fakultätsweise (`ciw` = Chemieingenieurwesen) und die Nummern gebäudeweise (118 = Gebäude 30.70), was mit der Verkabelung zusammenhängt. Innerhalb der Fakultäten oder Gebäude geben dann subalterne Manager wie wir die Nummern weiter und erfinden die Namen der einzelnen Computer. In der Regel ist die numerische Adresse mit der Hardware (Netzkarte) verknüpft, die alphanumerische Adresse (Name) mit der Funktion eines Netzcomputers. Unsere beiden Hosts `mvmpc2.ciw.uni-karlsruhe.de` und `ftp.ciw.uni-karlsruhe.de` sind beispielsweise hardwaremäßig identisch, die Namen weisen auf zwei Aufgaben der Kiste hin. Der Benutzer im Netz bemerkt davon kaum etwas; es ist gleich, ob er FTP mit `ftp` oder `mvmpc2` macht.

Im Netz finden sich noch Reste einer anderen Namensgebung. Der letzte Teil des Namens bezeichnet wie gehabt das Land, der zweitletzte Teil die Zuordung als akademisch, kommerziell oder dergleichen:

`www.boku.ac.at`

---

[5]Eine Windows-NT-Domäne ist etwas völlig anderes, nämlich eine Menge von Computern mit gemeinsamer Benutzerverwaltung, unter UNIX einer NIS-Domain entsprechend.

[6]Dieser kennt nicht etwa alle deutschen Knoten, sondern nur die ihm unmittelbar unter- und übergeordneten Name-Server. Es hat also keinen Zweck, ihn als Default-Name-Server auf dem eigenen Knoten einzutragen.

ist der Name des WWW-Servers der Universität für Bodenkultur Wien, wo im Verzeichnis `/zid/hand/` einiges zu den Themen des unseres Buches herumliegt. Diese Namensgebung trifft man in Österreich und England an.

Da die Name-Server für das Funktionieren des Netzes unentbehrlich sind, gibt es außer dem Primary Name Server immer mehrere Secondary Name Server, die die Adresslisten spiegeln und notfalls einspringen. `ns.nic.de` in Karlsruhe wird von Dresden und Stuttgart unterstützt.

Vergibt man Namen, ohne seinen Primary Name Server zu benachrichtigen, so sind diese Namen im Netz unbekannt, die Hosts sind nur über ihre numerische IP-Adresse erreichbar. Verwendet man IP-Adressen oder Namen innerhalb einer Domain mehrfach – was möglich ist, der Name-Server aber nicht akzeptiert – schafft man Ärger.

Auf UNIX-Systemen trägt man in das File `/etc/resolv.conf` die IP-Adressen (nicht die Namen) der Nameserver ein, die man zur Umsetzung von Namen in IP-Adressen (resolving) heranziehen möchte, zweckmäßig Server in der Nähe. Bei uns steht an erster Stelle ein institutseigener Secondary Name Server, dann der Primary Name Server unserer Universität und an dritter Stelle ein Nameserver der Universität Heidelberg. Mehr als drei Nameserver werden nicht angenommen. Wenn der an erster Stelle eingetragene Nameserver nicht richtig arbeitet, hat das oft Folgen an Stellen, an denen man zunächst nicht an den Nameserver als Ursache denkt. Uns fiel einmal auf, daß ein Webbrowser zum Laden der Seiten eines Webservers, der auf derselben Maschine lief, plötzlich spürbar Zeit benötigte. Als erstes dachten wir an eine Überlastung des Webservers. Die wahre Ursache war ein Ausfall des Nameservers. Mittels `nslookup(1)` kann man ihn testen. In das File `/etc/hosts` kann man ebenfalls Namen und IP-Adressen einiger Hosts eintragen, die besonders wichtig sind, meist lokale Server. Manche Programme greifen auf dieses File zurück, wenn sie bei den Nameservern kein Glück haben. Eigentlich ist es für kleine Netze ohne Nameserver gedacht.

Einige Internet-Dienste erlauben sowohl die Verwendung von Namen wie von IP-Adressen. Die IP-Adressen bieten eine geringfügig höhere Sicherheit, da die Umsetzung und die Möglichkeit ihres Mißbrauchs (DNS-Spoofing) entfallen.

Welchen Weg die Nachrichten im Netz nehmen, bleibt dem Benutzer verborgen, genau wie bei der Briefpost oder beim Telefonieren. Entscheidend ist, daß vom Absender zum Empfänger eine lückenlose Kette von Computern besteht, die mit Hilfe der Name-Server die Empfänger-Adresse so weit interpretieren können, daß die Nachricht mit jedem Zwischenglied dem Ziel ein Stück näher kommt. Es braucht also nicht jeder Internet-Computer eine Liste aller Internet-Teilnehmer zu halten. Das wäre gar nicht möglich, weil sich die Liste laufend ändert. Mit dem Kommando `traceroute(8)` und einem Hostnamen oder einer IP-Adresse als Argument ermittelt man den gegenwärtigen Weg zu einem Computer im Internet, beispielsweise von meiner Linux-Workstation zu einem Host in Freiburg:

```
/usr/sbin/traceroute ilsebill.biologie.uni-freiburg.de

 1  mv01-eth7.rz.uni-karlsruhe.de (129.13.118.254)
 2  rz11-fddi3.rz.uni-karlsruhe.de (129.13.75.254)
 3  belw-gw-fddi1.rz.uni-karlsruhe.de (129.13.99.254)
```

```
4  Karlsruhe1.BelWue.DE (129.143.59.1)
5  Freiburg1.BelWue.DE (129.143.1.241)
6  BelWue-GW.Uni-Freiburg.DE (129.143.56.2)
7  132.230.222.2 (132.230.222.2)
8  132.230.130.253 (132.230.130.253)
9  ilsebill.biologie.uni-freiburg.de (132.230.36.11)
```

Es geht zwar über erstaunlich viele Zwischenstationen, aber nicht über den Großen Teich. Die Nummer 1 steht bei uns im Gebäude, dann geht es auf den Karlsruher Campus, ins BelWue-Netz und schließlich auf den Freiburger Campus.

5.6 BelWue

BelWue versteht sich als ein Zusammenschluß der baden-württembergischen Hochschulen und Forschungseinrichtungen zur Förderung der nationalen und internationalen Telekooperation und Nutzung entfernt stehender DV-Einrichtungen unter Verwendung schneller Datenkommunikationseinrichtungen. BelWue ist ein organisatorisches Teilnetz im Rahmen des Deutschen Forschungsnetzes. Unbeschadet der innerorganisatorischen Eigenständigkeit der neun Universitätsrechenzentren ist das Kernziel die Darstellung dieser Rechenzentren als eine einheitliche DV-Versorgungseinheit gegenüber den wissenschaftlichen Nutzern und Einrichtungen. Soweit der Minister für Wissenschaft und Kunst von Baden-Württemberg.

Das Karlsruher Campusnetz **KLICK**, an das fast alle Einrichtungen der Universität Karlsruhe angeschlossen sind, ist ein BelWue-Subnetz. BelWue ist – wie oben verkündet – ein Subnetz des Deutschen Forschungsnetzes DFN. Das DFN ist ein Subnetz des Internet. Durch das BelWue-Netz sind miteinander verbunden

- die Universitäten Freiburg, Heidelberg, Hohenheim, Kaiserslautern, Karlsruhe, Konstanz, Mannheim, Stuttgart, Tübingen und Ulm,

- die Fachhochschulen Aalen, Biberach, Esslingen, Furtwangen, Heilbronn, Karlsruhe, Konstanz, Mannheim, Offenburg, Pforzheim, Reutlingen, Stuttgart (3), Ulm und Weingarten (Württemberg),

- die Berufsakademien Karlsruhe, Mannheim, Mosbach, Ravensburg und Stuttgart,

- das Ministerium für Wissenschaft und Forschung, Stuttgart.

Einige Netzadressen sind im Anhang **??** *Netzadressen* zu finden. Weiteres in der Zeitschrift IX Nr. 5/1993, S. 82 - 92.

5.7 Netzdienste im Überblick

Ein Netz stellt Dienstleistungen zur Verfügung. Einige nimmt der Benutzer ausdrücklich und unmittelbar in Anspruch, andere wirken als Heinzelmännchen im Hintergrund. Die wichtigsten sind:

- Terminal-Emulationen (das eigene System wird zum Terminal eines entfernten Systems, man führt einen Dialog) bis hin zu netzorientierten Window-Systemen (X Window System),

- Remote Execution (zum Ausführen von Programmen auf einem entfernten Host, ohne Dialog),

- File-Transfer (zum Kopieren von Files zwischen dem eigenen und einem entfernten System, Dialog eingeschränkt auf die zum Transfer notwendigen Kommandos),

- Electronic Mail (zum Senden und Empfangen von Mail zwischen Systemen),

- Netzgeschwätz (Echtzeit-Dialog mehrerer Benutzer),

- Nachrichtendienste (Neuigkeiten für alle),

- Voice over IP (Telefonieren über das Internet)

- Informationshilfen (Wo finde ich was?),

- Navigationshilfen (Wo finde ich jemand?)

- Netz-File-Systeme,

- Name-Server (Übersetzung von Netz-Adressen),

- Zeit-Server (einheitliche, genaue Zeit im Netz),

- Drucker-Server (Remote Printing, Drucken auf einem entfernten Host),

Das Faszinierende am Netz ist, daß Entfernungen fast keine Rolle spielen. Der Kollege in Honolulu ist manchmal besser zu erreichen als der eigene Chef eine Treppe höher. Die Kosten sind – verglichen mit denen der klassischen Kommunikationsmittel – geringer, und einen Computer braucht man ohnehin. Eine allzu eingehende Beschäftigung mit dem Netz kann allerdings auch – wie übermäßiger Alkoholgenuß – die eigene Leistung gegen Null gehen lassen.

Im Netz hat sich so etwas wie eine eigene Subkultur entwickelt, siehe *The New Hacker's Dictionary* oder das Jargon-File. Die Benutzer des Netzes sehen sich nicht bloß als Teilnehmer an einer technischen Errungenschaft, sondern als Bürger oder Bewohner des Netzes (netizen, cybernaut).

5.8   Terminal-Emulatoren (telnet, rlogin, ssh)

`telnet(1)` emuliert ein VT100-Terminal gemäß dem telnet-Protokoll in TCP/IP-Netzen (Internet). `tn3270(1)` bildet ein VT100-Terminal auf eine IBM-3270-Emulation ab, so daß man mit einem echten oder emulierten VT 100 mit IBM-Großrechnern wie der IBM 3090 einen Dialog führen kann.

Mittels **Remote Login**, Kommando `rlogin(1)`, meldet man sich als Benutzer auf dem entfernten Computer (Host) an. Hat man dort keine Benutzerberechtigung, wird der Zugang verweigert. Darf man, wird eine Sitzung eröffnet, so als ob man vor Ort säße. Ist der lokale Computer ein PC, so muß dieser ein Terminal emulieren, das mit dem Host zusammenarbeitet (oft ein VT 100). Der Unterschied zwischen `telnet(1)` und `rlogin(1)` besteht darin, daß das erstere Kommando ein Internet-Protokoll realisiert und daher auf vielen Systemen verfügbar ist, während die r-Dienstprogramme von Berkeley nur auf UNIX-Systemen laufen.

Das Programmpaar `ssh(1)` (Secure Shell Client) und `sshd(1)` (Secure Shell Daemon) ermöglichen eine Terminalverbindung zu einem entfernten Computer ähnlich wie `telnet(1)` oder `rlogin(1)`. Die Daten gehen jedoch verschlüsselt über die Leitung und können zwar abgehört, aber kaum von Unberechtigten verwendet werden. Darüber hinaus werden bei einer X11-Verbindung noch die notwendigen Erlaubnisse und Umgebungsvariablen gesetzt.

Netzorientierte Window-Systeme ermöglichen es, aufwendige grafische Ein- und Ausgaben über das Netz laufen zu lassen. Ein Beispiel dafür ist das **X Window System**. Näheres siehe Abschnitt 3.6.2 *X Window System*. Innerhalb des X Window Systems lassen sich dann wieder Terminal-Emulatoren starten – auch mehrere gleichzeitig – so daß man auf einem Bildschirm verschiedene Terminal-Sitzungen mit beliebigen X-Window-Clienten im Netz abhalten kann.

In größeren Anlagen sind die Terminals nicht mehr unmittelbar mit dem Computer verbunden, weil auch vorübergehend nicht benutzte Terminals einen wertvollen Port belegen würden. Sie sind vielmehr mit einem **Terminal-Server** verbunden, der nur die aktiven Terminals zum Computer durchschaltet. Der Terminal-Server ist ein kleiner Computer, der nur ein Protokoll wie Telnet fährt. Der Terminal-Server kann an mehrere Computer angeschlossen sein, so daß jedes Terminal gleichzeitig mehrere Sitzungen auf verschiedenen Anlagen geöffnet haben kann. Wenn ein Benutzer dann einen **Session Manager** zur Verwaltung seiner offenen Sitzungen braucht, ist er auf der Höhe der Zeit. Terminal in Karlsruhe, Daten in Stuttgart, Prozesse in Bologna und Druckerausgabe in Fort Laramy, alles möglich!

5.9 File-Transfer (kermit, ftp, fsp)

Um im vorigen Beispiel zu bleiben, nehmen wir an, daß unser PC ein Terminal emuliert und wir eine Sitzung auf dem entfernten Computer (Host) eröffnet haben. Jetzt möchten wir ein File von dem Host auf unseren PC übertragen, eine Aufgabe, die zwischen einem echten Terminal und einem Computer keinen Sinn macht, weil das echte Terminal keinen Speicher hat, in das ein File kopiert werden könnte. Dasselbe gilt auch für die umgekehrte Richtung. Wir brauchen also neben der Emulation ein Programm für die File-Übertragung. Im einfachsten Fall sind das Kopierprogramme ähnlich `cat(1)` oder `cp(1)`, die zum Computerausgang schreiben bzw. vom Computereingang (serielle Schnittstellen) lesen, und zwar muß auf dem sendenden und auf dem empfangenden Computer je eines laufen.

Bei der Übertragung treten Fehler auf, die unangenehmer sind als ein falsches Zeichen auf dem Bildschirm, außerdem spielt die Geschwindigkeit eine Rolle. Man bevorzugt daher gesicherte **Übertragungsprotokolle**, die die zu übertragenden Daten in Pakete packen und jedes Paket mit einer Prüfsumme versehen, so daß der Empfänger einen Übertragungsfehler mit hoher Wahrscheinlichkeit bemerkt und eine Wiederholung des Paketes verlangt. Beispiele gesicherter Protokolle sind

kermit, xmodem, und zmodem. Sie gehören *nicht* zu den Internet-Protokollen. Wir
verwenden oft kermit(1). Es ist zwar angejahrt, aber verbreitet, Original Point
of Distribution kermit.columbia.edu. Das für viele Systeme verfügbare kermit-
Programm enthält auch eine Terminal-Emulation, erledigt also zwei Aufgaben.

Bei einem File Transfer mittels ftp(1) kopiert man ein File von einem Computer zum anderen und arbeitet dann mit seiner lokalen Kopie weiter. **FTP** geht in
beide Richtungen, senden und empfangen. Es ist ein Internet-Protokoll und wird
im RFC 959 beschrieben. Unter FTP stehen mehrere Dutzend FTP-Kommandos
zur Verfügung, die beim File-Transfer gebraucht werden. Man kann also nicht
wie beim Remote Login auf der entfernten Maschine arbeiten, die Eingabe von
UNIX-Kommandos führt zu einem Fehler. Einige FTP-Kommandos haben dieselben Namen wie DOS- oder UNIX-Kommandos, aber nicht alle. Ein Trick, um sich
kleine Textfiles (readme) doch gleichsam on-line anzuschauen:

```
get readme |more
```

Das FTP-Kommando get erwartet als zweites Argument den lokalen Filenamen.
Beginnt dieser mit dem senkrechten Strich einer Pipe, unmittelbar gefolgt von
einem UNIX-Kommando, so wird das übertragene File an das UNIX-Kommando
weitergereicht. Eine andere Möglichkeit ist, das File zu übertragen, FTP mittels
eines Ausrufezeichens vorübergehend zu verlassen, auf Shellebene mit dem File
zu arbeiten und nach Beenden der Shell FTP fortzusetzen. Beide Verfahren belegen zwar keine Übertragungswege (da paketvermittelt), aber auf den beteiligten
Computern einen FTP-Port, und deren Anzahl ist begrenzt.

Bei der Übertragung zwischen ungleichen Systemen (UNIX – MS-DOS – Macintosh) ist zwischen Textfiles und binären Files zu unterscheiden. Textfiles unterscheiden sich -- wir sprachen in Abschnitt 3.7.13 *Textfiles aus anderen Welten*
auf Seite 183 darüber - in der Gestaltung des Zeilenwechsels. Die Übertragungsprogramme übersetzen stillschweigend den Zeilenwechsel in die Zeichenkombina-
tion des jeweiligen Zielcomputers. Alle anderen Files gelten als binär und sind zu
übertragen, ohne auch nur ein Bit zu ändern. Bei der Übertragung zwischen zwei
UNIX-Systemen braucht man den Unterschied nicht zu beachten. Auch Postscript-
Files und gepackte Textfiles müssen binär übertragen werden. Überträgt man ein
Textfile binär, kann man mit einem einfachen Filter den Zeilenwechsel wieder hin-
biegen. Ist ein Binärfile im Textmodus von FTP übertragen worden, ist es Schrott.

Arbeitet man hinter einer Firewall-Maschine, so kann der FTP-Dialog zwischen Client und Server mißlingen. Normalerweise verlangt nach Beginn des Dia-
logs der Server vom Client die Eröffnung eines Kanals zur Datenübertragung. Die
Firewall sieht in dem Verlangen einen hereinkommenden Aufruf an einen unbekannten Port, eine verdächtige und daher abzublockende Angelegenheit. Schickt
man nach Herstellung der Verbindung, jedoch vor der Übertragung von Daten das
FTP-Kommando pasv an den Server, so wird die Datenverbindung vom Client
aus aufgebaut, und die Firewall ist beruhigt. Nicht alle FTP-Server unterstützen
jedoch dieses Vorgehen.

Es gibt Zeitgenossen, denen steht von allen Internet-Diensten nur Email zur
Verfügung. Damit auch sie in den Genuß des Anonymen FTPs kommen, gibt
es auf einigen Computern einen virtuellen Benutzer namens ftpmail. An diesen

schickt man eine Email, deren Inhalt aus den üblichen ftp-Kommandos besteht.
Die Email wird von einer Handvoll Perl-Scripts ausgewertet, die das gewünschte
File per FTP holen und per Email weitersenden. Schreiben Sie also an:

```
ftpmail@ftp.uni-stuttgart.de
```

eine Email mit beliebigem Subject und dem Inhalt (body):

```
open ftp.denic.de
cd pub
cd rfc
ascii
get fyi-index.txt
quit
```

Auf `list.ciw.uni-karlsruhe.de` läuft auch ein FTP-Mailer, allerdings mit ein-
geschränktem Wirkungsbereich. Bei Erfolg trudelt zuerst eine Auftragsbestäti-
gung bei Ihnen ein, dann das gewünschte File und zum Schluß das Protokoll der
Übertragung. Es kann sein, daß Sie noch eine zweite Email zur Bestätigung des
Auftrags schicken müssen, aber das wird Ihnen mitgeteilt. Hat man nur Email,
ist dieser Weg besser als nichts.

Das **File Service Protocol FSP** dient dem gleichen Zweck wie FTP, ist
etwas langsamer, aber dafür unempfindlich gegenüber Unterbrechungen. Manche
Server bieten sowohl FTP wie auch FSP an.

5.10 Anonymous FTP

In Universitäten ist es Brauch, den Netzteilnehmern Informationen und Software
unentgeltlich zur Verfügung zu stellen. Was mit öffentlichen Mitteln finanziert
worden ist, soll auch der Öffentlichkeit zugute kommen. Einige Organisationen
und Firmen haben sich ebenfalls dem Netzdienst angeschlossen. Zu diesem Zweck
wird auf den Anlagen ein Benutzer namens `anonymous` (unter vielen Systemen
auch `ftp`) eingerichtet, der wie `gast` kein Passwort benötigt. Es ist jedoch üblich,
seine Email-Anschrift als Passwort mitzuteilen. Nach erfolgreicher Anmeldung auf
einer solchen Anlage kann man sich mit einigen FTP-Kommandos in den öffentlichen Verzeichnissen (oft `/pub`) umsehen und Files auf die eigene Anlage kopieren
(download). Eine Anonymous-FTP-Verbindung mit der Universität Freiburg im
schönen Breisgau verläuft beispielsweise so:

```
ftp ftp.uni-freiburg.de
anonymous                             (Login-Name)
ig03@mvmhp.ciw.uni-karlsruhe.de       (eigener Name als Passwort)
dir                                   (wie UNIX-ls)
ascii                                 (Textmodus)
get README                            (File README holen)
cd misc
dir
quit
```

Anschließend findet man das Freiburger File README in seinem Arbeits-Verzeichnis. Die Geschwindigkeit der Verbindung liegt bei 600 Bytes/s. Allerdings ist diese Angabe infolge der geringen Filegröße ungenau. Auf diese Weise haben wir uns den *Hitchhikers Guide to Internet* besorgt.

Die Verbindung funktioniert nicht nur im Ländle[7], sondern sogar bis zum anderen Ende der Welt. Mit

```
ftp ftp.cc.monash.edu.au
wulf.alex@ciw.uni-karlsruhe.de
dir
cd pub
dir
quit
```

schaut man sich im Computer Center der Monash University in Melbourne in Australien um. Die Geschwindigkeit sinkt auf 40 Bytes/s. Man wird sich also nicht megabytegroße Dokumente von dort holen. Grundsätzlich soll man immer zuerst in der Nachbarschaft suchen. Viele Files werden nämlich nicht nur auf ihrem Ursprungscomputer (original point of distribution, OPD) verfügbar gehalten, sondern auch auf weiteren Hosts. Manche FTP-Server kopieren sogar ganze Verzeichnisbäume fremder Server. Eine solche Kopie wird **Spiegel** (mirror) genannt. Ein Spiegel senkt die Kosten und erhöht die Geschwindigkeit der Übertragung. Weiterhin gebietet der Anstand, fremde Computer nicht zu den dortigen Hauptverkehrszeiten zu belästigen.

Da der Mensch seit altersher mit einem starken Sammeltrieb ausgestattet ist, stellt Anonymous FTP für den Anfänger eine Gefahr dar. Zwei Hinweise. Erstens: Man lege ein Verzeichnis `aftp` an (der Name `ftp` wird meist für die FTP-Software benötigt). In diesem richte man für jeden FTP-Server, den man anzapft, ein Unterverzeichnis an. In jedem Unterverzeichnis schreibe man ein Shellscript namens `aftp` mit folgender Zeile:

```
ftp ftp-servername
```

`ftp-servername` ist der Name, notfalls die numerische Internet-Adresse des jeweiligen FTP-Servers. Das Shellscript mache man les- und ausführbar (750). Dann erreicht man in dem augenblicklichen Verzeichnis mit dem Kommando `aftp` immer den zugehörigen Server und weiß, woher die Files stammen. Weiter lege man für wichtige Programme, deren Herkunft man bald vergessen hat, in dem Verzeichnis `aftp` einen Link auf das zum FTP-Server gehörige Unterverzeichnis an. So hat man einen doppelten Zugangsweg: über die Herkunft und den Namen. Bei uns schaut das dann so aus:

```
...

emacs -> unimainz
unimainz
```

---

[7]Für Nicht-Badener: Das Ländle ist Baden, seine Einwohner heißen Badener und nicht etwa Badenser.

```
aftp
...
emacs-20.2
emacs-20.2.tar.gz
```
...

Sie dürfen sich gern ein anderes Ordnungsschema ausdenken, aber ohne Ordnung stehen Sie nach vier Wochen Anonymous FTP im Wald.

Zweitens: Man hole sich nicht mehr Files in seinen Massenspeicher, als man in nächster Zukunft verarbeiten kann, andernfalls legt man nur eine Datengruft zum Wohle der Plattenindustrie an. Für alle weiteren Schätze reicht eine Notiz mit Herkunft, Namen, Datum und Zweck. Files ändern sich schnell. Mit überlagerten Daten zu arbeiten ist Zeitvergeudung.

Das **Gutenberg-Projekt** hat sich zur Aufgabe gesetzt, bis zum Jahr 2001 eine Vielzahl englisch- und anderssprachiger Texte als ASCII-Files zur Verfügung zu stellen. Die Bibel, WILLIAM SHAKESPEARE's Gesammelte Werke und die Verfassung der USA gibt es schon. Folgende URLs bieten einen Einstieg:

- Gutenberg-Projekt englisch: `http://promo.net/pg/`,

- Gutenberg-Projekt deutsch: `http://www.gutenberg.aol.de/`.

In erster Linie finden sich die Werke älterer Autoren, deren Urheberrechte abgelaufen sind.

Die kostenfreie **GNU-Software** kommt von `prep.ai.mit.edu` in den USA, kann aber auch von mehreren Servern (mirrors) in Europa abgeholt werden. Inzwischen gibt es auch eine Liste der deutschen Mirrors. Die SIMTEL-Archive werden von `ftp.uni-paderborn.de` gespiegelt. Man muß fragen und suchen, das Internet kennt keine zentrale Verwaltung.

Die Einrichtung eines eigenen **FTP-Servers** unter UNIX ist nicht weiter schwierig, siehe die man-Seite zu `ftpd(1M)`. Man muß achtgeben, daß anonyme Benutzer nicht aus dem ihnen zugewiesenen Bereich im Filesystem herauskönnen, sofern man überhaupt Anonymous FTP zulassen will. Bei uns greifen FTP-Server und WWW-Server auf denselben Datenbestand zu, das hat sich als zweckmäßig erwiesen. Andersherum: unser FTP-Server kann inzwischen auch WWW, unser WWW-Server kann FTP, und der Datenbestand des einen ist eine Kopie des anderen, ein Backup.

5.11 Electronic Mail (Email)

5.11.1 Grundbegriffe

Electronic Mail, Email oder Computer-Mail ist die Möglichkeit, mit Benutzern im Netz zeitversetzt Nachrichten auszutauschen, in erster Linie kurze Texte. Die Nachrichten werden in der Mailbox[8] des Empfängers gespeichert, wo sie bei Bedarf

---

[8]Das Wort *Mailbox* wird in anderen Netzen auch als Oberbegriff für ein System aus Postfächern und Anschlagtafeln gebraucht, siehe die Liste der Mailboxen in der Zeitschrift c't oder in der Newsgruppe `de.etc.lists`.

abgeholt werden. Die **Mailbox** ist ein File oder ein Unterverzeichnis auf dem Computer des Empfängers.

PCs unter MS-DOS und ähnliche Rechner haben hier eine Schwierigkeit. Sie sind oftmals ausgeschaltet oder mit anderen Arbeiten beschäftigt, jedenfalls nicht bereit, Mail entgegenzunehmen. Eine größere UNIX-Anlage dagegen ist ständig in Betrieb und vermag als Multitasking-System Mail zu empfangen, während sie andere Aufgaben bearbeitet. Die Lösung ist, die Nachrichten auf zentralen **Mailservern** zu speichern und von dort – möglichst automatisch – abzuholen, sobald der eigene Computer bereit ist. Das Zwischenlager wird manchmal als **Maildrop** bezeichnet. Hierzu wird das **Post Office Protocol** (POP) nach RFC 1460 verwendet; der POP-Dämon ist in `/etc/services` und in `/etc/inetd.conf` einzutragen, ist also ein Knecht des inet-Dämons. Auf dem PC oder Mac läuft ein POP-fähiges Mailprogramm wie *Eudora*, das bei Aufruf Kontakt zum Mail- und Popserver aufnimmt.

Im Internet wird der Mailverkehr durch das **Simple Mail Transfer Protocol** SMTP nach RFC 821 in Verbindung mit RFC 822 geregelt. Eine Alternative ist die CCITT-Empfehlung X.400, international genormt als ISO 10021. Es gibt Übergänge zwischen den beiden Protokollwelten, Einzelheiten siehe im RFC 1327. Im Internet wird Mail sofort befördert und nicht zwischengelagert wie in einigen anderen Netzen (UUCP). Die Adresse des Empfängers muß hundertprozentig stimmen, sonst kommt die Mail als unzustellbar zurück. Eine gültige Benutzeradresse ist:

`wualex1@mvmhp64.ciw.uni-karlsruhe.de`

`wualex1` ist ein Benutzername, wie er im File `/etc/passwd`(4) steht. Der Kringel – das ASCII-Zeichen Nr. 64 – wird im Deutschen auch Klammeraffe[9] (commercial at, arobace) genannt und trennt den Benutzernamen vom Computernamen. Falls man Schwierigkeiten beim Eingeben dieses Zeichens hat, kann man es mit `\@` oder `control-v @` versuchen. Der Klammeraffe dient gelegentlich auch als Steuerzeichen und löscht dann eine Zeile. `mvmhp64` ist der Name des Computers, `ciw` die Subdomain (Fakultät für Chemieingenieurwesen), `uni-karlsruhe` die Domain und `de` die Top-level-domain Deutschland. IP-Adressen sollten in der Anschrift vermieden werden, falls unvermeidbar, müssen sie in eckige Klammern eingerahmt werden. Andere Netze (Bitnet, UUCP) verwenden andere Adressformate, was zur Komplexität von Mailprogrammen wie `sendmail`(1M) und deren Konfiguration[10] beiträgt.

Besagter Benutzer tritt auch noch unter anderen Namen auf anderen Maschinen auf. In den jeweiligen Mailboxen oder Home-Verzeichnissen steht ein `forward`-Kommando, das etwaige Mail an obige Adresse weiterschickt. Keine Mailbox zu haben, ist schlimm, viele zu haben, erleichtert das Leben auch nicht gerade. Da man auf jedem UNIX-Computer, der ans Netz angeschlossen ist, grundsätzlich eine Mailbox (das heißt eine gültige Mailanschrift) besitzt, hat man selbst für das

---

[9]Das Zeichen soll in den klösterlichen Schreibstuben des Mittelalters als Abkürzung des lateinischen Wortes *ad* entstanden sein.

[10]Die Konfiguration von `sendmail` ist Bestandteil jeder UNIX-Wizard-Prüfung.

richtige Forwarding zu sorgen. Andernfalls kann man jeden Morgen die Menge seiner Mailboxen abklappern.

Da Computer kommen und gehen und mit ihnen ihre Namen, ist es unpraktisch, bei jedem Umzug aller Welt die Änderung der Mailanschrift mitteilen zu müssen. Unser Rechenzentrum hat daher **generische Anschriften** gemäß der CCITT-Empfehlung X.500 eingeführt, die keinen Maschinennamen mehr enthalten:

`wulf.alex@ciw.uni-karlsruhe.de`

Ein Server im Rechenzentrum weiß, daß Mail an diese Anschrift zur Zeit an `wualex1@mvmhp64` weitergeleitet werden soll. Bei einem Umzug genügt eine Mitteilung ans Rechenzentrum, für die Außenwelt ändert sich nichts. Die Anschriften mit Maschinennamen bleiben weiterhin bestehen, sollten aber nicht veröffentlicht werden. Im Prinzip könnte eine einmal angelegte X.500-Anschrift lebenslang gültig bleiben und sogar an die Nachkommen vererbt werden, da sie die etwaigen Änderungen der tatsächlichen Email-Anschrift verbirgt.

Die CCITT-Empfehlung **X.500** hat zunächst nichts mit Email zu tun, sondern ist ein weltweites, verteiltes Informationssystem mit Informationen über Länder, Organisationen, Personen usw. Zu jedem Objekt gehören bestimmte Attribute, zu einer Person unter anderem Name, Telefonnummer und Email-Anschriften. Das sind personenbezogene Daten, die unter die Datenschutzgesetze fallen. Die Eintragung der Daten bedarf daher der Zustimmung des Betroffenen. Wer sich nicht eintragen lassen will, ist unter Umständen schwierig zu finden.

Kennt man den Benutzernamen nicht, aber wenigstens den vollständigen Computernnamen, kann man die Mail mit der Bitte um Weitergabe an `postmaster@computername` schicken. Die Postmaster oder -monster sind Kummer gewöhnt. Jeder Mailserver soll einen haben.

Die Mailprogramme fügen der Mail eine Anzahl von **Kopfzeilen** (Header) hinzu, die folgendes bedeuten (RFC 822, RFC 2045):

- Message-ID: weltweit eindeutige, maschinenlesbare Bezeichnung der Mail

- Date: Zeitpunkt des Absendens

- From: logischer Absender

- Sender: tatsächlicher Absender

- Return-Path: Rückweg zum Absender

- Reply-to: Anschrift für Antworten

- Organization: Organisation des Absenders, z. B. Universität Karlsruhe

- To: Empfänger

- Cc: Zweiter Empfänger (Carbon copy)

- Received: Einträge der Hosts, über die Mail ging

- Subject: Thema der Mail

- Keywords: Schlagwörter zum Inhalt der Mail

- Lines: Anzahl der Zeilen ohne Header
- Precedence: Dringlichkeit wie urgent, normal, bulk
- Priority: Dringlichkeit wie urgent, normal, bulk
- Status: z. B. bereits gelesen, wird vom MDA (`elm(1)`) eingesetzt
- In-Reply-To: Bezug auf eine Mail (Message-ID) des Empfängers
- References: Bezüge auf andere Mails (Message-IDs)
- Resent: weitergleitet
- Expires: Haltbarkeitsdatum der Mail (best before ...)
- Errors-To: Anschrift für Probleme
- Comments: Kommentar
- MIME-Version: MIME-Version, nach der sich die Mail richtet
- Content-Transfer-Encoding: MIME-Codierungsverfahren, Default 7bit
- Content-ID: MIME ID der Mail, weltweit eindeutig
- Content-Description: MIME Beschreibung des Inhalts der Mail
- Content-Type: MIME text, image, audio, video, application usw. Default-wert text/plain; charset=us-ascii
- Content-Length: MIME Anzahl der Zeichen, ohne Header
- X400-Originator u. a.: Felder nach CCITT-Empfehlung X.400/ISO 10021
- X-Sender: (user defined field)
- X-Mailer: (user defined field)
- X-Gateway: (user defined field)
- X-Priority: (user defined field)
- X-Envelope-To: (user defined field)
- X-UIDL: (user defined field)

Die meisten Mails weisen nur einen Teil dieser Header-Zeilen auf, abhängig vom jeweiligen Mailprogramm. Einige der Header-Zeilen wie *Subject* lassen sich editieren.

Zum Feld `Content-Transfer-Encoding` nach RFC 2045 noch eine Erläuterung. Das Simple Mail Transfer Protocol läßt nur 7-bit-Zeichen und Zeilen mit weniger als 1000 Zeichen zu. Texte mit Sonderzeichen oder binäre Daten müssen daher umcodiert werden, um diesen Forderungen zu genügen. Das Feld weist das die Mail an den Empfänger ausliefernde Programm darauf hin, mit welchem Zeichensatz bzw. welcher Codierung (nicht: Verschlüsselung) die Daten wiederzugeben sind. Übliche Eintragungen sind:

- 7bit (Default, 7-bit-Zeichensatz, keine Codierung),
- 8bit (8-bit-Zeichensatz, keine Codierung),

- binary (binäre Daten, keine Codierung),

- quoted-printable (Oktetts werden in die Form =Hexpärchen codiert, druckbare 7-bit-US-ASCII-Zeichen dürfen beibehalten werden),

- base64 (jeweils 3 Zeichen = 3 Bytes = 24 Bits werden codiert in 4 Zeichen des 7-bit-US-ASCII-Zeichensatzes, dargestellt durch 4 Bytes mit höchstwertigem Bit gleich null),

- ietf-token (Sonderzeichen der IETF/IANA/ICANN),

- x-token (user defined).

Dieses Feld sagt nichts darüber aus, ob die Daten Text, Bilder, Audio oder Video sind. Das gehört in das Feld Content-Type. Beispiel:

```
Content-Type: text/plain; charset=ISO-8859-1
Content-transfer-endocding: base64
```

kennzeichnet eine Mail als einen Text, urpsrünglich geschrieben mit dem Zeichensatz ISO 8859-1 (Latin-1) und codiert gemäß base64 in Daten, die nur Zeichen des 7-bit-US-ASCII-Zeichensatzes enthalten. Nach Rückcodierung hat man den Text und kann ihn mit einem Ausgabegerät, das den Latin-1-Zeichensatz beherrscht, in voller Pracht genießen.

Nun die entscheidende Frage: Wie kommt eine Mail aus meinem Rechner an einen Empfänger irgendwo in den unendlichen Weiten? Im Grunde ist es ähnlich wie bei der Briefpost. Alle Post, die ich nicht in meinem Heimatdorf selbst austrage, werfe ich in meinen Default-Briefkasten ein. Der Rest ist Sache der Deutschen Post AG. Vermutlich landet mein Brief zuerst in Karlsruhe auf einem Postamt. Da er nach Fatmomakke in Schweden adressiert ist, dieser Ort jedoch in Karlsruhe ziemlich ausländisch klingt, gelangt der Brief zu einer für das Ausland zuständigen zentralen Stelle in Frankfurt (Main) oder Hamburg. Dort ist zumindest Schweden ein Begriff, der Brief fliegt weiter nach Stockholm. Die Stockholmer Postbediensteten wollen mit Fatmomakke auch nichts zu tun haben und sagen bloß *Ab damit nach Östersund.* Dort weiß ein Busfahrer, daß Fatmomakke über Vilhelmina zu erreichen ist und nimmt den Brief mit. Schließlich fühlt sich der Landbriefträger in Vilhelmina zuständig und händigt den Brief aus. Der Brief wandert also durch eine Kette von Stationen, die jeweils nur ihre Nachbarn kennen, im wesentlichen in die richtige Richtung.

Genau so läuft die elektronische Post. Schauen wir uns ein Beispiel an. Die fiktive Anschrift sei `xy@access.owl.de`, der Rechner ist echt, jedoch kein Knoten (Host) im Internet. Das Kommando `nslookup(1)` sagt *No Address.* Mit `host -a access.owl.de` (unter LINUX verfügbar) erfahren wir etwas mehr, nämlich (gekürzt):

```
access.owl.de 86400 IN MX (pri=20) by pax.gt.owl.de
access.owl.de 86400 IN MX (pri=50) by jengate.thur.de
access.owl.de 86400 IN MX (pri=100) by ki1.chemie.fu-berlin.de
access.owl.de 86400 IN MX (pri=10) by golden-gate.owl.de
For authoritative answers, see:
```

```
owl.de 86400 IN NS golden-gate.owl.de
Additional information:
golden-gate.owl.de 86400 IN A 131.234.134.30
golden-gate.owl.de 86400 IN A 193.174.12.241
```

Der Rechner `access.owl.de` hat keine Internet-Adresse, es gibt aber vier
Internet-Rechner (MX = Mail Exchange), die Mail für `access.owl.de` annehmen. Der beste (pri=10) ist `golden-gate.owl.de`. Dessen IP-Adresse erfährt
man mit `nslookup(1)` oder `host(1)`, sofern von Interesse. Wie die Mail
von Karlsruhe nach `golden-gate.owl.de` gelangt, ermittelt das Kommando
`traceroute golden-gate.owl.de`:

```
 1  mv01-eth7.rz.uni-karlsruhe.de (129.13.118.254)  1.230 ms
 2  rz11-fddi3.rz.uni-karlsruhe.de (129.13.75.254)  2.238 ms
 3  belw-gw-fddi1.rz.uni-karlsruhe.de (129.13.99.254)  4.397 ms
 4  Karlsruhe1.BelWue.DE (129.143.59.1)  2.821 ms
 5  Uni-Karlsruhe1.WiN-IP.DFN.DE (188.1.5.29)  2.682 ms
 6  ZR-Karlsruhe1.WiN-IP.DFN.DE (188.1.5.25)  3.967 ms
 7  ZR-Frankfurt1.WiN-IP.DFN.DE (188.1.144.37)  14.330 ms
 8  ZR-Koeln1.WiN-IP.DFN.DE (188.1.144.33)  19.910 ms
 9  ZR-Hannover1.WiN-IP.DFN.DE (188.1.144.25)  24.667 ms
10  Uni-Paderborn1.WiN-IP.DFN.DE (188.1.4.18)  26.569 ms
11  cisco.Uni-Paderborn.DE (188.1.4.22)  25.23 ms  26.126 ms
12  fb10sj1-fb.uni-paderborn.de (131.234.250.37)  28.262 ms
13  golden-gate.uni-paderborn.de (131.234.134.30)  29.128 ms
```

Station 1 ist das Gateway, das unser Gebäudenetz mit dem Campusnetz verbindet. Mit der Station 5 erreichen wir das deutsche Wissenschaftsnetz, betrieben
vom *Verein zur Förderung eines Deutschen Forschungsnetzes (DFN-Verein)*. Diese noch zur Universität Karlsruhe gehörende Station schickt alles, was sie nicht
selbst zustellen kann, an ein Default-Gateway in Karlsruhe (Nr. 6). Von dort geht
es über Frankfurt, Köln und Hannover (wo der Router offenbar einmal etwas von
Paderborn und `owl.de` gehört hat) in die Universität Paderborn, der Heimat des
Rechners `golden-gate.owl.de`. Dieser Weg braucht weder physikalisch noch logisch der schnellste zu sein, Hauptsache, er führt mit Sicherheit zum Ziel. Er kann
auch beim nächsten Mal anders verlaufen.

Die Software zum netzweiten Mailen auf einem UNIX-Rechner setzt sich
aus zwei Programmen zusammen: einem Internet-Dämon (Mail Transfer Agent,
MTA), meist `sendmail(1M)` oder `smail(1M)`, und einem benutzerseitigen Werkzeug (Mail User Agent, MUA) wie `elm(1)` oder `mail(1)`. Der MUA macht die
Post versandfertig bzw. liefert sie aus, der MTA sorgt für den Transport. Der
Benutzer kann zwar auch mit `sendmail(1M)` unmittelbar verkehren, aber das ist
abschreckend und nur zur Analyse von Störfällen sinnvoll. Das Werkzeug `elm(1)`
arbeitet mit einfachen Menus und läßt sich den Benutzerwünschen anpassen. Es
ist komfortabler als `mail(1)` und textorientiert (ohne MUFF), aber `mail(1)` nehme ich immer noch gern, wenn es darum geht, einem Benutzer schnell ein Textfile
zuzusenden.

Will man zwecks Störungssuche auf der eigenen Maschine unmittelbar mit
sendmail(1) eine Mail verschicken, geht man so vor:

```
sendmail -v empfaengeradresse
Dies ist eine Testmail.
Gruss vom Mostpaster.
```

Der einzelne Punkt beendet die Mail samt Kommando. Auf eine entfernte Maschine greift man per telnet(1) zu und fährt das Mailprotokoll von Hand. Man
ist also nicht auf lokale Mailprogramme (elm(1), sendmail(1)) angewiesen. Auf
Port 25 liegt der Maildämon:

```
telnet entfernte_maschine 25
help
helo list.ciw.uni-karlsruhe.de
mail from: mostpaster@list.ciw.uni-karlsruhe.de
rcpt to: empfaengeradresse1
rcpt to: empfaengeradresse2
data
Dies ist eine Testmail.
Gruss vom Postmonster
.
quit
```

Auf ähnliche Weise läßt sich auch feststellen, was eine Maschine mit einer Anschrift
macht:

```
telnet mvmhp15.ciw.uni-karlsruhe.de 25
expn wualex1
(Antwort:) 250 <wualex1@mvmhp64.ciw.uni-karlsruhe.de>
expn walex1
(Antwort:) 550 walex1 ... User unknown
quit
```

Hier schickt die mvmhp15 Mail an den lokalen Benutzer wualex1 weiter zur
mvmhp64 (Alias oder Forwarding), während der Benutzer walex1 unbekannt ist.
Obige Wege sind – wie gesagt – nicht für die Alltagspost gedacht.

Im Logfile von sendmail(1M) erzeugt jedes *from* und jedes *to* eine Eintragung.
Zusammengehörige Ein- und Auslieferungen haben dieselbe Nummer. Bei einer
Mailing-Liste erzeugt eine Einlieferung eine Vielzahl von Auslieferungen. Mit den
üblichen Werkzeugen zur Textverarbeitung läßt sich das Logfile auswerten. Wir
lassen uns jeden Morgen die Gesamtzahl sowie die Anzahlen der from-, to- und
reject-Eintragungen des vergangenen Tages per Email übermitteln.

Ein Mail Transfer Agent wie sendmail(1M) kann über ein Alias-File einige
Dinge erledigen, die über den Transport hinausgehen. Das Alias-File ist eine zweispaltige Tabelle. In der linken Spalte stehen Namen, die als lokale Mailempfänger
auftreten. Das brauchen nicht in jedem Fall eingetragene Benutzer zu sein, sie
müssen nur so aussehen. Das Trennzeichen zwischen den beiden Spalten ist der
Doppelpunkt. In der rechten Spalte stehen:

- ein tatsächlich vorhandener, lokaler Benutzername oder

- mehrere Benutzernamen, auch ganze Email-Anschriften oder

- der absolute Pfad eines Files oder

- eine Pipe zu einem Programm oder

- eine include-Anweisung.

Im ersten Fall kann ein lokaler Benutzer Mail unter verschiedenen Namen empfangen. Typisch: Mail an die Benutzer `root`, `postmaster`, `webmaster`, `wulf.alex`
oder `ig03` landet bei `wualex1`. Oder man will bei Empfängern, in deren Namen
Matthias oder *Sybille* vorkommt, auch die anderen Schreibweisen zulassen für den
Fall, daß sich der Absender nicht sicher ist. Der zweite Fall ermöglicht, unter einem Empfängernamen eine ganze Benutzergruppe zu erfassen, die Vorstufe zu
einer Mailing-Liste sozusagen. Unter dem Aliasnamen `mitarbeiter` kann man so
mit einer Mail eine weltweit verstreute Mitarbeiterschar erreichen. Im dritten Fall
wird eine Mail an das File angehängt, im vierten nach `stdin` des Programms
geschrieben. Die include-Anweisung schließlich zieht ein anderes File in das Aliasfile hinein. So läßt sich leichter Ordnung halten; auch die Zugriffsrechte können
unter verschiedene Benutzer aufgeteilt werden. Von diesen Mechanismen machen
Mailing-Listen-Programme wie `majordomo(1M)` ausgiebig Gebrauch. Ehe man mit
dem Aliasfile spielt – was auf einer ordnungsgemäß eingerichteten Maschine nur
ein Superuser darf – sollte man sich gründlich informieren. Es sind eine Menge
Kleinigkeiten zu beachten.

In seinem Home-Verzeichnis kann ein Benutzer ein File namens `.forward` anlegen, das ähnliche Einträge enthält wie das Alias-File. Ein Zweck des Forwardings
ist, bei einem Umzug des Benutzers auf eine andere Maschine Mail zur alten
Anschrift nicht zurückzuweisen, sondern automatisch zur neuen Anschrift weiterzuleiten. Man kann auch eine Kopie seiner Mail während längerer Abwesenheit an
einen Stellvertreter schicken lassen. Dies alles liegt in den Händen des Benutzers,
er braucht weder den System-Manager noch den Postmaster dazu. Da Benutzer,
auch wenn sie nicht DAU JONES heißen, in der heutigen Netzwelt manchmal den
Durchblick verlieren, erzeugen sie mittels Forwarding und anderen Tricks geschlossene Mailwege, also Schleifen oder Loops. Das einfachste Beispiel: Ein Benutzer
namens `user` habe auf zwei Maschinen A und B einen Account. Auf A legt er ein
`.forward`-File an mit:

```
\user, user@B
```

Das bewirkt, daß Mail an `user@A` lokal zugestellt und gleichzeitig eine Kopie an
`user@B` geschickt wird. Auf B lautet das `.forward`-File:

```
\user, user@A
```

Den Rest können Sie sich denken. Wenn vier oder fünf Maschinen beteiligt sind,
ist die Schleife nicht so offenkundig. Man muß schon aufpassen. Dazu kommt, daß
auch Mail User Agents wie `elm(1)` ein eigenes Forwarding mitbringen, natürlich
mit einer anderen Syntax als `sendmail(1M)`.Üblicherweise wird Mail, die durch

mehr als siebzehn (konfigurierbar) Maschinen (Hops) gegangen ist, als Fehlermeldung einem Postmaster zugestellt.

Die Electronic Mail im Internet ist zum Versenden von Nachrichten gedacht, nicht zum weltweiten Ausstreuen unerbetener Werbung. Diese wird als **Spam** bezeichnet, was auf eine Geschichte zurückgeht, in der *Spiced Ham* eine Rolle spielt. Die Spam-Flut ist ein Problem, da Technik und Gesetzgeber nicht auf diesen Mißbrauch des Netzes vorbereitet sind. Es tut sich aber etwas. Der weitverbreitete Mail-Dämon `sendmail(1M)` läßt sich seit der Version 8.8.8 vom Jahresende 1997 so konfigurieren, daß er nur Email befördert, die entweder aus der eigenen Domain kommt oder für die eigene Domain bestimmt ist. Er arbeitet dann nicht mehr als Relais beispielsweise für Spam-Mail. Ein Benutzer kann auch seine eingehende Email filtern und alle Mitteilungen hinauswerfen lassen, die im Subject oder im Inhalt Wörter wie *money*, *adult* oder *hottest* enthalten.

Im Internet ist es üblich, als Autor oder Absender unter seinem bürgerlichen Namen aufzutreten, nicht unter einem Pseudonym. Aber auch ein ehrenwerter Benutzer kommt in Situationen, in denen er zunächst einmal unerkannt bleiben möchte. Denken Sie an jemand, der einen Arbeitsplatz hat und sich verändern will, ohne daß sein Arbeitgeber sofort davon erfährt. Oder an jemand, der eine Frage zu einem heiklen Thema hat. Für diese Fälle sind Computer eingerichtet worden, die im Netz als **Remailer** arbeiten. Ein Remailer ermöglicht, in eine Newsgruppe zu posten oder eine Email zu verschicken, ohne daß die Empfänger den wahren Absender herausbekommen können. Es gibt in der Technik und in der Zuverlässigkeit Unterschiede zwischen pseudo-anonymen und echt-anonymen Remailern, die man am einfachsten in dem *Anonyme Remailer FAQ* in der Newsgruppe *de.answers* nachliest.

Mail dient in erster Linie zum Verschicken von Texten, die – sofern man sicher gehen will – nur die Zeichen des 7-Bit-US-ASCII-Zeichensatzes enthalten dürfen. Will man beliebige binäre Files per Mail verschicken (FTP wäre der bessere Weg), muß man die binären Files umcodieren und beim Empfänger wieder decodieren. Damit lassen sich beliebige Sonderzeichen, Grafiken oder ausführbare Programme mailen. Ein altes Programmpaar für diesen Zweck ist `uuencode(1)` und `uudecode(1)`. Neueren Datums sind `mpack(1)` und `munpack(1)`, die von den *Multipurpose Internet Mail Extensions* (MIME) Gebrauch machen.

Die Mailbenutzer haben einen eigenen Jargon entwickelt. Einige Kürzel finden Sie im Anhang J *Slang im Netz* auf Seite 564 und im Netz in Files namens `jargon.*` oder ähnlich. Daneben gibt es noch die **Grinslinge** oder **Smileys**, die aus ASCII-Zeichen bestehen und das über das Netz nicht übertragbare Mienenspiel bei einem Gespräch ersetzen sollen. Die meisten sind von der Seite her zu lesen:

- :-)   Grinsen, Lachen, bitte nicht ernst nehmen

- :-(Ablehnung, Unlust, Trauer

- %*@:-(Kopfweh, Kater

- :-x   Schweigen, Kuß

- :-o   Erstaunen

- +|+-)   schlafend, langweilig
- Q(8-{)##   Mann mit Doktorhut, Glatze, Brille, Nase, Bart,
                           Mund, Fortsetzung des Bartes (die Ähnlichkeit mit
                           einem der Verfasser ist verblüffend)

5.11.2 Mailing-Listen

Wozu lassen sich Mailing-Listen (Verteiler-Listen) gebrauchen? Zwei Beispiele. In
der Humboldt-Universität zu Berlin wird eine Mailing-Liste `www-schulen` geführt.
Schüler P. hat diese Liste abonniert (subskribiert), weil er sich für das Medium
WWW interessiert und wissen möchte, was sich auf diesem Gebiet in den Schulen
so tut. Er hat eine Frage zur Teilbarkeit von Zahlen und schickt sie per Email an
die Liste, das heißt an die ihm weitgehend unbekannte Menge der Abonnenten.
Die Liste paßt von ihrer Ausrichtung her zwar nicht optimal, ist aber auch nicht
gänzlich verfehlt, immerhin haben Zahlen und Schule etwas gemeinsam. Seine Mail
wird an alle Mitglieder oder Abonnenten der Liste verteilt. Der ehemalige Schüler
T. hat aus beruflichen Gründen die Liste ebenfalls abonniert und noch nicht alles
vergessen, was er einst gelernt. Er liest die Mail in der Liste und antwortet an
die Liste. Familienvater W. nimmt auch an der Liste teil, findet die Antwort gut,
druckt sie aus und legt sie daheim in ein Buch über Zahlentheorie. Schüler P. ist
geholfen, Familienvater W. hat etwas gelernt, und der Ehemalige T. freut sich,
ein gutes Werk getan zu haben. Aufwand vernachlässigbar, auf herkömmlichen
Wegen untunlich.

Zweites Beispiel. Wenn man früher eine Frage zu einer Vorlesung hatte, konnte man den Dozenten gleich nach der Vorlesung oder in seiner Sprechstunde
löchern, sofern man Glück hatte. Die Fragen tauchen jedoch meist nachts im
stillen Kämmerlein auf, außerdem ist nicht immer der Dozent der geeignetste
Ansprechpartner. Heute richtet man zu einer Vorlesung eine lokale Mailing-Liste
ein, jeder kann jederzeit schreiben, und der Kreis der potentiellen Beantworter
ist weitaus größer. So gibt es zu den beiden Vorlesungen, aus denen dieses Buch
entstanden ist, die Liste `wualex-1@rz.uni-karlsruhe.de`, die einzige Möglichkeit, den aus mehreren Fakultäten stammenden Hörerkreis schnell zu erreichen.
Umgekehrt erhalten auch die Hörer Antwort, sowie ihr Anliegen bearbeitet ist
und nicht erst in der nächsten Vorlesung. Das Ganze funktioniert natürlich auch
in der vorlesungsfreien Zeit, den sogenannten Semesterferien.

Eine Mailing-Liste ist also ein Verteiler, der eine einkommende Mail an alle
Mitglieder verteilt, die wiederum die Möglichkeit haben, an die Liste oder individuell zu antworten. Von der Aufgabe her besteht eine leichte Überschneidung mit
den Netnews, allerdings sind die Zielgruppen kleiner, und der ganze Verkehr ist
besser zu steuern. Beim Arbeiten mit Mailing-Listen sind das Listenverwaltungs-
programm und die Liste selbst zu unterscheiden. Wünsche betreffs Subskribieren,
Kündigen und Auskünften *über* die Liste gehen per Email an das Verwaltungsprogramm, Mitteilungen, Fragen und Antworten an die Liste. Wollen Sie unsere
Liste subskribieren, schicken Sie eine Email mit der Zeile:

```
subscribe wualex-1 Otto Normaluser
```

und weiter nichts im Text (body) an `listserv@rz.uni-karlsruhe.de` und setzen anstelle von `Otto Normaluser` Ihren bürgerlichen Namen ein. Der Listserver schickt Ihnen dann eine Bestätigung. Anschließend können Sie Ihre erste Mail an die Liste schicken. Sie schreiben an die Liste, den virtuellen Benutzer `wualex-l@rz.uni-karlsruhe.de` und fragen, ob UNIX oder Windows-NT das bessere Betriebssystem sei. Bekannte Listenverwaltungsprogramme sind `listserv`, `listproc` und für kleinere Anlagen (lokale Listen) `majordomo`; sie unterscheiden sich für den Benutzer geringfügig in ihrer Syntax.

Die Listenverwaltung `majordomo` stammt aus der UNIX-Welt und ist frei. Sie besteht aus einer Reihe von `perl`-Skripts, einigen Alias-Zeilen für den Mail-Dämon `sendmail` und mehreren Files mit der Konfiguration und den Email-Anschriften der Abonnenten. Das Einrichten von `majordomo` samt erster Liste hat uns etwa einen Tag gekostet – die Beschreibung war älter als das Programm – das Einrichten weiterer Listen je eine knappe Stunde. In unserem Institut setzen wir die Listen für Rundschreiben ein.

Es gibt offene Listen, die jedermann subskribieren kann, und geschlossene, deren Zugang über einen Listen-Manager (Listen-Besitzer, List-Owner) führt. Ferner können Listen moderiert sein, so daß jede Einsendung vor ihrem Weiterversand über den Bildschirm des Moderators geht. Im Netz finden sich Verzeichnisse von Mailing-Listen und Suchprogramme, siehe Anhang. Sie können es auch mit einer Mail `lists global` (und weiter nichts) an `listserv@rz.uni-karlsruhe.de` versuchen. Oder erstmal mit folgenden Zeilen:

```
help
lists
end
```

an `major@domo.rrz.uni-hamburg.de`. Die Anzahl der Listen weltweit wird auf einige Zehntausend geschätzt.

5.11.3   Privat und authentisch (PGP, PEM)

Warum sollte man das Programmpaket **Pretty Good Privacy (PGP)** oder das Protokoll **Privacy Enhanced Mail (PEM)** verwenden? Zum einen besteht in vielen Fällen die Notwendigkeit einer Authentisierung des Urhebers einer Nachricht, zum Beispiel bei Bestellungen. Zum anderen sollte man sich darüber im klaren sein, daß eine unverschlüsselte E-Mail mit einer Postkarte vergleichbar ist: Nicht nur die Postmaster der am Versand beteiligten Systeme können den Inhalt der Nachricht einsehen, sondern auch Bösewichte, die die Nachricht auf ihrem Weg durchs Netz kopieren. Auch Verfälschungen sind machbar, und schließlich könnte der Urheber einer Mail bei bestimmten Anlässen seine Urheberschaft im nachhinein verleugnen wollen. Es geht insgesamt um vier Punkte:

- Vertraulichkeit (disclosure protection, data confidentiality),

- Authentisierung des Absenders (origin authentication),

- Datenintegrität (data integrity),

- Nicht-Verleugnung des Absenders (non-repudiation of origin).

Mit PGP oder PEM verschlüsselte E-Mails bieten sogar mehr Sicherheit als ein eigenhändig unterzeichneter Brief in einem Umschlag. Außerdem wäre es angebracht, wenn alle E-Mails im Internet standardmäßig verschlüsselt würden. Solange dies nur bei wenigen Nachrichten geschieht, fallen diese besonders auf und erregen Mißtrauen. PGP und PEM sind Verfahren oder Protokolle, die in mehreren freien oder kommerziellen Programmpaketen realisiert werden. Der Mailversand erfolgt unverändert mittels der gewohnten Programme wie `elm(1)` und `sendmail(1)`.

PGP verschlüsselt den Klartext zunächst nach dem symmetrischen IDEA-Verfahren mit einem jedesmal neu erzeugten, nur einmal verwendeten, zufälligen Schlüssel. Dieser IDEA-Schlüssel wird anschließend nach einem Public-Key-Verfahren (RSA bei der PGP-Version 2.6.3) mit dem öffentlichen Schlüssel des Empfängers chiffriert. Neben einem deutlichen Geschwindigkeitsvorteil erlaubt diese Vorgehensweise auch, eine Nachricht relativ einfach an mehrere Empfänger zu verschicken. Hierzu braucht nur der IDEA-Schlüssel, nicht die gesamte Nachricht, für jeden Empfänger einzeln chiffriert zu werden.

Um die Integrität einer Nachricht sicherzustellen und den Empfänger zu authentisieren, versieht PGP eine Nachricht mit einer nach der Einweg-Hash-Funktion MD5 (Message Digest 5, RFC 1321) ermittelten Prüfzahl. Diese wird mit dem privaten Schlüssel des Absenders chiffriert. Der Empfänger ermittelt nach der gleichen Einweg-Hash-Funktion die Prüfzahl für den empfangenen Text. Anschließend decodiert er die mitgeschickte, chiffrierte Prüfzahl mit dem öffentlichen Schlüssel des Absenders. Stimmen die beiden Prüfzahlen überein, ist die Nachricht während der Übertragung nicht verändert worden. Hierbei wird die Tatsache ausgenutzt, daß es praktisch unmöglich ist, eine andere Nachricht mit gleicher Prüfzahl zu erzeugen.

Da die Prüfzahl nach der Decodierung mit dem öffentlichen Schlüssel des Absenders nur dann mit der errechneten Prüfzahl übereinstimmt, wenn sie zuvor mit dem dazugehörigen privaten Schlüssel chiffriert wurde, besteht auch Gewißheit über die Identität des Absenders. Somit kann eine digitale Unterschrift (Signatur) erstellt werden.

Der Haken bei diesem Verfahren besteht darin, daß ein Bösewicht ein Schlüsselpaar erzeugen könnte, das behauptet, von jemand anderem zu stammen. Daher muß ein öffentlicher Schlüssel durch eine zentrale vertrauenswürdige Instanz (Certification Authority, CA) oder durch die digitalen Unterschriften von anderen, vertrauenswürdigen Personen bestätigt werden, bevor er als echt angesehen werden kann. Im Gegensatz zu PEM bietet PGP beide Möglichkeiten.

Bevor eine Nachricht für einen bestimmten Empfänger verschlüsselt werden kann, muß dessen öffentlicher Schlüssel bekannt sein. Mit etwas Glück kann dieser von einem sogenannten Key Server im Internet bezogen werden. Dabei ist zu beachten, daß die Aufgabe der Key Server nur in der Verbreitung, nicht in der Beglaubigung von öffentlichen Schlüsseln besteht.

Zur Beglaubigung von Schlüsseln entstehen in letzter Zeit immer mehr Certification Authorities. Diese zertifizieren einen Schlüssel im allgemeinen nur bei persönlichem Kontakt und nach Vorlage eines Identitätsausweises. Derartige CAs werden u. a. von der Computer-Zeitschrift c't, dem Individual Network und dem

Deutschen Forschungsnetz (DFN) betrieben.

Eine Behinderung bei der Vebreitung von PGP sind die strengen Export-Gesetze der USA, die Verschlüsselungs-Software mit Kriegswaffen gleichsetzen und den Export stark einschränken. Daher gibt es eine US- und eine internationale Version von PGP.

Seit einigen Monaten ist auch außerhalb der Vereinigten Staaten die neue PGP-Version 5.0 erhältlich. Diese verwendet zum Teil andere, mindestens ebenso sichere Algorithmen und kommt unter Microsoft Windows mit einer komfortablen Oberfläche daher, hat sich aber noch nicht überall durchgesetzt. Informationen zu PGP, internationale Fassung, findet man auf `http://www.pgpi.com/`.

Alternativ zu PGP läßt sich PEM einsetzen, ein Internet-Protokoll, beschrieben in den RFCs 1421 bis 1424. Eine Implementation ist RIORDAN's **Internet Privacy Enhanced Mail (RIPEM)** von MARK RIORDAN. RIPEM verwendet zur symmetrischen Verschlüsselung den Triple-DES-Algorithmus, zur unsymmetrischen wie PGP den RSA-Algorithmus. Für die Verbreitung und Sicherung der öffentlichen Schlüssel sieht RIPEM mehrere Wege vor. PGP und PEM konkurrieren in einigen Punkten miteinander, in anderen setzen sie unterschiedliche Gewichte. PEM ist ein Internet-Protokoll, PGP weiter verbreitet.

Ähnliche Aufgaben wie bei Email stellen sich auch bei der Veröffentlichung von WWW-Dokumenten. Ohne besondere Maßnahmen könnte ein Bösewicht unter meinem Namen schwachsinnige oder bedenkliche HTML-Seiten ins Netz stellen, oder auch verfälschte Kopien meiner echten Seiten.

Trotz aller Sicherheitsmaßnahmen können Sie darauf vertrauen, daß die National Security Agency der USA mit ihrer Filiale in Bad Aibling *alle* Email von ihren Computern auf kritische Stichwörter durchsuchen läßt und darüber hinaus viel von Kryptanalyse versteht.

5.12   Neuigkeiten (Usenet, Netnews)

Das **Usenet** ist kein Computernetz, keine Organisation, keine bestimmte Person oder Personengruppe, keine Software, keine Hardware, sondern die Menge aller Computer, die die Netnews vorrätig halten. Genauer noch: die Menge der Personen, die mit Hilfe ihrer Computer die Netnews schreiben und verteilen. Diese Menge deckt sich nicht mit der Menge aller Knoten oder Benutzer des Internet. Nicht alle Internet-Hosts speichern die Netnews, umgekehrt gibt es auch außerhalb des Internets (im Bitnet/EARN beispielsweise) Hosts, die die Netnews speichern. **Netnews** klingt nach Zeitung im Netz. Diese Zeitung

- wird im Internet und anderen Netzen verbreitet,

- besteht nur aus Leserbriefen,

- erscheint nicht periodisch, sondern stetig,

- hat keine Redaktion,

- behandelt alle Themen des menschlichen Hier- und Daseins.

Das funktioniert und kann so reizvoll werden, daß der davon befallene Leser zumindest vorübergehend zum Fortschritt der Menschheit nichts mehr beiträgt, sondern nur noch liest (*No Netnews before lunch*, dann ist wenigstens der Vormittag gerettet.)[11]. Zwei Dinge braucht der Leser außer Zeit und Sprachkenntnissen:

- ein Programm zum Lesen und Schreiben, einen Newsreader wie `tin(1)` oder `trn(1)`,

- Verbindung zu einem News-Server (bei uns `news.rz.uni-karlsruhe.de`).

Als **Newsreader** setzen wir `tin(1)` für alphanumerische Terminals und `xn(1)` für X-Window-Systeme ein. Pager wie `more(1)` oder Editoren wie `vi(1)` sind zur Teilnahme an den Netnews ungeeignet, weil die Newsreader über das Lesen und Schreiben hinaus organisatorische Aufgaben erfüllen. Daher soll man auch nur einen Newsreader verwenden. Der Newsreader wird auf dem lokalen Computer aufgerufen und stellt eine Verbindung zu seinem Default-News-Server her. Üblicherweise arbeitet man immer mit demselben News-Server zusammen, man kann jedoch vorübergehend die Umgebungsvariable NNTPSERVER auf den Namen eines anderen Servers setzen. `tin(1)` spricht dann diesen an. Da `tin(1)` Buch darüber führt, welche Artikel man gelesen hat und sich diese Angaben auf den Default-Server beziehen, der andere aber eine abweichende Auswahl von Artikeln führt, kommt es leicht zu einem Durcheinander. Außerdem verweigern fremde News-Server meist den Zugang, ausprobiert mit `news.univ-lyon1.fr` und `news.uwasa.fi`. Schade. Öffentlich zugänglich sollen unter anderen `news.belwue.de`, `news.fu-berlin.de`, `news.uni-stuttgart.de` und `newsserver.rrzn.uni-hannover.de` sein, teilweise nur zum Lesen, nicht zum Posten.

Woher bezieht der News-Server seine Nachrichten? Wie kommt mein Leserbrief nach Australien? Eine zentrale Redaktion oder Sammelstelle gibt es ja nicht. Von dem lokalen Computer, auf dem der Newsreader oder -client läuft, wandert der Leserbrief zunächst zum zugehörigen News-Server. Dort kann er von weiteren Kunden dieses Servers sofort abgeholt werden. Von Zeit zu Zeit nimmt der News-Server Verbindung mit einigen benachbarten News-Servern auf und tauscht neue Artikel in beiden Richtungen aus. Da jeder News-Server Verbindungen zu wieder anderen hat, verbreitet sich ein Artikel innerhalb weniger Tage im ganzen Usenet. Das Verfahren wird dadurch beschleunigt, daß es doch so etwas wie übergeordnete Server gibt, die viele Server versorgen. Hat ein Artikel einen solchen übergordneten Server erreicht, verseucht er mit einem Schlag ein großes Gebiet. Das Zurückholen von Artikeln ist nur beschränkt möglich und vollzieht sich auf demselben Weg, indem man einen Artikel auf die Reise schickt, der eine Anweisung zum Löschen des ersten enthält. Wieviele Leser den verunglückten Artikel schon gelesen haben (und entsprechend antworten), ist unergründlich. Also erst denken, dann posten.

Die Netnews sind umfangreich, sie sind daher wie eine herkömmliche Zeitung in Rubriken untergliedert, die **Newsgruppen** heißen. Bezeichnungen wie Area, Are-

---

[11]In den VDI-Nachrichten vom 18. September 1998 ist in einem Aufsatz zum Internet von einem amerikanischen Studenten die Rede, der als vermißt galt, aber dann doch in einem Computerlabor seiner Universität aufgefunden wurde, wo er sieben Tage nonstop online gewesen war. So weit sollte man es nicht kommen lassen.

na, Board, Brett, Echo, Forum, Konferenz, Round Table, Special Interest Group
meinen zwar etwas Ähnliches wie die Newsgruppen, gehören aber nicht ins Internet. Der News-Server der Universität Karlsruhe hält eine Auswahl von rund 10000
(zehntausend) Gruppen bereit. Die Gruppen sind hierarchisch aufgeteilt:

- mainstream-Gruppen (die Big Eight), sollten überall vorrätig sein)

  - `comp`. Computer Science, Informatik für Beruf und Hobby

  - `humanities`. Humanities, Geisteswissenschaften

  - `misc`. Miscellaneous, Vermischtes

  - `news`. Themen zu den Netnews selbst

  - `rec`. Recreation, Erholung, Freizeit, Hobbies

  - `sci`. Science, Naturwissenschaften

  - `soc`. Society, Politik, Soziologie

  - `talk`. Diskussionen, manchmal end- und fruchtlos

- alternative Gruppen (nicht alle werden überall gehalten)

- deutschsprachige Gruppen (nur im deutschen Sprachraum)

- lokale (z. B. Karlsruher) Gruppen

Mit Hilfe des Newsreaders abonniert oder subskribiert man einige der Gruppen;
alle zu verfolgen, ist unmöglich. Ein Dutzend Gruppen schafft man vielleicht. Für
den Anfang empfehlen wir:

- `news.announce.newusers`

- `comp.unix.questions`

- `comp.lang.c`

- `de.answers`

- `de.newusers`

- `de.newusers.infos`

- `de.newusers.questions`

- `de.comm.internet`

- `de.comp.os.unix`

- `de.comp.lang.c`

- `de.sci.misc`

und je nach persönlichen Interessen noch

- `ka.uni.studium`

- `soc.culture.nordic`

- `de.rec.fahrrad`

- `rec.music.beatles`

- `rec.arts.startrek`

Die Auswahl läßt sich jederzeit ändern, in `tin(1)` mit den Kommandos y, s und u. Viele Beiträge sind Fragen nebst Antworten. Sokratische Denkwürdigkeiten sind im Netz so selten wie im wirklichen Leben, das meiste ist Alltag – Dummheit, Arroganz oder böser Wille kommen auch vor. Das Netz sind nicht die Computer, sondern ihre Benutzer.

Nach Aufruf von `tin(1)` erscheint ein Menü der subskribierten Gruppen, man wählt eine aus und sieht dann in einem weiteren Menü die noch nicht gelesenen, neuen Artikel (Postings). Diese bestehen wie eine Email aus Kopfzeilen (Header) und Inhalt (Body). Die meisten Kopfzeilen haben dieselbe Bedeutung wie bei Email, neu hinzu kommt die Zeile mit der jeweiligen Newsgruppe. Einzelheiten in `de-newusers/headerzeilen` oder im RFC 1036. Die interessierenden Artikel liest man und kann dann verschieden darauf reagieren:

- Man geht zum nächsten Artikel weiter. Der zurückliegende Artikel wird als gelesen markiert und erscheint nicht mehr im Menü. Man kann allerdings alte Artikel, soweit auf dem Server noch vorrätig (Verweilzeit zwei Tage bis vier Wochen), wieder hervorholen.

- Mit s (save) wird der Artikel in ein File gespeichert.

- Mit o (output) geht der Artikel zum Drucker.

- Man antwortet. Dafür gibt es zwei Wege. Ein **Follow-up** wird an den Artikel bzw. die bereits vorhandenen Antworten angehängt und wird damit veröffentlicht. Man tritt so vor ein ziemlich großes Publikum, unter Nennung seines Namens. Artikel plus Antworten bilden einen **Thread**. Ein **Reply** ist eine Antwort per Email nur an den ursprünglichen Verfasser des Artikels.

Im Regelfall interessiert die Antwort auf einen Artikel alle Leser der Newsgruppe und gehört als Follow-up in diese. Falls die Antwort nur an den Absender des Artikels gehen soll, ist ein Reply per Email der richtige Weg. Soll eine als Follow-up veröffentlichte Antwort den Absender des Artikels schnell und sicher erreichen, darf man ausnahmsweise die Antwort zusätzlich als Email verschicken. Der doppelte Versand soll eine Ausnahme bleiben, um die Informationsflut nicht unnötig zu steigern.

Fortgeschrittene (threaded) Newsreader folgen einem Thread und sogar seinen Verzweigungen, einfache unterscheiden nicht zwischen Artikel und Antwort. Bei einem Follow-up ist zu beachten, ob der ursprüngliche Schreiber sein Posting in mehreren Newsgruppen veröffentlicht hat. Die eigene Antwort gehört meist nur in eine. Überhaupt ist das gleichzeitige Posten in mehr als drei Newsgruppen eine Unsitte.

Will man selbst einen Artikel schreiben (posten), wählt man in `tin(1)` das Kommando w wie write. Man sollte aber erst einmal einige Wochen lesen und die Gebräuche – die **Netiquette** – kennenlernen, ehe man das Netz und seine Leser beansprucht. Für Testzwecke stehen zahlreiche `test`-Newsgruppen bereit, die entweder keine oder eine automatische Antwort liefern und niemand belästigen:

- `de.test,`

- `fr.test`,

- `alt.test`,

- `schule.test`,

- `belwue.test`,

- `ka.test`.

Das Internet ist im Glauben an das Gute oder wenigstens die Vernunft im Menschen aufgebaut. Es gibt kein Gesetzbuch und keinen Gerichtshof, keine Polizei und keinen Zoll, aber es gibt Regeln, sonst wäre dieses Millionendorf längst funktionsunfähig. Stellen Sie sich einmal vor, unser politisches Dasein wäre so organisiert. Wo das Internet mit der bürgerlichen Welt in Berührung kommt, gibt es allerdings Gesetze.

Die wichtigste Regel hat in weiser Voraussicht der Rektor der damaligen Universität Königsberg vor langer Zeit niedergeschrieben: *Handle so, dass die Maxime deines Willens jederzeit zugleich als Prinzip einer allgemeinen Gesetzgebung gelten könne.* Das gilt sehr allgemein und ist daher abstrakt. Weiterhin sind zu beachten:

- das Strafgesetzbuch,

- das Urheberrechtsgesetz,

- Arbeitsverträge, Vereinssatzungen,

- die Verwaltungs-und Benutzungsordnung des Rechenzentrums der Universität Karlsruhe als Beispiel für die Bedingungen eines Providers,

- mehrere Postings aus den Netnews.

Zu den Gesetzen siehe das Kapitel 6 *Computerrecht* auf Seite 497. Die Service Provider, die dem Endbenutzer den Zugang zum Internet vermitteln, haben in ihren Verträgen meist Klauseln über das Verhalten ihrer Kunden im Netz stehen. Uns vermittelt das Rechenzentrum der Universität Karlsruhe den Zugang zum Netz und hat eine Verwaltungs- und Benutzungsordnung erlassen. Dort heißt es, daß die Mitglieder der Universität (Studenten, Beschäftigte) die Leistungen des Rechenzentrums zur Erfüllung ihrer Dienstaufgaben im Bereich von Forschung, Lehre, Verwaltung und sonstigen Aufgaben der Hochschule in Anspruch nehmen können. Nicht aber für private oder geschäftliche Zwecke. Ferner wird darauf hingewiesen, alles zu unterlassen, was den ordnungsgemäßen Betrieb stört oder gegen Gesetze (siehe oben) verstößt.

Was die Dienstaufgaben und den ordnungsgemäßen Betrieb anbetrifft, gibt es viele Grenzfälle, über die man mit dem gesunden Menschenverstand urteilen muß, solange die künstliche Intelligenz nichts Besseres anbietet. Wenn ich eine Vorlesung in der passenden Newsgruppe ankündige, gehört das zweifellos zu den Dienstaufgaben, ebenso das Verteilen des zugehörigen Skriptums per Anonymous FTP. Wird aus dem Skriptum ein Buch, das einen größeren Kreis anspricht, kommt ein privates Interesse dazu (Ruhm) und ein geschäftliches (Reichtum). Unterhalte ich mich per Email oder IRC mit einem Kollegen in den USA ueber Politik (außer Hochschulpolitik), ist das eine private Angelegenheit. Ziehe ich mir Bilder der

NASA aus dem Weltraum per Anonymous FTP via Dienst-Workstation auf meinen heimischen PC, ist das ebenso privat. Allerdings könnte ich damit vielleicht Studenten an unsere Uni locken. Wollte man das alles streng auseinanderhalten, müßte ich drei Netzzugänge haben, was sowohl meiner angeborenen Sparsamkeit wie dem allgemeinen Netzinteresse (Knappheit an Adressen) zuwiderliefe. Wie ich unser Rechenzentrum kenne, wird es erst einschreiten, wenn ich durch Maßlosigkeit den ordnungsgemäßen Betrieb anhaltend störe.

Der ordnungsgemäße Betrieb hat eine andere empfindliche Stelle. Es waere schön, wenn jeder Student unserer Universität (sofern er möchte) einen eigenen Account auf einer leistungsfähigen Anlage im Netz haben könnte, sagen wir mit etwa 4 GByte Massenspeicher pro Benutzer und 100 MBit/s-Anschluss. Bei 20.000 Studenten ergäbe das eine Plattenfarm mit 80 TeraByte und gewissen Backup-Problemen. Die Wirklichkeit sieht so aus, daß es für 4.000 Studenten eine Maschine mit 4 GByte gibt, inzwischen vielleicht etwas mehr.

In den Newsgruppen `news.newusers.questions` und `news.answers` finden sich regelmässig wiederholte Zusammenfassungen der Netiquette. Einige davon sind:

- ARLENE H. RINALDI: The Net, User Guidelines and Netiquette,

- CHUQ VON ROSPACH: A Primer on How to Work With the Usenet Community,

- MARK MORAES: Hints on Writing Style for Usenet,

- ALIZA R. PANITZ: How to find the right place to post,

- BRAD TEMPLETON: Emily-Postnews,

- MARK HORTON: Posting-Rules

Es gibt auch deutsche Zusammenfassungen, die inhaltlich nicht von den englischen abweichen. Speziell für Schulen wird ein Hinweis monatlich in der Newsgruppe `schule.allgemein` veröffentlicht.

Viele Fragen in den Netnews wiederholen sich, die Antworten zwangsläufig auch. Diese **Frequently Asked Questions** (FAQ; Fragen, Antworten, Quellen der Erleuchtung; Foire Aux Questions) werden daher mit den Antworten gruppenweise gesammelt und periodisch in den Netnews veröffentlicht. Außerdem stehen sie auf `rtfm.mit.edu` per FTP zur Verfügung, in Deutschland gespiegelt von `ftp.uni-paderborn.de`. Als erstes wäre *FAQs about FAQs* zu lesen, monatlich veröffentlicht in der Newsgruppe `news.answers` und unter `http://www.faqs.org/faqs/faqs/about-faqs`. Falls Sie gerade eine Frage zur lateinischen Grammatik haben, schauen sie einfach mal bei

`http://www.compassnet.com/mrex/faq.htm`

vorbei. Das Studium der FAQs ist dringend anzuraten, man lernt einiges dabei, spart Zeit und schont das Netz.

5.13   Netzgeschwätz (irc)

Früher trieben die Leute, die Muße hatten, Konversation. Heute treiben die Leute, die einen Internet-Anschluß haben, Kommunikation. Eine Form davon, die der Konversation nahe steht, ist das **Netzgeschwätz** oder der globale Dorftratsch mittels `irc(1)` (Internet Relay Chat). Man braucht:

- einen IRC-Server im Internet (wie `irc.rz.uni-karlsruhe.de` oder `irc.fu-berlin.de`),

- einen IRC-Client auf dem eigenen System (bei uns `/usr/local/bin/irc`).

Nach Aufruf des Kommandos `irc(1)` erscheint ein Bildschirm, in dessen unterster Zeile man IRC-Kommandos ähnlich wie bei FTP eingeben kann, beispielsweise `/list`. Auf dem Schirm werden dann rund 1000 Gesprächskreise, sogenannte **Channels**, aufgelistet. Mittels `/join channel-name` schließt man sich einem Kreis an und je nachdem, ob die Teilnehmer ruhen oder munter sind, scrollt die Diskussion langsamer oder schneller über den Schirm. Die IRC-Kommandos beginnen mit einem Schrägstrich, alle sonstigen Eingaben werden als Beitrag zur Runde verarbeitet. Hat man genug, tippt man `/quit`. Man muß das mal erlebt haben.

Unsere persönliche Haltung zum Netzgeschwätz ist noch unentschieden. Im Internet geht zwar die Sonne nicht unter, aber der Tag hat auch nur vierundzwanzig Stunden. Da unsere Zeit kaum reicht, Email und Netnews zu bewältigen, halten wir uns zurück. Aber vielleicht einmal als rüstige Rentner?

5.14   Suchhilfen: Archie, Gopher, WAIS

Im Netz liegt so viel an Information herum, daß man zum Finden der gewünschten Information bereits wieder einen Netzdienst beanspruchen muß. Sucht man ein bestimmtes File, dessen Namen man kennt, helfen die **Archies**. Das sind Server im Internet, die die Fileverzeichnisse einer großen Anzahl von FTP-Servern halten und Suchwerkzeuge zur Verfügung stellen. Nach Schlag- oder Stichwörtern kann zunächst nicht gesucht werden. Der älteste Archie ist `archie.mcgill.ca` in Kanada. Inzwischen gibt es weitere, auch in Deutschland (Darmstadt), siehe Anhang ?? *Netzadressen*. Auf dem eigenen Computer muß ein Archie-Client eingerichtet sein. Auf die Eingabe

```
archie
```

erhält man Hinweise zum Gebrauch (usage). Der Aufruf:

```
archie -s suchstring
```

führt zu einer Ausgabe aller Filenamen, auf die der Suchstring zutrifft, samt ihrer Standorte nach `stdout`, Umlenkung in ein File empfehlenswert. Die Option `-s` bewirkt die Suche nach einem Substring. Der Archie-Client wendet sich an seinen Default-Archie-Server, falls nicht ein bestimmter Server verlangt wird. Ruft man den Archie-Client interaktiv auf, stehen einige Archie-Kommandos bereit, darunter `whatis` zur Textsuche in Programmbeschreibungen, was einer Suche nach Schlagwörtern nahe kommt. Archies sind nützlich, aber nicht allwissend: ihre Auskunft ist oft unvollständig, aber man hat meistens eine erste Fährte zu dem gefragten File.

Merke: Archies sagen, wo ein File liegt. Zum Beschaffen des Files braucht man ein anderes Programm (`ftp(1)`).

Nun zu den Gophern, der nächsten Stufe der Intelligenz und Bequemlichkeit. Ein **Gopher** ist mancherlei:

- eine Nadelbaumart, aus deren Holz Noah seine Arche gebaut hat (Genesis 6,14), vielleicht eine Zypresse,

- ein Vertreter des Tierreichs, Unterrreich Metazoa, Unterabteilung Bilateria, Reihe Deuterostomia, Stamm Chordata, Unterstamm Vertebrata, Klasse Mammalia, Unterklasse Placentalia, Ordnung Rodentia, Unterordnung Sciuromorpha, Überfamilie Geomyoidea, Familie Geomyidae, Gattung Geomys, zu deutsch eine Taschenratte[12], kleiner als unser Hamster, in Nord- und Mittelamerika verbreitet. Frißt Wurzeln (System-Manager Vorsicht!),

- ein menschlicher Einwohner des Staates Minnesota (Gopher State),

- ein Informationsdienst im Internet, der an der Universität von Minnesota entwickelt wurde.

Ein Gopher-Server im Internet hilft bei der Suche nach beliebigen Informationen. Auf dem eigenen Computer läuft ein Gopher-Client-Prozess, der sich mit seinem Gopher-Server verständigt. Der Benutzer wird über Menüs geführt. Die Gopher-Server sind intelligent; weiß einer nicht weiter, fragt er seinen Nachbarn – wie in der Schule. Der Benutzer merkt davon nichts. Hat man die gesuchte Information gefunden, beschafft der Gopher auch noch die Files, ohne daß der Benutzer sich mit Kermit, Mail oder FTP auseinanderzusetzen braucht. So wünscht man sich's. Hier die ersten beiden Bildschirme einer Gopher-Sitzung:

```
       Internet Gopher Information Client 2.0 p17
          Rechenzentrum Uni Karlsruhe - Gopher


  1. Willkommen
  2. Anleitung/
  3. Universitaetsverwaltung/
  4. Zentrale Einrichtungen/
  5. Fakultaeten/
     .
  9. Sonstiges/
 10. Mensaplan/
```

Wählen wir Punkt *9. Sonstiges* aus, gelangen wir in folgendes Menü:

---

[12]keine Beutelratte (Didelphida). Diese Familie gehört zur Ordnung Marsupialia und ist in Südamerika verbreitet.

```
           Internet Gopher Information Client 2.0 p17

                          Sonstiges

 1. Wissenschaftsfoerderung (Gopher-Giessen)/
 2. Deutsche Kfz.-Kennzeichen (Gopher-Aachen).
 3. Deutsche Bankleitzahlen (Gopher-ZIB, Berlin)<?>
 4. Deutsche Postleitzahlen (Gopher-Muenchen)/
 5. Postgebuehren (Gopher-ZIB, Berlin).
 6. Telefonvorwahlnummern (Gopher-Aachen)<?>
 7. Weather Images/Meteosat (Gopher-Hohenheim)/
```

Wie man sieht, holt sich der Karlsruher Gopher die Postleitzahlen von seinem Kollegen in München, ohne daß der Benutzer davon etwas zu wissen braucht.

Gopher-Clients für alle gängigen Computertypen liegen frei im Netz herum. Wir haben unseren Client für HP-UX bei `gopher.Germany.EU.net` geholt, UNIX-üblich als Quelle mit Makefile. Der Aufruf:

```
gopher gopher.ask.uni-karlsruhe.de
```

verbindet mit einem Gopher-Server der Universität Karlsruhe; gibt man keinen Namen an, erreicht man seinen Default-Gopher. Der Rest sind Menüs, die sich nach Art der verfügbaren Information unterscheiden. Ende mit q für quit. Der Gopher-Dienst ist inzwischen vom WWW stark zurückgedrängt worden.

Veronica ist ein Zusatz zum Gopher-Dienst, der Suchbegriffe auswertet. Eine Veronica-Suche erstreckt sich über eine Vielzahl von Gopher-Servern und liefert bei Erfolg Gopher-Einträge (Menüpunkte), die wie gewohnt angesprochen werden. Der Vorteil liegt darin, daß man sich nicht von Hand durch die Menüs zu arbeiten braucht. Der Veronica-Dienst wird von einigen Gopher-Servern angeboten, erfordert also keinen lokalen Veronica-Client oder ein Veronica-Kommando. Probieren Sie die folgende Gopher-Sitzung aus:

- mittels `gopher gopher.rrz.uni-koeln.de` mit dem Gopher-Server der Universität Köln verbinden,

- Punkt 2. `Informationssuche mit ... Veronica ... /` wählen,

- Punkt 2. `Weltweite Titelsuche (mit Veronica) <?>` wählen,

- Suchbegriff `veronica` eingeben,

- Ergebnis: 12 Seiten zu je 18 Einträgen (Files) zum Thema Veronica,

- Kaffee aufsetzen, anfangen zu lesen.

Jughead ist ein Dienst ähnlich Veronica, aber beschränkt auf eine Untermenge aller Gopher-Server, zum Beispiel auf eine Universität. Das hat je nach Aufgabe Vorteile. Jughead wird wie Veronica als Punkt eines Gopher-Menüs angesprochen.

WAIS (Wide Area Information Servers) ist ein Informationssystem zur Volltextsuche. Man braucht wieder – wie bei Gopher – einen lokalen WAIS-Client und eine Verbindung zu einem WAIS-Server, anfangs meist zu `quake.think.com`, der ein `directory-of-servers` anbietet, aus dem man sich eine lokale Liste von WAIS-Sources zusammenstellt. Als lokale Clienten kommen `swais(1)`, `waissearch(1)` oder `xwais(1)` für das X Window System in Frage, erhältlich per Anonymous FTP und mit den üblichen kleinen Anpassungen zu kompilieren.

Nehmen wir an, unser in solchen Dingen nicht ungeübter System-Manager habe alles eingerichtet. Dann rufen wir `swais(1)` oder ein darum herumgewickeltes Shellscript `wais` auf. Es erscheint ein Bildschirm `Source Selection`, aus dem wir eine Informationsquelle auswählen, beispielsweise das uns nahestehende ASK-SISY. Dieses Wissen muß man mitbringen, ähnlich wie bei FTP. Man darf auch mehrere Quellen auswählen. Dann gibt man einige Suchwörter (keywords) ein, beispielsweise `wais`. Nach einiger Zeit kommt das Ergebnis (`Search Results`). An oberster Stelle steht die Quelle, die sich durch die meisten Treffer auszeichnet, was nicht viel über ihren Wert aussagt. Wir bleiben ASK-SISY treu, auch wenn es erst an dritter Stelle auftaucht. Nach nochmals einiger Zeit wird ein Dokument angezeigt (`Document Display`), nach Art und Weise von `more(1)`. Dieses können wir am Bildschirm lesen, in ein File abspeichern oder als Mail versenden. Hier beschreibt das Dokument ein Programm namens `wais`, das bei ASK-SAM per FTP erhältlich ist. Genausogut können Sie sich über die geografischen Fakten von Deutschland aufklären lassen, wozu als Quelle das World-Factbook des CIA auszuwählen wäre.

5.15 WWW – das World Wide Web

5.15.1 Ein Gewebe aus Hyperdokumenten

Das **World Wide Web, W3** oder **WWW**, entwickelt von TIM BERNERS-LEE Anfang der neunziger Jahre am CERN in Genf, ist ein Informationssystem, das Dokumente nach dem Client-Server-Schema verteilt. Die Dokumente bestehen aus Text und Grafik, unter Umständen auch aus bewegter Grafik und akustischen Daten. Typisch für das WWW sind Hypertexte mit Hyperlinks, siehe Abschnitt 3.7.10 *Hypertext* auf Seite 177. Durch die Hyperlinks sind die Dokumente im WWW vielfältig miteinander verbunden, so daß ein Gewebe ohne eine geordnete Struktur entsteht. Die Dokumente bilden keine globale Hierarchie, allenfalls gibt es in kleinen lokalen Bereichen Strukturen. Wer gewohnt ist, in Filesystemen zu denken, tut sich hier anfangs schwer. Wir müssen drei Dinge unterscheiden:

- die lokale Filehierarchie, die den Webmaster interessiert und sonst niemanden,

- die lokale WWW-Seiten-Hierarchie, eine logische Struktur, die aber schon auf Grund der lokalen Hyperlinks kaum noch als Baum darstellbar ist, ein räumliches Netz,

- die zeitliche Abfolge, in der ein Leser, ein Websurfer sich die Dokumente zu Gemüte führt, und die in keiner Weise vorhersehbar ist.

Aus der Unabhängigkeit der zeitlichen Abfolge beim Lesen von allen anderen Strukturen folgt bereits die erste Forderung an jedes Hyperdokument: Es soll seine Herkunft und seinen Namen mitteilen. Andernfalls kann es der Leser nicht ein- oder zuordnen und nur schwierig wiederfinden.

Der lokale WWW-Client wird **Browser** genannt, ein Programm zum Betrachten von WWW-Dokumenten, etwas intelligenter und umfangreicher als `more(1)`. Das Spektrum der Browser reicht von einfachen zeichenorientierten Browsern wie `www(1)` und `lynx(1)` bis zu grafik- und akustikfähigen Browsern wie `netscape(1)`, `mosaic(1)` und dem Microsoft Internet Explorer. Die zeichenorientierten Browser haben noch ihre Daseinsberechtigung, denken Sie an blinde Benutzer, die von den grafischen Errungenschaften nichts haben. Netscape und ähnliche Browser bemühen sich sogar, alle Netzdienste in sich zu vereinen, also auch FTP, Email und Netnews, so daß der Benutzer sich nicht mit verschiedenen Such- und Beschaffungsverfahren (Protokollen) herumzuschlagen braucht.

Im Lauf der Zeit sammelt sich bei einem eifrigen Websurfer ein Vorrat von URLs auf Seiten an, die er ohne langes Suchen wiederfinden möchte. Zu diesem Zweck speichern die Browser **Lesezeichen** (bookmarks) ab, die sich anklicken lassen. Beim Abfassen des vorliegenden Textes hat sich ein größerer Vorrat angehäuft, den wir unseren Lesern nicht vorenthalten wollen:

```
http://www.ciw.uni-karlsruhe.de/technik.html
```

Mit dieser Sammlung arbeiten wir beinahe täglich. Sie ist die erste Adresse, wenn Sie ein Thema vertiefen wollen.

Die WWW-Server sind Maschinen, die ständig im Internet verfügbar sind. Auf ihnen läuft ein Programm, das als http-Dämon bezeichnet wird. Es gibt mehrere Dutzend solcher Programme, ein bekanntes und kostenloses stammt aus dem Apache HTTP Server Project. Einrichtung und Betrieb eines WWW-Serves sind nicht besonders schwierig. Ergänzt wird ein Server durch ein Statistik-Programm, das die Protokolldaten des Servers (Zugriffe) auswertet und verschiedene Wochen- oder Monatsübersichten erstellt. Die Pflege des Servers und der Daten obliegt dem Webmaster.

Server und Clients verständigen sich gemäß dem **Hypertext Transfer Protocol** (HTTP), beschrieben im RFC 2068 vom Januar 1997. Die Informationen selbst werden durch einen weltweit eindeutigen **Uniform Resource Locator** (URL) gekennzeichnet, im wesentlichen Protokoll-Host-Filename ähnlich wie eine Email-Anschrift:

```
http://hoohoo.ncsa.uiuc.edu:80/docs/Overview.html
```

Zuerst wird das Protokoll genannt, dann der Name des Hosts. Nach dem Doppelpunkt folgt die Portnummer, die samt Doppelpunkt entfallen kann, wenn der Defaultwert (80) zutrifft. Als letztes Glied kommt der Pfad des gewünschten Files oder Verzeichnisses. Ähnlich wie Filenamen können auch URLs absolut oder relativ, das heißt in Bezug auf einen anderen URL, angegeben werden. Die Browser gestatten das direkte Ansprechen von Informationen, sofern man deren URL kennt. URLs sind keine Sache von Ewigkeit, es kommt vor, daß sich der Pfad oder der Maschinenname eines Dokumentes ändert. Gelegentlich verschwinden auch Dokumente, während Hyperlinks zu ihnen noch ein zähes Leben führen.

Hypertexte, das Hypertext Transfer Protokoll und das Namensschema mit den Uniform Resource Locators sind die drei Säulen, auf denen das World Wide Web ruht, oder die drei Achsen, um die sich das Web dreht.

5.15.2 Forms und cgi-Scripts

Forms sind ein Weg, um Benutzereingaben auf der Clientseite zum Server zu transportieren, um dort eine Tätigkeit auszulösen. Ein Webdokument mit Forms ist interaktiv. Es versteht sich, daß ein anonymer Benutzer nur das machen darf, was ihm der Server gestattet. Einige Sicherheitsüberlegungen sind angebracht, wenn man mit Forms arbeitet.

Die Benutzereingabe besteht aus Text oder Mausklicks auf bestimmte Bildteile. Die Eingaben werden vom Server an CGI-Skripts weitergereicht. CGI heißt *Common Gateway Interface*. Die Skripts sind Programme, vielfach, aber nicht notwendig in Perl. Das angesprochene Skript wird ausgeführt und liefert Informationen an den Server zurück, der sie zum Client und Benutzer schickt. Auch ohne eine ausdrückliche Benutzereingabe lassen sich über Skripts Webseiten dynamisch bei Bedarf erzeugen.

Beispiele für Benutzereingaben sind Passwörter (möglichst verschlüsselt), Schlagwörter für Datenbankabfragen, Bestellungen, Formulare oder Kreuze auf elektronischen Wahlzetteln. Hier ein CGI-Skript zur Suche nach einer Abkürzung in einer Tabelle namens `abklex.html`:

```
#!/usr/bin/perl -- -*- C -*-

require "/usr/local/lib/perl5/cgi-lib.pl";

MAIN:
{

 if (&ReadParse(*input)) {
   print &PrintHeader;
}

$input{'Suchbegriff'} = "\U$input{'Suchbegriff'}";

 print '<html><head><title> abklex.html </title></head><body>';
 print "<h3>Suche in abklex.html</h3>";
 print "<hr>";

 print "<table>";
 open (abklex,"/mnt3/www/abklex.html") ||
                 die ("abklex.html nicht gefunden\n");
$zeichen=0;
while($line=<abklex>) {
  $lauf++;
  if ($line=~ s/ *<DD><B>//i) {
    ($elements{'Abk'}, $elements{'Inhalt'}) =
                               split (/<\/B>/,$line);
      if ($elements{'Abk'}=~ /$input{'Suchbegriff'}/) {
```

```
        $zeichen=1;
        print ("<tr><td> $elements{'Abk'}</td><td>
                       $elements{'Inhalt'}</td></tr>");
      }
   } #if $line enthaelt
 } #while person
  if ($zeichen==0){
    print "Kein Eintrag gefunden"
  }
  print "</table>";
  print ('<hr><h4><a href="mailto:
      webmaster@mvmhp64.ciw.uni-karlsruhe.de">Webmaster</a>');
   print ("</body></html>\n");
   close (abklex);

} #Main
```

Programm 5.1 : CGI-Perl-Skript zur Suche in einer Tabelle

Das Skript übernimmt von einer `form`-Anweisung in einem HTML-Dokument:

```
<form Action="/cgi-bin/abklex.cgi" Method="Post">
<input type="text" name="Suchbegriff" size="10">
<input type="submit" value="submit">
<input type="reset" value="reset">
</form>
```

eine Zeichenfolge, sucht in der Tabelle nach einer passenden Zeile und baut die HTML-Ausgabe auf. Dabei verwendet es eine Bibliothek `cgi-lib.pl` von STEVEN E. BRENNER. Die Tabelle enthält rund 8000 Einträge, das Suchen könnte etwas schneller gehen. Zeit für ein C-Programm.

5.15.3 Java, Applets

Java ist eine von der Firma Sun Mitte der neunziger Jahre entwickelte objektorientierte, systemunabhängige Programmiersprache für allgemeine Aufgaben. Der Name rührt von einer in den USA populären Bezeichnung eines auch bei uns populären Programming Fluids[13]. Mit Java lassen sich vollständige Anwendungsprogramme schreiben. Java-Programme werden zunächst in einen systemunabhängigen Zwischencode übersetzt (kompiliert), der dann auf dem jeweiligen System von einer systemspezifischen Java Virtual Machine (JVM) ausgeführt (interpretiert) wird.

Applets sind unvollständige Java-Programme, die über das WWW verbreitet und unter einem java-fähigen Browser auf der lokalen Maschine ausgeführt werden. Ein fremder Hypertext mit Applets läßt auf Ihrem Computer Programmcode rechnen. Das klingt bedenklich, aber die Java-Entwickler haben eine Reihe von Schranken aufgebaut, damit ein Applet nicht zu viel Unfug anstellen kann.

---

[13]Kaffee. Die Kekse dazu kommen gleich.

Eine Anwendung ist die Simulation physikalischer Experimente im Rahmen eines Hypertextes. Wollen Sie beispielsweise den freien Fall darstellen, so könnten Sie eine animierte Grafik – eine Art von kleinem Film oder Video – vorführen. Das wäre Kino. Sie könnten aber auch die Gleichung hernehmen und die Fallkurve auf der Webseite berechnen und zeichnen, mit dem Vorteil der leichten Änderung der Parameter. Das wäre ein Experiment auf dem Bildschirm.

Javascript ist eine von der Firma Netscape entwickelte Programmiersprache, die mit Java nur die ersten vier Buchstaben gemeinsam hat, weiter nichts. Javascript-Skripte sind keine selbständigen Programme und können nur im Rahmen von HTML-Dokumenten verwendet werden. Sie veranlassen den Browser zu bestimmten Aktionen.

Microsoft **ActiveX** ist ein Konzept für verteilte Anwendungen, unter anderem im WWW. Damit lassen sich einige Aufgaben lösen, die auch mit Java-Applets oder Javascript-Skripten erledigt werden können. ActiveX ist jedoch keine Programmiersprache und im Gegensatz zu Java systemabhängig.

5.15.4   Cookies

Cookies sind kurze Informationen, die Ihr Browser im Auftrag des WWW-Servers, den Sie gerade besuchen, auf Ihrem Massenspeicher ablegt. Bei umfangreicheren Daten wird lokal nur ein Verweis auf einen Datenbankeintrag auf dem Server hinterlegt. Im Prinzip sollte ein WWW-Server nur seine eigenen Cookies lesen können. Da es sich um passive Daten handelt, lassen sich auf diesem Wege keine Viren übertragen oder geheimnisvolle Programme auf Ihrer Maschine ausführen. Temporäre Cookies existieren nur für die Dauer der Verbindung mit dem Server, permanente auf unbegrenzte Zeit.

Der Zweck der Cookies liegt darin, dem WWW-Server zu ermöglichen, besser auf Ihre Wünsche einzugehen, indem Sie beispielsweise als Stammkunde mit Kundennummer oder Passwort ausgewiesen werden. Im RFC 2109 steht ausführlich, wofür Cookies geschaffen wurden.

Leider gibt es Möglichkeiten zum Mißbrauch, hauptsächlich kommerzieller Art. Ein WWW-Server kann mittels eines Cookies Informationen über die von Ihnen besuchten Seiten konzentriert und noch dazu auf Ihrer Platte ablegen. Ein Cookie enthält nicht mehr Informationen, als Sie oder Ihr Browser herausrücken, aber diese sind nicht in Megabytes vergraben, sondern sehr übersichtlich auf Ihrer Maschine gespeichert. Die Informationen könnte der Server auch aus seinem Logfile herausziehen, aber nur mit weit mehr Aufwand. Das Cookie kann befreundeten WWW-Servern zugänglich gemacht werden. Stellen Sie sich vor, Sie betreten ein Kaufhaus und jeder Verkäufer weiß, wann sie in der Vergangenheit dort etwas gekauft haben. Die Lehre ist, Cookies nicht grundsätzlich, sondern nur nach Zustimmung im Einzelfall anzunehmen.

Um die erwünschte Funktionalität der Cookies bei gleichzeitigem Schutz der Privatsphäre zu erreichen – insbesondere im elektronischen Handel – sind zwei Projekte in Arbeit: *The Platform for Privacy Preferences* (P3P) und der *Open Profiling Standard* (OPS).

5.15.5 Suchmaschinen

Im World Wide Web gibt es ebensowenig wie im übrigen Internet eine zentrale
Stelle, die den Überblick hätte. Wenn man Informationen zu einem Thema sucht,
kann man sich entweder auf seinen Riecher verlassen oder eine Suchmaschine
(search engine) beauftragen. Oder beides vereinigen.

Eine Suchmaschine ist ein nicht zu kleiner Computer samt Software, der regelmäßig das Netz durchsucht und die dabei gefundenen URLs in seiner Datenbank
ablegt. Richtet man eine Anfrage an die Suchmaschine, so antwortet sie mit Ergebnissen aus ihrer Datenbank. Bekannte Suchmaschine sind Alta Vista, Infoseek,
Lycos und Yahoo. Manche Suchmaschinen sind auf bestimmte Sachgebiete oder
Sprachbereiche spezialisiert. Es gibt weltweit um die hundert davon.

Nun könnte man auf den Gedanken kommen, gleich mehrere Suchmaschinen
zu beauftragen, um den Erfolg der Suche zu verbessern. Auch das ist bereits
automatisiert. Man wendet sich mit seiner Anfrage an eine Meta-Suchmaschine
wie Metacrawler, entwickelt 1995 in der University of Washington, oder MetaGer,
entwickelt 1997 in der Universität Hannover, die ihrerseits eine Handvoll andere
Suchmaschinen belästigt. Meist hat man nach einer solchen Suche ausreichend
viele Hyperlinks, um gezielt weitersuchen zu können.

Wollen Sie sich beispielsweise über das Thema *Riesling* informieren, so rufen
Sie in Ihrem Browser den MetaGer auf:

```
http://meta.rrzn.uni-hannover.de/
```

und geben als Suchwort *Riesling* ein. Sekunden später haben Sie 80 Treffer vor
Augen, die von *500 Jahre Riesling* bis zum *CyberCave* reichen.

Die Suchmaschinen erlauben einfache logische Verknüpfungen von Suchbegrif-
fen zur Erhöhung der Zielgenauigkeit. Manche der Maschinen leisten noch mehr.
Möchten Sie wissen, auf welchen Webseiten die international begehrte Thomas-
Mann-Page mit dem URL:

```
http://www.ciw.uni-karlsruhe.de/tmg/tmpage.html
```

als Hyperlink zitiert wird (es könnte natürlich auch Ihre eigene Startseite sein),
so wenden Sie sich an:

```
http://www.altavista.digital.com/
```

und lassen nach:

```
link:www.ciw.uni-karlsruhe.de/tmg/tmpage.html
```

suchen. Ein Nebeneffekt dieser Suche ist, daß man einige Webseiten mit ähnlichen
Interessen entdeckt, denn wer die Thomas-Mann-Page zitiert, interessiert sich für
diesen Dichter und sein Umfeld. Die Suchmaschinen im WWW sind zu einem
unentbehrlichen Werkzeug der Informationsbeschaffung geworden.

5.15.6 Die eigene Startseite

Man möchte vielleicht seinen Bekannten, Hörern, Lesern etwas von sich erzählen.
Möglicherweise hat man auch ein Hobby und kann Gleichgesinnten einige Informationen bieten. Kurzum, eine eigene **Startseite** (Homepage, Heimatseite) muß
her. Man braucht dazu:

- Irgendwo im Internet einen ständig eingeschalteten WWW-Server, der bereit
  ist, die Startseite in seine Verzeichnisse aufzunehmen,

- lokal einen einfachen Texteditor zum Schreiben der Seite,

- Grundkenntnisse in der Hypertext Markup Language (HTML).

Mit dem Editor schreibt man lokal seine Seite, ein File, nach den Regeln der
HTML, schaut sie sich lokal mit einem WWW-Browser an und kopiert sie dann –
erforderlichenfalls per FTP – auf den WWW-Server. Im Netz finden sich zahlreiche
kurze und ausführliche Anleitungen zur HTML. Wir haben die Sprache bereits
in Abschnitt 3.7.10.2: *Hypertext Markup Language* in der *Writer's Workbench*
auf Seite 177 kennengelernt. Zum Anschauen übergibt man seinem Browser einen
URL mit dem absoluten Pfad des Files wie:

```
file:///homes/wualex/homepage.html
```

Auch wenn die Seite technisch fehlerfrei ist, kann sie trotzdem noch stilistische
Mängel aufweisen. Hierzu gibt es im Netz ebenfalls Hilfen. Vor allem hüte man
sich vor browser-spezifischen Tricks.

5.16 Navigationshilfen (nslookup, whois, finger)

In den unendlichen Weiten des Netzes kann man sich leicht verirren. Sucht man
zu einer numerischen IP-Anschrift den Namen oder umgekehrt, so hilft das Kommando `nslookup(1)` mit dem Namen oder der Anschrift als Argument. Es wendet
sich an den nächsten Name-Server, dieser unter Umständen an seinen Nachbarn
usw. Eine Auskunft sieht so aus:

```
Name Server:  netserv.rz.uni-karlsruhe.de
Address:  129.13.64.5

Name:    mvmpc2.ciw.uni-karlsruhe.de
Address:  129.13.118.2
Aliases:  ftp.ciw.uni-karlsruhe.de
```

Der Computer mit der IP-Anschrift 129.13.118.2 hat also zwei Namen:
`mvmpc2.ciw.uni-karlsruhe.de` und `ftp.ciw.uni-karlsruhe.de`.

Das Kommando `whois(1)` verschafft nähere Auskünfte zu einem als Argument mitgegebenen Hostnamen, sofern der angesprochene Host – beispielsweise
`whois.internic.net` oder `whois.nic.de` – diesen kennt:

```
whois -h whois.internic.net gatekeeper.dec.com
```

liefert nach wenigen Sekunden:

```
Digital Equipment Corporation (GATEKEEPER)

   Hostname: GATEKEEPER.DEC.COM
   Address: 16.1.0.2
   System: VAX running ULTRIX

   Coordinator:
      Reid, Brian K.   (BKR)   reid@PA.DEC.COM
      (415) 688-1307

   domain server

   Record last updated on 06-Apr-92.

To see this host record with registered users,
repeat the command with a star ('*') before the name;
or, use '%' to show JUST the registered users.

The InterNIC Registration Services Host ONLY contains
Internet Information (Networks, ASN's, and Domains).
Use the whois server at nic.ddn.mil for MILNET Info.
```

Der Gatekeeper (Torwächter) ist ein gutsortierter FTP-Server von Digital Corporate Research (DEC) und nicht nur für DEC-Freunde von Reiz.

Geht es um Personen, hilft das Kommando `finger(1)`, das die Files `/etc/passwd(4)`, `$HOME/.project` und `$HOME/.plan` abfragt. Die beiden Dotfiles kann jeder Benutzer in seinem Home-Verzeichnis mittels eines Editors anlegen. `.project` enthält in seiner ersten Zeile (mehr werden nicht beachtet) die Projekte, an denen man arbeitet, `.plan` einen beliebigen Text, üblicherweise Sprechstunden, Urlaubspläne, Mitteilungen und dergleichen. Nicht alle Hosts anworten jedoch auf `finger`-Anfragen. Andere hinwiederum schicken ganze Textfiles zurück. Befingern Sie den Autor des LINUX-Betriebssystems:

```
finger torvalds@kruuna.helsinki.fi
```

so erhalten Sie eine Auskunft über den Stand des Projektes (gekürzt):

```
[kruuna.helsinki.fi]
Login: tkol_gr1       Name: Linus Torvalds
Directory: /home/kruuna3/tkol/tkol_gr1
Shell: /usr/local/bin/expired
last login on klaava Wed Dec  1 15:00:17 1993 on ttyqf
New mail received Thu Dec  2 21:34:52 1993;
unread since Wed Dec  1 15:00:35 1993
No Plan.
```

```
Login: torvalds          Name: Linus Torvalds
Directory: /home/hydra/torvalds
Shell: /bin/tcsh
last login on klaava Fri Mar 18 18:53:52 1994 on ttyq2
No unread mail
Plan:
Free UN*X for the 386


LINUX 1.0 HAS BEEN RELEASED! Get it from:


ftp.funet.fi pub/OS/Linux


and other sites. You'd better get the documentation
from there too: no sense in having it in this plan.
```

Ruft man `finger(1)` nur mit dem Namen einer Maschine als Argument auf,
erfährt man Näheres über den Postmaster. Wird ein Klammeraffe (ASCII-Zeichen
Nr. 64) vor den Maschinennamen gesetzt, werden die gerade angemeldeten Benutzer aufgelistet:

```
[mvmhp.ciw.uni-karlsruhe.de]
Login          Name       TTY Idle     When     Bldg.         Phone
wualex1   W. Alex        con          Fri 08:05  30.70.003     2404
gebern1   G. Bernoer     1p0 1:15 Fri 08:52  30.70.107     2413
```

Das Werkzeug `netfind(1)` hilft, die genaue Email-Anschrift eines Benutzers
zu finden, von dem man nur ungenaue Angaben kennt. `netfind(1)` vereinigt
mehrere Suchwerkzeuge und -verfahren, darunter `finger(1)`. Seine Tätigkeit ist
einer Telefonauskunft vergleichbar.

5.17   Die Zeit im Netz (ntp)

5.17.1   Aufgabe

Computer brauchen für manche Aufgaben die genaue Zeit. Dazu zählen Anwendungen wie `make(1)`, die die Zeitstempel der Files auswerten, Email, Datenbanken, einige Sicherheitsmechanismen wie Kerberos und natürlich Echtzeit-
Aufgaben, insbesondere über ein Netz verteilte. Abgesehen von diesen Erforder-
nissen ist es lästig, wenn die Systemuhr zu sehr von der bürgerlichen Zeit abweicht.
Die Systemuhr wird zwar vom Systemtakt und damit von einem Quarz gesteuert, dieser ist jedoch nicht auf die Belange einer Uhr hin ausgesucht. Mit anderen
Worten: die Systemuhren müssen regelmäßig mit genaueren Uhren synchronisiert
werden, fragt sich, mit welchen und wie.

Eine völlig andere Aufgabe ist die Messung von Zeitspannen, beispielsweise zur
Geschwindigkeitsoptimierung von Programmen oder auch bei Echtzeit-Aufgaben.
Hier kommt es auf eine hohe Auflösung an, aber nicht so sehr auf die Überein-
stimmung mit anderen Zeitmessern weltweit. Außerdem benötigt man nur eine
Maßeinheit wie die Sekunde und keinen Nullpunkt wie Christi Geburt.

5.17.2 UTC – Universal Time Coordinated

Die **Universal Time Coordinated** (UTC) ist die Nachfolgerin der Greenwich Mean Time (GMT), heute UT1 genannt, der mittleren Sonnenzeit auf dem Längengrad Null, der durch die Sternwarte von Greenwich bei London verläuft. Beide Zeiten unterscheiden sich durch ihre Definition und gelegentlich um Bruchteile von Sekunden. Als Weltzeit gilt seit 1972 die UTC. Computer-Systemuhren sollten UTC haben. Daraus wird durch Addition von 1 h die in Deutschland gültige Mitteleuropäische Zeit (MEZ) abgeleitet, auch Middle oder Central European Time genannt.

Wie kommt man zur UTC? Die besten Uhren (Cäsium- oder Atom-Uhren) laufen so gleichmäßig, daß sie für den Alltag schon nicht mehr zu gebrauchen sind, wie wir sehen werden. Ihre Zeit wird als **Temps Atomique International** (TAI) bezeichnet. In Deutschland stehen einige solcher Uhren in der Physikalisch-Technischen Bundesanstalt (PTB) in Braunschweig. Weltweit verfügen etwa 60 Zeitinstitute über Atom-Uhren. Aus den Daten dieser Uhren errechnet das Bureau International des Poids et Mesures (BIPM) in Paris einen Mittelwert, addiert eine vereinbarte Anzahl von Schaltsekunden hinzu und erhält so die internationale UTC oder UTC(BIPM). Dann teilt das Bureau den nationalen Zeitinstituten die Abweichung der nationalen UTC(*) von der internationalen UTC mit, bei uns also die Differenz $UTC - UTC(PTB)$. Sie soll unter einer Mikrosekunde liegen und tut das bei der PTB auch deutlich. Die UTC ist also eine nachträglich errechnete Zeit. Was die Zeitinstitute über Radiosender wie DCF77 verbreiten, kann immer nur die nationale UTC(*) sein, in Deutschland UTC(PTB). Mit den paar Nanosekunden Unsicherheit müssen wir leben.

Warum die Schaltsekunden? Für den Alltag ist die Erddrehung wichtiger als die Schwingung von Cäsiumatomen. Die Drehung wird allmählich langsamer – ein heutiger Tag ist bereits drei Stunden länger als vor 600 Millionen Jahren – und weist vor allem Unregelmäßigkeiten auf. Die UTC wird aus der TAI abgeleitet, indem nach Bedarf Schaltsekunden hinzugefügt werden, sodaß Mittag und Mitternacht, Sommer und Winter dort bleiben, wohin sie gehören. UTC und UT1 unterscheiden sich höchstens um 0,9 Sekunden, UTC und TAI durch eine ganze Anzahl von Sekunden, gegenwärtig (Anfang 1999) um 32. Nicht jede Minute der jüngeren Vergangenheit war also 60 Sekunden lang. Erlaubt sind auch negative Schaltsekunden, jedoch noch nicht vorgekommen.

In den einzelnen Ländern sind nationale Behörden für die Darstellung der Zeit verantwortlich:

- Deutschland: Physikalisch-Technische Bundesanstalt, Braunschweig
  `http://www.ptb.de/`

- Frankreich: Laboratoire Primaire du Temps et des Fréquences, Paris
  `http://opdaf1.obspm.fr/`

- England: National Physical Laboratory, London
  `http://www.npl.co.uk/`

- USA: U. S. Naval Observatory, Washington D.C.
  `http://tycho.usno.navy.mil/time.html`

Außer der Zeit bekommt man von diesen Instituten auch Informationen über die
Zeit und ihre Messung. In Deutschland wird die Zeit über den Sender DCF77 bei
Frankfurt (Main) auf 77,5 kHz verteilt. Funkuhren, die dessen Signale verarbeiten,
sind mittlerweile so preiswert geworden, daß sie kein Zeichen von Exklusivität
mehr sind. Auch funkgesteuerte Computeruhren sind erschwinglich, so lange man
keine hohen Ansprüche stellt.

5.17.3 Einrichtung

Man könnte jeden Computer mit einer eigenen Funkuhr ausrüsten, aber das wäre
doch etwas aufwendig, zumal das Netz billigere und zuverlässigere Möglichkeiten
bietet. Außerdem steht nicht jeder Computer an einem Platz mit ungestörtem
Empfang der Radiosignale. Das **Network Time Protocol** nach RFC 1305
(Postscript-Ausgabe 120 Seiten) vom März 1992 zeigt den Weg.

Im Netz gibt es eine Hierarchie von Zeitservern. Das Fundament bilden die
Stratum-1-Server. Das sind Computer, die eine genaue Hardware-Uhr haben, beispielsweise eine Funkuhr. Diese Server sprechen sich untereinander ab, sodaß der
vorübergehende Ausfall einer Funkverbindung praktisch keine Auswirkungen hat.
Von den Stratum-1-Servern holt sich die nächste Schicht die Zeit, die Stratum-2-
Server. Als kleiner Netzmanager soll man fremde Stratum-1-Server nicht belästigen. Oft erlauben die Rechenzentren den direkten Zugriff auch nicht.

Stratum-2-Server versorgen große Netze wie ein Campus- oder Firmennetz mit
der Zeit. Auch sie sprechen sich untereinander ab und holen sich außerdem die Zeit
von mehreren Stratum-1-Servern. So geht es weiter bis zum Stratum 16, das aber
praktisch nicht vorkommt, weil in Instituten oder Gebäuden die Zeit einfacher
per Broadcast von einem Stratum-2- oder Stratum-3-Server verteilt wird. Die
Mehrheit der Computer ist als Broadcast-Client konfiguriert.

Man braucht einen Dämon wie `xntp(1M)` samt ein paar Hilfsfiles. Die Konfiguration steht üblicherweise in `/etc/ntp.conf`. Dieses enthält Zeilen folgender
Art:

```
server ntp.rz.uni-karlsruhe.de
server servus05.rus.uni-stuttgart.de
server 127.127.1.1
peer   mvmah90.ciw.uni-karlsruhe.de
peer   mvmpc100.ciw.uni-karlsruhe.de

broadcast 129.13.118.255

driftfile /etc/ntp.drift
```

Server sind Maschinen, von denen die Zeit geholt wird, Peers Maschinen, mit
denen die Zeit ausgetauscht wird. Der Server 127.127.1.1 ist die Maschine
selbst für den Fall, daß sämtliche Netzverbindungen unterbrochen sind. Da
`ntp.rz.uni-karlsruhe.de` ein Stratum-1-Server ist, läuft die Maschine mit obiger Konfiguration als Stratum-2-Server. Sie sendet Broadcast-Signale in das Subnetz 129.13.118. Außerdem spricht sie sich mit ihren Kollegen `mvmah90` und

`mvmpc100` ab, die zweckmäßigerweise ihre Zeit von einer anderen Auswahl an Zeitservern beziehen. Der Ausfall einer Zeitquelle hat so praktisch keine Auswirkungen. In `/etc/ntp.drift` wird die lokale Drift gespeichert, sodaß die Systemuhr
auch ohne Verbindung zum Netz etwas genauer arbeitet. Weitere Computer im
Subnetz 129.13.118 sind mit `broadcastclient yes` konfiguriert.

Da die Synchronisation nur bis zu einer gewissen Abweichung arbeitet, ist
es angebracht, beim Booten mittels des Kommandos `ntpdate(1M)` die Zeit zu
setzen. Mit dem Kommando `ntpq(1M)` erfragt man aktuelle Daten zum Stand der
Synchronisation.

5.18   Informationsrecherche

5.18.1   Informationsquellen

Das Netz hält eine Reihe von meist unentgeltlichen Informationsquellen bereit.
Wir haben bereits kennengelernt:

- Anonymous FTP,

- Mailing-Listen,

- Netnews,

- World Wide Web samt Suchmaschinen.

Im folgenden sehen wir uns noch eine wichtige Quelle an, die nicht ein Netzdienst
ist, aber vom Netz als Übertragungsweg Gebrauch macht. Es geht um öffentlich
zugängliche Datenbanken, die auf kommerzieller Grundlage betrieben werden. Das
bedeutet, ihre Nutzung kostet Geld. Ihre Nicht-Nutzung kann aber noch mehr
Geld kosten.

5.18.2   Fakten-Datenbanken

Zum Nachschlagen von physikalischen oder chemischen Stoffwerten benutzte man
früher Tabellenwerke wie den Landolt-Börnstein. Politisch bedeutsame Daten ent-
nahm man dem Statistischen Jahrbuch der Bundesrepublik Deutschland. Über
bevorstehende Konferenzen informierte man sich aus einem Konferenzführer und
Lieferanten schlug man in *Wer liefert was?* nach. Abgesehen davon, daß diese
Werke nur an wenigen Stellen verfügbar sind, dauert das Nachführen in manchen
Fällen Jahre.

Heute kann man mit einem vernetzten Arbeitsplatzcomputer von seinem
Schreibtisch aus praktisch weltweit in Datenbanken mit Erfolg nach solchen Informationen suchen. Die Datenbanken werden mehrmals jährlich nachgeführt, manche sogar täglich. Datenbanken, die Informationen der genannten Art speichern,
werden **Fakten-Datenbanken** genannt. Auch **Patent-Datenbanken** zählen zu
dieser Gruppe.

5.18.3 Literatur-Datenbanken

Wollte man vor dreißig Jahren wissen, was an Literatur zu einem bestimmten Thema erschienen war, so bedeutete das einen längeren Aufenthalt in Bibliotheken. Man las dann zwar noch manches, was nicht zum Thema gehörte und bildete sich weiter, aber die Arbeit beschleunigte das nicht.

Heute kann man die Suche nach Veröffentlichungen dem Computer auftragen, zumindest die erste Stufe. Die eigene Intelligenz und Zeit verwendet man besser auf das Ausarbeiten der Suchstrategie, auf die Verfolgung schwieriger Fälle und zum Lesen.

Die **Literatur-Datenbanken** gliedern sich in **bibliografische Datenbanken**, die nur Hinweise zum Fundort, allenfalls noch eine kurze Zusammenfassung (Abstract), geben, und **Volltext-Datenbanken**, die den vollständigen Text samt Abbildungen enthalten.

Hat man in einer bibliografischen Datenbank die gewünschte Literatur gefunden, geht es an deren Beschaffung. Sofern sie nicht am Ort vorhanden ist, kann das eine beliebig langwierige Geschichte werden. Auch hier hat das Netz inzwischen etwas für Beschleunigung gesorgt.

5.18.4 Retrieval-Sprache

Die einzelnen Datenbanken – weltweit heute zwischen 5000 und 10000 an der Zahl – werden von verschiedenen Firmen und Institutionen hergestellt und gepflegt. Sie unterscheiden sich in ihrem Aufbau und der Art, wie man an die Informationen herankommt. **Datenbank-Hersteller** sind beispielsweise die DECHEMA in Frankfurt (Main), die Institution of Electrical Engineers in England, das Fachinformationszentrum Karlsruhe und die Volkswagen AG in Wolfsburg.

Der Öffentlichkeit angeboten werden sie von anderen Firmen oder Institutionen. Diese fassen eine Vielzahl von Datenbanken unter einer einheitlichen Zugangsmöglichkeit zusammen. Der **Datenbank-Anbieter** wird auch Datenbank-Host genannt. Zwei Hosts in Deutschland sind das Fachinformationszentrum Technik e. V. (FIZ Technik) in Frankfurt (Main) und The Scientific & Technical Information Network in Karlsruhe, Tokio und Columbus/Ohio.

Für eine Recherche benutzt man eine **Retrieval-Sprache** (englisch *to retrieve* = herbeischaffen, wiederherstellen), ähnlich wie die Shell-Kommandos von UNIX, nur im Umfang geringer. Leider verwenden verschiedene Hosts verschiedene Sprachen. Das ist sehr lästig und von der Aufgabe her nicht gerechtfertigt. STN verwendet **Messenger**, FIZ Technik **Data Star Online** (DSO). Inzwischen gibt es Benutzeroberflächen, die die jeweilige Retrieval-Sprache hinter Menus verstecken, aber auch wieder verschiedene. Die wichtigsten Kommandos von Messenger sind:

- f (file) wähle Datenbank aus

- s (search) suche

- d (display) zeige auf Bildschirm

- print drucke aus (beim Host)

- logoff beende Dialog

Die Suchbegriffe können mit *and*, *or* und *not* verbunden und geklammert werden. Die häufigsten Suchbegriffe sind Stichwörter und Autorennamen. Zur Einschränkung der Treffermenge wird oft das Erscheinungsjahr herangezogen.

5.18.5   Beispiel MATHDI auf STN

Wir wollen eine Suche zu einem Thema aus der Mathematik durchführen, und zwar interessieren uns Computer-Algorithmen zur Ermittlung von Primzahlen. Der Rechercheur weiß, daß hierfür die Datenbanken MATH und MATHDI in Frage kommen, die auf dem Host STN liegen, und er hat auch die erforderlichen Berechtigungen. Zweckmäßig setzen sich der Aufgabensteller und der Rechercheur gemeinsam an das Terminal. Hier die Aufzeichnung der Sitzung mittels des UNIX-Kommandos script(1):

```
Script started on Wed Aug 19 16:39:42 1992
$ telnet noc.belwue.de
Trying...
Connected to noc.belwue.de.
Escape character is '^]'.


SunOS UNIX (noc)


login: fiz
Password:
Last login: Wed Aug 19 15:57:48 from ph3hp840.physik.
SunOS Release 4.1.1 (NOC) #14: Tue May 26 16:00:25 MET DST 1992


Willkommen am Network Operations Center des BelWue!!
Welcome to the BelWue Network Operations Center!!


Nach dem ''Calling... connected...'' <RETURN> druecken:


Calling FIZ Karlsruhe via X.25...
SunLink X.25 PAD V6.0. Type ^P<cr> for Executive, ^Pb for break
Calling... connected...


Welcome to STN International!  Enter x:
LOGINID:abckahwx
PASSWORD:
TERMINAL (ENTER 1, 2, 3, OR ?):3


* * * * * * *   Welcome to STN International   * * * * * * * *


       Due to maintenance, STN Karlsruhe will not be available on
                      Saturday July 22, 1992


Spectrum Editor and Spectrum Similarity Search available in SPECINFO
```

```
                          - see news 38
          PATOSEP - Meaning of Field /UP Changed --- see NEWS 37
           More CAS Registry Numbers in GMELIN --- see news 36
                   GFI Updated --- see news 35
     Abstracts Added to CAPREVIEWS, Special Offer --- see news 34
             Free Connect Time in LCASREACT --- see news 33
           Materials Information Workshops 1992 --- see news 32


* * * * * * * * * * * STN  Karlsruhe * * * * * * * * * * * *
FILE 'HOME' ENTERED AT 16:34:32 ON 19 AUG 92


=> file mathdi
COST IN DEUTSCHMARKS                          SINCE FILE        TOTAL
                                                ENTRY         SESSION
FULL ESTIMATED COST                              0,50           0,50


FILE 'MATHDI' ENTERED AT 16:34:48 ON 19 AUG 92
COPYRIGHT (c) 1992 FACHINFORMATIONSZENTRUM KARLSRUHE (FIZ KARLSRUHE)


FILE LAST UPDATED: 26 JUL 92        <920726/UP>
FILE COVERS 1976 TO DATE.


=> s prim?
L1        8220 PRIM?


=> s l1 and algorithm?
          2590 ALGORITHM?
L2         322 L1 AND ALGORITHM


=> s l2 and comput?
         17638 COMPUT?
L3         160 L2 AND COMPUT?


=> s l3 and 1990-1992/py
          6218 1990-1992/PY
L4          15 L3 AND 1990-1992/PY


=> d l4 1-2


L4    ANSWER 1 OF 15  COPYRIGHT 1992 FIZ KARLSRUHE
AN    92(6):MD1093  MATHDI
TI    Workbook computer algebra with Derive.
      Arbeitsbuch Computer-Algebra mit DERIVE. Beispiele,
      Algorithmeni,Aufgaben, aus der Schulmathematik.
AU    Scheu, G.
SO    Bonn: Duemmler. 1992. 154 p. Many examples and 13 figs.
```

```
        Ser. Title: Computer-Praxis Mathematik.
        ISBN: 3-427-45721-4
DT      Book
CY      Germany
LA      German
IP      FIZKA
DN      1992R202596


L4      ANSWER 2 OF 15  COPYRIGHT 1992 FIZ KARLSRUHE
AN      92(5):MD1691  MATHDI
TI      An analysis of computational errors in the use of division
        algorithms by fourth-grade students.
        Analyse der Rechenfehler beim schriftlichen Dividieren
        in der vierten Klasse.
AU      Stefanich, G.P. (University of Northern Iowa, Cedar Falls
        (United States))
SO      Sch. Sci. Math. (Apr 1992) v. 92(4) p. 201-205.
        CODEN: SSMAAC    ISSN: 0036-6803
DT      Journal
CY      United States
LA      English
IP      FIZKA
DN      1992F322256


=> print 14
L4 CONTAINS       15 ANSWERS CREATED ON 19 AUG 92 AT 16:36:59
MAILING ADDRESS = HERRN DR. W. ALEX
                  UNIV KARLSRUHE
                  INST. F. MVM
                  POSTFACH 69 80
                  7500 KARLSRUHE
CHANGE MAILING ADDRESS? Y/(N):n
PRINT ENTIRE ANSWER SET? (Y)/N:y
ENTER PRINT FORMAT (BIB) OR ?:all
    15 ANSWERS PRINTED FOR REQUEST NUMBER P232319K


=> logoff
ALL L# QUERIES AND ANSWER SETS ARE DELETED AT LOGOFF
LOGOFF? (Y)/N/HOLD:y
COST IN DEUTSCHMARKS                       SINCE FILE      TOTAL
                                           ENTRY         SESSION
FULL ESTIMATED COST                         26,80          27,30


STN INTERNATIONAL LOGOFF AT 16:38:36 ON 19 AUG 92


Connection closed.
```

```
Connection closed by foreign host.
$ exit

script done on Wed Aug 19 16:45:24 1992
```

Als erstes wird mittels `telnet(1)` eine Verbindung zum Network Operation Center des BelWue-Netzes (`noc.belwue.de`) hergestellt. Benutzer und Passwort lauten `fiz`. Das NOC verbindet weiter zum STN, wo wieder eine Benutzer-ID und ein diesmal geheimes Passwort gebraucht werden. Der Terminaltyp 3 ist ein einfaches alphanumerisches Terminal. Dann folgen ein paar Neuigkeiten von STN, und schließlich landet man im File `HOME`, das als Ausgangspunkt dient. Mit dem Messenger-Kommando `file mathdi` wechseln wir in die Datenbank MATHDI (Mathematik-Didaktik), die vom FIZ Karlsruhe hergestellt wird (was nicht bei allen von STN angebotenen Datenbanken der Fall ist) und sich der deutschen Sprache bedient. Die Suche beginnt mit dem Messenger-Kommando `s prim?`. Das `s` bedeutet `search` und veranlaßt eine Suche nach dem Stichwort `prim?` im **Basic Index**. Dieser ist eine Zusammenfassung der wichtigsten Suchbegriffe aus Überschrift, Abstract usw., etwas unterschiedlich je nach Datenbank. Das Fragezeichen ist ein Joker und bedeutet anders als in UNIX eine beliebige Fortsetzung; Groß- und Kleinschreibung werden nicht unterschieden. Das Ergebnis der Suche sind 8220 Treffer, etwas zu reichlich. Die Menge der Antworten ist unter der Listen-Nummer L1 gespeichert. Wir grenzen die Suche ein, indem wir L1 durch ein logisches **and** mit dem Begriff `algorithm?` verknüpfen und erhalten 322 Treffer, immer noch zu viel. Wir nehmen den Begriff `comput?` hinzu und kommen auf 160 Treffer. Da wir die Begriffe nicht weiter einschränken wollen, begrenzen wir den Zeitraum nun auf die Erscheinungsjahre (py = publication year) 1990 bis 1992 und kommen auf erträgliche 15 Treffer herunter. Die bibliografischen Informationen aus den beiden ersten Antworten der Suche L4 schauen wir uns mit dem Messenger-Kommando `d 14 1-2` an, d steht für display. Schließlich geben wir mit dem Messenger-Kommando `print 14` den Auftrag, die Treffer auszudrucken und mit der Post zuzuschicken. Das Messenger-Kommando `logoff` beendet die Sitzung mit STN. Das NOC ist so intelligent, daraufhin seine Verbindung zu uns ebenfalls abzubrechen.

Einen Tag später liegt der Umschlag mit den Ausdrucken auf dem Schreibtisch, und die Arbeit beginnt. Am besten sortiert man die Literaturzitate in drei Klassen: Nieten, interessant, hochwichtig. Die Fragestellung sollte man auch aufheben. Die Auswertung der 15 Treffer zeigt, daß mit dem Stichwort `prim` auch der Begriff *primary education* erfaßt wurde. Das wäre vermeidbar gewesen. 8 der 15 Literaturstellen befassen sich mit Primzahlen und Computern und sind daher näher zu untersuchen. Falls sich die Fragestellung nicht auf den Schulunterricht beschränkt, muß man auch noch die Datenbank MATH (Mathematical Abstracts) befragen, die vermutlich mehr Treffer liefert.

Es gibt dankbare und undankbare Fragestellungen. Begriffe mit vielen und ungenau bestimmten Synonyma sind unangenehm. Verknüpfungen, die sich nicht auf **and** und **or** zurückführen lassen, auch. Das logische **not** gibt es zwar, sollte aber vermieden werden. Wenn Sie beispielsweise nach Staubfiltern außer Elektrofiltern suchen und als Suchbegriffe eingeben:

```
search filt? and not elektrofilt?
```

fallen Veröffentlichungen wie *Naßabscheider und Elektrofilter – ein Vergleich* heraus, die Sie vermutlich wegen der Naßabscheider doch lesen wollen. Man braucht eine Nase für wirkungsvolle Formulierungen der Suchbegriffe, die man sich nur durch Üben erwirbt. Deshalb ist es zweckmäßig, die Recherchen immer von denselben Mitarbeitern in Zusammenarbeit mit dem wissenschaftlichen Fragesteller durchführen zu lassen. Wer nur alle zwei Jahre eine Recherche durchführt, gewinnt nicht die notwendige Erfahrung.

5.18.6 Einige technische Datenbanken

Im folgenden werden beispielhaft einige technische Datenbanken aufgeführt; vollständige Verzeichnisse und Beschreibungen erhält man von den Hosts (STN, Karlsruhe und FIZ Technik, Frankfurt (Main)):

- **CA**, STN, bibliografische Datenbank, englisch, ab 1967, Chemie, Chemische Verfahrenstechnik,

- **CEABA**, STN, bibliografische Datenbank, deutsch, ab 1975, Chemieingenieurwesen, Biotechnologie,

- **COMPENDEX**, FIZ und STN, bibliografische Datenbank, englisch, ab 1970, Ingenieurwesen,

- **COMPUSCIENCE**, STN, bibliografische Datenbank, englisch, ab 1972, Informatik, Computertechnik,

- **DOMA**, FIZ, bibliografische Datenbank, deutsch, ab 1970, Maschinen- und Anlagenbau,

- **DBUM**, FIZ, Faktendatenbank, deutsch, Umwelttechnik,

- **ENERGIE**, STN, bibliografische Datenbank, deutsch, ab 1976, Energietechnik,

- **ENERGY**, STN, bibliografische Datenbank, englisch, ab 1974, Energietechnik,

- **INPADOC**, STN, Patentdatenbank, englisch, ab 1968, Patente aus allen Ländern,

- **INSPEC**, FIZ und STN, bibliografische Datenbank, englisch, ab 1969, Physik, Elektrotechnik, Informatik,

- **JICST-E**, STN, bibliografische Datenbank, englisch, ab 1985, japanische Naturwissenschaften, Technologie und Medizin,

- **TIBKAT**, STN, Katalog der Technischen Informationsbibliothek Hannover, deutsch, ab 1977,

- **VADEMECUM**, STN, Faktendatenbank, deutsche Lehr- und Forschungsstätten,

- **VtB**, STN, bibliografische Datenbank, deutsch, ab 1966, Verfahrenstechnik (Verfahrenstechnische Berichte der BASF AG und der Bayer AG),

- **VWWW**, FIZ, bibliografische Datenbank, deutsch, ab 1971, Automobiltechnik (Volkswagen AG)

Weiteres im WWW (unentgeltlich) unter:

- Fachinformationszentrum (FIZ) Chemie, Berlin:
  `http://www.fiz-chemie.de/`,

- Fachinformationszentrum (FIZ) Technik, Frankfurt:
  `http://www.fiz-technik.de/`,

- STN International, Karlsruhe:
  `http://www.fiz-karlsruhe.de/stn.html`.

5.19 Memo Internet

- Das weltweite Internet ist ein Zusammenschluß vieler regionaler Netze.

- Alle Internet-Knoten verwenden die TCP/IP-Protokolle. Diese werden in Requests For Comments (RFC) beschrieben.

- Jeder Netzknoten hat eine weltweit eindeutige IP-Adresse der Form `129.13.118.100`. Darüber hinaus kann er auch einen Namen der Form `mvmpc100.ciw.uni-karlsruhe.de` haben. Den Zusammenhang zwischen IP-Adresse und Namen stellen die Domain Name Server her.

- Im Internet haben sich Netzdienste entwickelt: File Tansfer, Email, Netnews, WWW und andere.

- Die Dienste werden von Servern (Computer, Programme) angeboten und von Clients genutzt. Für eine Verbindung braucht man immer zwei Programme, eines auf der eigenen Maschine und ein anderes auf der entfernten Maschine.

- File Transfer (FTP) ist ein Kopieren von beliebigen Files von einem Netzknoten zu einem anderen. Bei Anonymous FTP brauche ich keinen Account auf der entfernten Maschine, um dortige Files kopieren zu können.

- Email ist das Verschicken kurzer Textfiles an andere Benutzer im Netz. Mit einigen Tricks lassen sich auch beliebige Daten verschicken. Ohne besondere Maßnahmen gehen die Daten unverschlüsselt über die Leitungen. Mails sind privat.

- Mailing-Listen verteilen Rundschreiben per Email an die Abonnenten. Die Teilnehmer stellen eine begrenzte Öffentlichkeit dar.

- Bei Listen ist zu unterscheiden zwischen Mail an die Liste und Mail an das Verwaltungsprogramm (z. B. `majordomo`).

- Netnews sind die Zeitung im Internet, bestehend nur aus Leserbriefen. Man hat die Auswahl unter rund 10.000 Newsgruppen. Netnews werden von einer unbegrenzten Öffentlichkeit gelesen.

- Das World Wide Web (WWW, W3) ermöglicht es, weltweit beliebige Informationen anzubieten und umgekehrt auch aus einem inzwischen sehr großen Angebot zu holen. Das WWW ist ebenfalls eine unbegrenzte Öffentlichkeit.

- Die meisten WWW-Dokumente enthalten Verweise (Hyperlinks) zu weiteren Informationen im Internet.

- Suchmaschinen wie MetaGer sind eine wertvolle Hilfe beim Suchen von Informationen im WWW.

- Kleinere Werkzeuge dienen zum Suchen und Navigieren im Netz.

- Mit dem Wachsen des Internets treten Sicherheitsprobleme auf, die zum Teil mittels Verschlüsselung zu lösen sind (PGP, PEM).

5.20 Übung Internet

Für die folgenden Übungen brauchen Sie einen Computer (Host, Knoten) im Internet mit den entsprechenden Clients (Programmen). Informieren Sie sich mittels `man(1)` über die Kommandos.

`hostname`	Wie heißt mein Computer?
`whereis ifconfig`	Wo liegt das Kommando `ifconfig`?
`ifconfig`	Wie lautet die IP-Adresse?
`ping 129.13.118.15`	Bekomme ich Verbindung zu `129.13.118.15`?
	Beenden mit `control-c`
`nslookup 129.13.118.15`	Arbeitet mein Nameserver?

Schicken Sie eine Mail an sich selbst.

Schicken Sie eine Mail an `postmaster@mvmhp.ciw.uni-karlsruhe.de`, bitte US-ASCII-Zeichensatz und Zeilen kürzer 70 Zeichen

Schicken Sie eine Mail mit dem Inhalt `help` an `majordomo@list.ciw.uni-karlsruhe.de`.

Stellen Sie eine Anonymous-FTP-Verbindung zu unserem Server `ftp.ciw.uni-karlsruhe.de` her. Welches Betriebssystem verwendet der Server? Was ist vor der Übertragung von Files zu beachten?

Holen Sie sich das File `zen.ps.gz` (150 Kbyte), das den Text *Zen and the Art of the Internet* von B. KEHOE enthält. Was brauchen Sie zum Ausdrucken?

Holen Sie sich von einem Server in der Nähe den FYI 20.

Schauen Sie sich die WWW-Seite mit folgendem URL an: `http://www.ciw.uni-karlsruhe.de/technik.html`

In welcher Newsgruppe könnten sich Beiträge zum Thema *Weizenbier* finden? (`de.rec.bier`, `rec.drink.beer`?)

Beauftragen Sie Suchmaschinen mit einer Suche nach Informationen
über Weizenbier. Achtung Synonym: Weißbier.
Beginnen Sie mit MetaGer `meta.rrzn.uni-hannover.de`.

Schränken Sie die Suche auf *Dunkles Hefe-Weizen* ein.

Suchen Sie nach dem Thema *Berner Konvention*. Was stellen Sie fest?

Es gibt zwei Klassen von Menschen:
Die Gerechten und die Ungerechten.
Die Einteilung wird von den Gerechten vorgenommen.
Oscar Wilde

6 Computer-Recht

Unsere Tätigkeiten haben – sowie sie über den eigenen Computer hinausreichen – außer der technischen auch eine rechtliche Seite. Dieses Kapitel weist auf einige Berührungspunkte zwischen Informatik und Rechtswesen hin.

6.1 · Einführung

Das Internet wird gelegentlich immer noch als rechtsfreier Raum bezeichnet. Daß diese Ansicht falsch ist, zeigt nicht zuletzt die steigende Zahl von Urteilen, die Bezug zum Internet haben. Allerdings waren bis vor wenigen Jahren die meisten Nutzungen des Internets ohne rechtlichen Belang, oder zumindest wurde er nur von wenigen wahrgenommen. Zu konstatieren ist auch, daß aufgrund der zum Teil noch ungeklärten Rechtsfragen, der internationalen Präsenz von Daten im Internet und der fehlenden direkten physikalischen Adresse der Teilnehmer die Rechtsverfolgung nicht immer einfach ist.

Nicht vergessen werden sollte jedoch, daß das **Internet** kein Raum, sondern ein **Kommunikationsmittel** ist. Daher kann es auch nicht gut, schlecht oder kriminell sein, sondern diese Eigenschaften können nur Handlungen von Personen bezeichnen, die das Internet oder andere Netze nutzen.

So wie der technische Teil dieses Buches nicht auf jede Einzelfrage eingehen kann, werden in diesem Kapitel auch nur diejenigen rechtlichen Aspekte erörtert, auf die der Leser im Umgang mit Unix, C und vor allem dem Internet vorrangig stößt. Wenn ein rechtliches Ge- oder Verbot hier fehlt, so heißt das nicht, daß keines existiert. Und wenn das gesetzliche Verbot nicht existiert, sind dennoch die Regeln der Net Community zu beachten.

Juristen teilen die verschiedenen Bereiche ihrer Wissenschaft in drei Kernbereiche ein. Diese sind das **Zivilrecht**, das die Beziehungen der Bürger untereinander regelt, das **öffentliche Recht**, welches das Subordinationsverhältnis vom Bürger zum Staat regelt (und das Recht zwischen einzelnen Teilen von Staaten), und drittens das **Strafrecht**, das für die Verletzung von Gesetzen Sanktionen bestimmt und damit deren Einhaltung erzwingt. Ein Rechtsgebiet *Datenverarbeitungsrecht* oder *Cyber-Law* findet sich hierbei nicht. Die Dreiteilung soll sich auch gar nicht auf bestimmte Lebensbereiche beziehen, so daß typischerweise Lebenssachverhalte alle drei Rechtsgebiete betreffen. Zum Beispiel im Umgang mit dem Auto: Der Autokauf und etwaige Ärger mit der Werkstatt gehören zum Zivilrecht, mit Zulassung und Halteverboten tummelt man sich im öffentlichen Recht, und die Trunkenheit im Straßenverkehr wird nach § 316 Strafgesetzbuch mit Freiheitsstrafe bis zu einem Jahr geahndet. Ähnlich ist es mit dem Computer-Recht: Der Kauf von Hard- und Software gehört zum Zivilrecht, das öffentliche Recht reguliert, wie stark ein Monitor Strahlung emittieren darf und wie Signaturstellen zu betreiben sind, und das Strafrecht pönalisiert den Diebstahl von Hardware, das Anzapfen von Leitungen sowie Beleidigung und das Verbreiten von Pornographie.

Dieser Einteilung soll auch bei der Darstellung des Computer-Rechts im wesentlichen gefolgt werden. Lediglich einige Teile des Strafrechts wurden ausgelagert: Der Eingehungsbetrug findet sich beim pseudonymen Vertragsschluß, das Urheberstrafrecht bei den Urheberrechtsverletzungen und die für den Datenschutz relevanten Delikte ebenda. Bereits mit den Beispielen Beleidigung und Verbreitung pornographischer Schriften klingt an, daß es in einigen Bereichen gar keines neuen Computer-Rechts bedarf, sondern bestehende Normen auf neue Tatmodalitäten angewendet werden können. Sogar in den meisten Bereichen des Computer-Rechts sind nicht neue Gesetze, sondern nur neue Interpretationen des bestehenden Rechts erforderlich. Um die Anwendung vorhandenen Rechts auf neue Lebensgewohnheiten verständlich zu machen, werden hier häufig Parallelen vom virtuellen zum realen Leben und Übergänge vom klassischen zum Cyber-Recht aufgezeigt werden.

Infolge der globalen Vernetzung sind viele Fragen des Computer-Rechts international zu betrachten, was die Materie schwierig gestaltet. Es handelt sich dabei nicht nur um unterschiedliche Gesetze, sondern auch um unterschiedliche Rechtsvorstellungen. So geht das deutsche Urheberrecht von der Persönlichkeit des Urhebers aus – was sich schon in der Bezeichnung ausdrückt – während das angloamerikanische Copyright in erster Linie auf die wirtschaftliche Seite geistigen Eigentums abzielt. Fremden Kulturkreisen kann sogar der Begriff des geistigen Eigentums völlig unbegreiflich sein.

Dem juristischen Laien ist nicht immer bewußt, daß die wenigsten Rechtsvorschriften so dauerhaft sind wie Naturgesetze oder die Zehn Gebote. Das Recht entwickelt sich weiter. Gesetze und Verordnungen stellen nur einen Teil des Rechts dar, einen anderen bilden die Entscheidungen hoher Gerichte. Und längst nicht jede Streitfrage ist bereits abschließend geklärt.

6.2 Zivilrecht

Das **Zivilrecht** regelt, wie oben angesprochen, die Beziehungen der Bürger untereinander. Für den Computerbereich relevant sind insbesondere Rechte wie das **Urheberrecht** und das **Vertragsrecht**, das zum Beispiel einen Kaufvertrag über einen PC regelt, einen via Internet geschlossenen Dienstleistungsvertrag oder einen Vertrag, durch den ein Nutzungsrecht an einem urheberrechtlich geschützten Programm vereinbart wird. Das im Zivilrecht wichtigste Gesetz ist das **Bürgerliche Gesetzbuch** (BGB) von 1896, das von den rechtlichen Folgen der Geburt über Verträge, Schadensersatz, Eigentum, Familienrecht bis zum Erbfall alles regelt, was der Gesetzgeber am Ende des 19. Jahrhunderts im Leben des Bürgers als regelungsbedürftig empfand. Man kann sich denken, daß Computer darin nicht erwähnt werden. Jedoch ist das BGB so abstrakt gehalten, daß es auch auf neue

Sachverhalte angewendet werden kann: Ein Computer ist gemäß § 90 BGB eine Sache, somit gelten bei dessen Kauf die Regeln über den Kauf von Sachen. Für die Fehlerfreiheit haftet der Verkäufer ein halbes Jahr lang (§§ 433, 459/480, 477 BGB), ebenso für das Vorhandensein von zugesicherten Eigenschaften[1].

6.2.1 Electronic Commerce

Ein weltweites Datennetz bietet sich dazu an, weltweit Gewinne zu erwirtschaften. Dabei entstehen an den Schnittstellen zwischen virtueller und weniger virtueller Welt Probleme rechtlicher und tatsächlicher Art[2]. Im wesentlichen ergeben sich hierbei drei solche Schnittstellen:

- Beide Seiten wollen einen rechtlich wirksamen Vertrag schließen.

- Der Kunde will seine Ware oder Dienstleistung haben.

- Der Anbieter will dafür sein Geld bekommen.

Die Probleme zwei und drei sind vorrangig tatsächlicher Art: Um die Verpflichtungen aus dem Vertrag zu erfüllen, kann man sie ganz einfach auf die weltliche Ebene verlagern. Der Verkäufer versendet die Ware und der Kunde bezahlt per Nachnahme oder Überweisung. Das ist solide und erprobt, allerdings wenig innovativ, obendrein umständlich und teuer. Eventuell kann der Anbieter seine Leistung auch digital erfüllen, zum Beispiel durch Herunterladenlassen der gekauften Daten, wie Programme, Musik oder Informationen, oder durch schlichtes Erbringen seiner Dienstleistung, zum Beispiel indem er Webspace auf seinem Computer zur Verfügung stellt oder einen Zugang zum Internet vermittelt. Im Gegenzug auch elektronisch zu bezahlen hat in Europa bislang wenig Akzeptanz gefunden. Von den vielen Möglichkeiten sollen hier zwei angesprochen werden. Ein kreditkartenbasiertes System ist **Secure Electronic Transactions** (SET), an dessen Entwicklung unter anderem Kreditkartenunternehmen, IBM, Microsoft und Netscape beteiligt sind. Prinzipiell könnten Kreditkartennummer und Verfalldatum einfach per Email übertragen werden. Da aber im Internet Mails einfach mitgelesen werden können, ist der Versand von Kreditkartendaten im Klartext sehr riskant: Mit den abgefangenen Daten kann ein Dritter unter falschem Namen Leistungen beziehen, und es entsteht dem Verkäufer, dem Kreditkarteninhaber oder dem Kreditkarteninstitut ein Schaden. Hier setzt SET an, indem es zum einen dafür sorgt, daß der Kunde identifiziert werden kann (Authentizität), und zum anderen die Daten verschlüsselt. Einen ganz anderen Weg gehen Systeme, die Bargeld digital simulieren, indem von Banken statt Barem Daten ausgegeben werden. Das Problem, daß Dateien im Gegensatz zu Banknoten beliebig kopiert werden können, wird teilweise durch sogenannte Schattenkonten gelöst. Mit diesen kann die Bank nachvollziehen, wo der Kunde mit welcher elektronischen Banknote bezahlt. Dies vereitelt wiederum die Anonymität, wie sie von Bargeld gewährt wird, und verleitet zum Erstellen von Kunden- und Marketingprofilen. Obwohl zum Beispiel mit

---

[1] Siehe Abschnitt 6.2.1.2 *Gewährleistung und Garantie* auf Seite 501.

[2] Juristen sehen gerne die rechtlichen Probleme als die wesentlichen an und tun die anderen – wie zum Beispiel das Wiederbeschaffen eines Ringes, der auf dem Meeresgrund liegt – als bloß tatsächliche ab.

E-Cash taugliche Lösungen verwendet werden, kamen bisland in Deutschland E-Cash (Deutsche Bank mit DigiCash), CyberCoin (Dresdner Bank mit CyberCash) und First Virtual nicht über den Charakter von Pilotprojekten hinaus und werden bei Erscheinen des Buches wohl zum Teil wieder eingestellt sein.

6.2.1.1 Elektronischer Vertragsschluß

Wesentlich juristischer ist die Frage des elektronischen Vertragsschlusses oder des **Kaufvertrages** per Mausklick. Dazu ein kleiner Exkurs in das Vertragsrecht:

Ein Vertrag kommt zustande durch zwei inhaltlich übereinstimmende und mit Bezug aufeinander abgegebene Willenserklärungen (Angebot und Annahme), und zwar in der Regel ohne irgendwelche Formvorschriften. Es ist ein weit verbreiteter Irrtum, daß ohne eine Unterschrift kein binden-der Vertrag vorliege ("ich habe nichts unterschrieben"). Dies wird schnell klar, wenn man sich überlegt, daß fast alle Bargeschäfte des täglichen Lebens formfrei und dennoch wirksam abgewickelt werden, zum Beispiel der Zeitungskauf beim Kiosk um die Ecke oder der Großeinkauf im Supermarkt. Andersherum liegt ein Vertrag nicht allein deshalb vor, weil man irgendwo unterschrieben hat und vielleicht über den Inhalt getäuscht worden ist. Eine besondere Form ist nur ausnahmsweise erforderlich, wenn nach Ansicht des Gesetzgebers besonderer Schutz vor Übereilung oder besondere Dokumentation notwendig ist. So muß eine Bürgschaftserklärung von Nichtkaufleuten schriftlich, ein Testament insgesamt handschriftlich und ein Grundstücksverkauf notariell erfolgen. Der wirtschaftliche Wert des Rechtsgeschäftes ist unerheblich, es kommt nur auf seine abstrakte Form an – der Abschluß eines Kaufvertrages über eine Sache für eine Million DM kann immer noch mündlich erfolgen, während auch eine Bürgschaft für 10 DM der Schriftform bedarf.

Die im Electronic Commerce typischen Kauf- und Dienstleistungsver-träge unterliegen nach dem BGB keinem solchem Formerfordernis, d. h. sie kommen allein durch zwei inhaltlich übereinstimmende Willenserklärungen zustande. Wie man diese Willenserklärungen dann übermittelt – mündlich, fernmündlich, per Brief oder Email – ist weitgehend irrelevant.

Ein Vertragschluß per Email ist also rechtlich unproblematisch, sofern von beiden Seiten ein Vertrag mit diesem Inhalt gewollt ist. Probleme ergeben sich jedoch bei der Beweisbarkeit des Vertragsschlusses, also zum Beispiel, wenn der Verkäufer den Kaufpreis einklagen will und dafür nachweisen muß, daß ein Kaufvertrag zustande gekommen ist. Hier ist ein unterschriebenes Stück Papier schon erheblich mehr wert als eine Folge von Nullen und Einsen. Hilfreich sind digitale Signatu-ren, die zwar auch nicht den Vertragswillen und die Willenserklärung als solche beweisen, mit denen aber die Wahrscheinlichkeit, daß die vorliegende Mail vom Inhaber des Private Keys stammt, sehr hoch ist.

Hierfür gibt es seit 1997 das **Signaturgesetz** (SigG), das Teil des Multimedia-Gesetz genannten Informations- und Kommunikationsdienstegesetzes (IuKDG) war. Das SigG regelt jedoch im wesentlichen, wie Signaturen und Zertifizierungs-stellen (Certification Authorities) zu gestalten und zu betreiben sind, es enthält aber keine zivilrechtliche Rechtsfolge in dem Sinne, daß eine gemäß dem SigG signierte Mail der Schriftform gleichgestellt sei oder eine gesetzliche Vermutung dafür bestünde, daß sie vom Inhaber des Signaturschlüssels (des Private Keys) stammt. Daher beschränken sich die juristischen Möglichkeiten darauf, in einem Prozess durch Sachverständige darlegen zu lassen, mit welcher Wahrscheinlichkeit eine signierte Mail vom Kunden stammt – kein Wunder, daß Geschäftsleute hierauf nicht sonderlich scharf sind. Und diese prozessuale Möglichkeit besteht ohnehin unabhängig vom SigG, zumal es die Verwendung anderer Signaturen in § 1 Abs. 2 ausdrücklich freistellt. Bislang macht es also keinen wesentlichen Unterschied, ob Signaturen nach dem SigG verwendet werden oder ob bei einem sicheren anderen Signaturverfahren der Public Key bei einem Trust Center hinterlegt wird.

6.2.1.2 Gewährleistung und Garantie

Die **Gewährleistung** und die **Garantie** sind Rechte, die nicht nur im Electronic Commerce, sondern auch beim konventionellen Kauf relevant sind. Die oben angesproche Gewährleistung gibt dem Käufer gewisse Rechte, wenn die Kaufsache fehlerhaft ist oder eine zugesicherte Eigenschaft fehlt. Diese Rechte werden oft als Garantie bezeichnet. Das ist insofern mißverständlich, als unter Garantie gemeinhin verstanden wird, daß die Kaufsache für einen bestimmten Zeitraum fehlerfrei bleiben soll. Nach §§ 459 ff. BGB wird vom Verkäufer lediglich verlangt, daß im Zeitpunkt der Übergabe kein Mangel vorliegt. Die *sechs Monate Gewährleistung* bilden lediglich eine Frist, nach der die Rechte des Käufers verjähren (§ 477 BGB). Insoweit war die oben gewählte knappe Formulierung *für die Fehlerfreiheit haftet der Verkäufer ein halbes Jahr lang* nicht korrekt: Nur bei der Übergabe muß die Sache mangelfrei sein. Hat er eine mangelfreie Sache geliefert, ist der Verkäufer aus dem Schneider, auch wenn innerhalb der sechs Monate ein Mangel entsteht. Allerdings liegt es nahe, daß eine Sache, die kurz nach dem Kauf den Geist aufgibt, auch schon zur Zeit der Übergabe einen (noch nicht erkennbaren) Mangel hatte. Diese Rechtslage gilt übrigens auch für private Verkäufer und auch für gebrauchte Sachen. Sie ist jedoch sogenanntes dispositives Recht, d. h. die Vertragsparteien können abweichende Klauseln – zum Beispiel einen Haftungsausschluß – vereinbaren. Dies sei auch jedem empfohlen, der seinen Rechner gebraucht verkauft, da anderenfalls der Käufer nach § 462 BGB Rückgängigmachung des Kaufes (Wandelung) oder Herabsetzung des Kaufpreises (Minderung) verlangen kann. Vereinbart werden kann der Haftungsausschluß zum Beispiel durch die aus dem Kfz-Markt bekannte Klausel *Gekauft wie gesehen und unter Ausschluß jeglicher Gewährleistung für offene und verdeckte Mängel.* Für Mängel, die dem Verkäufer bekannt sind und die er arglistig verschweigt, ist ein Haftungsausschluß jedoch nicht möglich.

Im gewerblichen Bereich wird die gesetzliche Gewährleistung häufig durch eine **Garantie** des Herstellers ergänzt. Eine solche zusätzliche, echte Garantie kann vom Hersteller frei bestimmt werden, weshalb sie hier nicht exakt beschrieben werden kann. Zumeist wird die Funktionsfähigkeit für eine Dauer von 6 bis 24 Monaten garantiert, und bei Defekten liegt die Garantieleistung in kostenloser Reparatur (Nachbesserung) oder Auswechslung des Gerätes. Die gesetzlichen Gewährleistungsrechte des Kunden richten sich nicht gegen den Hersteller, sondern gegen den Verkäufer. Dieser schränkt die Rechte des Käufers in der Regel durch *Allgemeine Geschäftsbedingungen* auf Nachbesserung oder Lieferung einer mangelfreien Sache ein. Dies ist nach § 11 Nr. 10 lit. b) AGBG zulässig, sofern der Kunde ausdrücklich das Recht behält, bei Fehlschlagen der Nachbesserung oder Ersatzlieferung *Herabsetzung der Vergütung oder ... nach seiner Wahl Rückgängigmachung des Vertrages* zu verlangen. An diese Klauseln stellt der Bundesgerichtshof sehr strenge Anforderungen. Auch bei technisch aufwendigen Geräten wie Computern hat der Verkäufer nur ausnahmsweise mehr als drei Nachbesserungsversuche. Diese Zahl gilt insgesamt und nicht pro Mangel, so daß der Kunde nicht etwa bei zwei oder drei Mängeln sechs- oder neunmal nachbessern lassen muß. Und da die Rechte auf Kaufpreisherabsetzung (Minderung) und Rücktritt vom Vertrag für den Fall des Fehlschlags der Nachbesserung ausdrücklich zugestanden werden müssen, ist klarzustellen, daß der Kunde diese Rechte nicht nur beim technischen Fehlschlagen eines Nachbesserungsversuches hat, sondern auch dann, wenn der Verkäufer zum Beispiel die Durchführung der Nachbesserung verweigert.

6.2.1.3   Allgemeine Geschäftsbedingungen

Wie gesehen, kann der Verkäufer die Rechte des Käufers durch Allgemeine Geschäftsbedingungen modifizieren. Zugunsten des Kunden wird diese Möglichkeit begrenzt durch das *Gesetz zur Regelung des Rechts der Allgemeinen Geschäftsbedingungen*, kurz **AGB-Gesetz** oder AGBG. Es hat den Zweck, die dem Unternehmer zustehende faktische Macht, dem Verbraucher einseitig die Vertragsbedingungen zu diktieren und hierbei nur ihm vorteilhafte Klauseln zu verwenden, einzuschränken. Dies geschieht dadurch, daß besonders einseitige Klauseln unwirksam sind, und daneben die Allgemeinen Geschäftsbedingungen nur Vertragsinhalt werden, wenn der Kunde auf sie hingewiesen wird und die Möglichkeit ihrer Kenntnisnahme hat. Von den unwirksamen Klauseln sind nachfolgend die für den Computerbereich wichtigsten erläutert:

- Die Frist von sechs Monaten, nach der die Gewährleistungsansprüche des Kunden verjähren, darf bei der Lieferung von neuen Sachen nicht verkürzt werden (§ 11 Nr. 10 AGBG).

- Speziell zugesicherte Eigenschaften dürfen nicht fehlen (§§ 459/480, 463 BGB); die Haftung hierfür darf nicht ausgeschlossen werden (§ 11 Nr. 11 AGBG).

- Bei Dauerschuldverträgen, also Verträgen, die über eine längere Zeit laufen, wie Provider- oder Mobiltelefonverträge, darf die Vertragslaufzeit höchstens 24 Monate betragen, sich nach Ablauf (ohne neuen Vertragsschluß) um höchstens 1 Jahr verlängern, und die Kündigungsfrist zu diesen Laufzeiten darf höchstens 3 Monate betragen (§ 11 Nr. 12 AGBG).

- Vertragsstrafen sind weitgehend unzulässig (§ 11 Nr. 6 AGBG), insbesondere für den Fall des Zahlungsverzuges und der Kündigung durch den Kunden. Dies betrifft auch die früher populären Kündigungsgebühren der Mobiltelefonprovider.

- Schadensersatzansprüche hingegen kann der Unternehmer geltend machen, jedoch darf er sie nur in engen Grenzen pauschalieren, damit nur der tatsächliche Schaden ersetzt wird und sie nicht die Natur von Vertragsstrafen erhalten (§ 11 Nr. 5 AGBG). Die Pauschale darf den durchschnittlichen Schaden für solche Fälle nicht übersteigen, und dem Kunden muß die Möglichkeit bleiben, einen geringeren Schaden nachzuweisen.

- Neben weiteren Einzelregelungen gilt generell, daß besonders unangemessene Regelungen sowie überraschende Klauseln (die berühmte Waschmaschine) unwirksam sind und Individualabreden mit dem Verkäufer Vorrang haben (§§ 9, 3 und 4 AGBG).

- Unklarheiten, wie eine Klausel zu verstehen ist, gehen zu Lasten des Unternehmers (§ 5 AGBG). Dies gilt in beide Richtungen einer Auslegung der Klausel: Falls eine verbraucherfreundliche Auslegung möglich ist, kann diese gewählt werden. Falls eine verbraucherfeindliche Auslegung möglich ist, die jedoch so einschneidend ist, daß eine solche Klausel nichtig wäre, kann auch diese gewählt werden. Dann ist die verwendete Klausel unwirksam, auch wenn eine rechtmäßige Auslegung vertretbar gewesen wäre, da alle Zweifel zu Lasten des Unternehmers gehen.

Damit die Allgemeinen Geschäftsbedingungen Teil des Vertrages werden, muß der Kunde auf sie hingewiesen werden und die Möglichkeit haben, von ihrem Inhalt Kenntnis zu nehmen (§ 2 ABGB). In einem Kaufhaus kann dies dadurch geschehen, daß an den Kassen ein deutlicher Hinweis hängt und sie an anderer Stelle einfach einzusehen sind. Die Frage, ob die einfache Möglichkeit der Kenntnisnahme durch das Bereitstellen zum Download ausreichend gewährt wird, hatte der Bundesgerichtshof noch nicht zu entscheiden; sie wird aber vom überwiegenden Teil der Rechtswissenschaft bejaht.

6.2.1.4 Widerrufsrechte

Es gibt eine Reihe von Möglichkeiten, sich von Verträgen zu lösen bzw. sie gar nicht erst wirksam werden zu lassen. Das einfachste ist ein vertraglich vereinbartes **Rücktritts-** oder **Kündigungsrecht**. Auch kann der Kunde vom Vertrag zurücktreten, wenn der Unternehmer trotz Mahnung nicht liefert oder seine Dienstleistung nicht erbringt oder der Kunde trotz fehlgeschlagener Nachbesserung keine mangelfreie Ware erhält.

Ein dem Rücktritt ähnliches Recht gewährt das **Verbraucherkreditgesetz** (VerbrKrG). Anwendung findet das VerbrKrG auf Kreditverträge, und zwar auch dann, wenn der Kredit nicht bar ausgezahlt wird, sondern in Form eines Zahlungsaufschubes oder durch Ratenzahlung vereinbart wird (zum Beispiel beim Möbelkauf) oder wenn der Kreditgeber ein anderer als der Verkäufer ist, diese jedoch kooperieren (zum Beispiel beim Autokauf, wenn die Finanzierung über die Volkswagenbank abgewickelt wird). Ausgeschlossen sind jedoch geringfügige Verträge bis 400 DM oder bis zu 3 Monaten Zahlungsaufschub. Daneben finden Teile des VerbrKrG Anwendung auf Dauerschuldverhältnisse, die auf die regelmäßige Lieferung von Sachen gerichtet sind, wie z. B. Zeitungs-Abos. Ein solcher Vertrag muß zum einen Schriftform haben, zum anderen hat der Verbraucher ein rücktrittsähnliches Recht: Die auf den Abschluß eines Kreditvertrages gerichtete Willenserklärung des Verbrauchers wird erst wirksam, wenn der Verbraucher sie nicht binnen einer Frist von einer Woche schriftlich widerruft (§ 7 Abs. 1 VerbrKrG). Auf dieses Widerrufsrecht muß der Verbraucher schriftlich hingewiesen werden. Dieser Hinweis ist von ihm gesondert zu unterschreiben und ihm auszuhändigen; anderenfalls verlängert sich die Frist bis zur beiderseitigen Erfüllung des Vertrages, jedoch maximal auf ein Jahr[3]. Während Kreditverträge und Verträge über die Lieferung auf Kredit in absehbarer Zeit nicht im Wege des E-Commerces geschlossen werden dürften, kann das VerbrKrG bei Verträgen über regelmäßige Lieferungen relevant werden. In der Praxis wird jedoch ein solcher Vertrag zumindest ergänzend schriftlich geschlossen, so daß das Schriftformerfordernis und die Belehrung über das Widerrufsrecht eingehalten werden können.

Ein weitgehend identisches Widerrufsrecht gewährt das **Gesetz über den Widerruf von Haustürgeschäften** und ähnlichen Geschäften (HaustürWG) für Verträge, die in der Privatwohnung, am Arbeitsplatz, bei den sogenannten Kaffeefahrten oder im Anschluß an ein überraschendes Ansprechen in Verkehrsmitteln oder im Bereich öffentlich zugänglicher Verkehrswege (zum Beispiel in der Fußgängerzone) geschlossen werden. Da hier der Kunde durch den Überraschungseffekt und die Redegewandtheit der Verkäufer Preis und Leistung nicht wie gewohnt vergleichen kann, wird ihm durch das Widerrufsrecht ein Ausgleich dieses strukturellen Nachteils gewährt. Dieser strukturelle Nachteil fehlt bei Personen, die im Internet Verträge schließen. Der Kunde hat beliebig viel Zeit zum Preisvergleich und kann auch penetranter oder persönlicher Werbung entgehen, ohne sich unhöflich zu verhalten. Daher besteht ein Schutz durch das HaustürWG – mit der verbraucherfreundlichen Folge des Widerrufsrechts – nicht.

Ein Widerrufsrecht im E-Commerce sieht jedoch Artikel 6 der **EU-Fernabsatzrichtlinie** 97/7/EG vom 20. Mai 1997 vor, die darüber hinaus dem Kunden weitere umfangreiche Rechte einräumt. Hierzu gehören Informationen über das Produkt bzw. die Dienstleistung, über die Vertragsbedingungen und über die Identität des Unternehmers (Art. 4), ein Recht auf Leistung innerhalb von 30 Tagen (Art. 7) sowie Verbraucherschutz bei Vorkasse, Kreditkartenmißbrauch, Lieferung unbestellter Ware und Werbung durch Fax und Voiceboxen[4]. Allerdings bilden EU-Richtlinien kein direktes nationales Recht, sondern verpflichten lediglich die nationalen Gesetzgeber, sie innerhalb einer bestimmten Frist umzusetzen. Somit bestehen diese Rechte bislang noch nicht für den deutschen Verbraucher.

Einen Hauch von internationalem Recht vermittelt Art. 29 des Einführungsgesetzes zum Bürgerlichen Gesetzbuche (EGBGB). Diese Norm gehört zum **Internationalen Privatrecht**, welches wiederum regelt, welches Recht anwendbar ist, wenn durch einen Vertrag eine Verbindung zum Recht mehrerer Staaten besteht. Unter gleichstarken Vertragspartnern kann nach Art. 27 EGBGB frei ver-

---

[3]Genaugenommen verlängert sich nicht die einwöchige Frist, sondern ihr Ablauf beginnt gar nicht erst, und nach dem Jahr bzw. der Erfüllung endet sie nicht, sondern das Widerrufsrecht erlischt; vgl. § 7 VerbrKrG.

[4]Siehe: `http://europa.eu.int/comm/dg24/dg24old/cad/dir1de.html` oder auch `http://www.online-recht.de/vorges.html?EUFernabrl`

einbart werden, welches Recht anzuwenden ist. Gegenüber privaten Verbrauchen bestünde wieder das typische strukturelle Ungleichgewicht, das den Verbraucherschutz auf den Plan ruft: Der Unternehmer könnte einseitig bestimmen, daß das Recht des Landes mit dem schwächsten Verbraucherschutz Anwendung findet. Dies wird durch Art. 29 EGBGB verhindert, wonach für Verbraucher der in ihrem Land zwingende Schutz durch die Vereinbarung des Rechts eines anderen Staates nicht abgeschnitten werden kann. Voraussetzung dafür ist, daß ein dem Unternehmer zurechenbarer Bezug zum Land des Verbrauchers besteht. Dies ist dann der Fall, wenn er in diesem Land geworben, den Vertragsschluß angeboten oder Rechtshandlungen vorgenommen hat sowie wenn er oder sein Vertreter hier die Bestellung entgegengenommen hat. Für den Vertragsschluß via Internet wird es so aufgefaßt werden müssen, daß zum Beispiel die Werbung durch Websites auf die Kunden dieses Landes ausgerichtet sein muß, was anhand der Sprache, Währung, landestypischer Bedürfnisse etc. zu beurteilen ist. Für den wichtigen Bereich des AGB-Gesetzes hält dessen § 12 eine speziellere, aber vergleichbare Regelung des sogenannten Kollisionsrechtes bereit.

6.2.1.5 Pseudonymer Vertragsschluß

Es besteht ein großes Bedürfnis, im Netz **anonym** oder **pseudonym** aufzutreten. Alleine das Hinterlassen von Datenspuren auf fremden Servern ist vielen Benutzern ein Dorn im Auge, obschon die daraus resultierenden Gefahren von den meisten Surfern gar nicht wahr- oder ernst genommen werden. Spätestens beim Erhalt von Spam genannten Werbe-Mails wird dann doch bewußt, daß die eigene Email-Adresse in Werbeverteiler gelangt ist. Ein einfaches und beliebtes Mittel ist, den eigenen Namen oder die Adresse für jede Adressweitergabe leicht zu verändern. Man kann zum Beispiel seinem Namen ein Mittelinitial hinzufügen (OLAF A. KOGLIN bis OLAF Z. KOGLIN), einen Doppelnamen annehmen oder die Hausnummer variieren (statt der 9 eine 7, falls man dem Briefträger bekannt ist, oder 9a usw.). Dies beruhigt jedoch eher das eigene Gewissen, als daß es vor Werbung und Persönlichkeitsprofilen schützt. Pseudonymität wird nicht erlangt, und es ist eine akkurate Buchhaltung erforderlich, um jede Variation dem Unternehmen, dem man sie angegeben hat, zuzuordnen. Im übrigen wird es wenig nutzen, die Adressweitergabe nachzuweisen, wenn die Werbung für ein US-amerikanisches Unternehmen von einer auf Polynesien registrierten, in Hong Kong ansässigen Werbefirma durchgeführt wurde, die einen Server in Johannesburg benutzt.

Neben Anonymität bleibt also nur echte Pseudonymität. Für das Surfen im World Wide Web, die Beteiligung in Newsgroups etc. ist dies juristisch unproblematisch, es verstößt aber in einigen Newsgroups gegen die Netiquette. Auch beim Vertragsschluß ist Pseudonymität ungefährlich, solange man die Ware oder Dienstleistung tatsächlich bezahlt. Dies sollte man schon aus dem Grund tun, weil sonst die Pseudonymitätsbewegung schnell in den Ruf kommt, nur Betrügereien zu unterstützen, und sich anhören müßte, daß, wer nichts zu verbergen hat, auch seinen Namen offenlegt. Außerdem kommt man leicht in den Verdacht des **Eingehungsbetrugs**, der vorliegt, wenn man in der Absicht, nicht zu bezahlen, einen Vertrag schließt und die Leistung entgegennimmt. Für den Richter liegt ein Eingehungsbetrug dann nahe, wenn der Angeklagte die Leistung nicht bezahlt und schon beim Vertragsschluß einen falschen Namen angegeben hat.

Aus zivilrechtlicher Sicht kommt beim pseudonymen Vertragsschluß ein Vertrag mit der dahinterstehenden echten Person zustande, somit trägt sie die Rechte und Pflichten aus dem Vertrag. Sie kann also das Recht auf Lieferung auch unter ihrem richtigen Namen anmahnen und Gewährleistungsansprüche einklagen.

Dogmatisch wird zwischen dem *Handeln unter fremden Namen* und *Handeln in fremden Namen*, der echten Vertretung, unterschieden. Echte Vertretung liegt vor, wenn ein Vertragspartner offenlegt, daß nicht er, sondern ein Dritter Vertragspartei werden soll. Typischer Fall ist der Kauf im Kaufhaus, bei dem der Angestellte zwar selbst den Vertragsschluß gegenüber dem Kunden erklärt, jedoch das Kaufhaus und nicht der Angestellte Vertragspartei werden soll. Anders ist es beim Handeln *unter* fremden Namen. Hier gibt ein Vertragspartner lediglich einen fremden Namen an, will aber selber Vertragspartei werden. Klassischer Fall hierfür ist das Einbuchen im Hotel unter einem falschen Namen. Beim Handeln unter fremden Namen wird zwischen Personentäuschung und Identitätstäuschung unterschieden. Bei ersterer kommt es dem getäuschten Vertragspartner nicht auf den Namen an, sondern er will mit der Person, die vor ihm steht, einen Vertrag schließen. Daher wird diese auch Vertragspartner. Bei der Identitätstäuschung will er gerade mit der Person, die er mit dem angegebenen Namen verbindet, einen Vertrag schließen; sie kann später erklären, daß sie den Vertrag genehmigt. Wenn die angegebene Person den Vertrag nicht schließen möchte, kann der Getäuschte vom Täuschenden die Erfüllung des Vertrages oder Schadensersatz verlangen.

Beim Vertragsschluß unter Pseudonym fallen Personen- und Identitätstäuschung zusammen: Sowohl, wenn der Verkäufer mit der vor ihm stehenden Person, als auch, wenn er mit dem Inhaber des berühmten Pseudonyms den Vertrag schließen wollte, ist in jedem Fall die dahinter stehende echte Person Vertragspartner.

Verwendet jemand das Pseudonym eines anderen, so hat dieser einen Unterlassungsanspruch gegen den unbefugten Verwender (§ 12 BGB).

6.2.2 Urheberrecht

Das **Urheberrecht** wurde in letzter Zeit mehrfach an das digitale Zeitalter angepasst. Dabei stand nicht immer der ursprüngliche Gedanke des Urheberrechts im Vordergrund, den Urheber als schutzbedürftig vor der Ausbeutung seines Werkes anzusehen, sondern vermehrt das Interesse der Wirtschaft an der Kommerzialisierung des Urheberrechts.

6.2.2.1 Voraussetzungen des Schutzes

Wie Schriftwerke und Reden schützt das Urheberrechtsgesetz (UrhG) ausdrücklich auch Computerprogramme (§ 2 Abs. 1 Nr. 1, §§ 69a ff. UrhG). Dies wird

im achten Abschnitt *Besondere Bestimmungen für Computerprogramme* UrhG
genauer beschrieben:

§ 69a – Gegenstand des Schutzes

(1) Computerprogramme im Sinne dieses Gesetzes sind Programme jeder Gestalt, einschließlich des Entwurfmaterials.

(2) Der gewährte Schutz gilt für alle Ausdrucksformen eines Computerprogramms. Ideen und Grundsätze, die einem Element eines Computerprogramms zugrunde liegen, einschließlich der den Schnittstellen zugrundeliegenden Ideen und Grundsätze, sind nicht geschützt.

(3) Computerprogramme werden geschützt, wenn sie individuelle Werke in dem Sinne darstellen, daß sie das Ergebnis der eigenen geistigen Schöpfung ihres Urhebers sind. Zur Bestimmung ihrer Schutzfähigkeit sind keine anderen Kriterien, insbesondere nicht qualitative oder ästhetische, anzuwenden.

(4) Auf Computerprogramme finden die für Sprachwerke geltenden Bestimmungen Anwendung, soweit (...) nichts anderes bestimmt ist.

Voraussetzung für den klassischen urheberrechtlichen Schutz ist eine individuelle, **eigene geistige Schöpfung** (§ 2 Abs. 2 UrhG). Wann diese vorliegt, läßt sich pauschal nicht beantworten. Jedoch gibt es entsprechende Kriterien für andere Werke, an denen man sich bei Programmen orientieren kann.

Zum einen kann man die Werkhöhe negativ abgrenzen. Das Standardbeispiel ist eine Baumwurzel, die mangels **persönlicher** Schöpfung des Künstlers niemals ein Werk im Sinne des UrhG sein kann, mag sie auch noch so künstlerisch aussehen. Auf die Computerebene bezogen bedeutet das, daß vom Rechner selbst erstellte Daten keine eigene Leistung des Benutzers sind. Auch kann der **geistige Gehalt** fehlen, wenn jegliche Individualität ausbleibt[5]. Eine Standardroutine, die schon im Informatikunterricht der Mittelstufe gelehrt wird, ist aus der Hand des Schülers vielleicht eine eigene, aber keine ausreichend geistige Schöpfung. Zuletzt kann die **Schöpfung** als solche fehlen, wenn erst ein Geistesblitz vorliegt, der zwar die Qualifikation *persönlich* und *geistig* hat, dem jedoch noch eine Formgebung fehlt. Allerdings muß ein Computerprogramm noch nicht fertig geschrieben und erst recht nicht fehlerfrei lauffähig sein, da § 69a Abs. 1 UrhG die Entwürfe ausdrücklich in den Schutz einbezieht.

Positiv zu beschreiben, wann ein Werk eine persönliche geistige Schöpfung ist, fällt wesentlich schwerer. Dies liegt zum einen daran, daß man nicht solche plakativen Fälle wie bei den Negativbeispielen anführen kann. Zum anderen soll aber der urheberrechtliche Schutz neuen Formen offen sein, so daß bei der Nennung von einigen Voraussetzungen der falsche Eindruck entstehen kann, bei Fehlen ebendieser Voraussetzungen sei urheberrechtlicher Schutz generell ausgeschlossen. So kann die geistige Schöpfungshöhe nicht mit Ästhetik gleichgesetzt werden; dann würde jedes Werk, das bewußt unästhetisch, dissonant oder häßlich sein soll, urheberrechtlich ungeschützt bleiben. Auch hier gilt entsprechendes für Computerprogramme: Es kann für das Urheberrecht nicht darauf ankommen, ob ein Pro-

---

[5]Beispielsweise bei den meisten Hallo-Welt-Programmen.

gramm als anwenderunfreundlich, unnütz oder vielleicht unanständig angesehen wird (vgl. § 69a Abs. 3 UrhG).

Mit der Novellierung des UrhG, die auf einer EG-Richtlinie beruhte, entfiel auch die frühere Rechtsprechung des BGH, die an die geistige Höhe des Programms relativ hohe Anforderungen gestellt hatte. An die Individualität des Werkes wie an die Höhe der eigenen geistigen Schöpfung sind heute geringere Anforderungen zu stellen. Allerdings ist eine einheitliche Linie in der Rechtsprechung noch nicht festzustellen.

6.2.2.2   Inhalt des Schutzes

§ 69a Abs. 2 UrhG gewährt den Schutz allen **Ausdrucksformen** des Programmes, jedoch nicht den zugrundeliegenden Ideen und Grundsätzen. Dem liegt die Natur des Urheberrechts zugrunde, die gleichzeitig die Abgrenzung zu Patent- und anderen Immaterialgüterrechten darstellt. Das Urheberrecht schützt ausschließlich und umfassend das Gedicht, die Skulptur oder das Programm als solches und in dieser Form, jedoch nicht das dahinterstehende Prinzip oder die wissenschaftliche Theorie. So hatte ALBERT EINSTEIN das Urheberrecht an *Zur Elektrodynamik bewegter Körper* dahingehend, daß seine Formulierungen und seine Wortwahl uneingeschränkt geschützt waren. Die darin behandelte Spezielle Relativitätstheorie hingegen durfte natürlich von anderen wiedergegeben, beschrieben und diskutiert werden, ohne EINSTEIN in seinem Urheberrecht zu verletzen. Entsprechendes gilt für Programme: Verboten ist, sofern nicht der Inhaber des Urheberrechts oder das Gesetz es gestattet, jegliches Kopieren und Benutzen des Programms selbst. Aber es darf jeder die Funktionen des Programms tadeln oder loben, FAQs dazu veröffentlichen oder Benutzerhandbücher schreiben. Der Algorithmus ist nur insoweit geschützt, als er in diesem Programm in einer bestimmten Sprache ausformuliert ist, jedoch nicht als solcher. Eine besonders effiziente Sortier- oder Verschlüsselungstechnik selbst ist also nicht urheberrechtlich geschützt.

Jedoch kann es verboten sein, den im Programm verwendeten Algorithmus durch **Reverse Engineering** herauszufinden. In den §§ 69c bis 69e UrhG ist in verständlicher Sprache geregelt, wie und wann Programme kopiert und bearbeitet werden dürfen[6]. Gemäß § 69c Abs. 2 UrhG sind *die Übersetzung, die Bearbeitung, das Arrangement und andere Umarbeitungen* ohne Zustimmung des Inhabers der Rechte unzulässig. Hierunter fällt insbesondere das Dekompilieren, bei enger Auslegung eigentlich auch schon das Komprimieren. Von dem Verbot gibt es zwei Ausnahmen. Zum einen ist das Debugging erlaubt, sofern es *für eine bestimmungsgemäße Benutzung ... notwendig* ist, man eine Lizenz für das Programm hat und der Lizenzvertrag dies nicht verbietet (§ 69d Abs. 1 UrhG). Zum anderen gestattet § 69e UrhG in ganz engen Grenzen die Dekompilierung eines Programmes, wenn dies für die Interoperabilität mit anderen Programmen notwendig ist und die dabei erlangten Informationen nicht weitergegeben werden.

Diese Geheimniskrämerei steht in krassem Widerspruch zum normalen Nutzungsrecht, das dem Käufer einer Buchausgabe eingeräumt wird: Niemand würde nach dem Kauf eines Buches von NIKLAS LUHMANN verlangen, daß der Käufer

---

[6]Siehe `http://transpatent.com/gesetze/urhg.html`.

durch besonders verständige Lektüre nicht herausfinden dürfe, wie der Autor zum
Aufbau der Theorie sozialer Systeme kommt und wie sie zu verstehen ist. Bei
Software hingegen soll es ganz selbstverständlich sein, daß der Käufer nur die
Oberfläche benutzen und nichts hinterfragen darf. Hier wird es sogar zu den Aus-
nahmen von den zustimmungsbedürftigen Handlungen gezählt, daß der Käufer
eines Programms dies anschauen darf, wenn es auf seinem Rechner läuft:

> Der zur Verwendung eines Vervielfältigungsstückes eines Programms
> Berechtigte kann ohne Zustimmung des Rechtsinhabers das Funktionie-
> ren dieses Programms beobachten, untersuchen oder testen, um die einem
> Programmelement zugrundeliegenden Ideen und Grundsätze zu ermitteln,
> wenn dies durch Handlungen zum Laden, Anzeigen, Ablaufen, Übertragen
> oder Speichern des Programmes geschieht, zu denen er berechtigt ist. (§ 69d
> Abs. 3 UrhG)

Der Urheber kann frei bestimmen, wer sein Werk unter welchen Bedingungen
nutzen darf. Bei traditionell-kommerzieller Software geschieht dies unter der Bedingung der Zahlung der Lizenzgebühr bzw. des Kaufpreises. Nach § 69d Abs. 2
UrhG darf dann auch eine **Sicherungskopie** (Backup) erstellt werden, *wenn sie
für die Sicherung künftiger Benutzung erforderlich ist*. Erforderlich ist dies zum
Beispiel, wenn das Original auf Disketten gespeichert ist, da hier die reelle Gefahr eines Datenverlustes besteht. Ist das Original, wie heute üblich, auf einer
CD gespeichert, ist wegen der höheren Datensicherheit die Erforderlichkeit nicht
selbstverständlich gegeben und damit der Verdacht näher, daß es sich um eine
Raubkopie[7] handelt. Jedoch ist die Erforderlichkeit dadurch auch nicht generell
ausgeschlossen, es bedarf allerdings im Zweifelsfalle eines besonderen Argumentes,
weshalb die Erstellung einer Sicherheitskopie notwendig war.

6.2.2.3 Datenbanken

Das Erstellen von Datenbanken ist aufwendig und wird als ähnlich schutzbedürfig
wie ein urheberrechtliches Werk angesehen. Die Daten selbst sind aber keine urheberrechtliche Schöpfung des Erstellers, so daß die Daten selbst kein Werk darstellen. Es wäre auch absurd, wenn der Ersteller eines Telefonbuches Urheberrechte
an den Adressen der Eingetragenen hätte und diese ihm für das Erstellen von
Visitenkarten mit ihrer eigenen Telefonnummer Lizenzgebühren zahlen müßten.
Daher beschränken sich die Rechte des Erstellers auf die Zusammenstellung der
Daten, was in den verständlich formulierten §§ 87a bis 87e UrhG normiert ist.

---

[7]Der Begriff *Raubkopie* ist aus juristischer Sicht völlig irreführend. Der Raub (§ 249
StGB) ist ein mit Gewalt oder Drohung begangener Diebstahl, ein Delikt, bei dem nicht
nur eine fremde Sache weggenommen wird, sondern auch noch die Willensfreiheit des
Opfers beeinträchtigt wird. Die Urheberrechtsverletzung hingegen ist weder ein Gewalt-
noch ein Eigentumsdelikt, sondern besteht darin, daß ohne Wissen des Opfers dessen
Rechte an seinem Werk verletzt werden. An der Anwendung von Gewalt gegen das
Opfer oder der Drohung mit Gefahr für Leib oder Leben fehlt es ebenso wie an einer
Eigentumsverletzung, so daß das Kopieren mit einem Raub keinerlei Parallelen hat.

6.2.2.4 Entstehung des Urheberrechtes

Das Urheberrecht entsteht mit dem Werk und steht dem Urheber, also dem Programmierer oder Künstler, zu. Es ist an die Person gebunden und außer durch Vererbung nicht übertragbar, anders als die Nutzungsrechte (Vervielfältigung etc.). Bei Programmen und Datenbanken gibt es Ausnahmen von diesem urheberrechtlichen Prinzip; wenn sie in einem Arbeitsverhältnis geschaffen wurden, steht die Verwertung dem Arbeitgeber zu (§ 69b und § 87 a Abs. 2 UrhG). Das Urheberrecht erlischt 70 Jahre nach dem Tod des Urhebers und das Schutzrecht für Datenbanken 15 Jahre nach der Veröffentlichung, also bei Programmen und Datenbanken erst dann, wenn sie ohnehin nur noch historischen Wert haben.

6.2.2.5 Internationales Urheberrecht, Copyright

Da nach deutschem Recht das Urheberrecht gleichzeitig mit dem Werk entsteht, ist hier ein besonderer Vermerk – insbesondere das **Copyright-Zeichen** – rechtlich überflüssig, aber dennoch verbreitet. Gleiches gilt in den meisten Staaten Europas. Auch nach US-amerikanischem Recht entsteht der dem Urheberrecht entsprechende Schutz mit dem Werk; durch einen deutlichen Copyright-Hinweis kann sich niemand darauf berufen, das Programm für frei kopierbar gehalten zu haben. In einigen südamerikanischen Ländern ist für urheberrechtlichen Schutz der Vermerk *All rights reserved* erforderlich. Da solche Hinweise dem Urheberrecht nicht schaden, empfehlen sie sich für einen umfassenden Schutz.

6.2.2.6 Public Domain und Open Source

Nur schwer ins deutschen Urheberrecht einordnen lassen sich die am amerikanischen Recht orientierten Formen der **Public Domain.** Schon der Begriff Public Domain wird unterschiedlich interpretiert; zumeist werden darunter frei kopierbare Programme verstanden. Innerhalb des Bereiches der Public Domain finden sich **Freeware** und **Shareware.** Während Freeware nicht nur frei kopiert, sondern auch kostenlos genutzt werden darf, muß bei Shareware in der Regel nach einer kostenlosen Nutzungs- oder Testdauer eine Lizenzgebühr gezahlt werden. Teilweise wird Shareware auch so verstanden, daß der private Gebrauch kostenlos und nur der kommerzielle Gebrauch registrations- oder lizenzpflichtig ist. Das Kopieren von Shareware ist dennoch frei, was den Unterschied zum konventionellen Urheberrecht ausmacht. Manchen Programmierern reicht es auch, wenn sie von den Nutzern ihres Programms eine Postkarte erhalten.

Nicht zu verwechseln mit *frei* im Sinne von kostenlos ist der **Open-Source-**Gedanke, bei dem die **Free Software Foundation** (FSF), von der die **General Public License** (GPL) stammt, und GNU[8] eine Rolle spielen. Neben der freien Kopierbarkeit des Binärcodes ist auch der Quellcode frei verfügbar, so daß Veränderungen an einem Programm leicht vorgenommen werden können. Das weiterentwickelte Programm kann nach GPL zwar kommerziell vermarktet werden, jedoch muß abermals der Quellcode weitergegeben werden. Damit ist die dauerhafte Weiterentwicklung sichergestellt, und Erweiterungen können allen Anwen-

---

[8]Siehe Abschnitt 3.14 *GNU is not UNIX* auf Seite 260

dern zugute kommen. GNU-Programme werden durch die GPL geschützt, und der vollständige Text der GPL muß mit jedem GNU-Programm weitergegeben werden. Besonders durch UNIX und LINUX wurde die GPL populär. Die GPL hat aus Sicht des Programmierers den Nachteil, daß sie ansteckend ist: Unterfällt ihr ein Programm einmal, können sowohl das Programm selbst als auch alle Weiterentwicklungen nicht wieder privatisiert werden. Neben der GPL gibt es ähnliche Konzepte, die sich im Detail unterscheiden. So basieren zum Beispiel OpenBSD und FreeBSD auf der **BSD License**, nach der der Quellcode von Weiterentwicklungen nicht veröffentlicht werden muß. Verkürzt kann man sagen, daß bei BSD außer Werbung fast jede kommerzielle Verwertung zulässig ist. Perl basiert auf der **Artistic License**, ist inzwischen aber auch GPL-fähig. Im Zweifel sollten also die genauen Bedingungen gelesen werden. Zu finden sind sie jeweils unter:

- `www.gnu.org/copyleft/gpl.html` (GPL Vers. 2 englisch) und `agnes.dida.physik.uni-essen.de/~gnu-pascal/gpl-ger.html` (inoffizielle GPL-Übersetzung)

- `www.freebsd.org/copyright/`

- `www.openbsd.org/policy.html`

Näheres zu GNU, Copyleft, Open Source, Public Domain & Co. unter:

- `www.gnu.org/philosophy/categories.html`

6.2.2.7 Folgen von Rechtsverletzungen

Vor Verletzungen des Urheberrechtes gibt das UrhG **zivilrechtlichen** und **strafrechtlichen** Schutz. Zivilrechtlich kann der Verletzte gemäß § 97 Abs. 1 UrhG einen Anspruch auf Unterlassung oder Beseitigung der Beeinträchtigung und bei Verschulden auch Schadensersatz geltend machen. Statt Schadensersatz kann der Verletzte auch Herausgabe des Gewinns (§ 97 Abs. 1 Satz 2 UrhG) oder Zahlung einer angemessenen Lizenzgebühr verlangen. Bei gravierenden Eingriffen in das Urheberpersönlichkeitsrecht eröffnet § 97 Abs. 2 Satz 1 UrhG einen Anspruch auf Entschädigung in Geld. Der Verletzte hat darüber hinaus einen Anspruch auf Vernichtung der rechtswidrig hergestellten, der zu rechtswidriger Verbreitung bestimmten sowie der rechtswidrig verbreiteten Stücke (§ 98 Abs. 1 UrhG) sowie einen Anspruch auf Unbrauchbarmachung oder Vernichtung der zur rechtswidrigen Herstellung benutzten Vorrichtungen (§ 98 Abs. 2 UrhG). Der Verletzte kann aber auch die Überlassung der Vervielfältigungsstücke und Vorrichtungen gegen angemessene Vergütung verlangen (§ 99 UrhG). Strafrechtlich verfolgt werden kann die Verwertung – Vervielfältigung, Verbreitung, öffentliche Wiedergabe – geschützter Werke, wenn sie ohne Einwilligung des Berechtigten erfolgt (§ 106 UrhG). § 106 UrhG lautet:

> Wer in anderen als den gesetzlich zugelassenen Fällen ohne Einwilligung des Berechtigten ein Werk oder eine Bearbeitung oder Umgestaltung eines Werkes vervielfältigt, verbreitet oder öffentlich wiedergibt, wird mit Freiheitsstrafe bis zu drei Jahren oder mit Geldstrafe bestraft.

In § 107 UrhG ist auch das unzulässige Anbringen der Urheberbezeichnung als
Straftat normiert und mit einer Freiheitsstrafe bis zu drei Jahren sanktioniert.

Werden die Urheberrechtsverletzungen gewerbsmäßig betrieben, so erhöht sich
nach § 108a UrhG der Strafrahmen auf eine Freiheitsstrafe bis zu fünf Jahren oder
eine entsprechende Geldstrafe.

6.3 Datenschutz

Bestimmte Daten sind in Deutschland per Gesetz besonders vor Mißbrauch
geschützt, und zwar durch das **Bundesdatenschutzgesetz**[9] (BDSG) und die
entsprechenden Gesetze der Länder. Die Gesetze binden öffentliche Stellen sowie nicht-öffentliche Stellen, die Daten geschäftsmäßig, beruflich oder gewerblich
verarbeiten.

Auf europäischer Ebene gilt die Richtlinie 95/46/EG des Europäischen Par-
laments und des Rates vom 24. Okt. 1995 zum Schutz natürlicher Personen
bei der Verarbeitung personenbezogener Daten und zum freien Datenverkehr
(`www2.echo.lu/legal/de/datenschutz/datenschutz.html`).

Geschützt sind **personenbezogene Daten**. Das sind Einzelangaben über
persönliche oder sachliche Verhältnisse einer bestimmten oder bestimmbaren
natürlichen Person. Damit fallen Angaben über juristische Personen wie Firmen,
Vereine oder Behörden aus dem Schutz heraus, ferner Angaben über Personen-
gruppen.

Die Verarbeitung personenbezogener Daten ist nur zulässig, wenn sie durch
eine Rechtsvorschrift – zum Beispiel das BDSG – erlaubt oder angeordnet ist
oder wenn die betroffene Person eingewilligt hat. Die betroffene Person hat das
Recht auf Auskunft über ihre Daten, auf Berichtigung falscher Daten und auf
Löschung von Daten, die unzulässigerweise gespeichert worden sind oder nicht
mehr gebraucht werden.

Das Erheben und Verarbeiten personenbezogener Daten ist gemäß BDSG
zulässig, wenn ihre Kenntnis zur Erfüllung der Aufgaben der erhebenden Stelle erforderlich ist. Das bedeutet, eine Stelle darf genau die Daten erheben und
verarbeiten, die sie unmittelbar benötigt, nicht mehr. Ein Versandhandel braucht
zweifellos die Anschrift und gegebenenfalls die Bankverbindung seiner Kunden,
aber keine Daten über ihre Familienverhältnisse. Ein Verein braucht die Geburts-
jahre seiner Mitglieder, wenn der Beitrag vom Alter abhängt, aber normalerweise
nicht die Namen ihrer Arbeitgeber.

Ferner ist das Verarbeiten von personenbezogenen Daten dann immer zulässig,
wenn sie aus allgemein zugänglichen Quellen (Telefonbuch, Zeitung, Internet) entnommen werden können. Was jemand im Internet veröffentlicht, darf jedermann
für beliebige Zwecke (im Rahmen der übrigen Gesetze) verwenden. Auffallend
bedenklich ist dies bei dem WWW-Dienst *dejanews*[10], wo seit Jahren Beiträge
aus fast allen Newsgruppen gespeichert werden. Sortiert man die Beiträge nach
Autorennamen, erhält man unter Umständen ein umfassendes Persönlichkeitspro-

---

[9]Siehe `http://www.online-recht.de/vorges.html?BDSG`.
[10]Siehe `http://www.dejanews.com/`.

fil, obwohl die einzelnen Beiträge frei verfügbar und unbedenklich sind. Es kann für einen Arbeitgeber interessant sein, welche politischen Ansichten ein Bewerber im Netz geäußert und über welche Krankheiten er sich informiert hat. Daher werden die Prinzipien des deutschen Datenschutzes, an Unternehmen weniger strenge Maßstäbe anzulegen als an Behörden und die freie Speicher- und Verknüpfbarkeit von allgemein zugänglichen Daten, zunehmend kritisiert.

Wer unbefugt geschützte personenbezogene Daten verarbeitet, wird mit einer Freiheitsstrafe bis zu einem Jahr oder mit Geldstrafe bestraft.

Das sind die wesentlichen Züge aus dem BDSG. Das Gesetz geht weitaus tiefer in die Einzelheiten, und trotzdem gibt es noch genug Grenzfälle, die vor einem Gericht geklärt werden müssen. Aber die Grundrichtung kommt deutlich zum Ausdruck: Der Einzelne soll davor geschützt werden, daß er durch den Umgang mit seinen Daten in seinem Persönlichkeitsrecht beeinträchtigt wird.

Beim Bund und in jedem Land gibt es einen **Datenschutzbeauftragten** (DSB), der die öffentlichen Stellen kontrolliert und dem jeweiligen Parlament Bericht erstattet. Von den WWW-Seiten des Berliner und des Hamburger DSB kommt man weiter:

- `http://www.datenschutz-berlin.de/`

- `http://www.hamburg.de/Behoerden/HmbDSB/`

6.4   Strafrecht

Die im Computer- und Onlinerecht relevanten Delikte lassen sich grob unterscheiden in *echte* computer- und netzspezifische Straftaten und in sozusagen ordinäre Delikte, die im Zusammenhang mit dem Rechner und dem Netz begangen werden. Von den letzteren sollen hier nur zwei Problemkreise, nämlich die Strafbarkeit der Verbreitung von verbotenen Inhalten und die Verantwortlichkeit von Providern, angesprochen werden. Sämtliche Straftatbestände aufzulisten, die auch unter Mitwirkung eines Rechners verwirklicht werden können, würde ausufern und langweilen.

6.4.1   § 202a StGB – Ausspähen von Daten

Die hier aufgeführten *echten* Computerdelikte wurden 1986 durch das Zweite Gesetz zur Bekämpfung der Wirtschaftskriminalität (2. WiKG) in das Strafgesetzbuch (StGB) eingebunden. Für den Nicht-Juristen mag es willkürlich erscheinen, daß die §§ 202a, 263a, 266a, 303a, 303b StGB bunt verstreut und nicht als eine Einheit *Computerstrafrecht* im StGB eingefügt wurden. Dies entspricht jedoch der Systematik des StGB, das in verschiedene Abschnitte – unter anderem Straftaten gegen das Leben, gegen den Staat, gegen den persönlichen Lebens- und Geheimbereich – untergliedert ist. In diese bestehenden Abschnitte, die jeweils bestimmte Schutzgüter haben, wurden mit dem 2. WiKG die neuen Tatbestände implementiert. Im Abschnitt *Verletzung des persönlichen Lebens- und Geheimbereichs* (§§ 201 - 205 StGB) waren zum Beispiel das Abhören des nichtöffentlich

gesprochenen Wortes eines anderen (§ 201 Abs. 2 StGB), die Verletzung des Briefgeheimnisses (§ 202 StGB) und der Bruch des Arztgeheimnisses (§ 203 StGB)
bereits unter Strafe gestellt. Da § 202 StGB ein körperliches Schriftstück voraussetzt und damit elektronische Briefe und andere Dateien nicht schützt, fügte der
Gesetzgeber an den Schutz des Briefgeheimnisses durch § 202a StGB den Schutz
des Datengeheimnisses an:

§ 202a – Ausspähen von Daten

(1) Wer unbefugt Daten, die nicht für ihn bestimmt und die gegen unberechtigten Zugang besonders gesichert sind, sich oder einem anderem
beschafft, wird mit Freiheitsstrafe bis zu drei Jahren oder mit Geldstrafe
bestraft.

Hier wird mit dem Erfordernis der besonderen Sicherung eine Parallele zum Briefgeheimnis gezogen, bei dem das Tatobjekt verschlossen sein muß (eine Postkarte
ist nicht durch das Briefgeheimnis geschützt). Die durch § 202a StGB geschützten
Daten werden durch Abs. 2 eingegrenzt:

(2) Daten im Sinne des Absatz 1 sind nur solche, die elektronisch, magnetisch oder sonst nicht unmittelbar wahrnehmbar gespeichert sind oder
übermittelt werden.

Mit dieser sogenannten Legaldefinition wird nicht angegeben, was Daten selbst
sind; die als bekannt vorausgesetzte Menge der Daten wird lediglich auf solche beschränkt, die **nicht unmittelbar wahrnehmbar** sind. Diese Einschränkung des
Datenbegriffes gilt nur für § 202a StGB sowie für Fälle, in denen auf § 202a Abs. 2
StGB verwiesen wird (zum Beispiel § 303a StBG). Sie bedeutet nicht, daß entsprechend gespeicherte oder übermittelte Daten zwingend geheimer oder sicherer
als andere sind, hält aber Ausdrucke und handschriftliche Datensammlungen – die
gegebenenfalls durch § 202 StGB geschützt sind – aus dem Anwendungsbereich
des § 202a StGB heraus.

Eine weitere Begrenzung der relevanten Daten enthält § 202a Abs. 1 StGB
dadurch, daß die Daten gegen unberechtigten Zugang **besonders gesichert** sein
müssen. Wie oben erwähnt, ist dies Erfordernis vor dem Hintergrund des Briefgeheimnisses, das einen verschlossenen Umschlag oder ein verschlossenes Behältnis
voraussetzt, zu sehen. Bei § 202a StGB muß diese Sicherung *besonders* vor un-
berechtigtem Zugang schützen; der allgemeine Feuer- und Einbruchsschutz für
ein Gebäude, in dem ein Server steht, reicht nicht aus. Ansonsten kann die Sicherung sowohl mechanisch als auch elektronisch sein; sie muß objektiv geeignet
und subjektiv dazu bestimmt sein, den Zugriff auf die Daten auszuschließen oder
zumindest nicht unerheblich zu erschweren. Dies kann zum Beispiel durch geeignete Passwörter[11] geschehen und nach verbreiteter Ansicht auch durch einen
qualifizierten Kopierschutz. Die kompromittierende Abstrahlung eines Monitores
hingegen ist in der Regel nicht gegen unberechtigten Zugang besonders gesichert,
so daß ein Ausspähen mit ihrer Hilfe nicht gegen § 202a StGB verstößt.

---

[11]vgl. Abschnitt 3.12.8.2 *Passwörter* auf Seite 249.

Obwohl mit der Rückmeldung über eine erfolgreiche Anmeldung bereits Daten vom angegriffenen zum angreifenden Rechner fließen, wird reines **Hacken**[12] als straffrei angesehen. Der **Cracker** hingegen, dem es nicht alleine um das Eindringen in fremde Systeme geht, macht sich gemäß § 202a StGB strafbar.

6.4.2 § 303a StGB – Datenveränderung

Mit dem Straftatbestand der **Datenveränderung** und auch der Computersabotage (§ 303b StGB) wird der Kreis der Sachbeschädigungsdelikte (§§ 303 ff. StGB), welche eine materielle Sache voraussetzen, auf entsprechende Angriffe gegen (immaterielle) Daten erweitert:

§ 303a – Datenveränderung

(1) Wer rechtswidrig Daten (§ 202a Abs. 2) löscht, unterdrückt, unbrauchbar macht, beseitigt oder verändert, wird mit Freiheitsstrafe bis zu zwei Jahren oder mit Geldstrafe bestraft. (...)

Für den Datenbegriff wird also auf § 202a Abs. 2 verwiesen (*nicht unmittelbar wahrnehmbar*). Eine besondere Sicherung, wie sie § 202a Abs. 1 StGB fordert, ist hier jedoch nicht notwendig.

Tatobjekt sind alle nicht unmittelbar wahrnehmbaren Daten im Sinne der Legaldefinition des § 202a Abs. 2 StGB. Die Tathandlung des **Löschens** von Daten, die dem Zerstören einer Sache in § 303 StGB entspricht, macht die Daten unwiederbringlich vollständig unkenntlich. Dies kann mit dem Fremdcanceln von Beiträgen in Newsgroups geschehen. Ein **Unterdrücken** von Daten liegt dagegen vor, wenn diese dem Zugriff des Berechtigen entzogen und deshalb nicht mehr verwendet werden können; insoweit geht der Tatbestand der Datenveränderung über den der Sachbeschädigung hinaus. **Unbrauchbar** gemacht sind Daten, wenn sie so in ihrer Gebrauchsfähigkeit beeinträchtigt werden, daß sie nicht mehr bestimmungsgemäß verwendet werden und damit ihre Zwecke nicht mehr erfüllen können. Das **Verändern** von Daten erfaßt auch Funktionsbeeinträchtigungen, das heißt zum Beispiel inhaltliche Umgestaltungen, durch die der Informationsgehalt und der Aussagewert der Daten verändert wird. Die Tathandlungen können auch durch eine **mechanische Einwirkung** auf den Datenträger verwirklicht werden;

---

[12]Die technische Definition des Hackers bzw. der Haeckse findet sich im Netz unter `sunsite.informatik.rwth-aachen.de/jargon300/hacker.html` und anderen:
HACKER: [originally, someone who makes furniture with an axe] n. 1. A person who enjoys exploring the details of programmable systems and how to stretch their capabilities, as opposed to most users, who prefer to learn only the minimum necessary. 2. One who programs enthusiastically (even obsessively) or who enjoys programming rather than just theorizing about programming. 3. A person capable of appreciating hack value. 4. A person who is good at programming quickly. 5. An expert at a particular program, or one who frequently does work using it or on it; as in 'a UNIX hacker'. (Definitions 1 through 5 are correlated, and people who fit them congregate.) 6. An expert or enthusiast of any kind. One might be an astronomy hacker, for example. 7. One who enjoys the intellectual challenge of creatively overcoming or circumventing limitations. 8. [deprecated] A malicious meddler who tries to discover sensitive information by poking around. Hence 'password hacker', 'network hacker'. The correct term is cracker.

zum Beispiel das Löschen von Daten durch die Zerstörung des Datenträgers oder die Unterdrückung durch dessen Wegnahme.

6.4.3 § 303b StGB – Computersabotage

§ 303b – Computersabotage

(1) Wer eine Datenverarbeitung, die für einen fremden Betrieb, ein fremdes Unternehmen oder eine Behörde von wesentlicher Bedeutung ist, dadurch stört, daß er

1. eine Tat nach § 303a Abs. 1 begeht oder
2. eine Datenverarbeitungsanlage oder einen Datenträger zerstört, beschädigt, unbrauchbar macht, beseitigt oder verändert,

wird mit Freiheitsstrafe bis zu 5 Jahren oder mit Geldstrafe bestraft. (...)

Mit dem Begriff **Computersabotage** ist die Sabotage durch das Lahmlegen einer Rechenanlage gemeint; dieser Angriff kann wiederum mittels eines Computers oder konventionell (Axt, Dynamit) erfolgen. § 303b StGB listet eine Reihe von Möglichkeiten auf. Entscheidend ist, daß nicht eine Privatperson, sondern ein Objekt der Wirtschaft oder des Staates attackiert wird, und daß die angegriffene Rechenanlage nicht nur erhebliche, sondern *wesentliche* Bedeutung für den Geschädigten hat. Zu den einschlägigen Fällen, die sanktioniert werden sollen, gehört das Lahmlegen einer Rechenanlage, die Produktion, Lager- und Buchhaltung steuert.

Gestört ist die für die Wirtschaftseinheit wesentlich bedeutsame Datenverarbeitung keineswegs schon bei einer Gefährdung, sondern erst dann, wenn ihr Ablauf nicht unerheblich beeinträchtigt wurde. Sabotagehandlungen von untergeordneter Bedeutung, zum Beispiel Manipulationen an elektronischen Schreibmaschinen, fallen nicht darunter. Jedoch wird auf der anderen Seite kein Erfolg einer Störung des Betriebes gefordert, wie sie aus anderen Strafrechtsnormen, zum Beispiel der Störung öffentlicher Betriebe (§ 316b StGB), bekannt ist.

Während Abs. 1 Nr. 1 eine sogenannte Qualifikation, also der strafrechtliche Vorwurf der besonderen Schwere eines Grunddeliktes – nämlich des §303a StGB – darstellt, bezieht sich Abs. 1 Nr. 2 auf Sabotagehandlungen an Computerhardware und Datenträgern. Die verwandten Begriffe **zerstören** und **beschädigen** decken sich mit denen der allgemeinen Sachbeschädigung (§ 303 StGB). Die genannten Gegenstände sind **beseitigt**, wenn sie aus dem Verfügungs- und Gebrauchsbereich des Berechtigten entfernt sind. Sie sind **unbrauchbar** gemacht, wenn ihre Gebrauchsfähigkeit so stark beeinträchtigt wird, daß sie nicht bestimmungsgemäß verwendet werden können. **Verändert** sind sie dann, wenn ein vom bisherigen abweichender Zustand herbeigeführt wird.

6.4.4 § 263a StGB – Computerbetrug

Der **Computerbetrug** ist die computerbezogene Ergänzung zum traditionellen Betrug. Der klassische Tatbestand des **Betruges** (§ 263 StGB) ist nur dann erfüllt, wenn ein Mensch getäuscht und in Folge dieses Irrtums eine nachteilige Vermögensverfügung geschaffen wird. Ein Betrugsvorwurf schied danach vor der

Regelung des **Computerbetruges** dann aus, wenn die für eine Datenverarbeitung erheblichen Daten vom Täter unmittelbar in die Datenverarbeitungsanlage eingegeben wurden, ohne daß eine weitere Kontrolle dieser Daten durch andere Personen stattfand. Insbesondere für diese damals Inputmanipulationen genannten Fälle wurde § 263a StGB 1986 in das Strafgesetzbuch aufgenommen:

> (1) Wer in der Absicht, sich oder einem Dritten einen rechtswidrigen Vermögensvorteil zu verschaffen, das Vermögen eines anderen dadurch beschädigt, daß er das Ergebnis eines Datenverarbeitungsvorgangs durch unrichtige Gestaltung des Programms, durch Verwendung unrichtiger oder unvollständiger Daten, durch unbefugte Verwendung von Daten oder sonst durch unbefugte Einwirkung auf den Ablauf beeinflußt, wird mit Freiheitsstrafe bis zu 5 Jahren oder mit Geldstrafe bestraft. (...)

Die Tathandlung besteht also darin, daß der Täter eine Vermögensverfügung, die mit den technischen Hilfsmitteln der Datenverarbeitungsanlage getroffen wird, beeinflußt oder herbeiführt. Taterfolg ist objektiv ein Vermögensschaden beim Opfer und subjektiv die Absicht des Täters, einen rechtswidrigen Vermögensvorteil zu erlangen. Nicht erforderlich ist, daß der Täter durch seine Handlung die Vermögensdisposition unmittelbar auslöst. Täter kann aber nach dieser weiten Fassung auch derjenige sein, der mit der Eingabephase unmittelbar nichts zu tun hat, sondern lediglich für die Eingabe falsche Daten liefert. Das Merkmal des Beeinflussens verlangt aber auch, daß die manipulierten Daten des Täters in den Verarbeitungsvorgang Eingang finden und ihn mitbestimmen.

Als Tatmittel sieht der Tatbestand die Beeinflussung des Ergebnisses des Datenverarbeitungsvorganges durch Verwendung **unrichtiger** oder **unvollständiger** Daten vor. Daneben kann auch die **unrichtige Gestaltung des Programms** ein Tatmittel sein kann. Weiterhin kann der Tatbestand auch durch die Tathandlung der **unbefugten Verwendung von Daten** verwirklicht werden. Hierdurch sollte insbesondere der Mißbrauch abhandengekommener und nachgemachter EC-Karten erfaßt werden. Schließlich ist auch ein Verhalten strafbar, das sonst **durch unbefugte Einwirkung** auf den Ablauf der Datenverarbeitung zu einem Vermögensschaden führt. Unter diese Variante fallen Hardwaremanipulationen, Einflußnahmen auf den zeitlichen Ablauf des Programmes sowie solche Fälle, in denen auf die Arbeitsanweisung für die Datenverarbeitung eingewirkt wird.

6.4.5 § 269 StGB – Fälschung beweiserheblicher Daten

Im Abschnitt *Urkundenfälschung* (§§ 267 ff. StGB) findet sich § 269 StGB als digitales Pendant zur Urkundenfälschung, für die eine stoffliche Urkunde erforderlich ist. Ist deren Inhalt nur als Datei vorhanden, zum Beispiel als Textdatei für ein Textverarbeitungsprogramm, scheidet die traditionelle Urkundenfälschung aus. Dennoch könnte jemand die Datei ändern, womit eine Urkundenfälschung vorläge, wenn die Datei eine Urkunde wäre. Hierin sah der Gesetzgeber strafrechtlichen Regelungsbedarf und formulierte die

§ 269 – Fälschung beweiserheblicher Daten

(1) Wer zur Täuschung im Rechtsverkehr beweiserhebliche Daten so speichert oder verändert, daß bei ihrer Wahrnehmung eine unechte oder verfälschte Urkunde vorliegen würde, oder derart gespeicherte oder veränderte Daten gebraucht, wird mit Freiheitsstrafe bis zu fünf Jahren oder mit Geldstrafe bestraft. (...)

Das subjektive Erfordernis *zur Täuschung im Rechtsverkehr* ist der Urkundenfälschung (§ 267 StGB) entlehnt und schließt Täuschungen im gesellschaftlichen und zwischenmenschlichen Bereich aus.

Viele der genannten, 1986 eingeführten Gesetze gegen Computerkriminalität werden von der Wissenschaft sowohl inhaltlich als auch handwerklich stark kritisiert, manche wurden in der Praxis kaum angewendet. Gerade der Tatbestand der Fälschung beweiserheblicher Daten wird als Beispiel angeführt, wie naiv der Gesetzgeber die Gefahren moderner Kommunikationsmittel sah und in der Veränderung von Textdateien eine der Hauptbedrohungen des Computerzeitalters sah.

6.4.6 § 111 StGB – Öffentliche Aufforderung zu Straftaten

Die öffentliche **Aufforderung zu Straftaten** gehört zu den Delikten, die ebenso ohne Computer begangen werden können, hat jedoch durch die presse- und medienartigen Möglichkeiten im Internet einen starken Bezug zu unserem Buch.

§ 111 – Öffentliche Aufforderung zu Straftaten

(1) Wer öffentlich, in einer Versammlung oder durch Verbreiten von Schriften (§ 11 Abs. 3) zu einer rechtswidrigen Tat auffordert, wird wie ein Anstifter (§ 26) bestraft.

(2) Bleibt die Aufforderung ohne Erfolg, so ist die Strafe Freiheitsstrafe bis zu fünf Jahren oder Geldstrafe. Die Strafe darf nicht schwerer sein als die, die für den Fall angedroht ist, daß die Aufforderung Erfolg hat (Absatz 1); (...).

Dazu definiert § 11 Abs. 3 StGB:

(3) Den Schriften stehen Ton- und Bildträger, Datenspeicher, Abbildungen und andere Darstellungen in denjenigen Vorschriften gleich, die auf diesen Absatz verweisen.

§ 111 StGB ist eine Art speziell geregelter Anstiftung, bei der allerdings nicht eine bestimmte Person, sondern eine Vielzahl von Personen angestiftet oder zumindest ermutigt, eben aufgefordert werden sollen. Voraussetzung ist daher ein **Hauptdelikt**, zu dem aufgefordert wird (die rechtswidrige Tat). Im bekannt gewordenen Fall von ANGELA MARQUARDT (PDS) ging es um die Aufforderung, Bahnanlagen zu sabotieren, was wiederum nach § 315 StGB als gefährlicher Eingriff in den Bahnverkehr strafbar ist. Die Aufforderung ist eine bestimmte, über die bloße Befürwortung hinausgehende Erklärung, daß andere etwas tun oder unterlassen sollen. Die Erklärung kann auch dann vorliegen, wenn äußerlich nur eine fremde Meinung wiedergegeben wird, sie der Erklärende tatsächlich aber unmißverständlich zu seiner eigenen machen will. Der Verweis auf die den Schriften gleichstehenden Darstellungen und § 11 Abs. 3 StGB sind insgesamt eindeutig, jedoch im Detail unklar. Durch eine Website werden keine echten Schriften verbreitet, aber auch keine Datenspeicher oder Bildträger, sondern nur die Daten selbst; eher schon die Abbildungen oder zumindest *andere Darstellungen* im Sinne des § 11 Abs. 3 StGB. Außerdem kann die Aufforderung auf einer Website als öffentlich im Sinne des § 111 Abs. 1, 1. Alt. StGB angesehen werden.

Im Fall MARQUARDT war auf der Website nicht die Anleitung, wie Bahnanlagen anzugreifen sind, sondern nur ein **Link** auf eine entsprechende Seite der Zeitschrift *radikal*, die auf dem holländischen Server *Access for All* (XS4All) lag. Ob dies für Beihilfe oder eine Strafbarkeit nach § 111 StGB ausreicht, hat das Amtsgericht Berlin-Tiergarten offengelassen, da nicht feststand, ob im Zeitpunkt des Setzen des Links die angelinkte Seite bereits die Anleitung zur Bahnsabotage enthielt. Dies wurde häufig damit kommentiert, daß das erkennende Gericht der Problematik ausweichen wollte. Allerdings kann sich die Rechtsprechung nicht danach richten, welche juristische Frage die Öffentlichkeit gerne beantwortet hätte. So bleibt als Leitsatz der Entscheidung immerhin, daß der Betreiber einer Webseite nicht regelmäßig überprüfen muß, ob seine ursprünglich gesetzten Links inzwischen ohne sein Wissen auf strafbare Inhalte verweisen, weil der Inhaber der Seite, auf die verwiesen wird, seine Seite geändert hat.

6.4.7 § 184 StGB – Verbreitung pornographischer Schriften

Das Verbot der Verbreitung pornographischer Schriften dient mehreren Zwecken. Zum einen soll *normale* harte Pornographie für Erwachsene erlaubt sein. Da jedoch, sobald solche Schriften oder Bilder im Umlauf sind, sie auch Minderjährigen in die Hände fallen, wird der Zugang zu Pornographie erschwert. Diese Handels- und Verbreitungsbeschränkung dient also vornehmlich dem **Jugendschutz**. Zum anderen ist *anormale* Pornographie – insbesondere mit dem Inhalt des Mißbrauchs von Kindern – gänzlich verboten.

§ 184 StGB ist, nicht zuletzt aufgrund der öffentlichen Diskussion über den Mißbrauch von Kindern, vielfach verändert, erweitert und verschärft worden. Alleine von 1993 bis 1999 gab es vier Änderungen. Dennoch ist die Norm auch für den Laien verständlich geblieben:

§ 184 – Verbreitung pornographischer Schriften

(1) Wer pornographische Schriften (§ 11 Abs. 3)

1. einer Person unter achtzehn Jahren anbietet, überläßt oder zugänglich macht,

2. an einem Ort, der Personen unter achtzehn Jahren zugänglich ist oder von ihnen eingesehen werden kann, ausstellt, anschlägt, vorführt, oder sonst zugänglich macht, (...)

5. öffentlich an einem Ort, der Personen unter achtzehn Jahren zugänglich ist oder von ihnen eingesehen werden kann, oder durch Verbreiten von Schriften außerhalb des Geschäftsverkehrs mit dem einschlägigen Handel anbietet, ankündigt oder anpreist, (...)

wird mit Freiheitsstrafe bis zu einem Jahr oder mit Geldstrafe bestraft.

(2) Ebenso wird bestraft, wer eine pornographische Darbietung durch
Rundfunk verbreitet. (...)

Dies ist der erste Teil des § 184 StGB, der sich auf die erlaubte Pornographie
bezieht. Zunächst ist zu klären, was das StGB unter Pornos versteht. Hierunter fallen nicht schon alle erotischen Schriften oder jedes Bild mit nackter Haut,
sondern – mit den Worten des BGH – erst, was ausschließlich auf das lüster-
ne Interesse an sexuellen Dingen abzielt. In einem juristischen Fachbuch wurde
dies folgendermaßen konkretisiert: *Was Playboy, Schlüsselloch & Co. zeigen, ist
in Ordnung. Auch was Paparrazi von* CLAUDIA SCHIFFER *vor die Linse krie-
gen, ist sicherlich keine Pornographie. Anders ist das im Zweifel mit dem, was*
THERESA ORLOWSKI *freiwillig herzeigt.*[13] Für die Schriften wird wieder auf § 11
Abs. 3 StGB verwiesen (siehe oben). Grob gesagt macht sich nach § 184 Abs. 1
StGB strafbar, wer ermöglicht, daß Minderjährige Zugang zu Pornographie erhalten. Wer Pornographie bereithält, muß wirksame Vorkehrungen treffen, damit
auch pfiffige Minderjährige keinen Zugang erlangen. So soll es nicht ausreichen,
Passwörter nach Vorlage des Personalausweises an Erwachsene auszugeben, da
auch Minderjährige an die Passwörter gelangen könnten, um sich dann mit entsprechenden Dateien zu versorgen. Letztendlich wird die Frage, ob ausreichender
Schutz vor Kenntnisnahme durch Minderjährige vorliegt, nicht anders zu bewer-
ten sein als im richtigen Leben: Wer entsprechendes Material schlampig lagert und
so den Zugang ermöglicht, kann sich strafbar machen; wenn Jugendliche in einen
Sex-Shop einbrechen und sich selbst bedienen, kann dem Inhaber kein Vorwurf
gemacht werden.

Nach § 184 Abs. 2 StGB macht sich auch strafbar, wer eine pornographische Darbietung durch Rundfunk verbreitet. Nicht abschließend beantwortet ist
die Frage, ob das Internet Rundfunkcharakter hat. Dagegen spricht zumindest,
daß rund-funken durch eine Point-to-multipoint-Verbindung gekennzeichnet ist,
während im Internet mit TCP/IP Point-to-point-Verbindungen hergestellt werden und Dateien auf Abruf, einzeln, zu unterschiedlichen Zeiten und zu einem
bestimmten Empfänger übertragen werden.

Die Absätze drei bis fünf des § 184 StGB behandeln pornographische Darstellungen, die **gänzlich verboten** sind:

(3) Wer pornographische Schriften (§ 11 Abs. 3), die Gewalttätigkeiten,
den sexuellen Mißbrauch von Kindern oder sexuelle Handlungen von Menschen mit Tieren zum Gegenstand haben,
1. verbreitet,
2. öffentlich ausstellt, anschlägt, vorführt oder sonst zugänglich macht oder
3. herstellt, bezieht, liefert, vorrätig hält, anbietet, ankündigt, anpreist, ein-
zuführen oder auszuführen unternimmt, um sie oder aus ihnen gewonnene
Stücke im Sinne der Nummern 1 oder 2 zu verwenden oder einem anderen
eine solche Verwendung zu ermöglichen,
wird, wenn die pornographischen Schriften den sexuellen Mißbrauch von
Kindern zum Gegenstand haben, mit Freiheitsstrafe von drei Monaten bis

---

[13]Strömer, Onlinerecht (1997), S. 164.

zu fünf Jahren, sonst mit Freiheitsstrafe bis zu drei Jahren oder mit Geldstrafe bestraft.

(4) Haben die pornographischen Schriften (§ 11 Abs. 3) in den Fällen
des Absatzes 3 den sexuellen Mißbrauch von Kindern zum Gegenstand und
geben sie ein tatsächliches oder wirklichkeitsnahes Geschehen wieder, so
ist die Strafe Freiheitsstrafe von sechs Monaten bis zu zehn Jahren, wenn
der Täter gewerbsmäßig oder als Mitglied einer Bande handelt, die sich zur
fortgesetzten Begehung solcher Taten verbunden hat.

(5) Wer es unternimmt, sich oder einem Dritten den **Besitz** von pornographischen Schriften (§ 11 Abs. 3) zu verschaffen, die den sexuellen
Mißbrauch von Kindern zum Gegenstand haben, wird, wenn die Schriften
ein tatsächliches oder wirklichkeitsnahes Geschehen wiedergeben, mit Freiheitsstrafe bis zu einem Jahr oder mit Geldstrafe bestraft. Ebenso wird
bestraft, wer die in Satz 1 bezeichneten Schriften besitzt.

Nach § 184 Abs. 5 StGB ist also bereits der **Besitz** von Dateien mit sogenannter
Kinderpornographie strafbar, und zwar auch dann, wenn sie nicht digitalisierte
echte Fotos, sondern nur wirklichkeitsnahes Geschehen zu Gegenstand haben. Die
mit höherer Strafandrohung versehenen Absätze 3 (Verbreitung) und 4 (banden-
und gewerbsmäßige Verbreitung) sind aus sich selbst heraus verständlich.

Auf weitere Verbote, etwa durch das Gesetz über die Verbreitung jugendgefähr-
dender Schriften (GjS) oder das Verbot von Gewaltdarstellung (§ 131 StGB), soll
hier nur hingewiesen, aber nicht eingegangen werden.

6.4.8 Verantwortlichkeit des Providers

Aufsehen erregt hat das nach dem Geschäftsführer von Compuserve Deutschland
benannte Somm-Urteil. Dabei ging es darum, ob ein **Provider** für die Inhalte
verantwortlich ist, die auf seinem Server bereitliegen oder zu denen er den Zugang vermittelt. Hierbei spielen auch die Regelungen des **Teledienstegesetzes**
und der **Mediendienste-Staatsvertrag** eine Rolle, in denen diese Verantwortlichkeit geregelt werden sollte. Daß hierfür zwei, oder genauer siebzehn Gesetze
erforderlich sind, ergibt sich aus dem föderalen Prinzip der Bundesrepublik. Für
Medien, wie Presse und Rundfunk, sind die Länder zuständig, für die Telekommunikation liegt die Kompetenz beim Bund (Art. 73 Nr. 7 GG). Da aber die
rechtliche Bewertung des Internet kaum in einen Medien- und einen teledienstli-
chen Bereich getrennt werden kann, andererseits die Kompetenzen von Bund und
Ländern nicht verändert werden sollten, beschlossen Bund und Länder inhaltsglei-
che Normen. Der Bund erließ das Teledienstegesetz (TDG) und jedes Bundesland
ein dem Mediendienste-Staatsvertrag (MDStV) entsprechend lautendes Gesetz.
§ 5 ist im TDG und im MDStV fast gleich:

§ 5 TDG – Verantwortlichkeit

(1) Diensteanbieter sind für eigene Inhalte, die sie zur Nutzung bereit-
halten, nach den allgemeinen Gesetzen verantwortlich.

(2) Diensteanbieter sind für fremde Inhalte, die sie zur Nutzung bereit-
halten, nur dann verantwortlich, wenn sie von diesen Inhalten Kenntnis

haben und es ihnen technisch möglich und zumutbar ist, deren Nutzung zu
verhindern.

(3) Diensteanbieter sind für fremde Inhalte, zu denen sie lediglich den
Zugang zur Nutzung vermitteln, nicht verantwortlich. Eine automatische
und kurzzeitige Vorhaltung fremder Inhalte aufgrund Nutzerabfrage gilt
als Zugangsvermittlung.

Entscheidend ist also, ob der Provider einen eigenen Server betreibt:

- Tut er dies und nutzt Speicherplatz für eigene Informationen, etwa Werbung,
  ist er wie jeder andere dafür verantwortlich – das ist klar.

- Für fremde Inhalte auf dem eigenen Server – hier erst fängt die Dienstleistung des Providers an – ist er frühestens dann verantwortlich, wenn er von
  ihnen Kenntnis erhält. Darüber hinaus enthält Absatz 2 noch eine Zumut-
  barkeitsklausel.

- Für Inhalte auf fremden Servern, zu denen – insbesondere durch das Internet – der Zugang vermittelt wird, ist der Provider nach dem Wortlaut des
  Absatz 3 niemals verantwortlich. Das gleiche gilt für die in Proxy-Servern
  gespeicherten Inhalte.

Das Münchener Gericht hat sich jedoch nicht auf TDG und MDStV, sondern auf eine allgemeine rechtliche Wertung berufen: Wer eine **Gefahrenquelle**
eröffnet, muß die Allgemeinheit durch Überwachungs- und Schutzvorkehrungen
vor Schäden schützen. Durch die Möglichkeiten, Straftaten nach §§ 111 und 184
StGB zu begehen, begründet der Zugang zum Internet rechtlich Gefahren. Der
Provider, der diese Gefahr eröffnet, kann sich nun ebensowenig darauf berufen,
daß primär andere Personen die Straftaten begehen, wie ein Wirt, in dessen Knei-
pe verbotenes Glücksspiel und Drogenhandel gang und gäbe sind. Beide können
nichts dafür und bleiben straffrei, wenn unerwartet und verborgen von anderen
Straftaten begangen werden; im Falle von Newsservern etwa drängt sich ein Verdacht aber geradezu auf, wenn unter Newsgroups mit Namensteilen wie `teensex`
haufenweise Binaries abgelegt sind. Dann trifft den Provider die Pflicht, mit angemessenen Mitteln der Gefahr zu begegnen; ist er selber Betreiber des Newsservers,
ist die Löschung dieses Forums ein angemessenes Mittel. Das Argument, daß die
Szene sich daraufhin nur in eine neue Newsgroup verlagert, kann rechtswidriges
Handeln nicht legitimieren. Auch der Wirt kann die Dealer nicht gewähren lassen,
weil sie nach einem Rauswurf ihre Geschäfte mit Sicherheit an einem anderen
Ort fortführen. Das Argument der Verlagerung kann für den Provider aber Anlaß
sein, seine Newsgroups und deren Inhalte angemessen zu überwachen. Das heißt
nicht, daß er sämtliche Postings lesen oder gar zensieren soll, aber er soll in den
für Straftaten anfälligen Bereichen den Überblick behalten.

Die Leser dieses Buchs werden vermutlich keine kommerziellen Provider-
Dienste á la Compuserve betreiben. Jedoch ist schnell ein kleines Netzwerk entstanden, bei dem der SysOp nicht mehr den Überblick hat, ob sich alle Benutzer
rechtskonform verhalten. Dann treffen ihn nach dieser Rechtssprechung – in seinem kleinen Rahmen – ähnliche Überwachungpflichten.

A Zahlensysteme

Außer dem **Dezimalsystem** sind das **Dual-**, das **Oktal-** und das **Hexadezimalsystem** gebräuchlich. Ferner spielt das **Binär codierte Dezimalsystem (BCD)** bei manchen Anwendungen eine Rolle. Bei diesem sind die einzelnen Dezimalstellen für sich dual dargestellt. Die folgende Tabelle enthält die Werte von 0 bis dezimal 127. Bequemlichkeitshalber sind auch die zugeordneten ASCII-Zeichen aufgeführt.

dezimal	dual	oktal	hex	BCD	ASCII
0	0	0	0	0	nul
1	1	1	1	1	soh
2	10	2	2	10	stx
3	11	3	3	11	etx
4	100	4	4	100	eot
5	101	5	5	101	enq
6	110	6	6	110	ack
7	111	7	7	111	bel
8	1000	10	8	1000	bs
9	1001	11	9	1001	ht
10	1010	12	a	1.0	lf
11	101	13	b	1.1	vt
12	1100	14	c	1.10	ff
13	1101	15	d	1.11	cr
14	1110	16	e	1.100	so
15	1111	17	f	1.101	si
16	10000	20	10	1.110	dle
17	10001	21	11	1.111	dc1
18	10010	22	12	1.1000	dc2
19	10011	23	13	1.1001	dc3
20	10100	24	14	10.0	dc4
21	10101	25	15	10.1	nak
22	10110	26	16	10.10	syn
23	10111	27	17	10.11	etb
24	11000	30	18	10.100	can
25	11001	31	19	10.101	em
26	11010	32	1a	10.110	sub
27	11011	33	1b	10.111	esc
28	11100	34	1c	10.1000	fs
29	11101	35	1d	10.1001	gs
30	11110	36	1e	11.0	rs
31	11111	37	1f	11.1	us

32	100000	40	20	11.10	space
33	100001	41	21	11.11	!
34	100010	42	22	11.100	"
35	100011	43	23	11.101	#
36	100100	44	24	11.110	$
37	100101	45	25	11.111	%
38	100110	46	26	11.1000	&
39	100111	47	27	11.1001	'
40	101000	50	28	100.0	(
41	101001	51	29	100.1	)
42	101010	52	2a	100.10	*
43	101011	53	2b	100.11	+
44	101100	54	2c	100.100	,
45	101101	55	2d	100.101	-
46	101110	56	2e	100.110	.
47	101111	57	2f	100.111	/
48	110000	60	30	100.1000	0
49	110001	61	31	100.1001	1
50	110010	62	32	101.0	2
51	110011	63	33	101.1	3
52	110100	64	34	101.10	4
53	110101	65	35	101.11	5
54	110110	66	36	101.100	6
55	110111	67	37	101.101	7
56	111000	70	38	101.110	8
57	111001	71	39	101.111	9
58	111010	72	3a	101.1000	:
59	111011	73	3b	101.1001	;
60	111100	74	3c	110.0	<
61	111101	75	3d	110.1	=
62	111110	76	3e	110.10	>
63	111111	77	3f	110.11	?
64	1000000	100	40	110.100	@
65	1000001	101	41	110.101	A
66	1000010	102	42	110.110	B
67	1000011	103	43	110.111	C
68	1000100	104	44	110.1000	D
69	1000101	105	45	110.1001	E
70	1000110	106	46	111.0	F
71	1000111	107	47	111.1	G
72	1001000	110	48	111.10	H
73	1001001	111	49	111.11	I
74	1001010	112	4a	111.100	J
75	1001011	113	4b	111.101	K
76	1001100	114	4c	111.110	L
77	1001101	115	4d	111.111	M
78	1001110	116	4e	111.1000	N
79	1001111	117	4f	111.1001	O
80	1010000	120	50	1000.0	P

81	1010001	121	51	1000.1	Q
82	1010010	122	52	1000.10	R
83	1010011	123	53	1000.11	S
84	1010100	124	54	1000.100	T
85	1010101	125	55	1000.101	U
86	1010110	126	56	1000.110	V
87	1010111	127	57	1000.111	W
88	1011000	130	58	1000.1000	X
89	1011001	131	59	1000.1001	Y
90	1011010	132	5a	1001.0	Z
91	1011011	133	5b	1001.1	[
92	1011100	134	5c	1001.10	\
93	1011101	135	5d	1001.11	]
94	1011110	136	5e	1001.100	^
95	1011111	137	5f	1001.101	_
96	1100000	140	60	1001.110	`
97	1100001	141	61	1001.111	a
98	1100010	142	62	1001.1000	b
99	1100011	143	63	1001.1001	c
100	1100100	144	64	1.0.0	d
101	1100101	145	65	1.0.1	e
102	1100110	146	66	1.0.10	f
103	1100111	147	67	1.0.11	g
104	1101000	150	68	1.0.100	h
105	1101001	151	69	1.0.101	i
106	1101010	152	6a	1.0.110	j
107	1101011	153	6b	1.0.111	k
108	1101100	154	6c	1.0.1000	l
109	1101101	155	6d	1.0.1001	m
110	1101110	156	6e	1.1.0	n
111	1101111	157	6f	1.1.1	o
112	1110000	160	70	1.1.10	p
113	1110001	161	71	1.1.11	q
114	1110010	162	72	1.1.100	r
115	1110011	163	73	1.1.101	s
116	1110100	164	74	1.1.110	t
117	1110101	165	75	1.1.111	u
118	1110110	166	76	1.1.1000	v
119	1110111	167	77	1.1.1001	w
120	1111000	170	78	1.10.0	x
121	1111001	171	79	1.10.1	y
122	1111010	172	7a	1.10.10	z
123	1111011	173	7b	1.10.11	{
124	1111100	174	7c	1.10.100		
125	1111101	175	7d	1.10.101	}
126	1111110	176	7e	1.10.110	~
127	1111111	177	7f	1.10.111	del

B Zeichensätze

B.1 EBCDIC, ASCII, Roman8, IBM-PC

Die Zeichensätze sind in den Ein- und Ausgabegeräten (Terminal, Drucker) gespeicherte Tabellen, die die Zeichen in Zahlen und zurück umsetzen.

dezimal	oktal	EBCDIC	ASCII-7	Roman8	IBM-PC
0	0	nul	nul	nul	nul
1	1	soh	soh	soh	Grafik
2	2	stx	stx	stx	Grafik
3	3	etx	etx	etx	Grafik
4	4	pf	eot	eot	Grafik
5	5	ht	enq	enq	Grafik
6	6	lc	ack	ack	Grafik
7	7	del	bel	bel	bel
8	10		bs	bs	Grafik
9	11	rlf	ht	ht	ht
10	12	smm	lf	lf	lf
11	13	vt	vt	vt	home
12	14	ff	ff	ff	ff
13	15	cr	cr	cr	cr
14	16	so	so	so	Grafik
15	17	si	si	si	Grafik
16	20	dle	dle	dle	Grafik
17	21	dc1	dc1	dc1	Grafik
18	22	dc2	dc2	dc2	Grafik
19	23	dc3	dc3	dc3	Grafik
20	24	res	dc4	dc4	Grafik
21	25	nl	nak	nak	Grafik
22	26	bs	syn	syn	Grafik
23	27	il	etb	etb	Grafik
24	30	can	can	can	Grafik
25	31	em	em	em	Grafik
26	32	cc	sub	sub	Grafik
27	33		esc	esc	Grafik
28	34	ifs	fs	fs	cur right
29	35	igs	gs	gs	cur left
30	36	irs	rs	rs	cur up
31	37	ius	us	us	cur down
32	40	ds	space	space	space
33	41	sos	!	!	!
34	42	fs	”	”	”
35	43		#	#	#

36	44	byp	$	$	$
37	45	lf	%	%	%
38	46	etb	&	&	&
39	47	esc	'	'	'
40	50		(	(	(
41	51		)	)	)
42	52	sm	*	*	*
43	53		+	+	+
44	54		,	,	,
45	55	enq	-	-	-
46	56	ack	.	.	.
47	57	bel	/	/	/
48	60		0	0	0
49	61		1	1	1
50	62	syn	2	2	2
51	63		3	3	3
52	64	pn	4	4	4
53	65	rs	5	5	5
54	66	uc	6	6	6
55	67	eot	7	7	7
56	70		8	8	8
57	71		9	9	9
58	72		:	:	:
59	73		;	;	;
60	74	dc4	<	<	<
61	75	nak	=	=	=
62	76		>	>	>
63	77	sub	?	?	?
64	100	space	@	@	@
65	101		A	A	A
66	102	â	B	B	B
67	103	ä	C	C	C
68	104	à	D	D	D
69	105	á	E	E	E
70	106	ã	F	F	F
71	107	å	G	G	G
72	110	ç	H	H	H
73	111	ñ	I	I	I
74	112	[	J	J	J
75	113	.	K	K	K
76	114	<	L	L	L
77	115	(	M	M	M
78	116	+	N	N	N
79	117	!	O	O	O
80	120	&	P	P	P
81	121	é	Q	Q	Q
82	122	ê	R	R	R
83	123	ë	S	S	S
84	124	è	T	T	T

85	125	í	U	U	U
86	126	î	V	V	V
87	127	ï	W	W	W
88	130	ì	X	X	X
89	131	ß	Y	Y	Y
90	132	]	Z	Z	Z
91	133	$	[	[	[
92	134	*	\	\	\
93	135	)	]	]	]
94	136	;	ˆ	ˆ	ˆ
95	137	ˆ	_	_	_
96	140	–	'	'	'
97	141	/	a	a	a
98	142	Â	b	b	b
99	143	Ä	c	c	c
100	144	À	d	d	d
101	145	Á	e	e	e
102	146	Ã	f	f	f
103	147	Å	g	g	g
104	150	Ç	h	h	h
105	151	Ñ	i	i	i
106	152	|	j	j	j
107	153	,	k	k	k
108	154	%	l	l	l
109	155	_	m	m	m
110	156	>	n	n	n
111	157	?	o	o	o
112	160	ø	p	p	p
113	161	É	q	q	q
114	162	Ê	r	r	r
115	163	Ë	s	s	s
116	164	È	t	t	t
117	165	Í	u	u	u
118	166	Î	v	v	v
119	167	Ï	w	w	w
120	170	Ì	x	x	x
121	171	'	y	y	y
122	172	:	z	z	z
123	173	#	{	{	{
124	174	@	|	|	|
125	175	'	}	}	}
126	176	=	~	~	~
127	177	"	del	del	Grafik
128	200	Ø			Ç
129	201	a			ü
130	202	b			é
131	203	c			â
132	204	d			ä

133	205	e		à
134	206	f		å
135	207	g		ç
136	210	h		ê
137	211	i		ë
138	212	≪		è
139	213	≫		ı
140	214			î
141	215	ý		ì
142	216			Ä
143	217	±		Å
144	220			É
145	221	j		œ
146	222	k		Æ
147	223	l		ô
148	224	m		ö
149	225	n		ò
150	226	o		û
151	227	p		ù
152	230	q		y
153	231	r		Ö
154	232	a̲		Ü
155	233	o̲		
156	234	æ		£
157	235	–		Yen
158	236	Æ		Pt
159	237			ƒ
160	240	µ		á
161	241	~	À	í
162	242	s	Â	ó
163	243	t	È	ú
164	244	u	Ê	ñ
165	245	v	Ë	Ñ
166	246	w	Î	a̲
167	247	x	Ï	o̲
168	250	y	´	¿
169	251	z	`	Grafik
170	252	ı	^	Grafik
171	253	¿		1/2
172	254		~	1/4
173	255	Ý	Ù	¡
174	256		Û	≪
175	257			≫
176	260			Grafik
177	261	£		Grafik
178	262	Yen		Grafik
179	263		°	Grafik
180	264	ƒ	Ç	Grafik

181	265	§	ç	Grafik
182	266	¶	Ñ	Grafik
183	267		ñ	Grafik
184	270		¡	Grafik
185	271		¿	Grafik
186	272			Grafik
187	273	|	£	Grafik
188	274	–	Yen	Grafik
189	275		§	Grafik
190	276		ƒ	Grafik
191	277	=		Grafik
192	300	{	â	Grafik
193	301	A	ê	Grafik
194	302	B	ô	Grafik
195	303	C	û	Grafik
196	304	D	á	Grafik
197	305	E	é	Grafik
198	306	F	ó	Grafik
199	307	G	ú	Grafik
200	310	H	à	Grafik
201	311	I	è	Grafik
202	312		ò	Grafik
203	313	ô	ù	Grafik
204	314	ö	ä	Grafik
205	315	ò	ë	Grafik
206	316	ó	ö	Grafik
207	317	õ	ü	Grafik
208	320	}	Å	Grafik
209	321	J	î	Grafik
210	322	K	Ø	Grafik
211	323	L	Æ	Grafik
212	324	M	å	Grafik
213	325	N	í	Grafik
214	326	O	ø	Grafik
215	327	P	æ	Grafik
216	330	Q	Ä	Grafik
217	331	R	ì	Grafik
218	332		Ö	Grafik
219	333	û	Ü	Grafik
220	334	ü	É	Grafik
221	335	ù	ı	Grafik
222	336	ú	ß	Grafik
223	337	y	Ô	Grafik
224	340	\	Á	α
225	341		Ã	β
226	342	S	ã	Γ
227	343	T		π
228	344	U		Σ
229	345	V	Í	σ

230	346	W	Ì	μ
231	347	X	Ó	τ
232	350	Y	Ò	Φ
233	351	Z	Õ	θ
234	352		õ	Ω
235	353	Ô	Š	δ
236	354	Ö	š	∞
237	355	Ò	Ú	$\emptyset$
238	356	Ó	Y	$\in$
239	357	Õ	y	$\cap$
240	360	0	thorn	$\equiv$
241	361	1	Thorn	$\pm$
242	362	2		$\geq$
243	363	3		$\leq$
244	364	4		Haken
245	365	5		Haken
246	366	6	–	$\div$
247	367	7	1/4	$\approx$
248	370	8	1/2	$\circ$
249	371	9	ạ	$\bullet$
250	372		ọ	$\cdot$
251	373	Û	$\ll$	$\sqrt{\ }$
252	374	Ü	$\sqcup$	n
253	375	Ù	$\gg$	2
254	376	Ú	$\pm$	$\sqcup$
255	377			(FF)

B.2   German-ASCII

Falls das Ein- oder Ausgabegerät einen deutschen 7-Bit-ASCII-Zeichensatz
enthält, sind folgende Ersetzungen der amerikanischen Zeichen durch deutsche
Sonderzeichen üblich:

Nr.	US-Zeichen	US-ASCII	German ASCII
91	linke eckige Klammer	[	Ä
92	Backslash	\	Ö
93	rechte eckige Klammer	]	Ü
123	linke geschweifte Klammer	{	ä
124	senkrechter Strich			ö
125	rechte geschweifte Klammer	}	ü
126	Tilde	~	ß

Achtung: Der IBM-PC und Ausgabegeräte von Hewlett-Packard verwenden keinen
7-Bit-ASCII-Zeichensatz, sondern eigene 8-Bit-Zeichensätze, die die Sonderzeichen
unter Nummern höher 127 enthalten, siehe vorhergehende Tabelle.

B.3   ASCII-Steuerzeichen

Die Steuerzeichen der Zeichensätze dienen der Übermittlung von Befehlen und Informationen an das empfangende Gerät und nicht der Ausgabe eines sicht- oder druckbaren Zeichens. Die Ausgabegeräte kennen in der Regel jedoch einen Modus (transparent, Monitor, Display Functions), in der die Steuerzeichen nicht ausgeführt, sondern angezeigt werden. Die meisten Steuerzeichen belegen keine eigene Taste auf der Tastatur, sondern werden als Kombination aus der control-Taste und einer Zeichentaste eingegeben.

dezimal	ASCII	Bedeutung	Tasten
0	nul	ASCII-Null	control @
1	soh	Start of heading	control a
2	stx	Start of text	control b
3	etx	End of text	control c
4	eot	End of transmission	control d
5	enq	Enquiry	control e
6	ack	Acknowledge	control f
7	bel	Bell	control g
8	bs	Backspace	control h, BS
9	ht	Horizontal tab	control i, TAB
10	lf	Line feed	control j, LF
11	vt	Vertical tab	control k
12	ff	Form feed	control l
13	cr	Carriage return	control m, RETURN
14	so	Shift out	control n
15	si	Shift in	control o
16	dle	Data link escape	control p
17	dc1	Device control 1, xon	control q
18	dc2	Device control 2, tape	control r
19	dc3	Device control 3, xoff	control s
20	dc4	Device control 4, tape	control t
21	nak	Negative acknowledge	control u
22	syn	Synchronous idle	control v
23	etb	End of transmission block	control w
24	can	Cancel	control x
25	em	End of medium	control y
26	sub	Substitute	control z
27	esc	Escape	control [, ESC
28	fs	File separator	control \
29	gs	Group separator	control]
30	rs	Record separator	control ^
31	us	Unit separator	control _
127	del	Delete	DEL, RUBOUT

B.4 Latin-1 (ISO 8859-1)

Die internationale Norm ISO 8859 beschreibt gegenwärtig zehn Zeichensätze, die jedes Zeichen durch jeweils ein Byte darstellen. Jeder Zeichensatz umfaßt also maximal 256 druckbare Zeichen und Steuerzeichen. Der erste – Latin-1 genannt – ist für west- und mitteleuropäische Sprachen – darunter Deutsch – vorgesehen. Latin-2 deckt Mittel- und Osteuropa ab, soweit das lateinische Alphabet verwendet wird. Wer einen polnisch-deutschen Text schreiben will, braucht Latin 2. Die deutschen Sonderzeichen liegen in Latin 1 bis 6 an denselben Stellen. Weiteres siehe in der ISO-Norm und im RFC 1345 *Character Mnemonics and Character Sets* vom Juni 1992. Auch `http://wwwbs.cs.tu-berlin.de/~czyborra/charsets/` hilft weiter.

Die erste Hälfte (0 – 127) aller Latin-Zeichensätze stimmt mit US-ASCII überein, die zweite mit keinem der anderen Zeichensätze. Zu jedem Zeichen gehört eine standardisierte verbale Bezeichnung. Einige Zeichen wie das isländische Thorn oder das Cent-Zeichen konnten hier mit LaTeX nicht dargestellt werden.

dezimal	oktal	hex	Zeichen	Bezeichnung
000	000	00	nu	Null (nul)
001	001	01	sh	Start of heading (soh)
002	002	02	sx	Start of text (stx)
003	003	03	ex	End of text (etx)
004	004	04	et	End of transmission (eot)
005	005	05	eq	Enquiry (enq)
006	006	06	ak	Acknowledge (ack)
007	007	07	bl	Bell (bel)
008	010	08	bs	Backspace (bs)
009	011	09	ht	Character tabulation (ht)
010	012	0a	lf	Line feed (lf)
011	013	0b	vt	Line tabulation (vt)
012	014	0c	ff	Form feed (ff)
013	015	0d	cr	Carriage return (cr)
014	016	0e	so	Shift out (so)
015	017	0f	si	Shift in (si)
016	020	10	dl	Datalink escape (dle)
017	021	11	d1	Device control one (dc1)
018	022	12	d2	Device control two (dc2)
019	023	13	d3	Device control three (dc3)
020	024	14	d4	Device control four (dc4)
021	025	15	nk	Negative acknowledge (nak)
022	026	16	sy	Synchronous idle (syn)
023	027	17	eb	End of transmission block (etb)
024	030	18	cn	Cancel (can)
025	031	19	em	End of medium (em)
026	032	1a	sb	Substitute (sub)
027	033	1b	ec	Escape (esc)
028	034	1c	fs	File separator (is4)
029	035	1d	gs	Group separator (is3)

030	036	1e	rs	Record separator (is2)
031	037	1f	us	Unit separator (is1)
032	040	20	sp	Space
033	041	21	!	Exclamation mark
034	042	22	"	Quotation mark
035	043	23	#	Number sign
036	044	24	$	Dollar sign
037	045	25	%	Percent sign
038	046	26	&	Ampersand
039	047	27	'	Apostrophe
040	050	28	(	Left parenthesis
041	051	29	)	Right parenthesis
042	052	2a	*	Asterisk
043	053	2b	+	Plus sign
044	054	2c	,	Comma
045	055	2d	-	Hyphen-Minus
046	056	2e	.	Full stop
047	057	2f	/	Solidus
048	060	30	0	Digit zero
049	061	31	1	Digit one
050	062	32	2	Digit two
051	063	33	3	Digit three
052	064	34	4	Digit four
053	065	35	5	Digit five
054	066	36	6	Digit six
055	067	37	7	Digit seven
056	070	38	8	Digit eight
057	071	39	9	Digit nine
058	072	3a	:	Colon
059	073	3b	;	Semicolon
060	074	3c	<	Less-than sign
061	075	3d	=	Equals sign
062	076	3e	>	Greater-than sign
063	077	3f	?	Question mark
064	100	40	@	Commercial at
065	101	41	A	Latin capital letter a
066	102	42	B	Latin capital letter b
067	103	43	C	Latin capital letter c
068	104	44	D	Latin capital letter d
069	105	45	E	Latin capital letter e
070	106	46	F	Latin capital letter f
071	107	47	G	Latin capital letter g
072	110	48	H	Latin capital letter h
073	111	49	I	Latin capital letter i
074	112	4a	J	Latin capital letter j
075	113	4b	K	Latin capital letter k
076	114	4c	L	Latin capital letter l
077	115	4d	M	Latin capital letter m
078	116	4e	N	Latin capital letter n

079	117	4f	O	Latin capital letter o
080	120	50	P	Latin capital letter p
081	121	51	Q	Latin capital letter q
082	122	52	R	Latin capital letter r
083	123	53	S	Latin capital letter s
084	124	54	T	Latin capital letter t
085	125	55	U	Latin capital letter u
086	126	56	V	Latin capital letter v
087	127	57	W	Latin capital letter w
088	130	58	X	Latin capital letter x
089	131	59	Y	Latin capital letter y
090	132	5a	Z	Latin capital letter z
091	133	5b	[	Left square bracket
092	134	5c	\	Reverse solidus
093	135	5d	]	Right square bracket
094	136	5e	^	Circumflex accent
095	137	5f	_	Low line
096	140	60	'	Grave accent
097	141	61	a	Latin small letter a
098	142	62	b	Latin small letter b
099	143	63	c	Latin small letter c
100	144	64	d	Latin small letter d
101	145	65	e	Latin small letter e
102	146	66	f	Latin small letter f
103	147	67	g	Latin small letter g
104	150	68	h	Latin small letter h
105	151	69	i	Latin small letter i
106	152	6a	j	Latin small letter j
107	153	6b	k	Latin small letter k
108	154	6c	l	Latin small letter l
109	155	6d	m	Latin small letter m
110	156	6e	n	Latin small letter n
111	157	6f	o	Latin small letter o
112	160	70	p	Latin small letter p
113	161	71	q	Latin small letter q
114	162	72	r	Latin small letter r
115	163	73	s	Latin small letter s
116	164	74	t	Latin small letter t
117	165	75	u	Latin small letter u
118	166	76	v	Latin small letter v
119	167	77	w	Latin small letter w
120	170	78	x	Latin small letter x
121	171	79	y	Latin small letter y
122	172	7a	z	Latin small letter z
123	173	7b	{	Left curly bracket
124	174	7c			Vertical line
125	175	7d	}	Right curly bracket
126	176	7e	~	Tilde
127	177	7f	dt	Delete (del)

128	200	80	pa	Padding character (pad)
129	201	81	ho	High octet preset (hop)
130	202	82	bh	Break permitted here (bph)
131	203	83	nh	No break here (nbh)
132	204	84	in	Index (ind)
133	205	85	nl	Next line (nel)
134	206	86	sa	Start of selected area (ssa)
135	207	87	es	End of selected area (esa)
136	210	88	hs	Character tabulation set (hts)
137	211	89	hj	Character tabulation with justification (htj)
138	212	8a	vs	Line tabulation set (vts)
139	213	8b	pd	Partial line forward (pld)
140	214	8c	pu	Partial line backward (plu)
141	215	8d	ri	Reverse line feed (ri)
142	216	8e	s2	Single-shift two (ss2)
143	217	8f	s3	Single-shift three (ss3)
144	220	90	dc	Device control string (dcs)
145	221	91	p1	Private use one (pu1)
146	222	92	p2	Private use two (pu2)
147	223	93	ts	Set transmit state (sts)
148	224	94	cc	Cancel character (cch)
149	225	95	mw	Message waiting (mw)
150	226	96	sg	Start of guarded area (spa)
151	227	97	eg	End of guarded area (epa)
152	230	98	ss	Start of string (sos)
153	231	99	gc	Single graphic character introducer (sgci)
154	232	9a	sc	Single character introducer (sci)
155	233	9b	ci	Control sequence introducer (csi)
156	234	9c	st	String terminator (st)
157	235	9d	oc	Operating system command (osc)
158	236	9e	pm	Privacy message (pm)
159	237	9f	ac	Application program command (apc)
160	240	a0	ns	No-break space
161	241	a1	¡	Inverted exclamation mark
162	242	a2		Cent sign
163	243	a3	£	Pound sign
164	244	a4		Currency sign (künftig Euro?)
165	245	a5		Yen sign
166	246	a6		Broken bar
167	247	a7	§	Section sign
168	250	a8		Diaresis
169	251	a9	©	Copyright sign
170	252	aa	ª	Feminine ordinal indicator
171	253	ab	«	Left-pointing double angle quotation mark
172	254	ac	¬	Not sign
173	255	ad	-	Soft hyphen
174	256	ae		Registered sign
175	257	af	‾	Overline
176	260	b0	°	Degree sign

177	261	b1	±	Plus-minus sign
178	262	b2	^{2}	Superscript two
179	263	b3	^{3}	Superscript three
180	264	b4	´	Acute accent
181	265	b5	μ	Micro sign
182	266	b6	¶	Pilcrow sign
183	267	b7	·	Middle dot
184	270	b8	¸	Cedilla
185	271	b9	^{1}	Superscript one
186	272	ba	°	Masculine ordinal indicator
187	273	bb	≫	Right-pointing double angle quotation mark
188	274	bc	1/4	Vulgar fraction one quarter
189	275	bd	1/2	Vulgar fraction one half
190	276	be	3/4	Vulgar fraction three quarters
191	277	bf	¿	Inverted question mark
192	300	c0	À	Latin capital letter a with grave
193	301	c1	Á	Latin capital letter a with acute
194	302	c2	Â	Latin capital letter a with circumflex
195	303	c3	Ã	Latin capital letter a with tilde
196	304	c4	Ä	Latin capital letter a with diaresis
197	305	c5	Å	Latin capital letter a with ring above
198	306	c6	Æ	Latin capital letter ae
199	307	c7	Ç	Latin capital letter c with cedilla
200	310	c8	È	Latin capital letter e with grave
201	311	c9	É	Latin capital letter e with acute
202	312	ca	Ê	Latin capital letter e with circumflex
203	313	cb	Ë	Latin capital letter e with diaresis
204	314	cc	Ì	Latin capital letter i with grave
205	315	cd	Í	Latin capital letter i with acute
206	316	ce	Î	Latin capital letter i with circumflex
207	317	cf	Ï	Latin capital letter i with diaresis
208	320	d0		Latin capital letter eth (Icelandic)
209	321	d1	Ñ	Latin capital letter n with tilde
210	322	d2	Ò	Latin capital letter o with grave
211	323	d3	Ó	Latin capital letter o with acute
212	324	d4	Ô	Latin capital letter o with circumflex
213	325	d5	Õ	Latin capital letter o with tilde
214	326	d6	Ö	Latin capital letter o with diaresis
215	327	d7	×	Multiplication sign
216	330	d8	Ø	Latin capital letter o with stroke
217	331	d9	Ù	Latin capital letter u with grave
218	332	da	Ú	Latin capital letter u with acute
219	333	db	Û	Latin capital letter u with circumflex
220	334	dc	Ü	Latin capital letter u with diaresis
221	335	dd	Ý	Latin capital letter y with acute
222	336	de		Latin capital letter thorn (Icelandic)
223	337	df	ß	Latin small letter sharp s (German)
224	340	e0	à	Latin small letter a with grave

225	341	e1	á	Latin small letter a with acute
226	342	e2	â	Latin small letter a with circumflex
227	343	e3	ã	Latin small letter a with tilde
228	344	e4	ä	Latin small letter a with diaresis
229	345	e5	å	Latin small letter a with ring above
230	346	e6	æ	Latin small letter ae
231	347	e7	ç	Latin small letter c with cedilla
232	350	e8	è	Latin small letter e with grave
233	351	e9	é	Latin small letter e with acute
234	352	ea	ê	Latin small letter e with circumflex
235	353	eb	ë	Latin small letter e with diaresis
236	354	ec	ì	Latin small letter i with grave
237	355	ed	í	Latin small letter i with acute
238	356	ee	î	Latin small letter i with circumflex
239	357	ef	ï	Latin small letter i with diaresis
240	360	f0		Latin small letter eth (Icelandic)
241	361	f1	ñ	Latin small letter n with tilde
242	362	f2	ò	Latin small letter o with grave
243	363	f3	ó	Latin small letter o with acute
244	364	f4	ô	Latin small letter o with circumflex
245	365	f5	õ	Latin small letter o with tilde
246	366	f6	ö	Latin small letter o with diaresis
247	367	f7	÷	Division sign
248	370	f8	ø	Latin small letter o with stroke
249	371	f9	ù	Latin small letter u with grave
250	372	fa	ú	Latin small letter u with acute
251	373	fb	û	Latin small letter u with circumflex
252	374	fc	ü	Latin small letter u with diaresis
253	375	fd	ý	Latin small letter y with acute
254	376	fe		Latin small letter thorn (Icelandic)
255	377	ff	ÿ	Latin small letter y with diaresis

B.5   Latin-2 (ISO 8859-2)

Der Zeichensatz Latin-2 deckt folgende Sprachen ab: Albanisch, Bosnisch,
Deutsch, Englisch, Finnisch, Irisch, Kroatisch, Polnisch, Rumänisch, Serbisch
(in lateinischer Transskription), Serbokroatisch, Slowakisch, Slowenisch, Sorbisch,
Tschechisch und Ungarisch. Samisch wird in Latin-9 berücksichtigt. Auf:

```
http://sizif.mf.uni-lj.si/linux/cee/iso8859-2.html
```

finden sich Einzelheiten und weitere URLs. Hier nur die Zeichen, die von Latin-1
abweichen:

dezimal	oktal	hex	Zeichen	Bezeichnung
161	241	a1		Latin capital letter a with ogonek
162	242	a2		Breve
163	243	a3	Ł	Latin capital letter l with stroke

165	245	a5	Ľ	Latin capital letter l with caron
166	246	a6	Ś	Latin capital letter s with acute
169	251	a9	Š	Latin capital letter s with caron
170	252	aa	Ş	Latin capital letter s with cedilla
171	253	ab	Ť	Latin capital letter t with caron
172	254	ac	Ź	Latin capital letter z with acute
174	256	ae	Ž	Latin capital letter z with caron
175	257	af	Ż	Latin capital letter z with dot above
177	261	b1		Latin small letter a with ogonek
178	262	b2		Ogonek (Schwänzchen)
179	263	b3	ł	Latin small letter l with stroke
181	265	b5		Latin small letter l with caron
182	266	b6		Latin small letter s with acute
183	267	b7		Caron
185	271	b9		Latin small letter s with caron
186	272	ba		Latin small letter s with cedilla
187	273	bb		Latin small letter t with caron
188	274	bc		Latin small letter z with acute
189	275	bd		Double acute accent
190	276	be		Latin small letter z with caron
191	277	bf		Latin small letter z with dot above
192	300	c0		Latin capital letter r with acute
195	303	c3		Latin capital letter a with breve
197	305	c5		Latin capital letter l with acute
198	306	c6		Latin capital letter c with acute
200	310	c8		Latin capital letter c with caron
202	312	ca		Latin capital letter e with ogonek
204	314	cc		Latin capital letter e with caron
207	317	cf		Latin capital letter d with caron
208	320	d0		Latin capital letter d with stroke
209	321	d1		Latin capital letter n with acute
210	322	d2		Latin capital letter n with caron
213	325	d5		Latin capital letter o with double acute
216	330	d8		Latin capital letter r with caron
217	331	d9		Latin capital letter u with ring above
219	333	db		Latin capital letter u with double acute
222	336	de		Latin capital letter t with cedilla
224	340	e0		Latin small letter r with acute
227	343	e3		Latin small letter a with breve
229	345	e5		Latin small letter l with acute
230	346	e6		Latin small letter c with acute
232	350	e8		Latin small letter c with caron
234	352	ea		Latin small letter e with ogonek
236	354	ec		Latin small letter e with caron
239	357	ef		Latin small letter d with caron
240	360	f0		Latin small letter d with stroke
241	361	f1		Latin small letter n with acute
242	362	f2		Latin small letter n with caron
245	365	f5		Latin small letter o with double acute

248	370	f8	Latin small letter r with caron
249	371	f9	Latin small letter u with ring above
251	373	fb	Latin small letter u with double acute
254	376	fe	Latin small letter t with cedilla
255	377	ff	Dot above

B.6 HTML-Entities

HTML-Entities sind eine Ersatzschreibweise für Zeichen, die nicht direkt in HTML-Text eingegeben werden können. Zu diesen Zeichen gehören:

- Sonderzeichen außerhalb des US-ASCII-Zeichensatzes (Umlaute),

- Zeichen, die eine besondere Bedeutung in HTML haben (&, <),

- mathematische und andere Symbole (±, ©).

Für den Ersatz gibt es zwei Möglichkeiten:

- die dezimale oder hexadezimale Nummer des Zeichens im Zeichensatz,

- eine Umschreibung mit ASCII-Zeichen.

Soweit die Zeichen im Latin-1-Zeichensatz enthalten sind, können die dort angegebenen Nummern verwendet werden. Die vollständige Tabelle entnimmt man am einfachsten der HTML-Spezifikation. Hier nur die häufigsten Zeichen:

dezimal	hex	char ent	Zeichen	Bezeichnung
&	&	&	&	ampersand
<	L	<	<	less-than sign
>	N	>	>	greater-than sign
				non-breaking space
¡	¡	¡	¡	inverted exclamation mark
£	£	£	£	pound sign
©	©	©	©	copyright sign
«	«	«	«	left pointing guillemet
				soft or dicretionary hyphen
®	®	®		registered sign
°	°	°	°	degree sign
±	±	±	±	plus-minus sign
²	²	²	^{2}	superscript two
³	³	³	^{3}	superscript three
µ	µ	µ	µ	micro sign
»	»	»	»	right pointing guillemet
½	½	½	1/2	fraction one half
À	À	À	À	latin capital letter A with grave
Á	Á	Á	Á	latin capital letter A with acute
Â	Â	Â	Â	latin capital letter A with circumflex
Ã	Ã	Ã	Ã	latin capital letter A with tilde
Ä	Ä	Ä	Ä	latin capital letter A with diaresis

Å	Å	Å	Å	latin capital letter A with ring above
Æ	Æ	Æ	Æ	latin capital ligature AE
Ç	Ç	Ç	Ç	latin capital letter C with cedilla
Ñ	Ñ	Ñ	Ñ	latin capital letter N with tilde
Ø	Ø	Ø	Ø	latin capital letter O with stroke
ß	ß	ß	ß	latin small letter sharp s
ë	ë	ë	ë	latin small letter e with diaresis
ñ	ð	ñ	ñ	latin small letter n with tilde

C   Papier- und Schriftgrößen

C.1   Papierformate

In der EDV sind folgende Papierformate gebräuchlich:

- **DIN A4** Blattgröße 210 mm × 297 mm, näherungsweise 8 Zoll × 12 Zoll.

- **Tabellierpapier schmal** Blattgröße einschließlich Lochrand 240 mm × 305 mm, ohne Lochrand 210 mm × 305 mm, also annähernd DIN A4. 305 mm sind 12 Zoll.

- **Tabellierpapier breit** Blattgröße einschließlich Lochrand 375 mm × 305 mm.

  Bei 10 Zeichen/Zoll faßt die Zeile 132 Zeichen, bei 12 Zeichen/Zoll 158 Zeichen, bei 15 Zeichen/Zoll 198 Zeichen.

- **Executive** amerikanisch, Blattgröße 7.25 Zoll × 10.5 Zoll

- **Letter** amerikanisch, Blattgröße 8.5 Zoll × 11 Zoll, Schreibmaschinenpapier

- **Legal** amerikanisch, Blattgröße 8.5 Zoll × 14 Zoll

Tabellierpapier ist in weiteren Breiten und Längen (vor allem 11 Zoll Länge) handelsüblich. Ein Zoll (inch) sind 25,4 mm.

Es ist zwischen der Blattgröße, der Größe des adressierbaren Bereichs und der Größe des beschreibbaren Bereichs zu unterscheiden (druckerabhängig)

C.2   Schriftgrößen

Bei den Schriftgrößen oder -graden finden sich mehrere Maßsysteme. In Mitteleuropa ist traditionell das aus dem Bleisatz stammende Punktsystem nach FRANÇOIS AMBROISE DIDOT gebräuchlich, das die Höhe der Schrifttype (nicht des Buchstabens) angibt. Es geht auf den französischen Fuß zurück; ein Punkt war früher 0,376 mm, heute ist er in Angleichung an das metrische System 0,375 mm. Die wichtigsten Größen werden auch mit eigenen Namen bezeichnet (12 pt = Cicero). Die untere Grenze der Lesbarkeit liegt bei 9 pt, optimal sind 12 pt.

Auf englische Füße geht das Pica-System zurück, in dem 1 Pica gleich 12 Points oder 4,216 mm (1/6 Zoll) ist. Hiervon abgeleitet ist das IBM-Pica-System, in dem Pica eine Schrift mit 6 Zeilen pro Zoll und 10 Zeichen pro Zoll ist. Elite bedeutet 12 Zeichen pro Zoll bei gleichem Zeilenabstand.

Auf deutschen Schreibmaschinen war Pica eine Schriftart mit 2,6 mm Schrittweite (etwa 10 Zeichen pro Zoll) und Perl eine Schriftart mit 2,3 mm Schrittweite.

D   Die wichtigsten UNIX-Kommandos

Einzelheiten siehe Referenz-Handbücher – vor allem on-line. Das wichtigste Kommando zuerst, die übrigen nach Sachgebiet und dann alphabetisch geordnet:

`man man`	Beschreibung zum Kommando `man(1)` ausgeben

Allgemeines

`alias`	Alias in der Shell einrichten `alias r='fc -e -'`

`at`	Programm zu einem beliebigen Zeitpunkt starten
	`at 0815 Jan 24`
	`myprogram1`
	EOF (meist `control-d`)

`bdf, df, du`	Plattenbelegung ermitteln `df`
`calendar`	Terminverwaltung (Reminder Service) (File `$HOME/calendar` muß existieren) `calendar`
`crontab`	Tabelle für `cron` erzeugen `crontab crontabfile`
`date`	Datum und Zeit anzeigen `date`
`echo, print`	Argument auf `stdout` schreiben `echo 'Hallo, wie gehts?'`
`exit`	Shell beenden `exit`

`kill`	Signal an Prozess senden
	`kill myprocess_id`
	`kill -s SIGHUP myprocess_id`

`leave`	an Feierabend erinnern `leave 2215`
`lock`	Terminal sperren `lock`
`newgrp`	Benutzergruppe wechseln `newgrp student`
`nice`	Priorität eines Programmes herabsetzen `nice myprogram`
`nohup`	Programm von Sitzung abkoppeln `nohup myprogram &`
`passwd`	Passwort ändern `passwd`

```
ps                laufende Prozesse anzeigen
                      ps -ef
script            Sitzung mitschreiben
                      script (beenden mit exit)
set               Umgebung anzeigen
                      set
sh, ksh, bash     Shells (Bourne, Korn, Bash)
                      bash
stty              Terminal-Schnittstelle anzeigen
                      stty
su                Usernamen wechseln (substituieren)
                      su bjalex1
tset, reset       Terminal initialisieren
                      tset vt100
tty               Terminalnamen (/dev/tty*) anzeigen
                      tty
who               eingeloggte Benutzer auflisten
                      who -H
whoami, id        meinen Namen anzeigen
                      id
xargs             Argumentliste aufbauen und Kommando ausführen
                      ls | xargs -i -t mv {} subdir/{}
```

Files, Verzeichnisse

```
cd                Arbeitsverzeichnis wechseln
                      cd
                      cd /usr/local/bin
chgrp             Gruppe eines Files wechseln
                      chgrp students myfile
chmod             Zugriffsrechte eines Files ändern
                      chmod 755 myfile
chown             Besitzer eines Files wechseln
                      chown aralex1 myfile
cmp, diff         zwei Files vergleichen
                      cmp myfile1 myfile2
compress          File komprimieren
                      compress myfile
                      uncompress myfile.Z
cp                File kopieren
                      cp original kopie
file              Filetyp ermitteln
                      file myfile
find, whereis     Files suchen
                      find . -name myfile -print
gzip              File komprimieren (GNU)
```

```
                        gzip myfile
                        gunzip myfile.gz
ln                  File linken
                        ln myfile hardlinkname
                        ln -s myfile softlinkname
ls                  Verzeichnisse auflisten
                        ls -al
mkdir               Verzeichnis anlegen
                        mkdir newdir
mv                  File umbenennen
                        mv oldfilename newfilename
od                  (oktalen) Dump eines Files ausgeben
                        od -c myfile
pwd                 Arbeitsverzeichnis anzeigen
                        pwd
rm, rmdir           File oder leeres Verzeichnis löschen
                        rm myfile
                        rm -r mydir
                        rmdir mydir
tar                 File-Archiv schreiben oder lesen
                        tar -cf /dev/st0 ./mydir &
touch               leeres File erzeugen, Zeitstempel ändern
                        touch myfile
```

Kommunikation, Netz

```
archie              nach File suchen
                        archie -s mysubstring > mysubstring.archie &
finger              Auskunft über Benutzer
                        finger wualex1@mvmpc100.ciw.uni-karlsruhe.de
ftp                 File Transfer
                        ftp ftp.ciw.uni-karlsruhe.de
hostname            Hostnamen anzeigen
                        hostname
irc                 Netzgeschwätz
                        irc (beenden mit /quit)
kermit              File übertragen, auch von/zu Nicht-UNIX-Anlagen
                        kermit (beenden mit exit)
mail, elm           Mail lesen und versenden
                        mail wulf.alex@ciw.uni-karlsruhe.de < myfile
                        elm
netscape            WWW-Browser (einer unter vielen)
                        netscape &
news                Neuigkeiten anzeigen
                        news -a
nslookup            Auskunft über Host
```

```
                              nslookup mvmpc100.ciw.uni-kalrsuhe.de
                              nslookup 129.13.118.100
```
ping   Verbindung prüfen
```
                              ping 129.13.118.100
```
ssh   verschlüsselte Verbindung zu Host im Netz
```
                                ssh mvmpc100.ciw.uni-karlsruhe.de
```
rlogin   Dialog mit UNIX-Host im Netz (unverschlüsselt)
```
                              rlogin mvmpc100
```
telnet   Dialog mit Host im Netz (unverschlüssel)
```
                              telent mvmpc100
```
tin, xn   Newsreader
```
                              rtin
```
uucp   Programmpaket mit UNIX-Netzdiensten
whois   Auskunft über Netzknoten
```
                              whois -h whois.internic.net gatekeeper.dec.com
```
write, talk   Dialog mit eingeloggtem Benutzer
```
                              talk wualex1@mvmpc100
```

Programmieren

ar   Gruppe von files archivieren
```
                                ar -r myarchiv.a myfile1 myfile2
```
cb   C-Beautifier, Quelle verschönern
```
                              cb myprog.c > myprog.b
```
cc   C-Compiler mit Linker
```
                                  cc -o myprog myprog.c
```
lint   C-Syntax-Prüfer
```
                              lint myprog.c
```
make   Compileraufruf vereinfachen
```
                              make (Makefile erforderlich)
```
sdb, xdb   symbolischer Debugger
```
                              xdb (einige Files erforderlich)
```

Textverarbeitung

adjust   Text formatieren (einfachst)
```
                              adjust -j -m60 mytextfile
```
awk   Listengenerator
```
                              awk -f myawkscript mytextfile (awk-Script erforderlich)
```
cancel   Druckauftrag löschen
```
                              cancel lp-4711
```
cat   von stdin lesen, nach stdout schreiben
```
                                cat mytextfile
                              cat myfile1 myfile2 > myfile.all
                              cat mytextfile
```
cut   Spalten aus Tabellen auswählen

```
                        cut -f1 mytablefile > newfile
```
ed	Zeileneditor, mit `diff(1)` nützlich

```
    ed mytextfile
```

emacs	Editor, alternativ zum `vi(1)` (GNU)

```
    emacs mytextfile
```

expand	Tabs ins Spaces umwandeln

```
    expand mytextfile > newfile
```

grep, fgrep	Muster in Files suchen

```
    grep -i Unix mytextfile
    fgrep UNIX mytextfile
```

head, tail	Anfang bzw. Ende eines Textfiles anzeigen

```
    head mytextfile
```

lp	File über Spooler ausdrucken

```
    lp -dlp2 mytextfile
```

lpstat, lpq	Spoolerstatus anzeigen

```
    lpstat -t
```

more, less, pg	Textfile schirmweise anzeigen

```
    more mytextfile
    ls -l | more
```

nroff	Textformatierer

```
    nroff mynrofffile | lp
```

recode	Filter zur Umwandlung von Zeichensätzen (GNU)

```
    recode --help
    recode -l
    recode -v ascii-bs:EBCDIC-IBM textfile
```

sed	filternder Editor

```
    sed 's/[A-Z]/[a-z]/g' mytextfile > newfile
```

sort	Textfile zeilenweise sortieren

```
    sort myliste | uniq > newfile
```

spell	Rechtschreibung prüfen

```
    spell myspelling textfile+
```

tee	stdout zugleich in ein File schreiben

```
    who | tee whofile
```

tr	Zeichen in Textfile ersetzen

```
    tr -d "\015" < mytextfile1 > mytextfile2
```

uniq	sortiertes Textfile nach doppelten Zeilen durchsuchen

```
    sort myliste | uniq > newfile
```

vi	Bildschirm-Editor, alternativ zum `emacs(1)`

```
    vi mytextfile
```

view	`vi(1)` nur zum Lesen aufrufen

```
    view mytextfile
```

vis	Files mit Steuersequenzen anzeigen

```
    vis mytextfile
```

wc	Zeichen, Wörter und Zeilen zählen

```
    wc mytextfile
```

E Vergleich UNIX – MS-DOS-Kommandos

Der Vergleich bezieht sich auf Microsoft DOS 5.0 und UNIX V.3. Eine hundertprozentige Übereinstimmung in der Wirkung ist selten. Die Syntax der Kommandos ist immer verschieden.

Optionen werden in UNIX durch –, in MS-DOS durch / eingeleitet. Die Verzeichnisse eines vollen Pfadnamens werden in UNIX durch /, in MS-DOS durch \ getrennt.

In UNIX arbeitet man stets mit einem einzigen File-System; in MS-DOS hat jeder Datenträger (Diskette, Platte) sein eigenes File-System. Die Kommandos zum Behandeln der File-Systeme können daher keine Äquivalente haben.

UNIX	MS-DOS	Wirkung
`cat, pg`	`type`	zeigt File auf Bildschirm an
`cd`	`cd`	wechselt Arbeitsverzeichnis
`chmod`	`attrib`	ändert Fileattribute
`clear`	`cls`	löscht Bildschirm
`cmp`	`comp, fc`	vergleicht zwei Files
`cp`	`copy, xcopy`	kopiert File
`date`	`date`	zeigt Datum an
`date`	`time`	zeigt Uhrzeit an
`exit`	`exit`	verläßt Kommandointerpreter
`grep`	`find`	sucht String in File
`lp`	`print`	schickt File zum Drucker
`lpr`	`print`	schickt File zum Drucker
`ls`	`dir`	listet Verzeichnis auf
`mkdir`	`mkdir`	legt Verzeichnis an
`more`	`more`	zeigt File bildschirmweise an
`mv`	`ren`	benennt File um
`pwd`	`cd`	zeigt Arbeitsverzeichnis
`rm`	`del`	löscht File
`rmdir`	`rmdir`	löscht leeres Verzeichnis
`sh`	`command`	ruft Kommandointerpreter auf
`sort`	`sort`	sortiert File zeilenweise

Wer mit beiden Betriebssystemen arbeitet, möchte vielleicht auf beiden Systemen die häufigsten Kommandos beider Systeme zur Verfügung haben, um nicht ständig umdenken zu müssen. Unter UNIX ist das mithilfe des link-Kommandos `ln(1)` mit geringem Aufwand zu erreichen. Man linkt beispielsweise das MS-DOS-Kommando `copy` auf das UNIX-Kommando `cp(1)`, zweckmäßig im selben Verzeichnis: `ln /bin/cp /bin/copy`. Ein Alias leistet für einen einzelnen Benutzer denselben Dienst und läßt sich auch für interne Kommandos einrichten.

Diese Möglichkeit gibt es unter MS-DOS nicht. Man kann nur ein Batch-File mit dem Namen des UNIX-Kommandos schreiben, das das MS-DOS-Kommando aufruft, beispielsweise `cp.bat`:

```
@echo off
c:dos\copy %1 %2 /v
```

Seit MS-DOS 5.0 lassen sich mittels **doskey** auch Aliases einrichten. Es gibt außerdem von vielen UNIX-Kommandos Ausführungen, die unter MS-DOS laufen, siehe Abschnitt 3.15.5 *MKS-Tools und andere.* Insbesondere gibt es den Editor `vi(1)` unter dem Namen `vim` und den Archivierer `tar(1)` auch für DOS.

Umlenkungen (>, <) und Pipes (|) arbeiten unter beiden Betriebssystemen gleich.

F Besondere UNIX-Kommandos

F.1 printf(3), scanf(3)

`printf(3)` und `scanf(3)` sind die beiden Standardfunktionen zum Ein- und Ausgeben von Daten. Wichtiger Unterschied: `printf(3)` erwartet Variable, `scanf(3)` Pointer. Die Formatbezeichner stimmen weitgehend überein:

Bezeichner	Typ	Beispiel	Bedeutung
%c	char	a	Zeichen
%s	char *	Karlsruhe	String
%d	int	-1234	dezimale Ganzzahl mit Vorzeichen
%i	int	-1234	dezimale Ganzzahl mit Vorzeichen
%u	unsigned	1234	dezimale Ganzzahl ohne Vorzeichen
%ld	long	1234	dezimal Ganzzahl doppelter Länge
%f	double	12.34	Gleitkommazahl mit Vorzeichen
%e	double	1.234 E 1	Gleitkommazahl, Exponentialdarstellung
%g	double	12.34	kürzere Darstellung von %e oder %f
%o	unsigned octal	2322	oktale Ganzzahl ohne Vorzeichen
%x	unsigned hex	4d2	hexadezimale Ganzzahl o. Vorzeichen
%p	void *	68ff32e4	Pointer
%%	-	%	Prozentzeichen

Weiteres im Referenz-Handbuch unter `printf(3)` oder `scanf(3)`. Länge, Bündigkeit, Unterdrückung führender Nullen, Vorzeichenangabe können festgelegt werden.

F.2 vi(1)

Kommando	Wirkung
escape	schaltet in Kommando-Modus um
h	Cursor nach links
j	Cursor nach unten
k	Cursor nach oben
l	Cursor nach rechts
0	Cursor an Zeilenanfang
$	Cursor an Zeilenende
nG	Cursor in Zeile Nr. n
G	Cursor in letzte Zeile des Textes
+n	Cursor n Zeilen vorwärts

-n	Cursor n Zeilen rückwärts
a	schreibe anschließend an Cursor
i	schreibe vor Cursor
o	öffne neue Zeile unterhalb Cursor
O	öffne neue Zeile oberhalb Cursor
r	ersetze das Zeichen auf Cursor
R	ersetze Text ab Cursor
x	lösche das Zeichen auf Cursor
dd	lösche Cursorzeile
ndd	lösche n Zeilen ab und samt Cursorzeile
nY	übernimm n Zeilen in Zwischenspeicher
p	schreibe Zwischenpuffer unterhalb Cursorzeile
P	schreibe Zwischenpuffer oberhalb Cursorzeile
J	hänge nächste Zeile an laufende an
/abc	suche String abc nach Cursor
?abc	suche String abc vor Cursor
n	wiederhole Stringsuche
u	mache letztes Kommando ungültig (undo)
%	suche Gegenklammer (in Programmen)
:read file	lies file ein
:w	schreibe Text zurück (write, save)
:q	verlasse Editor ohne write (quit)
:wq	write und quit

Weitere vi-Kommandos im Referenz-Handbuch unter vi(1), in verschiedenen Hilfen im Netz oder in dem Buch von MORRIS I. BOLSKY.

F.3   emacs(1)

Der emacs(1) kennt keine Modi, die Kommandos werden durch besondere Tastenkombinationen erzeugt. control h, t bedeutet: zuerst die Tastenkombination control h eintippen, loslassen, dann t eintippen. Die Mächtigkeit des Emacs zeigt sich daran, daß nicht ein Hilfefenster angeboten wird, sondern ein ganzes Tutorial.

Kommando	Wirkung
emacs filename	Aufruf zum Editieren des Files filename
control h, t	Tutorial
control h, i	Manuals
control x, control s	Text speichern
control x, control x	Text speichern, Editor verlassen

Weitere emacs-Kommandos im Tutorial, im Referenz-Handbuch unter emacs(1), in verschiedenen Hilfen im Netz oder in dem Buch von D. CAMERON und B. ROSENBLATT.

F.4   joe(1)

Der joe(1) kennt keine Modi, die Kommandos werden durch besondere Tastenkombinationen erzeugt. control k, h bedeutet: zuerst die Tastenkombination
control k eintippen, loslassen, dann h eintippen.

Kommando	Wirkung
joe filename	Aufruf zum Editieren des Files filename
control k, h	Hilfe anzeigen
control k, x	Text speichern, Editor verlassen
control c	Editor ohne Speichern verlassen

Weitere joe-Kommandos im Hilfefenster, im Referenz-Handbuch unter joe(1)
oder in verschiedenen Hilfen im Netz.

F.5   ftp(1)

Wenn man eine FTP-Verbindung zu einem Computer im Netz unterhält, stehen
nur ftp-Kommandos für die Fileübertragung zur Verfügung, die mit den UNIX-
Kommandos nichts zu tun haben. Die wichtigsten von etwa 70 sind:

Kommando	Wirkung
ftp	Beginn der FTP-Sitzung
open	Verbinden mit angegebener Adresse
user	Eingabe Benutzernamen
pwd	print working directory, wie UNIX
cd	change directory, wie UNIX
lcd	change local directory
dir, ls	Verzeichnis auflisten
ascii	in ASCII-Modus schalten (für ASCII-Texte)
binary	in binären Modus schalten (für alle übrigen Files)
get	File vom Host holen
get README |more	kurzes Textfile README on-line lesen
put	File zum Host schicken
mget	multi-get, mehrere Files auf einmal holen
mput	multi-put, mehrere Files auf einmal schicken
prompt	Abfragen bei mget und mput unterdrücken
rhelp	Kommandos der Übertragung anzeigen
close	Verbindung (nicht Sitzung) beenden
bye, quit	Sitzung beenden
help	lokale Hilfe zu Kommandos anzeigen
? cmd	Hilfe zum Kommando cmd anzeigen

G UNIX-Systemaufrufe

Systemaufrufe werden vom Anwendungsprogramm wie eigene oder fremde Funktionen angesehen. Ihrem Ursprung nach sind es auch C-Funktionen. Sie sind jedoch nicht Bestandteil einer Funktionsbibliothek, sondern gehören zum Betriebssystem und sind nicht durch andere Funktionen erweiterbar.

Die Systemaufrufe – als Bestandteil des Betriebssystems – sind für alle Programmiersprachen dieselben, während die Funktionsbibliotheken zur jeweiligen Programmiersprache gehören. Folgende Systemaufrufe sind unter UNIX verfügbar:

`access`	prüft Zugriff auf File
`acct`	startet und stoppt Prozess Accounting
`alarm`	setzt Weckeruhr für Prozess
`atexit`	Funktion für Programmende
`brk`	ändert Speicherzuweisung
`chdir`	wechselt Arbeitsverzeichnis
`chmod`	ändert Zugriffsrechte eines Files
`chown`	ändert Besitzer eines Files
`chroot`	ändert Root-Verzeichnis
`close`	schließt einen File-Deskriptor
`creat`	öffnet File, ordnet Deskriptor zu
`dup`	dupliziert File-Deskriptor
`errno`	Fehlervariable der Systemaufrufe
`exec`	führt ein Programm aus
`exit`	beendet einen Prozess
`fcntl`	Filesteuerung
`fork`	erzeugt einen neuen Prozess
`fsctl`	liest Information aus File-System
`fsync`	schreibt File aus Arbeitsspeicher auf Platte
`getaccess`	ermittelt Zugriffsrechte
`getacl`	ermittelt Zugriffsrechte
`getcontext`	ermittelt Kontext eines Prozesses
`getdirentries`	ermittelt Verzeichnis-Einträge
`getgroups`	ermittelt Gruppenrechte eines Prozesses
`gethostname`	ermittelt Namen des Systems
`getitimer`	setzt oder liest Intervall-Uhr
`getpid`	liest Prozess-ID
`gettimeofday`	ermittelt Zeit
`getuid`	liest User-ID des aufrufenden Prozesses
`ioctl`	I/O-Steuerung
`kill`	schickt Signal an einen Prozess
`link`	linkt ein File

`lockf`	setzt Semaphore und Record-Sperren
`lseek`	bewegt Schreiblesezeiger in einem File
`mkdir`	erzeugt Verzeichnis
`mknod`	erzeugt File
`mount`	hängt File-System in File-Hierarchie ein
`msgctl`	Interprozess-Kommunikation
`nice`	ändert die Priorität eines Prozesses
`open`	öffnet File zum Lesen oder Schreiben
`pause`	suspendiert Prozess bis zum Empfang eines Signals
`pipe`	erzeugt eine Pipe
`prealloc`	reserviert Arbeitsspeicher
`profil`	ermittelt Zeiten bei der Ausführung eines Programmes
`read`	liest aus einem File
`readlink`	liest symbolisches Link
`rename`	ändert Filenamen
`rmdir`	löscht Verzeichnis
`rtprio`	ändert Echtzeit-Priorität
`semctl`	Semaphore
`setgrp`	setzt Gruppen-Zugriffsrechte eines Prozesses
`setuid`	setzt User-ID eines Prozesses
`signal`	legt fest, was auf ein Signal hin zu tun ist
`stat`	liest die Inode eines Files
`statfs`	liest Werte des File-Systems
`symlink`	erzeugt symbolischen Link
`sync`	schreibt Puffer auf Platte
`szsconf`	ermittelt Systemwerte
`time`	ermittelt die Systemzeit
`times`	ermittelt Zeitverbrauch eines Prozesses
`truncate`	schneidet File ab
`umask`	setzt oder ermittelt Filezugriffsmaske
`umount`	entfernt Filesystem aus File-Hierarchie
`unlink`	löscht File
`ustat`	liest Werte des File-Systems
`utime`	setzt Zeitstempel eines Files
`wait`	wartet auf Ende eines Kindprozesses
`write`	schreibt in ein File

Die Aufzählung kann durch weitere Systemaufrufe des jeweiligen Lieferanten des
Betriebssystems (z. B. Hewlett-Packard) ergänzt werden. Diese erleichtern das
Programmieren, verschlechtern aber die Portabilität. Zu den meisten Systemaufrufen mit **get...** gibt es ein Gegenstück **set...**, das in einigen Fällen dem Superuser vorbehalten ist.

H   UNIX-Signale

Die Default-Reaktion eines Prozesses auf die meisten Signale ist seine Beendigung;
sie können aber abgefangen und umdefiniert werden. Die Signale 09, 24 und 26
können nicht abgefangen werden. Die Bezeichnungen sind nicht ganz einheitlich.
Weiteres unter `signal(2)`, `signal(5)` oder `signal(7)`.

Name	Nummer	Bedeutung
SIGHUP	01	hangup
SIGINT	02	interrupt (meist Break-Taste)
SIGQUIT	03	quit
SIGILL	04	illegal instruction
SIGTRAP	05	trace trap
SIGABRT	06	software generated abort
SIGIOT	06	software generated signal
SIGEMT	07	software generated signal
SIGFPE	08	floating point exception
SIGKILL	09	kill (sofortiger Selbstmord)
SIGBUS	10	bus error
SIGSEGV	11	segmentation violation
SIGSYS	12	bad argument to system call
SIGPIPE	13	write on a pipe with no one to read it
SIGALRM	14	alarm clock
SIGTERM	15	software termination (bitte Schluß machen)
SIGUSR1	16	user defined signal 1
SIGSTKFLT	16	stack fault on coprocessor
SIGUSR2	17	user defined signal 2
SIGCHLD	18	death of a child
SIGCLD	18	= SIGCHLD
SIGPWR	19	power fail
SIGINFO	19	= SIGPWR
SIGVTALRM	20	virtual timer alarm
SIGPROF	21	profiling timer alarm
SIGIO	22	asynchronous I/O signal
SIGPOLL	22	= SIGIO
SIGWINDOW	23	window change or mouse signal
SIGSTOP	24	stop
SIGTSTP	25	stop signal generated from keyboard
SIGCONT	26	continue after stop
SIGTTIN	27	background read attempted from control terminal
SIGTTOU	28	background write attempted from control terminal
SIGURG	29	urgent data arrived on an I/O channel

SIGLOST	30	NFS file lock lost
SIGXCPU	30	CPU time limit exceeded
SIGXFSZ	31	file size limit exceeded

I C/C++-Lexikon

I.1 Schlüsselwörter

Laut ANSI verwendet C folgende Schlüsselwörter (Wortsymbole, keywords):

- Deklaratoren

    - `auto`, Default-Speicherklasse
    - `char`, Zeichentyp
    - `const`, Typattribut (ANSI-C)
    - `double`, Typ Gleitkommazahl doppelter Genauigkeit
    - `enum`, Aufzählungstyp
    - `extern`, Speicherklasse
    - `float`, Typ Gleitkommazahl einfacher Genauigkeit
    - `int`, Typ Ganzzahl einfacher Länge
    - `long`, Typ Ganzzahl doppelter Länge
    - `register`, Speicherklasse Registervariable
    - `short`, Typ Ganzzahl halber Länge
    - `signed`, Typzusatz zu Ganzzahl oder Zeichen
    - `static`, Speicherklasse
    - `struct`, Strukturtyp
    - `typedef`, Definition eines benutzereigenen Typs
    - `union`, Typ Union
    - `unsigned`, Typzusatz zu Ganzzahl oder Zeichen
    - `void`, leerer Typ
    - `volatile`, Typattribut (ANSI-C)

- Schleifen und Bedingungen (Kontrollstrukturen)

    - `break`, Verlassen einer Schleife
    - `case`, Fall einer Auswahl (`switch`)
    - `continue`, Rücksprung vor eine Schleife
    - `default`, Default-Fall einer Auswahl (`switch`)
    - `do`, Beginn einer do-Schleife
    - `else`, Alternative einer Verzweigung

- **for**, Beginn einer **for**-Schleife
- **goto**, unbedingter Sprung
- **if**, Bedingung oder Beginn einer Verzweigung
- **switch**, Beginn einer Auswahl
- **while**, Beginn einer **while**-Schleife

- Sonstige

  - **return**, Rücksprung in die aufrufende Einheit
  - **sizeof**, Bytebedarf eines Typs oder einer Variablen

In C++ kommen laut BJARNE STROUSTRUP hinzu:

- **catch**, Ausnahmebehandlung
- **class**, Klassendeklaration
- **delete**, Löschen eines Objektes
- **friend**, Deklaration einer Funktion
- **inline**, inline-Funktion
- **new**, Erzeugen eines Objektes
- **operator**, Überladen von Operatoren
- **private**, Deklaration von Klassenmitgliedern
- **protected**, Deklaration von Klassenmitgliedern
- **public**, Deklaration von Klassenmitgliedern
- **template**, Deklaration eines Templates (Klasse)
- **this**, Pointer auf Objekt
- **throw**, Ausnahmebehandlung
- **try**, Ausnahmebehandlung
- **virtual**, Deklaration

Darüberhinaus verwenden einige Compiler – vor allem aus der PC-Welt – weitere
Schlüsselwörter. Die folgende Aufzählung ist nicht vollständig:

- **asm**, Assembler-Aufruf innerhalb einer C-Quelle
- **cdecl**, Aufruf einer Funktion nach C-Konventionen
- **entry**, (war in K&R-C für künftigen Gebrauch vorgesehen)
- **far**, Typzusatz unter MS-DOS
- **fortran**, Aufruf einer Funktion nach FORTRAN-Konventionen
- **huge**, Typzusatz unter MS-DOS
- **near**, Typzusatz unter MS-DOS
- **pascal**, Aufruf einer Funktion nach PASCAL-Konventionen

I.2 Standardfunktionen

Folgende Standardfunktionen oder -makros sind gebräuchlich:

- Pufferbehandlung

  - `memchr`, sucht Zeichen im Puffer
  - `memcmp`, vergleicht Zeichen mit Pufferinhalt
  - `memcpy`, kopiert Zeichen in Puffern
  - `memset`, setzt Puffer auf bestimmtes Zeichen

- Zeichenbehandlung

  - `isalnum`, prüft Zeichen, ob alphanumerisch
  - `isalpha`, prüft Zeichen, ob Buchstabe
  - `iscntrl`, prüft Zeichen, ob Kontrollzeichen
  - `isdigit`, prüft Zeichen, ob Ziffer
  - `isgraph`, prüft Zeichen, ob sichtbar
  - `islower`, prüft Zeichen, ob Kleinbuchstabe
  - `isprint`, prüft Zeichen, ob druckbar
  - `ispunct`, prüft Zeichen, ob Satzzeichen
  - `isspace`, prüft Zeichen, ob Whitespace
  - `isupper`, prüft Zeichen. ob Großbuchstabe
  - `isxdigit`, prüft Zeichen, ob hexadezimale Ziffer
  - `tolower`, wandelt Großbuchstaben in Kleinbuchstaben um
  - `toupper`, wandelt Kleinbuchstaben in Großbuchstaben um

- Datenumwandlung

  - `atof`, wandelt String in `double`-Wert um
  - `atoi`, wandelt String in `int`-Wert um
  - `atol`, wandelt String in `long`-Wert um
  - `strtod`, wandelt String in `double`-Wert um
  - `strtol`, wandelt String in `long`-Wert um
  - `strtoul`, wandelt String in `unsigned long`-Wert um

- Filebehandlung

  - `remove`, löscht File
  - `rename`, ändert Namen eines Files

- Ein- und Ausgabe

  - `clearerr`, löscht Fehlermeldung eines Filepointers

- `fclose`, schließt Filepointer
- `fflush`, leert Puffer eines Filepointers
- `fgetc`, liest Zeichen von Filepointer
- `fgetpos`, ermittelt Stand des Lesezeigers
- `fgets`, liest String von Filepointer
- `fopen`, öffnet Filepointer
- `fprintf`, schreibt formatiert nach Filepointer
- `fputc`, schreibt Zeichen nach Filepointer
- `fputs`, schreibt String nach Filepointer
- `fread`, liest Bytes von Filepointer
- `freopen`, ersetzt geöffneten Filepointer
- `fscanf`, liest formatiert von Filepointer
- `fseek`, setzt Lesezeiger auf bestimmte Stelle
- `fsetpos`, setzt Lesezeiger auf bestimmte Stelle
- `ftell`, ermittelt Stellung des Lesezeigers
- `fwrite`, schreibt Bytes nach Filepointer
- `getc`, liest Zeichen von Filepointer
- `getchar`, liest Zeichen von `stdin`
- `gets`, liest String von Filepointer
- `printf`, schreibt formatiert nach `stdout`
- `putc`, schreibt Zeichen nach Filepointer
- `putchar`, schreibt Zeichen nach `stdout`
- `puts`, schreibt String nach Filepointer
- `rewind`, setzt Lesezeiger auf Fileanfang
- `scanf`, liest formatiert von `stdin`
- `setbuf`, ordnet einem Filepointer einen Puffer zu
- `setvbuf`, ordnet einem Filepointer einen Puffer zu
- `sprintf`, schreibt formatiert in einen String
- `sscanf`, liest formatiert aus einem String
- `tempnam`, erzeugt einen temporären Filenamen
- `tmpfile`, erzeugt ein temporäres File
- `ungetc`, schreibt letztes gelesenes Zeichen zurück
- `vfprintf`, schreibt formatiert aus einer Argumentenliste
- `vprintf`, schreibt formatiert aus einer Argumentenliste
- `vsprintf`, schreibt formatiert aus einer Argumentenlsite

- Mathematik

  - `acos`, arcus cosinus
  - `asin`, arcus sinus
  - `atan`, arcus tangens
  - `atan2`, arcus tangens, erweiterter Bereich
  - `ceil`, kleinste Ganzzahl
  - `cos`, cosinus
  - `cosh`, cosinus hyperbolicus
  - `exp`, Exponentialfunktion
  - `fabs`, Absolutwert, Betrag
  - `floor`, größte Ganzzahl
  - `fmod`, Divisionsrest
  - `frexp`, teilt Gleitkommazahl auf
  - `ldexp`, teilt Gleitkommazahl auf
  - `log`, Logarithmus naturalis
  - `log10`, dekadischer Logarithmus
  - `modf`, teilt Gleitkommazahl auf
  - `pow`, allgemeine Potenz
  - `sin`, sinus
  - `sinh`, sinus hyperbolicus
  - `sqrt`, positive Quadratwurzel
  - `tan`, tangens
  - `tanh`, tangens hyperbolicus

- Speicherzuweisung

  - `calloc`, allokiert Speicher für Array
  - `free`, gibt allokierten Speicher frei
  - `malloc`, allokiert Speicher
  - `realloc`, ändert Größe des allokierten Speichers

- Prozesssteuerung

  - `abort`, erzeugt SIGABRT-Signal
  - `atexit`, Funktionsaufruf bei Programmende
  - `exit`, Programmende
  - `raise`, sendet Signal
  - `signal`, legt Antwort auf Siganl fest

- – `system`, übergibt Argument an Kommandointerpreter
- Suchen und Sortieren
  - – `bsearch`, binäre Suche
  - – `qsort`, Quicksort
- Stringbehandlung
  - – `strcat`, verkettet Strings
  - – `strchr`, sucht Zeichen in String
  - – `strcmp`, vergleicht Strings
  - – `strcpy`, kopiert String
  - – `strcspn`, sucht Teilstring
  - – `strerror`, verweist auf Fehlermeldung
  - – `strlen`, ermittelt Stringlänge
  - – `strncat`, verkettet n Zeichen von Strings
  - – `strncmp`, vergleicht n Zeichen von Strings
  - – `strncpy`, kopiert n Zeichen eines Strings
  - – `strpbrk`, sucht Zeichen in String
  - – `strrchr`, sucht Zeichen in String
  - – `strspn`, ermittelt Länge eines Teilstrings
  - – `strstr`, sucht Zeichen in String

Dies sind alle Funktionen des ANSI-Vorschlags. Die meisten Compiler bieten darüberhinaus eine Vielzahl weiterer Funktionen, die das Programmieren erleichtern, aber die Portabilität verschlechtern.

I.3 Include-Files

Die Standard-Include-Files enthalten in lesbarer Form Definitionen von Konstanten und Typen, Deklarationen von Funktionen und Makrodefinitionen. Sie werden von Systemaufrufen und Bibliotheksfunktionen benötigt. Bei der Beschreibung jeder Funktion im Referenz-Handbuch ist angegeben, welche Include-Files jeweils eingebunden werden müssen. Gebräuchliche Include-Files sind:

- `ctype.h`, Definition von Zeichenklassen (`conv(3)`)
- `curses.h`, Bildschirmsteuerung (`curses(3)`)
- `errno.h`, Fehlermeldungen des Systems (`errno(2)`)
- `fcntl.h`, Steuerung des Filezugriffs (`fcntl(2)`, `open(2)`)
- `malloc.h`, Speicherallokierung (`malloc(3)`)
- `math.h`, mathematische Funktionen (`log(3)`, `sqrt(3)`, `floor(3)`)

- `memory.h`, Speicherfunktionen (`memory(3)`)

- `search.h`, Suchfunktionen (`bsearch(3)`)

- `signal.h`, Signalbehandlung (`signal(2)`)

- `stdio.h`, Ein- und Ausgabe (`printf(3)`, `scanf(3)`, `fopen(3)`)

- `string.h`, Stringbehandlung (`string(3)`)

- `time.h`, Zeitfunktionen (`ctime(3)`)

- `varargs.h`, Argumentenliste variabler Länge (`vprintf(3)`)

- `sys\ioctl.h`, Ein- und Ausgabe (`ioctl(2)`)

- `sys/stat.h`, Zugriffsrechte (`chmod(2)`, `mkdir(2)`, `stat(2)`)

- `sys/types.h` , verschiedene Deklarationen (`chmod(2)`, `getut(3)`)

Auch diese Liste ist vom Compiler und damit von der Hardware abhängig. So findet man das include-File `dos.h` nicht auf UNIX-Anlagen, sondern nur bei Compilern unter MS-DOS für PCs.

I.4 Präprozessor-Anweisungen

Der erste Schritt beim Compilieren ist die Bearbeitung des Quelltextes durch den Präprozessor. Dieser entfernt den Kommentar und führt Ersetzungen und Einfügungen gemäß der folgenden Anweisungen (directives) aus:

- #define buchstäbliche Ersetzung einer symbolischen Konstanten oder eines Makros. Ist kein Ersatz angegeben, wird nur der Name als definiert angesehen (für #ifdef). Häufig.

- #undefine löscht die Definition eines Namens.

- #error führt zu einer Fehlermeldung des Präprozessors.

- #include zieht das angegebene File herein. Häufig.

- #if, #else, #elif, #endif falls Bedingung zutrifft, werden die nachfolgenden Präprozessor-Anweisungen ausgeführt.

- #ifdef, #ifndef falls der angegebene Name definiert bzw. nicht definiert ist, werden die nachfolgenden Präprozessor-Anweisungen ausgeführt.

- #line führt bei Fehlermeldungen zu einem Sprung auf die angegebenen Zeilennummer.

- #pragma veranlaßt den Präprozessor zu einer systemabhängigen Handlung.

J Slang im Netz

Diese Sammlung von im Netz vorkommenden Slang-Abkürzungen ist ein Auszug
aus der Abklex-Liste:

`http://www.ciw.uni-karlsruhe.de/abklex.html`

mit rund 7000 Abkürzungen aus Informatik und Telekommunikation.

2L8	Too Late (Slang)
AAMOF	As A Matter Of Fact (Slang)
AFAIAA	As Far As I Am Aware (Slang)
AFAIC	As Far As I am Concerned (Slang)
AFAIK	As Far As I Know (Slang)
AFAIS	As Far As I See (Slang)
AFJ	April Fool's Joke (Slang)
AFK	Away From Keyboard (Slang)
AIMB	As I Mentioned Before (Slang)
AISI	As I See It (Slang)
AIUI	As I Understand It (Slang)
AKA	Also Known As (Slang)
ANFAWFOS	And Now For A Word From Our Sponsor (Slang)
ANFSCD	And Now For Something Completely Different (Slang)
APOL	Alternate Person On Line (Slang)
ASAFP	As Soon As Frigging Possible (Slang)
ASAP	As Soon As Possible (Slang)
ATFSM	Ask The Friendly System Manager (Slang)
ATM	At The Moment (Slang)
ATST	At The Same Time (Slang)
ATT	At This Time (Slang)
AWA	A While Ago (Slang)
AWB	A While Back (Slang)
AYOR	At Your Own Risc (Slang)
B4N	Bye For Now (Slang)
BAK	Back At Keyboard (Slang)
BBIAB	Be Back In A Bit (Slang)
BBL	Be Back Later (Slang)
BBR	Burnt Beyond Recognition (Slang)
BCNU	Be Seeing You (Slang)
BFBI	Brute Force and Bloody Ignorance (Slang)
BFI	Brute Force and Ignorance (Slang)
BFMI	Brute Force and Massive Ignorance (Slang)
BFN	Bye For Now (Slang)
BION	Believe It Or Not (Slang)
BNF	Big Name Fan (Slang)
BNFSCD	But Now For Something Completely Different (Slang)

BOF	Birds Of a Feather (Slang)
BOFS	Birds Of a Feather Session (Slang)
BOT	Back On Topic (Slang)
BRB	Be Right Back (Slang)
BTAIM	Be That As It May (Slang)
BTC	Biting The Carpet (Slang)
BTHOM	Beats The Hell Outta Me (Slang)
BTIC	But Then, I'am Crazy (Slang)
BTK	Back To Keyboard (Slang)
BTSOOM	Beats The Shit Out Of Me (Slang)
BTW	By The Way (Slang)
CU	See You (Slang)
CUL	See You Later (Slang)
CUL8R	See You Later (Slang)
DAU	Dümmster Anzunehmender User (Slang)
DHRVVF	Ducking, Hiding and Running Very Very Fast (Slang)
DIIK	Damned If I Know (Slang)
DILLIGAD	Do I Look Like I Give A Damn (Slang)
DIY	Do It Yourself (Slang)
DSH	Desparately Seeking Help (Slang)
DWIM	Do What I Mean (Slang)
DYJHIW	Don't You Just Hate It When (Slang)
EGBOK	Everything's Going to Be Ok (Slang)
EMFBI	Excuse Me For Butting In (Slang)
EOL	End Of Lecture (Slang)
EOD	End Of Discussion (Slang)
ETOL	Evil Twin On Line (Slang)
F2F	Face to Face (Slang)
FAFWOA	For A Friend Without Access (Slang)
FB	Fine Business (Slang)
FHS	For Heaven's Sake (Slang)
FIAWOL	Fandom Is A Way Of Life (Slang)
FISH	First In, Still Here (Slang)
FITB	Fill In The Blank (Slang)
FITNR	Fixed In The Next Release (Slang)
FOAF	Friend Of A Friend (Slang)
FTASB	Faster Than A Speeding Bullet (Slang)
FTL	Faster Than Light (Slang)
FUBAR	Fouled Up Beyond All Repair/Recognition (Slang)
FUBB	Fouled Up Beyond Belief (Slang)
FUD	(spreading) Fear, Uncertainty, and Disinformation (Slang),
FWIW	For What It's Worth (Slang)
FYA	For Your Amusement (Slang)
FYEO	For Your Eyes Only (Slang)
GA	Go Ahead (Slang)
GAFIA	Get Away From It All (Slang)
GAL	Get A Life (Slang)
GIGO	Garbage In, Garbage/Gospel Out (Slang)
GIWIST	Gee, I Wish I'd Said That (Slang)

GMTA	Great Minds Think Alike (Salng)
GR+D	Grinning, Running + Ducking (Slang)
HAK	Hugs And Kisses (Slang)
HHOJ	Ha Ha Only Joking (Slang)
HHOK	Ha Ha Only Kidding (Slang)
HHOS	Ha Ha Only Serious (Slang)
HIH	Hope It Helps (Slang)
HTH	Hope This/That Helps (Slang)
HUA	Head Up, Ace (Slang)
IAC	In Any Case (Slang)
IAE	In Any Event (Slang)
IANAL	I Am Not A Lawyer (Slang)
IBTD	I Beg To Differ (Slang)
IC	I See (Slang)
ICOCBW	I Could, Of Course, Be Wrong (Slang)
IDK	I Don't Know (Slang)
IDU	I Don't Understand (Slang)
IIRC	If I Remember Correctly (Slang)
IIWM	If It Were Me/Mine (Slang)
ILLAB	Ich Liege Lachend Am Boden (Slang, vgl. ROTFL)
IMAO	In My Arrogant Opinion (Slang)
IMCO	In My Considered Opinion (Slang)
IME	In My Experience (Slang)
IMHO	In My Humble Opinion (Slang)
IMNSCO	In My Not So Considered Opinion (Slang)
IMNSHO	In My Not So Humble Opinion (Slang)
IMO	In My Opinion (Slang)
IMOBO	In My Own Biased Opinion (Slang)
INPO	In No Particular Order (Slang)
IOW	In Other Words (Slang)
IRL	In Real Life (Slang)
ISTM	It Seems To Me (Slang)
ISTR	I Seem To Remember (Slang)
IWBNI	It Would Be Nice If (Slang)
IYKWIM	If You Know What I Mean (Slang)
IYSWIM	If You See What I Mean (Slang)
ISWYM	I See What You Mean (Slang)
JASE	Just Another System Error (Slang)
JAUA	Just Another Useless Answer (Slang)
JFYI	Just For Your Amusement (Slang)
JSNM	Just Stark Naked Magic (Slang)
KIBO	Knowledge In, Bullshit Out (Slang)
KOTC	Kiss On The Cheek (Slang)
L8R	Later (Slang)
LLTA	Lots and Lots of Thundering Applause (Slang)
LMAO	Laughing My Ass Off (Slang)
LOL	Laughing Out Loud (Slang)
LOL	Lots Of Luck (Slang)
LTIP	Laughing Till I Puke (Slang)

MHOTY	My Hat's Off To You (Slang)
MIP	Meeting In Person (Slang)
MNRE	Manual Not Read Error (Slang)
MORF	Male Or Female (Slang)
MOTAS	Member Of The Appropriate Sex (Slang)
MOTOS	Member Of The Opposite Sex (Slang)
MTFBWY	May The Force Be With You (Slang)
MYOB	Mind Your Own Business (Slang)
NAA	Not At All (Slang)
NCNCNC	No Coffee, No Chocolate, No Computer (Slang)
NFI	No Frigging Idea (Slang)
NFW	No Frigging Way (Slang)
NIH	Not Invented Here (Slang)
NIMBY	Not In My Backyard (Slang)
NINO	No Input, No Output (Slang)
NLA	Not Long Ago (Slang)
NOM	No Offense Meant (Slang)
NPB	No Problem (Slang)
NRN	No Reply Necessary (Slang)
NTTAWWT	Not That There's Anything Wrong With That (Slang)
OATUS	On A Totally Unrelated Subject (Slang)
OAUS	On An Unrelated Subject (Slang)
OBTW	Oh, By The Way (Slang)
OBO	Or Best Offer (Slang)
OHDH	Old Habits Die Hard (Slang)
OIC	Oh, I See (Slang)
ONNA	Oh No, Not Again (Slang)
ONNTA	Oh No, Not This Again (Slang)
OOP	Out Of Print (Slang)
OOTB	Out Of The Box (Slang)
OOTC	Obligatory On-topic Comment (Slang)
OT	Off Topic (Slang)
OTB	Off To Bed (Slang)
OTOH	On The Other Hand (Slang)
OTTH	On The Third Hand (Slang)
PDQ	Pretty Darned Quick (Slang)
PFM	Pure Fantastic/Frigging Magic (Slang)
PITA	Paine In The Ass (Slang)
PMFJI	Pardon Me For Jumping In (Slang)
PMFJIB	Pardon Me For Jumping In But (Slang)
POTC	Peck On The Cheek (Slang)
POV	Point Of View (Slang)
PTMM	Please, Tell Me More (Slang)
PTO	Please Turn Over (Slang)
RAEBNC	Read And Enjoyed, But No Comment (Slang)
REXMAN	Relax, Experiment, and read the Manual (Slang)
RL	Real Life (Slang)
ROFL	Rolling On the Floor Laughing (Slang)
ROFLBTC	Rolling On the Floot Biting The Carpet (Slang)

ROFLMAO	Rolling On The Floor Laughing My Ass Off (Slang)
ROTFL	Rolling On The Floor Laughing (Slang)
RSN	Real Soon Now (Slang)
RTFAQ	Read The FAQ list (Slang)
RTFB	Read The Funny Binary (Slang)
RTFF	Read The Fantastic FAQ (Slang)
RTFM	Read The Fine/Fantastic/Funny ... Manual (Slang)
RTFMA	Read The Fine/Fantastic/Funny ... Manual Again (Slang)
RTFOH	Read The Fine/Fantastic/Funny ... Online Help (Slang)
RTFS	Read The Funny Source (Slang)
RTM	Read The Manual (Slang)
RTOH	Read The Online Help (Slang)
RYS	Read Your Screen (Slang)
SCNR	Sorry, Could Not Resist (Slang)
SEP	Somebody Else's Problem (Slang)
SFMJI	Sorry For My Jumping In (Slang)
SIASL	Stranger In A Strange Land (Slang)
SICS	Sitting In Chair Snickering (Slang)
SIDU	Sorry, I Don't Understand (Slang)
SIMCA	Sitting In My Chair Amused (Slang)
SITD	Still In The Dark (Slang)
SNAFU	Situation Normal All Fed/Fucked Up (Slang)
SO	Significant Other (Slang)
SYL	See You Later (Slang)
TAFN	That's All For Now (Slang)
TAL	Thanks A Lot (Slang)
TANJ	There Ain't No Justice (Slang)
TANSTAAFL	There Ain't No Such Things As A Free Lunch (Slang)
TARFU	Things Are Really Fouled Up (Slang)
TBH	To Be Honest (Slang)
TGAL	Think Globally, Act Locally (Slang)
TGIF	Thank God, It's Friday (Slang)
THWLAIAS	The Hour Was Late, And I Am Senile (Slang)
THX	Thanks (Slang)
TIA	Thanks In Advance (Slang)
TIC	Tongue In Cheek (Slang)
TINAR	This Is Not A Review (Slang)
TINWIM	That Is Not What I Meant (Slang)
TINWIS	That Is Not What I Said (Slang)
TNX	Thanks (Slang)
TNX1.0E6	Thanks a million (Slang)
TPTB	The Powers That Be (Slang)
TRDMC	Tears Running Down My Cheeks (Slang)
TTBOMK	To The Best Of My Knowledge (Slang)
TTFN	Ta Ta For Now (Slang)
TTMS	Talk/Type To Me Soon (Slang)
TTYL	Talk/Type To You Later (Slang)
TXL	Thanks a Lot (Slang)
TYCLO	Turn Your Caps Lock Off (Slang)

TYVM	Thank You Very Much (Slang)
UL	Urban Legend (Slang)
URW	You Are Welcome (Slang)
UTSL	Use The Source, Luke (Slang)
VL	Virtual Life (Slang)
WAG	Wild Ass Guess (Slang)
WAMKSAM	Why Are My Kids Staring At Me? (Slang)
WB	Welcome Back (Slang)
WDYM	What Do You Mean (Slang)
WDYMBT	What Do You Mean By That (Slang)
WDYW	What Do You Want (Slang)
WGAS	Who Gives A Shit (Slang)
WNOHGB	Where No One Has Gone Before (Salng)
WOMBAT	Waste Of Money, Brains, And Time (Slang)
WRT	With Respect To (Slang)
WT	Without Thinking (Slang)
WTH	What The Heck (Slang)
WTTM	Without Thinking Too Much (Slang)
YAA	Yet Another Acronym (Slang)
YAOTM	Yet Another Off Topic Message (Slang)
YMMV	Your Mileage May Vary (Slang)

K Beispiele LaTeX

K.1 Erste Hilfe im Quelltext

Der Quelltext kann als Vorlage für eigene Manuskripte dienen. Schriftgrößen
von 14 und mehr Punkte verlangen zusätzliche Files, die nicht in der Standard-
Distribution enthalten sind.

```
% (Kommentar) Erste Hilfe zum Arbeiten mit LaTeX
%
% Das Prozentzeichen leitet Kommentar ein, gilt bis Zeilenende.
% Um ein Prozentzeichen in den Text einzugeben, muss man
% folglich einen Backslash davor setzen. Dasselbe gilt fuer
% Dollar, Ampersand, Doppelkreuz, Unterstrich und geschweifte
% Klammern. Diese Zeichen kommen in Befehlen vor.
%
% Format: LaTeX


\NeedsTeXFormat{LaTeX2e}


% Die meisten Befehle beginnen mit einem Backslash, siehe oben.
%
% Die folgenden Zeilen legen die Gestaltung im grossen fest.
% Es gibt die Klassen Buch, Bericht (Report), Artikel, Brief, Folien
% und weitere. Bericht und Artikel sind die wichtigsten.
% Je nach Font und Schriftgroesse Zeilen auskommentieren!
%
% 12 Punkte, doppelseitig, Times Roman (wie Buch)
% \documentclass[12pt,twoside,a4paper]{article}
% \usepackage{german}
% \unitlength1.0mm
%
% 12 Punkte, einseitig, New Century Schoolbook
\documentclass[12pt,a4paper]{article}
\usepackage{german,newcent,verbatim}
\unitlength1.0mm


% Der Befehl \sloppy weist LaTeX an, mit den Wortabstaenden
% nicht zu kleinlich zu sein. Das erleichtert den Umbruch.


\sloppy
```

```
% Trennhilfe (Liste von Ausnahmen)

\input{hyphen}

% Satzspiegel vergroessern:

\topmargin-24mm
\textwidth180mm
\textheight240mm

% zusaetzlicher Seitenrand fuer beidseitigen Druck:

\oddsidemargin-10mm
\evensidemargin-10mm

% Jetzt kommt der erste Text, und zwar Titel, Autor und Datum

\title{Erste Hilfe beim Arbeiten mit LaTeX}
\author{W. Alex}
\date{\today}

% Hier beginnt das eigentliche Dokument

\begin{document}

% Befehl zum Erzeugen des Titels

\maketitle

% Nun kommt der erste Abschnitt (section).
% Die Ueberschrift steht in geschweiften Klammern.
% Es gibt auch Unterabschnitte sowie Unterunterabschnitte.

\section{Zweck}

LATeX ist ein {\em Satzsystem}. Mit seiner Hilfe lassen sich Texte
zur Ausgabe auf Papier formatieren, vorzugsweise zur Ausgabe
mittels eines Laserdruckers. Es gibt Hilfsprogramme zur
Anfertigung von Zeichnungen. Ferner ist es m"oglich, beliebige
Postscript-Abbildungen einzubinden, also auch Fotos.

LaTeX ist eine Makro-Sammlung von {\sc Leslie Lamport}, die auf
dem TeX-System von {\sc Donald Knuth} aufbaut.
TeX und LaTex sind frei verf"ugbar, in Deutschland zum Beispiel
bei der Universit"at Heidelberg (Dante e. V.).
```

```
\section{Aufbau des Textfiles}

Schreiben Sie Ihr Textfile mit einem beliebigen Editor,
beispielsweise mit dem \verb+vi+, \verb+emacs+ oder \verb+joe+.
Ein Textfile hat folgenden Aufbau:

% Hier ein woertlich auszugebender Text

\begin{verbatim}
% Kommentar (optional)
\documentclass[12pt,a4paper]{article}
\usepackage{german,verbatim}
\begin{document}
Text
\end{document}
\end{verbatim}

Schreiben Sie den Text ohne Worttrennungen und ohne
Numerierungen. Zeilenwechsel haben keine Bedeutung
f"ur LaTeX, bevorzugen Sie kurze Zeilen. Abs"atze
werden durch Leerzeilen markiert.

Die deutschen Umlaute werden als G"ansef"u\3chen mit
folgendem Grundlaut geschrieben, das \3 als Backslash
mit folgender Ziffer 3. Es gibt weitere M"oglichkeiten,
auch f"ur die Sonderzeichen anderer Sprachen.

\section{Mathematische Formeln}

Eine St"arke von LaTeX ist die Darstellung mathematischer
Formeln. Hier drei nicht ganz einfache Beispiele:

\boldmath

\begin{equation}
c = \sqrt{a^{2} + {b}^2}
\end{equation}

\begin{equation}
\oint \vec E\:d\vec s = - \frac {\,\partial}{\partial t}
\int \vec B \:d\vec A
\end{equation}

\begin{equation}
\frac{1}{2 \pi j} \int\limits_{x-j\infty}^{x+j\infty}
e^{ts} \:f(s)\:ds =
```

```
\left\{\begin{array}{r@{\quad \mbox{f"ur} \quad}l}
0 & t < 0\\
F(t) & t > 0
\end{array} \right.
\end{equation}

\unboldmath

\section{Schriftgr"o\3en}

Ausgehend von der Grundgr"o\3e lassen sich f"ur einzelne
Zeilen oder Abschnitte die Schriftgr"o\3en verkleinern
oder vergr"o\3ern:

{\tiny Diese Schrift ist winzig (tiny).}

{\scriptsize Diese ist immer noch sehr klein (scriptsize).}

{\footnotesize F"ur Fu\3noten (footnotesize).}

{\small Diese Schrift ist klein (small).}

{\normalsize Diese Schrift ist normal.}

{\large Jetzt wirds gr"o\3er (large).}

{\Large Jetzt wirds noch gr"o\3er (Large).}

{\LARGE Noch gr"o\3er (LARGE).}

{\huge Riesige Schrift (huge).}

{\Huge Gigantisch (Huge).} \\

\noindent
Formeln lassen sich nicht vergr"o\3ern oder verkleinern.
Zur"uck zur Normalgr"o\3e. Diese betr"agt auf DIN A4 am besten
12 Punkte. 10 oder 11 Punkte sind auch m"oglich, aber schon
etwas unbequem zu lesen. Weiterhin kann man "uber die Schriftart
die Lesbarkeit beeinflussen. Standard ist die Times Roman, eine
gut lesbare, platzsparende Schrift. Soll es etwas deutlicher
sein, so ist die New Century Schoolbook zu empfehlen, die rund
10 \% mehr Platz beansprucht.

\section{Arbeitsg"ange}
```

Die Reihenfolge der einzelnen Schritte ist folgende:

% Aufzaehlungen sind kein Problem, wie man sieht.

\begin{itemize}
\item mit einem Editor das File \verb+abc.tex+ schreiben,
\item mit \verb+latex abc+ das File formatieren,
\item mit \verb+latex abc+ Referenzen einsetzen,
\item mit \verb+xdvi abc+ den formatierten Text anschauen,
\item mit \verb+dvips -o abc.ps abc+ das Postscript-File erzeugen,
\item mit \verb+lp -dlp4 abc.ps+ das Postscript-File zum Drucker schicken
\end{itemize}
LaTeX erzeugt dabei eine Reihe von Zwischen- und Hilfsfiles.

\section{Literatur}

\begin{enumerate}
\item L. Lamport, LaTeX: A Document Preparation System\\
Addison-Wesley, 1986
\item H. Kopka, LaTeX - Eine Einf"uhrung\\
Addison-Wesley, 1988
\item H. Partl, E. Schlegl, I. Hyna: LaTeX-Kurz\-be\-schrei\-bung\\
EDV-Zentrum der TU Wien (auch in Karlsruhe verf"ugbar)
\end{enumerate}

% Nun kommt das Ende des Dokuments:

\end{document}

K.2 Gelatexte Formeln

$$c = \sqrt{a^2 + b^2} \tag{K.1}$$

$$\sqrt[3]{1 + x} \approx 1 + \frac{x}{3} \qquad \text{für} \quad x \ll 1 \tag{K.2}$$

$$r = \sqrt[3]{\frac{3}{4\pi} V} \tag{K.3}$$

$$\lim_{x \to 0} \frac{\sin x}{x} = 1 \tag{K.4}$$

$$a = \frac{F_0}{k} \frac{1}{\sqrt{(1 - \frac{\Omega^2}{\omega_0^2})^2 + (\frac{\Omega c}{k})^2}} \tag{K.5}$$

$$m\ddot{x} + c\dot{x} + kx = \sum_k F_k \cos \Omega_k t \tag{K.6}$$

$$\Theta \frac{d^2\varphi}{dt^2} + k^* \frac{d\varphi}{dt} + D^*\varphi = |\vec{D}| \tag{K.7}$$

$$\bar{Y} \approx f(\bar{x}) + \frac{1}{2}\frac{N-1}{N} f''(\bar{x})\, s_x^2 \tag{K.8}$$

$$\vec{F}_\Gamma = -\frac{\Gamma m M}{r^2}\vec{e}_r = -\frac{\Gamma m M}{r^3}\vec{r} \tag{K.9}$$

$$\begin{aligned}
\text{Arbeit} \; &= \lim_{\Delta r_i \to 0} \sum \vec{F}_i \Delta \vec{r}_i \\
&= \int_{\vec{r}_0}^{\vec{r}(t)} \vec{F}(\vec{r})\, d\vec{r}
\end{aligned} \tag{K.10}$$

$$\prod_{j\geq 0}\left(\sum_{k\geq 0} a_{jk} z^k\right) = \sum_{n\geq 0} z^n \left(\sum_{\substack{h_0,k_1\ldots\geq 0 \\ k_0+k_1+\cdots=0}} a_{0k_o} a_{1k_1}\cdots\right) \tag{K.11}$$

$$\vec{x} = \begin{pmatrix} x - x_s \\ y - y_s \\ z - z_s \end{pmatrix} \tag{K.12}$$

$$\boldsymbol{\Psi} = \begin{pmatrix} \begin{pmatrix} ab \\ cd \end{pmatrix} & \dfrac{e+f}{g-h} \\[2ex] \Re z & \begin{vmatrix} i j \\ k l \end{vmatrix} \end{pmatrix} \tag{K.13}^{1}$$

$$dE_\omega = V\frac{\hbar}{\pi^2 c^3}\omega^3 \cdot e^{-\frac{\hbar\omega}{T}} \cdot d\omega \tag{K.14}$$

$$\oint \vec{E}\, d\vec{s} = -\frac{\partial}{\partial t}\int \vec{B}\, d\vec{A} \tag{K.15}$$

$$\frac{1}{2\pi j}\int_{x-j\infty}^{x+j\infty} e^{ts}\, f(s)\, ds = \begin{cases} 0 & \text{für}\quad t < 0 \\ F(t) & \text{für}\quad t > 0 \end{cases} \tag{K.16}$$

$$\binom{n+1}{k} = \binom{n}{k} + \binom{n}{k-1} \tag{K.17}$$

$$\boxed{\forall x \in \mathrm{R}: \qquad x^2 \geq 0} \tag{K.18}$$

---

[1]Fette Griechen gibt es nur als Großbuchstaben. Die Erzeugung dieser Fußnote war übrigens nicht einfach.

$$\forall x, y, z \in M: \qquad (xRy \wedge xRz) \Rightarrow y = z \tag{K.19}$$

$$A \cdot B = \overline{\overline{A} + \overline{B}} \tag{K.20}$$

$$\rho \cdot \bar{v}_k \cdot \frac{\partial \bar{v}_j}{\partial x_k} = -\frac{\partial \bar{p}}{\partial x_j} + \frac{\partial}{\partial x_k}\left(\mu \frac{\partial \bar{v}_j}{\partial x_k} - \rho \,\overline{v'_k v'_j}\right) \tag{K.21}$$

$$r' = \frac{\overline{v'_1 v'_2}}{\sqrt{\bar{v}_1'^2}\,\sqrt{\bar{v}_2'^2}} \tag{K.22}$$

$$\tau_{tur} = \rho l^2 \left|\frac{\partial \bar{v}_1}{\partial x_2}\right| \frac{\partial \bar{v}_1}{\partial x_2} \tag{K.23}$$

$$\begin{aligned}
\ddot{R} &= \frac{1}{\Psi}(V_r - \dot{R}) + R\dot{\Phi}^2 \\
\ddot{\Phi} &= [\frac{1}{\Psi}(V_\varphi - R\dot{\Phi}) - 2\dot{R}\dot{\Phi}]\frac{1}{R} \\
\ddot{Z} &= \frac{1}{\Psi}(V_Z - \dot{Z})
\end{aligned} \tag{K.24}$$

$$\hat{\chi}^2 = \frac{n(n-1)}{B(n-B)} \sum_{i=1}^{k} \frac{(B_i - E_i)^2}{n_i} > \chi^2_{k-1;\alpha} \tag{K.25}$$

$$V(r, \vartheta, \varphi) = \sum_{l=0}^{\infty} \frac{4\pi}{2l+1} \sum_{m=-l}^{l} q_{l,m} \frac{Y_{l,m}\vartheta, \varphi)}{r^{l+1}} \tag{K.26}$$

$$\vec{q} = \begin{pmatrix} q_{0,0} \\ q_{1,1} \\ q_{1,0} \\ q_{1,-1} \\ q_{2,2} \\ q_{2,1} \\ q_{2,0} \\ q_{2,-1} \\ q_{2,-2} \end{pmatrix} \tag{K.27}$$

$$q'_{l',m'} = \sum_{o=0}^{\infty} \sum_{p=-o}^{o} n_{o,p}\, q_{o,p}\, (\nabla)_{l'+o,m'-p;o,p} \frac{Y_{l'+o,m'-p}(\vartheta_a, \varphi_a)}{a^{l'+o+1}} \tag{K.28}$$

$$q_{l,m} = -q'_{l,m} R^{2l+1} \frac{l(\epsilon_i - \epsilon_a)}{l(\epsilon_a + \epsilon_i) + \epsilon_a} \tag{K.29}$$

$$\vec{q}\,'_{1,1} = \vec{q}\,'_{1,0} + Ind_{2,1}\,\vec{q}\,'_{2,0} \tag{K.30}$$

$$\vec{q}\,'_{2,1} = \vec{q}\,'_{2,0} + Ind_{1,2}\,\vec{q}\,'_{1,0} \tag{K.31}$$

$$\nabla_{\pm 1} \sum_{l=0}^{\infty} \frac{4\pi}{2l+1} \sum_{m=-l}^{l} q_{l,m}\, \frac{Y_{l,m}(\vartheta,\varphi)}{r^{l+1}}$$

$$= \sum_{l=0}^{\infty} \frac{4\pi}{2l+1} \sum_{m=-l}^{l} (\tilde{\nabla}_{\pm 1})_{l,m}\, q_{l,m}\, \frac{Y_{l+1,m\pm 1}(\vartheta,\varphi)}{r^{l+2}} \tag{K.32}$$

$$\underbrace{a + \overbrace{b + \cdots + y}^{123} + z}_{\alpha\beta\gamma}$$

Lange Formeln muß man selbst in Zeilen auflösen:

$$\begin{aligned}
w + x + y + z &= \\
&\ a + b + c + d + e + f + \\
&\ g + h + i + j + k + l
\end{aligned} \tag{K.33}$$

$$N_{+1} = \begin{pmatrix}
0 & 0 & 0 & 0 & 0 & 0 & 0 & 0 & 0 \\
(\tilde{\nabla}_+)_{0,0} & 0 & 0 & 0 & 0 & 0 & 0 & 0 & 0 \\
0 & 0 & 0 & 0 & 0 & 0 & 0 & 0 & 0 \\
0 & 0 & 0 & 0 & 0 & 0 & 0 & 0 & 0 \\
0 & (\tilde{\nabla}_+)_{1,1} & 0 & 0 & 0 & 0 & 0 & 0 & 0 \\
0 & 0 & (\tilde{\nabla}_+)_{1,0} & 0 & 0 & 0 & 0 & 0 & 0 \\
0 & 0 & 0 & (\tilde{\nabla}_+)_{1,-1} & 0 & 0 & 0 & 0 & 0 \\
0 & 0 & 0 & 0 & 0 & 0 & 0 & 0 & 0 \\
0 & 0 & 0 & 0 & 0 & 0 & 0 & 0 & 0 \\
0 & 0 & 0 & 0 & (\tilde{\nabla}_+)_{2,2} & 0 & 0 & 0 & 0 \\
0 & 0 & 0 & 0 & 0 & (\tilde{\nabla}_+)_{2,1} & 0 & 0 & 0 \\
0 & 0 & 0 & 0 & 0 & 0 & (\tilde{\nabla}_+)_{2,0} & 0 & 0 \\
0 & 0 & 0 & 0 & 0 & 0 & 0 & (\tilde{\nabla}_+)_{2,-1} & 0 \\
0 & 0 & 0 & 0 & 0 & 0 & 0 & 0 & (\tilde{\nabla}_+)_{2,-2} \\
0 & 0 & 0 & 0 & 0 & 0 & 0 & 0 & 0 \\
0 & 0 & 0 & 0 & 0 & 0 & 0 & 0 & 0
\end{pmatrix}$$

K.3 Formeln im Quelltext

```
\begin{equation}
c = \sqrt{a^{2} + b^{2}}
\end{equation}

\begin{equation}
\sqrt[3]{1 + x} \approx 1 + \frac{x}{3}
\qquad \mbox{f"ur} \quad x \ll 1
\end{equation}

\begin{equation}
r = \root 3 \of {\frac{3}{4\pi} V}
\end{equation}

\begin{equation}
\lim_{x \to 0} \frac{\sin x}{x} = 1
\end{equation}

\begin{equation}
a = \frac{F_0}{k}\:\frac{1}{\sqrt{(1 - \frac{\Omega^2}
{\omega_0^2})^2 + (\frac{\Omega_c}{k})^2}}
\end{equation}

\begin{equation}
m\ddot x + c\dot x + kx = \sum_k F_k \cos \Omega_k t
\end{equation}

\begin{equation}
\Theta \frac{d^2 \varphi}{dt^2} + k^\ast \frac{d \varphi}{dt}
+ D^\ast \varphi = | \vec D |
\end{equation}

\begin{equation}
\bar{Y} \approx f(\bar x) + \frac{1}{2}\, \frac{N - 1}{N}
\,f''(\bar{x})\,s_x^2
\end{equation}

\begin{equation}
\vec{F_\Gamma} = - \frac{\Gamma m M}{r^2} \vec{e_r} =
 - \frac{\Gamma m M}{r^3} \vec{r}
\end{equation}

\begin{eqnarray}
\mbox{Arbeit} & = & \lim_{\Delta r_i \to 0} \sum
```

```
{\vec F_i \Delta \vec r_i}\nonumber \\
& = & \int\limits_{\vec r_0}^{\vec r(t)}
{\vec F(\vec r\,)\:d\vec r}
\end{eqnarray}

\begin{equation}
\prod_{j\ge0}\left( \sum_{k\ge0} a_{jk}z^k \right) =
\sum_{n \ge0} z^n \left(\sum_{h_0,k_1\ldots\ge0
\atop k_0+k_1+\cdots=0}
a_{0k_o} a_{1k_1}\ldots \right)
\end{equation}

\begin{equation}
\vec x =
\left( \begin{array}{c}
x - x_s \\
y - y_s \\
z - z_s \\
\end{array} \right)
\end{equation}

\begin{minipage}{120mm}
\begin{displaymath}
{\bf\Psi} = \left( \begin{array}{cc}
\displaystyle{ab \choose cd}
& \displaystyle \frac{e+f}{g-h} \\
\Re z & \displaystyle \left| {ij \atop kl} \right|
\end{array} \right)
\end{displaymath}
\end{minipage}
\stepcounter{equation}
\hspace*{\fill} (\theequation)\makebox[0pt][l]{\footnotemark}
\footnotetext{Fette Griechen gibt es nur als Gro\3buchstaben.
Die Erzeugung dieser Fu\3note war "ubrigens nicht einfach.}
\vspace{1mm}

\begin{equation}
dE_\omega = V \frac{\hbar}{\pi^2 c^3}\omega^3 \cdot
e ^{-\frac{\hbar \omega} {T}} \cdot d\omega
\end{equation}

\begin{equation}
\oint \vec E\:d\vec s = - \frac {\,\partial}{\partial t}
\int \vec B \:d\vec A
\end{equation}
```

```
\begin{equation}
\frac{1}{2 \pi j} \int\limits_{x-j\infty}^{x+j\infty}
e^{ts} \:f(s)\:ds =
\left\{\begin{array}{r@{\quad \mbox{f"ur} \quad}l}
0 & t < 0\\
F(t) & t > 0
\end{array} \right.
\end{equation}

\begin{equation}
{n+1 \choose k} = {n \choose k} + {n \choose k-1}
\end{equation}

\begin{equation}
\mbox{
\fbox{\parbox{60mm}{\begin{displaymath}
\forall x \in {\rm R}: \qquad x^2 \geq 0
\end{displaymath}}}}
\end{equation}
\vspace{1mm}

\begin{equation}
\forall x,y,z \in {\rm M}: \qquad (xRy \wedge xRz)
\Rightarrow y = z
\end{equation}

\begin{equation}
A \cdot B = \overline{\bar A + \bar B}
\end{equation}

\begin{equation}
\rho \cdot \bar{v}_k \cdot \frac{\partial \bar{v}_j}
{\partial{x}_k} = - \frac{\partial \bar{p}}
{\partial x_j} + \frac{\partial}{\partial x_k}
\left( \mu \frac{\partial \bar{v}_j}{\partial x_k}
- \rho\:\overline{v'_k v'_j} \right)
\end{equation}

\begin{equation}
r' = \frac{\overline{v'_1 v'_2}}{\sqrt{\bar{v'^2_1}}
\: \sqrt{\bar{v'^2_2}}}
\end{equation}

\begin{equation}
\tau_{tur} = \rho l^2 \; | \frac{\partial \bar{v_1}}
{\partial x_2} | \; \frac{\partial \bar{v_1}}{\partial x_2}
```

```
\end{equation}

\begin{eqnarray}
\ddot R & = & \frac{1}{\Psi} ( V_r - \dot R)
+ R {\dot \Phi}^2 \nonumber\\
\ddot \Phi & = & \big\lbrack \frac{1}{\Psi}
(V_\varphi - R \dot \Phi )
- 2 \dot R \dot \Phi \big\rbrack \frac{1}{R} \\
\ddot Z & = & \frac{1}{\Psi}(V_Z-\dot Z) \nonumber\\
\nonumber
\end{eqnarray}

\begin{equation}
{\hat\chi}^2 = \frac{n(n-1)}{B(n-B)} \sum_{i=1}^k
\frac{(B_i - E_i)^2}{n_i} > \chi_{k-1;\alpha}^2
\end{equation}

\begin{equation}
V(r,\vartheta,\varphi)=\sum\limits_{l=0}^\infty \frac{4\pi}{2l+1}
\sum\limits_{m=-l}^l \, q_{l,m} \frac{Y_{l,m}
\vartheta,\varphi)}{r^{l+1}}
\end{equation}

\begin{eqnarray}
\vec{q}= \left(\begin{array}{c}
q_{0,0}\\
q_{1,1}\\q_{1,0}\\q_{1,-1}\\
q_{2,2}\\q_{2,1}\\q_{2,0}\\q_{2,-1}\\q_{2,-2}\\
\end{array} \right)
\end{eqnarray}

\begin{equation}
q'_{l',m'}=\sum\limits_{o=0}^\infty\sum\limits_{p=-o}^o
n_{o,p} \; q_{o,p} \; (\nabla)_{l'+o,m'-p;o,p} \,
\frac{Y_{l'+o,m'-p}(\vartheta_a,\varphi_a)}{a^{l'+o+1}}
\end{equation}

\begin{equation}
q_{l,m}= -q'_{l,m} R^{2l+1} \,
\frac{l(\epsilon_i-\epsilon_a)}{l(\epsilon_a+\epsilon_i)+\epsilon_a}
\end{equation}

\begin{eqnarray}
\vec{q'}_{1,1}=\vec{q'}_{1,0}+Ind_{2,1} \; \vec{q'}_{2,0} \\[0.3cm]
\vec{q'}_{2,1}=\vec{q'}_{2,0}+Ind_{1,2} \; \vec{q'}_{1,0}
\end{eqnarray}
```

```
\begin{eqnarray}
\lefteqn{\nabla_{\pm 1} \sum\limits_{l=0}^{\infty}
\frac{4\pi}{2l+1} \,
\sum\limits_{m=-l}^{l} \: q_{l,m} \: \frac{Y_{l,m}
(\vartheta,\varphi)}{r^{l+1}}}
\nonumber \\[0.3cm]
& &=\sum\limits_{l=0}^{\infty}\frac{4\pi}{2l+1} \,
\sum\limits_{m=-l}^{l} \: (\tilde{\nabla_{\pm 1}})_{l,m}
\, q_{l,m} \:
\frac{Y_{l+1,m \pm 1}(\vartheta,\varphi)}{r^{l+2}}
\end{eqnarray}

\[ \underbrace{a + \overbrace{b + \cdots + y}^{123}
                + z}_{\alpha\beta\gamma}            \]

Lange Formeln mu\3 man selbst in Zeilen aufl"osen:
\begin{eqnarray}
\lefteqn{w + x + y + z = } \hspace{1cm} \nonumber\\
   & & a + b + c + d + e + f + \\
   & & g + h + i + j + k + l \nonumber
\end{eqnarray}

\begin{eqnarray*}
N_{+1}=\left(\begin{array}{*{8}{c@{\;}}c}
0 & 0 & 0 & 0 & 0 & 0 & 0 & 0 & 0 \\
(\tilde{\nabla}_{+})_{0,0} & 0 & 0 & 0 & 0 & 0 & 0 & 0 & 0 \\
0 & 0 & 0 & 0 & 0 & 0 & 0 & 0 \\
0 & 0 & 0 & 0 & 0 & 0 & 0 & 0 \\
0 & (\tilde{\nabla}_{+})_{1,1} & 0 & 0 & 0 & 0 & 0 & 0 & 0 \\
0 & 0 & (\tilde{\nabla}_{+})_{1,0} & 0 & 0 & 0 & 0 & 0 & 0 \\
0 & 0 & 0 & (\tilde{\nabla}_{+})_{1,-1} & 0 & 0 & 0 & 0 & 0 \\
0 & 0 & 0 & 0 & 0 & 0 & 0 & 0 \\
0 & 0 & 0 & 0 & 0 & 0 & 0 & 0 \\
0 & 0 & 0 & 0 & (\tilde{\nabla}_{+})_{2,2} & 0 & 0 & 0 & 0 \\
0 & 0 & 0 & 0 & (\tilde{\nabla}_{+})_{2,1} & 0 & 0 & 0 \\
0 & 0 & 0 & 0 & 0 & (\tilde{\nabla}_{+})_{2,0} & 0 & 0 \\
0 & 0 & 0 & 0 & 0 & 0 & (\tilde{\nabla}_{+})_{2,-1} & 0 \\
0 & 0 & 0 & 0 & 0 & 0 & 0 & (\tilde{\nabla}_{+})_{2,-2} \\
0 & 0 & 0 & 0 & 0 & 0 & 0 & 0 \\
0 & 0 & 0 & 0 & 0 & 0 & 0 & 0 \\
\end{array}\right)
\end{eqnarray*}
```

L   Modem-Kommandos (Hayes)

Die Firma Hayes stellt Modems her und hat für diese einen Satz von Kommandos geschaffen, der sich weltweit durchgesetzt hat. Die meisten Modems verstehen eine Übermenge des Standard-Befehlssatzes von Hayes. Da diese Kommandos (mit einer Ausnahme) mit at (= attention please) beginnen, werden sie auch als at-Kommandos bezeichnet. Es dürfen Groß- oder Kleinbuchstaben verwendet werden, jedoch nicht gemischt.

ata	Answer Command
atb0	Select CCITT Communication Standard
atb1	Select USA/Canada Communication Standard
atc	Carrier Control Selection
atd	Dial Command
ate	Command State Character Echo Selection
atf	On-line State Character Echo Selection
ath	Hook Command Options
ati	Internal Memory Tests
atl	Speaker Volume Level Selection
atm	Speaker On/Off Selection
atn	Negotiation of Handshake Options
ato	On-line Command
atp	Select Pulse Dialing Method
atq	Result Code Display Options
atsn=r	Write to S-Register n
atsn?	Read from S-Register n
att	Select Tone Dialing Method
atv	Result Code Format Options
atw	Negotiation Progress Message Selection
atx	Call Progress Options
aty	Long Space Disconnect Options
atz	Soft Reset
at&b	V.32 Auto Retrain Options
at&c	Data Carrier Detect Options
at&d	Data Terminal Ready Options
at&f	Recall Factory Profile
at&g	Guard Tone Selection
at&j	Jack Type Selection
at&k	Local Flow Control Options
at&l	Line Type Selection
at&o	PAD Channel Selection
at&q	Communications Mode Options
at&r	RTS/CTS Options

at&s   Data Set Ready Options
at&t   Test Options
at&u   Trellis Coding Options
at&v   View Configuration Profiles
at&w   Write Active Profile to Memory
at&x   Synchronous Transmit Clock Source
at&y   Select Stored Profile for Hard Reset
at&z   Store Telephone Number

Mehrere Kommandos dürfen zu einer Zeile vereinigt werden, wobei der at-Vorspann nur einmal zu Beginn erforderlich ist. Mit RETURN wird das Kommando beendet und die Ausführung veranlaßt. Um im transparenten Modus (das heißt während des Übertragens) in den Befehlsmodus zu schalten, ohne die Verbindung abzubrechen, ist das Kommando +++ gefolgt von einer Pause von mindestens 1 sec zu geben. Eine für Deutschland verwendbare Startsequenz lautet:

```
ATZ
AT S7=45 S0=0 V1 X3
ATDP 0721,38340
```

Die erste Zeile sorgt für ein Reset, dann wird das Register S7 auf 45 Sekunden gesetzt. Falls das Modem innerhalb dieser Zeit nach dem Wählvorgang keine Antwort bekommt, legt es wieder auf. Der Wert 0 im Register S0 bewirkt, daß das Modem ankommende Anrufe nicht beantwortet, also nur für abgehende Verbindungen eingerichtet ist. Das Kommando V1 teilt dem Modem mit, Statusmeldungen (result codes) in Wortform, nicht als Zahlen auszugeben. X3 schließlich legt ein bestimmtes Antwortverhalten des Modems fest. Die letzte Zeile veranlaßt die Wahl der Nummer 0721-Pause-60451 im hierzulande gebräuchlichen Pulswählverfahren. Geht alles gut, pfeift ein Modem des Rechenzentrums der Universität Karlsruhe zurück.

M ISO 3166 Ländercodes

Bei den Namen von Computern im Internet ist es außerhalb der USA üblich, als letzten Teil den Ländercode nach ISO 3166 anzugeben. Dies ist jedoch nicht zwingend, es gibt auch Bezeichnungen, die kein Land sondern eine Organisation oder dergleichen angeben und daher nicht von ISO 3166 festgelegt werden. Die vollständige Tabelle findet sich unter `ftp://ftp.ripe.net/iso3166-countrycodes`.

Land	A 2	A 3	Nummer
ALBANIA	AL	ALB	008
ALGERIA	DZ	DZA	012
ANDORRA	AD	AND	020
ARGENTINA	AR	ARG	032
AUSTRALIA	AU	AUS	036
AUSTRIA	AT	AUT	040
BELARUS	BY	BLR	112
BELGIUM	BE	BEL	056
BOLIVIA	BO	BOL	068
BOSNIA AND HERZEGOWINA	BA	BIH	070
BRAZIL	BR	BRA	076
BULGARIA	BG	BGR	100
CANADA	CA	CAN	124
CHILE	CL	CHL	152
CHINA	CN	CHN	156
COLOMBIA	CO	COL	170
CROATIA	HR	HRV	191
CYPRUS	CY	CYP	196
CZECH REPUBLIC	CZ	CZE	203
DENMARK	DK	DNK	208
ECUADOR	EC	ECU	218
EGYPT	EG	EGY	818
ESTONIA	EE	EST	233
FAROE ISLANDS	FO	FRO	234
FINLAND	FI	FIN	246
FRANCE	FR	FRA	250
GEORGIA	GE	GEO	268
GERMANY	DE	DEU	276
GIBRALTAR	GI	GIB	292
GREECE	GR	GRC	300
GREENLAND	GL	GRL	304
HUNGARY	HU	HUN	348
ICELAND	IS	ISL	352
INDIA	IN	IND	356

INDONESIA	ID	IDN	360
IRELAND	IE	IRL	372
ISRAEL	IL	ISR	376
ITALY	IT	ITA	380
JAPAN	JP	JPN	392
KOREA, REPUBLIC OF	KR	KOR	410
LATVIA	LV	LVA	428
LEBANON	LB	LBN	422
LIECHTENSTEIN	LI	LIE	438
LITHUANIA	LT	LTU	440
LUXEMBOURG	LU	LUX	442
MACEDONIA, REPUBLIC OF	MK	MKD	807
MALAYSIA	MY	MYS	458
MALTA	MT	MLT	470
MEXICO	MX	MEX	484
MONACO	MC	MCO	492
MOROCCO	MA	MAR	504
NETHERLANDS	NL	NLD	528
NEW ZEALAND	NZ	NZL	554
NIUE	NU	NIU	570
NORWAY	NO	NOR	578
PAKISTAN	PK	PAK	586
PERU	PE	PER	604
POLAND	PL	POL	616
PORTUGAL	PT	PRT	620
ROMANIA	RO	ROM	642
RUSSIAN FEDERATION	RU	RUS	643
SAN MARINO	SM	SMR	674
SAUDI ARABIA	SA	SAU	682
SINGAPORE	SG	SGP	702
SLOVAKIA	SK	SVK	703
SLOVENIA	SI	SVN	705
SOUTH AFRICA	ZA	ZAF	710
SPAIN	ES	ESP	724
SRI LANKA	LK	LKA	144
SWEDEN	SE	SWE	752
SWITZERLAND	CH	CHE	756
TAIWAN	TW	TWN	158
TONGA	TO	TON	776
TUNISIA	TN	TUN	788
TURKEY	TR	TUR	792
UKRAINE	UA	UKR	804
UNITED KINGDOM	GB	GBR	826
UNITED STATES	US	USA	840
URUGUAY	UY	URY	858
VATICAN	VA	VAT	336
VENEZUELA	VE	VEN	862
YUGOSLAVIA	YU	YUG	891

N Requests For Comments (RFCs)

Das Internet wird nicht durch Normen, sondern durch RFCs (Request For Comments) beschrieben, gegenwärtig etwa 2500 an der Zahl. Wird ein RFC durch einen neueren abgelöst, bekommt dieser auch eine neue, höhere Nummer. Es gibt also keine Versionen oder Ausgaben wie bei den DIN-Normen. Sucht man eine Information, besorgt man sich einen aktuellen Index der RFCs und startet in den Titeln, bei der höchsten Nummer beginnend, eine Stichwortsuche. Einige RFCs sind zugleich FYIs (For Your Information) mit eigener Zählung. Diese enthalten einführende Informationen. Andere RFCs haben den Rang von offiziellen Internet-Protokoll-Standards mit zusätzlicher, eigener Numerierung, siehe RFC 2400 *Internet Official Protocol Standards* vom September 1998, wobei ein Standard mehrere RFCs umfassen kann. Schließlich sind einige RFCs zugleich BCPs (Best Current Practice), siehe RFC 1818, oder RTRs (RARE Technical Report). Eine vollständige Sammlung findet sich auf `ftp.nic.de/pub/doc/rfc/`. Die Files mit den Übersichten sind:

- Request For Comments: `rfc-index.txt`, 300 kbyte,

- For Your Information: `fyi-index.txt`, 10 kbyte,

- Internet Standard: `std-index.txt`, 10 kbyte,

- Best Current Practice: `bcp-index.txt`, 5 kbyte.

Hier folgt eine Auswahl, nach der Nummer sortiert.

N.1 Ausgewählte RFCs, ohne FYIs

0001	Host Software (1969)
0681	Network Unix (1975)
0814	Name, Addresses, Ports, and Routes (1982)
0821	Simple Mail Transfer Protocol (1982)
0822	Standard for the Format of ARPA Internet Text Messages (1982)
0902	ARPA-Internet Protocol policy (1984)
0959	File Transfer Protocol (1985)
1000	The Request For Comments Reference Guide (1987)
1034	Domain names – concepts and facilities (1987)
1087	Ethics and the Internet (1989)
1094	NFS: Network File System Protocol specification (1989)
1118	Hitchhiker's Guide to the Internet (1989)
1173	Responsibilities of Host and Network Managers (1991)
1180	TCP/IP Tutorial (1991)
1208	Glossary of Networking Terms (1991)
1281	Guidelines for the secure operations of the Internet (1991)
1295	User bill of rights for entries and listing in the public directory (1992)

1928	SOCKS Protocol Version 5. (1996)
1935	What is the Internet, Anyway? (1996)
1938	A One-Time Password System (1996)
1939	Post Office Protocol - Version 3. (1996)
1945	Hypertext Transfer Protocol – HTTP/1.0. (1996)
1952	GZIP file format specification version 4.3. (1996)
1955	New Scheme for Internet Routing and Addressing (ENCAPS) for IPNG (1996)
1957	Some Observations on Implementations of the Post Office Protocol (POP3) (1996)
1958	Architectural Principles of the Internet (1996)
1963	PPP Serial Data Transport Protocol (SDTP) (1996)
1968	The PPP Encryption Control Protocol (ECP) (1996)
1972	A Method for the Transmission of IPv6 Packets over Ethernet Networks (1996)
1984	IAB and IESG Statement on Cryptographic Technology and the Internet (1996)
2014	IRTF Research Group Guidelines and Procedures (1996)
2015	MIME Security with Pretty Good Privacy (PGP) (1996)
2026	The Internet Standards Process – Revision 3. (1996)
2030	Simple Network Time Protocol (SNTP) Version 4 for IPv4, IPv6 and OSI (1996)
2045	Multipurpose Internet Mail Extensions (MIME) Part One: Format of Internet Message Bodies (1996)
2046	Multipurpose Internet Mail Extensions (MIME) Part Two: Media Types (1996)
2047	MIME (Multipurpose Internet Mail Extensions) Part Three: Message Header Extensions for Non-ASCII Text (1996)
2048	Multipurpose Internet Mail Extension (MIME) Part Four: Registration Procedures (1996)
2049	Multipurpose Internet Mail Extensions (MIME) Part Five: Conformance Criteria and Examples (1996)
2068	Hypertext Transfer Protocol – HTTP/1.1. (1997)
2070	Internationalization of the Hypertext Markup Language (1997)
2083	PNG (Portable Network Graphics) Specification (1997)
2084	Considerations for Web Transaction Security (1997)
2100	The Naming of Hosts (1997)
2110	MIME E-mail Encapsulation of Aggregate Documents, such as HTML (MHTML) (1997)
2111	Content-ID and Message-ID Uniform Resource Locators (1997)
2112	The MIME Multipart/Related Content-type (1997)
2133	Basic Socket Interface Extensions for IPv6 (1997)
2134	Articles of Incorporation of Internet Society (1997)
2135	Internet Society By-Laws (1997)
2145	Use and Interpretation of HTTP Version Numbers (1997)
2146	U.S. Government Internet Domain Names (1997)
2147	TCP and UDP over IPv6 Jumbograms (1997)
2153	PPP Vendor Extensions (1997)
2167	Referral Whois (RWhois) Protocol V1.5. (1997)

N.2 Alle FYIs

O   Internet-Protokolle

Ein Protokoll ist ein Satz von Regeln zur Verständigung zwischen zwei Computern oder Peripheriegeräten. Hier die wichtigsten im Internet verwendeten Protokolle:

3DESE	PPP Triple-DES Encryption Protocol (RFC 2420)
ACAP	Application Configuration Access Protocol (RFC 2244)
AgentX	Agent Extensibility Protocol (RFC 2257)
ARP	Address Resolution Protocol (RFC 826)
ATMP	Ascend Tunnel Management Protocol)RFC 2107)
BAP	PPP Bandwidth Allocation Protocol (RFC 2125)
BACP	PPP Bandwidth Allocation Control Protocol (RFC 2125)
BGP	Border Gateway Protocol (RFC 1771)
BOOTP	Bootstrap Protocol (RFC 951, 1542)
CCP	PPP Compression Control Protocol (RFC 1962)
CHAP	PPP Challenge Handshake Authentication Protocol (RFC 1994)
CMOT	Common Management Information Protocol over TCP (RFC 1095)
DCAP	Data Link Switching Client Access Protocol (RFC 2114)
DESE-bis	PPP DES Encryption Protocol (RFC 2419)
DHCP	Dynamic Host Configuration Protocol (RFC 2131)
DLSw	Data Link Switching Protocol (RFC 1795)
DSP	A Dictionary Server Protocol (RFC 2229)
EAP	PPP Extensible Authenication Protocol (RFC 2284)
EARP	Ethernet Address Resolution Protocol (RFC 826)
Echo	Echo Protocol (RFC 862)
ECP	PPP Encryption Control Protocol (RFC 1968)
EGP	Exterior Gateway Protocol (RFC 827, 904)
ESRO	Efficient Short Remote Operations Protocol (RFC 2188)
FANP	Flow Attribute Notification Protocol (RFC 2129)
Finger	Finger User Information Protocol (RFC 1288)
FOOBAR	FTP Operation Over Big Address Records Protocol (RFC 1639)
FTP	File Transfer Protocol (RFC 959, 2228)
GKMP	Group Key Management Protocol Specification (RFC 2093)
Gopher	Internet gopher Protocol (RFC 1436)
HTCPC	Hypertext Coffee Pot Control Protocol (RFC 2324)
HTTP	Hypertext Transfer Protocol (RFC 2068)
IARP	Inverse Address Resolution Protocol (RFC 2390)
ICMP	Internet Control Message Protocol (RFC 792, 950)
ICMPv6	Internet Control Message Protocol version 6 (RFC 1885)
ICP	Internet Cache Protocol (RFC 2186)
IGMP	Internet Group Management Protocol (RFC 2236)
IMAP	Internet Message Access Protocol (RFC 2060)
IP	Internet Protocol (RFC 791)
IPng	Recommendation for the IP next generation Protocol (RFC 1752)
IPv6	Internet Protocol version 6 (RFC 1883)

IRC	Internet Relay Chat Protocol (RFC 1459)
LDAP	Lightweight Directory Access Protocol (RFC 2251)
LFAP	Lightweight Flow Admission Protocol (RFC 2124)
MAPOS	Multiple Access Protocol over SONET (RFC 2171)
MP	PPP Multilink Protocol (RFC 1990)
MPPC	Microsoft Point-to-Point Compression Protocol (RFC 2118)
NBFCP	NetBIOS Frames Control Protocol (RFC 2097)
NFS	Network File System Protocol (RFC 1813)
NHRP	NBMA Next Hop Resolution Protocol (RFC 2332)
NNTP	Network News Transport Protocol (RFC 977)
NTP	Network Time Protocol (RFC 1305)
OFTP	ODETTE File Transfer Protocol (RFC 2204)
PIM-SM	Protocol Independent Multicast - Sparse Mode (RFC 2362)
POP	Post Office Protocol (RFC 1939)
PPP	Point to Point Protocol (RFC 1661, 2153)
RARP	Reverse Address Resolution Protocol (RFC 903)
RIP	Routing Information Protocol (RFC 1723)
RPC	Remote Procedure Call Protocol (RFC 1831)
RSVP	Resource Reservation Protocol (RFC 2205)
RTP	Transport Protocol for Realtime Applications (RFC 1889)
RTSP	Real Time Streaming Protocol (RFC 2326)
RWhois	Referral Whois Protocol (RFC 2167)
SCSP	Server Cache Synchronization Protocol (RFC 2334)
SDP	Session Description Protocol (RFC 2327)
SDTP	PPP Serial Data Transport Protocol (RFC 1963)
SLP	Service Location Protocol (RFC 2165)
SMTP	Simple Mail Transfer Protocol (RFC 821)
SNACP	PPP SNA Control Protocol (RFC 2043)
SNMP	Simple Network Management Protocol (RFC 1157)
SNQP	Simple Nomenclator Query Protocol (RFC 2259)
SNTP	Simple Network Time Protocol (RFC 2030)
SOCKS	SOCKS Protocol (RFC 1928)
TCP	Transmission Control Protocol (RFC 793)
Telnet	Telnet Protocol (RFC 854)
TFTP	Trivial File Transfer Protocol (RFC 783)
TIP	Transaction Internet Protocol (RFC 2371)
UDP	User Datagram Protocol (RFC 768)
VRRP	Virtual Router Redundancy Protocol (RFC 2338)
XNSCP	PPP XNS IDP Control Protocol (RFC 1764)

Siehe auch RFC 2400: *Internet Official Protocol Standards* vom September 1998.

P Zeittafel

Diese Übersicht ist auf Karlsruher Verhältnisse zugeschnitten. Ausführlichere Angaben sind den im Anhang Q *Literatur* in Abschnitt *Geschichte* aufgeführten Werken zu entnehmen. Die meisten Errungenschaften entwickelten sich über manchmal lange Zeitspannen, so daß vor viele Jahreszahlen *um etwa* zu setzen ist. Das Deutsche Museum in München zeigt in den Abteilungen *Informatik* und *Telekommunikation* einige der hier genannten Maschinen.

ca. 10^8 v. Chr.	Der beliebte Tyrannosaurus hatte zwei Finger an jeder Hand und rechnete vermutlich im Dualsystem, wenn überhaupt.
ca. 2000 v. Chr.	Die Babylonier verwenden für besondere Aufgaben ein gemischtes Stellenwertsystem zur Basis 60.
ca. 400 v. Chr.	In China werden Zählstäbchen zum Rechnen verwendet.
ca. 20	In der Bergpredigt wird das Binärsystem erwähnt (Matth. 5, 37). Die Römer schieben Rechensteinchen (calculi).
600	Die Inder entwickeln das heute übliche reine Stellenwertsystem, die Null ist jedoch älter. Etwa gleichzeitig entwicklen die Mayas in Mittelamerika ein Stellenwertsystem zur Basis 20.
1200	LEONARDO VON PISA, genannt FIBONACCI, setzt sich für die Einführung des indisch-arabischen Systems im Abendland ein.
1550	Die europäischen Rechenmeister verwenden sowohl die römische wie die indisch-arabische Schreibweise.
1617	JOHN NAPIER erfindet die Rechenknochen (Napier's Bones).
1623	Erste mechanische Rechenmaschine mit Zehnerübertragung und Multiplikation, von WILHELM SCHICKARD, Tübingen.
1642	Rechenmaschine von BLAISE PASCAL, Paris für kaufmännische Rechnungen seines Vaters.
1674	GOTTFRIED WILHELM LEIBNIZ baut eine mechanische Rechenmaschine für die vier Grundrechenarten und befaßt sich mit der dualen Darstellung von Zahlen. In der Folgezeit technische Verbesserungen an vielen Stellen in Europa.
1801	JOSEPH MARIE JACQUARD erfindet die Lochkarte und steuert Webstühle damit.
1821	CHARLES BABBAGE stellt der Royal Astronomical Society eine programmierbare mechanische Rechenmaschine vor, die jedoch keinen wirtschaftlichen Erfolg hat. Er denkt auch an das Spielen von Schach oder Tic-tac-toe auf Maschinen.
1840	SAMUEL MORSE entwickelt einen aus zwei Zeichen plus Pausen bestehenden Telegrafencode, der die Buchstaben entsprechend ihrer Häufigkeit codiert.
1847	GEORGE BOOLE entwickelt die symbolische Logik.
1876	ALEXANDER GRAHAM BELL erfindet das Telefon.
1890	HERMAN HOLLERITH erfindet die Lochkartenmaschine und setzt sie bei einer Volkszählung in den USA ein. Das ist der

	Anfang von IBM.
1894	OTTO LUEGERS *Lexikon der gesamten Technik* führt unter dem Stichwort *Elektrizität* als Halbleiter Aether, Alkohol, Holz und Papier auf.
1895	Erste Übertragung mittels Radio.
1896	Gründung der Tabulating Machine Company, der späteren IBM.
1898	VALDEMAR POULSEN erfindet die magnetische Aufzeichnung von Tönen (*Telegraphon*).
1910	Gründung der Deutschen Hollerith Maschinen GmbH, Berlin, der Vorläuferin der IBM Deutschland.
1924	Aus der Tabulating Machine Company von HERMAN HOLLERITH, später in Computing-Tabulating-Recording Company umbenannt, wird die International Business Machines (IBM). EUGEN NESPER schreibt in seinem Buch *Der Radio-Amateur*, jeder schlechte Kontakt habe gleichrichtende Eigenschaften, ein Golddraht auf einem Siliziumkristall sei aber besonders gut als Kristalldetektor geeignet.
1935	Die AEG entwickelt die erste Tonbandmaschine (*Magnetophon*).
1937	ALAN TURING veröffentlicht sein Computermodell.
1938	KONRAD ZUSE baut den programmgesteuerten Rechner Z 1. Binäre Addiermaschine von JOHN VINCENT ATANASOFF und CLIFFORD BERRY zur Lösung linearer Gleichungssysteme.
1939	Gründung der Firma Hewlett-Packard, Palo Alto, Kalifornien durch WILLIAM HEWLETT und DAVID PACKARD. Ihr erstes Produkt ist ein Oszillator für Tonfrequenzen.
1941	KONRAD ZUSE baut die Z3.
1942	Die Purdue University beginnt mit der Halbleiterforschung und untersucht Germaniumkristalle.
1943	Der Computer *Colossus* entschlüsselt deutsche Militärnachrichten.
1944	Die Zuse Z4 wird fertig (2200 Relais, mechanischer Speicher). Sie arbeitet von 1950 bis 1960 in der Schweiz.
1945	KONRAD ZUSE entwickelt den Plankalkül, die erste höhere Programmiersprache. WILLIAM BRADFORD SHOCKLEY startet ein Forschungsprojekt zur Halbleiterphysik in den Bell-Labs.
1946	JOHN VON NEUMANN veröffentlicht sein Computerkonzept. J. PRESPER ECKERT und JOHN W. MAUCHLY bauen in den USA die ENIAC (Electronic Numerical Integrator and Calculator), die erste elektronische Rechenmaschine. Die ENIAC arbeitet dezimal, enthält 18000 Vakuumröhren, wiegt 30 t, ist 5,5 m hoch und 24 m lang, braucht für eine Addition 0,2 ms, ist an der Entwicklung der Wasserstoffbombe beteiligt und arbeitet bis 1955. Sie ist der Urahne der UNIVAC.
1948	CLAUDE E. SHANNON begründet die Informationstheorie. JOHN BARDEEN, WALTER HOUSER BRATTAIN und WILLIAM BRADFORD SHOCKLEY entwickeln in den Bell-Labs den Transistor, der 10 Jahre später die Vakuumröhre ablöst.
1949	Erster Schachcomputer: Manchester MADM. Das Wort *Bit* kreiert.
1952	IBM bringt ihre erste elektronische Datenverarbeitungs-anlage, die IBM 701, heraus.

1953   IBM baut die erste Magnetbandmaschine zur Datenspeicherung (726).
1954   Remington-Rand bringt die erste UNIVAC heraus, IBM die 650.
        Silizium beginnt, das Germanium zu verdrängen.
1955   IBM entwickelt die erste höhere Programmiersprache:
        FORTRAN (Formula Translator) und verwendet Transistoren.
1956   KONRAD ZUSE baut die Z22. Sie kommt 1958 auf den
        Markt. Bis 1961 werden 50 Stück verkauft. BARDEEN,
        BRATTAIN und SHOCKLEY erhalten den Nobelpreis für Physik.
        IBM stellt die erste Festplatte vor (RAMAC 305), Kapazität 5 MByte,
        groß wie ein Schrank. Das Megabyte kostet 10.000 US-$.
1957   Die IBM 709 braucht für eine Multiplikation 0,12 ms.
        Weltweit arbeiten rund 1300 Computer.
        Seminar von Prof. JOHANNES WEISSINGER über *Programm-
        gesteuerte Rechenmaschinen* im SS 1957 der TH Karlsruhe.
        KARL STEINBUCH prägt den Begriff *Informatik*.
        Erster Satellit (Sputnik, Sowjetunion) kreist um die Erde.
1958   Die TH Karlsruhe erhält eine ZUSE Z22. Die Maschine
        verwendet 400 Vakuumröhren und wiegt 1 t. Der Arbeits-
        speicher faßt 16 Wörter zu 38 Bits, d. h. 76 Byte. Der Massen-
        speicher, eine Magnettrommel, faßt rund 40 KByte. Eine Gleit-
        kommaoperation dauert 70 ms. Das System versteht nur
        Maschinensprache (Freiburger Code). Es läuft bis 1972.
        Im SS 1958 hält Priv.-Doz. KARL NICKEL (Institut für Angew.
        Mathematik) eine Vorlesung *Programmieren mathematischer und
        technischer Probleme für die elektronische Rechenmaschine Z22*.
        Die Programmiersprache ALGOL 58 kommt heraus.
        Bei Texas Instuments baut JACK ST. CLAIR KILBY den ersten IC.
1959   Im SS 1959 hält Priv.-Doz. KARL NICKEL erstmals die
        Vorlesung *Programmieren I*, im WS 1959/60 die Vorlesung
        Programmieren II. Erstes Werk von Hewlett-Packard in
        Deutschland. Siemens baut die Siemens 2002.
1960   Programmieren steht noch in keinem Studienplan, sondern
        ist freiwillig. Die Karlsruher Z22 läuft Tag und Nacht. Die
        Programmiersprache COBOL wird veröffentlicht. Ein Computer-
        spiel namens *Spacewar* läuft auf einer DEC PDP-1 im MIT.
        AL SHUGART etnwickelt ein Verfahren zur Aufzeichnung von
        Daten auf einer magnetisch beschichteten Scheibe.
1961   Die TH Karlsruhe erhält eine Zuse Z23, die mit
        2400 Transistoren arbeitet. Ihr Hauptspeicher faßt 240 Wörter
        zu 40 Bits. Eine Gleitkommaoperation dauert 15 ms. Außer
        Maschinensprache versteht sie ALGOL. Weltweit arbeiten etwa
        7300 Computer.
1962   Die TH Karlsruhe erhält eine SEL ER 56, die bis 1968 läuft.
        An der Purdue University wird die erste Fakultät für Informatik
        (Department of Computer Science) gegründet. Texas Instruments
        und Fairchild nehmen die Serienproduktion von ICs (Chips) auf.
1963   Weltweit arbeiten etwa 16.500 Computer.
        Erster geostationärer Satellit (Syncom).
1964   Die Programmiersprache BASIC erscheint. In den USA wird der

Begriff *Computer Science* geprägt.

IBM legt das Byte zu 8 Bits fest (IBM 360).

Ein Chip enthält auf 0,5 cm^2 10 Transistoren.

1966 Die TH Karlsruhe erhält eine Electrologica X 8, die bis
1973 betrieben wird. Gründung des Karlsruher Rechenzentrums.

Hewlett-Packard steigt in die Computerei ein (HP 2116 A).

1967 Erster elektronischer Taschenrechner (Texas Instruments).

Beim Bundesministerium für wissenschaftliche Forschung wird
ein Fachbeirat für Datenverarbeitung gebildet.

1968 Die Programmiersprache PASCAL kommt heraus. Die Firma Intel
gegründet. Hewlett-Packard baut den ersten wissenschaftlichen
programmierbaren Tischrechner (HP 9100 A).

1969 In Karlsruhe wird das Institut für Informatik gegründet,
erster Direktor KARL NICKEL. Im WS 1969/70 beginnt in
Karlsruhe die Informatik als Vollstudium mit 91 Erstsemestern.

Gründung der Gesellschaft für Informatik (GI) in Bonn.

In den Bell Labs UNIX in Assembler auf einer DEC PDP 7.

Beginn des ARPANET-Projektes und der TCP/IP-Protokolle,
erste Teilnehmer U. of California at Los Angeles, Stanford Research
Institute, U. of California at Santa Barbara und U. of Utah.

RFC 0001: Host Software, von Steve Crocker.

1970 Die Universität Karlsruhe erhält eine UNIVAC 1108,
die bis 1987 läuft und damit den hiesigen Rekord an Betriebsjahren
hält. Die Karlsruher Fakultät für Informatik wird gegründet.

1971 UNIX auf C umgeschrieben, erster Mikroprozessor (Intel 4004).

Die Internet-Protokolle ftp (RFC 114) und telnet (RFC 137) werden
vorgeschlagen und diskutiert.

1972 IBM entwickelt das Konzept des virtuellen Speichers und
stellt die 8-Zoll-Floppy-Disk vor. Xerox (BOB METCALFE),
DEC und Intel entwickeln den Ethernet-Standard.

Das ARPANET wird der Öffentlichkeit vorgestellt.

Ein Student namens STEPHAN G. WOZNIAK lötet sich einen
Computer zusammen, der den Smoke-Test nicht übersteht.

In der Bundesrepublik arbeiten rund 8.200 Computer.

Erster wissenschaftlicher Taschenrechner (Hewlett-Packard 35).

1973 Erste internationale Teilnehmer am ARPANET: U. College of
London und Royal Radar Establishment, Norwegen.

1974 Der erste programmierbare Taschenrechner kommt auf den
Markt (Hewlett-Packard 65), Preis 2500 DM.

1975 UNIX wird veröffentlicht, Beginn der BSD-Entwicklung.

Die Zeitschrift *Byte* wird gegründet.

Erste, mäßig erfolgreiche Personal Computer (Altair).

Die Firma Microsoft gegründet.

1976 STEVEN P. JOBS und STEPHAN G. WOZNIAK gründen
die Firma Apple und bauen den Apple I. Er kostet 666,66 Dollar.

AL SHUGART stellt die 5,25-Zoll-Diskette vor.

Königin Elizabeth II. von England verschickt eine E-Mail.

1978 In der Bundesrepublik arbeiten rund 170.000 Computer.

Der Commodore PET – ein Vorläufer des C64 – kommt heraus.

	Erste Tabellenkalkulation *Visicalc*.
1979	Faxdienst in Deutschland eingeführt.
	Beginn des Usenet auf der Basis von uucp-Verbindungen.
	Die Zusammenarbeit von Apple mit Rank Xerox führt zur Apple
	Lisa, ein Mißerfolg, aber der Wegbereiter für den Macintosh.
	BJARNE STROUSTRUP beginnt mit der Entwicklung von C++.
	Programmiersprache Ada veröffentlicht.
1980	Erster Jugendprogrammier-Wettbewerb der GI.
	Sony führt die 3,5-Zoll-Diskette ein. In den Folgejahren entwickeln
	andere Firmen auch Disketten mit Durchmessern von 3 bis 4 Zoll.
1981	Die Universität Karlsruhe erhält eine Siemens 7881 als
	zentralen Rechner. IBM bringt in den USA den IBM-PC heraus
	mit MS-DOS (PC-DOS 1.0) als wichtigstem Betriebssystem.
1982	Die Firma SUN wird gegründet, entscheidet sich für UNIX
	und baut die ersten Workstations.
	WILLIAM GIBSON prägt das Wort *Cyberspace*.
1983	Die Universität Karlsruhe erhält einen Vektorrechner Cyber 205
	und eine Siemens 7865. Die Cyber leistet 400 Mio. Flops.
	IBM bringt den PC auf den deutschen Markt.
	UNIX kommt als System V von AT&T in den Handel,
	Gründung der X/Open-Gruppe.
	MS-DOS 2.0 (PC-DOS 2.0) und Novell Netware kommen heraus.
1984	Der erste Macintosh kommt auf den Markt.
	Der IBM PC/AT mit Prozessor Intel 80 286 und MS-DOS 3.0
	kommen heraus. Siemens steigt in UNIX ein.
	Entwicklung des X Window Systems am MIT.
1985	MS-Windows 1.0, IBM 3090 und IBM Token Ring Netz.
	X-Link an der Uni Karlsruhe stellt als erstes deutsches Netz
	eine Verbindung zum nordamerikanischen ARPA-Net her.
	Hewlett-Packard bringt den ersten Laserjet-Drucker heraus.
1986	Weltweit etwa eine halbe Million UNIX-Systeme und
	3000 öffentliche Datenbanken.
	Mit dem Computer-Investitionsprogramm des Bundes und der
	Länder (CIP) kommen mehrere HP 9000/550 unter UNIX an
	die Universität Karlsruhe.
1987	Microsoft XENIX (ein UNIX) für den IBM PC/AT
	IBM bringt die PS/2-Reihe unter MS-OS/2 heraus.
	Weltweit mehr als 5 Millionen Apple Computer und etwa
	100 Millionen PCs nach Vorbild von IBM.
	Das MIT veröffentlicht das X Window System Version 11 (X11).
	In Berkeley wird die RAID-Technologie entwickelt.
1988	Eine Siemens (Fujitsu) VP 400 ersetzt die Cyber 205.
	Das Campusnetz KARLA wird durch das Glasfasernetz KLICK
	ausgetauscht. Das BELWUE-Netz nimmt den Betrieb auf.
	Frankreich geht ans Internet (INRIA).
	Gründung der Open Software Foundation und der UNIX
	International Inc. MS-DOS 4.0 für PCs.
	Der Internet-Wurm namens Morris geht auf die Reise, darauf
	hin Gründung des Computer Emergency Response Teams (CERT).

	Erster Hoax (2400-baud-Modem-Hoax) im Internet, siehe CIAC.
	Erstes landmobiles Satellitensystem für Datenfunk (Inmarsat-C).
1989	Im Rechenzentrum Karlsruhe löst die IBM 3090 die
	Siemens 7881 ab. ISDN in Deutschland eingeführt.
	HTTP und HTML am CERN in Genf entwickelt.
1990	Zunehmende Vernetzung, Anschluß an weltweite Netze.
	Computer-Kommunikation mittels E-Mail, Btx und Fax vom
	Arbeitsplatz aus. Optische Speichermedien (CD-ROM, WORM).
	UNIX System V Version 4. Die mittlere Computerdichte in technisch
	orientierten Instituten und Familien erreicht 1 pro Mitglied.
1991	Das UNIX-System OSF/1 mit dem Mach-Kernel der Carnegie-
	Mellon-Universität kommt heraus.
	Anfänge von LINUX, einem freien UNIX aus Finnland.
	Der Vektorrechner im RZ Karlsruhe wird erweitert auf den Typ S600/20.
	MS-DOS 5.0 für PCs. Anfänge von Microsoft Windows NT.
	IBM, Apple und Motorola kooperieren mit dem Ziel, einen
	Power PC zu entwickeln.
	TIM BERNERS-LEE entwickelt am CERN das World Wide Web.
1992	Die Universität Karlsruhe nimmt den massiv parallelen
	Computer MasPar 1216A mit 16000 Prozessoren in Betrieb.
	Novell übernimmt von AT&T die UNIX-Aktivitäten (USL).
	Eine Million Knoten im Internet.
1993	MS-DOS Version 6.0. Microsoft kündigt Windows-NT an.
	DEC stellt PC mit Alpha-Prozessor vor, 150 MHz, 14.000 DM.
	Novell tritt das Warenzeichen UNIX an die X/Open-Gruppe ab.
	Das DE-NIC kommt ans RZ der Universität Karlsruhe.
1994	Weltweit 10 Mio. installierte UNIX-Systeme prognostiziert.
	Das Internet umfaßt etwa 4 Mio. Knoten und 20 Mio. Benutzer.
	Erste Spam-Mail (Canter + Siegel).
1995	Die Universität Karlsruhe ermöglicht in Zusammenarbeit
	mit dem Oberschulamt nordbadischen Schulen den Zugang zum
	Internet. Ähnliche Projekte werden auch an einigen anderen
	Hoch- und Fachhochschulen durchgeführt.
	Die Programmiersprache JAVA wird von SUN veröffentlicht.
1996	Die Massen und Medien entdecken das Internet.
1997	100-Ethernet ist erschwinglich geworden, über das Gigabit-Ethernet
	wird geredet. In Deutschland gibt es rund 20 Mio. PCs und
	1 Mio. Internetanschlüsse (Quelle: Fachverband Informationstechnik).
1998	Compaq übernimmt die Digital Equipment Corporation (DEC).
	IBM bringt DOS 2000 heraus, Microsoft kündigt Windows 2000 an.
	Festplatten von 9 GB Kapazität kosten 500 DM.
	JONATHAN B. POSTEL, einer der Apostel des Internet und Autor
	vieler RFCs, gestorben.

Q   Zum Weiterlesen

Die Auswahl ist subjektiv und enthält Texte, die wir noch lesen wollen, schon haben oder sogar schon gelesen haben. Die hier angeführte Electronic Information ist auf `ftp.ciw.uni-karlsruhe.de`, `www.ciw.uni-karlsruhe.de` und anderen per Anonymous FTP oder HTTP verfügbar.

1. Sammlung von URLs (Bookmarks)

   W. Alex, B. Alex, A. Alex UNIX, C/C++, Internet usw.
   `http://www.ciw.uni-karlsruhe.de/technik.html`
   Zu allen Themen des Buches finden sich dort weiterführende
   Dokumente (WWW-Seiten u. a.) aus dem Internet.

2. Literaturlisten

   – Newsgruppen:
     de.etc.lists (wechselnde Listen aus dem deutschsprachigen Raum)
     news.lists (internationale Listen)
     alt.books.technical
     misc.books.technical

   – X Technical Bibliography, presented by The X Journal
     ftp://ftp.ciw.uni-karlsruhe.de/pub/docs/xws/xbiblio.ps.gz
     1994, 22 S., Postscript
     Kurze Inhaltsangaben, teilweise kommentiert

   J. December Information Sources: The Internet and Computer-
   Mediated Communication
   ftp://ftp.ciw.uni-karlsruhe.de/pub/docs/net/general/cmc.gz
   1994, 33 S., ASCII
   Hinweise, wo welche Informationen im Netz zu finden sind.

   D. A. Lamb Software Engineering Readings
   Netnews: comp.software-eng
   ftp://ftp.ciw.uni-karlsruhe.de/pub/docs/misc/sw-engng-reading
   1994, 10 S., ASCII Teilweise kommentiert

   R. E. Maas MaasInfo.DocIndex
   ftp://ftp.ciw.uni-karlsruhe.de/pub/docs/net/general/maasinfo-idx
   1994, 20 S., ASCII
   Bibliografie von rund 100 On-line-Texten zum Internet

   J. Quarterman RFC 1432: Recent Internet Books
   ftp://ftp.nic.de/pub/rfc/rfc1432.txt
   1993, 15 S., ASCII
   Empfehlungen und kurze Kommentare

C. Spurgeon Network Reading List: TCP/IP, Unix and Ethernet
ftp://ftp.ciw.uni-karlsruhe.de/pub/docs/net/general/reading-list.ps.gz
ftp://ftp.ciw.uni-karlsruhe.de/pub/docs/net/general/reading-list.txt.gz
1993, ca. 50 S., Postscript und ASCII
Ausführliche Kommentare und Hinweise

3. Lexika, Glossare, Wörterbücher

– Newsgruppen:
news.answers
de.etc.lists
news.lists

– RFC 1392 (FYI 18): Internet Users' Glossary
ftp://ftp.nic.de/pub/rfc/rfc1392.txt
1993, 53 S.

– Duden Informatik
Dudenverlag, Mannheim, 1993, 800 S., 42 DM
Nachschlagewerk, sorgfältig gemacht, theorielastig,
Begriffe wie Ethernet, LAN, SQL, Internet fehlen.

– Fachausdrücke der Informationsverarbeitung Englisch – Deutsch,
Deutsch – Englisch
IBM Deutschland, Form-Nr. Q12-1044, 1698 S., 113 DM
Wörterbuch und Glossar

W. Alex Abkürzungs-Liste ABKLEX (Informatik, Telekommunikation)
ftp://ftp.ciw-karlsruhe.de/pub/misc/abklex.txt
http://www.ciw-karlsruhe.de/abklex.html

V. Anastasio Wörterbuch der Informatik Deutsch – Englisch –
Französisch – Italienisch – Spanisch
VDI-Verlag, Düsseldorf, 1990, 400 S., 128 DM

A. Ralston, E. D. Reilly Encyclopedia of Computer Science
Chapman + Hall, London, 1993, 1558 S., 60 £
Ausführliche Erläuterungen

E. S. Raymond The New Hacker's Dictionary
The MIT Press, Cambridge, 1996, 547 S., 41 DM
Siehe auch `http://www.ciw.uni-karlsruhe.de/kopien/jargon/`
Begriffe aus dem Netz, die nicht im Duden stehen

H.-J. Schneider Lexikon der Informatik und Datenverarbeitung
Oldenbourg, München, 1991, 989 S., 128 DM
Ethernet, SQL stehen darin, Internet nicht.

4. Informatik

– Newsgruppen:
comp.* (alles, was mit Computer Science zu tun hat, mehrere

hundert Untergruppen)
de.comp.* (dito, deutschsprachig)
alt.comp.*

F. L. Bauer, G. Goos Informatik 1. + 2. Teil
Springer, Berlin, 1991/92, 1. Teil 393 S., 42 DM
2. Teil 345 S., 42 DM
Umfassende Einführung, auch für Nicht-Informatiker

W. Coy Aufbau und Arbeitsweise von Rechenanlagen
Vieweg, Braunschweig, 1992, 367 S., 50 DM
Digitale Schaltungen, Rechnerarchitektur, Betriebssysteme am
Beispiel von UNIX

T. Flik, H. Liebig Mikroprozessortechnik
Springer, Berlin, 1998, 585 S., 88 DM
CISC, RISC, Systemaufbau, Assembler und C

W. K. Giloi Rechnerarchitektur
Springer, Berlin, 1999, 488 S., 68 DM

L. Goldschlager, A. Lister Informatik
Hanser und Prentice-Hall, München, 1990, 366 S., 40 DM
Einführung, ähnlich wie Bauer + Goos

G. Goos Vorlesungen über Informatik
Springer, Berlin, 1998, Band 1 393 S., 50 DM

D. E. Knuth The Art of Computer Programming, 3 Bände
Addison-Wesley, zusammen 330 DM
Klassiker, stellenweise mathematisch, 7 Bände geplant

W. Schiffmann, R. Schmitz Technische Informatik
Springer, Berlin, 1993/94, 1. Teil Grundlagen der digitalen
Elektronik, 282 S., 38 DM; 2. Teil Grundlagen der Computer-
technik, 283 S., 42 DM

U. Schöning Theoretische Informatik kurz gefaßt
BI-Wissenschaftsverlag, Mannheim, 1992, 188 S., 20 DM
Automaten, Formale Sprachen, Berechenbarkeit, Komplexität

K. W. Wagner Einführung in die Theoretische Informatik
Springer, Berlin, 1994, 238 S.,
Grundlagen, Berechenbarkeit, Komplexität, BOOLEsche Funktionen,
Automaten, Grammatiken, Formale Sprachen

5. Algorithmen, Numerische Mathematik

– Newsgruppen:
sci.math.*

G. Engeln-Müllges, F. Reutter Formelsammlung zur
Numerischen Mathematik mit C-Programmen
BI-Wissenschaftsverlag, Mannheim, 1990, 744 S., 88 DM

Algorithmen und Formeln der Numerischen Mathematik samt
C-Programmen. Auch für FORTRAN erhältlich.

G. Engeln-Müllges, F. Uhlig Numerical Algorithms with C
Springer, Berlin, 1996, 596 S., 68 DM
Auch für FORTRAN erhältlich

E. Horowitz, S. Sahni Algorithmen
Springer, Berlin, 1981, 770 S., 116 DM

D. E. Knuth (siehe unter Informatik)

T. Ottmann, P. Widmayer Algorithmen und Datenstrukturen
BI-Wissenschafts-Verlag, Mannheim, 1993, 755 S., 74 DM

W. H. Press u. a. Numerical Recipes in C
Cambridge University Press, 1993, 994 S., 98 DM
mit Diskette, auch für FORTRAN und PASCAL erhältlich

H. R. Schwarz Numerische Mathematik
Teubner, Stuttgart, 1993, 575 S., 48 DM

R. Sedgewick Algorithmen in C
Addison-Wesley, Bonn, 1992, 742 S., 90 DM
Erklärung gebräuchlicher Algorithmen und Umsetzung in C

R. Sedgewick Algorithmen in C++
Addison-Wesley, Bonn, 1992, 742 S., 90 DM

J. Stoer, R. Bulirsch Numerische Mathematik
Springer, Berlin, 1. Teil 1994, 378 S., 34 DM,
2. Teil 1990, 347 S., 36 DM

6. Betriebssysteme

- Newsgruppen:
  comp.os.*
  de.comp.os.*

- Microsoft MS-DOS-Handbücher

- Microsoft MS-Windows-NT-Handbücher

- OS/2 Version 2.0 Technical Compendium (Red Books)
  IBM, Boca Raton, 1992, 5 Bände, 1158 S., 100 DM
  OPD software.watson.ibm.com im Verzeichnis /pub/os2/misc
  auch auf ftp://ftp.uni-stuttgart.de/pub/soft/os2/info/redbooks

L. Bic, A. C. Shaw Betriebssysteme
Hanser, München, 1990, 420 S., 58 DM
Allgemeiner als Tanenbaum 1

A. S. Tanenbaum Operating Systems, Design and Implementation
Prentice-Hall, London, 1987, 719 S., 79 DM
Einführung in Betriebssysteme am Beispiel von UNIX

A. S. Tanenbaum Modern Operating Systems
Prentice-Hall, London, 1992, 728 S., 100 DM
Allgemeiner und moderner als vorstehendes Buch; MS-DOS, UNIX,
MACH und Amoeba

H. Wettstein Systemarchitektur
Hanser, München, 1993, 514 S., 68 DM
Grundlagen, kein bestimmtes Betriebssystem

7. UNIX allgemein

– Newsgruppen:
  comp.unix.*
  comp.sources.unix
  comp.std.unix
  de.comp.os.unix
  fr.comp.os.unix
  alt.unix.wizards

M. J. Bach Design of the UNIX Operating System
Prentice-Hall, London, 1987, 512 S., 52 US-$
Filesystem und Prozesse, wenig zur Shell

S. R. Bourne Das UNIX System V (The UNIX V Environment)
Addison-Wesley, Bonn, 1988, 464 S., 62 DM
Einführung in UNIX und die Bourne-Shell

D. Gilly u. a. UNIX in a Nutshell
O'Reilly, Sebastopol, 1994, 444 S., 42 DM
Nachschlagewerk zu den meisten UNIX-Kommandos

J. Gulbins, K. Obermayr UNIX
Springer, Berlin, 4. Aufl. 1995, 838 S., ?? DM
Benutzung von UNIX, ausführlich, geht in die Einzelheiten

H. Hahn A Student's Guide to UNIX
McGraw-Hill, New York, 1993, 633 S., 66 DM
Einführendes Lehrbuch, mit Internet-Diensten

J. P. Hekman u. a. LINUX in a Nutshell
O'Reilly, Sebastopol, 1997, 424 S., 42 DM
Nachschlagewerk zu den meisten LINUX-Kommandos

B. W. Kernighan, P. J. Plauger Software Tools
Addison-Wesley, Reading, 1976, 338 S., 38 US-$
Grundgedanken einiger UNIX-Werkzeuge, Programmierstil

B. W. Kernighan, R. Pike Der UNIX-Werkzeugkasten
Hanser, München, 1986, 402 S., 76 DM
Gebrauch der UNIX-Kommandos, fast nichts zum vi(1)

D. G. Korn, M. I. Bolsky The Kornshell, Command and
Programming Language
auf deutsch: Die KornShell, Hanser, München, 1991, 98 DM
Einführung in UNIX und die Korn-Shell

M. J. Rochkind Advanced UNIX Programming
Prentice-Hall, London, 1986, 224 S., 47 US-$
Beschreibung aller UNIX System Calls

R. M. Stallman The GNU Manifesto
ftp://ftp.ciw.uni-karlsruhe.de/pub/docs/misc/manifest-gnu
1985, 8 S., ASCII
Ziele des GNU-Projekts

W. R. Stevens Advanced Programming in the UNIX Environment
Addison-Wesley, Reading, 1992, 744 S., 110 DM
Ähnlich wie Rochkind

S. Strobel, T. Uhl LINUX - vom PC zur Workstation
Springer, Berlin, 1994, 238 S., 38 DM

L. Wirzenius, M. Welsh LINUX Information Sheet
Netnews: comp.os.linux
ftp://ftp.ciw.uni-karlsruhe.de/pub/docs/unix/linux-info
1993, 6. S., ASCII
Anfangsinformation zu LINUX, was und woher.

8. UNIX Einzelthemen

— Newsgruppen:
comp.unix.*

A. V. Aho, B. W. Kernighan, P. J. Weinberger The AWK
Programming Language
Addison-Wesley, Reading, 1988, 210 S., 58 DM
Standardwerk zum AWK

B. Anderson u. a. UNIX Communications
Sams, North College, 1991, 736 S., 73 DM
Unix-Mail, Usenet, uucp und weiteres

M. I. Bolsky The vi User's Handbook
Prentice-Hall, Englewood Cliffs, 1985, 66 S., 59 DM (!)
Alle vi-Kommandos übersichtlich, aber keine Interna

D. Cameron, B. Rosenblatt Learning GNU Emacs
O'Reilly, Sebastopol, 1991, 442 S., 21 £

I. F. Darwin Checking C Programs with lint
O'Reilly, Sebastopol, 1988, 82 S., 10 £

B. Goodheart UNIX Curses Explained
Prentice-Hall, Englewood-Cliffs, 1991, 287 S., ca. 80 DM
Einzelheiten zu `curses(3)` und `terminfo(4)`

L. Lamb Learning the vi Editor
O'Reilly, Sebastopol, 1990, 192 S., 17 £

E. Nemeth, G. Snyder, S. Seebass UNIX System Administration
Handbook

Prentice-Hall, Englewood-Cliffs, 1990, 624 S., 47 US-$
Empfehlung eines Stuttgarter Kollegen

A. Oram, S. Talbott Managing Projects with make
O'Reilly, Sebastopol, 1993, 149 S., 35 DM

W. R. Stevens UNIX Network Programming
Prentice Hall, Englewood Cliffs, 1990, 772 S., 60 US-$
C-Programme für Clients und Server der Netzdienste

I. A. Taylor Taylor UUCP
ftp://ftp.ciw.uni-karlsruhe.de/pub/docs/unix/uucp.ps.gz
1993, 93 S., Postscript

L. Wall, R. Schwartz Programming Perl
O'Reilly, Sebastopol, 1991, 482 S., 22 £

9. Grafik

- Newsgruppen:
  comp.graphics.*
  alt.graphics.*

- American National Standard for Information Systems
  Computer Graphics – Graphical Kernel System (GKS)
  Functional Description. ANSI X3.124-1985
  GKS-Referenz

J. D. Foley Computer Graphics – Principles and Practice
Addison-Wesley, Reading, 1992, 1200 S., 83 US-$
Standardwerk zur Computer-Grafik

I. Grieger Graphische Datenverarbeitung
mit einer Einführung in PHIGS und PHIGS-PLUS
Springer, Berlin, 1992, 389 S., 48,- DM

H. Kopp Graphische Datenverarbeitung
Hanser, München, 1989, 211 S., 40 DM
mathematische Methoden, Algorithmen, GKS

10. Netze (TCP/IP, OSI, Internet)

- Newsgruppen:
  comp.infosystems.*
  comp.internet.*
  comp.protocols.*
  alt.best.of.internet
  alt.bbs.internet
  alt.internet.*
  de.comm.internet
  de.comp.infosystems
  fr.comp.infosystemes

– Internet Resources Guide
  NSF Network Service Center, Cambridge, 1993
  ftp://ftp.ciw.uni-karlsruhe.de/pub/docs/net/general/resource-guide-help
  ftp://ftp.ciw.uni-karlsruhe.de/pub/docs/net/general/resource-guide.ps.tar.gz
  ftp://ftp.ciw.uni-karlsruhe.de/pub/docs/net/general/resource-guide.txt.tar.gz
  Beschreibung der Informationsquellen im Internet

S. Carl-Mitchell, J. S. Quarterman Practical Internetworking
  with TCP/IP and UNIX
  Addison-Wesley, Reading, 1993, 432 S., 52 US-$

D. E. Comer Internetworking with TCP/IP (4 Bände)
  Prentice-Hall, Englewood Cliffs, I. Band 1991, 550 S., 90 DM;
  II. Band 1991, 530 S., 88 DM; IIIa. Band (BSD) 1993, 500 S., 86 DM;
  IIIb. Band (AT&T) 1994, 510 S., 90 DM
  Prinzipien, Protokolle und Architektur des Internet

A. Gaffin, J. Heitkötter Big Dummy's Guide to the Internet
  ftp://ftp.ciw.uni-karlsruhe.de/pub/docs/net/general/bdgtti2.ps.gz
  1993, 220 S., Postscript, andere Formate im Netz
  Einführung in die Dienste des Internet

H. Hahn, R. Stout The Internet Complete Reference
  Osborne MacGraw-Hill, Berkeley, 1994, 818 S., 60 DM
  Das Netz und seine Dienste von Mail bis WWW; Lehrbuch und
  Nachschlagewerk für Benutzer des Internet, Standardwerk

Ch. Hedrick Introduction to the Internet Protocols
  ftp://ftp.ciw.uni-karlsruhe.e/pub/docs/net/general/tcp-ip-intro.ps.gz
  ftp://ftp.ciw.uni-karlsruhe.e/pub/docs/net/general/tcp-ip-intro.doc.gz
  1988, 20 S., ASCII und Postscript

Ch. Hedrick Introduction to Administration of an Internet-based
  Local Network
  ftp://ftp.ciw.uni-karlsruhe.de/pub/docs/net/general/tcp-ip-admin.ps.gz
  ftp://ftp.ciw.uni-karlsruhe.de/pub/docs/net/general/tcp-ip-admin.doc.gz
  1988, 39 S., ASCII und Postscript

B. P. Kehoe Zen and the Art of the Internet
  ftp://ftp.ciw.uni-karlsruhe.de/pub/docs/net/general/zen.ps.gz
  1992, 100 S., Postscript
  Einführung in die Dienste des Internet

E. Krol The Hitchhikers Guide to the Internet
  ftp://ftp.ciw.uni-karlsruhe.de/pub/docs/net/general/hitchhg.txt

1987, 16 S., ASCII
Erklärung einiger Begriffe aus dem Internet

E. Krol The Whole Internet
O'Reilly, Sebastopol, 1992, 376 S., 25 US-$

M. T. Rose The Open Book
Prentice-Hall, Englewood Cliffs, 1990, 682 S., 64 US-$
OSI-Protokolle, Vergleich mit TCP/IP

M. Scheller u. a. Internet: Werkzeuge und Dienste
Springer, Berlin, 1994, 280 S., 49 DM
http://www.ask.uni-karlsruhe.de/books/inetwd.html

A. S. Tanenbaum Computer Networks
Prentice-Hall, London, 1988, 658 S., 88 DM
Einführung in Netze mit Schwerpunkt auf dem OSI-Modell

E. Wilde Wilde's WWW
Springer, Berlin, 1998, 350 S., 69 DM
Technische Grundlagen des World Wide Web

11. X Window System (X11), Motif

– Newsgruppen:
comp.windows.x.*
fr.comp.windows.x11

– OSF/Motif Users's Guide
OSF/Motif Programmer's Guide
OSF/Motif Programmer's Reference
Prentice-Hall, Englewood Cliffs, 1990

F. Culwin An X/Motif Programmer's Primer
Prentice-Hall, New York, 1994, 344 S., 80 DM

K. Gottheil u. a. X und Motif
Springer, Berlin, 1992, 694 S., 98 DM

A. Nye XLib Programming Manual
O'Reilly, Sebastopol, 1990, 635 S., 90 DM
Einführung in das XWS und den Gebrauch der XLib

V. Quercia, T. O'Reilly X Window System Users Guide
O'Reilly, Sebastopol, 1990, 749 S., 90 DM
Einführung in X11 für Benutzer

R. J. Rost X and Motif Quick Reference Guide
Digital Press, Bedford, 1993, 400 S., 22 £

12. Programmieren allgemein

– Newsgruppen:
comp.programming
comp.unix.programmer

comp.lang.*
comp.software.*
comp.software-eng
comp.compilers
de.comp.lang.*

A. V. Aho u. a. Compilers, Principles, Techniques and Tools
Addison-Wesley, Reading, 1986, 796 S., 78 DM

B. Beizer Software Testing Techniques
Van Nostrand-Reinhold, 1990, 503 S., 43 US-$

F. P. Brooks jr. The Mythical Man-Month
Addison-Wesley, Reading, 1995, 322 S., 44 DM
Organisation großer Software-Projekte

N. Ford Programmer's Guide
`ftp://ftp.ciw.uni-karlsruhe.de/pub/docs/misc/pguide.txt`
1989, 31 S., ASCII
allgemeine Programmierhinweise, Shareware-Konzept

T. Grams Denkfallen und Programmierfehler
Springer, Berlin, 1990, 159 S., 58 DM
PASCAL-Beispiele, gelten aber auch für C-Programme

D. Gries The Science of Programming
Springer, Berlin, 1981, 366 S., 48 DM
Grundsätzliches zu Programmen und ihrer Prüfung,
mit praktischer Bedeutung.

E. Horowitz Fundamentals of Programming Languages
Springer, Berlin, 1984, 446 S., (vergriffen?)
Überblick über Gemeinsamkeiten und Konzepte von
Programmiersprachen von FORTRAN bis Smalltalk

M. Marcotty, H. Ledgard The World of Programming Languages
Springer, Berlin, 1987, 360 S., 90 DM

S. Pfleeger Software Engineering: The Production of Quality
Software
Macmillan, 1991, 480 S., 22 £(Studentenausgabe)

R. W. Sebesta Concepts of Programming Languages
Benjamin/Cummings, Redwood City, 1993, 560 S., 65 US-$
ähnlich wie Horowitz

I. Sommerville Software Engineering
Addison-Wesley, Reading, 1992, 688 S., 52 US-$
Wie man ein Programmierprojekt organisiert;
Werkzeuge, Methoden; sprachenunabhängig

N. Wirth Systematisches Programmieren
Teubner, Stuttgart, 1993, 160 S., 27 DM
Allgemeine Einführung ins Programmieren, PASCAL-nahe

13. Programmieren in C/C++/Objective C

- Newsgruppen:
  comp.lang.c
  comp.std.c
  comp.lang.object
  comp.lang.c++
  comp.lang.objective-c
  comp.std.c++
  de.comp.lang.c
  de.comp.lang.c++

- Microsoft Quick-C-, C-6.0- und Visual-C-Handbücher
    mehrere Bände bzw. Ordner

G. Booch Object-Oriented Analysis and Design with Applications
  Benjamin + Cummings, Redwood City, 1994, 590 S., 112 DM

U. Claussen Objektorientiertes Programmieren
  Springer, Berlin, 1993, 246 S., 48 DM
  Konzept und Methodik von OOP, Beispiele und Übungen in C++,
  aber kein Lehrbuch für C++

B. J. Cox, A. J. Novobilski Object-Oriented Programming
  Addison-Wesley, Reading, 1991, 270 S., 76 DM
  Objective C

H. M. Deitel, P. J. Deitel C How to Program
  Prentice Hall, Englewood Cliffs, 1994, 926 S., 74 DM
  Enthält auch C++. Ausgeprägtes Lehrbuch.

A. R. Feuer Das C-Puzzle-Buch
  Hanser Verlag, München, 1991, 196 S., 38 DM
  Kleine, aber feine Aufgaben zu C-Themen

R. House Beginning with C
  An Introduction to Professional Programming
  International Thomson Publishing, Australien, 1994, 568 S., 64 DM
  Ausgeprägter Lehrbuch-Charakter, ANSI-C, vorbereitend auf C++

J. A. Illik Programmieren in C unter UNIX
  Sybex, Düsseldorf, 1992, 750 S., 89 DM
  Lehrbuch, C und UNIX mit Schwerpunkt Programmieren

B. W. Kernighan, D. M. Ritchie The C Programming Language
  Deutsche Übersetzung: Programmieren in C
  Zweite Ausgabe, ANSI C
  Hanser Verlag, München, 1990, 283 S., 56 DM
  Standardwerk zur Programmiersprache C, Lehrbuch

R. Klatte u. a. C-XSC
  Springer, Berlin, 1993, 269 S., 74 DM
  C++-Klassenbibliothek für wissenschaftliches Rechnen

S. Kuhlins, M.Schader Die C++-Standardbibliothek
Springer, Berlin, 1999, 398 S., 69 DM

D. Libes Obfuscated C and Other Mysteries
Wiley, New York, 1993, 413 S., 90 DM

S. Lippman, J. Lajoie C++ Primer
Addison-Wesley, Reading, 3. Aufl. 1998, 1072 S., ?? DM
Verbreitetes Lehrbuch für Anfänger

P. J. Plauger, J. Brodie Referenzhandbuch Standard C
Vieweg, Braunschweig, 1990, 236 S., 64 DM

P. J. Plauger The Standard C Library
Prentice-Hall, Englewood Cliffs, 1991, 498 S., 73 DM
Die Funktionen der Standardbibliothek nach ANSI

R. Robson Using the STL
Springer, Berlin, 1998, 421 S., 78 DM
Einführung in die C++ Standard Template Library

M. Schader, S. Kuhlins Programmieren in C++
Springer, Berlin, 1998, 386 S., 50 DM
Lehrbuch und Nachschlagewerk, mit Übungsaufgaben

H. Schildt ANSI C made easy
Osborne McGraw-Hill, Berkeley, 1989, 452 S., 50 DM
Leichtverständliche Einführung in ANSI-C

B. Stroustrup The C++ Programming Language
bzw. Die C++ Programmiersprache
Addison-Wesley, Reading/Bonn, 3. Aufl. 1997, 976 S., 100 DM
Lehrbuch für Fortgeschrittene, der Klassiker für C++

R. Ward Debugging C
Addison-Wesley, Bonn, 1988, 322 S., 68 DM
Systematische Fehlersuche, hauptsächlich in C-Programmen

14. Anwendungen

- Newsgruppen:
  comp.theory.info-retrieval
  comp.databases.*

M. Gossens u. a. The LaTeX-Companion
Addison-Wesley, Reading, 1994, 530 S., 40 US-$

H. Kopka LaTeX - eine Einführung
Addison-Wesley, Bonn, 1990, 340 S., 68 DM
Ausführliche Anleitung zu LaTeX, viele Beispiele

H. Kopka LaTeX - Erweiterungsmöglichkeiten
Addison-Wesley, Bonn, 1990, 479 S., 80 DM
Erweiterungen, AMS-TeX, Grafik, Metafont, WEB

L. Lamport LaTeX User's Guide and Reference Manual
Addison-Wesley, Reading, 1986, 242 S., 78 DM
Standardwerk zu LaTeX

H. Partl u. a. LaTeX-Kurzbeschreibung
ftp://ftp.ciw.uni-karlsruhe.de/pub/docs/latex/lkurz.ps.gz
ftp://ftp.ciw.uni-karlsruhe.de/pub/docs/latex/lkurz.tar.gz
1990, 46 S., Postscript und LaTeX-Quellen
Einführung, mit deutschsprachigen Besonderheiten (Umlaute)

E. D. Stiebner Handbuch der Drucktechnik
Bruckmann, München, 1992, 362 S., 98 DM

F. W. Weitershaus Duden Satz- und Korrekturanweisungen
Dudenverlag, Mannheim, 1980, 268 S., 17 DM (vergriffen?)
Hilfe beim Herstellen von Druckvorlagen

15. Sicherheit

   – Newsgruppen:
     comp.security.*
     comp.virus
     sci.crypt
     alt.security.*
     alt.comp.virus
     de.comp.security

   – RFC 1244 (FYI 8): Site Security Handbook
     ftp://ftp.nic.de/pub/rfc/rfc1244.txt
     1991, 101 S., ASCII
     Sicherheits-Ratgeber für Internet-Benutzer

   – Department of Defense Trusted Computer Systems
     Evaluation Criteria (Orange Book)
     ftp://ftp.ciw.uni-karlsruhe.de/pub/docs/net/secur/orange-book.gz
     1985, 120 S., ASCII. Abgelöst durch:
     Federal Criteria for Information Technology Security
     ftp://ftp.ciw.uni-karlsruhe.de/pub/docs/net/secur/fcvol1.ps.gz
     ftp://ftp.ciw.uni-karlsruhe.de/pub/docs/net/secur/fcvol2.ps.gz
     1992, 2 Bände mit zusammen 500 S., Postscript
     Die amtlichen amerikanischen Sicherheitsvorschriften

F. L. Bauer Kryptologie
Springer, Berlin, 1994, 369 S., 48 DM

R. L. Brand Coping with the Threat of Computer Security Incidents
A Primer from Prevention through Recovery
ftp://ftp.ciw.uni-karlsruhe.de/pub/docs/net/secur/primer.ps.gz
1990, 44 S., Postscript

D. A. Curry Improving the Security of Your UNIX System
ftp://ftp.ciw.uni-karlsruhe.de/pub/docs/net/secur/secdoc.ps.gz

1990, 50 S., Postscript
Hilfe für UNIX-System-Manager, mit Checkliste

D. Ferbrache A Pathology of Computer Viruses
Springer, Berlin, 1992, 299 S., 74 DM
Geschichte, Wirkungsweise, Gegenmaßnahmen, Reaktionen
der Öffentlichkeit; auch UNIX- und Internet-Viren

B. Schneier Angewandte Kryptographie
Addison-Wesley, Bonn, 1996, 844 S., 120 DM

16. Geschichte der Informatik

– Newsgruppen:
comp.society.folklore
alt.folklore.computers
de.alt.folklore.computer

– Kleine Chronik der IBM Deutschland
1910 – 1979, Form-Nr. D12-0017, 138 S.
1980 – 1991, Form-Nr. D12-0046, 82 S.
Reihe: Über das Unternehmen, IBM Deutschland

– Die Geschichte der maschinellen Datenverarbeitung Band 1
Reihe: Enzyklopädie der Informationsverarbeitung
IBM Deutschland, 228 S., Form-Nr. D12-0028

– 100 Jahre Datenverarbeitung Band 2
Reihe: Über die Informationsverarbeitung
IBM Deutschland, 262 S., Form-Nr. D12-0040

F. L. Bauer, G. Goos Informatik 2. Teil
(siehe unter Informatik)

O. A. W. Dilke Mathematik, Maße und Gewichte in
der Antike (Universalbibliothek Nr. 8687 [2])
Reclam, Stuttgart, 1991, 135 S., 6 DM

M. Hauben, R. Hauben Netizens – On the History and Impact
of Usenet and the Internet
IEEE Computer Society Press, Los Alamitos, 1997, 345 S., 75 DM

A. Hodges Alan Turing, Enigma
Kammerer & Unverzagt, Berlin, 1989, 680 S., 58 DM

S. Levy Hackers – Heroes of the Computer Revolution
Penguin Books, London, 1994, 455 S., 33 DM

R. Oberliesen Information, Daten und Signale
Deutsches Museum, rororo Sachbuch Nr. 7709 (vergriffen)

D. Shasha, C. Lazere Out of Their Minds
Springer, Berlin, 1995, 295 S., 38 DM
Biografien berühmter Computerpioniere

D. Siefkes u. a. Pioniere der Informatik
Springer, Berlin, 1998, 160 S., 40 DM
Interviews mit fünf europäischen Computerpionieren

B. Sterling A short history of the Internet
ftp://ftp.ciw.uni-karlsruhe.de/pub/docs/history/origins
1993, 6 S., ASCII

K. Zuse Der Computer - Mein Lebenswerk
Springer, Berlin, 3. Aufl. 1993, 220 S., 58 DM
Autobiografie Konrad Zuses

17. Computerrecht

– Newsgruppen:
comp.society.privacy
comp.privacy
comp.patents
alt.privacy
de.soc.recht
de.soc.datenschutz

– World Intellectual Property Organization (WIPO)
`http://www/wipo.int/`

– Juristisches Internetprojekt Saarbrücken
`http://www.jura.uni-sb.de/`

– Netlaw Library (Universität Münster)
`http://www.jura.uni-muenster.de/netlaw/`

– Online-Recht `http://www.online-recht.de/`

– Computerrecht (Beck-Texte)
Beck, München, 1994, 13 DM

U. Dammann, S. Simitis Bundesdatenschutzgesetz
Nomos Verlag, Baden-Baden, 1993, 606 S., 38 DM
BDSG mit Landesdatenschutzgesetzen und Internationalen
Vorschriften; Texte, kein Kommentar

G. v. Gravenreuth Computerrecht von A – Z (Beck Rechtsberater)
Beck, München, 1992, 17 DM

H. Hubmann, M. Rehbinder Urheber- und Verlagsrecht
Beck, München, 1991, 319 S., 40 DM

A. Junker Computerrecht. Gewerblicher Rechtsschutz,
Mängelhaftung, Arbeitsrecht. Reihe Recht und Praxis
Nomos Verlag, Baden-Baden, 1988, 267 S., 45 DM

18. Philosophie

– Newsgruppen:
comp.ai.philosophy

sci.philosophy.tech
alt.fan.hofstadter

D. R. Hofstadter Gödel, Escher, Bach - ein Endloses
Geflochtenes Band
dtv/Klett-Cotta, München, 1992, 844 S., 30 DM

J. Ladd Computer, Informationen und Verantwortung
in: Wissenschaft und Ethik, herausgegeben von H. Lenk
Reclam-Band 8698, Ph. Reclam, Stuttgart, 15 DM

H. Lenk Chancen und Probleme der Mikroelektronik
und: Können Informationssysteme moralisch verantwortlich sein?
in: Hans Lenk, Macht und Machbarkeit der Technik
Reclam-Band 8989, Ph. Reclam, Stuttgart, 1994, 152 S., 6 DM

P. Schefe u. a. Informatik und Philosophie
BI Wissenschaftsverlag, Mannheim, 1993, 326 S., 38 DM
Sammlung von 18 Aufsätzen verschiedener Themen und Meinungen

K. Steinbuch Die desinformierte Gesellschaft
Busse + Seewald, Herford, 1989, 269 S. (vergriffen?)

J. Weizenbaum Die Macht der Computer und die Ohnmacht
der Vernunft (Computer Power and Human Reason.
From Judgement to Calculation)
Suhrkamp Taschenbuch Wissenschaft 274, Frankfurt (Main),
1990, 369 S., 20 DM

H. Zemanek Das geistige Umfeld der Informationstechnik
Springer, Berlin, 1992, 303 S., 39 DM
Zehn Vorlesungen über Technik, Geschichte und Philosophie
des Computers, von einem der Pioniere

19. Zeitschriften

- IX
  Verlag Heinz Heise, Hannover, monatlich, ca. 130 S.
  für Anwender von Multi-User-Systemen, technisch.
  Für stark Sehbehinderte auch als ASCII-Text per Email verfügbar.
  `http://www.ix.de/`

- Offene Systeme
  GUUG/Springer, Berlin, viermal im Jahr,
  offizielle Zeitschrift der German UNIX User Group

- The C/C++ Users Journal
  Miller Freeman Inc., USA, monatlich, ca. 150 S.
  `http://www.cuj.com/`

- Dr. Dobb's Journal
  Miller Freeman Inc., USA, monatlich, ca. 180 S.
  `http://www.ddj.com/`
  Software Tools for the Professional Programmer; viel C und C++

- unix/mail
  Hanser Verlag, München, sechsmal im Jahr, ca. 70 S.
  für Entwickler und Benutzer

- UNIX Open
  Aktuelles Wissen Verlagsgesellchaft mbH, Trostberg
  monatlich, ca. 100 S.

- Unix World
  MacGraw-Hill, USA, monatlich, ca. 200 S.
  das Neueste aus dem Ursprungsland von UNIX

Und noch einige Verlage:

- Addison-Wesley, Bonn, `http://www.addison-wesley.de/`

- Carl Hanser Verlag, München, `http://www.hanser.de/`

- Verlag Heinz Heise, Hannover, `http://www.heise.de/`

- International Thomson Publishing, Stamford, `http://www.thomson.com/`

- Klett-Verlag, Stuttgart, `http://www.klett.de/`

- R. Oldenbourg Verlag, München, `http://www.oldenbourg.de/`

- O'Reilly, Deutschland, `http://www.ora.de/`

- O'Reilly, Frankreich, `http://www.editions-oreilly.fr/`

- O'Reilly, USA, `http://www.ora.com/`

- Osborne McGraw-Hill, USA, `http://www.osborne.com/`

- Prentice-Hall, USA, `http://www.prenhall.com/`

- Sams Publishing (Macmillan Computer Publishing), USA,
  `http://www.mcp.com/`

- Springer-Verlag, Berlin, Heidelberg, New York, London, Paris, Tokyo usw.,
  `http://www.springer.de/`

Und über allem, mein Sohn, laß dich warnen;
denn des vielen Büchermachens ist kein Ende,
und viel Studieren macht den Leib müde.

Prediger 12, 12

Sach- und Namensverzeichnis

Einige Begriffe sind unter ihren Oberbegriffen zu finden, beispielsweise Geräte-
file unter File. Verweise (*s.* ...) zeigen entweder auf ein bevorzugtes Synonym,
auf einen Oberbegriff oder auf die deutsche Übersetzung eines englischen oder
französischen Fachwortes.

Springer
und
Umwelt

Als internationaler wissenschaftlicher
Verlag sind wir uns unserer besonderen
Verpflichtung der Umwelt gegenüber
bewußt und beziehen umweltorientierte
Grundsätze in Unternehmens-
entscheidungen mit ein. Von unseren
Geschäftspartnern (Druckereien,
Papierfabriken, Verpackungsherstellern
usw.) verlangen wir, daß sie sowohl
beim Herstellungsprozess selbst als
auch beim Einsatz der zur Verwendung
kommenden Materialien ökologische
Gesichtspunkte berücksichtigen.
Das für dieses Buch verwendete Papier
ist aus chlorfrei bzw. chlorarm
hergestelltem Zellstoff gefertigt und im
pH-Wert neutral.